ClimatePartner°
klimaneutral
Verlag | ID: 128-50040-1010-1082

Dieses Buch wurde klimaneutral hergestellt. CO_2-Emissionen vermeiden, reduzieren, kompensieren – nach diesem Grundsatz handelt der oekom verlag. Unvermeidbare Emissionen kompensiert der Verlag durch Investitionen in ein Gold-Standard-Projekt. Mehr Informationen finden Sie unter www.oekom.de.

Bibliografische Information der Deutschen Nationalbibliothek:
Die Deutsche Nationalbibliothek verzeichnet diese Publikation in der Deutschen Nationalbibliografie; detaillierte bibliografische Daten sind im Internet unter http://dnb.d-nb.de abrufbar.

© 2013 oekom, München
oekom verlag, Gesellschaft für ökologische Kommunikation mbH
Waltherstraße 29, 80337 München

Umschlaggestaltung: Elisabeth Fürnstein, oekom verlag
Umschlagabbildungen: getty images, von links nach rechts: Ottavio Mario Leoni, Photo Researchers, Omikron
Satz: Werner Schneider, Satz- und Schreibservice, Erding
Druck: Digital Print Group, Nürnberg

Dieses Buch wurde auf 100%igem Recyclingpapier gedruckt.

Alle Rechte vorbehalten
ISBN 978-3-86581-323-7

Dieter Radaj

Weltbild in der Krise

Naturwissenschaft, Technik und
Theologie – Ein Auswegweiser

Gewidmet den Vordenkern

Carl Friedrich von Weizsäcker
Hans Küng
Hans-Peter Dürr

Der Autor dankt Claudia Raschke für ihren
unermüdlichen Einsatz beim Erstellen und Abändern der
zahlreichen elektronischen Fassungen des Manuskripts
sowie dem oekom verlag für die angenehme Zusammenarbeit.

INHALT

EINFÜHRUNG
Weltbild und Krise – Naturwissenschaft, Technik und Theologie   11

KAPITEL I
Geschichte des naturwissenschaftlichen Denkens   19
   1   Herausforderung der Theologie durch die Naturwissenschaft   20
   2   Naturwissenschaft statt Mythos – die Antike   21
   3   Naturwissenschaft mit Metaphysik – das Mittelalter   24
   4   Naturwissenschaft ohne Metaphysik – die Neuzeit   26
   5   Naturwissenschaft an ihrer Grenze – die Moderne   29

KAPITEL II
Prozess gegen Galilei – der Mensch nicht im Zentrum des Kosmos?   33
   1   Einführung und Inhaltsübersicht   34
   2   Neue Physik und Kosmologie   34
   3   Prozess gegen Galilei   37
   4   Aristotelische Physik und ptolemäisches Weltsystem   40
   5   Bewertung der Streitfrage des Prozesses   44
   6   Doppelte Wahrheit und Wirklichkeit   46

KAPITEL III
Evolutionstheorie von Darwin – der Mensch ein höherer Affe? 49

1. Einführung und Inhaltsübersicht 50
2. Stellung der Biologie in den Naturwissenschaften 51
3. Entstehung des Evolutionsgedankens und Vorbereitung der Evolutionstheorie 53
4. Begründung der biologischen Evolutionstheorie 58
5. Komponenten der biologischen Evolutionstheorie 61
6. Verteidigung der biologischen Evolutionstheorie 63
7. Biologische Evolution des Menschen 66
8. Menschenrassen, Tier oder Mensch, genetische Evolution, Biologie des Geistes 69
9. Religiöse Zurückweisung und säkulare Fehlentwicklung 73
10. Folgerungen für die christliche Religion 76

KAPITEL IV
Psychoanalyse von Freud – der Mensch beherrscht von Trieben? 81

1. Einführung und Inhaltsübersicht 82
2. Naturwissenschaftliche Basis der Psychoanalyse 83
3. Entwicklung der Psychoanalyse durch Sigmund Freud 86
4. Konkurrierende und neuere Schulrichtungen der Psychoanalyse 91
5. Psychoanalyse als Naturwissenschaft 95

KAPITEL V
Ergebnisse der Hirnforschung 101

1. Einführung und Inhaltsübersicht 102
2. Allgemeine neurophysiologische Forschungsergebnisse 103
3. Elementare sensorische und motorische Neurophysiologie 107
4. Höhere funktionale Neurophysiologie 111
5. Neurophysiologie der Kognition, Emotion und Motivation 114

6	Philosophisches Kernproblem der Hirnforschung	120
7	Philosophisch inspirierte Konzepte zur Hirnforschung	123
8	Anspruch und Wirklichkeit der Hirnforschung	127

KAPITEL VI
Gegenstand und Problematik der mechanistischen Technik   129

1	Einführung und Inhaltsübersicht	130
2	Geschichtliche Entwicklung der mechanistischen Technik	131
3	Technikentwicklung und christlicher Glaube	135
4	Fortschrittsgläubigkeit infolge christlichem Zeit- und Geschichtsbewusstsein	137
5	Sozial- und Kulturkritik an der mechanistischen Technik	141
6	Grenzen des Wachstums	146
7	Problemfelder der mechanistischen Technik	150
8	Gleichnis aus dem alten China	154

KAPITEL VII
Gegenstand und Problematik der biologischen Technik   157

1	Einführung und Inhaltsübersicht	158
2	Herkömmliche mikro- und makrobiologische Technik	159
3	Grundwissen zu den Genen	163
4	Gegenstand der Gentechnik	165
5	Stand der Anwendung der Gentechnik	167
6	Gefährdungen durch die Gentechnik	170
7	Problemfelder der anthropologischen Reproduktionstechnik	172
8	Anthropologische Embryonen- und Gentechnik	174
9	Präimplantationsdiagnostik und Genomanalyse	176
10	Literarische Reflexionen zur biologischen Technik	178

KAPITEL VIII
Gegenstand der neuronalen Technik   181

1	Einführung und Inhaltsübersicht	182
2	Historische Entwicklung der mechanischen Rechenmaschinen	183

3	Historische Entwicklung der elektrischen Rechenautomaten	185
4	Theorie der Rechenautomaten (Computerarchitektur)	188
5	Historische Entwicklung der Nachrichtentechnik – Telegrafie, Telefonie, Internet	191
6	Künstliche Intelligenz – Schachprogramme, Bauklotzwelt, Sprachübersetzung	198
7	Kritik der künstlichen Intelligenz	203
8	Weitere Formen von Computerintelligenz	205

KAPITEL IX
Problematik der neuronalen Technik — 211

1	Inhaltsübersicht	212
2	Sozialkritik an herkömmlicher Computertechnik	213
3	Gesellschaftlicher Hintergrund zum Internet	215
4	Sozial- und Kulturkritik am Internet	226
5	Maßvoller Umgang mit neuronaler Technik, Massenmedien und Internet	236

KAPITEL X
Aufstieg der philosophischen Theologie – Antike, Patristik, Scholastik und frühe Neuzeit — 241

1	Notwendigkeit der Theologie	242
2	Theologie – die Frage nach Gott	243
3	Grundlegung der philosophischen Theologie in der Antike	245
4	Philosophische Theologie in der Spätantike	247
5	Philosophische Theologie zur Zeit der Patristik	250
6	Philosophische Theologie im Mittelalter (Scholastik)	253
7	Philosophische Theologie in der frühen Neuzeit	258

KAPITEL XI
Verfall der philosophischen Theologie – Aufklärung, Idealismus, Atheismus und Existentialismus — 265

1	Philosophische Theologie in der Aufklärung	266
2	Philosophische Theologie in Vollendung der Aufklärung	268

3	Philosophische Theologie im Deutschen Idealismus	272
4	Verfall der philosophischen Theologie zum Atheismus	279
5	Verfall der philosophischen Theologie in der Existenzphilosophie	285
6	Zurückweisung der philosophischen Theologie im existenzialen Protestantismus	289

KAPITEL XII
Philosophische Theologie – neuere Ansätze 293

1	Begründung für weitere Ansätze der philosophischen Theologie	294
2	Philosophisch geprägte Ansätze	294
3	Katholisch geprägte Ansätze	298
4	Protestantisch geprägte Ansätze	301
5	Jüdisch geprägter Ansatz	304
6	Buddhistisch geprägte Ansätze	307
7	Schlussfolgerungen hinsichtlich Naturwissenschaft und Technik	310

KAPITEL XIII
Offenbarungstheologie – die christliche Religion 313

1	Einführung und Inhaltsübersicht	314
2	Entstehung der Glaubensinhalte von Judentum, Christentum und Islam	316
3	Weitere Entwicklung der Glaubensinhalte des Christentums	321
4	Glaube wider die Vernunft?	323
5	Offenbarungstheologie und Christentum in der Geschichte	328
6	Versagensbelege aus der Geschichte des Christentums	331
7	Misserfolg der Reform- und Ablösebewegungen	335
8	Theologie des machtlosen mitleidenden Gottes	337
9	Theologie zwischen Offenbarung und Mysterium	340

KAPITEL XIV
Verständigung zwischen Theologie und Naturwissenschaft 341

1	Übersicht zu den Kernproblemen	342
2	Der vermittelnde Standpunkt	345

3	Der übersteigende Standpunkt	348
4	Realisierung der Standpunkte	352
5	Fundamental-christliche Handlungsoption	354
6	Ökologie ohne Handlungsoption?	357
7	Ökologie mit Handlungsoption?	361

KAPITEL XV
Alternative Handlungsentwürfe 371

1	Einführende Übersicht	372
2	New Age Bewegung	372
3	Weltversammlung christlicher Kirchen	378
4	Projekt Weltethos	384
5	Plädoyer für offene Zukunft	390
6	Vergleich der alternativen Handlungsentwürfe	405

PHILOSOPHISCHES GLOSSAR 407

BIOLOGISCHES GLOSSAR 411

COMPUTER- UND INTERNETGLOSSAR 415

BIBLIOGRAFIE 421

BILDANHANG 431

NAMENREGISTER 435

SACHREGISTER 441

EINFÜHRUNG

Weltbild und Krise – Naturwissenschaft, Technik und Theologie

»Was ist das – ein Weltbild? Offenbar ein Bild von der Welt.
Aber was heißt hier Welt? Was meint das Bild?
Welt steht hier als Benennung des Seienden im Ganzen.
Der Name ist nicht eingeschränkt auf den Kosmos, die Natur.
Zur Welt gehört auch die Geschichte. ... In dieser Beziehung ist
mitgemeint der Weltgrund, gleichviel wie seine Beziehung
zur Welt gedacht wird. ... Bei dem Wort Bild denkt man zunächst
als das Abbild von etwas. Demnach wäre das Weltbild gleichsam
ein Gemälde vom Seienden im Ganzen. Doch das Weltbild besagt mehr. ...
Weltbild, wesentlich verstanden, meint daher nicht ein Bild
von der Welt, sondern die Welt als Bild begriffen. ...«
Martin Heidegger: Die Zeit des Weltbildes (1938), Vortrag

Weltbild und Krise

Die großen kulturellen und gesellschaftlichen Leistungen in der Geschichte der Menschheit wurden durch ein jeweils gemeinsames Weltbild ermöglicht. Die Weltbilder oder Weltanschauungen in Form von Mythen, Religionen, Philosophien und Ideologien bieten Welterklärung und geben ein System von Grundeinstellungen und Wertungen vor. Sie können dem Menschen Hoffnung und Lebenssinn geben in einer überwiegend als leidhaft erfahrenen Welt. Weltbild bezeichnet die Vorstellung, die sich der Mensch von der ihn umgebenden, sinnlich wahrnehmbaren Welt macht, von ihrem Sein und ihrem Wandel, von ihrer Wirklichkeit und ihrem Schein, von ihrem Grund und ihrer Bestimmung.

Das aus dem Griechischen stammende Wort Krise bezeichnete ursprünglich jenen Zeitpunkt in der Entwicklung einer Krankheit, zu dem die Entscheidung zwischen Gesundung und tödlichem Ausgang fällt. Das Wort wurde später allgemeiner verwendet im Sinne von Entscheidungssituation oder Wendepunkt einer gefährlichen Entwicklung.

»Krise des Weltbildes« bezeichnet demnach eine äußerst schwierige, ausweglos erscheinende Situation im Bereich der Vorstellung von der Realwelt. Das wäre ein primär philosophisches Problem, wenn nicht die Krise der Vorstellungswelt im vorliegenden Fall mit der Krise der Realwelt korrelieren würde. Der Erhalt der Realwelt verlangt unmittelbare Gegenmaßnahmen, die sich aus einer entsprechend geänderten Vorstellungswelt ableiten.

Bei den kulturellen und gesellschaftlichen Entwicklungen in der Realwelt stehen vielfach unterschiedliche Weltbilder zum Vorteil des Ganzen in fruchtbarem Austausch. Dies gilt aber nur dort, wo gemeinsame Grundüberzeugungen gewahrt werden. Andernfalls droht krisenhafter kultureller und gesellschaftlicher Verfall. Wir sind derzeit Zeuge und Mitverursacher eines drastischen Verfalls, der erstmals den Fortbestand der gesamten Welt in Frage stellt. Gibt es einen Ausweg? Was sollte im Untergang, wenn er denn ansteht, bewahrt werden?

Die Erläuterung zum Buchtitel »Ein Auswegweiser« will besagen, dass sich die Krise der Welt unter ökologischen Gesichtspunkten derart zugespitzt hat, dass nur noch ein radikales Umdenken und Umsteuern Rettung verheißt (der »Ausweg«). Der Titel eines vor Jahrzehnten erschienenen vergleichbaren Buches hieß »Wege in der Gefahr« (Weizsäcker 1976), wobei als Gefahr primär ein Atomkrieg zwischen den Großmächten drohte. Heute ist die sich beschleunigende Umweltzerstörung ein Fanal des drohenden Untergangs. Auswegweisung meint die Bewältigung einer akuten Gefahrensituation. Das ist bescheidener als Wegweisung zu einer heileren Welt, die es niemals geben wird.

Naturwissenschaft, Technik und Theologie

Die Naturwissenschaft und die mit ihr verbundene neuzeitliche Technik haben sich seit Beginn der Neuzeit in einem fast drei Jahrhunderte dauernden Prozess von der Theologie gelöst. Die Theologie umgekehrt hat im selben Zeitraum die Naturwissenschaft und Technik weitgehend ausgeblendet. Mit der Aufspaltung in zwei weithin gegensätzliche Weltbilder hat auf beiden Seiten eine Fehlentwicklung eingesetzt, die in unsinnige Ausschließlichkeitsforderungen mündete. Erst in neuester Zeit besinnt man sich auf Möglichkeiten der Verständigung. Die Zurückführung von Naturwissenschaft, Technik und Theologie auf ein übergeordnetes, von allen Seiten anerkanntes Weltbild kann den aufgetretenen Konflikt entschärfen und neue Wege zur Lösung der Weltprobleme eröffnen.

Die Naturwissenschaft bemüht sich um die Erkenntnis der im Bereich der sinnlich wahrnehmbaren Natur herrschenden Gesetzmäßigkeiten. Dem dient die Beobachtung der Vorgänge sowohl in der vom Menschen unbeeinflussten Natur, als auch in vom Menschen strukturierten Experimenten. Erkannte Gesetzmäßigkeiten erlauben die Vorhersage zukünftiger Vorgänge. In den Wissenschaften von der unbelebter Natur, besonders in der Physik, werden die Gesetzmäßigkeiten mathematisch ausgedrückt und erlauben so eine exakte, von den konkreten Inhalten unabhängige, relationale Beschreibung. In den Wissenschaften von der belebten Natur, besonders in der Biologie, spielt die Klassifizierung nach morphologischen Merkmalen eine grundlegende Rolle, ergänzt durch die Zuordnung im Stammbaum der Evolution. Schließlich haben sich in den Wissenschaften von der psychischen Natur des Menschen die Bereiche Psychoanalyse, Verhaltensforschung und Neurophysiologie fest etabliert. In allen Bereichen der Naturwissenschaft wird Objektivierbarkeit der Aussagen angestrebt.

Die Technik, die Kunst des Machens (gr. *téchnē*), bezeichnet in ihrer heutigen Form die Erschließung der Naturstoffe und Naturkräfte im Dienst menschlicher Bedarfsdeckung und Machtausübung. In der nachfolgenden Abhandlung wird unterschieden zwischen der »mechanistischen« Technik, der biologischen Technik und der neuronalen Technik. Die mechanistische Technik umfasst neben den Kraft- und Arbeitsmaschinen, den Kraftfahrzeugen und Flugzeugen auch die chemische und nukleare Verfahrenstechnik. Der Ausdruck »mechanistisch« bezeichnet das hinter der physikalisch begründeten Technik stehende Weltbild, ist also nicht etwa mit nur mechanischer Technik gleichzusetzen. Die biologische Technik wird unterteilt in den Einsatz von Mikroorganismen, in die Tier- und Pflanzenzüchtung, in die Gentechnik und in die »anthropologische Reproduktionstechnik«. Schließlich werden durch neuronale Technik Gehirnfunktionen künstlich abgebildet. Zugehörig sind Computer und deren Netzwerke, Roboter sowie der Versuch, künstliche Intelligenz bereitzustellen.

Die Theologie, also die Lehre von Gott, leitet sich ab einerseits aus der Vernunft als Erkenntnisquelle (natürliche oder philosophische Theologie), andererseits aus dem Glauben an die Offenbarung in den Heiligen Schriften sowie aus der Lehrtradition der Kirchen (übernatürliche Theologie oder Offenbarungstheologie). Im Konflikt mit den Naturwissenschaften steht primär die Offenbarungstheologie, während die philosophische Theologie die abgesicherten Fakten der Naturwissenschaft zu berücksichtigen versucht. Das eigentliche Anliegen der Offenbarungstheologie ist aber nicht die Naturerklärung, sondern die Begründung der Verantwortlichkeit und Würde des Menschen. Die Verhältnisse sind also vielschichtiger als es die geläufige Polarisierung von Glaube und Vernunft ausdrückt. Dennoch geht es um den notwendigen Abgleich zwischen Glaubensüberzeugungen und Vernunftwahrheiten.

Konflikt zwischen Theologie und Naturwissenschaft

Der Konflikt zwischen Theologie und Naturwissenschaft ist im Konflikt zwischen Glaube und Vernunft präformiert. Die geistesgeschichtlichen Wurzeln des typisch abendländischen Konflikts zwischen Glaube und Vernunft reichen zurück in die Antike, als griechische Philosophie und jüdischer Gottesglaube sich zur christlichen Religion verbanden. Bei den Griechen, insbesondere bei Platon, war Gott der alle Natur durchdringende Weltbildner oder Demiurg ohne personale Beziehung zum einzelnen Menschen, dessen Situation überwiegend als tragisch empfunden wurde. Bei den Juden dagegen war Gott dem Menschen zugewandte Person, während sein Wirken in der Natur sich auf den Schöpfungsakt beschränkte. Den Juden fehlte daher das Geborgensein in der Natur. Das Christentum setzte die in der Bibel verankerte jüdische Weltsicht fort, übernahm aber auch wesentliche Inhalte der antiken Philosophie. Besonders einflussreich waren Platon, Aristoteles und die Stoa.

In der mittelalterlichen Scholastik bemühten sich Theologen und Philosophen geist- und erfindungsreich um den Ausgleich zwischen den geoffenbarten Glaubenswahrheiten und der vernunftgeleiteten Naturerkenntnis. Allerdings wurde der Offenbarungswahrheit der Vorrang vor der Vernunftwahrheit eingeräumt, besonders in Zweifelsfällen. Die Philosophie galt als »Magd der Theologie«. Der Vorrang der geoffenbarten Wahrheit wurde von der römischen Kirche notfalls mit Gewalt und Repression durchgesetzt. Dem widersetzte sich in zunehmendem Maße die Naturwissenschaft, nicht ohne jetzt ihrerseits den Vorrang der wissenschaftlichen Wahrheit vor der geoffenbarten Wahrheit zu vertreten. Damit war der Konflikt offen ausgebrochen, er eskalierte und stellt sich seitdem als eine oft unüberbrückbare Konfrontation dar. Dabei nahm die Theologie eine konservativ geprägte Abwehrhaltung ein, die es den Naturwissenschaften leicht machte, ihren Positivismus, Materialismus und Atheismus ungerechtfertigt auszuweiten.

Diese Entwicklung wird im vorliegenden Buch unter Bezug auf die drei überragenden Exponenten des naturwissenschaftlichen Denkens aufgezeigt: Galileo Galilei, Begründer des mechanistischen Weltbildes, der sich gegen den herrschenden Aristotelismus einschließlich des geozentrischen Weltbildes wandte; Charles Darwin, Begründer der Evolutionstheorie, der das herrschende statische Weltbild der unveränderlichen biologischen Arten stürzte und die Abstammung des Menschen von affenartigen Vorfahren folgerte; schließlich Sigmund Freud, Begründer der Psychoanalyse, der die Autonomie der Person durch den Nachweis der Triebstruktur in Frage stellte. Der gläubige Katholik Galilei geriet mit der römischen Kirche in einen ernsten Konflikt. Darwin, ehemals gläubiges Mitglied der anglikanischen Kirche, provozierte die Kirchen durch die Behauptung, der Mensch stamme von affenartigen Vorfahren ab. Freud, jüdischer Herkunft und dem Judentum zugetan, stellte sich dennoch als bekennender Atheist gegen die Religion der Väter.

So sehr auch der Naturwissenschaft das Verlangen nach Erkenntnis zugrunde liegt, sie vertritt gleichzeitig nach Francis Bacon den Willen zur Macht über die Natur. Diesem Machtstreben ist die Wissenschaft seit Galilei gefolgt. Es drückt sich in der Technik aus: in der mechanistischen Technik, die bis zur Nukleartechnik reicht, in der biologischen Technik, die den Weg in die Gentechnik angetreten hat und in der neuronalen Technik, die über Computer- und Netzwerkstechniken künstliche Intelligenz sowie allgegenwärtige Information und Kommunikation verwirklichen will. Mit diesen Entwicklungen war ein grenzenloser Fortschrittsoptimismus verbunden, der sich allerdings als unhaltbar erwiesen hat. Der von Francis Bacon beschworene Wille zur Macht über die Natur pervertierte schließlich zum Machtanspruch gegenüber dem Menschen selbst, soweit er als Teil der Natur zu gelten hat. Die Bedrohung des Menschen und seiner

Würde durch die Technik beherrscht seitdem das Bild. Persönlichkeits-, Natur-, Umwelt-, Klima- und Datenschutz sind vordringlich geworden.

Inhalt und Gliederung
Die Krise von Welt und Weltbild lässt sich zwar auf Basis einer Momentaufnahme des jetzigen Zustands diagnostizieren, Prognosen über die Zukunft bzw. Therapiemaßnahmen lassen sich daraus aber nicht ableiten. Dies gelingt nur dann, wenn die Entstehungsgeschichte der Probleme in die Betrachtung einbezogen wird. Gleichzeitig kommt die Lebenswirklichkeit zum Tragen, die das Ganze erst richtig spannend macht. Aufgabe des Buches ist es daher, die wesentlichen Inhalte und Vorgehensweisen von Naturwissenschaft, Technik und Theologie nicht nur in ihrem derzeitigen Status, sondern auch in ihrer geschichtlichen Entwicklung darzustellen, um schließlich Handlungsoptionen für die Zukunft abzuleiten.

Das Buch behandelt nicht nur den allgemeinen Inhalt der unterschiedlichen Weltbilder bzw. deren Wandlung in der Geschichte, es gibt außerdem eine Fülle von speziellen Informationen zu den grundlegenden Fakten der Naturwissenschaft, der Technik und der Theologie. Das allgemeine Problem wird über die relevanten Detailfragen erschlossen. Es werden daraus Vorschläge zur Bewältigung der heutigen Krise abgeleitet. Die wichtigsten gesellschaftlichen Erneuerungsbewegungen mit ihren jeweiligen Weltbildern werden abschließend vorgestellt.

Die ersten fünf Kapitel sind den Naturwissenschaften gewidmet. In *Kapitel I* wird die Geschichte des naturwissenschaftlichen Denkens und Forschens anhand der Leitwissenschaft Physik dargestellt, woraus sich die Merkmale und Grenzen dieser Vorgehensweise ableiten. In *Kapitel II* wird der kirchenrechtliche Prozess gegen Galileo Galilei behandelt, der das Entstehen des Konfliktes zwischen den herkömmlichen christlichen Glaubensinhalten und dem neuartigen heliozentrischen Weltbild veranschaulicht. In *Kapitel III* wird die Entstehung des Evolutionsgedankens in der Biologie nachgezeichnet, einmündend in die Evolutionstheorie von Charles Darwin und ergänzt durch die Erkenntnisse der Genetik. Die biologische Entwicklung des Menschen ausgehend von affenartigen Vorfahren wird beschrieben, die weitere religiöse Konfrontation, aber auch säkulare Fehlentwicklungen verursacht. In *Kapitel IV* wird die von Sigmund Freud begründete Psychoanalyse erläutert, die sich ausdrücklich atheistisch gibt und damit in Konfrontation mit christlichen (und jüdischen) Glaubensinhalten tritt. In *Kapitel V* werden schließlich die Ergebnisse der Hirnforschung zusammengefasst.

In den anschließenden vier Kapiteln werden Gegenstand und Problematik der Technik beschrieben. In *Kapitel VI* wird auf die mechanistische Technik eingegangen: Überblick zur geschichtlichen Entwicklung, Fortschrittsgläubigkeit, Kultur- und Sozialkritik, Problemfelder. In *Kapitel VII* wird die biologische Technik behandelt: mikrobiologische Technik auf Basis von Mikroorganismen, Züchtungstechnik und molekularbiologische Technik (Gentechnik), ergänzt durch deren Auswirkung auf menschliche Zellen und Embryonen. Auf Gefährdungen durch die Gentechnik und auf die Problematik anthropologischer Reproduktionstechnik wird eingegangen. In *Kapitel VIII* wird die neuronale Technik als künstliches Abbild der Gehirnfunktionen dargestellt: die Entwicklung der Computer- und Netzwerktechnik, der Roboter und der künstlichen Intelligenz. In *Kapitel IX* wird auf die Problematik der neuronalen Technik eingegangen: Sozialkritik an der Computertechnik und Kulturkritik am Internet.

In weiteren drei Kapiteln wird die philosophische Theologie von den Anfängen bis zur Gegenwart behandelt. In *Kapitel X* wird der Aufstieg der philosophischen Theologie, also des begrifflichen Fragens nach Gott, von den Anfängen in der Antike über Patristik und Scholastik bis zu ihrem Höhepunkt in der frühen Neuzeit dargestellt. In *Kapitel XI* wird der mit der Aufklärung einsetzende, über Idealismus, Atheismus und Existentialismus sich fortsetzende Verfall der philosophischen Theologie beschrieben. In *Kapitel XII* kommen neuere Ansätze der philosophischen Theologie zu Wort, die den in Nihilismus und Skepsis befangenen Stillstand zu überwinden versuchen. Sie entstammen der eigentlichen Philosophie, der katholischen, protestantischen und jüdischen Theologie sowie der buddhistischen Denktradition.

In *Kapitel XIII* wird die christliche Offenbarungstheologie erläutert: die Glaubensinhalte des Christentums, deren geschichtliche Entwicklung, die Tradition des Glaubens wider die Vernunft, die christliche Mystik, das Versagen des Christentums in der Geschichte, das Scheitern der Erneuerungs- und Ablösebewegungen sowie die Theologie des ohnmächtigen und mitleidenden Gottes.

In *Kapitel XIV* werden die Kernprobleme, einerseits der Naturwissenschaft und Technik, andererseits der Theologie und Religion, benannt. Anschließend werden der zwischen Naturwissenschaft und Theologie vermittelnde sowie der die konträren Positionen übersteigende Standpunkt erörtert und Realisierungsmöglichkeiten aufgezeigt. Daran anschließend werden zwei ökologisch motivierte Handlungsoptionen geprüft, die fundamental-christliche und die naturwissenschaftlich-säkulare Option. Eine äußerst fragwürdige neue Prognose des Club of Rome zur Weltentwicklung beschließt die Ausführungen.

In *Kapitel XV,* dem letzten Kapitel des Buches, werden alternative Handlungsentwürfe zur Bewältigung der krisenhaften Weltsituation vorgestellt: die New Age Bewegung, die Weltversammlung der Christen, das Projekt Weltethos und ein Plädoyer für offene Zukunft.

Ein philosophisches Glossar, ein biologisches Glossar sowie ein Computer- und Internetglossar ergänzen die Ausführungen des Buches.

KAPITEL I

Geschichte des naturwissenschaftlichen Denkens

»Die Geschichte der Naturwissenschaft ist die Geschichte
von Denksystemen, die sich mit der Natur befassen.«
Alistair C. Crombie: Von Augustinus bis Galilei (1977), Einleitung

1 Herausforderung der Theologie durch die Naturwissenschaft

Die philosophische Theologie ebenso wie die Offenbarungstheologie sahen sich in der Neuzeit mit den erkenntnistheoretischen und anwendungstechnischen Erfolgen des naturwissenschaftlichen Denkens konfrontiert. Diese Erfolge beruhten gerade darauf, dass von allen theologischen oder metaphysischen Festlegungen Abstand genommen wurde. Die Frage nach Gott erschien in diesem Zusammenhang als überflüssig und antiquiert.

Das Auseinanderlaufen von Offenbarungstheologie, philosophischer Theologie und Naturwissenschaft war für alle drei Bereiche mit unguten Erscheinungen verbunden: fundamentalistische Positionen auf Seiten der Theologie, bodenlose Argumentationen auf Seiten der Philosophie und eine entwürdigende ametaphysische Sicht auf den Menschen auf Seiten der Naturwissenschaft. Es wird zunehmend erkannt, dass die auseinanderstrebenden und sich dabei einseitig profilierenden Entwicklungen von Theologie und Naturwissenschaft zurückgebunden werden müssen. Die Naturwissenschaften sind sich bei anhaltenden Erfolgen in zunehmendem Maße der Grenzen ihrer Fachgebiete bewusst. Die progressiven Vertreter von Theologie und Philosophie bemerken, dass ihre Bemühungen ohne Integration des naturwissenschaftlichen Weltbildes unfruchtbar bleiben.

So wird es als Aufgabe der nachfolgenden Ausführungen zu den Naturwissenschaften gesehen, deren Anknüpfungspunkte zur Metaphysik und Theologie aufzuzeigen. Die Naturwissenschaft selbst hat mit den »Grenzfragen« kein grundsätzliches Problem, da sie gewohnt ist, ihre Erkenntnisse ständig neu an der erfahrbaren Wirklichkeit kritisch zu überprüfen. Sie hat somit methodisch die bessere Ausgangsposition. Das begründet die Forderung nach einer erfahrungsgestützten Theologie und Philosophie auf der anderen Seite. Offensichtlich kommt damit der nach innen gerichtete Weg der Kontemplation und Meditation ins Spiel, während dogmatisierte Lehren und aufwendige Riten als hinderlich erscheinen.

In Verfolgung dieses Gedankengangs ist es lehrreich, zunächst den Ursprüngen des naturwissenschaftlichen Denkens in der Philosophie der griechischen Antike nachzuspüren und anschließend seine neuzeitliche Fortsetzung zu betrachten. Es ergeben sich daraus die Wesensmerkmale der Naturwissenschaft und auch ihre durchaus selbst erkannten Grenzen.

Die Darstellung beschränkt sich zunächst auf die Physik, die historisch und faktisch gesehen als Leitwissenschaft gilt. Erst in den späteren Kapiteln finden die biologischen Wissenschaften sowie Psychoanalyse und

Neurophysiologie entsprechende Beachtung. Die Ausführungen des vorliegenden Buches zur historischen Entwicklung der Naturwissenschaften fußen insbesondere auf den bekannten Abhandlungen zu den antiken Wissenschaften (Rožanskij 1984), zu den mittelalterlichen bis neuzeitlichen Wissenschaften (Crombie 1977) und zu den Naturwissenschaften insgesamt unter Einschluss der neueren Entwicklungen (Tallack 2002).

2 Naturwissenschaft statt Mythos – die Antike

Das wissenschaftliche Denken im allgemeinen und die »Wissenschaft von der Natur« im besonderen entstanden bei den frühesten griechischen Philosophen an der ionisch-kleinasiatischen Küste (6. Jh. v. Chr.). Gefragt wurde nach dem Urstoff, aus dem sich alle Einzelstoffe und Einzelerscheinungen ableiten lassen. Das war der Beginn des begrifflichen Denkens in Ablösung der bis dahin gültigen bildhaften mythischen und religiösen Vorstellungen. Vereinheitlichende Theoriesysteme entstanden, in die man das Erfahrungswissen einzubinden versuchte. Dieses geistesgeschichtliche Ereignis erklärt man aus der zunehmenden Bedeutung des kritischen Denkens in der demokratischen Verfassung der Polis. Auch drängte die Vielzahl der im ionischen Siedlungsgebiet beheimateten Kulte und religiösen Vorstellungen zu einer übergreifenden Welterklärung. Die Ablösung des Mythos durch die Naturphilosophie bedeutete aber keinen Verlust der Gottheit im allgemeinen. Wiederholt wurde von den Philosophen hervorgehoben, dass alle Natur voll des Göttlichen sei.

Es stellt sich die Frage, ob die ionischen Naturphilosophen tatsächlich die ersten waren, die zu einem wissenschaftlichen Denken fanden, oder ob nicht Babylonier und Ägypter oder gar Inder und Chinesen die Urheber waren. Um dies zu entscheiden, sind die Wesensmerkmale von Wissenschaft heranzuziehen, die sich wie folgt darstellen (Rožanskij 1984):

- Wissenschaft ist eine planvoll geordnete Tätigkeit zum Erwerb neuer Kenntnisse, verankert in Personen, ausgeführt mit einheitlicher Methode und dokumentiert in Schriftform.
- Wissenschaft hat Selbstzweckcharakter, das Wissen wird um des Wissens selbst erstrebt, zumindest in der reinen Wissenschaft, die nicht durch Anwendung vorangetrieben wird.
- Wissenschaft ist streng rational. Unzulässig sind mythologische Erklärungen, magische Verrichtungen oder die Annahme übernatürlicher Mächte.

– Wissenschaft ist systematisch. Das Ableiten, Schlussfolgern und Beweisen herrscht vor.

Offensichtlich lässt sich das babylonische und ägyptische ebenso wie das zeitgleich entstandene indische und chinesische Naturwissen nicht der Wissenschaft zuordnen. Die Astronomie wurde in diesen Kulturen rein empirisch betrieben. Es ging darum, den Eintritt bestimmter Himmelserscheinungen vorauszusagen, von denen eine günstige oder ungünstige Wirkung auf einzelne Menschen oder ganze Reiche angenommen wurde. Die Ursache dieser Himmelserscheinungen interessierte nicht. Das mathematische Wissen bestand in einer Ansammlung spezieller Regeln zur näherungsweisen Lösung isolierter Aufgaben. Die Frage der griechischen Naturphilosophen nach der Ursache der Erscheinungen im Kosmos und der Natur, die nunmehr als Wirkungen interpretiert werden, begründen das Kausalitätsprinzip in den Naturwissenschaften. Es wurde erstmals von Demokrit (460–371 v. Chr.) hervorgehoben.

Die Griechen haben innerhalb von nur etwa drei Jahrhunderten, einmündend in die hellenistische Epoche, das wissenschaftliche Denken zu bewundernswerter Höhe geführt, die erst zu Beginn der Neuzeit aufgegriffen und fortgeführt werden konnte. Es war dies ein Triumph des ordnenden rationalen Denkens über das Chaos empirischer Einzelbeobachtungen. Zu den großartigen wissenschaftlichen Leistungen gehören die streng deduktiv aus vorgegebenen Axiomen gewonnenen Erkenntnisse der Mathematik, die mit den Namen Eudoxus, Euklid, Archimedes und Apollonios verbunden sind. Weitere herausragende wissenschaftliche Leistungen sind der Kosmologie zuzuordnen: das Konzept der unteilbaren Atome (Leukipp, Demokrit), die Hypothese der Weltentstehung aus einem kosmischen Urwirbel der Atome (Leukipp), die Erde als Kugel inmitten der sich drehenden Himmelssphäre mit den Gestirnen (Eudoxus), die kinematische Umkehrung mit sich drehender Erdkugel inmitten der fest stehenden Himmelssphäre (Herakleides), der Ausbau des geozentrischen Weltsystems (Hipparchos, Ptolemäus), der Entwurf eines heliozentrischen Weltsystems (Aristarchos).

Ein allumfassendes wissenschaftlich-philosophisches System hat schließlich Aristoteles (384–321 v. Chr.) geschaffen, indem er die Leistungen der vorangegangen Zeit zu Disziplinen zusammenfasste: die theoretischen (betrachtenden) Disziplinen Metaphysik, Mathematik und Physik, die praktischen (ausübenden) Disziplinen Ethik, Politik und Ökonomik sowie die poietischen (bildnerischen) Disziplinen Technik, Ästhetik und

Rhetorik. Wichtige eigene Beiträge lieferte er zur Logik und zur Biologie. Aristoteles hat die methodische Basis auch der modernen Naturwissenschaft gelegt, nämlich das induktive und zugleich intuitive Erschließen der Grundprinzipien aus den Beobachtungen, um aus ihnen deduktiv die beobachteten Fakten zu erklären.

Trotz der geistesgeschichtlichen Bedeutung der griechischen Wissenschaft hatte diese kaum Auswirkungen auf das praktische Leben der Menschen. Es handelte sich um reine Wissenschaft ohne Anwendungsbezug. Lebenswichtige Anwendungsbereiche wie Schiffbau oder Kriegstechnik (darunter die Ballistik) entwickelten sich auf empirischer Basis. Der Höhenflug der griechischen Wissenschaft in hellenistischer Zeit mit Zentrum in Alexandria fand bei den eher pragmatisch denkenden Römern keine Fortsetzung. Immerhin wurden die naturwissenschaftlichen Erkenntnisse der Griechen von den Römern kopiert (Plinius, Boethius). Es ist das Verdienst der Klöster und späteren Domschulen, dass diese Kopien unter dem Ansturm von Goten, Vandalen, Franken und Normannen erhalten blieben. Von der eigentlichen Quelle der griechischen Wissenschaft blieb das christliche Abendland durch die arabische Eroberung großer Teile des oströmischen Reiches abgeschnitten. Das von Aristoteles kompilierte griechische Denksystem wurde erst im Mittelalter ab dem Beginn der Scholastik aufgegriffen (christlich korrigierter Aristotelismus) und ging von dort in die weitere Entwicklung der Naturwissenschaft ein.

Im Vorgriff auf die nachfolgend dargestellten Wesensmerkmale der von Roger Bacon, Francis Bacon und Galileo Galilei begründeten neuzeitlichen Naturwissenschaft, werden bereits hier die Unterschiede zwischen griechisch-antiker und neuzeitlicher Naturwissenschaft hervorgehoben. Obwohl die Griechen die Bedeutung des empirischen Wissens erkannt hatten – sie stellten sehr genaue astronomische Beobachtungen mittels hoch entwickelter Längen- und Winkelmesstechnik an – blieb ihnen dennoch das Experiment fremd. Auch gab es keine Verbindung zwischen der Wissenschaft und den Problemen des praktischen Lebens. Die Methode der Deduktion von vorgegebenen Axiomen wurde zu hoher Vollkommenheit entwickelt, abzulesen an den Leistungen in Geometrie und Mathematik. Die Methode des induktiven Schließens trat bei Aristoteles hinzu. Das Motiv der Naturbeherrschung war jedoch den Griechen fremd. Es ging ihnen allein darum, die Welt verständlicher zu machen, ohne dabei mythische Bilder und religiöse Vorstellungen zu bemühen. Sie wollten die Welt nicht verändern. Der griechische Mensch fühlte sich in Einklang mit der Natur. Deren Ausbeutung lag ihm fern.

3 Naturwissenschaft mit Metaphysik – das Mittelalter

Theologie und Philosophie des Mittelalters kreisten um das rechte Verhältnis von Glaube und Vernunft (Augustinus, Albertus Magnus, Thomas von Aquin). Die naturwissenschaftlichen Lehren des Aristoteles waren als maßgebend anerkannt. In Theologie und Naturwissenschaft sah man lediglich unterschiedliche Sichtweisen derselben Sache. Es galt die Lehre von der doppelten Wahrheit, der Glaubenswahrheit und der Vernunftwahrheit. Etwas konnte zugleich das Werk göttlicher Vorsehung und die Folge natürlicher Ursachen sein. Nur im Fall von Widersprüchlichkeiten wurde die Wahrheit allein auf der Seite der Offenbarung gesehen. Als im Jahr 1277 die deterministische Interpretation der aristotelischen Lehre auf Grund theologischer Bedenken verdammt wurde, eröffnete das eine von dieser Lehre erstmals unabhängige naturwissenschaftliche Entwicklung (Crombie 1977).

Das Neue an dieser Entwicklung war der Beginn des Experimentierens mit dem Ziel, Macht über natürliche Vorgänge zu erlangen bzw. praktisch verwertbare Ergebnisse zu erzielen. Dies erweiterte die von Aristoteles übernommene Verknüpfung von Induktion und Deduktion zur Aufdeckung der Ursachen beobachteter Phänomene. Der englische Scholastiker Robert Grosseteste (1168-1253) hebt diese Methode von (englischlateinisch) *Resolution and Composition* (griechisch: *Analysis und Synthesis*) erstmals hervor. Der als Universalgelehrter geltende Kleriker Albertus Magnus (1193-1280) unterscheidet den Gegenstand der Naturwissenschaft als das Individuelle klar vom Gegenstand der Theologie und Philosophie als dem Allgemeinen. Naturwissenschaftliche Erkenntnis entsteht demzufolge durch das Zusammenspiel von Erfahrung (*experimentum*) und Denken.

Roger Bacon (1214-1294) gilt als der erste vom Klerus unabhängige Naturforscher des Mittelalters. Er erklärt Erfahrung, Experiment und Mathematik zu den Hauptsäulen der Naturwissenschaft, die er von der Theologie trennt. Er fordert für den Bereich der Naturwissenschaft Sachwissen statt Autorität, Quellenwissen statt Meinungen, Erfahrung statt Dialektik und Naturbeobachtung statt Bücherstudium. Er verfertigt die ersten optischen Instrumente.

Die Aufnahme des Experiments in die Naturwissenschaft ist arabischen Ursprungs. Dort wurde nach Wissen gesucht, das Macht über die Natur verleiht. Dies wurde experimentell betrieben: Alchimie, Magie und Astrologie (Lebenselixier, Stein der Weisen, Talismane, okkulte Kräfte von Pflanzen und Mineralien). Die arabischen Einflüsse trafen mit dem Interesse der Gebildeten an Praxis und Handwerk in den abendländischen Klöstern und Städten zusammen.

Als weiterer bedeutender Naturforscher am Übergang vom Mittelalter zur Neuzeit ist Leonardo da Vinci (1452–1519) hervorzuheben (Klein 2008). Er ist der Renaissance, der »Wiedergeburt der Antike« zuzuordnen, die sich vom mittelalterlichen Denken abwandte, das theologisch-autoritativ geprägt war und alles Streben auf ein Jenseits richtete. Eine Kultur der Diesseitigkeit war nunmehr angesagt, die ihren bevorzugten Ausdruck in den Werken der bildenden Kunst fand.

Leonardo da Vinci verkörperte in seiner Person vielfältige Talente, darunter Malerei, Handwerks- und Ingenieurtechnik sowie naturwissenschaftliche Forschung. Als akribischer Maler schuf er einundzwanzig bedeutende Gemälde, die anatomisch und psychologisch perfektioniert sind. Er hinterließ etwa zehntausend Blätter mit Aufzeichnungen und Skizzen zur Ingenieurtechnik (Flugapparate, Automaten, Kriegsgerät, Hydraulik), zu anatomischen Studien (Muskelpartien, Herzmuskel, Geschlechtsorgane, Embryonen) und zum Sehvorgang. Sein naturwissenschaftliches Profil stellt sich wie folgt dar: forschende Neugier, genaue Naturbeobachtung, zeichnerische Dokumentation und denkerische Analyse sowie praktische Anwendung der Beobachtungsergebnisse in visionären Entwürfen. Auffällig ist das weitgehende Fehlen von Theorie, Experiment und Mathematik. Er hob die Bedeutung der Mathematik für die Mechanik hervor, beherrschte sie selbst aber nur unzureichend.

Leonardo da Vinci sah im Kosmos ein harmonisch strukturiertes Gebilde, den Menschen zeigte er in einer bekannten Zeichnung als wohlproportioniert. Er wollte die Natur »verstehen«, um eine neue Wirklichkeit zu gestalten. Er war ganz dem Diesseits zugewandt, metaphysische Bezüge lagen ihm fern. Sein Desinteresse an religiösen Fragen bewahrte ihn vor einem Konflikt mit der Kirche, zumal er nicht publizierte und seine Erkenntnisse hinter Spiegelschrift verbarg. Dass die von aller Theologie emanzipierte Naturwissenschaft ins Ungewisse führt, war ihm bewusst. Er blickte sorgenvoll in die Zukunft, rechnete mit einer Naturkatastrophe (Sintflut), die der Zivilisation ein Ende setzt.

4 Naturwissenschaft ohne Metaphysik – die Neuzeit

Der eigentliche Beginn der neuzeitlichen Naturwissenschaft ist mit Galileo Galilei (1564–1642), dem Entdecker der Fallgesetze, anzusetzen. Er hat die Grundsätze dieser Wissenschaft in den *Discorsi* (1638) ausformuliert:

- »Das Buch der Natur[wissenschaft] ist in der Sprache der Mathematik geschrieben«.
- »Der Wissenschaftler hat intuitiv zu entscheiden, welche Phänomenaspekte sich zur Idealisierung eignen und welche vernachlässigbar sind«.
- »Experimentelle Bestätigung ist in jenen Wissenschaften üblich, die mathematische Verfahren auf Naturphänomene anwenden«.

Die Grundsätze beinhalten über die Idealisierung und Mathematisierung (»Modellbildung«) die deduktive Methode der Naturwissenschaft. Das Experiment dient der Verifizierung bzw. Falsifizierung des gewählten Modells. Im Experiment werden bestimmte Aspekte natürlicher Erscheinungen in isolierter Form künstlich erzeugt und planmäßig beobachtet, um die theoretischen Annahmen (Hypothesen) zu bestätigen oder zu widerlegen. Die Natur wird quasi »gestellt«, um sie in diesem durchaus »unnatürlichen« Gestelltsein zu befragen. Geeignete Versuchsapparaturen und Messtechniken sind dafür Voraussetzung. Die so durch Fakten bestätigten Hypothesen bewirken weitere Beobachtungen, Versuche und Ergebnisse, wodurch das theoretisch strukturierte Erfahrungswissen laufend induktiv erweitert wird. Über Galileis Eintreten für die Autonomie der so neu definierten Naturwissenschaft wird anlässlich der Erörterung seiner kirchenrechtlichen Verurteilung in Kap. II berichtet.

Wenige Jahre vor Galilei hatte der englische Politiker und Philosoph Francis Bacon (1561–1626) den neuzeitlichen englischen Empirismus über seine Schrift *Novum organum* (1620) begründet. Höchste Aufgabe der Wissenschaft ist nach Bacon die Naturbeherrschung: nur Wissen führt zur Macht über die Natur, nur nützliches Wissen zählt. Die einzig verlässliche Quelle der Erkenntnis ist die Erfahrung (Beobachtung und Experiment), die einzig richtige Methode die Induktion, die zur Erkenntnis der Gesetze fortschreitet; von da aus lässt sich dann wieder herabsteigen und zu Erfindungen gelangen, welche die Macht des Menschen über die Natur erweitern. Die Methode der Induktion unterscheidet sich nach Bacon von der Empirie wie folgt: »Die Empirie kommt nicht über das Besondere hinaus, sie schreitet immer nur von Erfahrungen zu neuen Erfahrungen, von Versuch zu neuen Versuchen; die Induktion dagegen zieht aus den Versuchen und Erfahrungen die Ursachen und allgemeinen Sätze heraus und leitet dann wieder neue Versuche und Erfahrungen aus diesen Ursachen und allgemeinen Sätzen oder Prinzipien ab.«

Die sich an den Fakten orientierende induktive Methode (bei Newton wegen der Hervorhebung der allgemeinen Sätze als Axiome auch »axiomatische Methode« genannt) erwies sich in der Folgezeit als äußerst erfolgreich. Als herausragende Vertreter dieses naturwissenschaftlichen Neubeginns gelten Isaac Newton (1643–1727), Entdecker der Gravitations- und Bewegungsgesetze und Verfasser der *Principia* (1687), Robert Boyle (1627–1691), Begründer der wissenschaftlichen Chemie und Christian Huygens (1629–1695), Entdecker der mechanischen Energieprinzipe. Die vorstehend genannten Begründer der neueren Naturwissenschaft, versuchten zwar diese Wissenschaft von aller Metaphysik freizuhalten, was nicht vollständig gelang, sie blieben dennoch gute Christen, die an Gott glaubten.

Den Ausgleich zwischen englischem Empirismus (Primat der Induktion) und kontinentalem Rationalismus (Primat der Deduktion) versuchte Immanuel Kant (1724–1804) in folgender Form: Die reine Vernunft ist auf das in der Erfahrung Gegebene einzuschränken. Auch wenn unsere Erkenntnis mit der Erfahrung anhebt, so wird sie doch von den Anschauungsformen geprägt, die vor aller Erfahrung, *a priori*, bereitliegen. Zu diesen Anschauungsformen gehören Raum, Zeit und Kausalität. Kant hat seine Laufbahn als Naturwissenschaftler begonnen (Kant-Laplacesche Theorie zur Entstehung des Welt- und Sonnensystems). Später fand er über die Kritik der Metaphysik zu den Kritiken der reinen und der praktischen Vernunft. Metaphysik ist für Kant nicht mehr die Wissenschaft vom Absoluten sondern die Wissenschaft von den Grenzen der menschlichen Vernunft. Kant lässt Gott nur noch als »Postulat der praktischen Vernunft« gelten, das weder bewiesen noch widerlegt werden kann. Damit ist die Metaphysik aus der Naturwissenschaft verbannt und Gott auf einen Bürgen der Sittlichkeit reduziert.

Die vorstehend beschriebenen Anfänge der neuzeitlichen Naturwissenschaft begründeten das »mechanistische Weltbild«, das von René Descartes philosophisch vervollkommnet wurde und das aristotelische Weltbild ablöste. Es wurde bis zur Mitte des neunzehnten Jahrhunderts auch für die nichtmechanischen Bereiche der sich rasch entwickelnden neuzeitlichen Physik maßgebend. Die von der Antike übernommene geometrische Optik wurde als mechanische Schwingungslehre weiterentwickelt, bis

James Maxwell (1871) das Licht als elektromagnetischen Wellenvorgang erklärte, der wiederum den Äther als Trägersubstanz voraussetzte. Dem folgte zu Beginn des zwanzigsten Jahrhunderts die Ergänzung der Wellentheorie des Lichts durch die Quantentheorie (Planck, Einstein). Die Wärmelehre oder Thermodynamik war ein anderes Teilgebiet der Physik, das als »mechanische Wärmetheorie« entwickelt werden konnte, nämlich ausgehend von der Vorstellung der ungeordneten Molekularbewegung. Von daher ergab sich die Unterscheidung zwischen dem Quantitätsmaß »Wärmeenergie« und dem Intensitätsmaß »Wärmetemperatur«, die bei der Entwicklung der Wärmekraftmaschinen eine ausschlaggebende Rolle spielte. Bei der Erforschung der Elektrizität ergab sich die formale Gleichheit des Coulombschen Gesetzes der elektrostatischen Kraftwirkung und des Newtonschen Gesetzes der Gravitation. Es folgte die Vorstellung des elektrischen Kraftfeldes (Michael Faraday), die in die elektromagnetische Feldtheorie einmündete (James Maxwell).

Das mechanistische Weltbild wurde von der Physik auf die Biologie, Neurophysiologie und Psychologie übertragen. Es liegt dem Materialismus zugrunde, dem sich insbesondere sozialistische Bewegungen verschrieben haben. Als »mechanistisch« oder genauer »kausalmechanisch« wird ein Weltbild bezeichnet, in dem alles Geschehen ausschließlich mechanisch erklärt und auf »Naturgesetze« zurückgeführt wird. Die Erscheinungen in der Natur werden aus der Bewegung von Materieteilchen (Korpuskel) unter der Wirkung von Kräften erklärt. Die Bewegung ist dem Gesetz von Ursache und Wirkung unterworfen (Kausalitätsprinzip), folglich determiniert und nach den Gesetzen der klassischen Mechanik berechenbar. Erklärungen aus Zwecken (Teleologie) werden nicht zugelassen. Das natürliche Weltgeschehen wird als eine endliche »Weltmaschine« gedeutet, die darin auftretenden Pflanzen und Tiere als »Automaten« ohne eine Seele (René Descartes). Der Baumeister dieser Weltmaschine und ihrer Automaten ist nach anfänglicher Vorstellung Gott, was im späteren Materialismus entfällt.

Das mechanistische Weltbild wurde später durch eigenwillige Sonderformen ergänzt, etwa durch das »energetische Weltbild« (Wilhelm Ostwald, 1853–1932). Als geistige Gegenbewegung zum mechanistischen Weltbild innerhalb der Naturwissenschaft trat der Vitalismus in Erscheinung, nach dem alles Leben einer besonderen Lebenskraft zu verdanken ist, die aber nicht nachgewiesen werden konnte.

5 Naturwissenschaft an ihrer Grenze – die Moderne

Das Weltbild der modernen Physik ist wesentlich komplexer als das der herkömmlichen Physik, aus der die mechanistische Sichtweise stammt (Weizsäcker 1985). Durch Albert Einsteins *Spezielle Relativitätstheorie* (1904), die sich auf geradlinig mit konstanter Geschwindigkeit sich bewegende Bezugssysteme (Inertialsysteme) bezieht, wurden die herkömmlichen *a priori* Anschauungen von Raum und Zeit durch ein an der Konstanz der Lichtgeschwindigkeit orientiertes Raum-Zeit-Kontinuum ersetzt. Durch Albert Einsteins *Allgemeine Relativitätstheorie* (1917), die sich auf beschleunigte Bezugssysteme bezieht, wurde die Geometrie des Weltraums nichteuklidisch beschrieben, eine Feldtheorie der Gravitation entwickelt und die Äquivalenz von Masse und Energie postuliert. Beide Theorien gelten als experimentell bestätigt. Die Quantentheorie des Lichts nach Max Planck (1900) und Albert Einstein (1905) sowie die Quantenmechanik der Atome nach Erwin Schrödinger, Werner Heisenberg, Niels Bohr, Pascual Jordan, Enrico Fermi und Paul Dirac (1925) hoben das Prinzip der stetigen Übergänge auf und ersetzten es durch sprunghaftes Verhalten. Die Unschärferelation nach Werner Heisenberg (1925) setzte der Messgenauigkeit im atomaren Bereich eine prinzipielle Grenze. Das Prinzip der Komplementarität von Welle und Korpuskel bei Photonen und Elektronen nach Niels Bohr (1925) – je nach Versuchsanordnung werden unterschiedliche Phänomene beobachtet – hob die der herkömmlichen Physik zugrundeliegende strenge Trennung von Subjekt und Objekt auf.

Die Bemühungen der Physiker, die Welt der subatomaren Elementarteilchen oder sogar alle Vorgänge im Mikro- und Makrokosmos (Kernkräfte und Gravitationskraft) mittels einer »Weltformel« einheitlich zu beschreiben, sind jedoch gescheitert. Der Erfolg der modernen Physik ist mehr in der Separierung der Einzelvorgänge begründet als in deren Verbindung zu ganzheitlichen Theorien, obwohl letztere in Teilbereichen ihre Bedeutung haben (z.B. Maxwells Theorie elektromagnetischer Wellen). Somit ist es an der Zeit, zuzugeben, dass die Physik ihr eigentliches Ziel verfehlt hat, nämlich zu erkennen, »was die Welt im Innersten zusammenhält« (Faust I, 382/383).

Die Grenzen des Weltbildes der modernen Physik ist den namhaften Vertretern des Fachs bewusst. Die Physik beschreibt und erklärt einen wichtigen Teilaspekt der Wirklichkeit, nämlich den des Physischen, der als unbelebte Natur sinnlich wahrnehmbar ist, aber eben nicht die ganze Wirklichkeit. Dabei fällt die immer unanschaulichere mathematische

Beschreibungsweise auf, die offenbar der eigentlichen Realität näher kommt als die sinnliche Wahrnehmung. Allerdings sind auch hinsichtlich der Mathematik prinzipielle Grenzen sichtbar geworden. Kurt Gödel (1931) wies nach, dass die Mathematik kein vollständiges und widerspruchsfreies axiomatisches System bereitstellen kann.

Auch wenn die Physik ihren Status als Leitwissenschaft behaupten konnte, so wurde sie doch in der Moderne durch zwei mächtige eigengesetzliche naturwissenschaftliche Wissensgebiete ergänzt. Das eine Wissensgebiet umfasst die Makro- und Mikrobiologie, deren Grundgesetze sich in der Evolution und Genetik ausdrücken. Das andere Wissensgebiet beinhaltet die Neurophysiologie des Gehirns sowie die Freudsche Psychoanalyse. In der Psychoanalyse wird der naturwissenschaftliche Grundsatz aufgegeben, zwischen beobachtendem Subjekt und beobachtetem Objekt zu unterscheiden. An seine Stelle tritt das intersubjektive Erfassen der objektivierbaren unbewussten Gegebenheiten.

Die Selbstbescheidung der modernen Physiker trotz der großartigen Erfolge der Physik steht im Einklang mit der Schichtenlehre des Seins, wie sie erstmals von Aristoteles konzipiert wurde. Er bestimmte fünf Schichten vom Urstoff über die Seele bis zum Geist. Die Seinsschichten sind dadurch gekennzeichnet, dass die jeweils höhere Schicht von der niedereren, stets stärkeren Schicht getragen wird, dieser Schicht gegenüber aber dennoch frei bleibt. So weist die höhere Schicht im Vergleich zur niedereren Schicht neue Eigenschaften mit neuen Gesetzlichkeiten auf. Nach der ontologischen Schichtenlehre ist es demnach unzulässig, von der Determiniertheit im Bereich der klassischen Mechanik auf eine ebensolche im Bereich des Lebendigen zu schließen, oder von der Gebundenheit im Bereich des Seelischen auf eine ebensolche im Bereich des Geistigen. Nach der Schichtenlehre sind teleologische (zweckgerichtete) Wirkungen (*causae finalis*) in den höheren Seinsschichten grundsätzlich möglich.

Die den Physikern heute selbstverständliche Selbstbescheidung lässt bei vielen Evolutionsbiologen, Genetikern und Neurophysiologen noch auf sich warten. Dies ist aus der historisch späteren Grundlegung dieser Wissenschaft zu erklären. Die definitiven Wissensgrenzen sind hier noch nicht markiert.

Aus den vorstehenden Ausführungen zum Entstehen der neuzeitlichen Naturwissenschaft geht hervor, dass metaphysische Aspekte in der physikalisch erfassten Wirklichkeit zunehmend ausgeschlossen wurden, was aber nicht gänzlich gelang, während sich der Gültigkeitsanspruch des mechanistischen Weltbildes ausweitete. Die zunehmende Säkularisierung der Wissenschaft drückte sich schließlich bei Kant in der Reduzierung von Gott auf ein Postulat und bei späteren Autoren in der Zurückweisung der Gottesvorstellung insgesamt aus.

Die glänzenden naturwissenschaftlichen Erfolge und die daraus abgeleiteten Ansprüche führten in einen Konflikt mit der Theologie der christlichen Kirchen und Glaubensgemeinschaften sowie, in geringerem Ausmaß, mit der philosophischen Theologie. Es kommt dies exemplarisch in der kirchlichen Zurückweisung des heliozentrischen Planetensystems (Kopernikus, Galilei), im Konflikt um die Evolutionstheorie (Darwin) und in der Auseinandersetzung über die Psychoanalyse (Freud) zum Ausdruck. Diese »drei Kränkungen der Eigenliebe des Menschen« (Freud 1989, *ibid.* III-18) und ihre theologischen Komplikationen werden im Folgenden näher betrachtet.

KAPITEL II

Prozess gegen Galilei – der Mensch nicht im Zentrum des Kosmos?

»Ich [Salviati] kann die Höhe der Intelligenz jener Männer nicht gebührend bewundern, die es [das kopernikanische System] empfangen haben – und es für wahr halten, die mit der Entschiedenheit ihres Urteils ihren eigenen Sinnen derart Gewalt angetan haben, dass sie nun vorziehen, was ihr Verstand ihnen diktiert, gegenüber dem, was ihre Sinneserfahrung offenbar als das Gegenteil darstellt. ... Meine Bewunderung ist grenzenlos, wenn ich bedenke, wie in Aristarch und Kopernikus der Verstand solch einen Angriff auf ihre Sinne unternehmen konnte, dass er sich zum Herrscher über ihren Glauben machte.«

Galileo Galilei: Dialogo (1632), Dritter Tag

1 Einführung und Inhaltsübersicht

Der Prozess gegen Galileo Galilei ist hervorragend geeignet, das Entstehen des neuen mechanistischen Weltbildes und den damit verbundenen Konflikt mit den andersartigen herkömmlichen Glaubensinhalten aufzuzeigen. Die Argumente auf Seiten der beiden Kontrahenten des Prozesses sind aktuell geblieben, wie die ungewöhnlich starke publizistische Beachtung des Falles durch Physiker und Literaten bis in die neueste Zeit zeigt. Vereinfachte Betrachtungsweisen sind unzulässig. Weder ist Galilei der »Märtyrer der Wissenschaft«, der von einer ignoranten römischen Kirche zum Widerruf gezwungen wird, noch war der Versuch Berthold Brechts gerechtfertigt, aus Galileis Verurteilung klassenkämpferisches Kapital zu schlagen.

Nachfolgend wird zunächst der Umschwung zur neuen Physik und Kosmologie zu Beginn der Neuzeit beschrieben, in den der Fall Galilei eingebunden ist. Dann werden die zum Prozess gegen Galilei führenden Vorgänge, das Prozessergebnis und die Nachwirkungen des Prozesses erläutert. Es folgt eine Darstellung der Grundzüge des seinerzeit überalteten aristotelischen und ptolemäischen Weltsystems sowie der Gegenströmung im Mittelalter. Schließlich wird der Fall Galilei aufgrund der gewonnenen Erkenntnisse schlussfolgernd bewertet.

Die Ausführungen fußen auf den detaillierten Angaben von Alistair Crombie zur Emanzipation der Naturwissenschaften, auf den Darlegungen von Max Jammer zur Entwicklung der Raumvorstellung, auf Karl Friedrich von Weizsäckers Vorlesungen zur Weltentstehung sowie auf den Erklärungen von Ivan Rožanskij zur antiken Astronomie (Crombie 1977, Jammer 1960, Weizsäcker 1964, Rožanskij 1984). Ein neueres Werk klärt über die Details der persönlichen und wissenschaftlichen Entwicklung von Johannes Kepler und Galileo Galilei auf (Padova 2009).

2 Neue Physik und Kosmologie

Umschwung zum heliozentrischen Weltsystem

Vorausgeschickt sei also ein Abriss des Umschwungs zur neuen Physik und Kosmologie zu Beginn der Neuzeit, als der Prozess gegen Galilei stattfand. Im Mittelalter waren die Naturphilosophie des Aristoteles und die darauf aufbauende Kosmologie des Ptolemäus anerkannt und durch christliche Theologen autoritativ bestätigt. Die Bevorzugung des geozentrischen Systems nach Hipparchos vor dem heliozentrischen System nach Aristarchos von Samos durch den Astronomen und Astrologen Ptolemäus aus

Alexandria war wohlbegründet. Eine hohe Umlauf- und Drehgeschwindigkeit der Erde war nach damaligem Kenntnisstand mit der direkten Erfahrung nicht im Einklang. Man beobachtete keinen Luftzug, kein Zurückbleiben oder Vorauseilen geworfener oder fallender Körper und keine Fixsternparallaxe. Die Parallaxe bezeichnet den Winkel, unter dem der Halbmesser der Erdumlaufbahn von einem Stern aus erscheint. Die Drehung der Himmelssphären erschien demgegenüber als plausibel.

Gegen das ptolemäische geozentrische Weltsystem wandte sich die neue Wissenschaft mit einem heliozentrischen Weltsystem, vorgetragen von den Naturforschern Kopernikus, Brahe (mit Einschränkung), Kepler, Galilei und Newton. Der neuen Wissenschaft ging es im Bereich der Kosmologie um die Synthese von Beobachtung, geometrischer Beschreibung und physikalischer Theorie. Die neue Physik war von platonischen Gedanken durchdrungen, darunter das Ideal der einfachen Kreisbewegung, die im ptolemäischen System mit seinen Deferenten, Epizyklen und Exzentern verloren gegangen war. Im Ergebnis war dann allerdings die Kreisbewegung durch eine Ellipsenbewegung zu ersetzen, und auch diese gilt nur in erster Näherung. Die erwähnten methodischen Neuerungen trugen entscheidend zum Sturz des alten Weltsystems bei.

Vollzieher des Umschwungs

Nikolaus Kopernikus (1473–1543), Kleriker, Astronom und Arzt im seinerzeit polnischen Frauenburg an der Ostsee, konzipierte ausgehend von mathematischen Betrachtungen auf Basis der ptolemäischen Daten ein heliozentrisches Weltsystem, in dem sich die Planeten einschließlich der Erde um die feststehende Sonne bewegen, wobei die Erde täglich eine Eigendrehung zusätzlich ausführt (*De revolutionibus*, 1543). Die Mittelpunkte der Kreisbewegungen liegen nicht im Zentrum der Sonne sondern in dessen Nachbarschaft, womit eine wechselnde Umlaufgeschwindigkeit dargestellt wird.

Tycho Brahe (1546–1601), Astronom, erst im dänischen Uraniborg und später in Prag, verbesserte die astronomischen Instrumente und dokumentierte die Ergebnisse systematischer Himmelsbeobachtungen. Diese besonders genauen Beobachtungsdaten wurden von Kepler und Galilei zur Bestätigung ihrer Theorien herangezogen. Als Weltsystem vertrat Brahe eine Mischform von Geozentrik und Heliozentrik, die die theologischen und physikalischen Schwierigkeiten der »reinen« Systeme vermeiden sollte: Mond, Sonne und Fixsterne bewegen sich um die feststehende Erde, während die fünf Planeten die bewegte Sonne umkreisen.

Johannes Kepler (1571-1630), Mathematiker, Astronom und Astrologe in Graz, Prag und Linz, versuchte die hinter den Himmelserscheinungen verborgenen Harmonien und deren Verbindung zu den göttlichen Personen der Dreifaltigkeit induktiv zu begründen. Dabei fand er unter strenger Beachtung der Beobachtungsdaten die drei Keplerschen Gesetze (*Astronomia nova*, 1609 und *Harmonices mundi*, 1619). Das erste Keplersche Gesetz besagt, dass sich die Planeten (einschließlich der Erde) auf Ellipsenbahnen bewegen, in deren einem Brennpunkt die feststehende Sonne sich befindet (Beobachtungsdaten von Tycho Brahe). Nach dem zweiten Keplerschen Gesetz bewegen sich die Planeten mit ungleichmäßiger Geschwindigkeit so, dass die Verbindungslinie zwischen Sonne und Planet in gleichen Zeitabständen gleich große Flächen überstreicht (Beobachtungsdaten zum Marsumlauf). Schließlich wird im dritten Keplerschen Gesetz festgestellt, dass die Quadrate der Umlaufzeiten der Planeten sich wie die dritten Potenzen der mittleren Entfernungen zwischen Sonne und Planeten verhalten (empirischer Befund). Nach Überzeugung von Kepler kann es nur fünf Planetenbahnabstände (also sechs Planeten einschließlich der Erde) geben, die den fünf regelmäßigen Polyedern nach Platon zugeordnet sind.

Galileo Galilei (1564-1642), Mathematiker, Physiker und Astronom in Padua und Florenz, ist der Begründer der neuen Physik auf Basis der Mechanik mit der zentralen Stellung von Beobachtung, Experiment, mathematischer Beschreibung und induktiver Schlussfolgerung. Als Physiker entdeckte er die Fallgesetze und vollzog damit den ersten Schritt in Richtung auf die Trägheitsgesetze der Dynamik. Als Astronom entdeckte er die Jupitermonde sowie die Phasen der Venus und setzte sich scharfsinnig und eloquent für das kopernikanische heliozentrische Weltsystem ein. Letzteres brachte ihn in Konflikt mit der römischen Kirche.

Isaac Newton (1642-1727), englischer Mathematiker und Physiker, vollendete die vor ihm durch Galilei und Huygens in Teilbereichen geschaffene Mechanik durch die Formulierung der drei Bewegungsgesetze (*Philosophiae naturalis principia mathematica*, 1687). Das Trägheitsgesetz besagt, dass ein kräftefreier Körper im Zustand der Ruhe oder der geradlinigen gleichförmigen Bewegung verharrt. Die Kraft wird als zeitliche Änderung der Bewegungsgröße »Masse mal Geschwindigkeit« definiert. Schließlich wird festgestellt, dass jeder Kraft eine gleich große Gegenkraft entspricht. Newton begründete außerdem die Himmelsmechanik auf Basis des von ihm formulierten Gravitationsgesetzes in Verbindung mit den vorstehenden Bewegungsgesetzen. Nicht nur die Bewegung der Planeten und ihrer Monde konnte so beschrieben werden (Erklärung der Keplerschen Gesetze), sondern auch die Gezeitenbewegung der Weltmeere, die Kreiselbewegung der Erdachse (Präzession, Schiefe der Ekliptik 23,5°, Periode 26000 Jahre) und die Kometenbahnen. Die klassische Mechanik der Himmelskörper hat durch Newton ihre Vollendung erfahren.

3 Prozess gegen Galilei

Ausgangslage des Prozesses

Nunmehr werden die Vorgänge beschrieben, die zum Prozess gegen Galilei führten. Die Auseinandersetzung entzündete sich am kopernikanischen heliozentrischen Weltsystem. Dieses muss deshalb zunächst betrachtet werden. Kopernikus war seinerzeit in Frauenburg im polnisch-katholischen Bistum Ermland, zwischen Danzig und Königsberg gelegen, als Kleriker und Astronom tätig. Er hatte aufgrund mathematischer Untersuchungen dem heliozentrischen Weltsystem den Vorzug gegeben, in dem die Planeten und die Erde sich in exzentrischen Kreisen um die feststehende Sonne bewegen, wobei sich die Erde zusätzlich täglich einmal um sich selbst dreht. Dieses Konzept widersprach dem allgemein anerkannten und auch kirchlich sanktionierten ptolemäischen geozentrischen Weltsystem, in dem sich Himmelssphären um die feststehende Erde drehen. Das zugehörige Manuskript war 1532 fertiggestellt, wurde jedoch nicht publiziert, weil Kopernikus den Spott seiner Mitmenschen fürchtete. Martin Luther hatte ihn bereits einen Narren genannt. Der Papst hatte jedoch von dem Manuskript gehört und befürwortete nach Prüfung desselben die Publikation. Diese erfolgte 1543 in Nürnberg mit dem Titel *De revolutionibus orbium coelestium*. Sie war Papst Paul III. gewidmet. Der lutherische Theologe Andreas Osiander hatte dazu ein Vorwort verfasst, welches den hypothetisch-mathematischen Charakter der Abhandlung hervorhob, obwohl Kopernikus durchaus auch die physikalische Realität meinte.

Der in Padua und Florenz wirkende Mathematiker, Physiker und Astronom Galilei machte sich zum scharfsinnigen und eloquenten Fürsprecher des kopernikanischen heliozentrischen Weltsystems, weil es in besonderer Weise seine Auffassung einer mathematisch-physikalischen Kosmologie stützte. Galilei wollte nicht die römische Kirche herausfordern, der er als gläubiger Katholik angehörte. Es ging ihm innerhalb dieser Kirche um das rechte Verhältnis von naturwissenschaftlicher Erkenntnis und göttlicher Offenbarung. Er berief sich auf die Aussage des Kirchenvaters Augustin, Gott sei der Verfasser zweier Bücher, des Buches der Natur[wissenschaft] und des Buches der Schriftoffenbarung. Das Buch der Natur ist nach Galilei in der Sprache der (seinerzeit geometrischen) Mathematik geschrieben und zielt auf physikalische Theorien. Die Heilige Schrift enthält demgegenüber keine physikalische Theorie, sondern offenbart die sittliche Bestimmung des Menschen. Was die Heilige Schrift zur Physik aussagt, ist bildlich und nicht wörtliche zu nehmen. Galilei war überzeugt davon, dass sich bestimmte Naturauffassungen als notwendig beweisen lassen und dass die experimentelle Bestätigung der Theorie »unbezweifelbare Gewissheit« schaffen kann.

Dem Kurienkardinal Robert Bellarmine, der bereits das Urteil im Prozess gegen Giordano Bruno zu fällen hatte, war aufgetragen worden, Galilei zu veranlassen, seine Schlussfolgerungen abzuschwächen. Er sollte sie als »wahrscheinliche Meinung« und »plausible Vermutung«, jedoch keineswegs als »unbezweifelbare Gewissheit« ausgeben. Er sollte sich damit begnügen, hypothetisch (*ex suppositione*) und nicht absolut zu sprechen. Die mit dem aristotelischen Weltsystem verträgliche Auslegung der Heiligen Schrift dürfe nicht in Frage gestellt werden, zumal das gegenreformatorische Konzil von Trient (1545–1563) dieses Weltbild ausdrücklich bestätigt hatte.

Zum Prozess der römischen Inquisition gegen den umtriebigen Naturphilosophen Giordano Bruno (1548–1600), der mit der Hinrichtung Brunos auf dem Scheiterhaufen endete, ist in diesem Zusammenhang anzumerken, dass sich dieser Prozess auf häretische Ansichten zur Inkarnation und Trinität bezog und dass die vom aristotelischen Weltbild abweichende Kosmologie nur am Rande eine Rolle spielte.

Im Jahr 1616 erklärten die Gutachter des Heiligen Offiziums das kopernikanische Weltsystem für philosophisch und theologisch absurd, zwar nicht als Häresie, wohl aber als Glaubensirrtum. Die Indexkongregation setzte daraufhin kleinere redaktionelle Änderungen an *De revolutionibus* per Dekret fest, während Galilei, um den es eigentlich ging, aufgegeben wurde, nicht mehr zu behaupten, die Sonne stehe »wirklich« unbewegt im Zentrum des Weltsystems und die Erde bewege sich »wirklich« um sie, sondern nur »hypothetisch« zur mathematischen Beschreibung (*quamvis hypothetice*).

Eigentlicher Prozess

Galilei fügte sich dem Dekret, wartete aber auf eine Gelegenheit, die vermeintliche Richtigkeit seiner Überzeugung dennoch nachzuweisen. Eine solche Gelegenheit schien sich ihm mit der Wahl des Papstes Urban VIII. zu eröffnen, der vormals in Florenz über die Academia dei Lincei mit ihm verbunden war. Galilei verfasste und publizierte 1632 mit Imprimatur des Bischofs von Florenz seine Schrift *Dialog über die beiden hauptsächlichsten Weltsysteme, das ptolemäische und das kopernikanische*. In den Dialogen dieser Schrift verficht Salviati mit Scharfsinn und Logik das kopernikanische Weltsystem. Sagredo, ein gebildeter Laie, lässt sich von der Richtigkeit dieses Systems überzeugen, während Simplicio als Vertreter der aristotelischen Schulgelehrsamkeit einen schweren Stand hat. Obwohl Galilei in dem vom Papst gewünschten Vor- und Nachwort auf den hypothetischen Charakter der Aussagen hinweist, kommt im eigentlichen Text allzu auffällig das Gegenteil zum Ausdruck.

Der Papst fühlte sich daher mit einigem Recht hintergangen. Galilei wurde daher von der römischen Inquisition angeklagt, das Dekret von 1616 nicht befolgt zu haben. Die *Dialoge* wurden auf den Index gesetzt. Galilei selbst wurde 1633 gezwungen, vor zehn Richterkardinälen des Heiligen Offiziums dem Glauben an die kopernikanischen Thesen abzuschwören. Er wurde anschließend in seinem Landgut bei Florenz unter Hausarrest gestellt. Dort konnte er weiterhin mit Fachkollegen und Schülern Umgang pflegen, insbesondere aber sein 1638 in Leiden publiziertes Hauptwerk *Discorsi (Unterredungen und mathematische Beweise über zwei neue Wissenszweige zur Mechanik und zur Lehre von den Ortsbewegungen)* verfassen, das die materialwissenschaftlichen und mechanischen Studien aus der Zeit in Padua zusammenfasst. Mit diesem Werk wird die aristotelische Physik endgültig widerlegt und der Weg für die neue Physik freigemacht.

Als Pointe ist anzumerken (Padova 2009), dass der ursprüngliche Titel von Galileis strittigem Werk von 1632,»Dialog über Ebbe und Flut«, auf Verlangen des Papstes auf den gedruckten Titel, der auf die Weltsysteme Bezug nimmt, abgeändert wurde. Galileis Beweis des kopernikanischen Systems auf Basis seiner Gezeitentheorie war nämlich unzutreffend, weil seine Gezeitentheorie falsch war. Das Werk wäre daher unter seinem ursprünglichen Titel wohl kaum als überzeugende Gegenposition zur Lehre der Kirche wahrgenommen worden.

Folgen des Prozesses

Die Verurteilung Galileis und die Zurückweisung des kopernikanischen Weltsystems brachte die Naturphilosophie und Astronomie in den römisch-katholischen Ländern ein Jahrhundert lang in eine schwierige Lage, war aber keineswegs für die wissenschaftliche Weiterentwicklung allzu hinderlich. Allerdings hatte das Dekret von 1616 die Merkwürdigkeit zur Folge, dass Newtons Werk *Principia* (1687) mit dem Hinweis publiziert wurde, das dargestellte Weltsystem sei »hypothetisch«, obwohl Newton nicht der römischen Kirchengerichtsbarkeit unterstand und sein Beweis für die zentrale Stellung der Sonne aufgrund des nunmehr vorausgesetzten Gravitationsgesetzes überzeugender war als der des Galilei. Als der Jesuitenschüler Descartes 1644 die kopernikanische Kosmologie in sein Werk *Principia philosophiae* aufnahm, gab er seine physikalische Theorie vorsichtshalber als »Fiktion« aus. Er ängstigte sich wegen des gegen Galilei ergangenen Urteils.

Im übrigen wurde schnell erkannt, dass die Zurückweisung der kopernikanischen Thesen im Urteil gegen Galilei keine Verdammung als Irrlehre, sondern lediglich die Feststellung des Glaubenswiderspruchs bedeutete. Es setzte sich die Meinung durch, dass astronomische Fragen nicht durch die Heilige Schrift entschieden werden können, entsprechende Bibelstellen also nicht wörtlich, sondern im bildlichen Sinn zu verstehen sind. Genau dies hatte auch schon Galilei gefordert. So wurde das antikopernikanische Dekret von 1616, allerdings erst 1757, von Papst Benedikt XIV. annuliert und die Argumentation von Bellarmine gegenüber Galilei 1893 von Papst Leo VIII. als fundamentalistisch verworfen. Dem haben moderne Denker überraschenderweise widersprochen (Crombie 1977), so der französische Physiker Pierre Duhem (1908) und der englische Philosoph Karl Popper (1956). Durch Beobachtungen bzw. Experimente könnten Theorien nur falsifiziert, aber nicht verifiziert werden. Das ptolemäische Weltbild wurde zwar falsifiziert, aber das kopernikanische System musste deshalb nicht wahr sein.

4 Aristotelische Physik und ptolemäisches Weltsystem

Aristotelische Raum-, Orts- und Bewegungsvorstellung

Galilei hat sich gegen die aristotelische Physik und das ptolemäische Weltsystem gewandt, zugunsten der neuen Physik und des kopernikanischen Weltsystems. Die aristotelische Raum-, Orts- und Bewegungsvorstellung und das ptolemäische Weltsystem werden daher nachfolgend erläutert.

Aristoteles hat den heute geläufigen und schon von Demokrit in die Physik eingeführten körperunabhängigen Raumbegriff ausdrücklich abgelehnt (Jammer 1960). Nach Aristoteles gibt es keinen vom Körper unabhängigen Raum, also auch keinen unendlichen oder leeren Raum. Er gebraucht ausschließlich den Begriff »Ort« (topos) und entwickelt eine Theorie des Ortes, das ist in heute geläufiger Sprache eine Theorie der Stellungen im Raum. Was als »Raum« bezeichnet wird, ist demnach die Gesamtheit aller von einem Körper eingenommenen Örter. Umgekehrt sind diese Örter der Teil des Raumes, dessen Grenzen mit den Grenzen des einnehmenden Körpers zusammenfallen. Die Definition des Aristoteles lautet: Der Ort ist die anliegende Hülle des umschlossenen Körpers. Der umschließende Körper berührt überall den umschlossenen, ein leerer Raum ist unmöglich. Der Ort ist ein Akzidenz des Körpers. Er existiert also nicht unabhängig vom Körper. Jeder Ort hat ein Oben und Unten, wodurch der Raum zum Träger qualitativer Verschiedenheit wird.

Die Theorie des Ortes führt zur aristotelischen Erklärung der Bewegung. Jeder Körper besitzt eine ihm eigene Bewegungstendenz. Irdische Körper bewegen sich natürlicherweise in Richtung auf die Erde als dem Zentrum des Kosmos, wenn sie schwer sind, oder in entgegengesetzter Richtung, wenn sie leicht sind. Jede davon abweichende Bewegung kann nur gewaltsam, unter Einfluss einer äußeren Kraft, realisiert werden. Himmlische Körper, andererseits, bewegen sich ihrer Natur nach gleichmäßig auf Kreisbahnen, in deren Zentrum die unbewegte Erde steht. Bewegung ist der Übergang von der Möglichkeit zur Wirklichkeit. Als Ursache wird das Wirken einer Kraft vorausgesetzt, das über den Zeitraum der Bewegung anhält, denn der permanente Widerstand der Umgebung, etwa der Luft, muss überwunden werden. Die Dynamik des Aristoteles ist eine Dynamik von Körpern, die sich in materieller Umgebung bewegen.

Der Ortstheorie des Aristoteles steht die von ihm abgelehnte Raumtheorie der Atomisten Demokrit und Leukipp gegenüber. Nach dieser Theorie ist das Universum die Gesamtheit des Vollen und Leeren, der materiellen Atome und der Leerräume dazwischen (*diastemata*). Volles und Leeres sind zueinander komplementär. Da die Zahl der Atome unendlich groß ist, sind es auch die Zwischenräume. Somit ist auch das Universum unendlich groß. Von Epikur, Zeitgenosse von Aristoteles, wird nach Lukrez erstmals ausgesprochen, dass die Körper im Leeren, also im Raum ihren Ort haben, in dem sie sich bewegen. Der Raum ist demnach von den Körpern unabhängig, er ist das unendliche Gefäß der Körper geworden. Die Unendlichkeit des Raumes wird anschaulich damit begründet, dass nur so ein Mensch, an die vermeintliche Grenze des Raumes gestellt, seine Hände ausstrecken oder einen Speer schleudern könne.

Der Begriff des von den Körpern unabhängigen unendlichen Raumes wurde auch durch die jüdische Theologie gestützt. Hier wurde schon sehr früh das hebräische Wort »Raum« für Gott verwendet. Über den Raum manifestiert sich die Allgegenwart Gottes. Der Monotheismus begründete die Einheitlichkeit und Unendlichkeit des Raumes. Später, im Neuplatonismus der Antike, wurden Raum und Licht gleichgesetzt und das Licht als Manifestation Gottes aufgefasst (Plotin, Proklos). Die Spekulationen zur Gleichsetzung von Gott, Raum und Licht treten im Begriff des absoluten Raumes bei Newton erneut in Erscheinung. Nach der speziellen und allgemeinen Relativitätstheorie (Einstein) wird der herkömmliche Raumbegriff ebenso wie der Begriff des körperlichen Objektes durch den Begriff des Feldes überwunden. Das unter Einschluss der Zeit vierdimensionale Feld ist der Inbegriff des Realen. Erneut erscheint die aristotelische Aussage: »Es gibt keinen leeren Raum«. Im modernen Sinn ist damit die Feststellung gemeint: »Es gibt keinen Raum ohne Feld«.

Aristotelische Kosmologie

Die beschriebene Ortstheorie des Aristoteles und die damit verbundene Bewegungslehre bilden die Grundlage der Kosmologie des Aristoteles. Im Zentrum des Kosmos befindet sich die Erde. Sie hat Kugelgestalt, weil dies die denkbar vollkommenste Gestalt ist. Die Erdkugel ist unbewegt. Sie dreht sich auch nicht um sich selbst. Hinsichtlich der Bewegung der Himmelskörper stützt sich Aristoteles auf ältere Vorbilder (Eudoxos, Kallippos). Was jedoch dort nur ein Modell der mathematischen Beschreibung war, wird bei Aristoteles zur Mechanik einer materiellen Wirklichkeit.

Der Kosmos »jenseits des Mondes« setzt sich aus einer Folge von Kugelschalen in unterschiedlichen Abständen zusammen, die aus durchsichtigem Äther bestehen und sich mit verschiedener Geschwindigkeit gleichmäßig um unterschiedliche Achsen drehen. An einigen dieser Schalen sind die kugelförmigen Himmelskörper aus leuchtendem Äther befestigt. Die äußerste Kugelschale, die der Fixsterne, dreht sich einmal täglich um die Weltachse. Sie zieht die innen anliegende äußere Schale des Saturn mit sich, diese wiederum die anschließende Saturnschale, die zusätzlich die Eigenbewegung des Saturn um die senkrecht zu dessen Ekliptik stehende Achse vollführt. Es folgen in unterschiedlichen Abständen die Schalen von Jupiter, Mars, Merkur, Venus, Sonne und Mond. Damit sich die Eigendrehungen der einzelnen Kugelschalen nicht den nachfolgenden Schalen mitteilen, werden Zusatzschalen eingezogen, die durch Gegendrehung die unerwünschte Beeinflussung aufheben. Auf diese Weise ergeben sich bei Aristoteles 56 Himmelssphären.

Die Frage nach der Ursache der Bewegungen der Himmelssphären wird von Aristoteles nicht eindeutig beantwortet. Teils ist die Bewegung der äußersten Sphäre eine göttliche Eigenschaft, teils eine von Gott als

»erstem Beweger« ausgeübte Wirkung. Zusätzliche untergeordnete Beweger sind für die Bewegung der weiter innen liegenden Sphären verantwortlich. Im Mittelalter hat Thomas von Aquin dieses Konzept an die Bedürfnisse der christlichen Theologie angepasst. Engel und verstorbene Heilige wurden in den Himmelssphären untergebracht.

Ptolomäisches Weltsystem

Das nur qualitativ ausgearbeitete geozentrische Weltsystem des Aristoteles wurde von Hipparchos hinsichtlich des Sonnengangs durch die geometrisch quantifizierte Epizyklentheorie wesentlich erweitert (Rožanskij 1984). Hipparchos konnte folgenden Zusammenhang zeigen: Wenn die Periode des Epizykelumlaufs der Periode des Grundkreisumlaufs entgegengesetzt ist, resultiert eine ungleichförmige Kreisbewegung, deren Zentrum versetzt ist (Exzenter).

Diese Epizyklentheorie wurde von Ptolemäus, Astronom und Astrologe im hellenistischen Alexandria, verbessert und nicht nur auf den Sonnenlauf sondern auch auf die Umläufe der Planeten und des Mondes angewendet. Sein diesbezügliches Werk *Mathematisches System* (Titel aus dem Griechischen übersetzt) ist unter dem arabischen Namen *Almagest* überliefert. Neben den eigenen Beobachtungsergebnissen wurden die Angaben der antiken Vorgänger und die langzeitig gesammelten Himmelsdaten der Babylonier und Assyrer verwendet. Aus diesen Vorgaben waren für jeden Planeten sowie für Sonne und Mond folgende Größen zu bestimmen: Epizykel, Epizykelzentrumskreis (Deferent), Exzenter, punctum aequans sowie die Neigung der Ekliptik und der Umlaufebenen. Damit war eine relativ genaue Beschreibung der seinerzeit ohne Fernrohr beobachtbaren Himmelsphänomene möglich, aber das geometrisch-mathematische Modell war äußerst kompliziert geworden. Die Suche nach einer einfacheren Beschreibung der Phänome war die Folge. Sie wurde schließlich auf Basis des heliozentrischen Systems des Kopernikus gefunden, dessen größere Einfachheit, Symmetrie, Ordnung und Harmonie Galilei zum Wahrheitskriterium erhob.

Im Hinblick auf die weitere geschichtliche Entwicklung der Astronomie ist anzumerken, dass zusammen mit der Verfügbarkeit der babylonischen und assyrischen Beobachtungsdaten, auch die von der babylonischen Priesterkaste, den Chaldäern, entwickelte Astrologie übernommen wurde. Ptolemäus hat dazu sein vierbändiges Werk *Tetrabiblos* geschrieben, das bei den der Wahrsagerei vertrauenden Römern großen Anklang fand. Dieser von den Machthabern ebenso wie vom einfachen Volk erwarteten astrologischen Dienstleistung, darunter das gutbezahlte Stellen von Horoskopen, mochten sich die Astronomen nicht entziehen. Bekanntlich verstand sich auch noch Kepler als »Mathematicus« im Sinne der frühgeschichtlichen Verbindung von Mathematik und Astrologie. Er hat versucht, die Grundlagen der Astrologie als zuverlässig nachzuweisen. Erst mit Galilei wurde die Astrologie durch das neue wissenschaftliche Weltbild überwunden. Bemerkenswerterweise stand aber noch im gesamten 17. Jahrhundert die Astrologie hoch im Kurs, und auch heute noch wird sie von manchen Zeitgenossen ernsthaft betrieben.

5 Bewertung der Streitfrage des Prozesses

Im Prozess gegen Galilei ging es vordergründig um die Frage, ob das ptolemäische oder kopernikanische Weltsystem der Wirklichkeit entspricht. Die römische Kirche hielt am ptolemäischen System fest, während Galilei das kopernikanische System vertrat. Kinematisch betrachtet sind die beiden Systeme gleichwertig. Man kann nach Ptolemäus die Erde als unbewegt einführen und von diesem Standpunkt aus alle Bewegungen geometrisch und mathematisch beschreiben, oder man kann nach Kopernikus die Sonne als unbewegtes Zentrum wählen. In den zwei unterschiedlichen Systemen lassen sich die Phänomene mit gleicher Genauigkeit darstellen, mathematisch ausgedrückt, die beiden Systeme sind ineinander transformierbar.

Das ptolemäische System war aber durch Anpassungen »zur Rettung der Phänomene« äußerst kompliziert geworden. Je zwei Kreisbewegungen wurden überlagert, die Zentren der Grundkreise mussten vom Zentrum der Erde versetzt werden, die strenge Konstanz der Winkelgeschwindigkeit war aufgegeben. Das kopernikanische System war demgegenüber einfacher, aber bekanntermaßen auch ungenauer. Zur Verbesserung der Genauigkeit hätte es ähnlicher Anpassungen wie im ptolemäischen System bedurft. Die von Kepler vollzogene eigentliche Verbesserung war nicht in der Zentrallage der Sonne begründet, sondern in der Einführung elliptischer Umlaufbahnen an Stelle der Kreisbahnen, was allerdings nur im kopernikanischen System praktikabel war. Galilei hatte diese Modifikation zurückgewiesen, obwohl ihm Keplers Buch »Neue Astronomie« mit den elliptischen Bewegungsbahnen vorlag. Es ist also keines der beiden Systeme kinematisch bevorzugt, aber die genauere mathematische Beschreibung erweist sich im kopernikanischen System als wesentlich einfacher und eleganter. Erst mit dem Newtonschen Gravitationsgesetz ließ sich die herausgehobene Stellung der Sonne auch physikalisch begründen.

Wie ist aber dann die Überzeugung Galileis zu erklären, nur das kopernikanische System entspreche der Wirklichkeit? Galilei und die ihm folgenden Wissenschaftler des 17. Jahrhunderts waren von dem Glauben durchdrungen, über die Kombination von Messungen unter stark vereinfachten Versuchsbedingungen, dem Experiment, und abstrakter, mathematisch formulierter Theorie lasse sich die eigentliche Wirklichkeit hinter den Phänomenen darstellen. Dies ist eine Position im Einklang mit dem in Florenz seinerzeit populären Platonismus, aber sie geht über Platon hinaus (Crombie 1977). Platon hatte gelehrt, die sinnlich wahrnehmbare Welt sei nur ein Abbild der eigentlichen transzendenten Welt der Ideen und geometrischen Formen. Daher biete die Physik keine absolute Wahrheit sondern nur eine wahrscheinliche Darstellung. Galilei erklärte im Gegensatz dazu, die reale Welt sei von absolut gültigen Gesetzen beherrscht, die sicher erkannt werden können. Mit dieser Position wurde der Physik des Aristoteles mit ihren unterschiedlichen Qualitäten, Örtern und Bewegungen widersprochen, es wurde jedoch mehr behauptet als rational gerechtfertigt werden konnte. Insbesondere der Anspruch absoluter Gültigkeit der »Naturgesetze« blieb unbewiesen.

Per Dekret von 1616 war Galilei aufgetragen worden, nicht mehr zu behaupten, die Erde bewege sich »wirklich« und die Sonne sei »wirklich« unbewegt, sondern diese Angaben als Hypothesen zu kennzeichnen. Dies stand im Einklang mit dem seinerzeit rational vertretbaren Stand des Wissens. Demgegenüber sprach Galilei dem kopernikanischen Weltsystem »unbezweifelbare Gewissheit« zu. Dies musste zum Konflikt mit den Vertretern der römischen Kirche führen, die den unbedingten Gültigkeitsanspruch der Heiligen Schrift gefährdet sahen. In dieser wird von sich bewegender Sonne und stillstehender Erde gesprochen, etwa beim Anhalten von Sonne und Mond durch Josua vor der Schlacht von Gideon (Josua X, 12/13) oder bei der Bekräftigung des Stillstands der Erde in Psalm 93. Die Kirche verlangte lediglich, dass die Angaben der Schrift Vorrang haben vor den nicht bewiesenen Hypothesen des kopernikanischen Systems.

Zum Prozess um Galilei kam es, weil beide Seiten zu einer Verschärfung der Lage beitrugen. Galilei verhielt sich nicht wie ein zurückgezogen lebender, nur seiner Wissenschaft ergebener Forscher, sondern wie ein umtriebiger und scharfzüngiger Agitator, der sich mit dem aristokratisch geprägten intellektuellen Establishment seiner Zeit anlegte und damit öffentlich Aufmerksamkeit erregte. Die Kirche wiederum hatte sich über die Beschlüsse des Konzils von Trient unter Führung des Jesuitenordens gegenreformatorisch neu aufgestellt. Sie neigte dem Trend der Zeit entsprechend einer absolutistischen Amtsführung zu. Die im Mittelalter zur Zeit der Scholastik begrenzt zugestanden Autonomie des philosophischen Denkens wurde nicht mehr zugelassen. Somit kann im Prozess um Galilei eine innerkirchliche Auseinandersetzung zwischen der geforderten Autonomie der Wissenschaft und dem Absolutismus bzw. Totalitarismus der Amtskirche gesehen werden. Aber nicht nur der Absolutismus bzw. Totalitarismus der Kirche ist anzumerken, sondern ebenso der missionarische Eifer, mit dem Galilei seine »unumstößliche Wahrheit« verkündete. In gewisser Weise setzt sich darin die herkömmliche religiöse Überheblichkeit und Unduldsamkeit des Christentums Andersgläubigen gegenüber in säkularer Form fort. Dennoch bleibt festzuhalten, dass die römische Kirche einen ihr treu ergebenen und weltgeschichtlich bedeutsamen Gläubigen zu einem entwürdigenden Widerruf gezwungen hat.

6 Doppelte Wahrheit und Wirklichkeit

Abschließend ist die in der Überschrift des Kapitels gestellte Frage »Der Mensch nicht im Zentrum des Kosmos?« auf Basis der vorstehend mitgeteilten Fakten zu beantworten. Die Antwort ist abhängig davon, welche Wirklichkeit mit der Frage gemeint ist. Der Glaube, es gebe nur eine einzige Wirklichkeit, liegt zwar in Analogie zum Glauben an einen einzigen Gott nahe, widerspricht aber der Erfahrung in den verschiedenen Bereichen des Lebens. Dennoch sucht der Mensch nach der einen Wirklichkeit hinter der Vielfalt der Erscheinungen, die dann notwendigerweise nur als transzendent und metaphysisch gedacht werden kann.

Im Konflikt zwischen Naturwissenschaft und Glauben geht es um zwei grundlegend unterschiedliche Wirklichkeiten. Die Scholastik des Mittelalters unterschied das »Buch der Natur[wissenschaft]«, in dem sich Gott zu erkennen gibt, und das Buch der Offenbarung, die Heilige Schrift, in der Gott dem Menschen seinen Heilsplan darlegt. In den zwei Bereichen gelten unterschiedliche Wirklichkeits- bzw. Wahrheitskriterien. Die Fakten des Naturwissenschaftlers sollten objektiv feststellbar sein, die Aussagen des Theologen dagegen sollten schriftkonform sein. Beide Kriterien gelten nicht voraussetzungslos. Der Naturwissenschaftler kann nur dann verifizieren oder falsifizieren, wenn er eine Gesetzmäßigkeit als Grundlage des Sachverhalts voraussetzt. Der Theologe wiederum behauptet die Wahrheit der Heiligen Schrift im Zirkelschluss über die Glaubwürdigkeit der in der Heiligen Schrift aufgerufenen Zeugen. Wird dagegen anstelle der Heiligen Schrift die augenblickliche mystische Einheits- oder Gotteserfahrung gesetzt, dann wird auch hierbei vorausgesetzt, dass es eine einheitlich erfahrbare objektive Welt mit göttlichem Grund gibt und nicht nur den Blick in die subjektiven seelischen Abgründe.

Aus den vorstehenden Ausführungen geht hervor, dass es weder im Bereich der Wissenschaft noch im Bereich des Glaubens und auch nicht im Bereich der mystischen Gotteserfahrung die voraussetzungslose Einheit der Wirklichkeit gibt, dass die Voraussetzungen sich unterscheiden und dass daher die Wirklichkeiten in den betrachteten Bereichen nicht identisch sein können.

Eingedenk der Aussage Platons, dass alle sinnlich wahrnehmbaren Phänomene nur ein unvollkommenes Abbild der eigentlichen höheren Wirklichkeit sind, ist die Lehre des Averroes von der doppelten Wahrheit oder Wirklichkeit zu akzeptieren. Demnach drückt sich die eine Wirklichkeit im Naturgeschehen aus, zuständig sind Naturphilosophie und Naturwissenschaft. Die andere Wirklichkeit manifestiert sich im heilsgeschichtlichen Geschehen, zuständig ist die Religion bzw. Theologie. Werden in der Heiligen Schrift naturwissenschaftlich relevante Aussagen gemacht, dann sind diese bildlich und nicht wörtlich zu nehmen. Andererseits können Naturphilosophie und Naturwissenschaft keine Aussagen zur Bestimmung des Menschen machen. Diese Einschränkung ist im Mittelalter vor Galilei tendenziell beachtet worden. Leider wurde sie in der Neuzeit nach Galilei mit verheerenden Folgen missachtet, insbesondere von der sich wissenschaftlich gebenden Ideologie des dialektischen Materialismus.

Im naturwissenschaftlich beschriebenen Weltsystem haben weder Erde noch Mensch eine zentrale Stellung. Im religiösen Weltbild dagegen ist die Stellung des Menschen und somit auch der Erde zentral. Auch der Mystiker erfährt seine innere Welt im Zentrum der äußeren Umwelt. Man sollte sich nicht scheuen, diese zwei grundlegenden Wirklichkeiten als kompatibel im Rahmen einer höheren Wirklichkeit zu akzeptieren.

KAPITEL III

Evolutionstheorie von Darwin – der Mensch ein höherer Affe?

»Es ist wahrlich etwas Erhabenes um die Auffassung,
dass der Schöpfer den Keim alles Lebens, das uns umgibt,
nur wenigen oder gar nur einer einzigen Form eingehaucht hat und
dass aus einem schlichten Anfang eine unendliche Zahl der schönsten
und wunderbarsten Formen entstand und noch weiter entsteht.«
»Licht wird auch auf den Ursprung des Menschen
und seine Geschichte geworfen werden.«

Charles Darwin: Über die Entstehung der Arten (1859), Schlussbemerkungen

1 Einführung und Inhaltsübersicht

Mit der Publikation der Evolutionstheorie im Jahr 1859 durch Charles Darwin verschärfte sich der Konflikt zwischen den Naturwissenschaften und den herkömmlichen religiösen Glaubensüberzeugungen ganz erheblich. Das bisherige Weltbild einer durch einmaligen Schöpfungsakt entstandenen natürlichen Umwelt war mit den wissenschaftlichen Fakten unvereinbar. Dass der Mensch von affenartigen Vorfahren abstammen sollte, wurde als eine Zumutung empfunden.

Nachfolgend wird zunächst die gegenüber der Physik andersartige Stellung der Biologie in den Naturwissenschaften betrachtet. Dann wird die Entstehung des Evolutionsgedankens in der Biologie nachgezeichnet, einmündend in die Begründung der Evolutionstheorie durch Charles Darwin. Die wesentlichen Komponenten der Evolutionstheorie werden aufgezeigt. Es folgt die Darstellung der über fast ein Jahrhundert sich hinziehenden Verteidigung der Evolutionstheorie gegenüber betroffenen Fachgebieten, wie beispielsweise der Genetik, mit dem Endergebnis der Akzeptanz der Evolution als naturwissenschaftliches Faktum. Die auffällig schnelle biologische Entwicklung des Menschen ausgehend von affenartigen Vorfahren wird mit genaueren Zeitangaben und Details nach dem neuesten Stand der Forschung beschrieben. Abschließend wird auf die religiöse Konfrontation und säkulare Fehlentwicklung eingegangen, woraus sich Schlussfolgerungen für die christliche Religion ergeben.

Die Ausführungen dieses Kapitels fußen auf dem epochalen Werk *Die Entwicklung der biologischen Gedankenwelt* (Mayr 1984), ergänzt durch die anschauliche und lebendige Darstellung *Tatsache Evolution* (Kutschera 2009) und einen lehrreichen Studienband *Evolution* (Kull 1977). Die physikalisch-mathematische Basis der biologischen Evolution wird in dem Buch *Das Spiel – Naturgesetze steuern den Zufall* hervorgehoben (Eigen u. Winkler 1983). Mit der Evolution zum Menschen befassen sich drei Einzelwerke (Campbell 1979, Kull 1979, Junker 2008). Sonderfragen der Evolution wird in einem Aufsatzbändchen nachgegangen (Meier 1992). Die Evolution des Kosmos, des Lebens und des Wissens wird andernorts zusammenfassend dargestellt und kritisch kommentiert (Stegmüller 1986). Die persönlichen Lebensumstände von Charles Darwin liegen ebenfalls einfühlsam beschrieben vor (Hemleben 2009). Hinsichtlich der zahlreichen weiteren Hinweise im Text auf Publikationen zu Einzelfragen wird der wissenschaftlich interessierte Leser auf die Literaturverzeichnisse von Mayr, Kutschera und Campbell (vorstehend zitiert) verwiesen.

2 Stellung der Biologie in den Naturwissenschaften

Vergleich der wissenschaftlichen Methoden in Physik und Biologie

Die mit Kopernikus, Galilei und Newton beginnende Erfolgsgeschichte der neuzeitlichen Naturwissenschaft beruht auf der von Francis Bacon hervorgehobenen Methode der Induktion auf Basis von Beobachtung und Experiment, verbunden mit der mathematischen Beschreibung der Naturgesetze und deren Wirkungen. Es sind damit die »exakten« Wissenschaften angesprochen, zunächst die Physik einschließlich der Astronomie und dann verwandte Bereiche wie die Chemie. Das daraus abgeleitete »mechanistische Weltbild« wurde unzulässigerweise auf andere Fachgebiete übertragen. Die tatsächliche Pluralität der wissenschaftlichen Ansätze trat in den Hintergrund.

Die Erfolgsgeschichte der neuzeitlichen Naturwissenschaft begann also zunächst ohne die Biologie (und Geologie), sowie in zunehmender Konfrontation mit den Geisteswissenschaften (*moral sciences*), die sich ebenso wie die Biologie mit den Ordnungen des Lebens befassten. Die Bezeichnung »Biologie« (gr. »Lehre vom Leben«) wurde Anfang des 19. Jahrhunderts geprägt. Seinerzeit gehörten zur Biologie die Anatomie, Physiologie und Botanik, für die sich ausschließlich die Mediziner interessierten, sowie Zoologie und Naturgeschichte, um die sich die Naturtheologen bemühten. Auch wenn die Biologie nach heutiger Kenntnis im Einklang mit den physikalischen Gesetzen steht, beinhaltet sie doch wesentlich mehr als die Physik quantifizierend beschreiben kann. Die Lebewesen, also die Pflanzen und Tiere, sind keine von Gott geschaffenen Automaten, wie es Descartes in mechanistischer Weltsicht behauptete, es gibt aber auch nicht die in Reaktion auf diese Weltsicht und in Analogie zur Newtonschen Schwerkraft von den »Vitalisten« postulierte besondere Lebenskraft (*vis vitalis*). Alle als vitalistisch deklarierten Phänomene an Lebewesen konnten nämlich auf Basis der Physik und Chemie erklärt werden. Der in der Biologie miterfasste besondere Faktor ist dagegen das naturgeschichtliche Gewordensein, das über das genetische Programm der Lebewesen wirksam bleibt. In der Physik spielt dieser Faktor keine Rolle.

In ähnlicher Situation wie die Biologie befand sich zu Beginn des 19. Jahrhunderts die Geologie, zugehörig seinerzeit die Stratigraphie (Gesteinsschichtenkunde), Paläontologie (Fossilienkunde) und Mineralogie. Auch in diesen Bereichen ist der naturgeschichtliche Faktor bestimmend.

Das naturgeschichtliche Gewordensein bedingt, dass die Biologie zwar im Einklang mit den physikalischen Gesetzen steht, dass aber ihr eigentliches Thema die Aufstellung von Regeln oder Prinzipien in einer unendlich vielgestaltigen Natur ist, in der kein Individuum dem anderen völlig gleicht. Vergleiche, Klassifizierungen und Begriffsklärungen stehen im Vordergrund. Prognosen, soweit überhaupt möglich, sind probalistischer Natur.

Im übrigen verwenden Biologie und Physik dieselben wissenschaftlichen Methoden. Analyse der Einzelfälle und Synthese zur Theorie, induktives und deduktives Schließen durchdringen sich wechselseitig. Die vielfach vertretene Höherbewertung der Physik als »exakte Wissenschaft« ist unbegründet. Der Theoriebildung gehen in Biologie und Physik intuitiv gefundene Arbeitshypothesen voraus, die je nach Ergebnis der beobachtenden oder experimentellen Überprüfung wieder verworfen oder aber zur Begründung der Theorie beibehalten werden.

Essentialismus und Naturtheologie

Physik und Biologie waren bis in die Neuzeit vom platonischen (ursprünglich pythagoräischen) Essentialismus geprägt. Nach dieser Auffassung spiegeln sich in den vergänglichen Phänomenen eine begrenzte Zahl unvergänglicher Formen oder Ideen, später bei Thomas von Aquin »Wesenheiten« oder »Essenzen« genannt. Platon sah in den Ideen die Urbilder (»Archetypen«), und in den sinnlichen Eindrücken deren Abbilder (»Ektypen«). Darauf beziehen sich die neuzeitlichen Typologien, darunter die biologischen Klassifizierungen. Konstanz und Diskontinuität sind Begleitbegriffe der essentialistischen Typologie. Der Essentialismus beinhaltet ein statisches Weltbild. Ihm steht in der Biologie seit Darwin das Denken in Populationen gegenüber. Innerhalb einer Population ist jedes Individuum einzigartig. Die Variationen sind real. Die Statik der platonischen Essenzen ist damit in Frage gestellt.

Während der Essentialismus der neuzeitlichen Entwicklung von Physik, Chemie und Mathematik sehr entgegenkam (Galilei, Newton und Descartes waren Essentialisten), war er in der Biologie vor Darwin eine für die wissenschaftliche Weiterentwicklung hinderliche Denkgewohnheit. Diese »ideologische Voreingenommenheit« wurde durch die Naturtheologie bestärkt, die in England bis zur Mitte des 19. Jahrhunderts die maßgebende Weltanschauung war. Die Professoren für Botanik und Geologie in Oxford und Cambridge waren Theologen der anglikanischen Kirche, und auch Darwin absolvierte ein derartiges Theologiestudium.

Bis weit in das 18. Jahrhundert hinein gab es, vom Prozess um Galilei abgesehen, keinen Konflikt zwischen Naturwissenschaft und Theologie. Beide Bereiche waren in der »Naturtheologie« vereinigt. Der Naturtheologe erforschte die Werke des Schöpfers um der Theologie willen. Die Harmonie und Zweckmäßigkeit der Schöpfung, die Angepasstheit der Geschöpfe, waren Beweis für die Existenz Gottes. Das neue Weltbild der Physik bereitete den Naturtheologen keine Schwierigkeiten. Es ließ sich mit dem Schöpfungsbericht der Bibel verbinden. Zum Zeitpunkt der Schöpfung wurden nach dieser Lesart auch die Naturgesetze erlassen. Sie ermöglichten dem Schöpfer ein Minimum an weiteren Eingriffen. Ganz anders verhielt es sich im Bereich der Biologie und Paläontologie. Die ungeheure Vielfalt der Erscheinungen in der belebten Natur sowie deren Zweckmäßigkeit und Angepasstheit ließ sich nicht durch einheitliche Gesetze erklären. Das ständige Eingreifen des Schöpfers schien unabdingbar zu sein. So verband die Naturtheologie auf Basis des Essentialismus die Wirkursachen in der Physik mit den Zweckursachen in der Biologie zu einem insgesamt teleologischen Weltbild. Ordnung in die Vielfalt der Organismen brachte eine entsprechende Stufenleiter der Lebewesen (*Scala naturae*), an deren Spitze als Krone der Schöpfung der Mensch stand. Der Verbindung von Naturtheologie und Gottesbeweis verdankt die Biologie ihre sorgfältigen Untersuchungen vor Darwin, beispielsweise in dem Werk von J. Ray: *The wisdom of God manifested in the works of creation* (1691).

Aber Ende des 18. Jahrhunderts wurde die Naturtheologie von den maßgebenden Philosophen (Hume und Kant) in Frage gestellt. Hinzu kamen zeitgeschichtliche Negativerfahrungen, wie die Zerstörung von Lissabon durch Erdbeben und Flutwelle (1755) oder die Gräuel der französischen Revolution (1789–1799), die die optimistische Weltsicht des aufklärerischen 18. Jahrhunderts und dessen Naturtheologie zu widerlegen schienen. Eine Ausnahme bildete die Entwicklung in England. Hier kam der teleologische Gottesbeweis in der ersten Hälfte des 19. Jahrhunderts zu neuem Ansehen, ausgehend von William Paleys Werk *Natural theology* (1802).

3 Entstehung des Evolutionsgedankens und Vorbereitung der Evolutionstheorie

Merkmale lebender Systeme

Bevor das Entstehen des Evolutionsgedankens in der Biologie dargestellt wird, werden aus heutiger Sicht die Merkmale lebender Systeme (Zelle, Organismus, Umweltsystem) im Unterschied zur unbelebten Natur hervorgehoben. Dies erscheint als notwendig, weil das überholte mechanistische Weltbild einerseits und das ebenso überholte vitalistische Weltbild der »Antimechanisten« andererseits, aber auch der Schöpfungsbericht der Bibel, soweit er wörtlich genommen wird, nach wie vor zu irrtümlichen Auffassungen Anlass geben.

Was Leben auf dieser Erde ist, kann aus der Betrachtung der Vielfalt der lebenden oder auch ausgestorbenen Organismen erfahren werden. Allen Lebewesen gemeinsam ist der Aufbau aus unterschiedlichen Zellen, die von biologischen Membranen begrenzt sind. Den Organismen gemeinsam sind außerdem bestimmte Schlüsselprozesse, denen unterschiedliche Grundfunktionen zugeordnet sind, beispielsweise die Photosynthese der Pflanzen oder der Stoffwechsel der Tiere. Derartige in Umwelt eingebundene Systeme zeigen Evolution, aufgefasst als Diversifikation und Höherentwicklung. Evolution ist somit ein weiteres Merkmal des Lebens (Kull 1977).

Evolution ohne Präformation

»Evolution« bezeichnet wörtlich die »Auswicklung« eines vorher »Eingewickelten«, das Zutagetreten von Dingen oder Zuständen, die bereits vorgebildet (»präformiert«), aber nicht wahrnehmbar waren. In diesem Sinne bezeichnet Evolution das Aufsteigen vom Niedrigeren zum Höheren, vom Einfacheren zum Komplexeren, ohne dass Neues entsteht. Der Evolution steht begrifflich die Epigenese gegenüber, das Entstehen des gestalthaft und qualitativ völlig Neuen. Die vorstehend erläuterte ursprüngliche Wortbedeutung von »Evolution« trifft nicht den Bedeutungsinhalt der biologischen Evolution. Es ist ja gerade nicht so, dass in einem Urlebewesen bereits alle Nachkommen keimhaft enthalten sind, wie es zugunsten des Schöpfergottes angenommen wurde. Unter »Evolution« wird seit Darwin die Entwicklung der Lebewesen bei gemeinsamer Abstammung, aber ohne Präformation und ohne Ausrichtung auf Höheres verstanden. Tatsächlich verwendete Darwin anfangs ausschließlich die Bezeichnung *»descent«*, also »Abstammung« und nicht »Evolution«.

Evolution im ursprünglichen philosophischen Sinn ist demnach etwas ganz anderes als Evolution im neueren biologischen Sinn. Bei den Neuplatonikern und später bei Augustinus und Nicolaus Cusanns erscheint die Welt als Selbstentfaltung Gottes. In der Neuzeit folgte dem die Auffassung, dass sich die Welt und die Menschen in ihr zu immer größerer Vollkommenheit entwickeln (Inhalt des Fortschrittsglaubens). Im Deutschen Idealismus erreichte dieses Denken seinen Höhepunkt. Kosmos- und Weltgeschichte wurden von G.W.F. Hegel als Entfaltung des »absoluten Geistes« aufgefasst.

Der Gedanke der biologischen Evolution hatte es besonders schwer, sich durchzusetzen, weil die Evolution der biologischen Arten (Spezies) über derart lange Zeiträume verläuft, dass sie nicht direkt beobachtbar ist. Direkt beobachtet wird, dass die Nachkommen mit den Vorfahren der Art nach übereinstimmen, also kein Wandel der Art stattfindet. Diese Ansicht stand im Einklang mit der platonisch-essentialistischen Weltsicht ebenso wie mit dem biblischen Schöpfungsbericht. Nach der Bibel gab es auch die langen Zeiträume nicht, denn ausgehend von den biblischen Genealogien wurde die Schöpfung etwa auf das Jahr 4000 v. Chr. datiert. Eng verbunden mit diesem Weltbild waren unzureichende Vorstellungen über Abstammung und Vererbung. Bis ins 19. Jahrhundert hinein war die Präformationshypothese populär, nach der der werdende Organismus bereits im Sperma bzw. Ei enthalten ist (beim Menschen ein Homunculus). Allerdings hatte schon Aristoteles die Hypothese der Neubildung der Organismen bevorzugt.

Spekulation über Evolution

Die Evolution der Lebewesen war bereits von Anaximander (611–546 v. Chr.) spekulativ in Erwägung gezogen worden. Später hatte Lucretius Carus (96–55 v. Chr.), der die Lehren Epikurs in Rom vertrat, in seinem Lehrgedicht *De rerum natura* festgestellt, dass viele Lebewesen infolge von Selektion ausgestorben seien. Diese frühen Evolutionsgedanken gerieten wieder in Vergessenheit.

Die Vorstellung der biologischen Evolution wurde in der Neuzeit durch neuartige Überlegungen zur Kosmologie, Geologie und Geschichte der belebten Natur vorbereitet. In der Kosmologie vollzog Immanuel Kant (1724–1804) den entscheidenden Schritt in seiner frühen Publikation *Allgemeine Naturgeschichte und Theorie des Himmels* (1755). Nach Kant nahmen Galaxien, Sonnen und Planeten ihren Ausgang in einem kosmischen Nebel, der sich in Form von Wirbeln zu drehen begann, wobei die Schwerkraft die größte Masse im Zentrum (Sonne) und kleinere Massen in Richtung der Peripherie (Planeten) entstehen ließ. Diese Schöpfung galt Kant als nie vollendet. Sie hätte zwar einmal angefangen, würde aber niemals enden, was im Widerspruch zur jüdisch-christlichen Eschatologie stand. Etwa vierzig Jahre später (1796) legte Pierre de Laplace eine ähnliche Weltentstehungstheorie vor. Die Kant-Laplacesche Theorie der kosmischen Evolution wird in ihren Grundzügen auch heute noch als gültig angesehen.

Auch die Geologen wurden sich im 18. Jahrhundert der fortschreitenden Veränderung bewusst, die die Oberfläche der Erde in der Vergangenheit erfahren hat. Man entdeckte erloschene Vulkane und deutete Basaltgestein zutreffend als erloschene Lava. Man erkannte in den geologischen Formationen Sedimentschichten, die aufgefaltet worden sind. Sie deuteten auf ein Alter der Erde hin, das wesentlich größer war als die kurze Zeitspanne seit dem bibelkonform errechneten Schöpfungsereignis.

Schöpfungsbericht der Bibel

Die Geschichte der belebten Natur gemäß dem Bericht der Bibel (Buch Genesis) konnte diesen zeitlichen Vorgaben nicht zugeordnet werden. Nach dem ersten, angeblich jüngeren Bericht (Genesis 1) wurden die Tiere und der Mensch (Mann und Frau) unter Zugabe der Pflanzen am fünften Schöpfungstag erschaffen. Im zweiten, angeblich älteren Bericht (Genesis 2), ist die Erschaffung des Menschen und seiner Lebensordnung der Schöpfung der Pflanzen und Tiere vorangestellt. Nur nach diesem Bericht entsteht die Frau aus dem Mann. Die Gottessöhne, von denen es offenbar mehrere gab, ließen sich mit den schönen Menschentöchtern ein und zeugten die Helden der Vorzeit. Auch Riesen gab es auf der Erde, und das Lebensalter der Menschen war sehr hoch (Noah soll 950 Lebensjahre erreicht haben). Da aber das Trachten der Menschen böse war, verfügte Gott eine Sintflut, die alle Menschen und Tiere an Land vernichtete, mit Ausnahme des gottesfürchtigen Noah und seiner Familie. Ihm gebot Gott, eine dreistöckige Arche aus Zypressenholz zu bauen, um mit diesem »Schwimmcontainer« seine Familie und alle Arten von Landtieren zu retten. Wassertiere und Pflanzen wurden dagegen als flutresistent angesehen, benötigten also keine Rettung. Nach knapp einem Jahr der Überschwemmung konnten sich der Mensch und die Landtiere erneut ausbreiten, ausgehend vom Berg Ararat in Armenien, wo die Arche nach Rückgang des Wassers aufgesetzt hatte.

Diese Darstellung der Bibel wurde also zunehmend fragwürdig, auch durch die anlässlich der Entdeckungsreisen in der Neuzeit sich erweiternde Naturkenntnis. Besonders auf dem amerikanischen und australischen Kontinent wurde eine ganz andersartige Fauna und Flora angetroffen. Schon die Tiere und Pflanzen Mittel- und Nordeuropas waren im biblischen Bericht nicht erwähnt. Dass dies alles durch Neuschöpfung entstanden sei, blieb unglaubwürdig.

Außerdem bereitete die Erklärung der Fossilien Schwierigkeiten. Unter anderem wurde vermutet, die Fossilien seien »im Felsen gewachsen«. Andere argumentierten, es handle sich um die Überreste von Lebewesen, deren Art durch die Sintflut ausgelöscht worden sei. Dies war jedoch mit

Gottes Güte nicht vereinbar. Schließlich gingen die Begründer der Stratigraphie, E. Smith in England und G. Cuvier in Frankreich, davon aus, dass bestimmte Faunen durch erdgeschichtliche Katastrophen vernichtet und andere Faunen neu geschaffen wurden.

Vorbereitung der Evolutionstheorie

Die letztendlich von Darwin begründete biologische Evolutionstheorie wurde durch eine Reihe von Naturforschern vorbereitet, die neue Gedanken einbrachten, aber dem herkömmlichen Weltbild verhaftet blieben. Nach diesem Weltbild war die Konstanz der Arten eine unumstößliche Wahrheit, auch wenn das Abgrenzen der Arten mit der anwachsenden Menge der Beobachtungsdaten zunehmend schwieriger wurde.

Bereits Aristoteles, der Begründer der Biologie und deren vergleichender Methode, hat die Lebewesen in Stämme mit ähnlichen Eigenschaften eingeteilt. Die Grundlage des auch heute noch gültigen Systems der Tier- und Pflanzenarten hat dagegen der schwedische Biologe Carl Linnaeus (1707-1778) - auch unter dem Namen Carl von Linné bekannt - mit seinem Werk *Systema naturae* (1735) gelegt. Er führte vier taxonomische Gruppen (»Taxa«) in aufsteigender Linie ein: Art, Gattung, Ordnung und Klasse. Gattung und Art waren aus dem lateinischen Doppelnamen ersichtlich. Als »Art« (»Spezies«) wurde eine Gruppe von Lebewesen definiert, die einander erkennen, sich als Geschlechtspartner akzeptieren und untereinander fruchtbar sind. Noch heute wird in erweiterter Form mit gelegentlichen Abweichungen wie folgt hierarchisch gegliedert: Art, Gattung, Familie, Ordnung, Klasse, Stamm, Reich. Linneaus war ein strikter Verfechter der Artkonstanz und dabei ein strenger Essentialist. Ebenso argumentierte der deutsche Embryologe K.E. von Baer (1828), der erkannt hatte, dass die Ähnlichkeit zwischen den Embryonen einer Art viel größer ist als die zwischen den ausgewachsenen Tieren einer Art.

Die zur gleichen Zeit wirkenden französischen Biologen befassten sich nicht nur mit den Klassifikationen sondern ebenso mit der Naturgeschichte. Georges Cuvier (1769-1832) gilt als der Begründer der Paläontologie. Er hielt an der Artkonstanz fest, erklärte das Verschwinden früherer Lebewesen mit Naturkatastrophen und das Neuerscheinen von Arten durch Neuerschaffung. Jean de Lamarck (1772-1844) vertrat als erster die Abstammung der Arten voneinander und einen Artenwandel in kleinen Schritten über der Zeit, täuschte sich aber in der Hypothese, erworbene Eigenschaften seien vererbbar und die stammesgeschichtliche Entwicklung entspräche einem Vervollkommnungstrieb.

4 Begründung der biologischen Evolutionstheorie

Vorgeschichte zu Darwins »Entstehung der Arten«

Der Begründer der biologischen Evolutionstheorie ist Charles Darwin (1809–1882), ein überaus begabter Naturforscher und dabei ein bescheidener und aufrichtiger Mensch. Darwin studierte erst Medizin und dann (anglikanische) Theologie, in der die göttliche Ordnung der Natur traditionell betont wurde. Geologische und botanische Studien kamen hinzu. Der Botaniker Johns Henslow und der Geologe Adam Sedgwick waren seine Mentoren. Entscheidend für Darwins Reputation als Naturforscher wurde die Teilnahme an der Forschungsreise und Weltumseglung mit dem Dreimaster *Beagle* (1831–1836) auf der Route Plymouth, Kapverdische Inseln, Bahia, Rio de Janeiro, Montevideo, Falklandinseln, Feuerland, Valparaiso, Santiago, Lima, Galapagos-Inseln, Tahiti, Neuseeland, Sydney, Mauritius, Bahia und zurück nach Plymouth. Darwin heiratete 1839, führte eine glückliche Ehe (10 Kinder) und vollbrachte sein großes wissenschaftliches Werk zurückgezogen vom Trubel der Welt auf einem Landsitz südlich von London. Die Begründung der Evolutionstheorie ist seine größte wissenschaftliche Leistung. Zahlreiche weitere Werke zur Tier- und Pflanzenkunde zeugen von der Vielfalt seiner naturkundlichen Interessen sowie von seinem durchgängigen Arbeitseifer. Darwin starb 1882 und wurde in der Westminster Abbey, wenige Meter vom Grab Isaac Newtons entfernt, feierlich beigesetzt.

Darwins epochales Werk zur Begründung der biologischen Evolutionstheorie erschien 1859 unter dem Titel *On the origin of species by means of natural selection or the preservation of favored races in the struggle for life* (*Über die Entstehung der Arten durch natürliche Zuchtwahl oder die Erhaltung begünstigter Rassen im Kampf ums Dasein*). Darwin hat sich seit 1837, dem Jahr seiner »Bekehrung« zum Evolutionisten, mit Hypothesen zum Artenwandel beschäftigt. Im Vordergrund seiner publizistischen Tätigkeit standen jedoch Abhandlungen über Korallenriffe, vulkanische Inseln und Rankenfüßler (eine Krebsart). Nachdem Alfred Russel Wallace (1823–1913) im Jahr 1855 einen Aufsatz *On the law which has regulated the introduction of new species* veröffentlicht hatte, begann Darwin 1856 mit der Niederschrift seines Hauptwerkes. Im Jahr 1857 legte Wallace ein weiteres Manuskript vor, das inhaltlich mit Darwins noch nicht abgeschlossener Abhandlung weitgehend identisch war. Es erschien 1858 mit dem Titel *On the tendency of varieties to depart indefinitely from the original type* zusammen mit Auszügen aus einem Essay von Darwin aus dem

Jahr 1844, um dessen unabhängige Urheberschaft zu den vorgelegten Erklärungen des Artenwandels zu dokumentieren. Ein Jahr später folgte dann Darwins eigentliches Werk.

Die biologische Evolution umfasst zwei unterschiedliche Prozesse. Die zeitliche, überwiegend adaptive Komponente des Wandels, »Transformation« oder auch »monotypische Evolution« genannt, bezeichnet das Entstehen komplexerer (»höherer«) Formen aus einfacheren Formen, was heute durch Musterbildung erklärt wird (betrifft die Genfrequenzen). Die räumliche Komponente des Wandels, »Diversifikation« oder auch »polytypische Evolution« genannt, bezeichnet das Entstehen der organischen Vielgestaltigkeit durch erbliche Variation (Mutation), geographische Isolation (Speziation) und Selektion. Die biologische Evolution beruht auf dem Zusammenwirken der genannten zwei Prozesse. Das Interesse von Lamarck galt vor allem der Transformation, das Interesse von Darwin und Wallace dagegen primär der Diversifikation.

Beweisführung zur Evolutions- und Abstammungstheorie

Die Evolutions- und Abstammungstheorie bedurfte einer umfassenden Beweisführung, um sich gegenüber dem herkömmlichen biologischen und religiösen Weltbild durchzusetzen, nämlich gegenüber der Auffassung von der Konstanz der Arten und gegenüber dem Schöpfungsbericht der Bibel. Darwin hat diese Beweise mit größtmöglicher Sorgfalt geführt, wobei er vorweggenommene Einwände zu widerlegen versuchte. Es ist dies einer der Gründe für das Zögern bei der Publikation seines Werkes *Entstehung der Arten*.

Der Beweis für den evolutionären Wandel wird in diesem Werk zunächst ausgehend von den bis dahin bekannt gewordenen Fossilien geführt. Darwin hatte als Geologe an der Forschungsreise der *Beagle* teilgenommen. Er studierte vor allem die Gesteinsschichten und schloss dabei auf ein hohes Alter der Erde. Er stand in Kontakt mit dem seinerzeit führenden Geologen Charles Lyell. Die Fossilien in den unterschiedlichen Gesteinsschichten erregten sein besonderes Interesse. Er war der erste Naturforscher, der Fossilien unter biologischen Gesichtspunkten untersuchte.

Darwin erkannte, dass die zeitliche Aufeinanderfolge der Arten auf den verschiedenen Kontinenten gleichartig verlaufen ist: Fische erstmals im Silur, Reptilien im Karbon, Säugetiere im Trias und plazentale Säugetiere gegen Ende der Kreidezeit. Das Fehlen von Übergangsformen im Fossilienmaterial erklärte Darwin aus dessen Unvollständigkeit. Unerklärlich war ihm dagegen das plötzliche, relativ späte Auftreten der großen Tierstämme zu Beginn des Kambriums, also vor einer halben Milliarde Jahren. Andererseits erkannte er das Aussterben von Arten als notwendige Begleiterscheinung der Evolution.

Darwin fasste das Beweismaterial zugunsten der Evolution, wie es sich aus dem Studium der Fossilien ergab, in vier Aussagen zusammen. Erstens passen alle fossilen Formen, auch die ausgestorbenen, »in ein einziges großes natürliches System«. Zweitens weicht eine fossile Form um so stärker von rezenten (noch bestehenden) Formen ab, je älter sie ist. Drittens sind die Fossilien aus zwei aufeinanderfolgenden Gesteinsformationen enger miteinander verwandt als die Fossilien aus weiter auseinanderliegenden Gesteinsformationen. Viertens besteht auf jedem der Kontinente eine enge Verwandtschaft zwischen den ausgestorbenen und den rezenten Formen eben dieses Kontinents. Darwin stellt fest, dass die vorstehend genannten Tatsachen ohne die Annahme der Evolution unverständlich sind.

Neben dem paläologischen Beweismaterial führt Darwin in seinem Werk Tatsachen aus den Bereichen der Biogeographie, der Morphologie und der Embryologie zugunsten der Evolutionstheorie an. Die Biogeographie zeigt, dass eng verwandte Arten häufig in benachbarten Regionen auftreten, was auf gemeinsame Abstammung schließen lässt. Auf Basis der Morphologie lassen sich die Tiere je nach anatomischen Gemeinsamkeiten oder Unterschieden in ein hierarchisches System von Arten, Gattungen, Ordnungen und Klassen einteilen, was in neuerer Zeit durch die Ergebnisse der Molekularbiologie bestätigt wurde. Schließlich zeigen embryologische Untersuchungen, dass die Entwicklung des Embryos den Gestaltwandel der Vorfahren wiederspiegelt. Darwin stellt fest, dass die Ähnlichkeit der Embryonen in einer Klasse viel größer ist als die Ähnlichkeit zwischen Embryo und erwachsenem Tier.

Anthropologische Schlussfolgerung aus der Evolutionstheorie

Die Evolutionstheorie läuft auf eine Theorie der gemeinsamen Abstammung oder gemeinsamen Vorfahren hinaus. Tatsächlich behandelt Darwin überwiegend die Abstammung (*descent*). Seine Theorie ist, präziser ausgedrückt, eine Deszendenztheorie. Die gemeinsame Abstammung verbindet die ungeheuer vielgestaltigen Arten der organischen Welt. Diesem Gedanken gibt Darwin im letzten Satz seines Werkes Ausdruck: »Es ist wahrlich etwas Erhabenes um die Auffassung, dass der Schöpfer den Keim alles Lebens, das uns umgibt, nur wenigen oder gar nur einer einzigen Form eingehaucht hat und dass aus einem so schlichten Anfang eine unendliche

Zahl der schönsten und wunderbarsten Formen entstand und noch weiter entsteht«. Die gemeinsame Abstammung wird durch einen einzigen, vielfach verzweigenden und verästelnden phylogenetischen Baum (*tree of life*) veranschaulicht.

Darwin hat sich lange gescheut, die Hierarchie gemeinsamer Abstammung, veranschaulicht durch den phylogenetischen Baum, auch auf den Menschen auszudehnen. Im vorstehend genannten Werk bemerkt er lediglich: »Licht wird auch auf den Ursprung des Menschen und seine Geschichte geworfen werden«. Erst 1871, in seinem Werk *Descent of man, and selection in relation to sex* vollzieht er diesen Schritt, mit dem ihm die Naturforscher Thomas Huxley und Ernst Haeckel bereits vorausgegangen waren. Dieser wissenschaftliche Befund war für Darwins Zeitgenossen schockierend und wirkt bis in die heutige Zeit nach. Er stand im Widerspruch zur Lehre nicht nur der christlichen Kirchen, sondern auch der meisten philosophischen Schulen. Er stellte das anthropozentrische Weltbild in Frage und machte die Neubestimmung der Stellung des Menschen in der Natur notwendig.

5 Komponenten der biologischen Evolutionstheorie

Darwins Evolutionstheorie enthält fünf charakteristische Komponenten (Mayr 1984). Neben den bereits erläuterten Komponenten der Annahme einer kontinuierlich veränderlichen biologischen Welt und der gemeinsamen Abstammung der Arten sind das die Allmählichkeit der Übergänge (Gradualismus), die Artbildung als Populationsphänomen und die natürliche Auslese als Triebkraft der Evolution.

Darwins Beharren darauf, dass die Übergänge vom einen zum nächsten Typus allmählich erfolgen, stand im Gegensatz zu essentialistischen Positionen, die nur die sprungweise Veränderung (Saltation) zulassen wollten. Die allmählichen Übergänge sind keineswegs offensichtlich, denn durch das Aussterben der Zwischenglieder über erdgeschichtliche Zeiträume ist vordergründig heute nur Diskontinuität feststellbar. In der Tier- und Pflanzenzüchtung werden diese Zeiträume durch das gezielte Eingreifen des Menschen drastisch verkürzt.

Zum Populationskonzept führt die Erkenntnis der Einzigartigkeit des Individuums. Diese Einzigartigkeit entspricht der Alltagserfahrung. Dennoch nahm die herkömmliche Biologie davon keine Notiz. Sie war vom essentialistisch-typologischen Denken beherrscht. Dagegen hob Darwin die Bedeutung der Individualität jedes Tieres für die Änderung der Eigenschaften einer Herde durch die Zuchtwahl hervor. Seine taxonomischen Studien an den Rankenfüßlern ließen ihn die große Variabilität der äußeren (morphologischen) und inneren (organischen) Merkmale einer Art erkennen, die die Zuordnung der einzelnen Individuen erschwerte. Die Entdeckung der Bedeutung der Individualität führte Darwin vom typologischen Denken zum Denken in Populationen. Er wurde dazu auch durch die auf Populationen sich beziehende These des englischen Wirtschaftstheoretikers Thomas Malthus (1798) angeregt, dass das exponentielle Bevölkerungswachstum durch das bestenfalls linear wachsende Nahrungsangebot begrenzt wird.

Die wichtigste Komponente in Darwins Evolutionstheorie ist das Konzept der natürlichen Auslese, mit dem die fortwährende Anpassung der Arten an ihre Umgebung erklärt wird. Nach dem herkömmlichen Weltbild vollzog sich die Wechselwirkung zwischen Tier bzw. Pflanze und Umwelt in vollkommener Harmonie, was als Beweis für die Weisheit und Güte des Schöpfers galt. Der beobachtete Überlebenskampf erschien als sanft und sollte dazu dienen, notwendige Korrekturen im Gleichgewicht der Natur vorzunehmen. Je mehr man sich jedoch dem Evolutionsgedanken näherte, desto unerbittlicher musste der Überlebenskampf erscheinen. Es bürgerte sich dafür die Bezeichnung »*struggle for survival*« (»Kampf ums Dasein«) ein. Man verstand darunter den Kampf der Arten um knappe Ressourcen. Die neuartige Interpretation von Darwin besagte, dass sich Kampf und Konkurrenz in erster Linie zwischen fortpflanzungsfähigen Individuen derselben Art abspielen. Darwin bevorzugte die Bezeichnung »natürliche Auslese« anstelle von »Kampf ums Dasein«. Die einer Tautologie verdächtige Formulierung »*survival of the fittest*« (»Überleben des Tauglichsten«) stammt nicht von Darwin, sondern von dem Evolutionsphilosophen Herbert Spencer (1864). Sie wurde in späteren Auflagen von Darwins Werk übernommen, um den schöpferischen Aspekt der natürlichen Auslese hervorzuheben.

Schließlich ist anzumerken, dass Darwin nicht nur die »natürliche Auslese« der bestangepassten Individuen als entscheidend für das Überleben einer Art ansah, sondern ebenso die »sexuelle Auslese« der physisch besonders attraktiven (meist männlichen) Individuen. Stichworte dazu sind die Bedeutsamkeit nutzloser oder gar hinderlicher »Schönheit« sowie das Prinzip »*female choice*«.

Die Hervorhebung der Auslese als Regulativ der Evolution schließt nicht aus, dass auch symbiotische Vorgänge eine Rolle spielen. Als symbiotisch wird das Zusammenwirken von artverschiedenen Organismen zum wechselseitigen Nutzen bezeichnet, was typischerweise in die »Versklavung« eines der Partner einmündet. Ein eindrucksvolles Beispiel sind die Mitochondrien und Plastiden, strukturell abgegrenzte Reaktionsräume in Pflanzenzellen – erstere der Energieerzeugung durch Atmungsenzyme dienend, letztere die Photosynthese ermöglichend, beide ebenso wie der Zellkern die Erbinformation in sich tragend. Eine gut begründete Hypothese besagt, dass im Zuge der Evolution eine Wirtszelle mit Zellkern ein Bakterium und eine Alge symbiotisch aufgenommen hat (Siewing 1982).

6 Verteidigung der biologischen Evolutionstheorie
Anfängliche Einwände und deren Widerlegung

Die von Darwin vorgestellte biologische Evolutionstheorie war in der Folgezeit Gegenstand wissenschaftlicher Auseinandersetzungen und daraus resultierenden weiteren Ausbaus. Heute ist die Evolution nicht nur als Theorie akzeptiert sondern gilt unter Biologen als Tatsache. Diese Akzeptanz musste in zum Teil heftig geführten wissenschaftlichen Kontroversen erkämpft werden.

Fachwissenschaftlicher Widerstand rührte sich vor allem gegen die zentrale Rolle der »natürlichen Auslese« in Darwins Theorie. Es war dies zum Teil ein semantisches Problem. Darwins Versuch, *natural selection* durch *natural preservation* zu ersetzen, schlug fehl. Die später von Spencer übernommene Bezeichnung *survival of the fittest* muss wegen ihres tautologischen Anklangs als wenig glücklich angesehen werden.

Auch methodische Kritik wurde anfangs geübt: die Evolutionstheorie sei »hypothetisch-deduktiv«, beruhe allein auf dem Vergleich von indirekten Beobachtungsdaten, ihr ermangele es direkter Beobachtung – mit Ausnahme von Beweisen aus dem Bereich der künstlichen Auslese bei Tierzüchtern. Die Entdeckung der Mimikry durch Henry Bates (1862) behob diesen Einwand. Die genießbare Art, die das Aussehen einer ungenießbaren oder wehrhaften Art annimmt, um nicht gefressen zu werden, muss jede Aussehensänderung von letzterer mitvollziehen, um nicht doch wieder gefressen zu werden.

In der Sache waren insbesondere folgende zwei Einwände zu widerlegen. Der von Darwin vorausgesetzte Vorrat an individueller Variation sowie deren Vererbbarkeit wurden in Frage gestellt. Die Genetik hat jedoch die Richtigkeit dieser Voraussetzung bestätigt. Der Selektionsvorteil auch bei geringfügiger Variation, die Unbegrenztheit der Reaktion auf die Selektion und damit die Erklärung der eigentlichen Neuheiten der

Evolution wurden in Zweifel gezogen. Auf Basis des Denkens in Populationen konnten die Zweifel weitgehend ausgeräumt werden. Einzelne, auch heute noch offene Fragen betreffen nicht mehr die Grundprinzipien der Theorie. Es gibt zu Darwins Theorie keine realistische Alternative.

Drei alternative biologische Evolutionstheorien waren im Laufe der späteren Entwicklung zu überwinden, die alle mit der Ablehnung von Komponenten des Prinzips der »natürlichen Auslese« zu tun haben. Die saltationistischen Theorien lehnten den Gradualismus der Übergänge zwischen den Typen ab und setzten an deren Stelle sprunghafte Änderungen einzelner Merkmale oder ganzer Merkmalsgruppen zur Begründung einer neuen Art (Mutationstheorie von H. de Vries, 1901–1903). Die an Lamarck anknüpfenden Theorien behaupteten die Vererbung erworbener Eigenschaften. Sie wurden durch die Entwicklung der Genetik weitgehend widerlegt. Schließlich wurde von manchen Paläontologen, darunter Teilhard de Chardin, die teleologische Ansicht vertreten, der Evolution wohne ein vervollkommnendes Prinzip inne, das geradlinig von der niedrigeren zur höheren Entwicklungsstufe führt (Orthogenese, emergente Evolution). Zwar ist die evolutive Progression nicht zu bestreiten, ablesbar an den morphologischen und physiologischen Innovationen, die Progression erfolgt aber nicht geradlinig, sondern ist das *a posteriori* feststellbare Ergebnis von genetischer Variation und natürlicher Auslese.

Die Uneinigkeit über Teilaspekte der Evolutionstheorie war im ersten Drittel des 20. Jahrhunderts besonders groß. Naturforscher, die von der Naturbeobachtung her argumentierten, hatten andere Auffassungen als solche, die sich mit der Genetik (Vererbungslehre) befassten. Diese Kontroverse konnte aber schließlich durch die »synthetische Theorie der Evolution« von T. Dobzhansky (1937) überwunden werden. Heute sind die Prinzipien der biologischen Evolutionstheorie allgemein anerkannt und nur noch Einzelfragen offen. Letztere betreffen insbesondere die Evolution des Menschen, auf die in Kap. III-7 eingegangen wird.

Neue Fragen stellten sich vor allem bei der Ausweitung der Evolutionstheorie auf Bereiche, die von der ursprünglichen Theorie nicht erfasst worden sind. Bedeutsam war die Ausweitung der stammesgeschichtlichen Vererbung von den morphologischen Merkmalen auf die Verhaltensabläufe (»Verhaltensmuster«) durch Niko Tinbergen und Konrad Lorenz im Rahmen der Verhaltensforschung oder Ethologie. So war beispielsweise die Frage zu beantworten, ob der »artdienliche Gemeinnutz« (vertreten von der herkömmlichen Verhaltensforschung) oder ob der individuelle »genetische Eigennutz« (vertreten von der angelsächsischen »Soziobiologie«) mit dem Ergebnis der »natürlichen Auslese« im Einklang steht. Nur der »genetische Eigennutz« erwies sich schließlich als selektionskonform (Dawkins 1976). Die Mitglieder einer Art verhalten sich so, dass Kopien der eigenen Gene in möglichst großer Zahl an die nächste Generation weitergegeben werden.

Genetik als Stütze der biologischen Evolutionstheorie

Darwin hat die Gesetzmäßigkeit der biologischen Evolution richtig erkannt und beschrieben. Zum Mechanismus der Ausbildung und Übertragung der Merkmale hatte er, dem Kenntnisstand seiner Zeit entsprechend, nicht die richtigen Vorstellungen. Als Anhänger von Lamarck glaubte er, dass sich erworbene Eigenschaften vererben. Dies geschah nach seiner Ansicht über kleinste Zellteilchen (»Keimchen«), die durch Umwelteinflüsse verändert und über die Keimzellen weitergegeben werden (Pangenesistheorie).

Die »Vererbungsmechanik« wurde von Gregor Mendel (1822–1884) korrekt angegeben, der damit zum Begründer der modernen Genetik wurde. Seine bahnbrechende Publikation (1865) blieb lange unbeachtet, löste aber nach ihrer Wiederentdeckung um 1900 die überfällige Neuorientierung aus. Mendel konnte über Kreuzungsversuche mit Gartenerbsen in großer Population nachweisen, dass sich die Merkmale der Vater- und Mutterpflanzen mit je einem Partikel je Merkmalseinheit (haploide Keimzellen) in den Nachkommenspflanzen mit zwei Partikeln je Merkmalseinheit wiederfinden (diploide befruchtete Eizellen), die sich dominant oder rezessiv in den Körperzellen ausdrücken. Dieser Kerngedanke wurde nach Mendels Wiederentdeckung in die Mendelschen Gesetze der Spaltung, der Dominanz und der unabhängigen Kombination gefasst

Heute trägt die Genetik entscheidend zur Untermauerung der Evolutionstheorie bei. Der Evolutionsvorgang wird genetisch von vier Faktoren gesteuert, die die Genfrequenz (das ist die Genhäufigkeit) in einer Population verändern: die Mutation, die Selektion, der Genfluss (durch Vermischung vorher getrennter Teilpopulationen) und die Gendrift (durch Zufallsereignisse bei kleiner Population). Manfred Eigen hat die Evolution auf genetischer Basis molekular-physikalisch als Selbstorganisation der Materie mathematisch beschrieben (Theorie der Hyperzyklen, 1971). Die Entstehung des Lebens und dessen Höherentwicklung gleicht einem Spiel mit bestimmten Spielregeln, es folgt dem Ineinandergreifen von Naturgesetz und Zufall (Eigen u. Winkler 1983). Die Naturgesetze verbürgen die Ordnung, die die Weitergabe bestimmter Strukturen erlaubt. Der Zufall ermöglicht andererseits die Flexibilität, ohne die eine Evolution unmöglich ist. Was dabei »Zufall« bedeutet, wird häufig missverstanden. Zufall ist hier nicht mit vollständiger Unordnung gleichzusetzen. Zufallsereignisse in hinreichend großen Populationen werden durch Wahrscheinlichkeitsgesetze erfasst. Das Zufallsereignis markiert lediglich eine Erkenntnisgrenze. Die Rückverfolgung zugehöriger Kausalketten ist nicht lohnend und würde schließlich in Netzstrukturen enden. Im Fall der genetischen Vererbung werden statistisch gemittelte Mutationsraten verwendet, um artspezifische Stammbäume zu erstellen (»molekulare Uhr«).

Die mathematisch formulierte Theorie der Selbstorganisation der Materie nach Manfred Eigen benennt drei Bedingungen für das Auftreten von Evolution: die Selbstreproduktion informationstragender Materie (Nukleinsäuren), den irreversiblen Stoffwechsel unter Entropiezunahme weit entfernt vom energetischen (Fließ-)Gleichgewicht und die Mutabilität durch zufällige Fehler bei der Selbstreproduktion (informationstheoretisch als »Rauschen« bezeichnet) mit der Folge von Selektion. Aufgrund der zahlreichen Zufallsereignisse ist der konkrete Ablauf einmalig. Allein aus thermodynamischen Gründen wird die Höherentwicklung der Materie nach sehr langer aber endlicher Zeit aufhören und in sich zusammenfallen.

Abschließend ist anzumerken, dass die biologische Evolution in die geologische Evolution eingebunden ist, sowohl hinsichtlich der erdgeschichtlichen Katastrophen, das Tribolitensterben vor 250 Millionen Jahren (Vulkanismus als Ursache) oder das Dinosauriersterben vor 65 Millionen Jahren (Meteoriteneinschlag als Ursache), als auch hinsichtlich der langfristigen geologischen Veränderungen, beispielsweise die durch die Kontinentaldrift verursachte Trennung der Kontinente. Neben diesen erdgeschichtlichen Großereignissen stehen die unzähligen weniger spektakulären geologischen Veränderungen, die zusammen mit Klimaänderungen die biologische Evolution mitgeprägt haben. Der biologischen und geologischen Evolution ist die Ausformung der Materie vorgeschaltet, also die Entstehung der chemischen Elemente.

7 Biologische Evolution des Menschen

Ausgangslage der Forschung

Die Gattung Mensch gehört zusammen mit den Gattungen der Menschenaffen zur biologischen Familie der Hominiden, die ihrerseits zur Ordnung der Primaten und diese wiederum zur Klasse der plazentalen Säuger gehören. Die biologische Evolution des Menschen, seine Abstammung von affenartigen Vorfahren, war das eigentliche Skandalon der Darwinschen Evolutionstheorie in der öffentlichen Wahrnehmung. Dass sich Mensch und Menschenaffe anatomisch bis in die Details ähneln, war schon den Naturforschern vor Darwin bekannt, wurde aber auf getrennte Schöpfungsakte zurückgeführt, etwa von Linnaeus (1751).

Darwin (1871) postulierte zwar den gemeinsamen Vorfahren, konnte aber zu seiner Zeit keine paläontologischen Beweise vorlegen. Das Skelett eines Neandertalers ist 1856 in einer Höhle bei Düsseldorf entdeckt worden. Weitere evolutionsrelevante Knochenfunde, speziell Schädelknochen, wurden in Java (1891), bei Heidelberg (1907) und bei Peking (1920) gemacht. Erst seit 1924 und verstärkt seit 1960 ist Afrika (Süd- und Ostafrika sowie Äthiopien) als Ursprungsregion des »Homo sapiens« ins Zentrum paläontologischer Forschungen gerückt, mit zum Teil spektakulären Funden. Neben den anatomischen Vergleichen steht heute die molekularbiologische DNA-Analyse der Mitochondrien (ein Organell des Zellplasmas) als relativ zuverlässiges Verfahren zur Bestimmung der Abstammungsverhältnisse und Abstammungszeitpunkte (»molekulare Uhr«) zur Verfügung, ergänzt durch die Radiokarbonmethode.

Evolution out of Africa

Nachfolgend wird die biologische Evolution des Menschen ausgehend von seinen nächsten affenartigen Vorfahren in den Grundzügen dargestellt. Auf die sie begleitende kulturelle und geistige Entwicklung wird, von wenigen Eckdaten abgesehen, nicht eingegangen. Damit bleibt ausgeklammert, was den Menschen gegenüber dem Tier auszeichnet, nämlich das Hineinreichen in die geistige Welt, die nicht den biologischen Entwicklungsgesetzen unterliegt, wohl aber die biologische Welt zur Voraussetzung hat.

Der dem Menschen entwicklungsgeschichtlich nächststehende Menschenaffe ist der Schimpanse – der Gorilla zweigt im Stammbaum früher ab, der Orang-Utan noch früher. Aus dem im afrikanischen Regenwald auf Bäumen lebenden Urschimpansen entwickelte sich vor 6 Millionen Jahren der erste auch am Boden laufende Menschenaffe, der Australopithecus (»Südlandaffe«). Als Baumbewohner lief er am Boden vierbeinig. Mit der zunehmenden Verbreitung in offeneren Baumlandschaften (durch Klimaänderung entstanden), bevorzugt im Uferbereich von Seen und Flüssen, entwickelte sich der zweibeinige aufrechte Gang, der die vorderen Gliedmaßen für andere Aufgaben freisetzte – ein wichtiger Entwicklungsschritt in Richtung Mensch, aber noch kein Mensch.

Die Menschwerdung begann vor 2,5 Millionen Jahren, ausgelöst durch eine erneute Klimaänderung, die in Afrika ausgedehnte Busch- und Grassavannen entstehen ließ. Der damit verbundene Anpassungs- und Selektionsdruck ließ Übergangsformen zwischen den Spezies Affe (*pithecus*) und Mensch (*homo*) entstehen, an denen sich folgende Merkmale durchsetzten: eine Verdoppelung des Gehirnvolumens, die Fertigung einfacher Steinwerkzeuge, die Verlängerung der Beine für schnelleres Laufen, die Fellreduktion zur Nacktheit, möglicherweise zur Regulation der Körpertemperatur durch Schwitzen. Diese Spezies »*Homo erectus*« (»aufgerichteter Mensch«) verbreitete sich vor 1,7 Millionen Jahren von Afrika ausgehend über den Mittleren Osten in ganz Asien (bis China und Java) und vor 1,2 Millionen Jahren auch in Südeuropa, während die abweichende Form, die Spezies »*Homo habilis*« (»geschickter Mensch«) in Afrika ansässig blieb.

Wiederum in Afrika tauchte vor etwa 600000 Jahren eine neue Menschenart auf, die Spezies »*Homo heidelbergensis*«, gekennzeichnet durch nochmals vergrößertes Gehirnvolumen (dem Jetztmenschen nahekommend), intelligenteren Werkzeuggebrauch und robusteren Körperbau. Diese Menschenart breitete sich hauptsächlich über Europa aus.

Schließlich erschien vor 200000 Jahren die dem Jetztmenschen anatomisch entsprechende Spezies »*Homo sapiens*« (»vernunftbegabter Mensch«), die sich zunächst über ganz Afrika, dann vor etwa 45000 Jahren über Europa, Asien, die Pazifischen Inseln und Australien und schließlich vor etwa 15000 Jahren über Nord- und Südamerika ausbreitete.

In Europa traf der hier »Cro Magnon Mensch« genannte *Homo sapiens* vor 45000 Jahren auf den Neandertaler, eine seit etwa 250000 Jahren hier ansässige Menschenart, die dem *Homo heidelbergensis* zuzuordnen ist. Vor etwa 30000 Jahren verschwand der Neandertaler ohne nennenswerte genetische Vermischung mit den etwa 15000 Jahren vorher eingewanderten Cro Magnons – letztere waren technologisch und kulturell weit überlegen.

Die unter Fachleuten heute weithin akzeptierte (*out of Africa*) Hypothese, dass die Gattung Mensch allein in Afrika entstanden ist und sich von hier über die Erde ausgebreitet hat, ist dennoch nicht unwidersprochen geblieben. Nach der gegenteiligen Hypothese des multiregionalen Entstehens hat es während der gesamten Evolution der Menschenart genetische Kontakte zwischen den Populationen gegeben. Dieses Szenario ist aber eingedenk der großen Entfernungen und natürlichen Migrationshindernisse äußerst unwahrscheinlich. Auch der genetische Stammbaum wäre durch das multiregionale Vermischungsmodell in Frage gestellt und müsste durch eine genetische Netzstruktur ersetzt werden. Andererseits ist die heute bevorzugte Hypothese des genetischen »Ersetzens« der alten durch eine neue Menschenart insofern eine Näherung, als es genetische Kontakte sporadischer Art anlässlich des Ersetzens immer gegeben haben wird, egal ob das Aussterben einer Spezies aus Umbringen, Versklavung oder kultureller Unterlegenheit zu erklären ist.

Merkmale der biologische Menschwerdung

Aus der bisherigen Darstellung geht hervor, dass sich die Entwicklung vom Menschenaffen zum Menschen allmählich, in vielen kleinen Schritten vollzog, so wie es die Darwinsche Theorie annimmt. Damit ist eine scharfe Grenze zwischen Menschenaffe und Mensch im Verlauf der biologischen Evolution unmöglich, es gibt viele Übergangsformen. Nur eines ist sicher, nämlich dass der in der Bibel aufgezeichnete einmalige Schöpfungsakt aus biologischer Sicht unzutreffend ist. Allerdings ist damit nichts über den geistig-seelischen Schöpfungsakt ausgesagt.

Die für die Anatomie des Menschen besonders wichtigen biologischen Evolutionsschritte erfolgten lange vor der eigentlichen Menschwerdung. Als Baumbewohner hatten die frühen Primaten die Gliedmaßen an die Anforderungen des Kletterns und Hangelns angepasst. Gleichzeitig wurde die Sehfähigkeit hoch entwickelt: nach vorn gestellte Augen sowie räumliches und farbiges Sehen, was zur schnellen Orientierung im Geäst der Bäume überlebensnotwendig war.

Der entscheidende Entwicklungsschritt zum Menschen neben dem aufrechten Gang bestand in der starken Zunahme des Hirnvolumens, wodurch die Voraussetzung für die eigentliche Menschwerdung geschaffen war: die soziale Verständigung in größeren Gruppen, insbesondere durch die Sprache, die Fähigkeit zu Herstellung und Gebrauch anspruchsvollerer Werkzeuge und Waffen sowie die Unterordnung des Sexualtriebes unter die Gruppeninteressen, insgesamt also die Voraussetzung für vielfältige Verhaltensweisen, die die kulturelle Höherentwicklung ermöglichten.

8 Menschenrassen, Tier oder Mensch, genetische Evolution, Biologie des Geistes

Entstehung der Menschenrassen

Mit dem Einsetzen der sozialen und kulturellen Evolution tritt die biologische Evolution mehr und mehr zurück. Eine ungeheure Vielfalt sozialer und kultureller Ausformungen und Anpassungen ist zu beobachten, während sich die Menschen anatomisch und physiologisch relativ wenig unterscheiden. Es ist daher richtig, von einer einzigen Art des heutigen Menschen zu sprechen, auch wenn es gewisse rassische Unterschiede gibt. Bekanntlich gilt biologisch als Art (Spezies), was sich paart und fortpflanzungsfähige Nachkommen zeugt.

Wie die heutigen Menschenrassen im einzelnen entstanden sind, ist unbekannt. Sicher ist nur, dass sie alle der Spezies »*Homo sapiens*« zuzuordnen sind. Die Differenzierung in Rassen sind die Antwort auf unterschiedliche Umweltverhältnisse, unter denen die klimatischen Bedingungen am wichtigsten sind.

Man unterscheidet nach äußeren Merkmalen wie Körperbau, Haut-, Haar- und Augenfarbe sowie Blutgruppe drei Rassenkreise: Europide (auch »Kaukasoide« genannt), Negride und Mongolide (Mongolen, Indianer und Eskimos). Neben diesen Großrassen, die kaum älter als 30000 Jahre sind, gibt es Reliktgruppen, die auf frühere Formen des *Homo sapiens* zurückgeführt werden, darunter die Hottentotten und Buschmänner im südlichen Afrika, die afrikanischen und asiatischen Pygmäen, die Ainus auf Hokkaido und Sachalin sowie die Australiden mit zahlreichen Untergruppen.

Grenze zwischen Tier und Mensch

Aus der Tatsache der allmählichen Entwicklung vom Menschenaffen zum Menschen folgt, dass es keine scharfe biologische Grenze zwischen den beiden Arten und damit zwischen Tier und Mensch geben kann. Der Übergang ist gleitend, erstreckt sich über 6 Millionen Jahre, und je nach gewähltem Abgrenzungskriterium ergeben sich andere Grenzen. Es kann daher aus biologischer Sicht auch nicht den scharfen Unterschied zwischen Tier und Mensch geben, den der Schöpfungsbericht der Bibel nahelegt. Auch wenn man nur dem Menschen die göttliche Seele zuerkennt, wird man die Anlage dazu dem Menschenaffen nicht ganz absprechen können. So konnte nachgewiesen werden, dass heutige Schimpansen Ansätze von Ich-Bewusstsein zeigen und zu einfachen Symbolhandhabungen fähig sind. Aus dem gleitenden biologischen Übergang vom Tier zum Menschen folgt eine Erniedrigung des Menschen gegenüber dem bisherigen Bild, aber auch eine Erhöhung des Tieres. Der Mensch ist weniger göttlich als in der Bibel behauptet und das Tier ist mehr als eine Sache im juristischen Sinn oder ein Automat im Sinne von Descartes.

Das Problem der Abgrenzung von Tier und Mensch stellt sich nicht nur aus evolutionshistorischer Sicht, sondern aufgrund der Parallelität von phylogenetischer und embryonaler Entwicklung (»biogenetisches Gesetz«

von Ernst Haeckel, 1866, nur tendenziell gültig) auch bei aktuellen bioethischen Fragen. Ab welchem Entwicklungsstadium sind dem Embryo bzw. Fötus die Menschenrechte zuzuerkennen, darunter das Recht auf körperliche Unversehrtheit (die Abtreibungsfrage)? Und umgekehrt, ab welchem Entwicklungsstadium und in welchem Umfang kommen den Tieren Rechte zu. Da die Naturwissenschaft keine eindeutige Grenze ziehen kann, sind derartige Fragen nur auf religiöser bzw. metaphysischer Basis beantwortbar. Die Evolutionsbiologie kann im Menschen, methodisch bedingt, nur ein hoch entwickeltes Tier sehen.

Genetische Evolution des Menschen

Die Untersuchungsergebnisse zur genetischen Evolution bestätigen die vorstehenden Angaben zur morphologischen und physiologischen Entwicklung vom Urschimpansen zum Menschen. Es stellte sich heraus, dass die DNA-Sequenzen der Chromosomen, die den Genen entsprechen, bei Schimpanse und Mensch zu 98 Prozent übereinstimmen. Die morphologische Ungleichheit zwischen Mensch und Affe wurde daher nicht durch eine Anhäufung punktueller Mutationen erzeugt, sondern durch Umgruppierungen der DNA-Sequenzen auf den Chromosomen. Die Unterschiede in den DNA-Sequenzen zwischen Angehörigen der menschlichen Großrassen (Europide, Mongolide, Negride) sind demgegenüber wesentlich kleiner. Sie kamen dadurch zustande, dass die Populationen bei ihrer Reproduktion weitgehend isoliert waren, bedingt durch geographische Trennungen oder soziale Tabus. Es gibt jedoch keine genetische Barrieren zwischen den Rassen. Da rassenhybride Nachkommen voll fortpflanzungsfähig sind, gibt es auch kein Anzeichen von beginnender rassenbezogener Artbildung (Speziation).

Die im erdgeschichtlichen Zeitmaßstab sehr schnelle Evolution vom Urschimpansen zum Menschen ist genetisch erklärbar. Wenn sich die Umgebungsbedingungen nur wenig ändern und die Population groß ist, dann ist der Selektionsdruck gering und die Evolutionsrate daher niedrig. Ändern sich dagegen die Umgebungsbedingungen rasch bei kleinen Populationen, dann ist der Selektionsdruck hoch und die Evolutionsrate steigt stark an. Bei der Entwicklung zum Menschen hat es mehrfach einschneidende Veränderungen vom Klima und Gelände gegeben (Savannenbildung in Afrika, Vereisung in Europa), die es genetisch abgewandelten Kleingruppen ermöglichte, Nischen zu besetzen, während der genetisch unveränderte Teil der Population durch unzureichende Anpassung dezimiert wurde.

Biologie des Geistes

Mit »Biologie des Geistes« wird die Übertragung der Prinzipien der biologischen Evolution auf das geistige Leben verstanden (Flad-Schnorrenberg 1980). Diesen Versuch hat Konrad Lorenz unternommen, zunächst mit dem 1943 erschienenen Artikel *Die angeborenen Formen möglicher Erfahrung* und fortgeführt in seinem 1973 erschienenen Buch *Die Rückseite des Spiegels* (Lorenz 1973). Seine These besagt, dass die vor aller Sinneserfahrung, also im Sinne von Kant *a priori* gegebenen Anschauungsformen und Denkkategorien, darunter Raum und Zeit, im Verlauf der Stammesgeschichte in Anpassung an die reale Umwelt entstanden sind. Die These ist im Rahmen des evolutionären Weltbildes plausibel.

Die Evolution kann als ein Frage- und Antwortspiel zwischen den Individuen einer Population und ihrer Umwelt aufgefasst werden. Es überlebt, wer die beste Antwort auf die Herausforderung der Umwelt gibt: »Ein Affe, der keine realistische Wahrnehmung von dem Ast hatte, nach dem er sprang, war bald ein toter Affe – und gehörte daher nicht zu unseren Urahnen« (Simpson 1972). Auf diese Weise lassen sich zwar die *a priori* gegebenen Anschauungsformen Raum und Zeit stammesgeschichtlich erklären, nicht aber die weiteren Bewusstseinsinhalte der menschlichen Vernunft (Flad-Schnorrenberg 1980). Im Unterschied zu morphologischen Merkmalen oder Verhaltensmustern, sind Bewusstseinsinhalte nicht sinnlich wahrnehmbar. Also fehlt der »Biologie der Erkenntnis« (Riedl 1980) die naturwissenschaftliche Basis.

Es ist versucht worden, die soziale und kulturelle Entwicklung der Menschheit in Analogie zur biologischen Evolution zu beschreiben (Kull 1979). Als Replikationseinheiten derartiger Entwicklungen, die im Rahmen von Lernvorgängen von Gehirn zu Gehirn weitergegeben werden, wurden die »Meme« (von lat. »*memoria*«) eingeführt, einschließlich Mempool, Memmutationen und Memrekombinationen. Beispielsweise wird der Erfindung des Steinbeils ein Mem zugeordnet. Aber auch die Gottesidee ist nach diesem Konzept memkodiert. Das ist keine Naturwissenschaft, und auch der hermeneutische Wert des Konzepts im Rahmen der Kulturwissenschaft dürfte fraglich sein. Die Realität überwiegend geistiger Entwicklungen ist durch originär biologische Konzepte nicht beschreibbar.

9 Religiöse Zurückweisung und säkulare Fehlentwicklung

Christlich-religiöse Gegenpositionen

Vordergründig hat die Folgerung aus der biologischen Evolutionstheorie nach Darwin, Mensch und Affe hätten gemeinsame Vorfahren, also die »Entthronung des Menschen«, den lautesten und unmittelbarsten Widerspruch hervorgerufen. Tatsächlich war aber Darwins Prinzip der natürlichen Auslese der eigentliche Stolperstein. Es trat an Stelle des Wirkens des biblischen Schöpfergottes und schloss die herkömmliche teleologische Erklärung aus. Mit dem christlichen Glauben an Gott als Herrn der Geschichte war letzteres nicht zu vereinbaren. Dies wurde als die »Entthronung Gottes« aufgefasst. Selbst gleichgesinnte Fachkollegen von Darwin hatten daher gegenüber dem Prinzip der natürlichen Auslese religiöse Vorbehalte. Als gänzlich unakzeptabel erschien schließlich der patriarchalischen Bürgergesellschaft Darwins Konzept der *female choice*, also die »Entthronung des Mannes«.

Das Prinzip der natürlichen Auslese stand aber auch gegen säkular-weltanschauliche Überzeugungen wie der Vitalismus, also der Glauben an eine besondere Lebenskraft im Bereich des Organischen. Dieser verstand sich als Gegenbewegung zur mechanistischen Erklärung des organischen Lebens. Der Vitalismus ebenso wie die ihn begleitende Teleologie gelten heute als durch die Evolutionstheorie widerlegt.

Die christlichen Religionsgemeinschaften wiesen die Evolutionstheorie und ihre Folgerungen schroff zurück und haben seitdem kein vorurteilsfreies Verhältnis zu ihr gefunden. Die unmittelbar geforderte anglikanische Kirche konnte infolge des hohen Stellenwertes der Naturtheologie in dieser Kirche nicht zustimmen. Die römisch-katholische Kirche reagierte mit innerkirchlicher Repression gegenüber Vertretern der Evolutionstheorie. Auch heute noch ist die Monogenese, also die Abstammung des Menschen von einem einzigen ersten Menschenpaar, unverzichtbarer Glaubensinhalt, der nicht in Frage gestellt werden darf. Noch fundamentalistischer gibt sich der Protestantismus in Form des »Kreationismus«. Letzterer beharrt darauf, dass jeder Mensch unmittelbar von Gott geschaffen wird, also nicht nur die Seele sondern auch der Leib. In den Schulen der Vereinigten Staaten von Amerika darf die Evolutionstheorie nicht angesprochen oder gar gelehrt werden. Mehrere »Affenprozesse« haben den Lehrern einen Maulkorb angelegt. Auch in Europa ist die kreationistische Position verbreitet, hier aber kein politisches Problem, sondern eher ein Zeichen unzureichender Aufklärung. Die römisch-katholische Theologie hat indessen eingelenkt. Sie vertritt nur noch die unmittelbare Erschaffung der Seele durch Gott und nicht die des Körpers.

Die christlich-religiösen und die aufgeklärt-wissenschaftlichen Positionen stehen sich dennoch nach wie vor unversöhnlich gegenüber, von wenigen Ausnahmen abgesehen. Der Fehler auf Seiten der Religion liegt darin, dass der Schöpfungsbericht der Bibel wörtlich statt metaphorisch (»bildlich übertragen«) gelesen wird. Ein Fehler auf Seiten der Wissenschaft ist es, dass sie dazu neigt, die Gültigkeit ihrer Befunde unzulässig auszudehnen. Darwin selbst hat wiederholt gemahnt, sich nicht nur der neu erworbenen Kenntnisse zu rühmen, sondern sich der verbleibenden Unkenntnis bewusst zu bleiben. Und seine Frau Emma Darwin hat ihm gegenüber in bewegenden Worten ihrer Besorgnis Ausdruck verliehen, dass durch die Vertiefung in die naturwissenschaftlichen Beweise die spirituelle Wahrheit zu kurz kommen könnte.

Darwinistische Rassentheorie

Der Widerstand der christlichen Religionsgemeinschaften gegen die Evolutionstheorie gründete sich in den eingangs beschriebenen drei Entthronungen, die des Gottes, die des Menschen und die des Mannes. Dieser Widerstand war unüberlegt und übertrieben, aber auch nicht ganz unberechtigt. Tatsächlich hat die häufig unzureichend verstandene biologische Evolutionstheorie das Entstehen und die Verbreitung ideologischer Fehlentwicklungen im säkularen Bereich begünstigt. Der atheistische Materialismus und Positivismus wurden durch sie gestützt. Ein grob vereinfachter Darwinismus ließ eine unsinnige Rassentheorie entstehen, die zur weltgeschichtlichen Katastrophe des Holocaust geführt hat, dem Versuch der Totalvernichtung der jüdischen Rasse und ihrer Gene. Die von der Evolutionsbiologie geprägten geistigen Hintergründe dieses Ereignisses werden nachfolgend näher betrachtet.

Die biologische Evolutionstheorie nach Darwin lässt sich in Kurzform durch folgende Komponenten kennzeichnen: Variabilität der Gene, Vererbung der mutierten Merkmale, Überproduktion von Nachkommen, Auslese der Bestangepasstesten im »Kampf ums Dasein« und in natürlicher Zuchtwahl. Diejenigen Nachkommen, die wegen unzulänglicher Eigenschaften den Kampf nicht bestehen, gehen zugrunde ohne sich fortzupflanzen, sterben also aus. Wer sich jedoch infolge günstiger Eigenschaften durchsetzt und mit geeigneten Partnern (Zuchtwahl) fortpflanzt, trägt zum Erhalt der eigenen Rasse bei. Es lag nahe, diese für die biologische Evolution maßgebenden Gesetzmäßigkeiten auf andere Bereiche, etwa auf den Sozialbereich des Menschen zu übertragen, zumal der Evolutionsgedanke zu Darwins Zeiten auch im Zentrum der Philosophie stand, so die Entfaltung des »absoluten Geistes« bei G.W.F. Hegel in Deutschland oder der Evolutionismus bei Herbert Spencer in England.

Zusammen mit der der deutschen Romantik entstammenden Idee völkischer Identität, die an Stelle der göttlich-religiösen Identität trat, ließ sich aus darwinistischen Vorstellungen eine politisch wirksame Rassentheorie entwickeln, nach der das Überleben der Völker im weltgeschichtlichen Kampf ums Dasein von deren genetisch kodierter rassischer Leistungsfähigkeit abhängt. Die ursprünglich rein kulturell definierte Einheit »Volk« wurde zunehmend zur rassischen Einheit erklärt (»Volkskörper«). Kulturelle Höhe und rassische Reinheit gehörten nach dieser Auffassung zusammen und verbürgten das Bestehen im Überlebenskampf der Völker.

Die Reinheit etwa der deutschen, germanischen Rasse war nach dieser Ansicht wegen der Vermischung mit jüdischem Blut in Frage gestellt. Die Juden, selbst ohne territoriale völkische Einheit, würden ihre Wirtsvölker rassisch verderben und dadurch ihren Bestand gefährden. So führte die Verbindung romantischer und darwinistischer Konzepte in Deutschland direkt zu Adolf Hitlers Judenvernichtungsprogramm. Eine bedeutsame wissenschaftliche Erkenntnis der Neuzeit diente somit der Befriedigung skrupellosen Machtstrebens. Der Darwinismus wurde dabei politisch missbraucht. Dass der Missbrauch in diesem Umfang möglich war, lag auch daran, dass die christlichen Religionsgemeinschaften den Juden den Gottesmord anlasteten. Der religiöse Antisemitismus war Tradition. Er wurde im Zuge der Säkularisierung in einen rassischen Antisemitismus umgewandelt. Darwin selbst hat nicht politisch gedacht und war auch kein Antisemit. Er hat den herkömmlichen christlichen Gottesglauben aufgegeben, war aber kein Atheist.

Religion ein kollektiver Wahn?

Als jüngster Spross einer säkularen Ausweitung der biologischen Evolutionstheorie erscheint das Buch von Richard Dawkins mit dem Titel »*The GOD delusion*«, zu deutsch »*Der Gotteswahn*« (Dawkins 2008). Mit diesem reißerischen Machwerk wird nicht nur der Gottesglaube, sondern jegliche religiöse Ausrichtung als kollektiver Wahn diffamiert.

Der Verfasser Dawkins, anerkannter Evolutionsbiologe, hält sich bei seiner Argumentation evolutionsbiologisch zurück. Er gibt sich aber als Materialist und Atheist zu erkennen, was der Befindlichkeit weiter Teile der heutigen (westlichen) Gesellschaften entspricht, jedoch unter neueren naturwissenschaftlichen Aspekten (Teilchenphysik, Relativitätstheorie) als überholt gelten kann. Der Mensch ist auch kein »Zufallsprodukt der Evolution«, wie es Jacques Monod in existentialistischer Voreingenommenheit versucht hat nachzuweisen (Monod 1983).

Es liegt hier dieselbe Überheblichkeit einer Fachwissenschaft vor, die vormals unter Physikern anzutreffen war, dort jedoch aufgrund neuerer Befunde zu einem Umdenken Richtung Selbstbescheidung geführt hat. Fachwissenschaftliche Theorien beschreiben immer nur einen Ausschnitt der Wirklichkeit und dürfen nicht auf eine umfassendere Wirklichkeit ausgedehnt werden. So werden die Spielregeln der Evolutionsbiologie dem geistigen Bereich des Menschen nicht gerecht, dem die religiösen Vorstellungen zugehörig sind. Es hat bereits Darwin gemahnt, »sich der verbleibenden Unkenntnis bewusst zu bleiben«.

Die vorstehende Kritik an unzulässigen Grenzüberschreitungen soll jedoch nicht verdecken, dass durch die Faktizität der biologischen Evolution religiöse Kernfragen neu gestellt werden, so die Frage nach der Weltentstehung und nach der Stellung des Menschen in der Welt. Sich diesen Fragen vorurteilsfrei zu stellen, ist eine Herausforderung für die Hochreligionen der Menschheit. Theologisch fundierte Antworten stehen derzeit noch aus.

10 Folgerungen für die christliche Religion

Tatsache Evolution und christlicher Glauben

Trotz der beschriebenen säkularen Fehlentwicklung ist die christliche Religion aufgerufen, die hart erkämpften naturwissenschaftlichen Erkenntnisse der Evolutionstheorie zur Kenntnis nehmen und in ihren eigenen Aussagen zu berücksichtigen. Sie darf sich allein deshalb nicht dagegen stellen, weil sie der Wahrheit verpflichtet sein sollte. Glaube wider die Vernunft, wie von protestantischer Seite vertreten (Luther, Kierkegaard, Barth, Bultmann), ist eine moralisch und religiös fragwürdige Position. Die vielfach bestätigte Wahrheit der Evolutionstheorie besagt, dass sich die materielle natürliche Welt ohne fortdauernde Eingriffe eines Gottes, allein im Zusammenspiel von Gesetz und Zufall, entwickelt, also ohne fortdauernde Schöpfung, ohne die natürliche Ordnung durchbrechende Wunder und ohne ein Gottesgericht. Und diese materielle natürliche Welt, wie sie in einer unendlichen Folge von Zufällen unter unveränderlichen Naturgesetzen entstanden ist, mag nur eine von unendlich vielen möglichen Welten sein. Jeder kosmische Neuanfang würde wohl eine gänzlich andere materielle Welt bedeuten. Aber jede solche Welt wäre in ständiger Veränderung nach den Spielregeln der Evolution begriffen.

Die Aussage des biblischen Schöpfungsberichts, der Mensch sei als Ebenbild Gottes geschaffen, und die dem entsprechende Vorstellung von Gott in menschlicher Gestalt müssen demnach im übertragenen Sinn als Veranschaulichungen verstanden werden. So wird denn auch in der von den deutschsprachigen katholischen Bischöfen nach dem Zweiten Vatikanischen Konzil herausgegebenen Einheitsübersetzung der Bibel zum Buch Genesis festgehalten (Höffner *et al.* 1980): »Die Erzählungen der Urgeschichte sind weder als naturwissenschaftliche Aussagen noch als Geschichtsdarstellung, sondern als Glaubensaussagen über das Wesen der Welt und des Menschen und über deren Beziehung zu Gott zu verstehen«.

Die christliche Verkündigung sollte also nicht die gesicherten Erkenntnisse über die Evolution der materiellen natürlichen Welt zurückweisen. Auch wenn die äußere Welt naturwissenschaftlich ohne fortdauernde Eingriffe Gottes erklärt wird, ist das keine Einschränkung der Machtfülle Gottes. Nichts spricht dagegen, das kosmische und natürliche Spiel von Zufall und Notwendigkeit auf einen göttlichen Willen zurückzuführen. Gott hat eben nicht nur Gesetze gegeben, sondern über den Zufall auch Freiheit zugelassen. So erscheint die evolutionäre Schöpfung als Werk sowohl des unverändert seienden als auch des mit der Fortentwicklung von Mensch und Kosmos werdenden Gottes. Der seiende Gott ist Urheber der Naturgesetze, der werdende Gott ist auf die Wirksamkeit des Zufalls angewiesen. Nur das Zusammenwirken von Gesetz und Zufall ermöglicht, wie dargestellt, die biologische Evolution. Strenge Gesetzlichkeit würde eine unveränderliche, determinierte Welt bedingen. Reine Zufälligkeit würde das Chaos bedeuten.

Wenn Jacques Monod in seinem bekannten Buch *Le hasard et la nécessité* (1970), die biologische Evolution ausschließlich auf zufällige Ereignisse ohne Würdigung des Beitrags der Gesetze zurückführt (Monod 1983), ist dies ein bedauerlicher Irrtum, auf den wiederholt hingewiesen wurde (Eigen u. Winkler 1983). Durch Zufall allein entsteht keine Ordnung. Der Mensch ist mehr als ein Zufallsprodukt der Evolution. Andererseits, wenn Daniel Dennett in seinem nicht weniger bekannten Buch *Darwin's dangerous idea* die natürliche Auslese einem Algorithmus gleichsetzt, der auf eine unendliche Vielfalt möglicher Lebensformen wirkt (Dennett 1995), bleibt die Frage nach dem Ursprung des Lebens unbeantwortet. Beide Autoren argumentieren ausgehend von einem atheistischen Materialismus, also einer wenig überzeugenden Grundhaltung.

Was den christlich-religiösen Menschen am richtig verstandenen evolutionären Weltbild vordergründig stört, ist das Fehlen des personalen Bezugs zwischen Gott und materieller Welt, der im Schöpfungsmythus der Bibel verankert ist. Der personale Bezug bleibt auf den seelischen Bereich des Menschen beschränkt. Nur in der Seele kann sich Gott dem Einzelnen bemerkbar machen, direkt in der Einzelseele und indirekt in den seelischen Begegnungen der Menschen. Der Kern der christlichen Lehre, die liebende Beziehung zu Gott und zum Nächsten, wird also durch die Evolutionstheorie nicht in Frage gestellt. Das Personale ereignet sich in der materiellen Welt, nicht durch sie.

Vorstellung eines werdenden Gottes

Für die mit der platonischen Seins- und Wesensphilosophie eng verbundenen Religionen des Christentums und des Islams ist die angesprochene Vorstellung eines werdenden Gottes ungewohnt und verstößt gegen das gewohnte statische Gottesbild. Die Vorstellung des werdenden Gottes wird nicht nur durch die biologische Evolutionstheorie nahegelegt, sie wird auch in der theologischen Spekulation des Philosophen Hans Jonas (1903–1993) zur Einordnung des Holocaust in das jüdische Gottesbild vertreten (Jonas 1987[(2)]). Jonas setzt an Stelle des majestätischen einen leidenden Gott, an Stelle des ewig gleich seienden einen werdenden Gott, einen sich um den Menschen sorgenden Gott, aber ohne Macht, das Sorgeziel herbeizuführen. Gott ist nicht allmächtig, sondern hat sich der moralischen Freiheit des Menschen zuliebe seiner selbst entäußert, »nunmehr hoffend, dass der Mensch ihm zurückgeben wird«. Auch wenn dieser spekulative jüdische Ansatz nicht direkt auf christliche Glaubensinhalte übertragbar ist, so markiert er doch den Ansatzpunkt, von dem aus ein fortschrittliches Gottesbild gewonnen werden kann.

Aufgegeben werden muss allerdings die Auffassung der monotheistischen Religionen, im Besitz der absoluten, allein selig machenden Wahrheit zu sein. Aufgegeben werden muss auch die Vorstellung, dass die Merkmale Gottes durch Sprache und Begriffe eindeutig ausgedrückt werden können. Gott ist zwar über den Logos erfahrbar, aber dies ist nur eine der möglichen Begegnungsweisen und alle Begegnungsweisen können nur Annäherungen an eine höhere (transzendente) Wirklichkeit sein, die jenseits der menschlichen Erkenntnisfähigkeit liegt.

Die Annahme eines werdenden Gottes in Analogie zu evolutionären Welt bedingt eine Neubewertung des teleologischen Einflusses (Teleologie: »Lehre von den Zweckursachen«). Die herkömmliche christliche Theologie setzt den seienden Gott als einzige und oberste Zweckursache. Nur im Hinblick auf dieses statische Gottesbild stimmt die Aussage der heutigen Biologen und Paläontologen, dass es in der Evolution keinen kosmisch-teleologischen Einfluss gibt. Die gegenteilige, religiös inspirierte Vision des Jesuiten, Paläontologen und Anthropologen Teilhard de Chardin (1889–1955) darf dennoch nicht unbeachtet bleiben (Teilhard 1981). Es ist durchaus vorstellbar, dass dem Menschen nur das Erkennen der Wirkursachen möglich ist, während ihm der Blick auf die Zweckursachen verwehrt ist. Erstere sind der Vergangenheit zuzuordnen, letztere der Zukunft. Die vielfach erst im Rückblick feststellbare Sinnhaftigkeit eines Geschehens deutet jedenfalls darauf hin. Da mit der biologischen Evolution die Voraussetzung für das Erscheinen seelischer und geistiger Fähigkeiten und Inhalte geschaffen wurde, für Erkenntnis ebenso wie für Moral, so ist wohl auch diesem Vorgang die Sinnhaftigkeit nicht abzusprechen.

Fragliche Evolution zum Guten

Im Hinblick auf die wissenschaftlich abgesicherte Evolutionstheorie ist auch Platons Idee eines höchsten Guten (bzw. Schönen) für diesen Bereich neu zu bedenken. Das gottgewollte Zusammenwirken von Gesetz und Zufall verfolgt offenbar keine speziellen Zwecke, wohl aber das allgemeine Ziel der Verwirklichung des Guten. Selbst unter der spekulativen Annahme einer unendlichen Zahl evolutionär unterschiedlicher Welten kann dieses Grundprinzip beibehalten werden.

Das Grundprinzip der Entwicklung zum Guten wird jedoch in der einen natürlichen Welt, die uns bekannt ist, mit der Ankunft des Menschen in der biologischen Evolution in Frage gestellt. Die wissenschaftlich begründete neuzeitliche Technik ist gegen das natürliche biologische Gleichgewicht gerichtet, das in den vorhergehenden Phasen der Evolution trotz lokaler Verwerfungen gewahrt wurde. Die menschlichen Eingriffe haben apokalyptische Ausmaße erreicht. Die Entstehung des Menschen in der Natur ist somit auch die Ankunft des Unguten in der natürlichen Welt. Die Ursache des Unguten liegt im seelischen Bereich des Menschen, also dort, wo der Anspruch der christlichen Religion ansetzt. Damit schließt sich der Gedankengang zu den weltanschaulichen Folgen der Evolutionstheorie mit dem christlich-religiösen Motiv, dass eine biologisch und seelisch unheile Welt der Erlösung bedarf.

KAPITEL IV

Psychoanalyse von Freud – der Mensch beherrscht von Trieben?

»Zwei große Kränkungen ihrer naiven Eigenliebe hat die Menschheit im Laufe der Zeiten von der Wissenschaft erdulden müssen. Die erste, als sie erfuhr, dass unsere Erde nicht der Mittelpunkt des Weltalls ist, sondern ein winziges Teilchen eines in seiner Größe kaum vorstellbaren Weltsystems. ... Die zweite dann, als die biologische Forschung das angebliche Schöpfungsvorrecht des Menschen zunichte machte, ihn auf die Abstammung aus dem Tierreich und die Unvertilgbarkeit seiner animalischen Natur verwies. ... Die dritte und empfindlichste Kränkung aber soll die menschliche Größensucht durch die heutige psychologische Forschung erfahren, welche dem Ich nachweisen will, dass es nicht einmal Herr im eigenen Hause, sondern auf kärgliche Nachrichten angewiesen bleibt von dem, was unbewusst in seinem Seelenleben vorgeht. ...«

Sigmund Freund: Vorlesung zur Einführung in die Psychoanalyse III-18 (1917)

1 Einführung und Inhaltsübersicht

Die von Sigmund Freud begründete Psychoanalyse, die primär der ärztlichen Kunst zuzuordnen ist, hat wie keine andere denkerische und erklärende Methode das intellektuelle Leben der Neuzeit befruchtet und geprägt. Der Einfluss auf die Human-, Sozial- und Kulturwissenschaft sowie auf Schriftsteller und bildende Kunst war enorm. Freuds scharfsinniges und konsequentes Denken sowie die literarische Qualität seiner Texte beeindrucken jeden, der sich ernsthaft mit ihnen befasst. Freuds Erkenntnisse zur Bedeutung und Struktur des Unbewussten haben das seinerzeit gängige Weltbild unwiderruflich verändert.

Zunächst wird die naturwissenschaftliche Basis der Psychoanalyse hervorgehoben. Ihre Entwicklung und ihre Kernaussagen werden ausgehend von der Biographie und den wichtigsten Publikationen von Freud dargestellt. Die abweichenden Konzepte der anfänglichen Mitstreiter Alfred Adler und Carl Gustav Jung kommen zur Sprache. Es folgen neuere Schulrichtungen, die von Freuds Psychoanalyse mehr oder weniger stark abweichen: »Ich-Psychologie«, Objektbeziehungstheorien, strukturalistische Umdeutungen, sozialwissenschaftliche Einbindungen, »Selbstpsychologie«, feministische Psychoanalyse und »interpersonelle Psychoanalyse«. Anschließend wird erneut auf das strengere Wissenschaftsverständnis von Freud hingewiesen, seine Psychoanalyse aufgefasst als Naturwissenschaft, ergänzt durch je einen Brückenschlag zur Neurophysiologie und Neuropsychologie.

Die Darstellung zur Psychoanalyse fußt auf der sorgfältigen und einfühlsamen zusammenfassenden Darstellung von Hans-Martin Lohmann zur Person und zum Werk von Sigmund Freud (Lohmann 2006). Dieser Autor hat auch zusammen mit Joachim Pfeiffer ein Freud-Handbuch herausgegeben (Lohmann u. Pfeiffer 2006). Freuds Originalschriften wurden in Form der Studienausgabe verwendet (Mitscherlich et al. 1969–1975). Eine besonders verständliche und informative Kurzfassung zur Psychoanalyse als Therapieverfahren ist in einem Handbuch zur psychosomatischen Medizin zu finden (Wesiack 1990). Hinsichtlich Carl Gustav Jung wurde auf einen Band von dessen Studienausgabe zurückgegriffen (Jung 1971). Über die spätere Entwicklung der Psychoanalyse informiert ein Bändchen von Wolfgang Mertens, während die Konsequenzen in Kultur und Wissenschaft von Ilka Quindeau erörtert werden (Mertens 2008, Quindeau 2008).

2 Naturwissenschaftliche Basis der Psychoanalyse

Psychoanalyse als atheistische Naturwissenschaft

Die gleichwertige Positionierung der Psychoanalyse neben Physik und Biologie im Rahmen der Gegenüberstellung von Naturwissenschaft und Theologie im vorliegenden Buch bedarf der Erklärung. Wissenschaftssystematisch vertritt die Physik die Lehre von der unbelebten Natur, die Biologie die Lehre von der belebten Natur und die Psychologie die Lehre von der seelischen (und mentalen) Natur. Die Psychologie umfasst heute neben der Psychoanalyse (Triebe und unbewusste Inhalte) den Behaviorismus (Reaktion und Reflexe) und den Kognitivismus (Bewusstseinsinhalte).

Die Psychoanalyse als medizinisch-psychologische Lehre umfasst drei Bedeutungsebenen. Sie ist eine Untersuchungsmethode, die die Bedeutung unbewusster Vorgänge über Symbole des sprachlichen (assoziativen) und nichtsprachlichen Ausdrucks zu erschließen versucht. Sie ist eine psychotherapeutische Behandlungsmethode, die auf der Deutung der Übertragung, des Widerstands und der unbewussten Wünsche beruht. Sie ist schließlich eine Theorie, die die genannten Untersuchungs- und Behandlungsmethoden strukturiert.

Diese Angaben entsprechen den Aussagen des Begründers der Psychoanalyse, Sigmund Freud (1856–1939), der unter Psychoanalyse nicht nur ein erfolgreiches Therapieverfahren verstehen wollte, sondern damit den Anspruch einer psychologischen Theorie erhob. Freud war als Neurophysiologe wissenschaftlich ausgebildet und praktisch tätig, bevor er sich der Psychoanalyse verschrieb. Über das Entwicklungspotential der Neurophysiologie als Naturwissenschaft bestand bei Freud kein Zweifel, er sah aber die Aufgabe zu Recht als in einem Menschenleben nicht bewältigbar an. Deshalb kam es zur Bevorzugung der Psychoanalyse, deren Verankerung als Naturwissenschaft Freud zeitlebens betont hat.

Für die in diesem Buch besonders angesprochene Konfrontation von Naturwissenschaft und Theologie ist bedeutsam, dass es Freud selbst war, der die tiefenpsychologische Erklärung für die Konfrontation gegeben hat, wobei er der Naturwissenschaft die Bereiche Physik, Biologie und Psychoanalyse zuordnete. Die Menschheit habe durch die Wissenschaft drei Kränkungen ihrer Eigenliebe erdulden müssen. Die erste Kränkung erfolgte, als sie erfuhr, dass die Erde nicht der Mittelpunkt des Weltalls ist. Die zweite Kränkung trat ein, als die Abstammung aus dem Tierreich und damit die animalische Natur des Menschen seine bevorrechtete Stellung in der Schöpfung zunichte machte. Die dritte und empfindlichste Kränkung bestünde jedoch darin, dass die psychologische Forschung dem Ich nachweise, dass es nicht einmal Herr im eigenen Hause sei, sondern auf kärgliche Nachrichten aus dem unbewussten Seelenleben angewiesen bleibt (Leitspruch zur Kapitelüberschrift).

Methodenstatus in Physik, Biologie und Psychoanalyse

Nunmehr sei der unterschiedliche naturwissenschaftliche Methodenstatus, der genannten drei Wissensgebiete (Physik, Biologie, Psychologie) erläutert, ohne damit eine Vorrangstellung eines der Gebiete zu implizieren.

Die Physik gründet sich, wie in Kap. I und II dargestellt, auf dem Zusammenspiel von mathematisch formulierter Theorie und sinnvoll ausgeführten Experimenten. Sie deckt die Naturgesetze auf, die jegliche metaphysische Beeinflussung ausschließen. Sie setzt die strenge Trennung von beobachtendem Subjekt und beobachteter Sache voraus, also den »kartesischen Schnitt« zwischen *res cogitans* und *res extensa*. Es hat sich aber gezeigt, dass diese Voraussetzung im subatomaren Bereich ihre Gültigkeit verliert. Der Experimentator entscheidet nämlich durch die gewählte Versuchsanordnung, ob ein Photon bzw. Elektron als Welle oder als Korpuskel erscheint. Auch die strenge Determiniertheit, die die Naturgesetze ausdrücken, muss im subatomaren Bereich aufgegeben werden: Ort und Impuls eines Teilchens bzw. Energie und Aussendungszeitpunkt einer Strahlung lassen sich nicht unabhängig voneinander mit beliebiger Genauigkeit angeben, die Genauigkeit der einen Angabe bedingt die Ungenauigkeit der anderen (Heisenbergsche Unbestimmtheitsrelation, 1927). Die Aussagen der Physik beinhalten demnach im subatomaren Bereich grundsätzlich einen subjektiven Faktor.

Die Biologie zeigt ein etwas anderes Wissenschaftsverständnis. Sie basiert, wie dargestellt, auf der wechselseitigen Durchdringung von analysierender Beobachtung und synthetisierender Theorie. Da sich die Biologie mit der unendlichen Gestaltenvielfalt der Lebewesen befasst, stehen Begriffsfestlegungen und Klassifizierungen im Vordergrund, während die mathematische Beschreibung demgegenüber zurücktritt. Die belebte Natur bleibt zwar den Gesetzen der Physik unterworfen, das zentrale Erklärungsprinzip ist jedoch die evolutionäre Entwicklung, in der gesetzliche Notwendigkeit und probalistischer Zufall zusammenfinden. Die Beobachtung der sich frei entfaltenden Natur steht im Vordergrund, experimentelles Vorgehen ist nur in Ausnahmefällen möglich, etwa in der Pflanzen- und Tierzucht. Eine metaphysische Beeinflussung wird auch hier ausgeschlossen. Die naturwissenschaftliche Strenge drückt sich in der

Sorgfalt und Schärfe der Beobachtungen sowie in deren widerspruchsfreier Integration in das theoretische Konzept aus. Prognosen sind probalistischer Art. Die Trennung von beobachtendem Subjekt und beobachteter Sache ist in allen Bereichen der Biologie vollzogen, was übrigens beim zwischenzeitlich widerlegten Vitalismuskonzept nicht der Fall war.

Als drittes Wissensgebiet sei die Psychologie als die Wissenschaft von der besonderen, über das Biologische hinausgehenden Natur des Menschen betrachtet und dabei die von Freud entwickelte Psychoanalyse. Vorauszuschicken ist, dass die Psychoanalyse primär ein für die Heilung von Neurosen und Psychosen erfolgreich eingesetztes Therapieverfahren ist. Aber Freud war damit nicht zufrieden sondern erhob für seine Psychologie des Unbewussten den Anspruch einer wissenschaftlich fundierten Theorie, die weit über den individualtherapeutischen Bereich hinaus, beispielsweise im kulturgeschichtlichen, religionsgeschichtlichen oder künstlerischen Bereich, Erklärungsmuster liefern kann. Der wissenschaftliche Anspruch wird mit der streng rationalen, systematischen und methodisch normierten Vorgehensweise begründet, durch die die tiefenpsychologischen Beobachtungen des Unbewussten einem theoretischen Erklärungsmodell zugeordnet werden. Der biologische Einfluss »von unten« wird dabei von Freud undiskutiert offen gehalten, ein metaphysischer Einfluss »von oben« wird ausdrücklich ausgeschlossen. Man sollte in Freuds Atheismus, der diesem Ausschluss entspricht, nicht nur eine Prägung aus seiner Jugendzeit sehen, sondern auch das Bemühen, die psychoanalytische Methode frei von irrationalen Einflüssen zu halten.

Intersubjektivität der psychoanalytischen Methode

Der kartesische Schnitt zwischen *res cogitans* und *res extensa* ist jedoch in der Psychoanalyse nicht vollzogen, weil sich die *res cogitans* des Analytikers und die des Analysanden gegenüberstehen und dabei wechselseitig aufeinander wirken. Daher muss der Verringerung des einseitig subjektiven Faktors in der Therapie besondere Aufmerksamkeit geschenkt werden. Beeindruckend ist dennoch die Erklärungskraft des psychoanalytischen Modells, das aber der faktischen Überprüfung im Einzelfall bedarf. In der Individualpsychologie ist das kein unüberwindbares Problem. Die Übertragung etwa auf kultur- oder religionsgeschichtliche Vorgänge beinhaltet jedoch ein hohes Maß an Spekulation (»so könnte es gewesen sein«). Letzteres ist nicht mehr Naturwissenschaft, wohl aber Hermeneutik (»Verstehenskunst«) im besten geisteswissenschaftlichen Sinn. So schlägt Freud die Brücke zwischen Natur- und Geisteswissenschaft.

Der Einwand der unzureichenden erkenntnistheoretischen Objektivität des Verfahrens bleibt also bestehen. Erkenntnisse werden teils aus subjektiver Introspektion gewonnen (die Freudsche »Selbstanalyse«), teils interagieren zwei Subjekte, die sich zwar wechselseitig als Objekt definieren, darin aber lediglich ihre Intersubjektivität ausdrücken (die Freudsche »Redekur«). Obwohl sich die Psychoanalyse primär um die objektiv existierenden Phänomene des Unbewussten bemüht, ist dennoch die intersubjektive Introspektion zur Hebung der Patientenerinnerungen die Basis des Verfahrens. Die Verbindung zwischen Subjekt als Subjekt (der Analytiker) und Subjekt als Objekt (der Analysand) macht streng objektive Erkenntnis unmöglich. Es lässt sich aber die Intersubjektivität ein Stück weit dadurch aufhellen, dass der psychoanalytische Prozess von einem Dritten beurteilt wird. Die Psychoanalyse kann daher als »intersubjektiv-naturwissenschaftliche« Methode bezeichnet werden.

Dem Bemühen um wissenschaftliche Stringenz der psychoanalytischen Methode ist auch die 1910 gegründete Internationale Psychoanalytische Vereinigung zuzuordnen, die über die Reinheit der Lehre wachen sollte. Freuds Schüler Alfred Adler und Freuds langjähriger Mitstreiter Carl Gustav Jung wurden später als »Abweichler« ausgeschlossen. Nachfolgend wird gezeigt, dass der Ausschluss wissenschaftspolitisch nachvollziehbare Gründe hatte.

3 Entwicklung der Psychoanalyse durch Sigmund Freud

Persönliche Lebensdaten

Der Zugang zur Psychoanalyse wird durch deren Einbindung in Freuds Biographie erleichtert, zumal das psychoanalytische Konzept von Freud selbst fortlaufend weiterentwickelt wurde. Die Darstellung fußt auf den Freud-Biographien von Hans-Martin Lohmann (Lohmann 2002, Lohmann 2006, Lohmann u. Pfeiffer 2006).

Das äußere Leben von Sigmund Freud verlief geordnet und unauffällig, betont bürgerlich und familiär: geboren 1856 in Freiburg (Pribor) in Mähren, ab 1860 in Wien, Gymnasium bis 1873, Medizinstudium und Promotion (1881), Krankenhausarzt (ab 1883), Privatdozent (1885), halbjähriger Studienaufenthalt in Paris (1885/86), Privatpraxis (ab 1886), bürgerliche Ehe mit sechs Kindern (ab 1886), Vortragsreise in die USA (1909), Gründung der Internationalen Psychoanalytischen Vereinigung (1910), späte Ernennung zum ordentlichen Professor (1919), Gründung eines eigenen Verlages (1920), Erkrankung an Krebs (1923), Exil in London (1938), dort 1939 gestorben.

In auffälligem Kontrast zum äußerlich ruhigen Lebensvollzug stellt sich Freuds bewegte innere Entwicklung dar, wie sie in dem epochalen Werk seiner Psychoanalyse zum Ausdruck kommt. Die nachfolgende Beschreibung dieses Werks orientiert sich an Freuds wichtigsten Publikationen.

Das begabte und empfindsame Kind Sigmund war in eine psychologisch unübersichtliche familiäre Situation hineingeboren und hatte früh emotional aufwühlende Ereignisse zu bewältigen. Sigmund war der Erstgeborene einer jungen Mutter, die sich der 20 Jahre ältere Vater zur dritten Frau genommen hatte. Seine Mutter war jünger als der älteste Sohn seines Vaters aus erster Ehe. Sie stand dadurch seinen Halbbrüdern näher als dem Vater. Die ödipale Verstrickung lag nahe. In Sigmunds zweitem und drittem Lebensjahr hatte die Mutter zwei weitere Schwangerschaften, zwei Geburten und zwei Todesfälle, zu verkraften, konnte sich daher dem Erstgeborenen nur begrenzt zuwenden. Eine Kinderfrau kam ins Haus, die für Sigmund die Ersatzmutter wurde. Die fristlose Entlassung der Kinderfrau (wegen Diebstahls), erschütterte das Kind tief und ließ Ängste hinsichtlich der Zuverlässigkeit der eigentlichen Mutter aufkommen. Das Verhältnis zur Mutter blieb zeitlebens ambivalent besetzt. Das Verhältnis zum Vater scheint demgegenüber unbelastet gewesen zu sein. Dessen patriarchalische Stellung in der Familie wurde von Freud später übernommen. Anklänge zum Vatermordthema können auf Grund der Jugendlichkeit der Mutter vermutet werden.

Fachwissenschaftliche Ausrichtung

Die folgenden frühen beruflichen Eindrücke und Kontakte beeinflussten Freuds späteres Lebenswerk. Während des Studiums (ab 1873) schloss er sich dem Physiologen Ernst Wilhelm von Brücke an, der einen medizinischen Positivismus gegenüber dem seinerzeit verbreiteten Vitalismus vertrat. Als Krankenhausarzt (ab 1881) spezialisierte sich Freud auf die Neuropathologie bei Theodor Meynert. Überragende Bedeutung hatte der Ausbildungsaufenthalt in Paris bei dem berühmten Nervenarzt Jean-Martin Charcot, der ihm nach eigenem Bekunden die Augen für die psychologisch zu erklärenden Ursachen von Geistespathologien öffnete. Außerdem studierte er in Paris und Nancy die Behandlungsmöglichkeit durch die suggestiv erzeugte Hypnose, experimentierte selbst damit, gab sie aber schließlich zugunsten der psychoanalytischen Methode auf. Seit 1886 betrieb Freud eine Privatpraxis.

Auf den Weg zur Psychoanalyse brachte Freud die Freundschaft mit den Arztkollegen Josef Breuer und Wilhelm Fließ (1887–1899). Am

Beginn stand die eher zufällige Beobachtung von Breuer an der Patientin »Anna O.«, dass die schweren hysterischen Symptome verschwanden, nachdem sich die Patientin im Zustand der Hypnose an die Ursprungssituation erinnerte, die die Symptome erzeugt hatte, und den seinerzeit unterdrückten Affekt artikulieren konnte (*Studien über Hysterie*, 1895, gemeinsam mit Breuer). Freud erkannte die Bedeutung dieser Beobachtung für die Therapie im allgemeinen, wobei er aber die Hypnose durch die Methode der freien Assoziation (»Redekur«) ersetzte. Des weiteren postulierte er, dass hinter allen Formen von Hysterie und Neurose sexuelle Traumata der Kindheit stehen (»Verführungstheorie«). Dem Freund Fließ offenbarte Freud im Zuge einer schonungslosen Selbstanalyse die eigenen Emotionen, Phantasien und Abhängigkeiten, um den Spuren des Unbewussten in freier Assoziation nachzugehen.

Freud musste zugestehen, dass nicht hinter jeder Neurose ein sexuelles Trauma steht. An Stelle der Verführungstheorie setzte er daraufhin den Ödipuskomplex des (männlichen) Kindes: die Rivalität zum Vater, um sich der Mutter zu bemächtigen. Bekanntlich tötet Ödipus seinen Vater Laios, den er nicht als solchen erkennen konnte, und heiratet anschließend seine Mutter Iokaste in ebensolcher Unkenntnis. Die Verführungstheorie wird aber von Freud nicht vollständig aufgegeben, denn sexuelle Traumata können die Ursache einer Neurose sein.

Grundlagen der Psychoanalyse

Als grundlegendes Werk der Psychoanalyse gilt *Die Traumdeutung* (1899), das den Menschen als in seinen innersten Antrieben als irrational und unbewusst wünschend (die »Triebe«) darstellt. Das System Bewusst-Vorbewusst steht dem System Unbewusst gegenüber mit einer dazwischen stehenden Zensurinstanz. Der Traum hat in dieser Systemstruktur die Funktion der Wunscherfüllung. In *Zur Psychopathologie des Alltagslebens* (1901) geht es um die alltäglichen Fehlleistungen – Versprechen, Vertun, Vergessen – die Freud als durch unbewusste Wünsche determiniert erklärt. Die unbewusste Wahrnehmung (Perzeption) hatte bereits G.W. Leibniz eingeführt. Eine *Philosophie des Unbewussten* (1869) hatte Eduard von Hartmann vorgestellt. Aber erst Freud brachte dieses Konzept auf den Stand einer wissenschaftlichen Hypothese und bemühte sich, deren Gültigkeit nachzuweisen. Mit den vorgenannten zwei Werken und dem noch folgenden Werk *Der Witz und seine Beziehung zum Unbewussten* (1905) hat Freud gleichzeitig den Schritt von der Psychopathologie zur Normalpsychologie vollzogen. Ihm war daran gelegen, dass die Lehren der Psychoanalyse nicht auf das therapeutische Gebiet beschränkt bleiben. Den literarischen Abschluss dieser Schaffensperiode bilden die *Drei Abhandlungen zur Sexualtheorie* (1905), mit denen Freuds dualistische Triebtheorie begründet wird: Sexualtrieb einerseits und Ichtrieb bzw. Selbsterhaltungstrieb andererseits, auch als Lustprinzip und Realitätsprinzip kontrastiert. Die unterschiedlichen Ausprägungen des Sexualtriebs werden von Freud als »Libido« zusammengefasst.

Im Gefolge der Auseinandersetzung mit Alfred Adler und Carl Gustav Jung entstand die Schrift *Zur Einführung des Narzissmus* (1914). Freud gibt darin zur Überraschung seiner Anhänger die duale Konstruktion von Sexualtrieben und Selbsterhaltungstrieben (darunter der Ichtrieb und der Aggressionstrieb) auf und ersetzt sie durch die narzisstische Konditionierung, wobei er zwischen Objektlibido (überwiegend männlich) und Ichlibido (überwiegend weiblich) unterscheidet. Durch diese Modifikation werden die Ichtriebe sexualisiert, was die bisherige Trennung von Sexual- und Ichtrieben aufhebt. Freud selbst beklagt das Fehlen einer konsequenteren Trieblehre.

Bevor die Entwicklung der Psychoanalyse durch Freud anhand seiner Publikationen weiterverfolgt wird, sei versucht, die Kernpunkte der bisherigen Theorie in wenigen Sätzen zusammenzufassen (Quindeau 2008). Kennzeichnend ist die Annahme dualer Triebimpulse, die dem Unbewussten eingeschrieben sind, insbesondere die Dualität von sexuellem Luststreben (Libido) und Aggressionstrieb. Die Triebanlagen münden unvermeidlich in Konflikte. Die Grundkonflikte entfalten sich in den ersten Lebensjahren des Kindes und bleiben im Unbewussten lebenslang bestehen. In der oralen Phase (etwa erstes Lebensjahr) dominieren die Trennungskonflikte. In der analen Phase (etwa zweites und drittes Lebensjahr) sind die Autonomiekonflikte dominant. In der phallisch-ödipalen Phase (etwa viertes bis fünftes Lebensjahr) sind die Triangulierungseffekte, insbesondere der Ödipuskonflikt zu bewältigen. Den drei objektbezogenen Grundkonflikten überlagert sind die narzisstischen Konflikte. Die beschriebenen Grundkonflikte sind nicht lösbar, sie können nur vom Bewusstsein ferngehalten werden. Es geschieht dies in Form der unbewussten »Abwehr«, die unterschiedliche Formen annehmen kann (u.a. Projektionsvorgänge, Rationalisierungen, Verdrängungen, Sublimierungen). Bei der von Freud therapeutisch eingesetzten »Redekur« spielt die »Übertragung« eine wesentliche Rolle. Übertragen werden Inhalte des Unbewussten vom Analysanden zum Analytiker, der diese Inhalte am sprachlichen und nichtsprachlichen Verhalten des Analysanden zu erkennen versucht.

Psychoanalytische Kulturtheorie

Freuds Bemühen, der Psychoanalyse auch außerhalb der Psychiatrie Geltung zu verschaffen, manifestierte sich in drei Schriften, die der Kulturtheorie gewidmet sind: *Die »kulturelle« Sexualmoral und die moderne Sexualität* (1908), *Totem und Tabu* (1912/13) und *Zeitgemäßes über Krieg und Tod* (1915). Nach Freuds Kulturtheorie musste der sozialisierte Urmensch zum kollektiven Überleben soziale Tabus errichten. Am Anfang dieser Entwicklung sieht Freud eine Untat. In der Urhorde töteten die Söhne gemeinsam den Vater, um in den Besitz von dessen Frauen zu gelangen. Da sie den Vater aber bewunderten und liebten, entsprang dieser Untat ein dauerhaftes Schuldgefühl mit der Folge von Tabus, Moral und (schlechtem) Gewissen. Die daraus resultierenden Verbote und Vorschriften treiben den Menschen in die Neurose. Verweigert er sich andererseits den kulturellen Anforderungen, stürzt er in die Anarchie. Unter dem Eindruck der Massenschlächtereien des Ersten Weltkriegs stellt Freud fest, die Kultur habe Zumutungscharakter, würde die menschliche Fähigkeit schlicht überfordern. In diesem Zusammenhang ist auch Freuds sozialpsychologische Schrift zu erwähnen, *Massenpsychologie und Ich-Analyse* (1921), in der er die Identifizierung der Massenseele mit einem Führer aus der Libido zu erklären versucht: in der (infantilen) Liebesverblendung werde der Einzelne reuelos zum Verbrecher. Die Kulturtheorie wird von Freud unter den gewandelten Vorstellungen zu den psychischen Strukturen und Mechanismen in *Das Unbehagen an der Kultur* (1930) erneut aufgegriffen.

Weiterentwicklung der Psychoanalyse

Ein drittes Mal modifizierte Freud den grundlegenden Triebdualismus und auch die Topographie des Psychischen in den Schriften *Jenseits des Lustprinzips* (1920) bzw. *Das Ich und das Es* (1923). Lebenstrieb (Eros) und Todestrieb werden gegenübergestellt. Der Lebenstrieb umfasst neben der bisherigen Libido, dem Streben nach sexuellem Lustgewinn, nunmehr auch die Vermeidung von Unlust. Der Todestrieb ist auf die Zerstörung des eigenen wie des fremden Lebens gerichtet (Destruktionstrieb, Aggressionstrieb). Die bisherige Topologie von Unbewusstem, Vorbewusstem und Bewusstem wird von der Strukturierung in das Es, das Ich und das Über-Ich überlagert (»Schichtenmodell«). Das Ich ist nach dem neuen Konzept nicht mehr autonome Instanz sondern wird ständig bedroht: einerseits vom Es mit seinem Reservoir an weithin unbewussten Trieben und andererseits vom Über-Ich (vormals »Idealich«) mit seinen restriktiven Forderungen.

Freud konnte mit den abgewandelten begrifflichen Abgrenzungen die Natur der psychischen Erkrankungen treffender als bisher erklären (*Neurose und Psychose*, 1924). Die Übertragungsneurose entspringt dem Konflikt zwischen Ich und Es, die narzisstische Neurose dem zwischen Ich und Über-Ich, die Psychose dem zwischen Ich und Außenwelt.

Psychoanalytische Religionstheorie

Schließlich hat Freud zwei Schriften zur Religionstheorie verfasst. In der Schrift *Die Zukunft einer Illusion* (1927) gibt er sich als bekennender Atheist und scharfer Religionskritiker zu erkennen, der allein an die Erkenntnismacht der Wissenschaft glaubt. In der Schrift *Der Mann Moses und die monotheistische Religion* (1939) vertritt Freud die Auffassung, dass Moses ein hochrangiger Ägypter im Gefolge von Echnaton war, jenes Pharaos, der um 1350 v. Chr. die Verehrung von Aton (»lebendige Sonne«) als universellen einzigen Gott seinem Reich auferlegt hatte, was aber von seinen schwächlichen Nachfolgern rückgängig gemacht wurde. Der Mann Moses soll sich zu diesem Zeitpunkt den jüdischen Sklaven in Ägypten als Befreier, Gesetzgeber und Religionsstifter zugewandt haben, um sie in das Land Kanaan zu führen. Aber das Volk der Juden ist mit der vergeistigten monotheistischen Religion, wie vordem schon das Volk der Ägypter, überfordert. Es zweifelt immer wieder an der Weisheit seines Führers Moses und dessen Bund mit dem einen Gott. Schließlich nehmen die Juden ihr Schicksal in die eigene Hand und ermorden ihren Führer Moses, um anschließend die Tat zu bereuen – nach dem Muster des Vatermordes in der Urhorde mit der Folge einer kollektiven Neurose.

Diese Schilderung ist reine Spekulation. Sie entspricht nicht der historischen Wirklichkeit. Ob Moses eine geschichtliche Person ist, ist umstritten. Der Monotheismus hat sich im Judentum erst in der Exilszeit, 6. Jahrhundert v. Chr. herausgebildet (Augstein 2002, *ibid.* S. 279).

4 Konkurrierende und neuere Schulrichtungen der Psychoanalyse

Konkurrierende Schulrichtungen der Psychoanalyse

Die von Freud begründete Psychoanalyse hat das Weltbild der Menschen im zwanzigsten Jahrhundert geprägt und zahlreiche Wissensbereiche durchdrungen, darunter die klinische Psychotherapie, die Entwicklungspsychologie des Kindes, die Persönlichkeitspsychologie, die Kulturtheorie, die Human- und Sozialwissenschaften sowie die Welt des künstlerischen

Schaffens. Dabei ist die Psychoanalyse selbst in unterschiedlichen Richtungen verändert und weiterentwickelt worden. Es gibt längst nicht mehr die eine, methodisch einheitliche Psychoanalyse, die Freud als naturwissenschaftliche Disziplin angestrebt hatte.

Die unterschiedlichen neueren Schulrichtungen der Psychoanalyse werden nachfolgend skizziert und der Freudschen Trieb- und Strukturtheorie gegenübergestellt. Vorangestellt sind die historischen Schulrichtungen von Alfred Adler und Carl Gustav Jung, deren Konzepte von der Freudschen psychoanalytischen Theorie erheblich abweichen. Adler musste deshalb den Wiener Kreis um Freud verlassen, Jung von der Präsidentschaft der Internationalen Psychoanalytischen Vereinigung zurücktreten.

Alfred Adler (1870-1937) vertritt eine »Individualpsychologie«, die das menschliche Verhalten vornehmlich aus dem Streben nach sozialer Geltung erklärt. Scheitert dieses Streben infolge von Organminderwertigkeiten, sozialer Minderbewertung, Unterbewertung des weiblichen Geschlechts oder verletzende Erlebnisse, stellt sich ein Minderwertigkeitsgefühl ein, das entweder durch Überheblichkeit und Machtstreben kompensiert wird oder ins Unbewusste hinabreicht, von wo aus dann neurotische Erkrankungen ausgelöst werden. In den Adlerschen Auffassungen hat Freuds Konzept des sexuell besetzten Unbewussten keinen Ort. Die Absonderung von den »Psychoanalytikern« hat darin ihren Grund.

Carl Gustav Jung (1875-1961) bezeichnet seine Lehre als »Analytische Psychologie«. Sie unterscheidet sich in folgenden Punkten wesentlich von der Freudschen Psychoanalyse (Jung 1981):

– Das Unbewusste umfasst persönliche und kollektive Inhalte; erstere sind ontogenetisch (gr. »individualgeschichtlich«), letztere phylogenetisch (gr. »stammesgeschichtlich«) konditioniert. Die kollektiven Inhalte sind als Archetypen (gr. »Urtypen«) wirksam.
– Die Psyche ist ein sich selbst regelndes energetisches System, in dem Bewusstes und Unbewusstes kompensatorisch aufeinander bezogen sind. Der energetische Prozess äußert sich in der Progression bzw. Regression der Libido. Progression tritt ein, wo Anpassung gelingt, Regression wo Anpassung unmöglich ist. Der Begriff der Libido ist nicht auf den Sexualtrieb eingeschränkt.
– Der unbewusste Teil der Psyche umfasst eigenständige Teilpsychen, genannt »Komplexe«, deren Aufdeckung beim Analysanden ebenso wie beim Analytiker heftigen Widerstand hervorruft.

- Träume sind nicht Erfüllungen verdrängter Wünsche (Freud) sondern dienen der innerpsychischen Kompensation und beinhalten gelegentlich auch archetypische Konditionierungen.
- Die in Symbolen sich ausdrückende religiöse Funktion ist ein integraler Bestandteil der Psyche; das Bemühen um Ganzheit von Bewusstem und Unbewusstem ist ihr zentrales Anliegen. Die religiöse Funktion ersetzt Freuds Über-Ich.

Die Ansätze von Jung zur Psychologie greifen weit über den engeren Bereich der Neurosenlehre und Psychotherapie hinaus. Sie haben insbesondere auf die Ethnologie und vergleichende Religionswissenschaft befruchtend gewirkt. Von der Freudschen Psychoanalyse unterscheidet sich diese Schulrichtung grundlegend durch die stark spekulativen Komponenten, darunter das »kollektive Unbewusste«, die der von Freud angestrebten naturwissenschaftlichen Strenge entgegenstehen.

Neuere Schulrichtungen der Psychoanalyse

Die neueren Schulrichtungen der Psychoanalyse (Mertens 2008, Quindeau 2008) bieten ein sehr heterogenes Bild, weichen von der Freudschen Psychoanalyse ab und geraten teilweise in Widerspruch dazu.

Die von Anna Freud (1895-1982) begründete und in den USA von Heinz Hartmann und David Rapaport theoretisch fundierte Ich-Psychologie setzt anstelle der Triebimpulse die überwiegend kognitiven Ich-Funktionen als Bestandteil der sozialen Integration des Individuums ins Zentrum der Betrachtung. In Übereinstimmung mit der Freudschen Theorie wird zwar die Unterdrückung der Triebimpulse für notwendig erachtet, das Ich wird jedoch mit größerer Eigendynamik ausgestattet.

Die »Objektbeziehungstheorie« bilden den Schwerpunkt der psychoanalytischen Theorieentwicklung gegen Ende des 20. Jahrhunderts, vornehmlich in den angelsächsischen Ländern (Otto Kernberg u.a.). Die Subjektzentrierung der Freudschen Theorie wird zugunsten von Objektbeziehungen aufgegeben. Das Objekt (unter Einschluss von Personen) hat Rückwirkungen auf das Subjekt. Als Nebenzweig entstand die »relationale Psychoanalyse« (Jessica Benjamin u.a.), in der der Andere nicht mehr als Objekt sondern gleichermaßen als Subjekt betrachtet wird. Diese Theorien enthalten den Triebbegriff nur noch in abgeänderter Form, nämlich als Motivationssystem. Die den Objektbeziehungstheorien nahestehende Schule von Melanie Klein (1882-1960) radikalisiert in gewisser Weise die triebtheoretische Position Freuds, besonders hinsichtlich des Aggressionstriebes, betont aber gleichzeitig die Mutter-Kind-Beziehungsaspekte.

Der französische Psychoanalytiker Jacques Lacan (1901–1981) hat die (frühe) Freudsche Theorie strukturalistisch umgedeutet. Die Struktur wird als objektiv gegeben betrachtet. Die subjektiv wahrnehmbaren Phänomene leiten sich daraus ab. Um die Ordnung der Dinge zu erkennen, muss das Gegebene zunächst sprachlich dekonstruiert werden. Von der strukturalistischen Denkweise ausgehend sieht Lacan das Unbewusste sprachlich organisiert: »Das Unbewusste ist der Diskurs des anderen«. Das erweitert den Freudschen Begriff des Begehrens um eine soziale Komponente, die über die Sprache zum Ausdruck kommt.

An die »Frankfurter Schule« der kritischen Theorie (vornehmlich Gesellschaftstheorie) knüpft die sozialwissenschaftliche Formulierung der Psychoanalyse durch Alfred Lorenzer an (Lorenzer 1977). Die naturwissenschaftliche Anbindung der Freudschen Psychoanalyse wird ersetzt durch gesellschaftlich konditionierte Interaktionsmuster. Dies ist mit der Freudschen Intention nicht vereinbar.

Im Mittelpunkt der »Selbstpsychologie« von Heinz Kohut (1913–1981) stehen Themen wie Selbstachtung, Selbstliebe, sich selbst akzeptieren zu können, also nicht mehr die Frage, wie die libidinösen und aggressiven Triebimpulse im Kontakt mit anderen Menschen befriedigt werden. Die Selbstpsychologie marginalisiert das Unbewusste und sieht im Selbst eine aktive Kraft, die die inneren Zustände und das äußere Verhalten kontrolliert. Das widerspricht der Freudschen Theorie.

Nach der »feministischen Psychoanalyse« ist der Primat des Logos, der Ratio und der Objektivität im neuzeitlichen Wissenschaftsverständnis ein einseitig männlicher Standpunkt, der tiefenpsychologisch als Flucht vor dem Weiblichen zu interpretieren ist. Aus der Freudschen Psychoanalyse, die sich mit den geschlechtsspezifischen psychischen Gegebenheiten durchaus auseinandersetzt (überwiegend männliche Objektlibido, überwiegend weibliche Ichlibido), ist das nicht ableitbar. Aber Freud hat die Frauen dem Zeitgeist entsprechend als »kulturell minderwertiger« angesehen.

Als »interpersonelle Psychoanalyse« wird eine auf Harry Sullivan (1892–1949) zurückgehende Zusammenführung von psychoanalytischen und sozialwissenschaftlichen Konzepten verstanden, die die interpersonelle Beziehung in den Mittelpunkt stellt. Nach diesem Konzept konstituiert erst die Intersubjektivität das seelische Erleben.

5 Psychoanalyse als Naturwissenschaft

Naturwissenschaftliche Einbindung der Psychoanalyse

Nach vorstehender Übersicht über die große Zahl älterer und neuerer Schulrichtungen der Psychoanalyse stellt sich die Frage, was heute unter Psychoanalyse zu verstehen ist. Offenbar gibt es kein einheitliches Verständnis, auch wenn das Freudsche Unbewusste gerne übernommen wird, um ihm beliebige Inhalte zuzuordnen. Die meisten der aufgelisteten Schulrichtungen verstoßen in der einen oder anderen Weise gegen wesentliche Komponenten des Freudschen Ansatzes. So wird verständlich, dass im gegenwärtigen Theoriepluralismus der psychologischen Wissenschaft das Fehlen eines verbindenden Paradigmas beklagt wird (Mertens 2008). Ein Paradigma ist eine von einer Gruppe von Fachleuten für begrenzte Zeit angenommene Grundwahrheit oder Glaubensstruktur (Kuhn 1976). Im Klartext heißt das doch, dass die heutige Psychoanalyse keine einheitliche, allein der Wahrheit verpflichtete Wissenschaft darstellt, sondern aus vielfältigen ideologischen Quellen gespeist wird. Freud selbst wollte eine derartige Fehlentwicklung durch eine strenge Führung der Internationalen Psychoanalytischen Vereinigung verhindern.

Freud hat wiederholt auf die Notwendigkeit der naturwissenschaftlichen Einbindung seiner Lehre hingewiesen. Es gab für ihn nur zwei wirkliche Wissenschaften, die Psychologie und die Naturkunde, kartesianisch gesprochen die *res cogitans* und die *res extensa*. Den Wirtschafts- und Sozialwissenschaften, besonders dem seinerzeit virulenten Marxismus, gestand er nur insoweit Wissenschaftlichkeit zu als Psychologie betrieben wird, und das war nun mal beim Marxismus keineswegs der Fall. Die späteren Vertreter der Psychoanalyse haben den naturwissenschaftlichen Anspruch der Freudschen Theorie leichtfertig aufgegeben, ohne zu berücksichtigen, wie stark Freuds Denken naturwissenschaftlich geprägt ist. Freud spricht vom »psychischen Apparat«, von »psychischer Energie«, vom »Reservoir der Triebe« und von »Übertragung«. Das sind alles naturwissenschaftliche Metapher. Der naturwissenschaftliche Gehalt der Freudschen Psychoanalyse lässt sich genauer mit den nachfolgend aufgeführten Sachverhalten begründen.

Wichtigste Voraussetzung für eine naturwissenschaftliche Untersuchung ist die Freiheit von Glaubens- und Ideologieannahmen. Freud geht von der naturhaften, also animalischen und triebhaften Verfasstheit des Menschen aus und erkennt keine höhere Bestimmung des Menschen an. Freuds Atheismus ist methodischer Art. Die aufgeführten neueren

Ansätze zur Psychoanalyse haben sich von dieser Position zum Teil weit entfernt und ideologische Einflüsse zugelassen.

Naturwissenschaftliche theoretische Modelle müssen sich in der Praxis bewähren. Die Freudsche Psychoanalyse bewährt sich bei der Behandlung von Hysterien, Neurosen und Psychosen. Ihre Aussagen werden auch in der Kleinkindforschung bestätigt. Die bevorzugte Orientierung an pathologischen Erscheinungen entspricht der naturwissenschaftlichen Vorgehensweise des Separierens von Einzeleffekten. Die Ausweitung der Psychoanalyse auf die Kulturwissenschaften ist zwar naheliegend, bedarf aber der kritischen Bewertung im Einzelfall, denn Kultur bedarf der geistigen und religiösen Impulse, die Freud ausdrücklich ausschließt.

Naturwissenschaftliche Theorien sollten aus möglichst wenig Grundelementen bestehen, um anpasserische Manipulationen zu erschweren. Das Freudsche psychische System ist sehr einfach strukturiert, sowohl hinsichtlich der Komponenten Bewusstes versus Unbewusstes bzw. Es versus Ich versus Über-Ich als auch hinsichtlich der dualen Triebstruktur Libido versus Selbsterhaltung oder Aggression bzw. Lebenstrieb versus Todestrieb. Die Vereinfachung der Theorie findet ihre Grenze darin, dass eine Vielfalt von realen Phänomenen widerspruchsfrei erklärt werden muss. Das macht Modifikationen und Erweiterungen der einfachen Theorie notwendig, wie sie von Freud selbst im Laufe der Zeit vorgenommen worden sind, ohne die Grundstruktur zu ändern. Die Erklärungskraft der Freudschen Theorie ist jedenfalls ungewöhnlich groß, was ihren Einfluss und ihre Verbreitung begründet hat.

Naturwissenschaftliche Theorien müssen durch Beobachtung und Experiment verifiziert werden. Dies macht ihre Stärke gegenüber den andersartigen geisteswissenschaftlichen Theorien aus. Der Zusammenhang von Ursache und Wirkung bei den untersuchten Phänomenen muss eindeutig nachgewiesen werden. Karl Popper hat diesen Anspruch an die Theorie nochmals erhöht – die Theorie müsse falsifizierbar sein. Jede erfolgreiche Anwendung der Psychoanalyse ist eine Verifikation. Falsifikationen sind dagegen wegen der Unschärfe des begrifflichen Denkens in der Psychoanalyse schwierig.

Nur die ursprüngliche Freudsche Theorie der Psychoanalyse genügt naturwissenschaftlichen Kriterien. Die sozialwissenschaftlichen und die ganzheitsorientierten neueren Abkömmlinge dieser Theorie beinhalten ideologische Beliebigkeit. Für den Vergleich mit der Theologie eignet sich wegen ihrer methodischen Reinheit nur die ursprüngliche Freudsche Theorie. Damit wird aber nicht der Anspruch erhoben, diese Theorie sei allumfassend. Freud erhellt den naturnahen animalischen Teil der Psyche, der ontogenetisch und phylogenetisch determiniert ist. Es ist dies allerdings der Teil, der im diesseitigen Leben eine überragende Rolle spielt.

Psychoanalyse und Neurophysiologie

Die Psychoanalyse hat ihre historischen Wurzeln in der Neurophysiologie. Sigmund Freud hat sich als Forscher und Klinikarzt in den Jahren 1877–1900 überwiegend mit neurophysiologischen und neuropathologischen Fragen beschäftigt und galt in diesem Bereich als Autorität. Es wurde die von dem Wiener Gehirnanatom und Psychiater Theodor Meynert begründete Methode angewendet, die klinischen Symptome des Patienten zu dessen Lebzeiten zu dokumentieren, um nach dessen Tod durch Autopsie den zugehörigen Gehirndefekt zu lokalisieren. Auf diese Weise hatten Paul Broca (1865) und Carl Wernicke (1874), Schüler von Meynert, das motorische Sprachzentrum (Broca-Areal) und das sensorische (ideationale) Sprachzentrum (Wernicke-Areal) festgelegt. Es gab aber eine Gruppe klinisch manifester Krankheiten, nämlich Neurosen, Hysterien und Neurasthenien (Erschöpfung des Nervensystems), denen sich in der Autopsie kein Gehirndefekt zuordnen ließ. Der berühmte Psychiater Jean-Martin Charcot in Paris, von dem Freud entscheidende Anregungen erhielt, führte diese Krankheiten auf dynamische funktionale Gehirndefekte zurück, die sich vorerst der Lokalisierung entzogen. Freud ging noch einen Schritt weiter. Er sah die Fehlleistung des Gehirns als rein psychologisch an.

Viele Grundaussagen der Freudschen psychoanalytischen Theorie werden von der modernen Neurophysiologie bestätigt (Solms 2006), insbesondere die nachfolgend genannten Phänomene: Viele mentalen Prozesse laufen unbewusst ab. Konfliktträchtige Gedanken werden durch das dynamische Unbewusste unterdrückt. Die Gedächtnissysteme, die emotionales Lernen vermitteln, sind vielfach dem Bewusstsein entzogen. In vielen Fällen von Gefühlen haben wir keinen Zugang zu deren Auslösern. Die emotionalen Erfahrungen in den ersten zwei Lebensjahren bleiben unbewusst und formen dennoch die Persönlichkeit und mentale Gesundheit des Erwachsenen. Die emotionalen Regelsysteme korrelieren mit den Trieben.

Freuds »psychischer Apparat« ist ein hierarchisches funktionales System, das psychische Prozesse komplexer Entstehung und Struktur unterhält. Die psychischen bzw. mentalen Vorgänge sind in komplexer Weise mit den physiologischen Prozessen im Gehirn verbunden. Es besteht ein Unterschied zwischen dem »psychischen bzw. mentalen Apparat« (*mind*) und dem Gehirn (*brain*). Der Unterschied ist in der Perspektive begründet: »The mind is the brain perceived subjectively« (Solms 2006). Die Psychoanalyse nimmt den subjektiven Standpunkt ein. Das auf dieser Basis von Mark Solms vorgeschlagene Modell des psychischen bzw. mentalen Apparats mit Integration neurologischer Effekte weist fünf funktionale Komponenten auf (Dietrich *et al.* 2009, *ibid.* S. 115): (1) Die Triebkraft des Lebens ist das Überleben im Dienst der Reproduktion. (2) Die Funktion der Psyche ebenso wie des Gehirns ist es, die Anforderungen des Überlebens bzw. der Reproduktion in der Welt zu erfüllen. (3) Über Gefühle, angenehme oder unangenehme, werden die biologischen Erfolge und Misserfolge wahrgenommen – die Basis der Bewusstheit. (4) Gefühle generieren biologische Werte, die absichtsvolles Handeln auslösen, den Wunsch, vorangegangene angenehme Erfahrungen zu wiederholen – die Basis des Gedächtnisses. (5) Im Gedächtnis gespeicherte Erfahrung verlangt zunehmend komplexe Entscheidungen, wie die Annehmlichkeiten in der Realwelt erlangt werden können. Dies setzt flexibles Reagieren voraus, das durch Denken ermöglicht wird. Denken ist virtuelles Handeln, das Reaktionsunterdrückung voraussetzt.

Neuropsychologisches Modell mentaler Funktionen

Ein andersartiges neuropsychologisches Modell mentaler Funktionen wurde von russischen Forschern entwickelt (Jantzen in Dietrich *et al.* 2009). Der Neuropsychologe Alexander Luria formulierte eine »Drei-Block-Theorie« der Gehirnfunktionen (Luria 1966 u. 1973). Luria übernimmt den Begriff des funktionalen Systems von dem Neurobiologen Anokhin: »Funktionale Systeme sind dynamische, selbstorganisierende und selbstregelnde zentral-peripher ausgerichtete Organisationen, deren Aktivität darauf gerichtet ist, adaptive Ergebnisse zu erzielen, die für das System und den Organismus als Ganzes nützlich sind« (Anokhin 1974). Die Besonderheit von Anokhins Konzept besteht darin, dass der »nutzbringende oder adaptive Faktor« das Systemverhalten bestimmt und dass das System eine Wirkstruktur aufweist, in der Informationen über Aktionsergebnisse rückgekoppelt werden (kybernetischer Ansatz). Die Freudsche Psychoanalyse des Unbewussten war Luria nicht bekannt und wird daher in seiner Theorie nicht verwendet. Stattdessen spielen die Emotionen eine tragende Rolle.

Das Raum-Zeit-Kontinuum der mentalen Funktionen, weiterentwickelt von Alexei N. Leontyev, ist in Bild 1 (s. Bildanhang) veranschaulicht (Leontyev 1978). Das Raum-Zeit-Kontinuum umfasst Vergangenheit, Gegenwart und Zukunft. Die äußere Welt wird in der Gegenwart wahrgenommen, bewertet und entschieden, letzteres im Hinblick auf einen Bewegungsimpuls in der äußeren Welt. Dieser Prozess ist emotional unterlegt und vom Willen gesteuert, soweit Konfliktsituationen zu überwinden sind. Die Emotionen sind dabei fluktuierende Prozesse im mentalen Zustandsraum, die zwischen den wechselnden Bedingungen des Körpers und der Außenwelt vermitteln. Im Vergangenheitsraum konstituiert der Körper über die Bedürfnisse und das Gedächtnis des Selbst einen Sinn als integrative Funktion der erfahrenen Emotionen. Im Gegenwartsraum wirken die aktuellen Emotionen. Im Zukunftsraum konstituieren Motive und Ziele einen Sinn als integrative Funktion der anlässlich von bedürfnisorientierter Aktivität und zielgerichteter Aktion zu erwartenden Emotionen. Auch dabei kommt der Wille ins Spiel. Nur in den Emotionen manifestiert sich die (psychische) Zeit.

Die Modelle von Solms und Luria beziehen sich primär auf psychische Vorgänge und versuchen von dort die Brücke zur Neurophysiologie zu schlagen. Ebenso wie in der Freudschen Psychoanalysis bleiben die geistigen und transzendenten Welten im Ansatz unberücksichtigt. Weitere Modelle werden im nachfolgenden Kapitel ausgehend von der Neurophysiologie dargestellt.

KAPITEL V

Ergebnisse der Hirnforschung

»Es ist wohl besser, nicht zu sagen,
die Seele habe Mitleid oder lerne oder denke nach, sondern
zu sagen, der Mensch tue dies mittels der Seele.«

Aristoteles: De Anima (ca. 330 v. Chr.)

1 Einführung und Inhaltsübersicht

In Ergänzung der Psychoanalyse von Freud werden die Ergebnisse der Hirnforschung dargestellt, die zweite Säule naturwissenschaftlicher Forschung zu den psychischen und mentalen Vorgängen. Das Freudsche Diktum, das Ich sei nicht Herr im eigenen Haus, spiegelt sich auch in den Ergebnissen der Hirnforschung.

Die Psychoanalyse vermittelt die Innensicht der psychischen Phänomene, die Hirnforschung deren Außensicht. Dabei sind die Phänomene zum Teil wechselseitig korreliert, aber nicht identisch. In der Psychoanalyse wird den unbewussten Triebkräften nachgegangen. In der Hirnforschung werden die zellulären und molekularen Vorgänge bei der sinnlichen Wahrnehmung, beim Lernen und Sicherinnern, bei den Willens- und Gefühlsregungen untersucht. Die Aussagen und Ergebnisse ergänzen sich daher.

Zunächst wird eine Übersicht über die neurophysiologischen Forschungsergebnisse allgemeiner Art gegeben, wobei die Funktion des Gehirns im Mittelpunkt des Interesses steht. Es folgt die Darstellung der elementaren sensorischen und motorischen Neurophysiologie (Sehwahrnehmung, Hörwahrnehmung, Riechwahrnehmung, Schlaf und Traum), gefolgt von der höheren funktionalen Neurophysiologie (Sprachfähigkeit und Sprachverstehen, kognitive und empathische Fähigkeiten) und der US-amerikanischen Neurophysiologie (Kognition, Emotion und Motivation). Als philosophisches Kernproblem der Hirnforschung wird das Leib-Seele-Problem und damit verbunden das Problem der Willens- und Handlungsfreiheit erörtert. Umgesetzt in die Hirnforschung erscheinen monistische Identitätstheorien einerseits und die dualistische Interaktionstheorie andererseits. Abschließend wird der Anspruch der Hirnforschung kritisiert, ihre Konzepte und Erkenntnisse unzulässig in Welterklärung auszuweiten. Auch Sprachkritik kommt zu Wort.

Die anschließende Darstellung zur Hirnforschung fußt bevorzugt auf den grundlegenden Publikationen des Neurophysiologen John C. Eccles, die zum Teil in Kooperation mit dem Philosophen Karl R. Popper, dem Psychologen Daniel N. Robinson und dem Verhaltensforscher H. Zeier entstanden sind (Eccles 1977, Eccles u. Zeier 1980, Popper u. Eccles 1977, Eccles u. Robinson 1985). Einzelaspekte der Hirnforschung sind in einer Vortragsübersicht (Meier u. Ploog 1998) sowie in einem Report der Max-Planck-Gesellschaft (Bonhoeffer u. Gruss 2011) erfasst. Die Neurophysiologie der Kognition, Emotion und Motivation wird ausgehend von der US-amerikanischen Forschungstradition dargestellt (LeDoux 2003,

Gazzaniga 2012). Die aktuelle Auseinandersetzung um den Abgleich zwischen Hirnforschung und philosophischem Weltbild liegt gut dokumentiert vor (Bennett u. Hacker 2010, Bennett et al. 2010, Falkenburg 2012). Von Peter Janich wird vorgetragen, dass die gegenwärtige Debatte zur Hirnforschung der Sprachkritik bedarf (Janich 2009).

2 Allgemeine neurophysiologische Forschungsergebnisse

Neurophysiologische Untersuchungsmethoden

Die Neurophysiologie befasst sich mit den Vorgängen in den Nervensystemen, wobei das Gehirn das wichtigste und komplexeste dieser Systeme ist. Es wird als der Sitz der psychischen und mentalen Vorgänge angesehen, so dass es nahe liegt, Aussagen zu diesen Vorgängen über eine objektiv-naturwissenschaftlich fundierte Theorie der Vorgänge im Gehirn zu gewinnen. Allerdings sind psychische und mentale Vorgänge nur teilweise in Raum und Zeit verankerbar. Die Bezeichnung »objektiv-naturwissenschaftlich« soll besagen, dass der kartesische Schnitt, die Unterscheidung von beobachtendem Subjekt und beobachtetem Objekt konsequent vollzogen wird, also die für das Unbewusste in der Psychoanalyse typische Intersubjektivität (intersubjektiv-naturwissenschaftliche Methode) ausgeschlossen ist.

Das Gehirn wird demnach als ein neuronaler Mechanismus aufgefasst, in dem elektrochemische Vorgänge eine wesentliche Rolle spielen. Die aktivierten Gehirnzellen können durch Elektroenzephalogramme (Wellenschriebe an Ableitungspunkten) detektiert oder durch Kernspinresonanztomographie oder auch Positronenemissionstomographie sichtbar gemacht werden (bildgebende Verfahren, Hirn-Scans). Das Einsetzen von Mikroelektroden ist eine weitere Option. Auf diese Weise ist aber nur eine »Außensicht« auf die psychischen und mentalen Vorgänge möglich. Die subjektive Wahrnehmung dieser Vorgänge muss durch Befragung des Probanden direkt oder durch seine Verhaltensänderung indirekt erschlossen werden. Wichtige Erkenntnisse verdankt die Neurophysiologie Tierversuchen mit neurochirurgischen Eingriffen sowie der Neurochirurgie am menschlichen Gehirn zur Versorgung von Gehirnverletzungen, zur Therapierung von Gehirnerkrankungen oder zur Eindämmung schwerer Epilepsien (Durchtrennung der Nervenverbindungsstränge zwischen den beiden Gehirnhälften). Im Tierversuch sind die bedingten Reflexe ein beliebter Gegenstand neuronaler Forschung.

Es ist bemerkenswert, dass sich Sigmund Freud in jungen Jahren für die Psychoanalyse und gegen die Neurophysiologie entschied. Er übersprang die Hirnforschung, weil ihm dieser Weg als zu langwierig erschien. Freud hatte während seines Medizinstudiums das Nervensystem von Flusskrebsen und Neunaugen untersucht. Er hatte dabei herausgefunden, dass das sehr einfache Nervensystem dieser Tiere aus besonderen Zellen, den Neuronen, aufgebaut ist. Letztere seien über »Kontaktschranken« miteinander verbunden. Das geschah zwei Jahre bevor der Begriff »Synapse« von Charles Sherrington (1897) eingeführt wurde.

Die Auffassung, dass das Gehirn der Sitz der psychischen und mentalen Funktionen ist, geht auf Hippokrates (etwa 460–370 v. Chr.) zurück, während Aristoteles (384–322 v. Chr.) der Meinung war, dass diese Funktionen im Herz ausgeübt werden. Der Arzt Galenos (129–198 n. Chr.) übernahm die Auffassung des Hippokrates und erweiterte sie um die Vorstellung, dass die Nerven die Form von Röhren hätten, in denen die »Lebensgeister« vom Gehirn weg bzw. zum Gehirn hin strömen. Diese Vorstellung wurde noch von Descartes (1596–1650) am Beginn der Neuzeit vertreten. Sie wurde erst durch die Entdeckung von Luigi Galvani (1737–1798) aufgehoben, dass die Nervenleitung elektrischer Natur ist.

Neuronale Struktur und Funktion des Gehirns

Das Gehirn der Wirbeltiere umfasst fünf Teilstrukturen, die unterschiedliche physiologische Funktionen erfüllen und in der Evolution nacheinander entstanden sind: Rückenmark, Hirnstamm (*basal ganglia*), Kleinhirn, Zwischenhirn (mit Thalamus) und Vorderhirn (mit limbischem System). Bei allen Wirbeltieren, insbesondere aber bei den Säugetieren, tritt die Großhirnrinde (»Neokortex«, kurz »Kortex«) hinzu, die beim Menschen die älteren Hirnteile vollständig überdeckt. Das Gehirn ist in eine rechte und linke »Hemisphäre« unterteilt. Die beiden Hemisphären sind durch die Nervenstränge des *corpus callosum* miteinander verbunden (»Kommissurenfasern«).

Der Kortex ermöglicht die besonderen kognitiven und empathischen Leistungen des Menschen. Histologisch unterteilt sich der etwa 3 mm dicke Kortex in sechs Schichten mit unterschiedlicher Funktion. Auf der Kortexaußenseite lassen sich die Brodmann-Areale abgrenzen, denen wiederum spezifische physiologische Leistungen zugeordnet sind. Es sind 52 Areale bekannt, die sensorische oder motorische Aufgaben erfüllen bzw. der Spracherkennung oder Spracherzeugung dienen.

Das Gehirn besteht aus einer riesigen Zahl von unabhängigen Nervenzellen (Neuronen), die über Nervenfasern miteinander vernetzt sind, ein Entdeckung von R. Cajal (um 1900). Allein der Kortex beinhaltet etwa 10

Milliarden Neuronen und Billionen von Nervenfasern, wobei in diesen Zahlen die unter dem Kortex liegenden Gehirnteile nicht miterfasst sind. Der die beiden Hemisphären verbindende *corpus callosum* umfasst etwa 200 Millionen Nervenfasern. Jedes Neuron besteht aus dem Zellkörper (mit Zellkern und DNA) sowie vielen kurzen Fasern (Dendriten) für Eingangsimpulse und einer längeren, vielfach verzweigten Faser (Axon) für den Ausgangsimpuls. Die etwas verdickten Axonenden (»Endknöpfchen«) liegen mit engem Spalt an Ausbuchtungen (»Dorne«) der Dendriten. Die Kontaktstellen werden Synapsen genannt. Zu jedem Neuron gehören viele Hunderte von Synapsen.

Die Weiterleitung einer Erregung des Zellinneren gegenüber dem Zelläußeren (Ruhepotential gleich minus 70 mV, kurzzeitiges Aktivitätspotential gleich plus 30 mV, gesteuert über den Ionentransport durch die Zellmembran) in den Nervenfasern des Axons erfolgt mit einer Geschwindigkeit von bis zu 120 m/s. Die Synapsen leiten die Erregungen nur in einer Richtung, sensorische Erregungen auf das Neuron zu, motorische Erregungen von dem Neuron weg. Dabei kann der elektrische Impuls verstärkt oder abgeschwächt werden. Die Einbahnsteuerung erfolgt elektrochemisch über Botenstoffe (»Neurotransmitter«), die am Endknöpfchen des Axons freigesetzt werden und den mit Flüssigkeit gefüllten Spalt überqueren, um von speziellen Rezeptoren am gegenüberliegenden Dendriten aufgenommen zu werden. Die direkte elektrische Übertragung tritt auch auf, ist aber der Ausnahmefall. Neben der riesigen Zahl von Neuronen weist das Gehirn eine noch größerer Zahl von Gliazellen auf, die bei der Signalverarbeitung und Blutflussregulation eine Rolle spielen.

Aus mikrohistologischen und funktionalen Studien von J. Szentágothai (1972) ergibt sich, dass die neuronale Grundeinheit für ein modulares Konzept des Gehirns die über alle Gehirnschichten hinwegreichende Gewebesäule senkrecht zur Hirnoberfläche ist, eine Art neuronaler Schaltkreis. Die Gewebesäulen sind aus Pyramidenzellen gebildet, einer speziellen Neuronenart. Der menschliche Kortex weist 1–2 Millionen kortikale Module mit je bis zu 10000 Neuronen auf. Letztere sind über exzitative und inhibitorische Vorwärts- und Rückwärtskopplungen miteinander vernetzt. Es gibt Hinweise dafür, dass benachbarte Module (oder Säulen) miteinander konkurrieren, d.h. Machtgewinn hier bedeutet Machtverlust nebenan. Die weiter entfernten Module sind sequentiell (»kaskadenförmig«) verbunden, beispielsweise den Brodmann-Arealen folgend.

Nach anderer Definition (LeDoux 2003) bezeichnet Modul oder Schaltkreis eine Gruppe von Neuronen, die zur Ausführung einer bestimmten

Funktion des Organismus über Synapsen miteinander verbunden sind (detektierbar mit bildgebenden Verfahren). Diese multiple Spezialisierung ist im menschlichen Gehirn besonders ausgeprägt.

Funktion der Neurotransmitter

Wie vorstehend dargestellt, erfolgt die Weitergabe der elektrischen Impulse an den Synapsen elektrochemisch über Botenstoffe (»Neurotransmitter«), wobei der Impuls verstärkt oder abgeschwächt werden kann. Zu jedem Zeitpunkt sind unzählige eintreffende Signale mit erregender oder hemmender Wirkung an einer Synapse umzusetzen. Die elektrochemische Reaktion der Nervenzelle erfolgt innerhalb von Millisekunden. Andere modulierende Neurotransmitter lösen Stoffwechselveränderungen in der Zielzelle aus, was im Sekunden- bis Minutenbereich geschieht. Die Chemie und die Wirkung der Botenstoffe wird vor allem im Hinblick auf neurologische und psychische Erkrankungen und deren medikamentöse Behandlung untersucht. Die bisherigen Erfolge sind eher marginal. Im Gehirn wirken über 100000 Proteine, teilweise nur hier und teilweise mit überaus komplexer chemischer Struktur. Das macht die Schwierigkeit des Problems verständlich.

Im Gehirn der Säugetiere sind Aminosäure-Transmitter allgemein anzutreffen: L-Glutamat exzitativ (erregend) wirkend, GABA (Gamma-Aminobuttersäure) dagegen inhibitorisch (hemmend) wirkend. Monamine wie Adrenalin, Dopamin oder Serotonin sind möglicherweise für Funktionen wie Aufmerksamkeit, Wachsamkeit und zielgerichtetes Verhalten ausschlaggebend. Neuropeptide, darunter Peptidhormone (z.B. Insulin), wirken im Gehirn als Modulator. Spezielle Neuropeptide (z.B. Endorphine) steuern die Empfindlichkeit auf schmerzhafte Reize.

Bewusstseinsverändernde Drogen beruhen auf chemischen Veränderungen im Gehirn. Seit Beginn der Menschheitsgeschichte wurden Rauschmittel pflanzlichen Ursprungs (Alkohol, Coffein, Cannabis, Kokain, Meskalin, Nikotin, Opium) eingenommen, im vergangenen Jahrhundert kamen synthetische Drogen hinzu (Amphetamine, Heroin, LSD, Ecstasy u.a.). Die Wahrnehmung wird durch Drogen stark verändert (»Halluzinogene«) und es entsteht Drogenabhängigkeit. Die zugehörigen neurophysiologischen Vorgänge im Gehirn sind weitgehend unerforscht.

3 Elementare sensorische und motorische Neurophysiologie

Sehwahrnehmung

Unter den fünf Arten sinnlicher Wahrnehmung, dem Sehen, Hören, Riechen, Schmecken und Tasten, ist die Sehwahrnehmung beim Menschen besonders hoch entwickelt. Das zugehörige Sinnesorgan ist das Auge. Es nimmt als eine Art Sensor den physikalischen Sehreiz (in Form von Lichtquanten) auf und wandelt ihn in eine neuronale Erregung um. Diese wird über nachgeschaltete Nervenzellen an das Gehirn weitergeleitet.

Die Lichtrezeptorzellen sitzen in der Netzhaut an der Rückseite des Augapfels. Dorthin wird die über die Augenlinse fokussierte optische Außenwelt projiziert, wobei Helligkeitsunterschiede in elektrische Potentialveränderungen umgesetzt werden, besorgt durch die lichtempfindlichen Moleküle des Rhodopsins. Mit den farbempfindlichen Zäpfchen wird im Hellen gesehen, mit den farbunempfindlichen Stäbchen im Dunkeln. Die Stäbchen sind um ein Vielfaches empfindlicher als die Zäpfchen.

Den Lichtrezeptorzellen sind Bipolarzellen und schließlich Ganglionzellen nachgeschaltet, die die elektrischen Signale über die Sehnerven zu den Sehzentren des Vorderhirns weiterleiten. Im zentralen Bereich des scharfen Sehens ist jede Rezeptorzelle mit einer Ganglionzelle verbunden, während außerhalb dieses Bereichs mehrere Rezeptorzellen auf eine Ganglionzelle treffen. Es gibt etwa 20 unterschiedliche Arten von Ganglionzellen, die die Helligkeitsinformation nach unterschiedlichen Aspekten parallel weiterverarbeiten. Schließlich wird in den für das Sehen vorgesehenen sensorischen Arealen des Neokortex innerhalb von etwa 0,5 Sekunden die Bildwahrnehmung aufgebaut (Borst u. Benedikt in Bonhoeffer u. Gruss 2011).

Wie das Bild im Neokortex zustande kommt, ist ungeklärt. Sicher ist, dass Sehwahrnehmung nicht bloße Replikation ist, sondern in hohem Maße auch Interpretation. Dies lässt sich aus reproduzierbaren Sinnestäuschungen, sowie aus doppeldeutigen Figuren (z.B. Necker-Würfel) ableiten. Im ersten Fall präsentiert das Gehirn einen in der Evolution gelernten wahrscheinlichen Sachverhalt (z.B. Beleuchtung immer von oben). Im zweiten Fall wird dem Betrachter eine bewusste Entscheidung zwischen zwei Sichtweisen abverlangt. Provokativ lässt sich formulieren: »Wir sehen, was wir zu sehen erwarten.«

Hörwahrnehmung

Die Hörwahrnehmung des Menschen über den Luftschall hat sich evolutionsgeschichtlich später als die Seh- und Riechwahrnehmung entwickelt. Damit verbunden war ein erheblicher Umbau des Stammhirns dort, wo die Hörsignale weiterverarbeitet werden.

Die Hörwahrnehmung erfolgt nicht, wie bei der Sehwahrnehmung, über unzählige Sinneszellen, sondern über ein biomechanisches System im Ohr, dessen Schwingungen durch relativ wenige Sinneszellen überaus genau (Angström- und Mikrosekundenbereich) erfasst und im Gehirn ausgewertet werden. Die Empfindlichkeit des Hörsystems ist bemerkenswert. Es gelingt, Einzelstimmen aus einem Stimmengewirr »herauszuhören«. Ebenso kann die Richtungslage einer Schallquelle aus der Differenz der Laufzeiten zu den beiden Ohren bestimmt werden.

Als primärer Schallsensor wirkt das Trommelfell, dessen Biegeschwingungen in Luft über die Mittelohrknöchelchen auf die Flüssigkeit in der Hörschnecke übertragen wird. Entlang der zweieinhalb Schneckenwindungen erstreckt sich die Basilarmembran, deren Haarsinneszellen eine kontinuierlich veränderliche Biegesteifigkeit bzw. entsprechende Eigenfrequenzen aufweisen. Letztere werden bei entsprechender Trommelfellbewegung angesprochen. Das elektrische Signal der Haarsinneszellen wird über Ganglionzellen an das auditive Stammhirn weitergeleitet. Dies ist die mechanisch-elektrochemische Grundlage des Frequenzhörens (Borst u. Benedikt in Bonhoeffer u. Gruss 2011).

Riechwahrnehmung

Die Riechwahrnehmung ist wahrscheinlich der evolutionsgeschichtlich älteste Sinn der Tiere (weitere Ausführungen nach Borst u. Benedikt in Bonhoeffer u. Gruss 2011). Riechen beinhaltet das Registrieren von Molekülen. Es ist in besonderer Weise mit Informationsaustausch, also mit Kommunikation, verbunden. Chemischer Informationsaustausch begründet das Zusammenwirken von Zellen in Organen (darunter die Neurotransmitter zwischen den Nervenzellen) und von Organen im Körper. Die Säuger markieren ihr Territorium durch Duftmarken. Das Riechen spielt beim Erkennen der Sippenzugehörigkeit und bei der Partnerwahl eine Rolle (»sich riechen können«), beim Menschen allerdings nur in rudimentärer Form.

Die Riechwahrnehmung erfolgt über die Riechsinneszellen in der Nasenschleimhaut. Die Riechsinneszellen bilden bei Erregung durch entsprechende Moleküle Aktionspotentiale, die zunächst in kugelförmigen

Nervenbündeln (Glomeruli) gesammelt und dann an den Riechkolben des Gehirns weitergeleitet werden. Von dort wird das der Riechwahrnehmung zugeordnete Areal des Kortex erreicht.

Ein überraschend hoher Anteil des Genoms der Säuger dient der Kodierung der Riechrezeptoren in der Nasenschleimhaut, von denen es beim Menschen etwa 400 verschiedene Arten gibt. Während die Seh- und Hörsinneszellen nur einmal gebildet werden, werden die Riechsinneszellen im etwa zweimonatigen Rhythmus erneuert.

Das bei den meisten Säugetieren vorhandene zusätzliche Riechorgan, das zur Identifizierung des Geschlechts und zur Auslösung von Sexualverhalten dient, ist beim Menschen zurückgebildet und spielt bei der Partnerwahl keine Rolle.

Willkürliche Bewegung

Zu den willkürlichen Bewegungen – »willkürlich« meint willentlich im Unterschied zu reflexartig – gehören die willentlichen Bewegungen der Gliedmaßen, das geschickte Hantieren, die sportliche Übung, das Spielen von Instrumenten, die Sprechakte, die Körpergesten und vieles andere mehr. Unergründet muss bleiben, wie ein der geistigen Welt zugehöriger Willensakt sich der materiellen neurophysiologischen Wirklichkeit mitteilt. Das Bereitschaftspotential als neuronales Gegenstück zum bewussten Willensimpuls erscheint in den prämotorischen Assoziationsarealen des Kortex nach etwa 0,8 Sekunden. Es beinhaltet eine holistische bzw. gestalthafte Befehlsfunktion für die auszuführende Bewegung der Gliedmaßen. Im Kleinhirn erfolgt die Umsetzung in Befehle, die entsprechenden Muskelkontraktionen auszuführen. Das zugehörige Programm wird im Kindesalter erlernt. Elektrische Impulse gehen von den Motorneuronen aus und gelangen über Axone zu den Muskelendplatten, in denen je etwa 100 Muskelfasern zusammengefasst sind (»motorische Einheit«, etwa 200000 Einheiten beim Menschen). Die Bewegung der Gliedmaßen ergibt sich als Überlagerung einer großen Zahl unterschiedlicher Muskelkontraktionen. Rückgekoppelte Regelvorgänge sind dabei bedeutsam.

Schlaf und Traum

Der Schlaf bezeichnet das tägliche Absinken des Menschen in einen Zustand weitgehender Bewusstlosigkeit, der allenfalls von Träumen begleitet wird. Alle Gedanken und sinnlichen Wahrnehmungen sind abgeschaltet. Die Hirnforschung interessiert sich für die neurophysiologischen Vorgänge, die den Schlaf steuern, weil man sich auf diesem Wege Fortschritte bei Diagnose und Therapierung von Schlafstörungen verspricht und weil man die Auswirkung des Schlafes auf Wohlbefinden, Leistungsfähigkeit und Gesundheit ergründen will. Die nachfolgenden Ausführungen folgen dem Beitrag von Borbély (in Bonhoeffer u. Gruss 2011).

Die naturwissenschaftlich begründete Schlafforschung begann in den 1930er Jahren, als es möglich wurde, die Wellenbilder von Gehirnströmen kontinuierlich aufzuzeichnen (Elektroenzephalogramm, EEG). Im Schlafzustand treten niederfrequente Wellen mit hoher Amplitude auf, im Wachzustand höherfrequente Wellen mit kleiner Amplitude. Aber auch in der Schlafphase werden die niederfrequenten Abschnitte (Tiefschlaf) durch höherfrequente »Episoden« (pardoxer Schlaf) unterbrochen. Letzterer wird von raschen Augenbewegungen begleitet (*rapid eye movement*, REM-Schlaf). Die Periodendauer von Tiefschlaf plus REM-Phasen beträgt etwa 90 Minuten. Der REM-Schlaf ist bereits am Fötus nachweisbar.

Die Schlafregulation lässt sich nach Borbély durch Überlagerung zweier Prozesse darstellen. Der homöostatische Prozess von zunehmendem Schlafbedürfnis im Wachzustand und abnehmendem Schlafbedürfnis im Schlafzustand überlagert sich dem streng periodischen zirkadianen Prozess (Periode etwa 24 Stunden). Die für die zirkadiane Rhythmik verantwortliche »innere Uhr« konnte im Zwischenhirn über der Kreuzungsstelle der Sehnerven lokalisiert werden. Es zeigte sich, dass bereits die in Zellkultur isolierte Nervenzelle den zirkadianen Rhythmus liefert. Im Gehirn sind diese Zellen mit der Netzhaut verbunden, was die Synchronisation mit dem Tag-Nacht-Rhythmus der Umwelt ermöglicht.

Vorstehend wird der Schlafzustand dem Wachzustand gegenübergestellt, um die schlafspezifischen Phänomene hervorzuheben. Schlafen und Wachen kann aber auch als ein einheitlicher Vorgang aufgefasst werden, der lediglich gewisse Modulationen erfährt. Das trifft auf Funktionen wie Atmung, Kreislauf und Temperaturregulation zu. Das autonome Nervensystem ist ständig wirksam. Kognitive Prozesse laufen im Schlaf weiter, insbesondere die Gedächtniskonsolidierung von Lerninhalten. Es ist nachgewiesen, dass nicht das gesamte Hirn vom Schlaf erfasst wird, sondern dass es örtliche und zeitliche Unterschiede gibt.

Gescheitert sind alle Versuche, das Traumgeschehen neurophysiologisch zu korrelieren. Das Schlafträumen ist nach neuerer Erkenntnis nicht an bestimmte Schlafphasen gebunden. Die Forschung befasst sich daher verstärkt mit dem Wachträumen.

Den Ausführungen von Borbély folgend ist festzustellen, dass die Schlafforschung auf der Stelle tritt, trotz der Anstrengungen der Forscher und trotz des hohen Mitteleinsatzes der Geldgeber. Die hohe Zahl von Publikationen zur Schlafforschung, derzeit etwa 14000 jährlich, vermittelt einen falschen Eindruck, denn in der Therapie von Schlafstörungen wurde kein Fortschritt erzielt. Dies lässt sich auch am unzureichenden Entwicklungsstand der Schlafmittel zeigen.

In der ersten Hälfte des 20. Jahrhunderts wurden Barbiturate eingesetzt, die bei Überdosierung tödlich wirken und bei regelmäßiger Einnahme abhängig machen. Ein günstigeres Schlafmittel glaubte man 1957 in Form von Thalidomid (Contergan) gefunden zu haben, aber es war nicht rechtzeitig erkannt worden, dass durch das Mittel schwere Missbildungen an Neugeborenen ausgelöst werden. Weltweit waren 12000 Kinder betroffen. In den Jahren nach 1960 wurden schließlich die Barbiturate durch die weniger gefährlichen Benzodiazepine abgelöst, die im Gehirn den hemmenden Neurotransmitter GABA begünstigen. Die Suche nach einer verträglicheren körpereigenen Schlafsubstanz war erfolglos.

4 Höhere funktionale Neurophysiologie

Sprachfähigkeit und Sprachverstehen

Die Sprachfähigkeit unterscheidet den Menschen vom Tier (die Primaten eingeschlossen). Die menschliche Sprache wird aktiv gesprochen oder geschrieben sowie passiv gehört oder gelesen. Dem entsprechen neurophysiologisch besondere motorische und sensorische Fähigkeiten. Sprachfähigkeit setzt ein intaktes Gehirn voraus, wie an den Sprachstörungen bei Gehirnschädigungen (z.B. Schlaganfall) erkenntlich ist.

Struktur und Funktion der Sprachzentren im Gehirn sind in unterschiedlichem Zusammenhang eingehend erforscht worden, durch neurophysiologische Tests, bei der Behebung von Sprechstörungen, bei der Behandlung von Gehirnverletzungen und bei Gehirnoperationen, speziell bei der Durchtrennung der Verbindungsstränge zwischen rechter und linker Hirnhälfte zur Milderung schwerer Epilepsien (Kommissurotomie). Besonders wichtig war die Erkenntnis, dass die beiden Hirnhemisphären nicht spiegelbildlich doppelt wirken, sondern komplementäre Funktionen erfüllen.

Die linke »übergeordnete« Hemisphäre steuert den sprachlichen Ausdruck. Das motorische Sprachzentrum (nach Broca benannt) und das sensorische Sprachzentrum (nach Wernicke benannt) wurden auf der linksseitigen Kortex lokalisiert. Zugehörig sind sprachliche Symbol- und Begriffsbildungen, zeitliche und räumliche Analysen sowie das abstrakte mathematische und logische Denken. Die linke Hemisphäre stellt somit die Hauptverbindung zum sich seiner selbst bewussten Geist her (Eccles 1977). Die rechte »untergeordnete« Hemisphäre beinhaltet die optische, akustische und taktile Gestalt- und Mustererkennung, die Musikalität, die bildliche Symbolbildung, die zeitlichen und räumlichen Synthesen, das geometrische und bildliche Verständnis. Sie ist am Sprachverstehen beteiligt. Die Ausdrücke »übergeordnet« und »untergeordnet« entsprechen der fragwürdigen Auffassung, dass die Sprache dem Bild übergeordnet ist. Unbestritten ist, dass die linke Hemisphäre ihre Sprachkompetenz erst spät in der Evolution einseitig übernommen hat, während vorher die beiden Hemisphären gleich sprachkompetent waren, was auch für das Kleinkindalter bestätigt wird.

In der neueren Hirnforschung zur Sprachfähigkeit ist untersucht worden, welche Kortexareale und Faserverbindungen durch phonetischen, semantischen oder syntaktischen Input aktiviert werden (Friederici in Bonhoeffer u. Gruss 2011). Die linguistische Funktion entscheidet darüber, welche Areale aktiviert werden. Die detektierten Areale sind unabhängig von der verwendeten Sprache, unter Einschluss der Gebärdensprache der Taubstummen.

Lernen und Gedächtnis

Die Fähigkeit, etwas zu lernen und im Gedächtnis zu behalten, ist beim Menschen hoch entwickelt und hält ein Leben lang an. Sie ist Grundlage für die Ausbildung der individuellen Persönlichkeit und neben der Sprache eine unabdingbare Voraussetzung für Kulturentwicklung. Auch bei Tieren kann das Erinnerungsvermögen für das Überleben ausschlaggebend sein, etwa bei Vögeln oder Nagern, die das Futter für den Winter an unzähligen Stellen verstecken.

Aus neurophysiologischer Sicht (Popper u. Eccles 1977) wird zwischen dem Kurzzeitgedächtnis (im Sekundenbereich), dem »Zwischenzeitgedächtnis« (im Minutenbereich) und dem Langzeitgedächtnis (im Stunden-, Tages- und Jahresbereich) unterschieden. Das Kurzzeitgedächtnis wird als ununterbrochenes Wiederauffrischen bestimmter Muster neuronaler Aktivität erklärt. Das Langzeitgedächtnis soll in den neuronalen Verbindungen des Gehirns verschlüsselt sein, wobei es sich nur um mikrostrukturelle Änderungen an den Synapsen handeln kann. Lernen wird dagegen von synaptischem Wachstum begleitet, was eine entsprechende genetisch gesteuerte Proteinsynthese voraussetzt.

Der neueste Stand der neurophysiologischen Forschung zu Lernen und Gedächtnis kann wie folgt zusammengefasst werden (Korte u. Bonhoeffer in Bonhoeffer u. Gruss 2011).

Wo werden Gedächtnisinhalte abgelegt? Die Fähigkeit des Lernens, Abspeicherns, Erinnerns und Aussortierens ist hauptsächlich im Hippocampus lokalisiert, einer ringförmigen Anordnung von Gehirnstrukturen unterhalb der Großhirnrinde. Die Gedächtnisinhalte scheinen dann je nach Gedächtnisform in unterschiedlichen Arealen der Großhirnrinde abgelegt zu sein.

Wie werden Gedächtnisinhalte erzeugt? Es wird angenommen, dass die Effizienz von Synapsen durch Lernen verändert wird, langzeitig verstärkt (*long-term potentiation*, LTP) oder langzeitig abgeschwächt (*long-term depression*, LTD). Die experimentelle Bestätigung dieser »synaptischen Plastizität« steht vorerst aus. Nach der Hebb'schen Regel werden Synapsen verstärkt, wenn vor- und nachgeschaltete Nervenzellen gleichzeitig aktiv sind. Die bei LTP und LTD ablaufenden biochemischen Vorgänge sind gut erforscht. Weniger geklärt sind die mit dem Lernen einhergehenden strukturell-anatomischen Veränderungen, das Knüpfen neuer synaptischer Verbindungen im Hippocampus unter Aktivierung von Genen des Zellkerns (*RNA transcription*).

Überaus beeindruckend ist der heutige Stand der bildgebenden Verfahren in der Hirnforschung. So ist es beispielsweise gelungen, die Nervenzellen im Hippocampus einer lernenden lebenden Maus durch genetische Manipulation vielfarbig fluoreszieren zu lassen (Bonhoeffer u. Gruss 2011, *ibid.* S. 81).

Ein Sonderbereich der neurophysiologischen Lern- und Gedächtnisforschung sind Belohnungssignale. Haustiere lernen über Belohnungen. Die Dressur von Wildtieren ist nur über Belohnung möglich. Auch der Mensch lernt besonders erfolgreich, wenn Belohnungen ausgesetzt sind (»Leistung muss sich lohnen«). Zunächst im Gehirn von Ratten, später auch im menschlichen Gehirn, konnten Belohnungszentren ausgemacht werden, die mit einer großen Zahl von Dopaminrezeptoren (»Dopamin-Neuronen«) ausgestattet sind. Beim Menschen ist eine solche Region im Mittelhirn hinter der Mundhöhle lokalisiert. Die Aktivierung der Dopaminrezeptoren ist offenbar das gesuchte Belohnungssignal (Schultz in Bonhoeffer u. Gruss 2011).

Empathievermögen

Das Empathie- oder Einfühlungsvermögen des Menschen hat in neuester Zeit das besondere Interesse der Hirnforschung und ihres Publikums gefunden (Frevert u. Singer in Bonhoeffer u. Gruss 2011). Dieses wird einer Region des Vorderhirns zugeordnet, die die Emotionen abbildet – Mandelkern oder Amygdala genannt, dem limbischen System zugehörig. Die Hirnforschung beansprucht nicht, auf psychologisch wichtige Kernbegriffe wie Mitleid und Mitfreude oder Sympathie und Antipathie eine eigenständige Antwort geben zu können, aber sie hat versucht, den engeren Begriff Empathie neurowissenschaftlich zu erhellen. Dies erfolgte durch Detektieren der aktivierten Hirnareale des Probanden, während dieser einen affektiv ansprechenden Vorgang beim Partner oder Fremden beobachtet, etwa das Zufügen eines Schmerzes. Besonders untersucht wurden Empathie hemmende oder blockierende Faktoren, wie sie beispielsweise bei den durchaus beliebten öffentlichen Hinrichtungen zum Ausdruck kommen oder kamen. Hier nur von Hemmung oder Blockierung zu sprechen dürfte allerdings die Realität sadistischer Neigungen des Menschen verfehlen.

Ausgangsbasis für die Erklärung von Empathie war die Entdeckung des spiegelneuronalen Systemverhaltens bei der Beobachtung motorischer Vorgänge bei anderen. Die Handlungsintentionen der anderen werden durch Simulation als eigene Handlungsintention verständlich. Die bei eigenen und fremden Handlungen angesprochenen Kortexbereiche sind identisch. In gleicher Weise wird die kognitive und affektive Perspektivübernahme spiegelneuronal erklärt. Empathie sollte demnach trainierbar sein. Es wird aber auch die Gegenreaktion des empathischen Stresses beobachtet, besonders in den ärztlichen und pflegerischen Berufen.

Trotz der engeren Bedeutung des Begriffs Empathie und zahlreicher neurowissenschaftlicher Untersuchungen zum Empathievermögen, sind die Forschungsergebnisse vorerst eher marginal.

5 Neurophysiologie der Kognition, Emotion und Motivation

Geschichtliche Entwicklung

Die Psychologie war ursprünglich ein Zweig der Philosophie. Gegen Ende des 19. Jahrhunderts begann die Umwandlung in eine experimentell begründete Wissenschaft. Untersucht wurde das bewusste Erleben. Untersuchungsmethode war die Introspektion. Da die Ergebnisse von Introspektion nicht überprüft werden konnten, kam Anfang des 20. Jahrhunderts der Behaviorismus auf, der sich auf die Beobachtung des äußeren Verhaltens beschränkte. Radikale Behavioristen bestritten die Existenz des Bewusstseins.

Mitte des 20. Jahrhunderts gab die Informationsverarbeitung durch Computer den Anstoß zur Entwicklung der kognitiven Psychologie. Daraus entstand wiederum die Anforderung an die Neurowissenschaft, die kognitive Funktion der Wahrnehmung, der Aufmerksamkeit, des Gedächtnisses und des Denkens zu erklären. Davon unabhängig verlief die Ausformung der Psychotherapie mit der andersartigen Aufgabenstellung, dem psychisch erkrankten Individuum zu helfen.

Die US-amerikanische Schule der Neurowissenschaft ist eng mit dem dort traditionell vertretenen Behaviorismus verbunden. Die bildgebenden Verfahren zur Detektierung von Aktivitätsmustern im Gehirn werden wirkungsvoll eingesetzt. Untersuchungen an *split brain* Patienten stehen im Vordergrund. Evolutionsgeschichtliche und sozialpsychologische Hypothesen werden hinzugezogen.

Nachfolgend kommen zwei bekannte Vertreter der US-amerikanischen Schule der Neurowissenschaft zu Wort, deren Bücher in deutscher Übersetzung vorliegen (Gazzaniga 2012, LeDoux 2003). Das eher populärwissenschaftliche Werk von Michael Gazzaniga ist einem rigorosen Determinismus verhaftet, welcher das Ich als Illusion erscheinen lässt und die moralische Verantwortlichkeit in Frage stellt. Das Werk seines ehemaligen Doktoranden Joseph LeDoux wird bei guter Verständlichkeit auch höheren wissenschaftlichen Ansprüchen gerecht.

Die US-amerikanische Neurowissenschaft ist eng mit den jeweils vorherrschenden Entwicklungen der allgemeinen Psychologie verbunden, die an anderer Stelle nachgelesen werden können (Müsseler u. Prinz 2002).

Kein verantwortliches Ich?

Am Beginn von Gazzanigas Buch steht nicht eine wissenschaftliche Problemstellung, sondern das Glaubensbekenntnis, im Gehirn laufe alles mit strenger physikalischer Determiniertheit ab. Am Ende des Buches folgt das Bedauern, dass der Mensch nur eine Maschine sei. Das ist keine brauchbare Ausgangsbasis für Wissenschaft, die doch vorurteilsfrei vorgehen soll (erweiterte Kritik in Kap. V-7). Dennoch sind die mitgeteilten Einzelergebnisse vertrauenswürdig. Vorsicht ist jedoch bei deren Interpretation geboten.

Das Gehirn arbeite wie ein Parallelrechner. Es existiere keine Kommandozentrale, örtliche Prozessoren würden die Entscheidungen treffen. Dementsprechend gebe es kein einheitliches Bewusstsein bzw. bei *split brain* Patienten kein doppeltes Bewusstsein, sondern viele lokale Bewusstseinszentren. Es existiere eine große Zahl von Modulen für spezielle Aufgaben. Die multiple Spezialisierung sei beim menschlichen Gehirn sehr ausgeprägt. Auch die Lateralisierung mit Zuteilung spezieller Funktionen sei besonders weit getrieben. Schließlich trete eine spezielle Art von Pyramidenzellen (VEN-Neuronen) im menschlichen Kortex besonders häufig auf.

Die linke Hirnhälfte betätige sich als narrative Deutungsinstanz (*interpreter*), erfinde Geschichten zu erlebten Ereignissen. Diese Rationalisierung erfolge auf Basis unzureichender Information. Sie sei zeitaufwendig und hinke daher der schnellen unbewussten Reaktion hinterher. Ich-Bewusstsein, Willensfreiheit und Verantwortlichkeit seien aus dieser Sicht Illusionen. Der Mensch wolle, was neurologisch determiniert ist. Bewusstes Denken sei eine emergente Eigenschaft des Gehirns (also *upward causation*). Es gebe im Gehirn keine Kausalität von oben nach unten.

Freiheit und Verantwortung entstünden aus den sozialen Wechselwirkungen der menschlichen Gehirne (hier also dann doch *downward causation*). Das Leben in den komplex organisierten Sozialgruppen habe die Evolution des menschlichen Gehirns mitgetragen. Die Willensfreiheit sei ein sozial nützlicher Glaube, aber keine Realität.

Aus den vorstehend zusammenfassend dargestellten neurologischen Gegebenheiten und deren fraglicher Interpretation werden schließlich Schlüsse im Hinblick auf die Strafgerichtsbarkeit gezogen, wobei die Frage der Zulässigkeit von Hirn-Scans im Mittelpunkt steht.

Synaptisches Selbst der Persönlichkeit?

Die Ausführungen von LeDoux unterscheiden sich wohltuend von denen seines Doktorvaters Gazzaniga. Am Beginn steht nicht ein Glaubensbekenntnis, sondern eine wissenschaftliche Problemstellung mit Festlegung der dabei verwendeten Begriffe: »Wie kann es uns gelingen, einen Zusammenhang zwischen dem komplexen Gebilde, das ich das Selbst genannt habe, und den Synapsen des Gehirns herzustellen?«

Das Selbst wird von LeDoux als die Gesamtheit dessen aufgefasst, was einen Organismus auf der physikalischen, biologischen, psychischen, sozialen und kulturellen Ebene ausmacht. Bewusste und unbewusste Komponenten sind darin enthalten. Dieses Selbst wird im amerikanischen Originaltitel auf ein »synaptisches Selbst« eingeschränkt, wobei auch der Begriff »Person« vermieden wird. Nur mit dem deutschen Titel wird der unzutreffende Eindruck erweckt, es ginge um das im Sinne der Hochreligionen als Wesenskern und Quellpunkt der Person verstandene Selbst. LeDoux hat den Gegenstand seiner Ausführungen hinreichend eingeschränkt und beansprucht nicht, die gesamte Welt zu erklären.

Einführend stellt LeDoux die Struktur des Gehirns dar wobei der Unterschied zwischen Hirnzellen und anderen Zellen hervorgehoben wird. Erstere kommunizieren miteinander, während letztere jeweils einheitlich spezielle Organaufgaben wahrnehmen. Für die Kommunikation sind die wechselseitigen Verschaltungen wesentlich, während die Eigenschaften der Zellen (meist genetisch bedingt) demgegenüber zurücktreten.

Dann wird die Frage behandelt, wie sich Neuronen und Synapsen erst im Embryo und später im wachsenden Gehirn entwickeln. Was wird durch Gene gesteuert und was durch die Umwelt bewirkt? Durch Gene gesteuert sind die frühesten embryonalen Vorgänge der Proteinbildung und des Aufbaus biochemischer Folgeprodukte. Die meisten Neuronen bilden sich jedoch erst in den letzten Wochen vor der Geburt, während im späteren Leben kaum noch Neubildung erfolgt (Ausnahme Hippokampus). Nur die Synapsen bilden ein weiterhin änderungsfähiges Netzwerk.

Differenzierung und Aufbau der Hirnzellen an den genetisch vorgesehenen Plätzen sowie deren Ausstattung mit Transmittern und Modulatoren erfolgt auf vorgegebenen molekularen Pfaden. Die Synapsenbildung unterliegt einem Selektionsprozess: Überschuss von Synapsen, Beibehaltung der genutzten Synapsen und Tilgung der nicht genutzten Synapsen. Dabei interagieren genetische und umweltgesteuerte Prozesse, wie an der Fähigkeit zum Spracherwerb nachgewiesen werden kann. Eine universelle Grammatik ist angeboren (Nativismus) und wird mit den Ausdrucksweisen der jeweiligen Sprache gefüllt, wie der bekannte Linguist Noam Chomsky nachgewiesen hat. Die Lernfähigkeit ist artspezifisch. Sie beinhaltet spezielle Lernmodule. Aber auch Synapsenbildung durch Instruktion ist nicht ganz ausgeschlossen. Die Frage, in welchem Umfang das Selbst angeboren bzw. durch die Umwelt geformt ist, bleibt unbeantwortet.

Um ein Selbst zu sein, muss man sich erinnern können. Erinnerung ist auf unterschiedliche Hirnregionen verteilt und nur teilweise dem Bewusstsein zugängig. Das explizite oder deklarative Gedächtnis umfasst die bewusste Erinnerung, die gegenstandsunabhängig ansprechbar ist. Sie ist in Schaltkreisen des Hippokampus lokalisiert, einer Region des Schläfenlappens. Der bei der Alzheimer Krankheit auftretende Gedächtnisverlust (Amnesie) wird auf Zersetzung des Hippokampus zurückgeführt. Das implizite oder nichtdeklarative Gedächtnis tritt in den erlernten motorischen Fertigkeiten (z.B. Klavierspiel) zutage und bleibt unbewusst. Sein

Ausfall bedeutet den Zusammenbruch der Persönlichkeit. Zum impliziten Gedächtnis gehört auch die klassische Konditionierung, also die erlernte Kopplung von zwei unterschiedlichen Reizen. Zugehörig sind Schaltkreise der Amygdala (Mandelkern), einer Region des Kleinhirns.

Lernen wird auf Veränderungen der synaptischen Konnektivität zurückgeführt und Gedächtnis auf deren Stabilisierung über der Zeit. Die nach Donald Hebb benannte Plastizität besagt, dass bei gleichzeitig eintreffendem schwachem und starkem Input die schwache durch die starke Nervenbahn eine Intensivierung erfährt. An den Synapsen des Hippokampus führt kurzzeitige Reizung durch elektrische Impulse zu einem anhaltenden Anstieg der Übertragungsaktivität (*long-term potentiation*). Der Vorgang kann an Hippokampusscheiben untersucht werden. In ihm wird eine Basis für synaptisches Lernen vermutet.

Zusammenspiel von Kognition, Emotion und Motivation

Die psychischen Prozesse, die zu einem Selbst führen, werden nach LeDoux als Zusammenspiel von Kognition, Emotion und Motivation beschrieben. Die Hirnforschung befasst sich dabei nicht mit den mentalen Inhalten von Kognition, Emotion und Motivation, sondern nur mit den sie begleitenden bewussten und unbewussten Prozessen im Gehirn, die beispielsweise über Hirn-Scans sichtbar gemacht werden. Die Inhalte, also die Ideen, Gefühle und Absichten, sind nur durch Introspektion feststellbar und daher der objektivierenden Wissenschaft unzugänglich.

Kognition umfasst die Prozesse des Denkens und Problemlösens. Sie erfolgen im Arbeits- bzw. Kurzzeitgedächtnis, das einerseits mit dem Langzeitgedächtnis in Verbindung steht, andererseits mit den sensorischen Systemen. Ihm sind Exekutiv- und Zwischenspeicherfunktionen zugeordnet. Man nimmt an, dass das Arbeitsgedächtnis eine Funktion von neuronalen Schaltkreisen in den Frontallappen des Kortex ist. Wie das Arbeitsgedächtnis auf der Ebene der Zellen und Synapsen funktioniert, ist vorerst nur unzureichend geklärt. Die einzigartige kognitive Fähigkeit des Menschen, zu denken und Probleme zu lösen, ist nach LeDoux »um die Sprache herum strukturiert«. Das menschliche Bewusstsein sei sprachlich konstituiert.

Emotion umfasst die Prozesse des Fühlens, von denen bisher nur die Furchtkonditionierung umfassender erforscht wurde (LeDoux 1996). Die aufgefundenen Prozeßstrukturen sollten aber auf andere emotionale Prozesse übertragbar sein. Die von den Reizen in den sensorischen Eingangssystemen aktivierte Schaltkreise der emotionalen Verarbeitung (Reizbewertung) aktivieren ihrerseits Ausgangssysteme, die die Reaktion steuern. Die Verarbeitungsschaltkreise der Furchtkonditionierung sind in der Amygdala lokalisiert, nicht im umstrittenen limbischen System. Das Bewusstsein wird dabei nicht betätigt, wohl aber bei einem darauffolgenden Abgleich mit früheren Erfahrungen im Arbeitsgedächtnis unter Beteiligung des Hippokampus. LeDoux stellt schließlich fest, dass die neurowissenschaftlichen Erkenntnisse zu den Emotionen vorerst marginal sind. Anderseits beeinflussen die Emotionen aber in erheblichem Maße die menschlichen Entscheidungsprozesse (Damasio 1994).

Zur Konditionierung der Emotion »Liebe« sind Forschungsergebnisse zur hormonal-synaptischen Konditionierung des monogamen bzw. polygamen Bindungsverhaltens von zwei Wühlmausarten von Interesse. Nur die monogamen Tiere verteidigen die Paarbildung durch Agression (Männchen) bzw. Zurückweisung (Weibchen).

Die Motivation, etwas zu tun, entsteht aus der Aktivierung von Emotionssystemen. Die Emotionssysteme wiederum reagieren auf Reize. Umfassender untersucht wurde die instrumentelle Konditionierung. Sie begreift das Verhalten als ein Mittel (»Instrument«), eine Belohnung zu erhalten oder eine Strafe zu vermeiden. Derartige Verhaltensweisen können auch ohne Reiz bestehen bleiben (»Gewohnheit«). LeDoux schlägt einen Motivationsschaltkreis vor, der vom präfrontalen Kortex ausgeht und neben weiteren Hirnregionen die Amygdala einschließt. Belohnungen werden durch den Neurotransmitter Dopamin konditioniert. Die Dopamin-Ausschüttung lässt sich (bei Tieren) auch durch lokale Gehirnreizung einleiten.

Schließlich diskutiert LeDoux das Zusammenfügen der synaptischen Systeme von Kognition, Emotion und Motivation zu einem entsprechenden Selbst. Kennzeichnend sei die Verarbeitung in parallel geschalteten Systemen, die durch Erfahrung modifizierbar sind (Plastizität).

Bei psychischen Krankheiten sei das Zusammenspiel von Kognition, Emotion und Motivation gestört. Die Behandlung von derartigen Krankheiten lasse sich aus Sicht der Synapsen interpretieren, wobei auf Schizophrenie (1% der US-Bevölkerung), Depressionen (15% der US-Bevölkerung) und Angstphobien (25% der US-Bevölkerung) eingegangen wird. Medikamentöse und psychotherapeutische Behandlungen bieten sich alternativ oder in Kombination an. Die medikamentöse Behandlung beruht darauf, den Spiegel von Neurotransmittern in den relevanten Schaltkreisen zu verändern.

Bei Schizophrenie wird versucht, den Dopaminspiegel zu senken, bei Depression hingegen, ihn zu erhöhen. Bei Depression sind Medikamente erfolgreich, die die Verfügbarkeit von Serotonin an den Synapsen fördern. Derartige Gemütsaufheller sind, obwohl verschreibungspflichtig, weit verbreitet, beispielsweise das Medikament Prozak. Gegen krankhaft gesteigerte Angst (Angstphobie) werden angstlösende Substanzen eingesetzt. Die Medikamente Librium und Valium gehören dazu.

Die vorstehend zusammengefassten Ausführungen von LeDoux zum synaptischen Selbst sind reich an Details und sorgfältig recherchiert. Sie können dennoch das personale Selbst nicht erklären. Das Sprechen in Computeranalogien verdeckt, dass über die eigentliche Realität des Gehirns auf diese Weise nichts ausgesagt wird. Das Gehirn ist kein Digitalrechner, auch nicht bei Beschränkung auf den kognitiven Bereich. Das synaptische Selbst der Persönlichkeit erscheint demnach eher als ein Patchwork denn als integrierte Einheit.

6 Philosophisches Kernproblem der Hirnforschung

Leib-Seele-Problem

Als Kernproblem der neurophysiologischen Forschung erscheint das Leib-Seele-Problem (engl. *mind body problem*), das die abendländische Philosophie von Anbeginn begleitet hat. In der Hirnforschung wird es als Gehirn-Geist-Problem (engl. *mind brain problem*) erfasst. Zum Leib-Seele-Problem bzw. Gehirn-Geist-Problem gibt es viele Lösungsvorschläge, in der Philosophie ebenso wie in der Hirnforschung, die allesamt den naturwissenschaftlichen Kriterien der Objektivität und Reproduzierbarkeit nur bedingt standhalten. Es sind jeweils weltanschauliche Grundsatzentscheidungen vorgeschaltet, die allerdings mehr oder weniger Plausibilität besitzen.

Das Leib-Seele-Problem beinhaltet den ontologischen Zusammenhang zwischen den physischen (bzw. physiologischen) und den psychischen Vorgängen. Ein die Sinnesorgane treffender Reiz löst Empfindungen aus. Die Empfindungen führen zu einer Willensentscheidung. Die Willensentscheidung bewirkt eine (motorische) Handlung. So wird jedenfalls die Wechselwirkung zwischen den körperlichen und den seelischen Vorgängen subjektiv erlebt.

Die dazu entwickelten philosophischen Theorien postulieren entweder die Gegensätzlichkeit der beiden Bereiche (dualistische Sicht) oder deren Einheitlichkeit (monistische Sicht). Die dualistische Sicht erlaubt Wechselwirkung. Die monistische Sicht setzt strenge Parallelität bzw. Identität der Vorgänge voraus.

Willens- und Handlungsfreiheit

Mit dem Leib-Seele-Problem ist das Problem der Willensfreiheit eng verbunden. Diese bezeichnet die Wahlmöglichkeit zwischen mehreren Handlungsoptionen, besonders auch im Hinblick auf sittliche Werte, deren Bewahrung Opferbereitschaft oder Triebverzicht erfordern. Nach Immanuel Kant ist die Willensfreiheit zwar theoretisch nicht beweisbar, sie wird jedoch als Voraussetzung sittlichen Handelns postuliert: Freiheit besteht in der Möglichkeit, sich dem moralischen Gesetz dadurch zu unterwerfen, dass es sich der Wille selber gibt.

Willensfreiheit setzt hinreichende Indeterminiertheit des Geschehens voraus. Der Determinismus bestreitet dagegen die Möglichkeit von Willensfreiheit. Die Wahlfreiheit besteht nach dieser Auffassung nur aus Sicht des erlebenden Ichs, während das Wollen des Menschen, von außen gesehen, kausal bestimmt ist.

Die Ergebnisse der Hirnforschung werden neuerdings im Hinblick auf die Handlungsfreiheit von Menschen diskutiert, die dem Strafrecht unterworfen werden. Beim Schuldspruch spielt die Einschätzung der Handlungsfreiheit des Delinquenten eine Rolle. Verminderte Schuldfähigkeit hofft man mit neurophysiologischen Verfahren, speziell Hirn-Scans, objektivieren zu können (Markowitsch u. Merkel sowie Nida-Rümelin u. Singer in Bonhoeffer u. Gruss 2011). Von Nida-Rümelin wird darauf hingewiesen, dass freies Handeln nicht Handeln ohne Zwang bedeutet, sondern dass Handlungsfreiheit auch in Zwangslagen besteht. Die Handlungsfreiheit äußert sich im Abwägen der Gründe zu den Handlungsoptionen (Deliberation).

Historische Entwicklung des philosophischen Leib-Seele-Problems

Der Gegensatz von Leib und Seele findet sich bei den Pythagoräern und bei Platon. Letzterer weist der Seele höheren Wert als dem Leib zu. Für Aristoteles, dem später Thomas von Aquin folgt, sind Leib und Seele wie Stoff und Form untrennbar miteinander verbunden. Die Seele drückt sich im Leib aus. Auf der höheren Bewertung der Seele gegenüber dem Leib gründet sich schließlich das Christentum.

Die strenge Trennung von Leib und Seele wurde in der klassischen Form von Descartes formuliert (darin Augustinus folgend): das Seelische (*res cogitans*) und das Körperliche (*res extensa*) stehen sich als unterschiedliche Substanzen gegenüber. Die Wechselwirkung der wesensverschiedenen Substanzen erfolgt über die Zirbeldrüse im Gehirn durch Einwirkung Gottes. Der Eingriff Gottes erfolgt gemäß dem auf Descartes folgenden Okkasionalismus (Geulincx, Malebranche) bei Gelegenheit des seelischen Vorgangs zugunsten der leiblichen Ausführung und bei Gelegenheit des leiblichen Vorgangs zugunsten der Vorstellung in der Seele. Später wird das permanente Eingreifen Gottes durch die von Gott »prästabilisierte Harmonie« (Leibniz) der beiden Ordnungen ersetzt und damit als psychophysischer Parallelismus fortgeführt.

Anstelle der über Gott vermittelten Wechselwirkung in einem dualistischen Weltbild tritt somit der von Gott verfügte Parallelismus in einem monistischen Weltbild. Die monistische Weltsicht setzt sich im atheistischen Materialismus fort, für den nur die materielle Welt real existiert, während seelische Vorgänge Begleiterscheinungen sind, die bei Gelegenheit bestimmter materieller Bedingungen auftreten. Die Existenz einer immateriellen Seele wird geleugnet. Dieser monistische Parallelismus wird durch die Erfahrung gestützt, dass Hirnschäden seelische Ausfälle zur Folge haben. Die dem Materialismus entgegengesetzte psychomonistische Weltsicht kommt im Spiritualismus bzw. Idealismus zum Ausdruck. Die eigentliche Wirklichkeit ist nach dieser Weltsicht das Seelische oder Geistige. Demgegenüber sind Leib und Materie Erscheinungsformen der Seele bzw. des Geistes. Alle monistischen Ansätze zur Lösung des Leib-Seele-Problems können jedoch als widerlegt gelten, der Materialismus ebenso wie der Spiritualismus bzw. Idealismus.

Polares Leib-Seele-Modell

Großer Beliebtheit erfreut sich die Hypothese, dass Physisches und Psychisches zwei Seiten oder Erscheinungsweisen einer einzigen, nicht als solche erkennbaren Wirklichkeit sind (polares Modell). Es sei dasselbe Leben, »das in seinem Innesein psychische, in seinem Sein für andere leibliche Formgestaltung besitzt« (Scheler 1928). Das Problem der Willensfreiheit wird unter diesem Gesichtspunkt zu einem Scheinproblem der Wissenschaft (Planck 1946). Was von außen als determiniert erscheint, mag von innen als frei empfunden werden.

Das sind philosophische Spekulationen, die eine Lösung des Leib-Seele-Problems und des Problems der Willensfreiheit vortäuschen, obwohl lediglich ein psychophysischer Parallelismus, die Identität von inneren seelischen Vorgängen und von außen beobachtbaren Aktivitätsmustern, behauptet wird. Die monistische Sicht bezieht sich in diesem Fall weder auf die Psyche noch auf das Gehirn, sondern auf einen unerkennbaren Kern von beiden. Die gegen den monistischen Parallelismus vorgebrachten Einwände greifen auch hier.

7 Philosophisch inspirierte Konzepte zur Hirnforschung

Monistische Theorien

Die aufgezeigte historische Entwicklung des philosophischen Leib-Seele-Problems setzt sich in den philosophisch inspirierten Konzepten der Hirnforschung als Gehirn-Geist-Problem fort (Eccles u. Zeier 1980, Popper u. Eccles 1981, Eccles u. Robinson 1985, Benett u. Hacker 2010). Der Materialismus verdrängt das Problem, indem er die Existenz körperunabhängiger geistiger Prozesse leugnet (Ryle 1949, Skinner 1971). Nur das beobachtbare Verhalten sei existent (Behaviorismus). Der Epiphänomenalismus leugnet den Geist nicht, erklärt ihn aber zu einer bedeutungslosen Begleiterscheinung neuronaler Prozesse. Er beruht auf der Annahme, die Vorgänge auf höherer Ebene seien vollständig auf Vorgänge auf niederer Ebene zurückführbar (Reduktionismus). Der Panpsychismus schreibt aller Materie einen inneren geistähnlichen Aspekt zu und hebt dadurch die kartesische Unterscheidung von *res cogitans* und *res extensa* auf. Dieses in der neueren Philosophie von Spinoza *(deus sive natura)* und Leibniz (Monadenlehre) entwickelte Konzept wurde von Neurobiologen aufgegriffen (Waddington 1975, Rensch 1972). Schließlich behauptet die psychophysische Identitätstheorie, dass geistige Prozesse das Innenerlebnis der von außen beobachtbaren Hirnprozesse sind (Feigl 1967, Armstrong 1968).

Gegen die genannten monistischen Gehirn-Geist-Theorien lassen sich gewichtige Einwände vorbringen (Popper u. Eccles 1977). Folgendes Argument kommt zum Ausdruck: Wer die geistige Verfasstheit des Menschen verneint oder zur Nebensache erklärt, leugnet damit das wichtigste Merkmal menschlicher Existenz, kann also nicht den Anspruch erheben, eine hinreichend allgemeine Theorie zu bieten.

Dualistische Interaktionstheorie

Eine hinreichend allgemeine neurowissenschaftliche Theorie ist nach John Eccles notwendigerweise dualistisch: Gehirn und Geist sind demnach voneinander unabhängige funktionale Einheiten, die aufeinander einwirken und sich gegenseitig beeinflussen. Die Wechselwirkung (Interaktion) besteht im Austausch von Informationen, nicht im Austausch von Energie. Sie ist somit physikalisch verträglich. Descartes hat als erster eine streng dualistische Theorie aufgestellt. Sie wurde in der Neurowissenschaft von Charles Sherrington (1940) und Wilder Penfield (1975) aufgegriffen und weiterentwickelt. Eine vorläufig abschließende Form hat sie durch John Eccles (1977) erhalten.

Nach der dualistischen Interaktionstheorie ist der »sich seiner selbst bewusste Geist« ständig damit beschäftigt, die Aktivität des Neuronensystems (offene, halboffene und verschlossene kortikale Module) abzulesen und zur Einheit des Erlebens zu integrieren, denn rein neuronal ist das Einheitserlebnis nicht zu erklären. Gleichzeitig wirkt der sich seiner selbst bewusste Geist auf den neuronalen Apparat zurück, um noch unerschlossene Inhalte zu aktivieren. Der Ort der Interaktion (oder Verbindung, franz. *liaison*), ist das (hypothetische) Liaisonhirn in der linken (übergeordneten) Hirnhemisphäre. Bewusste Wahrnehmung, willentliche Bewegung, sprachlicher Ausdruck und Gedächtnis können ohne Einführung des sich seiner selbst bewussten Geistes nicht erklärt werden. Die Grenze der naturwissenschaftlichen Erklärung der Gehirnvorgänge ist damit erreicht.

Auch das Interaktionsmodell nach Eccles bedient sich der Computeranalogie. Gehirn (*brain*) und Geist (*mind*) sind die dualen informationsverarbeitenden Prozessoren dieser Maschine. Dennoch ist die Basis nicht materialistisch – im Gegenteil, der sich selbst bewusste Geist übt eine übergeordnete Funktion aus. Die Eigenständigkeit des Geistigen wird somit berücksichtigt. Es gibt eine Schnittstelle, auf deren einer Seite das naturwissenschaftlich erforschbare Gehirn, auf deren anderer Seite die geistige Welt steht.

Dieses Interaktionsmodell ist in Bild 2 (siehe Bildanhang) grafisch veranschaulicht. Die geistige (psychische und mentale) Welt ist mit der materiellen Welt über eine Schnittstelle verbunden, die dem Liaisonhirn zugeordnet wird. Die geistige Welt umfasst die Wahrnehmung durch die äußeren Sinne, die Ausdrucksweise der inneren Sinne und die Manifestation der Persönlichkeitsattribute Ich, Selbst und Seele, die sich in bewusstem, willentlichem Handeln ausdrücken.

Neuronaler Fundamentalismus

Die US-amerikanische behavioristisch geprägte Schule der Neurowissenschaft kann hinsichtlich ihres allumfassenden Welterklärungsanspruchs einem »neurologischen Fundamentalismus« zugeordnet werden (Hampe 2007, *ibid*. S. 199). Das als streng determiniert aufgefasste Gehirn wird als Quelle aller Ordnung in der Welt und aller Ordnung zwischen den Menschen angesehen. Das als Einheit erlebte Bewusstsein, die Willensfreiheit und die darin begründete Verantwortlichkeit werden kurzerhand zur Illusion erklärt (Gazzaniga 2012). Auf die Unvertretbarkeit dieses Ansatzes wird nunmehr eingegangen.

Gazzaniga stellt ein Glaubensbekenntnis an den Anfang seiner Ausführungen. Das Universum, die Natur und der Mensch (vertreten durch sein Gehirn) seien streng determiniert, vergleichbar mit einer Maschine. Die heutigen Neurowissenschaftler seien ebenfalls alles Deterministen. Wie in Glaubenssystemen üblich, wird nicht auf Fakten, sondern auf Autoritäten verwiesen. Als oberste Autoritäten für die deterministische Auffassung werden Spinoza und Einstein angeführt, wobei aber deren strikte Gottgläubigkeit (*deus sive natura*) unerwähnt bleibt.

Damit nicht genug, es wird ein durch allumfassende Naturgesetze ausgedrückter Determinismus zugrunde gelegt, den die neuere Physik längst hat fallen lassen. Diese beschränkt sich auf die Beschreibung häufig wiederholbarer Vorgänge, drückt die Naturgesetze mathematisch aus, mit gemessenen Parametern, die Streuung beinhalten, und erhebt nicht den Anspruch, die gesamte Wirklichkeit zu erklären. Bereits die biologische Evolution wird als indeterminierter Vorgang aus dem Zusammenspiel von Zufall und Notwendigkeit (oder Gesetz) erklärt. Schließlich präsentiert sich die geistige Welt ganz außerhalb der physikalischen Wirklichkeit.

Den zur Basis erklärten strengen Determinismus hält Gazzaniga dann doch nicht konsequent durch, denn es werden vielschichtige Systeme mit *upward* und *downward causation* zur Erklärung herangezogen, es werden Selbstorganisation, Evolution und Emergenz zugelassen, also Konzepte, die in der klassischen Physik keinen Ort haben. Schließlich wird die soziale Interaktion der vielen Gehirne ursächlich hinzugezogen.

Am Ende seiner Ausführungen äußert Gazzaniga ein Bedauern, dass wir nur Maschinen seien. Aber das war doch wohl seine unzutreffende Prämisse. Oder sollte man besser sagen, Gazzaniga sei vorschnell der Vorgabe seines Interpreters in der linken Hirnhälfte erlegen?

Reduktionismus und Kausalität

Neben der vorstehend hervorgehobenen Unterscheidung zwischen monistischen und dualistischen Konzepten in der Neurowissenschaft sind Reduktionismus und Kausalität Schlüsselbegriffe in der wissenschaftstheoretischen Diskussion.

Der Reduktionismus befindet, dass, was auf höherer Ebene geschieht, *vollständig* aus dem erklärt werden kann, was auf niederer Ebene abläuft (nach Popper u. Eccles 1977). Damit verbunden ist Verursachung von unten nach oben (*upward causation*). Zugehörig ist die Auffassung, dass auf höherer Ebene nichts wirklich Neues entsteht. Dementsprechend existiert die Materie ewig und nur ihre Anordnung ändert sich. Gemäß dem reduktionistischen Konzept ist die Ökologie vollständig auf Biologie, diese wiederum vollständig auf Chemie und letztere schließlich vollständig auf Physik reduzierbar, was nicht zutrifft. Reduktionistische Aussagen sind an der Aussagestruktur »... ist nichts als ...« erkenntlich. Sie sind im Bereich der Hirnforschung besonders beliebt.

Die dem Reduktionismus widersprechende Position befindet, dass, was auf höherer Ebene geschieht, ausschlaggebend ist für das, was auf niederer Ebene abläuft. Das setzt Verursachung von oben nach unten voraus (*downward causation*). Zugehörig ist die Auffassung, dass auf höherer Ebene wirklich Neues entsteht (Emergenz), also Evolution stattfindet. Die bekannte Aussage »Das Ganze ist mehr als die Summe seiner Teile« ist jedoch der essentialistischen statischen Weltsicht zuzuordnen, während die Evolution die dynamische Struktur, den Prozesscharakter hervorhebt. Ein geläufiges Beispiel für Verursachung von oben nach unten ist das Absterben der Zellen nach dem Tod des Organismus.

Es ist unschwer zu erkennen, dass der vielfach anzutreffende rein reduktionistische Standpunkt (meist gepaart mit Materialismus und Atheismus) zur Erklärung der Vorgänge im Gehirn unzureichend ist. Nur ein Ansatz, der das Entstehen von Neuem zulässt, erscheint als angemessen, wobei Verursachung von unten nach oben ebenso wie Verursachung von oben nach unten zuzulassen sind.

Mit dem Begriff »Verursachung« bzw. »Kausalität« gibt es jedoch Probleme. Nach gängigem Verständnis sind kausale Beziehungen determiniert und zeitlich gerichtet. Die Wirkung folgt gesetzmäßig der Ursache. Für die Verwendung in der Hirnforschung muss der Begriff präzisiert werden (Falkenburg 2012[(1)]): Die objektive naturwissenschaftliche Kausalität ist bei reversiblen, von der Zeitrichtung unabhängigen Prozessen deterministischer Art (klassische Mechanik, Elektrodynamik), bei irreversiblen, an die Zeitrichtung gebundenen Prozessen indeterministischer Art (statistische Mechanik, Thermodynamik, Quantenmechanik). Neurophysiologische Vorgänge erweisen sich teils als determiniert (Signalübertragung in Nervenfasern), teils als indeterminiert (Vernetzung der Nervenzellen).

Die Schlussfolgerung aus der umfassenden Untersuchung von Falkenburg zu Reduktionismus und Kausalität, niedergelegt in dem begleitenden Essay, lautet (Falkenburg 2012[(1)] u. 2012[(2)]):

»Die Hirnforschung liefert uns tiefe, aber nur bruchstückhafte Einsichten in die Wirkungsmechanismen, die Gehirn und Bewusstsein verbinden. Sie erklärt uns nicht, wie wir uns als geistige Wesen verstehen können. Das Computer-Modell des neuronalen Netzes im Kopf ist nur ein Modell. Es ist weit davon entfernt, unsere kognitiven Prozesse realistisch zu beschreiben. Dass das neuronale Geschehen nicht strikt determiniert ist, bedeutet also noch lange nicht, dass wir als parallel verschaltete Roboter am Faden des Zufalls baumeln. Die Befunde legen es nahe, uns vom Determinismus und vom Reduktionismus zu verabschieden. Die höheren Organisationsformen der Natur lassen sich nicht lückenlos aus den niedrigeren herleiten. Und der Geist nicht aus der Natur.«

8 Anspruch und Wirklichkeit der Hirnforschung

Anspruchskritik zur Hirnforschung

Die Hirnforschung tritt populärwissenschaftlich mit dem Anspruch auf, die Welt als determiniertes System ganzheitlich erklären zu können. Das erinnert an den gleichartigen Anspruch der mechanistischen Naturwissenschaft am Beginn der Neuzeit und an die überzogenen Extrapolationen des evolutionsbiologischen Weltbildes in neuerer Zeit.

Die Physik hat aus sich heraus erkenntnistheoretische Bescheidenheit entwickelt, trotz der Anwendungserfolge, die die Lebensverhältnisse der Menschen tiefgreifend verändert haben. Die Physik befasst sich nur mit der sinnlich wahrnehmbaren, vom Betrachter unabhängigen Welt – ohne die Existenzmöglichkeit einer sinnlich nicht erfahrbaren Welt zu bestreiten. Sie befasst sich bevorzugt mit den wiederholten oder wiederholbaren Ereignissen, die statistisch ausgewertet werden. Ihre mathematisch gefassten Theorien werden als gültig angesehen, wenn sie experimentell bestätigt bzw. experimentell nicht ausdrücklich falsifiziert werden. Im subatomaren Bereich der Teilchenphysik sind grundsätzlich nur noch Wahrscheinlichkeitsaussagen möglich (Heisenbergsche Unbestimmtheitsrelation), und der Experimentator entscheidet durch die gewählte Versuchsanordnung, ob Wellen oder Teilchen beobachtet werden.

Die Evolutionsbiologie verbunden mit der Genetik hat bei vielen Menschen dadurch an Überzeugungskraft verloren, dass sie die geistige Verfasstheit des Menschen übergangen oder diese gar geleugnet hat, was wiederum zu einer unhaltbaren Rassentheorie und einem entsprechenden, politisch motivierten Menschenvernichtungsprogramm geführt hat. Der in der Evolutionsbiologie statuierte »Kampf ums Dasein« ist bereits eine ideologische Überhöhung, die bei Ausweitung in den sozialen und politischen

Bereich noch fragwürdiger wird. Die Übertragung einer fachwissenschaftlichen Theorie zu einem Teilbereich der Wirklichkeit auf die gesamte Wirklichkeit erweist sich auch hier als unzulässig. Die Spielregeln der Evolutionsbiologie werden dem geistigen Bereich des Menschen nicht gerecht.

Ebenso unvertretbar erscheinen die Ansprüche der meisten Hirnforscher, über ein materialistisch geprägtes, monistisches Gehirn-Geist-Modell die kognitive und empathische Lebenswirklichkeit des Menschen erklären und entsprechende Anwendungen eröffnen zu können. Die Leugnung einer eigenständigen geistigen Welt wirkt ignorant. Die Annahme einer Parallelität bzw. Identität von äußeren Befunden zur Aktivierung von Hirnregionen und von bewussten bzw. unbewussten Inhalten der Psyche ist eine unbewiesene Hypothese. Es gibt auch keine Möglichkeit, die Richtigkeit der Hypothese zu überprüfen, denn die Inhalte der Psyche sind objektiv nicht festzustellen. Nur die subjektive Introspektion ist möglich.

Sprachkritik zur Hirnforschung

Die gegenwärtige Debatte in den Medien um die Hirnforschung und ihre Folgen für das Menschenbild werde mit polemischer und begrifflicher Oberflächlichkeit geführt, befindet der Philosoph Peter Janich. Er versucht, dem mit Sprachkritik beizukommen (Janich 2009). Die Sprache der Hirnforscher sei unzureichend geklärt, auf Seiten des Menschenbildes die Begriffe Kognition, Willensfreiheit und Selbstbewusstsein, auf Seiten der Wissenschaft die Begriffe Erfahrung, Experiment und Beweis.

Als verbreiteter Fehler wird diagnostiziert: »Eine Wissenschaft, die das Subjekt, als das sie selbst agiert, zugleich leugnet, gerät in einen grundsätzlichen Widerspruch«. Janich bemängelt, dass in der Objektsprache der Hirnforschung meist ungeklärt bleibt, was durch was bestimmt wird. Ein weiteres Dilemma trete auf, wenn die Evolutionstheorie des Gehirns mit der evolutionären Erkenntnistheorie kombiniert wird. Schließlich wird von Janich der Unterschied zwischen nicht verantwortungspflichtigem Naturgeschehen und verantwortungspflichtigem menschlichem Handeln hervorgehoben. Es wird die Forderung erhoben, die Hirnforschung sprachlich und inhaltlich neu zu ordnen.

Da die Sprache den Vorstellungen folgt, die wir uns von den Dingen und Vorgängen machen, wäre ein nach heutigem Wissensstand widerspruchsfreies Hirnmodell die Voraussetzung für prägnante Sprache. Modelle ohne metaphysischen Bezug können nicht widerspruchsfrei sein, weil sie den sinnlich nicht wahrnehmbaren Teil der Realität leugnen.

KAPITEL VI

Gegenstand und Problematik der mechanistischen Technik

»Menschliches Wissen und menschliche Macht sind eines; denn wo die Ursache nicht bekannt ist, kann die Wirkung nicht hervorgerufen werden. Will man der Natur befehlen, so muss man ihr gehorchen; und was im Überlegen als Ursache gilt, das gilt im Tun als Regel.«

Francis Bacon: Novum Organum (1620), Buch 1, Aphorismus 3

1 Einführung und Inhaltsübersicht

Mit den bisherigen Ausführungen zur Geschichte der neuzeitlichen Naturwissenschaft wurde nur jener Aspekt angesprochen, der die Entwicklung eines neuen Weltbildes beinhaltet, die Suche nach Naturerkenntnis und zugehöriger Wahrheit, durch die sich die Theologie, bis dahin Hüterin der höchsten Wahrheit, herausgefordert fühlen musste. Die von Francis Bacon ersehnte technische Naturbeherrschung kam dabei noch nicht zum Tragen. Da aber genau dieser Machtaspekt, mehr als das Weltbild, für die weitere Entwicklung bestimmend wurde, muss nunmehr die geschichtliche Entwicklung der neuzeitlichen Technik in den Grundzügen dargestellt und ihre Problematik aufgezeigt werden. Als erstes wird die auf physikalischen und chemischen Vorgängen und Gesetzen aufbauende »mechanistische Technik« betrachtet, deren Machtaspekt die Verfügung über Stoffe und Energie sowie über Mobilität beinhaltet. In weiteren Kapiteln folgen die biologische Technik einschließlich der Gentechnik sowie die neuronale Technik oder Informationstechnik.

Zunächst wird ein Überblick zur geschichtlichen Entwicklung der mechanistischen Technik gegeben: Anfänge in prähistorischer Zeit, Stagnation in der Antike, »technische Künste« im Mittelalter, wissenschaftlich begründete Technik in der Neuzeit, »industrielle Revolution« und schließlich Bedrohung durch Technik in neuester Zeit. Dann wird der Zusammenhang zwischen neuzeitlicher Technikentwicklung und christlichem Erlösungsglauben aufgezeigt. Ebenso wird die Fortschrittsgläubigkeit auf das spezifisch christliche Zeit- und Geschichtsbewusstsein zurückgeführt. Es folgt die Darstellung der Sozial- und Kulturkritik, die die Kehrseite der neuzeitlichen Technikentwicklung thematisiert und den Technokratievorwurf erhebt. Ebenso werden die Warnungen des Club of Rome erläutert, die eine Wachstumsgrenze für das Weltsystem nachzuweisen versuchen. Die konkreten Problemfelder der mechanistischen Technik werden beschrieben, untergliedert nach Waffen- und Kriegstechnik, Energiegewinnungstechnik und Verkehrstechnik. Ein Gleichnis aus dem alten China wird abschließend modern interpretiert.

Die Ausführungen zur Technikgeschichte fußen auf den Werken von Alistair Crombie und Friedrich Klemm (Crombie 1977, Klemm 1983). Zur Technikkritik wurden besonders die Abhandlungen über Technikphilosophie von Heinrich Stork und Friedrich Rapp herangezogen (Stork 1977, Rapp 1978). Weitere Literaturhinweise werden bei der Behandlung der nachfolgenden Teilthemen gegeben. Zur Bewertung des technischen Fortschritts wird das Handbuch von Johan van der Pot empfohlen, das schier unerschöpfliches Quellenmaterial bietet (Pot 1985).

2 Geschichtliche Entwicklung der mechanistischen Technik

Empirisch begründete Technikentwicklung

Vorweg sei ein Blick auf die Anfänge der Technikentwicklung in der Jungsteinzeit (Neolithikum, 5500-2200 v. Chr.) geworfen. Der prähistorische Mensch, ein »organisches Mängelwesen« (Scheler 1928, Gehlen 1940), hat sich in der Natur durch intelligentes Handeln und künstlich gefertigte technische Hilfsmittel (Artefakte) durchgesetzt. Der Gebrauch des Feuers spielte dabei eine wichtige Rolle, besonders seit dem Beginn der Metallverarbeitung (Bronze- und Eisenzeit). Die prähistorische Technik beruhte auf Zufallserfindungen. Es folgte die empirische Weiterentwicklung durch spezialisierte Handwerker, unter denen der Schmied besonders hohes Ansehen erwarb. Er galt als der Erfinder von Schwert und Pflugschar. Die Weiterentwicklung der Technik vollzog sich in den Agrargesellschaften des Altertums eher schleppend, denn für jede Art von produzierender Tätigkeit waren Sklaven im Übermaß verfügbar. Es fehlten daher die Anreize für technische Lösungen, außer in den Bereichen der Waffen- und Kriegstechnik, der Stadtbefestigung sowie der Demonstration politischer und religiöser Macht. Die Technik diente also weniger dem Mängelwesen als dem Machtwesen Mensch.

Bereits im späten europäischen Mittelalter, besonders aber in der Renaissance und beginnenden Neuzeit, bestand großes Interesse an der Verbesserung der »technischen Künste«. Das war eine Folge der Wertschätzung von Handarbeit zunächst an den Herrenhöfen und Klöstern, später in den Städten, in denen sich die Handwerker und Händler zusammenfanden, als freie Bürger, ohne Leibeigenschaft oder gar Versklavung. Daneben spielten, wie eh und je, die Kriegstechnik und der Festungsbau, aber auch der Dombau eine wichtige Rolle. Im Mittelalter wurden die Kräfte von Tieren, Wasser und Wind zunehmend nutzbar gemacht, wobei die Neuerungen teilweise auf chinesische Vorbilder zurückgingen. Es handelt sich dabei um folgende technische Erfindungen: die Kurbel, das Schultergeschirr für Zugpferde, der Steigbügel, das durch Nägel befestigte Hufeisen, verbesserte Takelung von Seeschiffen, das Heckruder, der Kompass, das Wasserrad, die Windmühle, der Tretwebstuhl, das Handspinnrad, die Drechselbank, Verfahren der Berg- und Hüttentechnik, die

Gewölbe- und Spitzbogentechnik bei Dombauten, die Gewichtsräderuhr und schließlich der Buchdruck mit beweglichen Lettern nach Johann Gutenberg (um 1450).

Zur Zeit des Humanismus und der Renaissance (15. und 16. Jahrhundert) trat das Individuum stärker hervor, mit Interesse an den Fragen des täglichen Lebens, mit dem Willen Neues zu schaffen und Altes zu verstehen. Kompendien zu den verschiedenen Technikbereichen wurden publiziert, am bekanntesten das Werk von Alberti zur Baukunst und das von Agricola zum Bergbau. Die großen »Künstleringenieure« fanden besondere Beachtung, etwa Leonardo da Vinci oder Filippo Brunelleschi.

Die Zeit des Barock (17. Jahrhundert), obwohl in der Philosophie durch die großen rationalistischen Systeme gekennzeichnet, war in der Wissenschaft vor allem der experimentellen Forschung und Weiterentwicklung zugewandt. Die Versuchs- und Messgeräte wurden erfunden oder vervollkommnet: Fernrohr, Mikroskop, Barometer, Thermometer, Pendeluhr, Luftpumpe und erste Rechenmaschinen. Die Infinitesimalrechnung, die bei der Fortentwicklung der Wissenschaft eine große Rolle spielte, wurde von Newton und Leibniz unabhängig voneinander entwickelt. Die bedeutenden wissenschaftlichen Gesellschaften und Akademien wurden gegründet. Die ersten wissenschaftlichen Zeitschriften erschienen. Das Patentwesen entstand. Das technische Interesse der Barockzeit schwankte zwischen merkantilem Wirklichkeitssinn und bodenloser Phantasterei (Alchimie, Perpetuum mobile, Androide). Es war insgesamt mechanistisch geprägt. Der lebende Organismus wurde als mechanisches System aufgefasst, das Uhrwerk wurde zum Sinnbild des gesamten Kosmos erhoben. Die künstlich bewegten Puppenmenschen und Puppentiere sollten »Gottes Wunder in der Natur nachahmen«. Die Höfe des Barocks leisteten sich ein »Mechanisches Cabinett« und beschäftigten einen »Hofmechanicus«.

Die Zeit der Aufklärung (18. Jahrhundert) holte die Ratio aus den Höhen der philosophischen Spekulation zurück in die Alltagsproblematik, insbesondere auch bei der Lösung technischer Aufgaben. Die empirische Vorgehensweise der Handwerker wurde zunehmend systematisiert und rational untermauert: in England weniger, in Frankreich um so mehr und in Deutschland eher zögerlich, gebremst durch die andersartigen Ideale der deutschen Klassik und der beginnenden Romantik. Erst aus der Verbindung von systematischer Empirie und strenger Rationalität entstand die überaus erfolgreiche moderne Naturwissenschaft und deren konsequente Anwendung bei der Lösung technischer Aufgaben. Die vormals handwerkliche Technik wurde dadurch zur angewandten Naturwissenschaft.

Voraussetzung für entsprechende Breitenwirkung war die Sammlung und Publikation des vorhandenen Wissens. Zur Förderung von Handwerk und Gewerbe im Sinne des Merkantilismus erschien 1761–1789 das umfangreiche Werk *Descriptions des arts et métiers* von Réaumur. Etwa gleichzeitig wurde der Öffentlichkeit die breiter angelegte *Encyclopédie* von Diderot und d'Alembert vorgelegt, die das Manufaktur- und Werkstattwissen angemessen berücksichtigte. Mit der Sammlung und Verbreitung der wissenschaftlichen, handwerklichen und technischen Kenntnisse war die Wissensgrundlage für die im 19. Jahrhundert einsetzende Industrialisierung gelegt.

Des weiteren bedurfte es besonderer Schulen für die Ausbildung wissenschaftlich geschulter Ingenieure. Als erste hohe Schule für die Anwendung wissenschaftlicher Prinzipien bei der Lösung praktischer Ingenieursaufgaben (zunächst vornehmlich der Kriegstechnik) entstand 1794/95 die École Polytechnique in Paris. Es folgten die polytechnischen Schulen in Prag (1806), Wien (1815) und Karlsruhe (1825).

Wissenschaftlich begründete Technikentwicklung

Das herausragende Ergebnis der Wende von der empirisch begründeten zur wissenschaftlich begründeten Technik im 18. Jahrhundert war die Niederdruckdampfmaschine von James Watt, deren erste Großausführung 1775 in Betrieb genommen wurde. Sie löste die 65 Jahre ältere atmosphärische Dampfmaschine von Thomas Newcomen ab, die für das Auspumpen von Grubenwasser in den Bergwerken verwendet wurde, aber zu viel Brennmaterial benötigte. Bei der Entwicklung der moderneren Maschine, wendete James Watt die wissenschaftliche Wärmelehre an. Nach der Erfindung des Thermometers hatte man gelernt, zwischen Wärmegrad (der Temperatur) und Wärmemenge (einschließlich der spezifischen Wärme) zu unterscheiden. Zusätzlich waren bei der Umsetzung einer verkleinerten Versuchsausführung auf die eigentliche Baugröße Probleme der Mechanik auf wissenschaftlicher Basis zu lösen.

Die neue leistungsfähige Dampfmaschine konnte zentral aufgestellt eine große Zahl vollmechanisierter Arbeitsmaschinen antreiben. Dies geschah zunächst in der wirtschaftlich bedeutsamen englischen Textilindustrie. Zur Herstellung der in ihren Einzelteilen austauschbaren Kraft- und Arbeitsmaschinen wurde gleichzeitig die Arbeitsgenauigkeit der Werkzeugmaschinen wesentlich erhöht. Diese Entwicklung mündete in Fabriken an Stelle von Manufakturen, in denen die Maschinen den Takt vorgaben und den Menschen zu ihrem Handlanger degradierten. Das Sozialproblem der Industriearbeiterschaft hat hier seinen Ursprung, wie

Karl Marx seinerzeit in seinem Werk *Das Kapital* richtig erkannte (1867). Das Problem verschärfte sich mit der Einführung der Fließbandfertigung in den USA. Dort hatte Frederick Taylor (1856–1915) eine wissenschaftliche Betriebsführung gefordert, in der der Herstellungsprozess in kleine »Rationen« unterteilt wird (»Rationalisierung«), um mit einem Minimum an Arbeitszeit und Arbeitskraft ein Maximum an Arbeitsleistung zu erzielen. Jeder Arbeitsschritt war den Vorgaben der Maschine anzupassen, um deren Effizienz zu erhöhen. Taylor markiert den Beginn der Herrschaft der Maschine über den Menschen. Er befand: »In der Vergangenheit kam der Mensch zuerst. In der Zukunft muss das System zuerst kommen«.

Das 19. Jahrhundert war die Epoche rascher Industrialisierung (»Industrielle Revolution«) mit Hebung des allgemeinen Wohlstandes, aber auch mit den bekannten ökonomischen und sozialen Verwerfungen und deren politischen Folgen. Grundlage war die naturwissenschaftlich fundierte Maschinentechnik im Verbund mit einer immer rücksichtsloseren Ausbeutung der menschlichen Arbeitskraft in den Fabriken. Neben die Dampfmaschine als Antriebsmittel traten zahlreiche neu entwickelte Arbeitsmaschinen, besonders Werkzeug- und Textilmaschinen. Der Werkstoff Eisen wurde großtechnisch gewonnen, veredelt und verarbeitet. Dampfschiffe und Dampfeisenbahnen lösten die Transportprobleme. Das Gaslicht ermöglichte die Fabrikation auch zur Abend- und Nachtzeit. Stahlbrückenbau und Stahlschiffbau erlaubten Abmessungen, die mit den bisher eingesetzten Werkstoffen nicht verwirklichbar waren.

Sadi Carnot publizierte 1824 seine Schrift zur Theorie des »allgemeinen Motors« mit dem Carnotschen Kreisprozess. Gegen Ende des Jahrhunderts wurden weitere Antriebsmaschinen entwickelt: der Gasmotor (Jean Lenoir), der Benzinmotor (Nikolaus Otto) und der Ölmotor (Rudolf Diesel), ebenso die Dampf- und Gasturbine, sowie der Elektromotor und die zugehörige Dynamomaschine zur Stromerzeugung (Werner Siemens, Thomas Edison). Elektromagnetische Telegrafie und Funktelegrafie waren weitere Errungenschaften. Die Elektrotechnik kann als der erste Industriezweig angesehen werden, in der die naturwissenschaftliche Theorie eine zentrale Rolle spielt.

Im 20. Jahrhundert folgten Automobil- und Flugzeugtechnik, Kernenergie und Weltraumflug sowie Atom- und Wasserstoffbombe. Die Entwicklung und Optimierung technischer Produkte und Verfahren durch numerische Simulation auf dem Computer wurde möglich. Die herkömmlichen empirischen Verfahren (*trial and error*) gelten seitdem als ineffizient. Das Experiment kann auf Abnahmeversuche beschränkt werden.

Das Machtstreben des Menschen wurde über die wissenschaftlich fundierte Technik befriedigt. Der damit verbundene Fortschrittsglaube ist jedoch enttäuscht worden. Ernüchterung ist eingetreten und berechtigte Sorgen haben sich eingestellt. Bedrohungen apokalyptischen Ausmaßes sind der neuzeitlichen Technikentwicklung entsprungen, darunter die Erfahrung der Vernichtungstechnik in den zwei Weltkriegen, das Vernichtungspotential der verfügbaren Nuklearwaffen, die Gefahren der zivilen Nukleartechnik, die Zerstörung der natürlichen Umwelt, die Verschmutzung von Wasser und Luft, die Verödung der Böden und die zunehmende Entpersönlichung der Lebenswelt.

3 Technikentwicklung und christlicher Glaube

Entgötterung der Welt

In den Ackerbau betreibenden Hochkulturen empfand sich der Mensch als Teil der übermächtigen Natur, in der er ein mütterlich Göttliches wirken sah. Durch Magie und Opfer versuchte er, sich dessen Kräfte nutzbar zu machen. Durch Meditation wollte er mit der göttlichen Natur eins werden.

Mit dem Schöpfungsbericht der Bibel wird ein neues Verhältnis von Gott, Mensch und Natur etabliert. Gott erschuf Himmel und Erde, Pflanzen und Tiere aus dem Nichts sowie den Menschen »aus Erde vom Acker« zu seinem Abbild. Den Menschen setzte er als Herrscher über die Schöpfung ein. Natur und Welt wurden damit entgöttert, also bereits am Anfang der biblischen Geschichte »säkularisiert«.

Diese Auffassung radikalisiert sich weiter im Rahmen des Christusglaubens (Gogarten 1967). Das neue Verhältnis von Mensch und Welt wird von Paulus aus unbedeutendem Anlass wie folgt ausgedrückt (1.Kor 10,23): »Alles ist erlaubt – aber nicht alles nützt. Alles ist erlaubt – aber nicht alles baut auf.«

Christlicher Erlösungsglaube

Die naturwissenschaftlich begründete neuzeitliche Technik entstand im christlichen Kulturbereich und wurde von ihm geprägt. Der Gewinn an äußerer Macht den fremden Kulturen und Völkern gegenüber war so überzeugend, dass selbst kulturell hochentwickelte Staaten wie China oder Japan die Herrschaftsansprüche der europäischen Staaten (unter Einschluss der USA) anerkennen mussten und erst durch Übernahme der westlichen Technik wirtschaftlich und politisch wieder erstarken konnten.

Dem Zusammenhang zwischen christlichem Glauben und neuzeitlicher Technikentwicklung wird daher im Folgenden nachgegangen.

In der Zeit der Renaissance und des Barocks lösten sich Naturwissenschaft und Technik von der Theologie, ohne aber die religiöse Bindung aufzugeben. Wissenschaftliche Erkenntnisse und praktische Erfindungen wurden zur höheren Ehre Gottes dargebracht, *ad majorem gloriam Dei*. Mit der auf Averroes zurückgehenden Auffassung von der »doppelten Wahrheit« entzog man sich dem möglichen Widerspruch zwischen Vernunft und Glauben. Das gilt insbesondere auch für Francis Bacons Forderung nach Naturbeherrschung durch Wissen, wobei mit Wissen nützliches und nicht tiefgründiges Wissen gemeint war.

Die weltgeschichtlich wirksame Stoßkraft der neuen Auffassungen von Naturwissenschaft und Technik entwickelte sich aber erst durch eine bestimmte christlich-religiöse Grundeinstellung. Darauf haben Max Weber (1904/05) und nach ihm weitere Autoren hingewiesen. Das rastlose Schaffen wurde durch die calvinistische Ethik zum entscheidenden Lebensinhalt erhoben. Nach Johannes Calvin gilt die Doktrin der Prädestination mit äußerster Konsequenz. Der Mensch ist von Gott zum Heil oder zur Verdammnis vorherbestimmt. Weder durch gute Werke, noch durch den Glauben, noch durch die Gnadenmittel der Kirche lässt sich die Vorherbestimmung abändern. Der spätere Calvinismus sah im Erfolg der beruflichen Arbeit den Ausdruck des Gnadenstandes der Erwähltheit. Strenge Lebensführung und unermüdliches Erwerbsstreben, also »innerweltliche Askese«, waren dafür Voraussetzung. Auch die Zinsnahme hat Calvin 1545 ausdrücklich für legitim erklärt.

Die beschriebene calvinistische Position vertraten in England im 17. Jahrhundert die Puritaner sowie die aus dieser Bewegung hervorgegangenen Freikirchen. Sie begründete den Vorsprung Englands in der Technik des 18. Jahrhunderts. Der puritanische Geist wurde auch in den englischen Kolonien Nordamerikas übernommen, wobei das religiöse Moment zugunsten der unreflektierten Maxime »Zeit ist Geld« zurücktrat. In Frankreich vertraten die Hugenotten das calvinistisch begründete Erwerbsstreben, das sich durch die Vertreibung der Hugenotten auf weitere Länder übertrug. In Deutschland betonte der protestantische Pietismus die Werktätigkeit gegenüber der theologischen Spekulation, was den technischen und unternehmerischen Aktivitäten entgegenkam.

4 Fortschrittsgläubigkeit infolge christlichem Zeit- und Geschichtsbewusstsein

Neuzeitliche Fortschrittsgläubigkeit

Mit der Herauslösung des wissenschaftlichen und technischen Schaffens aus den religiösen Bezügen zur Zeit der Aufklärung wurde die Fortschrittsgläubigkeit zum Motor der Entwicklung. Fortschritt bezeichnet die Entwicklung des Menschen und der Menschheit zum Besseren und Höheren. Aus den glänzenden Erfolgen der Naturwissenschaft und der auf ihr gründenden Technik wurde geschlossen, dass sich die Lebensbedingungen und sozialen Verhältnisse auf Basis der Vernunft grundlegend verbessern lassen. Man sprach von der »Industriellen Revolution« (in Anlehnung an »Französische Revolution«) und empfand sie als entscheidende Wende der Menschheitsgeschichte. Die Aufklärer Voltaire und Kant hatten noch dem Fortschrittsgedanken skeptisch gegenübergestanden, aber die Philosophie Hegels erklärte den Fortschritt bereits zum Prinzip des Weltgeschehens, was später im Marxismus seine Fortsetzung fand. Danach hat die Menschheit keine andere Aufgabe, als auf dem Weg der Naturbeherrschung, Rationalisierung und Technisierung voranzuschreiten. Tatsächlich trat anlässlich der Industriellen Revolution eine beispiellose Beschleunigung des technischen Fortschritts auf.

Die Fortschrittsgläubigkeit drückt sich nicht zuletzt bei jenen Autoren aus, die eine Philosophie der Technik aus dem Schaffensprozess der Ingenieure abzuleiten versuchten (Rapp 1978, *ibid.* S. 11-13). Ernst Kapp sieht in den technischen Artefakten Organprojektionen und spricht von Höherentwicklung und Selbsterlösung des Menschen durch die Technik (Kapp 1877). Diese euphorische Sicht wurde auch noch in neuerer Zeit von Donald Brinkmann und Arnold Gehlen vertreten (Brinkmann 1946, Gehlen 1961). Die Ingenieure Max Eyth und Auguste du Bois-Reymond erklärten das Erfinden zum Kern des technischen Schaffens, wobei sie zwischen dem durch die Erfindung ausgedrückten technischen Sachverhalt und dem schöpferischen Akt des Erfindens unterschieden (Eyth 1905, Bois-Reymond 1906). In Fortführung dieses Ansatzes sah Friedrich Dessauer, ebenfalls Ingenieur, im Erfinden ein Erkennen und realisieren präexistenter Lösungsideen für ein gestelltes Problem. Das technische Schaffen erschien ihm als die Fortsetzung von Gottes Schöpfungswerk mit Hilfe des Menschen (Dessauer 1927).

Die Fortschrittsgläubigkeit der Neuzeit geht über die traditionelle Wertschätzung des kulturellen Fortschritts in der Menschheitsgeschichte weit hinaus. Besonders im alten China war diese Wertschätzung verbreitet, und man bemühte sich um stete Verbesserung des Wissens und der Techniken. Bezeichnend für die Verhältnisse in Europa ist, dass der Fortschrittsglaube erst anlässlich der Zurückweisung religiöser Bezüge in der Zeit der Aufklärung auftrat. Carl Friedrich von Weizsäcker hat darin einen »säkularisierten Chiliasmus« gesehen (Weizsäcker 1964, *ibid.* S. 189). Letzterer bezeichnet das mit der Wiederkunft Christi verbundene, dem Weltende vorausgehende Tausendjährige Reich auf dieser Erde (gr. *chilioi*: tausend), ein diesseitiges Königreich, das dem neuen Himmel und der neuen Erde vorausgehen soll (Offenbarung des Johannes, 20). Auch ohne den Hinweis auf den (häretischen) Chiliasmus vieler Reformbewegungen innerhalb des Christentums ist offensichtlich, dass die jüdisch-christliche Messiaserwartung hier in säkular gewandelter Form auftritt. Joseph Needham spricht in diesem Zusammenhang von »Säkularisierung der jüdisch-christlichen linearen Zeitvorstellung im Interesse des Glaubens an den Fortschritt« (Needham 1977, *ibid.* S. 255).

Christliches Geschichtsbewusstsein

Die Fortschrittsgläubigkeit ist demnach ein spezifisch christliches Phänomen, das in einem besonderen Geschichtsbewusstsein gründet. Letzteres lässt sich wiederum aus einer linearen Zeitvorstellung erklären, in der alle Ereignisse nur einmal auftreten. Sie ist der jüdisch-christlichen Tradition eigen. Der linearen Zeit steht die zyklische Zeit gegenüber, mit der das Geschichtsbewusstsein zurücktritt, weil sich alle Ereignisse wiederholen. In zyklischer Zeit kann es keinen Fortschritt geben. Die zyklische Zeit ist für den Hinduismus und Buddhismus im alten Indien kennzeichnend. In der altchinesischen Kultur überwiegt dagegen die lineare Zeit, wie unter anderem aus dem damaligen ausgeprägten Geschichtsbewusstsein hervorgeht. Im Hinblick auf die abendländische Kultur ist anzumerken, dass die griechische, hellenistische und römische Antike von der zyklischen Zeitvorstellung bestimmt war. Das gilt insbesondere von Pythagoras und den Stoikern, aber auch bei Platon und Aristoteles finden sich entsprechende Hinweise. Die Vorstellung des Fortschritts in den menschlichen Verhältnissen war den Philosophen der Antike fremd. Selbst ins Alte Testament ist die hellenistische Auffassung der zyklischen Zeit eingedrungen. Im Buch Kohelet 1,9, das im dritten vorchristlichen Jahrhundert von einem hellenistischen Juden verfasst wurde, ist zu lesen: »Was geschehen ist, wird wieder geschehen, was man getan hat, wird man wieder tun: Es gibt nichts Neues unter der Sonne« (Needham 1977, *ibid.* S. 248). Hinzuweisen ist

auch auf die babylonische Vorstellung des Großen Jahres, mit dem langfristig alles wiederkehrt.
Anderseits waren Juden und Christen nicht die Ersten, die ihrem Weltbild die lineare Zeit zugrunde legten. Auf die altchinesische Vorstellung dieser Art wurde bereits hingewiesen. Auch die altiranische Religion, von Zarathustra um 600 v. Chr. oder früher begründet, vertrat den geschichtstheologischen Gedanken einer einmaligen Weltentwicklung. Letztere stellt sich dar als Kampf des »guten Geistes« (*ahura mazdah*), Schöpfer Himmels und der Erde sowie Gesetzgeber des Kosmos, gegen seinen Widersacher, den »bösen Geist« (*angra mainyu*). Das kosmische Ringen der Mächte des Lichts mit denen der Finsternis wird schließlich durch ein apokalyptisches Weltgericht beendet, aus dem eine neue ganzheitliche Welt hervorgeht. Friedrich Nietzsches Zarathustra verkündet abweichend von seinem historischen Vorbild die »ewige Wiederkehr«, um eine Welt »jenseits von Gut und Böse« zu begründen.

Zyklische verglichen mit linearer Zeit

Paul Tillich hat die Merkmale der indisch-griechischen zyklischen Weltanschauung und der jüdisch-christlichen linearen Weltanschauung gegenübergestellt (Tillich 1950, Needham 1977, *ibid.* S. 250).

Im indisch-griechischen Weltbild dominiert die Raumvorstellung gegenüber der Zeitvorstellung. Die Welt der wiederkehrenden Zeitzyklen ist weniger real als die Welt der zeitlosen Formen. Die Vergänglichkeit erscheint als Illusion, das reale Sein muss über das illusionäre Werden angestrebt werden. Erlösung aus der (zyklischen) Zeit wird über das Individuum erreicht, nicht über die Gemeinschaft, wofür der sich selbst errettende Pratyekabuddha (»Privatbuddha«) ein Beispiel ist. Die bleibenden Werte werden in der Zeitlosigkeit gesucht. Die Haltung zur Welt ist im Kern pessimistisch. Nur die Gegenwart zählt, ohne Blick in die Vergangenheit oder Zukunft.

Im jüdisch-christlichen Weltbild dominiert hingegen die Zeitvorstellung gegenüber der Raumvorstellung. In der zwischen Weltschöpfung und Weltvernichtung fortschreitenden Zeit vollzieht sich das Heilsgeschehen, das im Erscheinen Jesu Christi seinen geschichtlichen Angelpunkt hat. Dieser zentrale Punkt verleiht dem Geschehen vorher und nachher Bedeutung, erschafft etwas Neues, das keinen Zeitzyklen unterliegt. Der eine Gott kontrolliert die Zeit und alles, was in ihr geschieht. Das wahre Sein ist dem Werden immanent. Die Erlösung erfolgt über die Gemeinschaft und in der Geschichte. Der Glaube ist auf eine bessere Zukunft gerichtet. Die

Welt ist erlösbar und das Königreich Gottes wird anbrechen. Die Haltung zur Welt ist demnach im Kern optimistisch.

Nishitani Keiji weist darauf hin, dass sich die Vorstellung der zyklischen Zeit aus der Betrachtung der Naturvorgänge ergibt, insbesondere aus der Wiederholung der vom Gang der Gestirne abgeleiteten Zeiten, die die Lebensprozesse auf der Erde prägen (Nishitani 1986, *ibid.* S. 313). Allen mythischen Religionen ist daher die Vorstellung der zyklischen Zeit eigen, einschließlich einer Eschatologie, nach der die alte Welt im jährlichen Rhythmus zerstört wird, um einer neuen Welt Platz zu machen. Demgegenüber ist die Vorstellung der linearen, einmaligen Zeit mit der Betonung des personalen Seins eng verbunden. Die Einmaligkeit der Person bedingt die Einmaligkeit der Zeit. Die monotheistischen Religionen postulieren daher den Beginn und das Ende der Zeit als einmalige Vorgänge von geschichtlicher Faktizität. Joseph Needham veranschaulicht die Position dieser Religionen treffend wie folgt: Das Weltgeschehen wird als göttliches Drama aufgefasst, das auf einer einzigen Bühne aufgeführt und nur einmal gegeben wird (Needham 1977, *ibid.* S. 247).

Es stellt sich die Frage, welche Auswirkung das Zeit- und Geschichtsbewusstsein des Christentums auf die Entwicklung von Naturwissenschaft und Technik hatte. Genaue Beobachtungen und Experimente setzen die Vorstellung der linearen Zeit voraus. Der Kausalitätsbegriff wird erst durch diese Vorstellung geschärft. Der Gedanke der Evolution von Kosmos, Erde und Leben beruht darauf, der physikalisch grundlegende Begriff der Entropie ebenfalls. Die Vorstellung der linearen Zeit allein kann aber nicht den Ausschlag gegeben haben, denn diese war auch im alten China verbreitet, das zahlreiche bedeutsame Erfindungen hervorgebracht hat, ohne dass es zu der naturwissenschaftlich und technisch revolutionären Entwicklung gekommen wäre, die für die europäische (und amerikanische) Neuzeit kennzeichnend ist. Also spielte doch wohl der christliche Erlösungsglaube eine entscheidende Rolle, der über die auf ein Jenseits gerichtete Eschatologie eine selbstzerstörerische Komponente beinhaltet.

Ende der Fortschrittsgläubigkeit

Das Ende der an der herkömmlichen (Maschinen-)Technik ausgerichteten Fortschrittsgläubigkeit ist absehbar, denn das Ende des Fortschritts ist bereits Tatsache. Die grundlegenden Erfindungen sind gemacht. Die technische Entwicklung ist nunmehr auf die Lösung der Folgeprobleme gerichtet. Seit Mitte des vergangenen Jahrhunderts ist im Bereich der mechanistischen Technik keine weitere Basisinnovation mehr aufgetreten. Die Grenzen des technisch Machbaren sind erreicht. Besonders deutlich zeigt sich die Unverrückbarkeit der Grenzen bei der Kernenergiegewinnung und bei der bemannten Raumfahrt.

Die Fortschrittshoffnungen haben sich in die Bereiche der biologischen Technik (z.B. Gentechnik) und der neuronalen Technik (z.B. Informationstechnik) verlagert. Aber auch in diesen Bereichen sind die Grenzen markiert. Es wird nie möglich sein, ein höheres Lebewesen gentechnisch nicht nur abzuändern, sondern künstlich zu erzeugen. Ebenso ist das Projekt »künstliche Intelligenz« gescheitert, ganz abgesehen von den Versuchen, einem Computer darüber hinaus Emotionalität oder gar Bewusstsein einzupflanzen.

Damit jedoch nicht genug. Die technisch perfektionierten Massentötungen in den Weltkriegen und Todeslagern des vergangenen Jahrhunderts zeigen, dass die großartige intellektuelle Leistung der Entwicklung von Naturwissenschaft und Technik mit einem Niedergang der sittlichen Verantwortungsfähigkeit des Menschen einhergegangen ist. Auch das eigentliche Ziel technischer Entwicklung, den Menschen glücklicher zu machen, wurde nicht erreicht.

Ein physisches Ende der Menschheitsentwicklung kündigt sich an in der fortschreitenden Umwelt- und Naturzerstörung, im Vernichtungspotential der Nuklearwaffen und in einem törichten persönlichen, gesellschaftlichen und politischen Verhalten angesichts der tödlichen Gefahr.

5 Sozial- und Kulturkritik an der mechanistischen Technik

Ursprüngliche Sozial- und Kulturkritik

Der mit der neuzeitlichen Technikentwicklung verbundene Fortschrittsglaube ist nicht in Erfüllung gegangen, ganz im Gegenteil, der Mensch sieht sich in zunehmendem Maße Bedrohungen durch die Technik und deren gesellschaftlichen Folgen ausgesetzt. Die Zuversicht, die Entwicklung zum Guten steuern zu können, ist verloren gegangen. Der Mensch gleicht mehr und mehr dem Zauberlehrling, der die Mächte, die er rief, nicht mehr bannen kann.

Offensichtliche Negativwirkungen der industriellen Technik sind ursprünglich nicht als Technikkritik sondern als Sozialkritik – genauer »sozioökonomische Kritik« – reflektiert worden. Im Gefolge dieser Reflexion entstand der Marxismus, der in Verkennung der technoökonomischen Primärursachen der gesellschaftlichen Mißstände den seinerzeitigen technischen Fortschrittsglauben weiter überhöhte und paradiesische Verhältnisse in einer zukünftigen klassenlosen Gesellschaft versprach. Erst nach der politischen Reaktion auf die »soziale Frage« (Sozialgesetzgebung, sozialistische Parteien) wurde die Technik selbst Gegenstand kulturkritischer Betrachtungen ohne die bisherige verklärende Voreingenommenheit. Die wichtigsten dieser Betrachtungen werden nachfolgend skizziert. Die Kritiken richten sich ausschließlich auf die mechanistische Technik. Die biologische und die neuronale Technik sind bei den genannten Autoren noch nicht im Blickfeld.

Max Scheler (1926) unterscheidet das technisch-naturwissenschaftliche Herrschaftswissen vom historischen Bildungswissen und religiösen Erlösungswissen (Scheler 1960). Die Entwicklung der modernen Technik beruhe primär auf einem emotional geprägten Streben nach Macht über die Natur. Erst danach kämen die rationalen Gesichtspunkte zum Tragen. Der Gedankengang wird später von Jürgen Habermas aufgegriffen.

Karl Jaspers beklagt den Verlust an Persönlichkeit und Individualität, zu dem der Grundsatz des Versachlichens und Rationalisierens aller Vorgänge im Verbund mit dem sozialen Status des einzelnen als Glied einer Massengesellschaft geführt hat (Jaspers 1931).

Friedrich Georg Jünger sieht in der Hoffnung auf den Fortschritt durch die Technik eine Illusion (Jünger 1946). Die Technik schaffe keinen Reichtum sondern betreibe lediglich Raubbau an der Natur. Im »technischen Kollektiv« werde der einzelne zum »Arbeitsvieh« degradiert. Ursache der Fehlentwicklung sei das Machtstreben des Menschen, verbunden mit einer einseitigen Entfaltung des rationalen Denkens.

Martin Heidegger deutet die Technik ausgehend von seiner Metaphysik des Seins (Heidegger 1962). Im Gegensatz zum bewahrenden Naturverständnis früherer Epochen bestehe das Wesen der modernen Technik im »Herausfordern der Natur«. Die Kräfte der Natur werden durch technisches Handeln »in den Dienst gestellt«. Der Moderne Mensch ist zu diesem Verhalten »bestellt«. Das Versammeln des Menschen, um das »Sichentbergende« als Bestandteil zu bestellen, wird »Ge-stell« genannt. »Das Ge-stell gefährdet den Menschen in seinem Verhältnis zu sich selbst und zu allem, was ist«. Die Herrschaft des Ge-stells bedroht die Fähigkeit des Menschen, durch ein ursprünglicheres Entbergen »den Zuspruch einer anfänglichen Wahrheit zu erfahren«. Die Rettung sieht Heidegger in der »Kehre« zur Wahrheit des Wesens des Seins.

Hanna Arendt bescheinigt ihrer Zeit einen »radikalen Welt- und Wirklichkeitsverlust« (Arendt 1960). Dieser äußere sich in einer entwurzelten

Massengesellschaft, in dem abstrakten Weltverständnis der Naturwissenschaften und in einem technischen Schaffensdrang, der nur noch Nützlichkeitserwägungen kennt. Der technisch handelnde Mensch habe sich aus den geschichtlichen Bindungen gelöst und alle nichttechnischen Maßstäbe aufgegeben, um immer perfektere Mittel für beliebige Zwecke bereitzustellen.

Wolfgang Schirrmacher stellt in Fortsetzung der Heideggerschen Technikkritik fest, Todestechnik sei an die Stelle der angestrebten Lebenstechnik getreten (Schirrmacher 1983). Die kybernetischen und ökologischen Gegenentwürfe würden wirkungslos bleiben, wenn nicht ein »leiblich angeleitetes Gegendenken« versucht wird, das im Zerstören das Gelingen und im Durchstoßen der abendländischen Metaphysik die eigene Wirklichkeit entdeckt. Der Grundzug eines gewandelten Wohnens in der Welt sei Gelassenheit.

Neuere Sozialkritik

Parallel zur vorstehenden Kulturkritik an der Technik wurde die Sozialkritik an den modernen Industriegesellschaften in neuerer Zeit fortgeführt. So hat Helmut Schelsky unter Bezug auf Untersuchungen von Jacques Ellul das Erscheinen des »technischen Staates« diagnostiziert (Ellul 1954, Schelsky 1961). Das Verhältnis des modernen Menschen zu seiner sozialen und natürlichen Umwelt sei ein technisches. Die Probleme dieser vom Menschen selbst hervorgebrachten technischen Welt lassen sich wiederum nur durch technische Maßnahmen lösen. Daher ist der moderne Mensch den technischen Sachzwängen unterworfen und verliert die Möglichkeit, politische Ziele zu setzen, die über die technischen Optionen hinausreichen. Das Ergebnis sei eine »Technokratie«, in der die technischen Gegebenheiten auch politisch den Ausschlag geben.

Sozialkritik an der modernen Technik wird in der Folgezeit vor allem im Rahmen der »kritischen Theorie« der »Frankfurter Schule« der deutschen Soziologie geübt, anknüpfend an Hegels Dialektik und an der Marxschen Entfremdungstheorie. Max Horkheimer beklagt die Perfektionierung der wissenschaftlich-technischen Mittel (»instrumentelle Vernunft«) bei gleichzeitigem Verlust rational begründbarer Zielsetzungen (Horkheimer 1967). Herbert Marcuse geißelt den zur Norm erhobenen technischen Fortschritt, der mit der Forderung nach Effizienz, Produktivität und Wachstum verbunden wird, als ein allgegenwärtiges technokratisches Herrschaftssystem, das keine Alternative zulässt und nur durch die absolut gesetzte individuelle Freiheit überwunden werden kann (Marcuse

1967). Schließlich hat Jürgen Habermas nachgewiesen, dass in der modernen Industriegesellschaft wissenschaftlich-technische Sachzwänge an die Stelle demokratisch-politischer Entscheidungen getreten sind, was einer politischen Entmündigung des Menschen gleichkommt (Habermas 1968). Durch systematische »Aufklärung« sollten daher dem Menschen seine wahren Interessen bewusst gemacht werden.

Die fortgeführte Sozial- und Technikkritik verweist auf die zunehmenden Risiken der globalen Gesellschaft, darunter Klimawandel, Terrorismus, Humangenetik und Nuklearwaffen, und prognostiziert die große Katastrophe, sofern die Kooperation der politisch Verantwortlichen scheitert (Beck 1997).

Herrschaft der Experten

Die von Jürgen Habermas geforderte Aufklärung ist durch das unübersehbar gewordene Spezialwissen in Frage gestellt. Dies ist der Grund für die zentrale Rolle, die die vorgeblichen oder wirklichen Experten in den verschiedenen Lebensbereichen spielen. Ihm, dem Experten, wird grenzenloses Vertrauen entgegengebracht, während gleichzeitig der »gesunde Menschenverstand« diskreditiert wird. Dabei wird übersehen, dass der Experte weder sicheres Wissen zur Lösung von Realweltproblemen bieten kann, noch in seiner Meinungsbildung unabhängig ist. Die Realwelt ist mehr als die Summe der Spezialgebiete, die die Experten vorgeben, zu beherrschen. Andererseits werden die wissenschaftlich-technischen Gutachten meist von Experten in Forschungseinrichtungen erstellt, die von den Auftraggebern nicht unabhängig sind, also dessen Interessen zu berücksichtigen haben. Insgesamt unterstreicht das den erwähnten Technokratievorwurf von Helmut Schelsky und der Frankfurter Schule.

Wie kann sich der Einzelne einer fragwürdigen Expertenmeinung entziehen? Die politisch zu entscheidenden langfristigen Sachverhalte sind der Lebenswelt zuzuordnen, die mit wissenschaftlichen Methoden nur unzureichend erfasst wird. Einfühlvermögen und gesunder Menschenverstand sind hier allemal angemessenere Erkenntnismittel. Sie setzen allerdings vielseitige Bildung und geistige Unabhängigkeit des Einzelnen voraus, ein heute kaum noch verfolgtes Ideal. Vielseitige Bildung erfordert permanente Bildungsanstrengungen. Geistige Unabhängigkeit setzt Abkopplung vom täglichen Medienrummel voraus, dem »Infotainment« in Presse, Hörfunk und Fernsehen sowie im Internet. Auch die weithin mangelhafte Qualität der Informationen aus den Massenmedien muss beachtet werden. Die Richtigkeit einer Nachricht oder Information kann nur von

Personen verbürgt werden, nicht von anonymen Quellen. Es bleibt bei dem Aufruf des Aufklärers Immanuel Kant frei nach Horaz: »*Sapere aude*. Habe Mut, dich deines *eigenen* Verstandes zu bedienen«.

Totalitäre Herrschaft durch die Technik

Mit der sich überstürzenden technischen Entwicklung zeichnete sich schon in der ersten Hälfte des vergangenen Jahrhunderts die Möglichkeit totalitärer Herrschaft über die Massen ab. In mehreren Werken der Literatur wurden die befürchteten zukünftigen, zum Teil schon eingetretenen Verhältnisse dargestellt.

Im Zukunftsroman »We« beschreibt der russische Emigrant Evgenij Zamjatin (1924) einen im Jahr 2026 technokratisch-totalitär regierten Staat, in dem alle Freiheit zugunsten einer Wohlfahrtstyrannei aufgehoben ist. Die Menschen tragen Uniformen, auf denen ihre Nummer vermerkt ist. Einen Namen besitzen sie nicht. Im *Single State* werden sie von einem *Benefactor* regiert. Ihr Leben ist bis in alle Einzelheiten einheitlich geregelt. Der Fortpflanzungsakt ist standardisiert. Er erfolgt gemäß Berechtigungstickets zu bestimmter Uhrzeit. Wer sich dem Willen des Benefactors widersetzt, gilt als psychisch krank und wird durch Auslöschen seines »Wahns« mit Röntgenstrahlen »geheilt«.

In einem ähnlich konzipierten Roman »Brave New World« von Aldous Huxley (1932) wird ein totalitärer Staat »im siebenten Jahrhundert nach Ford« beschrieben, dessen Bürger in Reagenzgläsern gezüchtet werden, abgewogen dosiert für die Ausübung unterschiedlicher Berufe und künstlich konditioniert für ein glückliches Leben und Sterben. Schlüsselbegriffe der Neuen Welt sind Community, Identity, Stability. *Community* verlangt die bedingungslose Unterordnung des Einzelnen unter das Ganze. *Identity* meint die Auslöschung der individuellen Differenzen. *Stability* kennzeichnet die gesellschaftliche Statik. In seinem späteren Buch »Brave New World Revisited« (1959) sieht Huxley den totalitären Staat nicht erst in ferner Zukunft heraufziehen, sondern bereits in der damaligen Gegenwart, bedingt durch zunehmende Überbevölkerung und technischen Fortschritt. Die neueren Kommunikationsgeräte (u.a. Radio und Telefon) ermöglichten Propaganda und Befehlsgewalt in bisher unbekanntem Ausmaß.

Einen ins Jahr 1984 projizierten, nur noch schrecklichen Zukunftsstaat ohne jegliche Wohlfühlmöglichkeit beschreibt George Orwell (1949) in seiner Novelle »*Nineteen eighty-four*«. Gleichartige Diktaturen herrschen in den verbliebenen Supermächten Ozeanien, Eurasien und Ostasien. Eine *Thought Police* überwacht die Gedanken jedes Bürgers in jedem Augenblick (»*Big Brother watches you*«). Dabei wird ein *Televisor* genanntes Überwachungsgerät eingesetzt. Ein *Ministry of Truth* schreibt die Gehirne entsprechend den Richtlinien der Partei ständig um. Den aus Furcht und Rachsucht regelmäßig wiederholten »*Two minutes of hate*«, gerichtet gegen die Feinde der Partei und des Landes, kann sich niemand entziehen. Den Menschen werden immer wieder die drei Leitsätze der Partei eingehämmert: »War is peace, slavery is freedom, ignorance is strength.«

Es ist unschwer zu erkennen, dass die beiden letztgenannten Bücher die Realität des Hitler-Staates in Deutschland bzw. der kommunistischen Diktatur in Russland widerspiegelten. Bedingt durch die rasante Entwicklung der neuronalen Technik sieht sich der heutige Mensch als Glied einer Massengesellschaft mit der angeprangerten Fehlentwicklung in abgewandelter Form konfrontiert.

6 Grenzen des Wachstums

Warnung des Club of Rome

Die Vorstellung einer Wachstumsgrenze geht auf den frühen Wirtschaftstheoretiker Thomas Malthus zurück, der in seinem 1798 bzw. 1803 erschienenen Buch »*An essay on the principle of population*« der Zunahme der Bevölkerung eine Grenze in der Nahrungsmittelproduktion setzte. Die Bevölkerung tendiere dazu, über der Zeit exponentiell zu wachsen, während die Nahrungsmittelproduktion nur linear zunehme. Typischer für das 19. Jahrhundert war jedoch die Fortschrittsgläubigkeit, die eine unbegrenzte Entwicklung der Produktivkräfte, bedingt durch Erfolge der Wissenschaft, annahm, etwa bei Friedrich Engels. Ausgelöst durch die Wirtschaftsrezession von 1968, die die wirtschaftliche Wachstumsdynamik der Nachkriegszeit beendete, fanden sich Vertreter aus Industrie, Wirtschaft und Wissenschaft zusammen (Club of Rome), um die drängenden globalen Menschheitsprobleme der Bevölkerungsexplosion, des industriellen Wachstums, der Verknappung von Energie, Rohstoffen und Nahrungsmitteln sowie der Umweltbelastung zu erörtern. Der Club of Rome stellte sich die Aufgabe, die Grenzen des Wirtschaftswachstums aus den verfügbaren Daten zum seinerzeitigen Ist-Zustand und aus deren Trends zu bestimmen.

Zur Bearbeitung der Aufgabe bot es sich an, die von Jay Forrester am MIT entwickelte Computersimulation von untereinander vielfach rückgekoppelten nichtlinearen Regelkreisen (*system dynamics*) auf ein »Weltmodell« anzuwenden, in dem die zwei exponentiellen Wachstumsfaktoren,

Bevölkerungszahl und Industrieproduktion, mit den drei Begrenzungsfaktoren, Bodenertrag, Rohstoffe und Umweltbelastung, gekoppelt werden (Forrester 1971). Die Durchrechnung des Weltmodells mit konkreten empirischen Daten für mehrere Zukunftsszenarien durch Dennis Meadows und sein Team ergab einen Kollaps des Gesamtsystems bis zum Jahr 2100, niedergelegt im ersten Bericht an den Club of Rome (Meadows *et al.* 1972, Meadows u. Meadows 1974). Es wurde gefolgert, dass sich das Weltsystem nur über ein Nullwachstum von Bevölkerung und Industrieproduktion längerfristig stabilisieren lasse.

An der Modellrechnung und ihren Ergebnissen wurde heftig Kritik geübt (Nussbaum 1973, Pot 1985). Äußerst unsichere empirische Daten seien in das Weltmodell integriert worden, die unterstellten Wechselwirkungen seien fiktiv, die Unterschiede zwischen den Ländern seien nicht beachtet, der technische Fortschritt sei nicht berücksichtigt, die sozialen Reaktionen seien nicht modelliert. Hinzuzufügen wäre, dass jede Kombination von exponentiellem Mengenwachstum mit stationärer oder linear ansteigender Mengenbegrenzung zum Stillstand nach endlicher Zeit (interpretiert als Kollaps) führen muss. Insofern spiegeln sich im ausgewiesenen Kollaps des Systems die Ausgangsannahmen der Modellierung. Die tatsächliche Indeterminiertheit (oder »Offenheit«) der Weltentwicklung wird so nicht erfasst.

Die aufgelisteten Mängel wurden im Rahmen einer verbesserten Modellierung des Weltsystems durch Mihailo Mesarović und Eduard Pestel teilweise behoben, niedergelegt im zweiten Bericht an den Club of Rome (Mesarović u. Pestel 1974, Pestel *et al.* 1980). Die Welt wurde in zehn Regionen aufgeteilt, die miteinander interagieren, dargestellt durch etwa einhunderttausend Wechselbeziehungen. Die empirischen Eingabedaten wurden sorgfältig recherchiert. Es wurden zwei Arten von Wachstum unterschieden, das undifferenzierte exponentielle Wachstum und das wechselseitig abhängige organische Wachstum. Damit wurde das Wachstum insgesamt »dynamisiert«, d.h. unterschiedliche Wachstumspfade und Wachstumsraten konnten in den unterschiedlichen Regionen der Welt auftreten. Schlussfolgernd wurde der Übergang vom undifferenzierten zum organischen Wachstum gefordert. Auch sollte die Entfremdung des Menschen von der Natur rückgängig gemacht werden. Die Menschheit stehe an einem Wendepunkt.

Gemäß den Berichten an den Club of Rome sollten die Erdölvorräte etwa im Jahr 2010 erschöpft sein (Mesarović u. Pestel 1974, Montbrial 1979) und die fossilen Energieträger insgesamt etwa zur selben Zeit

(Gabor u. Colombo 1978). Bekanntlich ist die prognostizierte Verknappung nicht eingetreten. Es lässt sich dagegen halten, dass nur die seinerzeit wirtschaftlich ausbeutbaren Vorräte gemeint waren. Andererseits ist nach heutigem geologischem Wissensstand nicht auszuschließen, dass sich abiotisches Erdöl an den Rändern tektonischer Platten ständig neu bildet.

Die Berichte an den Club of Rome erregten allgemeine Aufmerksamkeit. Sie markierten das Ende der Fortschrittsgläubigkeit und den Beginn des ökologischen Bewusstseins in breiten Bevölkerungsschichten. Einer Lösung des Problems ist man damit allerdings nicht näher gekommen, weil nur über ein gewisses Wirtschaftswachstum gesellschaftliche Stabilität gewährleistet wird, nämlich durch Einbeziehung der Jungen in den Arbeitsprozess mit Einkommens- und Aufstiegsmöglichkeiten. Rezession bedeutet Massenarbeitslosigkeit, Massenarbeitslosigkeit bedeutet gesellschaftliche Instabilität mit unabsehbaren Folgen.

Das Ziel kann daher nur Wirtschaftswachstum ohne Erhöhung des Rohstoff- und Warenangebots sein, also die viel beschworene Dienstleistungsgesellschaft (seit langem erkannt) ohne Konsumerhöhung (bisher verfehlt).

Ein an den Club of Rome gerichteter neuerer Bericht (Randers 2012) wird in Kap. XIV-7 zusammenfassend erörtert.

Weitere Warnungen und Empfehlungen

Wesentlich pessimistischere Prognosen zur Zukunft der Menschheit wurden zur gleichen Zeit von Herbert Gruhl vorgetragen (Gruhl 1975). Er verwies auf die Zerstörung des ökologischen Gleichgewichts durch die fortgesetzte Steigerung der Industrieproduktion und den damit verbundenen Raubbau an Bodenschätzen. Er forderte den Vorrang der ökologischen vor den ökonomischen Gesichtspunkten bei relevanten Maßnahmen und Entscheidungen: sparsamer Umgang mit Rohstoffen und Energie, Bevorzugung regenerierbarer Grundstoffe sowie Wiederverwendung der Werkstoffe (*recycling*).

Frederic Vester glaubte, die »technokratische Fehlentwicklung« durch »kybernetisches Denken« überwinden zu können (Vester 1980). Das herkömmliche technische Denken in eindimensionalen Ursache-Wirkung-Relationen sei durch ein Denken in vernetzten Regelkreisen und funktionalen Abhängigkeiten zu ergänzen, der analytischen Ansatz durch einen Systemansatz. Vester diskutierte detailreich die Anwendung des kybernetischen Denkens auf die Probleme der Siedlungs- und Verkehrsplanung, der Nahrungsgewinnung, des Wasserhaushalts und der Energie- und Rohstoffgewinnung.

Ernst Schumacher forderte in seinem Buch *Small is beautiful* die Bevorzugung der kleineren lokalen Arbeits- und Produktionseinheiten (Schumacher 1974). Ivan Illich setzte auf »konviviale«, also lebensfreundliche Technik, etwa im Nahverkehr das Fahrrad an Stelle des Automobils, was eine konsequente Selbstbescheidung der Menschen voraussetzt (Illich 1975). Wie das auf freiwilliger Basis erreicht werden soll, blieb offen. Demgegenüber stellte der marxistisch ausgerichtete Autor Wolfgang Harich fest, dass in einer kommunistischen Gesellschaft nicht nur die »Entfaltung der Produktivkräfte« (bisheriger Anspruch) sondern auch deren Begrenzung gesteuert werden könne, selbstverständlich unter Aufgabe der Selbstbestimmung des Menschen (Harich 1975).

Heute, 35 Jahre nach den vorstehenden Warnungen und Handlungsempfehlungen auf Basis der Systembetrachtung kann festgestellt werden, dass die damaligen Argumentationen und Gedankenspiele im allgemeinen Bewusstsein ihren Platz gefunden haben (Ökologiebewegung), dass die politische und wirtschaftliche Praxis sich aber nur unzureichend geändert hat. Das soll an den in Kap. VI-7 dargestellten aktuellen Problemfeldern aufgezeigt werden.

Problemlösung durch »sanfte Technik«

Die angesprochene Problematik von Energieversorgung, Umweltbelastung und Wirtschaftswachstum lässt sich nach Meinung einiger Autoren, darunter die genannten Ernst Schumacher und Ivan Illich, durch »sanfte Technik« lösen. Letztere soll den Menschen von der mit »industrieller Gewalt« durchgesetzten gängigen Technik befreien (Pot 1985, *ibid.* S. 920–952).

Als Merkmal sanfter Technik gelten minimaler Einsatz von nicht erneuerbarer Energie und minimale Umweltbelastung, erreichbar durch regionale und subregionale Selbstversorgung. Die Selbstbestimmung des Individuums soll an Stelle von vermeintlicher Selbstentfremdung und Ausbeutung durch Industrietätigkeit treten. Der anarchistische Grundzug ist unverkennbar.

Derartige Lebensformen wurden in Westeuropa und Nordamerika in gestifteten ländlichen Kooperativen erprobt und gelegentlich auch in Förderprojekten der Entwicklungspolitik erfolgreich eingesetzt. In Indien war Mahatma Gandhi ein Verfechter der sanften Technik, während China darin nur eine Zwischenstufe der industriellen Entwicklung sah.

Problemlösung durch Konsumverzicht
Während die Verwirklichung der »sanften Technik« in den Industrieländern eine fundamentale gesellschaftliche Veränderung mit anarchistischer Tendenz erfordern würde und daher unrealistisch ist, ist Konsumverzicht eine politisch mehrheitsfähige Handlungsoption (Pot 1985, *ibid.* S. 1018–1039). Die Konsumkritik ist so alt wie die Industrialisierung. Es wurde von Anfang an bemängelt, dass die eigentlichen kulturellen Bedürfnisse des Menschen durch den materiellen Überfluss nicht befriedigt werden. Hinzu kam der Neid am Luxus der Bessergestellten.

Nach dem Zweiten Weltkrieg wurde an der Konsumentenmanipulation durch Werbung bzw. Reklame heftig Kritik geübt. In dem durch Neuerungen und Moden erzeugten Konsumzwang – auch »Geltungskonsum« genannt – sah man den Weg in die »Wegwerfgesellschaft«, der dann auch tatsächlich eingeschlagen wurde.

Seit Anfang der siebziger Jahre des vorigen Jahrhunderts wurde die Notwendigkeit der Konsumbeschränkung im Hinblick auf die Energie-, Rohstoff- und Umweltbeanspruchung erkannt, ohne dass politische Konsequenzen gezogen wurden. Die Folge des Überkonsums wurde drastisch beschrieben (Cobb 1972) und als wichtigste Gegenmaßnahme die Einschränkung bzw. Abschaffung des Privatautomobilismus gefordert.

Aus kulturkritischer Sicht rief Joachim Bodamer schon in den fünfziger Jahren des vorigen Jahrhunderts zu radikalem Konsumverzicht auf (Bodamer 1957). Nur so könne der Mensch die Herrschaft über die Apparate zurückgewinnen und sein eigentliches Selbst entwickeln. Dafür wird auch die Bezeichnung »Konsumaskese« verwendet, wobei es sich aber nicht um Weltentsagung in der herkömmlichen Bedeutung von »Askese« handelt, sondern lediglich um einen Akt der Selbstbeherrschung. Nicht völliger Verzicht wird gefordert, sondern nur eine Begrenzung des Konsums im Sinne eines bescheidenen Lebensvollzugs.

7 Problemfelder der mechanistischen Technik

Problemgliederung

Nach dem vorangegangenen Blick auf die Sozial- und Kulturkritik an der modernen Technik sowie auf die absehbaren Grenzen dieser Technik, werden nunmehr die aktuellen konkreten Problemfelder dargestellt. Dies kann wieder nur skizzenhaft geschehen, zum einen wegen der im vorliegenden Buch zu beachtenden Längenbeschränkung, zum anderen wegen des in den einzelnen Technikbereichen längst unübersehbar gewordenen

Spezialwissens. Die Problemübersicht erfasst nur die mechanistische Technik, untergliedert nach Waffen und Kriegstechnik, Energiegewinnungstechnik und Verkehrstechnik, auf die sich die herkömmliche Technikkritik bezieht. Die Probleme der biologischen und neuronalen Technik werden in den anschließenden Kapiteln behandelt.

Waffen- und Kriegstechnik

Das vordergründig auffälligste, im Alltag gerne verdrängte Problemfeld moderner Technik ist die Waffen- und Kriegstechnik. Technik, die dem politischen Machtaufbau und Machterhalt dient, wurde schon immer von den nach Macht in der Welt Strebenden nachgefragt. Das in der Natur nur beim Menschen anzutreffende innerartliche Töten und Versklaven begleitet die Menschheitsentwicklung von Anfang an. Die Raub- und Eroberungszüge der nicht sesshaften Wildbeuter- und Viehzüchtergesellschaften setzten sich in der Kriegsführung und Verteidigungstechnik (Festungsbau) der kulturell hoch entwickelten Agrargesellschaften fort. Im kriegerischen Töten und Erobern kann eine frühe Form arbeitsteiliger Aufgabenabwicklung gesehen werden, die Voraussetzung für das Gedeihen der jeweils eigenen Stammes- oder Staatsgemeinschaft war. Sind schon die historischen Berichte über die im Rahmen kriegerischer Auseinandersetzungen am Gegner vollzogenen Massentötungen von einem höheren Menschenverständnis her kaum zu verkraften, so ist die auf wissenschaftlicher Basis vervollkommnete Tötungs- und Vernichtungstechnik Anlass zu besonderer Sorge heute.

Die seit dem Zweiten Weltkrieg entwickelten Nuklearwaffen (Atombomben, Wasserstoffbomben und Neutronenbomben) beinhalten ein Vernichtungspotential, gegenüber dem die 1945 über Hiroshima und Nagasaki gezündeten Erstausführungen von Atombomben einen völlig unzureichenden Eindruck geben. Die heute insgesamt verfügbare atomare Sprengkraft wird auf das Einmillionenfache der Hiroshima-Bombe geschätzt. Ein globaler Atomkrieg würde etwa 100 Millionen Menschen das Leben kosten. An den Spätfolgen (Krebs, Klimaänderung) würde nochmals dieselbe Zahl von Menschen sterben. Auch die natürlichen Ökosysteme wären schwer geschädigt.

Die Großmächte haben zwar Anstrengungen unternommen, die Gefahr des Nuklearwaffeneinsatzes zu vermindern (Abrüstungsvereinbarungen, Kontrolle des waffenfähigen Spaltmaterials, Nichtweitergabevertrag zu den Atomwaffen), aber inzwischen haben sich Staaten Zugang zu Atomwaffen verschafft, die als politisch instabil und unberechenbar einzuschätzen sind, beispielsweise Pakistan. Auch die Gefahr des Einsatzes von Atomsprengkörpern im Zuge terroristischer Akte nimmt zu. Die Sehnsucht der Menschen ist daher auf eine atomwaffenfreie Welt gerichtet, aber der aus der Flasche entlassene Dämon lässt sich nicht in die Flasche zurückholen. Die Bedrohung der Menschheit durch die Nuklearwaffen hat apokalyptische Ausmaße erreicht. Eine Abwendung der Bedrohung ist nicht in Sicht. Die gegenüber den Nuklearwaffen weniger im Fokus öffentlicher Aufmerksamkeit stehende Produktion und »Verbesserung« der chemischen und biologischen Waffen ist kaum weniger besorgniserregend.

Energiegewinnungstechnik

Die Entwicklung der modernen Technik ist eng mit der Bereitstellung großer Mengen hochwertiger Energie, insbesonders elektrischer Energie, verbunden, was wiederum großtechnische Energiegewinnung voraussetzt. Großtechnisch werden fossile Energie aus Kohle, Erdöl und Erdgas sowie Wasserenergie, Geowärme und Kernenergie gewonnen und eingesetzt. Diese Energiequellen sind aber nur begrenzt verfügbar und ihre Nutzung ist mit unerwünschten, zum Teil bedrohlichen Nebenwirkungen verbunden.

Die Nutzung der fossilen Energieträger Kohle, Erdöl und Erdgas in Kraftwerken, Heizungsanlagen und Kraftmaschinen hat zu einer bedrohlichen Belastung der Atmosphäre durch Feinstaub, Schwefelsäure und Kohlendioxyd geführt. Feinstaub verursacht Lungenkrankheiten, saurer Regen begünstigt möglicherweise das Waldsterben, durch Verbrennung entstandenes Kohlendioxyd wird für die derzeitige globale Klimaerwärmung verantwortlich gemacht. Erdölbohrungen am Meeresgrund und Erdöltransport per Schiff bergen nicht beherrschbare Umweltrisiken, wie sich an den spektakulären Bohr- und Transportunfällen der jüngsten Vergangenheit ablesen lässt. Ein weiterer Ausbau dieser Art von Energiegewinnung sollte sich daher verbieten.

Die Nutzung der Wasserenergie ist mit fragwürdigen Eingriffen in die natürliche Umwelt verbunden: riesige Stauseen, Flussregulierungen, Wasserumleitungen. Der Ausbaustand ist hoch und in den Industrieländern kaum noch erweiterbar. Ebenso dürften geothermische Kraftwerke, von den an geeigneten Stellen bereits realisierten Anlagen abgesehen, wegen der geologischen Risiken ein nur begrenztes Ausweitungspotential haben.

Die Nutzung der Kernenergie ist mit erheblichen Risiken verbunden und daher ethisch nicht vertretbar (Spaemann 2011, Dürr 2011). Die Risiken gruppieren sich um die mit der Kernspaltung verbundene radioaktive Strahlung, die bei Überschreitung bestimmter Grenzwerte zu schwerwiegenden

Schädigungen des Menschen und seines Erbgutes führt. Ganze Landstriche werden bei einem Reaktorunfall mit Kernschmelze (»Supergau«) radioaktiv verseucht. Neben der Möglichkeit von Betriebsunfällen steht die Bedrohung durch kriegsbedingte oder terroristische Akte, durch Flugzeugabsturz oder Erdbeben. Unzureichend gelöst ist auch die sichere Lagerung der radioaktiven Abfälle und Reststoffe. Die mögliche Abzweigung von für Atomwaffen geeignetem Plutonium stellt eine weitere sicherheitstechnische Komplikation dar. Schließlich sind die Naturvorräte an Uran begrenzt. Der erhoffte Ausweg über Brutreaktoren hat sich sicherheitstechnisch als nicht gangbar erwiesen. Die kontrollierte Kernfusion, die ein unerschöpfliches Energiereservoir erschließen würde, konnte trotz immenser Forschungsanstrengungen bisher nicht realisiert werden. Die Strahlungsproblematik ist außerdem auch mit dieser Art der Kernenergietechnik verbunden.

Aus der angesprochenen Begrenztheit herkömmlicher Energieerzeugung entstand das Verlangen, verstärkt erneuerbare Energiequellen für die Stromerzeugung zu nutzen, insbesondere die Solarenergie, die Windenergie und die Bioenergie (Biogas und Bioalkohol). Besonders in Deutschland bewegt sich die politische Willensbildung in diese Richtung, entsprechende Ausbauziele sind vereinbart. Es gibt jedoch eine ganze Reihe von Problempunkten, die das Erreichen der Ausbauziele als fraglich erscheinen lassen.

Das technische Problem der Speicherung von elektrischer Energie in großtechnischem Umfang lässt sich derzeit nur über Pumpspeicherwerke angehen, die teuer sind und geeignetes Gelände voraussetzen. Offshore-Windenergieanlagen stoßen vorerst auf erhebliche technische Probleme. Solarenergie in benötigter Menge ließe sich zwar in den sonnenreichen Wüstenregionen großtechnisch gewinnen, würde aber eine globale Machtkontrolle voraussetzen, die es nicht gibt.

Mit zunehmender Verbreitung der Erzeugung erneuerbarer Energie werden die damit verbundenen Nebenwirkungen zum Problem, u.a. die Landschaftsbeeinträchtigung durch Windräder oder der Verbrauch an landwirtschaftlicher Nutzfläche oder gar Waldfläche für die Monokulturen der nachwachsenden Bioenergie.

Verkehrstechnik

Ein weiterer besorgniserregender Problembereich ist die moderne Verkehrstechnik zu Lande, zu Wasser und in der Luft. Beim Landverkehr beunruhigen überlastete Straßen, Luftverschmutzung, Lärmbelästigung, Landschaftsverbrauch durch Straßenbau, Belastungen durch innerstädtischen Straßen- und Schienenverkehr, unverhältnismäßig hoher Energieverbrauch und die Unfallrisiken des Straßenverkehrs (weltweit 1,24 Millionen Straßenverkehrstote im Jahr). Beim Schiffsverkehr sind Meeresverschmutzung und Havariegefahr Negativthemen, beim Luftverkehr dagegen die Beeinträchtigung der die UV-Strahlung absorbierenden Ozonschicht in der Troposphäre durch die Abgase hoch fliegender Flugzeuge.

Besonders beim Landverkehr zeigt sich die Ausweglosigkeit der Situation. Die Mobilitätsbedürfnisse der Menschen, verbunden mit erschwinglicher Mobilitätstechnik (das Automobil), haben in Stadt und Land einen Zerstörungsprozess eingeleitet, der sich in den dicht besiedelten Industriestaaten einem Inferno nähert. Das Gegensteuern mit technischer Innovation und staatlicher Regulierung kann den Vorgang nur erträglicher machen aber nicht abwenden. Selbst eine drastische Erhöhung des Erdölpreises – sie ist längerfristig betrachtet wegen der Verknappung der Vorräte voraussagbar – wird wegen der Mobilitätsfreude des Menschen sowie den Anforderungen der Güterverteilung und Dienstleistungen die Situation nicht grundlegend ändern. Das gilt insbesondere auch für die Schwellenländer, die den Entwicklungsvorsprung der industriell hoch entwickelten Länder verkürzen wollen. Die Einschränkung des automobilen Privatverkehrs bleibt dennoch die wichtigste politische Option zur Verringerung der Energie-, Rohstoff- und Umweltbeanspruchung.

8 Gleichnis aus dem alten China

Das Gleichnis

Auf die herkömmliche mechanistische Technik trifft zu, dass sich mit ihr der Mensch die Kräfte der Natur rücksichtslos unterworfen hat und die Schätze der Natur hemmungslos ausbeutet. Dahinter steht ungezügeltes Machtstreben und die Befriedigung vermeintlicher Bedürfnisse, eingebunden in ein kollektives Fehlverhalten. Der Mensch vergisst dabei, dass er selbst Teil jener Natur ist, die er zerstört. Aber auch eine unreflektierte, einseitig technische Rationalität kommt zum Ausdruck. Dazu abschließend ein bekanntes Gleichnis, das der dem Taoismus nahestehende und somit kulturkritische chinesische Philosoph Tschuang-tse bereits im 4. Jahrhundert vor unserer Zeitrechnung aufgezeichnet hat (Buber 1976, *ibid.* S. 49):

> Tse-kung kam einst auf dem Rückweg von Tschu nach Tsin an einen Ort nördlich des Hanflusses vorbei. Da sah er einen alten Mann, der einen Graben anlegte, um seinen Gemüsegarten mit einem Brunnen

zu verbinden. Er schöpfte in einem Eimer Wasser aus dem Brunnen und goss es in einen Graben, – eine große Arbeit mit einem sehr kleinen Ergebnis.

»Wenn du ein Treibwerk hier hättest«, rief Tse-kung, »könntest du in einem Tage dein Stück Land hundertfach bewässern mit ganz geringer Mühe. Möchtest du nicht eines besitzen?«

»Was ist das?« fragte der Gärtner.

»Es ist ein Hebel aus Holz«, antwortete Tse-kung, »der hinten schwer und vorne leicht ist. Er zieht Wasser aus dem Brunnen, wie du es mit deinen Händen tust, aber in stetig überfließendem Strom. Er wird Ziehstange genannt.«

Der Gärtner sah in ärgerlich an, lachte und sprach: »Dieses habe ich von meinem Lehrer gehört: Die listige Hilfsgeräte haben, sind listig in ihren Geschäften, und die listig in ihren Geschäften sind, haben List in ihren Herzen, und die List in ihren Herzen haben, können nicht rein und unverderbt bleiben, und die nicht rein und unverderbt bleiben, sind ruhelos im Geiste, und die ruhelos im Geiste sind, in denen kann Tao nicht wohnen. Nicht dass ich diese Dinge nicht kennte; aber ich würde mich schämen, sie zu benützen.«

Mahatma Gandhi hat 1909 einen ähnlichen Gedanken geäußert (Gandhi 1946, *ibid*. S. 44): »It was not that we did not know how to invent machinery, but our forefathers knew that, if we set our hearts after such things, we would become slaves and lose our moral fibre.«

Moderne philosophische Reflexion

Der japanische Philosoph Nishitani Keiji reflektiert den in dem altchinesischen Gleichnis sich ausdrückenden Gedanken auf der Höhe zeitgenössischer Philosophie (Nishitani 1986). Erkenntnis der Naturgesetze und deren Realisierung in der Technik bedingen sich wechselseitig und erzeugen den Fortschritt, Wissen und Handeln durchdringen sich. In Maschinen werden die über den Intellekt erkannten Naturgesetze direkter und in reinerer Form realisiert als es in den Erzeugnissen der Natur der Fall ist. Gleichzeitig gelangt der Mensch im Gebrauch der Naturgesetze zu größtmöglicher Freiheit.

Eine zweifache Umkehrung ist nach Nishitani zu beobachten. Die Herrschaft des Menschen über die Naturgesetze erzeugt die Gegenbewegung der Herrschaft der Naturgesetze über den Menschen: die Tendenz zur Mechanisierung des Menschen, gleichbedeutend dem Verlust der eigentlichen menschlichen Natur. Aber auch die Herrschaft der Naturgesetze wird umgekehrt, indem sich der Mensch nunmehr so verhält als stünde er außerhalb der Naturgesetze. In dieser Seinsweise des Menschen tut sich der Nihilismus auf, sowohl in den oberflächlichen Begehrlichkeiten als auch in der existentiellen Einsamkeit des Einzelmenschen. Die Übereinstimmung von Mensch und Natur, die auch im Zeitalter der wissenschaftlich fundierten Technik bestehen sollte, ist somit pervertiert. Der Fortschritt der Wissenschaft und der Fortschritt der Moral bewegen sich seitdem entgegengesetzt, was sich in der Problematik der Nuklearwaffen zuspitzt. In diesem Dilemma des nihilistisch gestimmten modernen Menschen zeigt sich das Problem von Wissenschaft und Religion in konzentrierter Form (Nishitani 1986).

Anklänge im neuzeitlichen Sport

Es gibt allerdings einen Bereich moderner Lebenswelt, in dem sich der Mensch (noch) nicht der Technik unterworfen hat, in dem nur die dienende Funktion der Technik eine Rolle spielt. Das sind die (olympischen) Sportdisziplinen, soweit sie aktiv betrieben werden. Der Athlet bzw. die Mannschaft steht hier im Mittelpunkt. Das Sportgerät und die Sportausrüstung sind zwar technisch hoch entwickelt, aber es sind definierte Grenzen der Technik einzuhalten. Mechanische oder gar maschinelle Hilfen sind nicht zugelassen. Der antike Athlet kämpfte sogar völlig nackt.

Während also die mechanistische Technik im Sport kaum Probleme bereitet, ist das bei der biologischen Technik in Form des Dopings nicht der Fall. Doping bezeichnet eine durch Biochemika (Weckamine, Analeptika und Kardiaka, Wachstumshormone und bestimmte Phosphorverbindungen) künstlich erzeugte, zeitlich begrenzte sportliche Leistungssteigerung, die nach den Wettkampfregeln verboten ist. Das Problem besteht darin, dass ein eindeutiger Nachweis über Speichel, Harn und Blutbild nur über modernste Analysetechnik möglich ist. So wird derzeit offenbar, dass das Doping in relevanten Sportarten generell üblich ist, jedoch vor der Öffentlichkeit grundsätzlich abgestritten wird. Restriktive Spielregeln werden also nur dann eingehalten, wenn sie jederzeit kontrollierbar sind. Das ist nur bei der mechanistischen Technik der Fall.

KAPITEL VII

Gegenstand und Problematik der biologischen Technik

MEPHISTOPHELES: Was gibt es denn?
WAGNER: Es wird ein Mensch gemacht.
MEPHISTOPHELES: Ein Mensch? und welch verliebtes Paar
Habt ihr ins Rauchloch eingeschlossen?
WAGNER: Behüte Gott! wie sonst das Zeugen Mode war,
Erklären wir für eitel Possen.

Johann Wolfgang Goethe: Faust, Zweiter Teil, 6833–6839 (1832)

1 Einführung und Inhaltsübersicht

Etwas im Windschatten der mechanistischen Technik, aber auch mit Rückenwind von ihr, hat sich die moderne biologische Technik entwickelt, deren Machtaspekt die Verfügung über das Leben beinhaltet. Zu ihr gehören zunächst drei Bereiche: die mikrobiologische Technik, die Züchtungstechnik (»makrobiologische Technik«) und die molekularbiologische Technik (»Gentechnik«), die mit zellbiologischen Techniken verbunden ist. Ein vierter Bereich, die »anthropologische Reproduktionstechnik«, ergibt sich aus der Anwendung von Erkenntnissen und Verfahrensweisen der Züchtungs- und Gentechnik auf menschliche Zellen und Embryonen. Die genannten Bereiche werden im Folgenden dargestellt wobei auch das Grundlagenwissen zu den Genen vermittelt wird. Die Gefährdung durch die Gentechnik und die Problemfelder anthropologischer Reproduktionstechnik werden im Sinne einer Technikkritik erörtert. Den Abschluss bilden drei Beispiele aus der schöngeistigen Literatur, durch die der Verlust an personaler Freiheit durch die anthropologische Reproduktionstechnik veranschaulicht wird.

Wie gezeigt werden wird, haben mikrobiologische und molekularbiologische Techniken große Bedeutung für die Herstellung medizinischer Präparate, die zur Krankheitsbekämpfung eingesetzt werden. Man kann noch weiter gehen und die medizinische Behandlung selbst, soweit sie auf der mikro- oder molekularbiologischen Ebene erfolgt, der biologischen Technik zuordnen. Besonders augenfällig ist dies bei der Therapierung der Infektions- und Stoffwechselkrankheiten. Diese medizinische Technik ist nachfolgend nicht erfasst, zumal die damit verbundenen Gefährdungen nur das jeweilige Individuum betreffen und im Rahmen der Risikoabwägung der ärztlichen Sorgfaltspflicht unterliegen.

Grundlage der nachfolgenden Darstellung über biologische Technik und Gentechnik sind folgende Fachbücher: der sehr detaillierte, zuverlässige und mit 800 Literaturstellen versehene »Taschenatlas der Biotechnologie und Gentechnik« (Schmid 2006), das allgemeinverständliche Grundlagenwerk »Das Werden des Lebens« (Nüsslein-Volhard 2004) sowie zwei Studienbücher zur physikalischen, chemischen und biologischen Evolution mit weiteren Literaturangaben (Kull 1977, Siewing 1982). Von fallweisen Zitaten zu Einzelangaben wird im allgemeinen abgesehen, um den Text nicht zu überlasten.

Das Verständnis der zellbiologischen und molekularbiologischen Gegebenheiten und Vorgänge im angesprochenen Bereich wird durch eine spezifische Fachsprache erschwert, die nur den fachlich vorgebildeten Lesern geläufig ist. Am Ende des Buchs ist daher ein biologisches Glossar zu finden, das das Verständnis des Textes erleichtern soll. Dennoch wird der fachfremde Leser den Ausführungen streckenweise kaum folgen können. In diesem Fall wird empfohlen, die entsprechenden Passagen zu überspringen.

2 Herkömmliche mikro- und makrobiologische Technik

Mikrobiologische Technik

Unter mikrobiologischer Technik werden Prozesstechniken, also Technologien verstanden, die auf der Wirkung von Mikroorganismen beruhen. Zu den Mikroorganismen gehören die Bakterien, einzellige Lebewesen, die sich durch Zellteilung vermehren und noch keinen Zellkern besitzen (Prokaryoten). Sie gewinnen Energie zumeist durch aerobe Atmung (Oxidation von Kohlehydraten). Ihre ältesten Formen weisen anaerobe Atmung auf (Gärung: Bildung von Alkohol oder Milchsäure aus Zucker). Etwa 6000 Stämme von Bakterien sind bekannt. Zu den Mikroorganismen gehören des weiteren die Hefen und ähnliche Pilze. Sie weisen die bekannte Zellstruktur mit Zellkern und Mitochondrium auf (Eukaryoten), leben aerob ausschließlich von organischen Stoffen und zeigen verschiedenartige Vermehrungsweisen. Etwa 70000 Stämme von Hefen und Pilzen sind bekannt.

Die mikrobiologische Technik hat den Menschen seit dem Beginn von Ackerbau und Viehzucht begleitet. Bereits in vorgeschichtlicher Zeit wurden Milchsäure- und Hefegärung für Sauermilch- und Sauerteigprodukte genutzt, zuckerhaltige Flüssigkeiten zu Alkohol vergoren und Häute unter Verwendung von Kot zu Leder gegerbt. In den frühgeschichtlichen Ackerbau- und Stadtkulturen wurde die Herstellung von Brot, Käse, Bier und Wein empirisch vervollkommnet. Den Nachweis, dass die genannten Herstellungsprozesse auf die Wirkung von Mikroorganismen (Fermentation) zurückzuführen sind, hat der französische Chemiker Louis Pasteur (1822–1895) unter Einsatz des Mikroskops erbracht. Ebenso zeigte er, dass Fäulnisvorgänge und Infektionskrankheiten durch Mikroorganismen ausgelöst werden. Diese Erkenntnisse führten sofort zu praktisch verwertbaren Ergebnissen. Pasteur bewahrte seinerzeit die französische Seidenindustrie vor dem Niedergang, indem er den winzigen Parasiten identifizierte und bekämpfte, der die Seidenraupen befiel. Er stärkte die Weinindustrie, indem er die Hitzesterilisation vorschlug, die das Vergären unterbindet. Er erkannte die Bedeutung der Essigsäurebakterien für die Herstellung von

Weinessig und bewies die Wirksamkeit von Impfungen gegen Milzbrand bei Tieren und gegen Tollwut beim Menschen. Zwei Kunstgriffe begründeten die anwendungstechnischen Erfolge von Pasteur: die Darstellung von Reinkulturen von Mikroorganismen und die Sterilisation ihrer Nährmedien (Pasteurisieren).

Zu Beginn des 20. Jahrhunderts wurden erstmals Enzyme als technische Hilfsmittel zur Fermentation eingesetzt. Sie wurden aus Schlachttierabfällen oder aus Kulturlösungen von Schimmelpilzen gewonnen. Otto Röhm revolutionierte damit die Lederherstellung, Jokichi Takamine die Verarbeitung von Malz und Stärke. Zur selben Zeit wurde die aerobe und anaerobe Abwasserreinigung mittels Bakterien entwickelt – ein wichtiger Schritt in der Seuchenbekämpfung. Industriell bedeutsame Lösungsmittel konnten auf Basis von Bakterien und Enzymen, also durch Fermentation, gewonnen werden: das Butanol als Lösemittel für Lacke und das Aceton als Ausgangsstoff für Sprengstoffe.

Ein weiterer Meilenstein in der geschichtlichen Entwicklung der mikrobiologischen Technik ist die Zufallsentdeckung der antibakteriellen Wirksubstanz Penicillin durch Alexander Fleming (1928) und dessen chemische Aufklärung und Isolierung durch Howard Florey (1940). Die industrielle Produktion der Antibiotika ging davon aus. Bis heute wurden über 8000 Antibiotika aus Mikroorganismen isoliert und weitere 4000 aus höheren Organismen. Industriell hergestellt werden etwa 200 Antibiotika (Schmid 2006). Die meisten Antibiotika werden als Wirkstoffe gegen Mikroorganismen in der medizinischen Chemotherapie eingesetzt. Einige wenige dienen der Lebensmittelkonservierung, dem Pflanzenschutz und der Tiermast.

Makrobiologische Technik

Die makrobiologische Technik umfasst die Tier- und Pflanzenzucht. Sie begann vor mehr als 10000 Jahren mit dem Übergang des Menschen vom umherziehenden Wildbeuter und Sammler zum sesshaften Ackerbauer und Viehzüchter. Der Übergang war fließend. Es kann davon ausgegangen werden, dass bereits Nomaden Viehzucht und Gartenbau betrieben. Am Beginn der Tierhaltung standen gezähmte Wildtiere, zunächst der für die Jagd nützliche Hund, später die in Herden gehaltenen Nahrungs- und Nutztiere (Fleisch, Milch, Wolle). Über die vom Menschen bei der Vermehrung der Tiere betriebene Selektion entstanden die »Haustiere«: erst Ziege und Schaf, dann Rind und Schwein, später Kamel und Pferd (vor etwa 5000 Jahren) und schließlich Huhn und Katze. Zeitlich parallel entwickelten sich die »Kulturpflanzen«: Weizen, Gerste, Roggen, Hirse, Erbse, Bohne, Linse, Mais, Reis, Kartoffel, Birne, Apfel, Wein und viele andere. Die Tierzucht erfolgte seit Urzeiten durch Kreuzung und Selektion nach phänotypischen Merkmalen. Die Züchter hatten ein breites Erfahrungswissen ohne die Vererbungsgesetze zu kennen. Erst in neuester Zeit, etwa ab 1950, wird auf wissenschaftlicher Basis vorgegangen. Nach statistischen Methoden wurden für die wichtigsten Nutz- und Haustiere immer detailliertere Genkarten erstellt, die über die Kopplung von Merkmalen bei der Vererbung Auskunft geben. Die Fleischausbeute eines Bullen sowie die Milchausbeute einer Kuh konnten so nochmals verdoppelt werden. Dabei kommt das seit 1940 verfügbare biotechnische Verfahren der künstlichen Besamung hauptsächlich beim Rind, häufig aber auch beim Schwein zum Einsatz. Aus dem Ejakulat eines Zuchtbullen werden Hunderte von Samenportionen gewonnen, die, mit Gefrierschutzmittel versetzt, tiefgefroren in Samenbanken abgelegt werden. Die Besamung der weiblichen Tiere erfolgt im Stall durch einen Besamungstechniker, wobei das Sperma vor Ort aufgetaut wird. Ein Besamungsbulle kann so bis zu 1000 Natursprungbullen ersetzen. Zur Erhöhung der Vermehrungsrate weiblicher Hochleistungstiere werden In-vitro-Fertilisation (im Reagenzglas) und Embryotransfer in scheinträchtige Leihmütter angeboten. Dieses Verfahren ist seit 1965 bekannt, ist aber wohl für die Praxis nur in Kombination mit gentechnischen Maßnahmen von Interesse.

Die Pflanzenzucht erfolgte ebenfalls seit vorgeschichtlicher Zeit durch Kreuzung und Selektion nach phänotypischen Merkmalen, wiederum zunächst ohne Kenntnis der Vererbungsgesetze, ab etwa 1850 zunehmend systematisch und ab etwa 1900 mit deren Kenntnis. Genetisch einheitliche »Liniensorten« erhält man bei selbstbefruchtenden Pflanzenarten wie Weizen, Reis, Gerste und Zuckerrohr. Es sind dies reinerbige (homozygote) Pflanzen, die beiden Gene sind identisch. Die meisten Blütenpflanzen wie Mais, Kartoffel, Zuckerrübe und Soja sind fremdbefruchtend und damit mischerbig (heterozygot); die beiden Gene unterscheiden sich. Weitgehend homozygote Hybridsorten werden in diesem Fall durch Selbstbefruchtung, also Inzucht gewonnen. In manchen Fällen (Kartoffel, Zuckerrohr) ist auch vegetative Vermehrung über Ableger oder Sprosse möglich, um einen eingeengten Genotyp zu erhalten. Durch derartige Bemühungen der Pflanzenzucht, zusammen mit verbesserten Anbaumethoden (darunter Bodendüngung und Schädlingsbekämpfung), konnte der Ertrag der Nutzpflanzen vervielfacht werden. Fachleute behaupten, das einzelne Korn des heutigen hochgezüchteten Maises enthalte ebenso viel Nährstoff wie ein ganzer

Maiskolben zu Beginn der Maiskultivierung vor 7000 Jahren. Die ausreichende Ernährung der Weltbevölkerung ist eng mit den Fortschritten in der Pflanzenzucht und Pflanzenkultivierung verbunden.

Seit etwa 40 Jahren sind pflanzliche Zellkulturen ein wichtiges Hilfsmittel in der Pflanzenzucht. Die Zellen von Pflanzenorganen wie Spross oder Wurzel lassen sich über Zellkulturen mit ausgesuchten Nährstoffen vermehren und über Pflanzenhormone in die Ausgangspflanze zurückverwandeln (Regeneration). Die Zellkulturen werden in Klimakammern unter kontrollierten Bedingungen des Lichts, der Feuchtigkeit und der Temperatur gehalten. Meristemkulturen verwenden die sich unbegrenzt teilenden Embryonalzellen der Pflanzen (Meristeme). Aus ihnen lassen sich virusfreie Jungpflanzen regenerieren, was für den Anbau von Weinreben, Erdbeeren, Kartoffeln und Zierpflanzen bedeutsam geworden ist. Über Haploidkulturen lasen sich aus mischerbigen (heterozygoten) Pflanzen reinerbige (homozygote) Abkömmlinge gewinnen. Das hat bei der Züchtung von Kartoffeln, Gerste, Raps, Tabak und Arzneipflanzen Bedeutung erlangt. Genetische Veränderungen treten in Zellkulturen besonders häufig auf, so dass erwünschte Veränderungen des Zellverhaltens selektiert werden können, insbesondere ein günstiges Verhalten gegenüber »Stressfaktoren« wie Salze, Herbizide und andere Umweltchemikalien. Über Zellkulturen lässt sich schneller selektieren als über die Aussaat. Zellkulturen werden auch bei den gentechnischen Manipulationen eingesetzt, auf die noch eingegangen wird.

Bewertung der herkömmlichen biologischen Technik

Aus obiger Darstellung ist ersichtlich, dass sich aus der mikro- und makrobiologischen Technik keine unmittelbaren Gefährdungen ergeben. Die zunehmende Unnatürlichkeit und Einseitigkeit der hochgezüchteten Nutztiere und Nutzpflanzen, mehr noch der Ziertiere (Hunde) und Zierpflanzen (Blumen), ist dennoch zu beklagen. Auch stellt sich die Frage, wie weit der Mensch mit seinen Eingriffen in die makrobiologische Natur gehen kann, ohne selbst seelischen Schaden zu nehmen, aber es besteht kein Grund für allgemeine Besorgnis. Ganz im Gegenteil, die mikro- und makrobiologische Technik ist für die Lösung der Überlebensprobleme der Menschheit unabdingbar. Diese Art von Technik eignet sich auch kaum zur individuellen oder kollektiven Machtdemonstration.

Gegenstand und Problematik der biologischen Technik 163

3 Grundwissen zu den Genen

Gene, DNA, RNA und Proteine

In den kontrovers geführten Diskussionen zur Gentechnik sollte sich nur zu Wort melden, wer ein gewisses Grundwissen über die dabei angesprochenen genetischen Vorgänge hat. Eine Kurzform dieses Wissens wird nachfolgend geboten, bevor auf die Gentechnik selbst und die mit ihr verbundenen Gefährdungen eingegangen wird.

Gene sind die Einheiten der Vererbung, die zusammen mit den jeweiligen Umwelteinflüssen die Merkmale des neu entstandenen Lebewesens (Tier, Pflanze oder Mikroorganismus) bestimmen. Man spricht vom Genotyp als dem genetischen Programm und vom Phänotyp als dem realisierten Lebewesen. Dazwischen liegt der Vorgang der Informationsübertragung von der »legislativen Instanz« der Gene zur »exekutiven Instanz« der Proteine bzw. Enzyme, welche die lebende Zellen aufbauen und deren Funktion ermöglichen.

Die Erbinformationen des Genotyps sind durch Nukleinsäuren (DNA: *desoxyribonucleic acid*) makromolekular kodiert. Der Molekülstrang enthält vier Typen von Basen, die in unterschiedlicher Reihenfolge kombiniert werden (also keine binäre Kodierung, die zu wenig Kombinationsmöglichkeiten bietet). Die Kettenmoleküle sind doppelsträngig, komplementär-gegenläufig als DNA-Doppelhelix (also gegenläufig schraubenförmig) angeordnet, wobei die Basen nach Innen gerichtet sind und Wasserstoffbrücken zwischen den Strängen ermöglichen. Die Doppelstränge in gekringelten, geknäuelter und anschließend gefalteter Struktur (Chromatinschleifen) bilden schließlich die Chromosomen(fäden). Daneben existieren außerhalb der Chromosomen ringförmig doppelsträngige DNA-Moleküle als Plasmiden.

Die Gene zeigen sich als separierbare Sequenzen im DNA-Doppelstrang des Chromosoms. Strukturgene enthalten die Bauanleitung für die Proteinmoleküle und für deren Positionierung in der Zelle. Ein Gen beinhaltet die Kodierung für ein Protein. Daneben gibt es Regulatorgene, die bestimmen, wann im Wachstumsprozess des Organismus welche Strukturgene ein- oder ausgeschaltet werden. Das menschliche Genom hat die Größe von etwa 3 Milliarden Basenpaaren (bp), verteilt auf 23 Chromosomen. Sie kodieren etwa 2 Millionen verschiedene Proteine. Nur knapp zwei Prozent der Basenpaare des Genoms ist den etwa 30000 menschlichen Genen zuzuordnen (Exons). Der Rest (Introns) zeigt repetitive Sequenzen unbekannter Funktion, die sich von Individuum zu Individuum unterscheiden (genetischer Fingerabdruck). Die DNA des menschlichen Genoms hat einsträngig aufgefaltet eine Länge von etwa 1 m. Das in der Gentechnik viel verwendete Bakterium *Escherichia coli* hat demgegenüber eine Größe von etwa 4,6 Millionen bp, bei nur einem Chromosom, weitgehend ohne repetitive Sequenzen. Die aufgefaltete DNA-Länge beträgt etwa 1,5 mm.

Die Proteine bzw. Enzyme sind die wichtigsten funktionellen Makromoleküle der lebenden Zelle. Ihre Grundstruktur entspricht der DNA-Doppelhelix. Die makromolekularen Ketten werden von 20 verschiedenen Aminosäuren in Peptidbindung gebildet (chemische Verknüpfung zwischen der Aminogruppe des einen und der Carboxylgruppe des anderen Moleküls unter Abspaltung eines Wassermoleküls) – die Aminosäurensequenz als Primärstruktur. Die Windung zur Schraubenform wird durch Wasserstoffbrücken stabilisiert – die Helix als Sekundärstruktur. Die Helix wird durch Wechselwirkungen der Seitenketten gebogen (»gefaltet«) oder gar zu einer Richtungsumkehr veranlasst – die Verknäuelung als Tertiärstruktur. Mehrere Polypeptidketten bilden ein funktionsfähiges Protein bzw. Enzym – die Quartärstruktur.

Als Informationsvermittler zwischen DNA und Protein- bzw. Enzymbildung wirken Ribonukleinsäuren (RNA), die sich von den DNA vor allem durch die einsträngige Struktur unterscheiden und als evolutionsgeschichtlich älter als die DNA angesehen werden. Sie bilden Arbeitskopien der DNA und sorgen dafür, dass die Aminosäuren im Protein gemäß der Basensequenz im DNA aneinander geknüpft werden. Jeweils drei Basen der RNA (Triplett) bestimmen eine Aminosäure im Protein. Der makromolekulare Grundprozess der zellulären Lebensweitergabe lässt sich demnach durch die Abfolge DNA, RNA, Protein, vielzelliger Organismus allgemein beschreiben. Dieser biochemische Zusammenhang zwischen Genotyp und Phänotyp wurde ursprünglich an den Stoffwechselvorgängen von Pilzen und Bakterien aufgeklärt.

Unschärfen und Komplizierungen des einfachen Genkonzepts

Die in Kurzform beschriebene, relativ einfache Modellvorstellung zur Weitergabe des Lebens erfasst die wirklichen Vorgänge nur in den Grundzügen korrekt, lässt aber im Detail erhebliche Unschärfen erkennen. Am bedeutsamsten ist der bereits genannte Einfluss der Umwelt auf den Phänotyp. Es gibt aber auch Komplizierungen in der genetischen Beschreibung selbst. So wird ein bestimmtes Merkmal des Phänotyps häufig durch mehrere Gene beeinflusst, und ein Gen bestimmt meist mehrere Merkmale. Letzteres ist beim Auftreten von Mutationen nachweisbar. Nur selten sind beobachtete Makrophänomene auf »Punktmutationen« zurückzuführen, wie zum Beispiel bei der Erklärung der Sichelzellenanämie aus ein oder zwei Punktmutationen des Hämoglobins. Des weiteren werden die Gene nicht unabhängig, sondern miteinander gekoppelt übertragen, wenn sie auf demselben Chromosom liegen. Andererseits wird eine Rekombination von Chromosomenabschnitten bei der Paarung der mütterlichen und väterlichen Chromosomen beobachtet (*cross over*), wodurch die Kopplung aufgehoben wird.

Eine weitere Komplizierung des einfachen Genkonzepts ist durch eine Reihe von Besonderheiten gegeben. Bestimmte genetische Elemente (Transposons) können ihre Position innerhalb eines Gens bzw. Chromosoms verändern. Bakterien können mutierte Gene an benachbarte Bakterien weitergeben ohne sich zu reproduzieren (horizontaler Gentransfer) – die zunehmende Antibiotikaresistenz wird so erklärt. Das Dogma der Genetik, dass Information nur von der DNA zum Protein aber nicht direkt von Protein zu Protein fließt, wird durch infektiöse Proteinpartikel (Prionen) in Frage gestellt, die die spongiforme Encephalopathie auslösen, eine tödliche Erkrankung des Gehirns, darunter der »Rinderwahnsinn« und die Creutzfeld-Jakob-Krankheit. Auch wurden »gerichtete Mutationen« beobachtet, d.h. stark beschleunigte Mutationsraten in Richtung auf lebenswichtige Anpassungen. Schließlich wurde nachgewiesen, dass einzelne »chemische Buchstaben« des viergliedrigen Genalphabets über umhüllende Methylgruppen gehemmt oder stillgelegt werden können (»Methylisierung«) und dass auf diese Weise auch erworbene Eigenschaften erblich weitergegeben werden können.

Dass es sich bei den vorstehend zusammengetragenen Abweichungen vom einfachen Genkonzept nur um »Unschärfen« handelt, ist unwahrscheinlich. Für weitere Irritation sorgt das Ergebnis des »Human genom project«, dass beim Menschen nur etwa 30000 Gene über 2 Millionen Proteine kodieren.

4 Gegenstand der Gentechnik

Begriffsbestimmung

Die chemisch einheitliche Speicherung der Erbinformation ermöglicht es, Erbmaterial von einer Spezies zur anderen zu übertragen. Das geschieht in der Natur bei Virusinfektionen und in neuerer Zeit auch künstlich im Labor im Rahmen der Gentechnik. Die DNA lässt sich durch bestimmte Enzyme in Abschnitte zerlegen und mit den Abschnitten artgleicher oder artfremder Organismen neu zusammenfügen. Diese rekombinante DNA kann nach Übertragung in eine Empfängerzelle durch Zellteilung vervielfältigt (Klonierung) und in Proteinen ausgedrückt (Expression) werden. Als Empfängerzelle für fremde Gene (Wirtsorganismus) werden meist Bakterien verwendet. Ihr Genom besteht aus einer einzigen DNA-Doppelhelix, die Übertragung fremder DNA ist relativ einfach, die Molekulargenetik vieler Bakterien ist gut bekannt und Bakterien lassen sich im Bioreaktor schnell vermehren. Am häufigsten wird das Bakterium *Escherichia coli* verwendet. Fremde DNA kann aber auch in den Zellen höherer Organismen kloniert und zur Expression gebracht werden.

Unter Gentechnik ist die zielgerichtete künstliche Veränderung des natürlichen Genoms zu verstehen, was durch Austauschen, Ausschalten und Zuschalten von DNA-Abschnitten geschehen kann. Die Gentechnik bezweckt, die Merkmale von Mikroorganismen oder von höheren Lebewesen dahingehend dauerhaft, also vererblich, zu verändern, dass bestimmte Wirkstoffe produziert, Resistenzen verbessert, höhere Leistungsziele erreicht oder Krankheiten bekämpft werden können.

Auf gentechnische Verfahren, Stoffe und Anwendungen können ebenso wie auf Erfindungen Schutzrechte in Form von Patenten und Gebrauchsmustern erteilt werden. Patentfähig im Bereich der Gentechnik sind aus lebenden Zellen isolierte biochemische Stoffe, beispielsweise Gene und Proteine, für wirtschaftliche Zwecke gezüchtete Mikroorganismen sowie transgene Pflanzen und Tiere.

Molekularbiologische Arbeitsschritte

Die Anwendung der Gentechnik setzt die Beherrschung molekularbiologischer Arbeitsschritte voraus, die ohne ein vertieftes Studium kaum zu verstehen sind. Zum ersten Arbeitsschritt gehört die Isolierung, Vervielfältigung, enzymatische Modifikation, Charakterisierung, Sequenzierung und (abschnittsweise) chemische Synthese von DNA, zum zweiten Arbeitsschritt die Klonierung und Expression von DNA in prokaryotischen oder eukaryotischen Zellen (Schmid 2006). Da die DNA höherer Organismen aus überaus langen Molekülen besteht, kann sie nicht bruchfrei isoliert werden. Es gibt aber Enzyme (»Restriktionsenzyme«), die es erlauben, die DNA sauber in Abschnitte zu zerschneiden und mit anderen DNA wieder zusammenzufügen (rekombinante DNA). Solche DNA-Abschnitte lassen sich über Plasmiden (ringförmige DNA Moleküle bakteriellen Ursprungs) oder Viren – beides »molekulare Fähren« oder »Vektoren« – in ein einzelnes Bakterium einschleusen und mit dessen weiterer Teilung zur Bakterienkolonie identisch vermehren (klonieren). An Stelle des Bakteriums kann auch eine Hefe-, Tier- oder Pflanzenzelle treten.

Um ein bestimmtes Gen oder einen bestimmten Genabschnitt aus der DNA eines Organismus zu isolieren, stellt man umfangreiche Sammlungen solcher Bakterienkolonien her (Genbanken), aus denen das gesuchte Gen oder dessen Abschnitt selektiert werden kann – bei zigtausend Einträgen eine anspruchsvolle Aufgabe. Eine wiederkehrend wichtige Teilaufgabe ist die Sequenzierung der DNA-Abschnitte und das Zusammenfügen der Abschnittssequenzen zur Gesamtsequenz. Unter Sequenzierung wird die Feststellung der Folge von Nukleinsäurebausteinen (Nukleotide) verstanden. Die Genome wichtiger Nutztiere und Nutzpflanzen sowie des Menschen sind in den vergangenen Jahren vollständig sequenziert worden.

5 Stand der Anwendung der Gentechnik

Nachfolgend wird versucht, den Stand der Gentechnik hinsichtlich transgener Mikroorganismen, transgener Tiere und transgener Pflanzen zusammenzufassen während die anthropologischen Anwendungen einem besonderen Abschnitt vorbehalten bleiben. Als »transgen« wird ein Organismus bezeichnet, in den fremde Gene eingebracht oder in dem eigene Gene künstlich verändert wurden.

Transgene Mikroorganismen

Transgene Mikroorganismen stehen am Beginn der Gentechnik, die auf das Jahr 1973 zu datieren ist. Stanley Cohen und Herbert Boyer war es gelungen, ein fremdes Gen gezielt in eine Wirtszelle zu übertragen und dort zur Expression zu bringen. Es handelte sich um eine *in-vitro* Rekombination von DNA unter Verwendung von Plasmidvektoren. Anfangs wurde Gentechnik ausschließlich im medizinischen Bereich eingesetzt. Durch Einschleusung und Replikation von rekombinanter DNA in Wirtszellen (Bakterien oder Hefen) konnten die für die Krankheitsbehandlung benötigten menschlichen Proteine gewonnen werden, darunter Insulin (bei Diabetes), Faktor VIII (bei Bluterkrankheit), Erythropoietin (bei Blutarmut) und b-Interferon (bei multipler Sklerose). Heute sind etwa 50 gentechnisch hergestellte Medikamente zugelassen und im Handel. Zahlreiche weitere Medikamente dieser Art befinden sich in der Entwicklung und Erprobung. Besonderes Interesse besteht derzeit an der vollständigen Sequenzierung des Genoms von Mikroorganismen (etwa 200 Genomkartierungen liegen vor), um mittels der funktionellen Genomforschung

Klarheit über die Ursachen komplexer bakteriell bedingter Krankheitsbilder zu erhalten. Genetisch veränderte Mikroorganismen werden auch außerhalb des medizinischen Bereichs eingesetzt, und zwar überall dort, wo mikrobiologische Verfahren durch gentechnische Eingriffe verbessert werden können. Der Gentechnologe Craig Venter hat kürzlich (2010) das synthetisierte Erbgut eines Bakteriums in einem artähnlichen Bakterium zur Expression gebracht, ein sehr bescheidener allererster Schritt in Richtung auf »künstliche Mikroorganismen«.

Transgene Tiere

Transgene Tiere werden durch Einschalten (*knock-in*), Ausschalten (*knockout*) oder Ersetzen (*replacement*) von Genen im Genom erzeugt. Als Arbeitsgrundlage dienen aufwendig erstellte Genomkarten, auf denen die Lage der Gene auf der DNA einzelner Chromosomen vermerkt ist, wobei die Zuordnung der Merkmale zu den Genen das eigentliche Problem darstellt, sofern es sich um polygene, also von mehreren Genen abhängige Merkmale handelt. Das Problem wird über komplexe statistische Verfahren bei Normierung der züchterischen Umweltbedingungen gelöst. Die Genomsequenzen liegen neuerdings für Huhn, Rind und Schwein vor.

Zunächst seien einige typische Arbeitshilfsmittel für gentechnische Manipulationen in der Tierzucht genannt: die Erhöhung der Embryonenzahl durch Hormonbehandlung des Muttertiers (Superovulation), die *in-vitro* Besamung der Eizellen und deren weitere Entwicklung in Laborkulturen, der Embryotransfer in Leihmütter, das gelegentlich ausgeführte Embryoklonen sowie das Einführen von synthetischen Genkonstrukten in embryonale oder adulte Stammzellen durch Mikroinjektion. Stammzellen haben die Fähigkeit, sich in Kultur beliebig oft zu teilen, ohne die Fähigkeit zu verlieren, sich anschließend zu spezialisierten Zellen weiterzuentwickeln.

Zum Einsatz transgener Tiere ist in der Fachliteratur viel Spekulatives und wenig Realisiertes zu finden. Das Versuchsstadium wird selten überschritten. Man erhofft sich leistungsgesteigerte Tiere in der landwirtschaftlichen Produktion und im Pferdesport. Durch Mikroinjektion des Gens, das das Wachstumshormon der Ratte konditioniert, wurde 1982 eine Riesenmaus erzeugt. Ein in ähnlicher Weise erzeugter riesiger Seelachs wurde 1985 der Öffentlichkeit vorgestellt. Des wieteren wird erwogen, rekombinante Proteine für therapeutische Zwecke, statt in Zellreaktoren, über die Milch transgener Mäuse, Schafe, Ziegen oder Rinder herzustellen. Für Forschungszwecke und zur Prüfung pharmazeutischer Wirkstoffe sind transgene Mäuse kommerziell erhältlich, die bestimmte

Humankrankheiten genetisch modellieren, so die Immunschwächemaus, die Onkomaus (Hautkrebs) oder die Bluthochdruckmaus. Schließlich erhofft man sich, über transgene Schweine Transplantationsorgane, speziell Tauschherzen, für den Menschen herstellen zu können (Xenotransplantation).

Verfahrenstechnisch verwandt mit der Erzeugung transgener Tiere ist das Klonen, also das Herstellen genetisch identischer Zellen oder Organismen. Geklonte Tiere entstehen bei der ungeschlechtlichen Vermehrung. Diese ist bei den höheren Tieren selten (eineiige Mehrlinge). Im Rahmen der Tierzucht wird versucht, monoklonale, also genetisch identische Tiere in größerer Zahl herzustellen. Dazu wird in eine entkernte Eizelle der Zellkern einer Körperzelle des betrachteten Tieres eingebracht. Das gelang erstmals bei Fröschen. Besondere Beachtung als erstes geklontes Säugetier hat das Klonschaf Dolly (1997) gefunden, das mit dem Zellspenderschaf genetisch übereinstimmte. Auch Maus, Schwein, Rind und Ziege wurden auf diese Weise geklont. Das Verfahren ist aber bei Säugetieren nur in Ausnahmefällen erfolgreich und eine Verbesserung vorerst nicht in Sicht (Nüsslein-Volhard 2004).

Transgene Pflanzen

Transgene Pflanzen werden nach demselben Grundprinzip wie transgene Tiere erzeugt, wobei sich aber die Arbeitstechniken zur Genbearbeitung phänotypisch bedingt stark unterscheiden. Von verschiedenen Nutzpflanzen gibt es heute Genomkarten, die die vollständige Sequenzierung des Genoms zeigen, etwa für Reis, Mais, Tabak, Baumwolle, Weizen, Gerste und Kartoffel.

Ein typisches Arbeitsmittel sind die pflanzlichen Zellkulturen, die im Zusammenhang mit den mikrobiologischen Techniken bereits erwähnt wurden. Fremde DNA, aus dem Genom von *Escherichia coli*, wird im allgemeinen über Plasmide in die pflanzliche Zelle eingebracht. Bekannt ist das Ti-Plasmid (Ti: *Tumor inducing*), das über ein Bodenbakterium eine krebsartige Zellvermehrung am Wurzelhals der betroffenen Pflanze auslöst. Man simuliert den Prozess in Zellkulturen. Andere Verfahren in Zellkultur beruhen auf den Protoplasten (enzymatisch gewonnene Abkömmlinge lebender Zellwände), auf Mikroinjektion von DNA oder auf »Biolistik«. Beim biolistischen Verfahren werden Pflanzenembryonen mit Gold- oder Wolframpartikelchen bombardiert, auf denen die zu übertragende DNA ausgefällt ist. Das Klonieren ist bei Pflanzen weniger aufwendig als bei Tieren weil als natürliche Klone Ableger und Sprossen zur Verfügung stehen.

Transgene Nutzpflanzen, die vor allem in Nordamerika verbreitet sind, wurden zunächst mit dem Ziel entwickelt, die Toleranz gegenüber Herbiziden, Insektiziden, Pilzen und Viren zu erhöhen. Das betrifft insbesondere Soja, Mais, Kartoffel und Baumwolle. Es geschieht dies vornehmlich durch Produktion bestimmter gegengerichteter Proteine in den Pflanzenzellen. Transgene Pflanzen mit erhöhter Stresstoleranz (grelles Licht, UV-Strahlung, Hitze, Trockenheit) werden derzeit erprobt. Die Bildung besonderer Farbpigmente kann angeregt (blaue Rosen) oder der Reifeprozess verzögert (Anti-Matsch-Tomate) werden. Die gentechnische Bearbeitung von Pflanzen kann auch die Modifikation der pflanzeneigenen Proteine oder die Synthetisierung von pflanzenfremden Wirkstoffen zum Ziel haben. Transgene Tomaten und Kartoffeln werden mit veränderter Stärkezusammensetzung angeboten, transgener Raps mit verändertem Fettsäureprofil. Für die Zellstoff- und Papierindustrie sind transgene Fichten mit verringertem Lignigehalt von Interesse. Die Expression von Wirkstoffen über transgene Pflanzen umfasst Antikörper, Vakzine, Serumalbumine und Biopolymere.

6 Gefährdungen durch die Gentechnik

Physiologische Gefährdungen

Die gentechnisch zu bearbeitenden Mikroorganismen können eine Gefahr für die menschliche Gesundheit und für die Umwelt darstellen. Für den Umgang mit derartigen Gefahrstoffen gelten daher in den Industrieländern strenge Regelungen. Geschultes Personal, zweckdienliche Räume, abgesicherte Arbeitsplätze und genaue Versuchsdokumentation sind vorgeschrieben. Das Ausmaß der Regelungen richtet sich nach der einzuhaltenden Sicherheitsstufe. Die niedrigste Sicherheitsstufe S1 gilt bei gentechnisch veränderten Organismen, die kein Risiko für Mensch und Umwelt darstellen. Die höchste Sicherheitsstufe S4 ist bei humanpathogenen Organismen mit unsicherer Vakzinierung bzw. unsicherer Therapie im Fall einer Infektion gegeben (Beispiel: Ebola- und Lassavirus). Es gibt Genehmigungsverfahren und Aufsichtsbehörden für gentechnische Anlagen. Damit kann die mikrobiologische Gentechnik, soweit sie im Labor betrieben wird, ohne Einschränkung verantwortet werden.

Nicht sicher beantwortbar ist dagegen die Frage, ob und unter welchen Umständen massenweise ausgebrachte transgene Mikroorganismen ökologisch bedenklich sind, etwa bei der biologischen Abwasserreinigung, Bodenaufbereitung oder Erzgewinnung. Ähnlich unsicher ist die Lage hinsichtlich der Freisetzung transgener Pflanzen und Tiere sowie deren Weiterverarbeitung zu Nahrungs- und Futtermitteln. Während in den USA kaum Regulierungen bestehen, verhalten sich EU und Japan restriktiv. Hier unterliegt die Freisetzung strengen Zulassungsverfahren und es müssen gentechnisch erzeugte Nahrungsmittel und deren Zusatzstoffe auf gehandelten Produkten deklariert werden.

Eine unmittelbare physiologische Gefährdung durch die Gentechnik ist nicht zu erkennen. Selbst bei den durch die Genfer Konvention weltweit geächteten biologischen Kampfstoffen sind durch Gentechnik nur marginale »Verbesserungen« zu erzielen. Anders verhält es sich mit der psychischen Gefährdung. Das Herstellen transgener Pflanzen und Tiere ist gegen die natürliche Evolution des Lebens gerichtet, »stellt« die Natur noch radikaler als es die mechanistische Technik tut, stellt sie nicht nur, sondern höhlt sie von innen aus, beutet sie nicht nur aus, sondern beginnt sie in ihrem eigenständigen Kern zu zerstören. Die anzustrebende Einheit des Menschen mit Natur und Kosmos wird unmöglich gemacht. Der Mensch zerbricht den Spiegel der Natur, in dem er sich bisher wiedererkennen konnte.

Soziale Gefährdungen

Mit der biologischen Bewertung der Gentechnik ist aber deren Problematik nur unzureichend erfasst. Ebenso wie bei der herkömmlichen Technik sind bei der Gentechnik die sozialen Auswirkungen zu bedenken. Darauf hat beispielsweise die indische Umweltaktivistin Vandana Shiva (2009) aufmerksam gemacht. Sie weist nach, dass in Nordindien am Fuße des Himalaja die im Rahmen einer »grünen Revolution« propagierten Monokulturen von hochgezüchteten transgenen Nutzpflanzen den Bodenertrag nicht erhöht und die Wasserknappheit verschärft haben. Sie stellt verallgemeinernd fest, dass die Agrokonzerne versuchen, den globalen Markt über Gentechnologie, Saatgutpatente für transgene Pflanzen (nur diese sind patentierbar) und Freihandelsabkommen zu beherrschen. Gleichzeitig werden Kleinbauern, die sich das teure Saatgut nicht leisten können, in den Ruin getrieben. Wie schon vor ihr Mahatma Gandhi, propagiert sie die herkömmlichen Kleinbetriebe und hat für deren Erhalt Saatgutkooperativen gegründet. Die Bodenerträge sollen deutlich höher sein als auf den Großfarmen.

Ein anderes Beispiel sozialer Unverträglichkeit ist aus Paraguay bekannt geworden. Dort expandiert der Anbau gentechnisch an Herbizide angepasster Sojapflanzen durch Großgrundbesitzer, die auf den Feldern Unmengen gesundheitsschädlicher Chemikalien ausbringen und durch den zunehmenden Landbedarf den Kleinbauern die Existenzgrundlage nehmen. Es kann allgemein gefolgert werden, dass die Landwirtschaft mit transgenen Pflanzen in weiten Teilen der Welt nicht sozialverträglich ist.

7 Problemfelder der anthropologischen Reproduktionstechnik

Verhütungstechnik und Eugenik

Unter »anthropologischer Reproduktionstechnik« wird die Anwendung der an Tier und Pflanze erprobten züchterischen und gentechnischen Verfahren und Erkenntnisse auf menschliche Zellen und Embryonen verstanden. Diese Übertragung liegt nahe, nachdem der Mensch anatomisch und organisch der Evolution der Säugetiere (Mammalia) zugeordnet ist.

Der anthropologischen Reproduktionstechnik vorgelagert ist die Verhütungstechnik, deren moderne Form auf der Entwicklung und Verbreitung der oralen Kontrazeptiva (»Pille«) beruht. Damit hat der Mensch Verfügungsmacht über Umfang und Zeitpunkt der Reproduktion gewonnen. Erstmals in der Menschheitsgeschichte ist die Schwangerschaft weder Naturereignis noch Gottesgabe, sondern der Verantwortung des Menschen anheimgestellt – mit erheblichen Auswirkungen auf den individuellen und gesellschaftlichen Lebensvollzug.

Der geistige Vater der zielgerichteten anthropologischen Reproduktion ist der Evolutionist Francis Galton (1822–1911), der die Eugenetik oder Eugenik (gr. »Lehre vom Wohlgeborensein«) begründet hat. Die Eugenik versteht sich als Lehre von den Bedingungen, unter denen die Erzeugung körperlich und geistig wohlgeratener Nachkommen steht und die Erzeugung ungeratener Nachkommen verhindert wird.

Eugenisch begründete Überlegungen haben durch die eher hypothetischen als realen Möglichkeiten der Humangenetik Auftrieb erhalten. Nicht nur die Vorbeugung gegen Erbschäden steht zur Debatte, sondern die gentechnische Verbesserung des Menschen ganz allgemein, gelegentlich ausgeweitet auf die Erzeugung von Übermenschen ebenso wie von Untermenschen, erstere zum Herrschen bestimmt, letztere zum Dienen.

Verbunden mit politischer Ideologie war die seinerzeitige Eugenik im nationalsozialistischen Deutschland die Ausgangsbasis für die Begründung der »Vernichtung minderwertigen Lebens«, seien es nun Behinderte, Juden, Sinti und Roma oder Homosexuelle. Das gemahnt zu äußerster Vorsicht bei der Übertragung und Anwendung züchterischer und gentechnischer Verfahrensweisen auf den Menschen. Die Grenzziehung zwischen nicht erlaubter und erlaubter oder gar gebotener eugenischer

Vorsorge und therapeutischer Hilfe ist problematisch. Die Gefahr des politischen oder ökonomischen Missbrauchs ist allgegenwärtig. Die Folgen von gentechnischen Eingriffen am menschlichen Erbgut sind nicht absehbar und auch nicht zurücknehmbar. Die kontrovers geführte politische Debatte zur gesetzlichen Regelung der Genforschung am Menschen spiegelt die dargestellten Gefährdungen.

Kritische Wertungen

Eine kritische Wertung der Möglichkeiten der anthropologischen Reproduktionstechnik beinhaltet daher von vorn herein den über den biologischen Standpunkt hinausgehenden Gesichtspunkt, dass der Mensch nicht nur ein Naturwesen ist, sondern die Befähigung zur kreativen und moralischen Freiheit in sich trägt. Letzteres macht ihn zur Person, was sich nach christlicher Überzeugung aus der Gottesebenbildlichkeit ableitet oder nach säkularer Auffassung aus der Würde des Menschen, die als unantastbar gilt. Dem entspricht die Handlungsanweisung, den Menschen niemals nur als Mittel zu gebrauchen, sondern immer auch als eigenständigen Zweck zu respektieren (Kants kategorischer Imperativ).

In Verbindung mit dem herkömmlichen statischen Gottesbild folgt aus diesem Grundsatz eine ablehnende Haltung zur anthropologischen Reproduktionstechnik, wie sie etwa von der römisch-katholischen Kirche (ohne Rückgriff auf Kants kategorischen Imperativ) vertreten wird. Künstliche Eingriffe in das natürliche Reproduktionsgeschehen werden für unvereinbar mit der personalen Würde des Menschen erklärt, außer sie dienen der Verbesserung der Lebensbedingungen des Embryos. Der Embryo gilt nach katholischer Glaubensüberzeugung ab dem Zeitpunkt der Vereinigung der elterlichen Zellen als von Gott beseelt und somit als Person. Nur die natürliche Zeugung ohne Verhütungstechnik ist moralisch zulässig, *in-vitro* Fertilisation und Aufzucht (über eine Leihmutter) sind Vergehen, Abtreibung auch in einem sehr frühen Entwicklungsstadium des Embryos ist Mord, die Bevorratung von menschlichen Eizellen und Spermien ist unzulässig. Dieser rigorose Fundamentalismus ist zwar in sich konsequent, wird aber der heutigen Lebenswirklichkeit kaum noch gerecht.

Der Stand der biologischen und genetischen Kenntnisse und Möglichkeiten verlangen eine differenzierte Einstellung, die die Eigenverantwortung des Menschen in den physischen und materiellen Angelegenheiten dieser Welt berücksichtigt (Jonas 1984 u. 1987[(1)]). Albert Schweitzers Postulat der Ehrfurcht vor dem Leben kann dabei die Richtschnur sein. Es geht daher nicht um Ächtung, sondern um den verantwortungsvollen Umgang mit den neuen Möglichkeiten. Nachfolgend werden diese Möglichkeiten in der Abfolge von Embryonen- und Gentechnik, Präimplantationsdiagnostik und Genomanalyse aufgezeigt und dabei kritisch gewertet.

8 Anthropologische Embryonen- und Gentechnik

Entwicklung zum Fötus

Zunächst werden die biologischen Entwicklungsschritte, die zum menschlichen Fötus führen, stark vereinfacht dargestellt, um ein Verständnis der unterschiedlichen embryonalen und gentechnischen Verfahren zu ermöglichen. Am Anfang stehen Eizelle und Spermium, die sich zur Zygote vereinigen (Befruchtung), unter natürlichen Umständen der Beginn des Individuums. Durch Zellteilung entwickelt sich eine Ansammlung totipotenter (zu beliebiger Ausdifferenzierung fähiger) Zellen, die Morula. Aus der Morula entsteht durch weitere Zellteilung nach etwa 4 Tagen die Blastozyste, ein hohler Zellball mit multipotenten (beginnend differenzierten) Zellen im Innern (Embryonen). Aus der Blastozyste entwickelt sich der menschliche Fötus, der nach etwa 8 Wochen weitgehend und nach 12 Wochen voll ausgebildet ist.

Die Entwicklung bis zur Blastozyste kann bei Tier und Mensch von der Gebärmutter in die Kulturschale (*in vitro*) verlegt werden, in der die Vorgänge über Wachstumsfaktoren steuerbar sind. Diese In-vitro-Fertilisation ist eine wichtige Voraussetzung auch für gentechnische Maßnahmen. Das der Kulturschale entnommene Embryo muss erneut in eine menschliche Gebärmutter (Leihmutter) eingesetzt werden, um sich erst zum Fötus und dann zum geburtsbereiten Individuum weiterzuentwickeln. Es besteht keine Aussicht, diesen wesentlichen Abschnitt der Menschwerdung in einer künstlichen Gebärmutter abwickeln zu können. Das Retortenbaby ist auch nach neuestem Kenntnis- und Technikstand nicht verwirklichbar.

Stammzellen

Die öffentliche Diskussion um die Anwendung der Gentechnik auf den Menschen kreist um das Thema Stammzellen. Unter Stammzellen (engl. *parent cells*) versteht man Zellen, die sich in Kultur unbegrenzt teilen können, bevor sie sich zu spezialisierten Zellen weiterentwickeln. Embryonale Stammzellen werden aus befruchteten Eizellen im Stadium der Blastozyste gewonnen, also bei beginnender Ausdifferenzierung etwa in sich unterscheidende Blut- und Hautzellen. Adulte oder somatische Stammzellen finden sich in den nachwachsenden Geweben fötaler (ab 36. Woche), kindlicher und erwachsener Individuen. Sie bedürfen einer »Umprogrammierung« (»induzierte Pluripotenz«). Nachwachsende Gewebe sind beispielsweise in Blut-, Haut- und Darmgeweben aber auch in Muskel- und Gehirngeweben anzutreffen. Ebenso bilden sie die Basis der Produktion von Eiern und Spermien. Embryonale und adulte Stammzellen unterscheiden sich wesentlich in ihrem Teilungsverhalten. Die embryonalen Stammzellen teilen sich in gleichartige, sich allmählich ausdifferenzierende Zellen. Die adulten Stammzellen teilen sich in je eine unveränderte neue Stammzelle und eine sich weiter ausdifferenzierende Zelle. Die therapeutische Wirksamkeit der beiden Stammzelltypen ist ebenfalls unterschiedlich.

Embryonale Stammzellen des Menschen lassen sich auf dreierlei Weise gewinnen, aus menschlichen Blastozysten, die bei einer In-vitro-Fertilisation unfruchtbarer Paare übrig geblieben sind, aus Fötusgewebe bei Aborten und Abtreibungen sowie aus dem Transfer des Zellkerns einer diploiden Zelle in eine Eizelle, deren Zellkern entfernt wurde und Kultivierung dieser Zelle bis zur Blastozyste. In allen drei Fällen können zweckmäßig erscheinende genetische Eingriffe vorgenommen werden. In Deutschland sind nur adulte Stammzellen des Menschen zur Forschung zugelassen. Forschung an embryonalen Stammzellen ist gesetzlich untersagt.

Therapeutische Erfolge erhofft man sich, rein spekulativ, vom Einsatz embryonaler Stammzellen bei Krankheiten, bei denen bestimmte Zelltypen degenerieren und vom Körper nicht ersetzt werden können, etwa bei den Gehirnkrankheiten Morbus Parkinson, Alzheimer Demenz, Chorea Huntington und Multiple Sklerose. Die Immuninkompatibilität bei Verwendung fremder Embryonen ist ein vorerst ungelöstes Problem, dem man (in England) über die Sammlung und Archivierung embryonaler Stammzellen beizukommen versucht. Adulte Stammzellen werden aus den nachwachsenden Geweben gewonnen. Am bekanntesten sind die blutbildenden Stammzellen aus dem eigenen Knochenmark, mit denen versucht wird, nach Genkorrektur genetisch bedingte Blutkrankheiten zu therapieren oder die Herzleistung von Infarktpatienten zu erhöhen. Die bisherigen Erfolge sind marginal, und infolge eines fehlerhaften Geneinbaus können Tumore auftreten. Erfolgreich klinisch angewendet wird dagegen die Stammzellentherapie bei Leukämiepatienten, bei denen das blutbildende System im Knochenmark nach einer Bestrahlungsbehandlung neu aufgebaut werden muss (ohne genetischen Eingriff).

Als beim Menschen nicht anwendbar hat sich das bei Maus, Fisch und Fliege bewährte präembryonale Verfahren erwiesen, die genetische Abänderung bereits in der Keimbahn, also an den Zellgruppen, aus denen die Keimzellen (Eier oder Spermien) hervorgehen, vorzunehmen, so dass dadurch die Nachkommen von der genetisch bedingten Krankheit befreit sind. Über die Funktion der im Gehirn auffindbaren Stammzellen herrscht Unklarheit. Neurogenese ist entgegen bisheriger Auffassung auch noch am alternden Gehirn feststellbar. Stammzellen sind daher für die lebenslange Weiterentwicklung des Gehirns notwendig. Sie bedingen dessen Plastizität (Kempermann in Bonhoeffer u. Gruss 2011).

Klonen

Das an Tieren (Schafe, Ziege, Rind und Maus) erfolgreich ausgeführte Klonen mittels Kerntransfer von einer Körperzelle in eine entkernte Eizelle kann prinzipiell auch am Menschen ausgeführt werden, um einen genetisch identischen Doppelgänger herzustellen, eine Art verspäteter Zwilling ohne Eltern. Die Wahrscheinlichkeit des Gelingens ist allerdings äußerst gering (Nüsslein-Volhard 2004). Schon beim Tier entwickelt sich nach dem Gentransfer nur selten eine Blastozyste und noch seltener daraus ein gesundes Tier. Das hat zellbiologische Gründe. Dennoch stellt das Klonen des Menschen eine reale Möglichkeit dar, deren Sensationswert längst erkannt ist, wie die kürzlich aufgedeckte Klonfälschung durch einen angesehenen koreanischen Wissenschaftler zeigt. Das Klonen des Menschen ist in vielen Ländern gesetzlich verboten, leider nicht in allen. Vorerst schützt die hohe Unwahrscheinlichkeit des Gelingens vor unliebsamen Entwicklungen.

9 Präimplantationsdiagnostik und Genomanalyse

Präimplantationsdiagnostik

Die künstliche Befruchtung oder *in-vitro* Fertilisation mit anschließender Kultivierung bis zur Implantation wird auch in Deutschland häufig angewendet, um Unfruchtbarkeit des Elternpaars zu beheben. Zugehörig ist die Präimplantationsdiagnostik, die zunächst dazu dient, Embryonen mit schadhaften Chromosomen auszuschließen. Dadurch kann die Zahl der implantierten Embryonen von üblicherweise drei auf ein oder zwei reduziert werden, was wiederum den Anteil an unerwünschten Mehrlingsgeburten verkleinert. Ebenso können gewisse schwere Erbkrankheiten frühzeitig erkannt und durch Nichtverwendung der entsprechenden Embryonen ausgeschlossen werden, nicht erst anlässlich der relativ späten Pränataldiagnose am Fötus. Die Präimplantationsdiagnostik zweigt im frühen Entwicklungsstadium des Embryos ein oder zwei Zellen ab, an denen die Untersuchung durchgeführt wird.

Die Gefahr des Missbrauchs (nach heutiger Auffassung) liegt darin, dass die Diagnose auf unbedeutenden Abnormitäten oder positive Merkmale des Menschen ausgedehnt wird, wie es dem Anliegen der Eugenik entspricht. Im Vollzug des Verfahrens der künstlichen Befruchtung sind gentechnische Eingriffe grundsätzlich möglich, was zu der irrigen Vorstellung geführt hat, man könne zukünftig »Kinder nach Maß«, auch »Designer Babies« genannt, produzieren. Der Philosoph Michael Sandel drückt sein ethisches Unbehagen mit dieser Vision einer Selbstperfektionierung des Menschen aus (Sandel 2008). Er setzt die »Ehrfurcht vor dem Leben« dagegen, und meint damit die Demut, das Leben als Geschenk zu betrachten.

Genomanalyse

Als zukünftig unverzichtbare Basis gentechnischer Erkundungen und Maßnahmen am Menschen ist schließlich die Entschlüsselung des menschlichen Genoms zu betrachten. Die Entschlüsselung erfolgte auf internationaler Basis im Rahmen des »Human genom project« ab 1990 und konnte im Jahr 2001 mit der Publikation der vollständigen DNA-Sequenz erfolgreich abgeschlossen werden. Überraschenderweise wurden nur etwa 30000 Gene bei etwa 3 Milliarden Basenpaaren detektiert. Zwischenzeitlich (2010) ist das Genom von etwa 10 weiteren Individuen sequenziert worden. Der Preis für eine vollständige Sequenzierung liegt derzeit bei 100000 Dollar. Weitere nachhaltige Preisreduktionen und damit der Einsatz bei Neugeborenen sind absehbar. Nach der Aufdeckung der Struktur des menschlichen Genoms wird nach deren Korrelation mit phänotypischen Merkmalen gefragt (funktionelle Kartierung der Gene), wobei sich das Interesse auf erbliche Krankheitsdispositionen konzentriert.

Allerdings muss die Sozialverträglichkeit der Verbreitung der Genomanalyse in Frage gestellt werden. Das bestehende Interesse ist primär ökonomischer Art. Die Diagnose von Krankheitsdispositionen wird bei unaufgeklärten bzw. psychisch labilen Menschen Ängste hervorrufen, die im Lebensvollzug wenig hilfreich sind. Eine Krankheitsdisposition bedeutet ja nicht, dass die Krankheit auch tatsächlich ausbricht. Andererseits ist die Verwendung der erhobenen oder erhebbaren genetischen Daten bei Auswahlentscheidungen zu Zulassungs-, Anstellungs- und Versicherungsverträgen kaum zu unterbinden. Auch staatliche Stellen dürften sich für die eine oder andere genetische Disposition interessieren. Die Gesellschaft täte also gut daran, die Genomanalyse nur in begründeten Ausnahmefällen zuzulassen.

10 Literarische Reflexionen zur biologischen Technik

Die mikro- und makrobiologischen Techniken, die den Menschen von Anbeginn seiner Geschichte begleitet haben, hatten bis Mitte des 20. Jahrhunderts überwiegend segensreiche Wirkungen. Zum genannten Zeitpunkt änderte sich das grundlegend. Massentierhaltung, transgene Pflanzen und Tiere sowie In-vitro-Fertilisation auch beim Menschen sind die Stichworte dazu. Die mit mechanistischer Technik vor etwa 200 Jahren begonnene rücksichtslose Ausbeutung der Natur und der menschlichen Arbeitskraft fand vor knapp 50 Jahren in der biologischen Gentechnik (angewendet auf höhere Lebewesen) ihre Fortsetzung. Während sich aber bei der mechanistischen Technik großartige Erfolge unmittelbar einstellten, ist das bis heute bei der Gentechnik nicht der Fall, ausgenommen die pharmakologischen Anwendungen. Besonders fragwürdig ist genetische Forschung und Technik an menschlichen Embryonen.

Joseph Ratzinger, der spätere Papst Benedikt XVI., hat anhand von drei Beispielen aus der schöngeistigen Literatur den Verlust der gottgewollten personalen Freiheit des Menschen durch die anthropologische Reproduktionstechnik aufgezeigt (Löw 1990, *ibid*. S. 28).

Da ist zunächst die Idee des Golem im kabbalistischen Judentum (ab etwa 500 n. Chr.). Der aus Lehm geformte Körper wird durch das Rezitieren schöpfungsmächtiger, also magischer Buchstaben- bzw. Zahlenkombinationen zum Leben erweckt. Golem selbst befindet, die Macht sei jetzt bei denen, die den künstlichen Menschen erschaffen können, und Gott sei tot. Zu bedenken ist jedoch, wie Ratzinger richtig bemerkt, dass es die Zahlen bzw. Buchstaben, die die neuen Mächtigen zusammenzufügen wissen, erst einmal geben muss, bevor das Erschaffen beginnen kann.

Da ist des weiteren der Homunculus in Goethes *Faust* (Teil II), der von Faustens ehemaligem Famulus Wagner, einem rationalistischen Macher, nach alchemistischer Kunst in einer gläsernen Phiole aus organischen Substanzen erzeugt wird. Goethe stellt dabei das Verlangen des Menschen heraus, die Welt auf das technisch Machbare zu reduzieren und das Geheimnis der Natur durch zweckbestimmte Rationalität aufzuheben. Weil Homunculus künstlich ist, muss er *in-vitro* leben: »Was künstlich ist, verlangt geschloss'nen Raum«. Schließlich zerschlägt er das ihn schützende Glas, um in die schöpferische Kraft der Elemente zurückzukehren, zu »Eros, der alles begonnen«.

Da ist schließlich in Aldous Huxleys *Brave New World* (1932) das Verlangen, dass der Mensch in der gänzlich wissenschaftlich gewordenen Welt nur noch im Labor gezüchtet werden darf, zweckvoll komponiert für seine spätere Aufgabe.

Ratzinger verdeutlicht anhand der drei Beispiele aus der Literatur, dass die Welt der rationalen Planung, der wissenschaftlich gesteuerten Reproduktion des Menschen, sicher kein Ort personaler Freiheit ist, die allein über den Gottesbegriff begründet werden kann.

KAPITEL VIII

Gegenstand der neuronalen Technik

»Denken heißt nichts anderes als sich eine Gesamtsumme durch Addition von Teilen oder einen Rest durch Subtraktion einer Summe von einer anderen vorzustellen.«

Thomas Hobbes: Leviathan (1651)

1 Einführung und Inhaltsübersicht

Der Begriff »neuronale Technik« wird neu eingeführt. Er bedarf daher der Erläuterung. Die Aufteilung der Technik in die drei Bereiche mechanistische, biologische und neuronale Technik orientiert sich an den drei Schritten der evolutionären Höherentwicklung. Auf den Gesetzen der unbelebten Natur beruht die mechanistische Technik. Aus der unbelebten entsteht die belebte Natur. Auf den Regeln der belebten Natur beruht die biologische Technik. Aus der belebten Natur erwächst das neuronale System des Menschen, speziell der Neokortex, der die besonderen kognitiven Fähigkeiten des Menschen ermöglicht, basierend auf einer emotionalen Grundstruktur. Die neuronale Technik ist das künstliche (digitale) Abbild von (nicht digitalen) Gehirnfunktionen. Zugehörig ist das Wissensgebiet der Informatik, auch »Informationstechnik« oder im englischen Sprachraum »Computer science« genannt, sowie deren quasibiologische Ausrichtung, die unter dem Begriff »künstliche Intelligenz« bzw. »Computational intelligence« zusammengefasst wird. Der Machtaspekt der neuronalen Technik beinhaltet die Verfügung über Informationen, deren geordnete Form Wissen bedeutet.

Nachfolgend wird die historische Entwicklung erst der mechanischen Rechenmaschinen, dann der elektronischen Rechenautomaten und schließlich der Nachrichtentechnik, letztere als Basis von Rechnervernetzung und Internet aufgezeigt. Die Darstellung der Historie soll das Ausmaß und die Dynamik der technischen Veränderungen aufzeigen, die einen tiefgreifenden sozialen und kulturellen Wandel weltweit und in allen Lebensbereichen hervorgerufen haben. Allerdings sind auch die Grenzen der neuen Technologien sichtbar, wie an den gescheiterten Versuchen gezeigt wird, wirkliche Intelligenz künstlich zu erzeugen. Künstliche Intelligenz sowie weitere Formen scheinbarer Computer- und Roboterintelligenz haben dennoch große praktische Bedeutung erlangt.

Die Darstellung der neuronalen Technik stützt sich auf zwei Abhandlungen zur geschichtlichen Entwicklung der Informations- und Datenverarbeitungstechnik (Ganzhorn u. Walter 1975, Oberliesen 1982), auf eine Einführung zur Informatik (Roller 2009) sowie auf eine Einführung und ein Standardwerk zur Computer-Intelligenz (Kramer 2009, Rutkowski 2008). Zur künstlichen Intelligenz sind weitere Werke im Text zitiert. Das nicht jedem Leser geläufige Computer- und Internetvokabular wird in einem kurzen Glossar am Ende des Buchs erklärt. Für weitergehende Recherchen sind Speziallexika verfügbar (Prevezanos 2011, Gieseke u. Voss 2011).

2 Historische Entwicklung der mechanischen Rechenmaschinen

Zahlensysteme und frühe Rechenhilfsmittel

Die wohl bedeutsamste Errungenschaft als Voraussetzung neuronaler Technik am Beginn der Menschheitsentwicklung ist die Zahl bzw. das Zählen, das ein Abstrahieren von den konkreten Gegebenheiten voraussetzt. Der formale Umgang mit Zahlen erlaubte das Rechnen. Dazu wurden kulturabhängig unterschiedliche Zahlensysteme entwickelt, unterschiedlich in den Symbolen, in der Stufung (Fünfer- oder Zehnersystem) und in der Art der Darstellung großer Zahlen. Die ältesten schriftlich niedergelegten Rechenaufgaben sind aus Ägypten bekannt (1700 v. Chr.). Das heute gebräuchliche dezimale Zahlen- und Ziffernsystem stammt aus Indien (ab 3. Jh. v. Chr. ohne die Null, ab 8. Jh. n. Chr. mit der Null). Der in der heutigen Computertechnik wichtige Begriff des Algorithmus stammt von dem arabischen Mathematiker Al-Chwarazmi (um 800 n. Chr.) und bezeichnet ein »mechanisch« ausführbares Rechenverfahren. Das Rechnen mit Dezimalzahlen wurde durch die Lehrbücher *Liber abaci* von Leonardo da Pisa (1202) und *Rechenbuch* von Adam Riese (1524) in Europa bekannt gemacht.

Schon früh sind technische Hilfsmittel anzutreffen, die das Zählen und Rechnen erleichtern. Rechentische und Rechenbretter (der Abakus), auf denen kleine Steinchen verschoben wurden, waren bei Persern, Griechen und Römern im Gebrauch. Der chinesische Suan-pan besteht aus 9 in einem Rechteckrahmen parallel angeordneten Stäbchen, auf denen je fünf Kugeln unter einem Quersteg und zwei Kugeln darüber zur Kennzeichnung von Einern und Fünfern verschoben werden können. Das entspricht dem antiken Abakus (ab 1. Jh. v. Chr). Der japanische Soroban verwendet siebenundzwanzig statt neun Stäbchen. Das Rechnen auf dem Rechenbrett blieb bis in die Neuzeit eine Domäne der Kaufmannszunft. Es wurde vielfach von besonderen Rechenmeistern ausgeführt.

Als weiteres Hilfsmittel zur mechanischen Durchführung von Rechenoperationen hatte der Schotte Napier 1614 logarithmische Rechentafeln vorgelegt, durch die das Multiplizieren auf das Addieren der zugehörigen Exponenten zurückgeführt wurde. Die von Napier konzipierten quaderförmigen Rechenstäbchen für die Multiplikation, eine Art Einmaleinstafeln mit Addition der Resultate der separaten Einer-, Zehner-, Hundertermultiplikation (usw.) waren weit verbreitet. In Fortsetzung dieser Entwicklung kam ab etwa 1650 der Rechenschieber mit beweglicher Zunge als

Rechenhilfsmittel in Gebrauch. Die Multiplikation bzw. Division wurde bei diesem einfachen Gerät als das Addieren bzw. Subtrahieren der als Strecken dargestellten Exponenten dargestellt. Es ist dies ein einfacher Analogrechner im Unterschied zum Abakus und zu den späteren Rechenmaschinen, bei denen Zahlen digital durch diskrete Zustände dargestellt werden.

Mechanische Rechenmaschinen

In der vom mechanistischen Denken geprägten Barockzeit lag es nahe, ein mechanisches Gerät zu konzipieren, das die Grundrechenarten Addition, Subtraktion, Multiplikation und Division maschinell ausführen konnte. Derartige Rechenmaschinen (gr. *mechane* bezeichnet eine Vorrichtung) setzen digitale Informationen um, in Analogie zu den Kraftmaschinen, die Kräfte umsetzen. Wilhelm Schickard, Theologe und Mathematiker an der Universität Tübingen, baute 1623 eine Rechenmaschine mit zehnfach gezahnten Zählrädern und mit einfach gezahntem Rad (Nockenrad) für den Zehnerübertrag (das mechanische Schlüsselproblem). Der Philosoph und Mathematiker Blaise Pascal stellte 1642 in Paris eine Addiermaschine vor, die seinem Vater, einem Finanzverwalter, die tägliche Arbeit erleichtern sollte. Pascal formulierte erstmals das Ziel, geistige Arbeitsleistungen wie Gedächtnis und Denktätigkeit durch eine mechanische Vorrichtung zu ersetzen.

Der Universalgelehrte Gottfried Wilhelm Leibniz präsentierte 1673 in Mainz und Hannover eine Rechenmaschine für alle vier Grundrechenarten, ein »Instrumentum panarithmicon«. Leibniz hatte die Pascalsche Maschine im Jahr zuvor in Paris gesehen. Die daraufhin konzipierte eigene Rechenmaschine weist drei neuartige mechanische Grundelemente auf, die von den späteren Tischrechenmaschinen übernommen wurden: ein Betragschaltwerk (Staffelwalze) zwischen Einstellwerk und Resultatwerk (Zählwerk), das gegenüber dem Resultatwerk verschiebbare Einstellwerk (für mehrstellige Multiplikationen) und der zentrale Handkurbelantrieb. Leibniz gilt auch als Entdecker des binären Zahlensystems, hat es aber bei seiner Rechenmaschine nicht verwendet. Alle vorstehend genannten Rechenmaschinen waren wegen Genauigkeitsproblemen mit der Feinmechanik nicht betriebssicher.

Die erste hinreichend zuverlässig arbeitende mechanische Rechenmaschine stellte der schwäbische Pfarrer und Uhrmacher Philipp Mathäus Hahn ab 1774 in größerer Zahl her. Unter Verwendung der Prinzipien bisheriger Geräte ließ sich der französische Versicherungsunternehmer Charles Xavier Thomas 1820 das Patent auf eine Rechenmaschine (»Arithmometer«) erteilen, die er im eigenen Unternehmen arbeitsteilig in Serie fertigen ließ (Stückzahl etwa 100 pro Jahr in 1850). Dieses Gerät war ein großer wirtschaftlicher Erfolg, weil es die Rationalisierungsbemühungen in den Banken, Handelshäusern, Versicherungsunternehmen und Fabrikkontoren unterstützte.

Eine mechanische Rechenmaschine mit Programmsteuerung, hat Charles Babbage in Cambridge entworfen (»Difference engine« 1822, »Analytical engine« 1833), aber wegen Problemen mit der Feinmechanik nicht ausführen können. Die Programmsteuerung sollte über ein Lochkartenband erfolgen. Die Konzepte von Babbage wurden für die 100 Jahre später einsetzende Computerentwicklung maßgebend, darunter die Aufteilung in Recheneinheit, Steuereinheit, Ein- und Ausgabegerät. In seinem 1832 veröffentlichten Buch *On the economy of machinery and manufactures* verweist er auf die Kostenersparnis, die sich nach dem Prinzip der geistigen Arbeitsteilung im Verbund von Mensch und Automat erzielen lässt.

3 Historische Entwicklung der elektrischen Rechenautomaten

Vorläufer Hollerith-Maschine

Mit der Automatisierung der Rechenoperationen ist ein weiterer, vorstehend noch nicht erfasster Bereich der Entwicklung neuronaler Techniken angesprochen. Die historische Schlüsselerfindung dazu war die Lochkarte als Informationsträger und damit Informationsspeicher. Über Lochkarten lassen sich mechanische Abläufe steuern. Diese Art automatischer Steuerung verwendete erstmals der Franzose Joseph-Marie Jacquard im Jahr 1805 für einen Musterwebstuhl. Weitere Anwendungen bei Musikautomaten und Rechenmaschinen (Entwurf von Babbage) folgten. Den eigentlichen Durchbruch schaffte die Lochkarte als Informationsträger bei der Ausführung statistischer Aufgaben, bei denen nach unterschiedlichen Merkmalen sortiert und gezählt wird. Dies ist den Bemühungen des diplomierten Bergbauingenieurs Hermann Hollerith (1860–1929) zu verdanken, der zunächst als Statistiker bei der US-Zensusbehörde und anschließend als Patentingenieur am US-Patentamt tätig war (bis 1890). Er beantragte 1884 und erhielt 1889 drei grundlegende Patente zur Lochkartentechnik, darunter die neuartige elektrisch schaltende Abtastung der Lochkarte und das elektromagnetisch betriebene mechanische Zählwerk (»electric tabulating«).

Auf dieser patentrechtlich abgesicherten Basis wurde die Hollerith-Maschine, bestehend aus Kontaktpresse, Zählwerken und Sortierkasten, realisiert. Sie kam erstmals bei der großen US-Volkszählung von 1890 zum Einsatz, bei der zahlreiche persönliche Daten abgefragt wurden. Die Einsparung an Bearbeitungszeit gegenüber den herkömmlichen manuellen Verfahren war beeindruckend. Dies eröffnete den Einsatz der Hollerith-Maschine auch bei den Volkszählungen anderer Länder, vor allem aber den Einsatz in allen größeren Büros und Verwaltungen. Dies nutzte Hollerith, um ein weltumspannendes Unternehmen für Büromaschinen zu begründen, die heutige International Business Machines Corp. (IBM), nach wie vor unangefochtener Marktführer. Die Rationalisierung der Büro- und Verwaltungstätigkeit nahm ihren Anfang. Ebenso wie in den Produktionsbereichen die physische Arbeitskraft des Menschen rationalisiert wurde, konnte jetzt in den Bürobetrieben die geistige Arbeitskraft zergliedert und zum großen Teil der Maschine überlassen werden – mit vergleichbarer arbeitssoziologischer Problematik.

Erste Rechenautomaten

Die erste betriebsfähige, elektromechanisch arbeitende, frei programmierbare Rechenmaschine (»Rechenautomat«) hat der Bauingenieur Konrad Zuse (1910–1995) ab 1934 konzipiert, im Jahr 1941 realisiert (Anlage »Z3«) und nach Kriegsende vervollkommnet. Die wegweisenden Eigenheiten dieser Rechenmaschine lassen sich wie folgt stichwortartig zusammenfassen: Binärzahlen an Stelle von Dezimalzahlen; halblogarithmische Zahlendarstellung (Gleitkommazahlen); Rechenoperationen auch mit Hilfe der logischen Verknüpfungen UND, ODER und NEGATION; Gleichwertigkeit von Daten und Steuerungsbefehlen hinsichtlich Speicherung und Verarbeitung; Rechenmaschine bestehend aus Rechenwerk, Steuerungseinheit, Speicherwerk, Ein- und Ausgabeeinheiten (das Konzept der späteren von-Neumann-Rechenmaschine); Lochstreifensteuerung; Relaisschaltungen; Programmierung über Zahlenkolonnen (Maschinencode).

In den USA blieb das Konzept und der Erfolg der Rechenmaschine von Konrad Zuse infolge der Kriegsverhältnisse zunächst unbekannt. Dort begann Howard Aiken, Mathematikprofessor an der Harvard University, 1939 mit dem Bau einer riesigen elektromechanischen Rechenmaschine, finanziert von den Firmen IBM und Western Electric. Er verwendete relaisgeschaltete dekadische Zählräder. Die Maschine mit Namen »Harvard Mark I« nahm 1944 den Betrieb auf. Die erste elektronische Rechenmaschine »ENIAC« (auf Basis von Elektronenröhren) wurde von

J.P. Eckert und J.W. Mauchly entwickelt und 1946 an der Pennsylvania University in Betrieb genommen, ebenfalls eine riesige Anlage. Die erste größere Rechenmaschine mit Programmspeicher an Stelle fester Verdrahtungen entstand 1949 bei M.V. Wilkes an der Manchester University (Name »EDVAC«), wobei die Ideen von John von Neumann umgesetzt wurden. Etwa ab 1950 begann die industrielle Serienproduktion elektronischer Rechenanlagen (»Computer«).

Weiterentwicklung der Computer

Die weitere Entwicklung der Computer ist durch sich überstürzende Fortschritte bei der Erhöhung der Leistungsfähigkeit (Speichervolumen und Arbeitsgeschwindigkeit) und bei der Verringerung des Bauvolumens (durch Miniaturisierung der Bauelemente) gekennzeichnet. Die Elektronenröhren wurden durch Transistoren ersetzt, Halbleiterbauelemente, die elektrische Ströme steuern oder schalten können. Diese aktiven elektronischen Bauteile konnten als Funktionsblöcke (»Integrierte Schaltungen«) mit passiven elektronischen Bauteilen (Widerstände, Kondensatoren u.a.) kombiniert auf einem einzigen Siliziumplättchen (Chip) zu einer betriebsbereiten Grundschaltung zusammengefasst werden. Die weiteren Integration führte ab etwa 1970 zum Mikroprozessor, einer kompletten Rechnerschaltung auf einem Chip. Die Feinstruktur derartiger Bauelemente liegt heute im Tausendstelmillimeterbereich. Weitere wesentliche Verbesserungen betrafen die Ein- und Ausgabegeräte (darunter Bildschirme, die auch für Grafik geeignet sind) sowie die externen Speicher (Trommel- und Plattenspeicher). In neuerer Zeit sind weitere Konzepte entwickelt worden, die die Leistungsfähigkeit des Computers beträchtlich steigern können.

Diese und weitere Innovationen ermöglichten nicht nur die Leistungssteigerung der Großrechner (bis hin zum Supercomputer), sondern auch den dezentralen, in ein Computernetz eingebundenen Arbeitsplatzcomputer (*Workstation*) und Personal Computer (PC). Der erste PC wurde um 1975 von der Firma Apple entwickelt, IBM folgte 1981. Bei den Großrechnern erfolgte eine Anpassung an den vorgesehenen Einsatzbereich: Computer für den Einsatz in Verwaltung und Handel, Personal- und Finanzwesen, Banken und Versicherungen (*number crunching*), Computer für technische und wissenschaftliche Berechnungen (z.B. Strukturmechanik und Aerodynamik) mit komplexen Algorithmen und hohen Genauigkeitsanforderungen und schließlich Computer für die Steuerung und Überwachung von Produktions- oder Verkehrsabläufen (Prozessrechner).

Die dargestellten Fortschritte betreffen die Gerätetechnik, also die Hardware des Computers. Die zugehörigen Programmierung oder Softwaretechnik hatte stets Mühe, mit der Hardwareentwicklung Schritt zu halten. Auch sind Computerfehler meist Softwarefehler. Es wurden Programmiersprachen für spezielle Anwendungsbereiche entwickelt, die maschinenunabhängig eingesetzt werden konnten. Frühe Beispiele für Sprachen zur computerkonformen Formulierung von Algorithmen sind ALGOL und FORTRAN. Später traten die graphischen Benutzerschnittstellen hinzu. Ein weiterer Fortschritt ist das auf E. Codal (1970) zurückgehende Konzept der relationalen Datenbanken, das die Entwicklung allgemeiner Suchmaschinen mit vereinfachter Suchsprache ermöglichte.

Besonders rasch ist die Entwicklung der Personal Computer fortgeschritten. In den 1980er Jahren kamen die mobilen PCs auf, anfangs noch relativ groß und schwer (Laptop), später kleiner und leichter (Notebook). Das Leistungsangebot von Pocket-PC und Mobiltelefon ist vereinigt im Smartphone. Das aufsehenerregende Angebot im Jahr 2010 war der mobile Tablet-Computer iPad der Firma Apple: etwas größer als ein Schreibblock (DIN A5), 1,3 cm dick, 700 g schwer, geeignet für E-Mails, Website-Aufrufe, Eingeben von Textdateien sowie für Spiele, Musik, Fotos und Videos. Es ist dies kein Computer mehr im herkömmlichen Sinn, keine universell programmierbare Maschine, sondern ein Satellit der internetbasierten Distributionsplattform App-Store, über die mehr als 200000 Einträge abrufbar sind, darunter 200 Klassiker der englischsprachigen Literatur, juristische, medizinische und allgemeine Nachschlagewerke sowie Audio- und Videomitschnitte.

4 Theorie der Rechenautomaten (Computerarchitektur)

Rechenautomaten können sich in ihrer grundlegenden Struktur und Organisation unterscheiden, auch wenn die bisher ausgeführten Rechenautomaten in der Hardware eine einzige Architektur verwenden, nämlich die von-Neumann-Architektur. Abweichende Architekturen werden bei Bedarf auf diesen Anlagen simuliert. Mit der Theorie der Rechenautomaten befasst sich die Computerwissenschaft (*computer science*). Die nachfolgenden zwei Konzepte werden in Anlehnung an John Haugelands Ausführungen beschrieben (Haugeland 1987).

Konzept der Turing-Maschine

Der Vorläufer der Computertheorie ist der bereits erwähnte Engländer Charles Babbage (1792–1871), dessen Konzept einer »Analytical engine« (1833) zwei wegweisende Ideen beinhaltete: Die Maschine sollte beliebig programmierbar sein und die Programme sollten bedingte Verzweigungen enthalten. Die geplante Maschine bestand aus der »Mühle« (*mill*), womit das Rechenwerk gemeint war, dem »Lager« (*store*), womit der Datenspeicher bezeichnet wurde, und dem nicht eigens benannten Steuerwerk. Rechenwerk und Datenspeicher sollten den Möglichkeiten der Zeit entsprechend mechanisch ausgeführt werden (Zahnradgetriebe), während für die Steuerprogramme Lochkartenbänder vorgesehen waren.

Der Begründer der modernen Computertheorie ist der englische Mathematiker Alan Turing (1912–1954), der zu Beginn des Zweiten Weltkriegs an der Entschlüsselung des deutschen Enigma-Geheimcodes maßgeblich beteiligt war. Er definierte 1936 das überaus einfache Modell eines mathematischen Denkautomaten, der »Turing-Maschine«, die in der Lage sein sollte, die grundlegenden Theoreme der »automatischen formalen Systeme« und die daraus ableitbaren Algorithmen vorzustellen und zu beweisen. Es handelte sich dabei um eine imaginäre, nicht um eine ausgeführte Maschine, deren Betrieb viel zu langsam wäre.

Die Turing-Maschine besteht aus nur zwei Teilen, einem Band (*tape*), auch »Turing-Tafel« genannt, und einem Kopf (*head*). Das unendliche Band ist das passive Speichermedium. Es ist in unendlich viele Felder unterteilt, von denen eine endliche Zahl ein Zeichen (*token*) aus einem endlichen Alphabet beinhaltet, Symbole für die vorprogrammierten oder von der Maschine erarbeiteten Algorithmen, während die restlichen Felder das Leerzeichen aufweisen. Der Kopf ist der aktive Teil der Maschine. Er springt entlang des Bandes vor oder zurück, liest das Zeichen des jeweils erreichten Feldes und beschreibt es neu. Gleichzeitig verändert der Kopf seinen »inneren Zustand« entsprechend dem vorgefundenen Zeichen. Beide zusammen bestimmen, welches Zeichen in das Feld neu zu schreiben, welches Feld als nächstes aufzusuchen und welcher innerer Zustand dabei einzunehmen ist. Auch das Haltsignal ist möglich.

Turings These war, dass für jedes beliebige deterministische automatische formale System eine äquivalente Turing-Maschine existiert. Die meisten Turing-Maschinen sind nicht universell (im Sinne von »beliebig programmierbar«), es lassen sich aber universelle Maschinen konzipieren, aus denen die speziellen Maschinen ableitbar sind. Die denkbar einfachste universelle Turing-Maschine (nur 4 Symbole und 7 Zustände) glaubt

Marvin Minsky (1967) angegeben zu haben. Eine prinzipielle Grenze der Turing-Maschine ist dadurch gegeben, dass es in der mathematischen Logik unentscheidbare Kalküle gibt.

Konzept der von-Neumann-Maschine

Die heute bei Universalrechnern allgemein übliche Computerarchitektur (also eine konkretisierte Turing-Maschine) wird nach John von Neumann (1903–1957) benannt, einem in die USA ausgewanderten ungarischen Mathematiker. Er wirkte am ENIAC-Computerprojekt beratend mit und baute zur gleichen Zeit am Princeton Institute of Advanced Studies einen kleineren fortschrittlichen Computer, dessen Architektur für spätere Rechenanlagen maßgebend wurde.

Das entscheidende Merkmal der von-Neumann-Maschine ist der große Speicher, auf den sowohl relativ als auch absolut zugegriffen werden kann. Der relative Zugriff geht immer vom gerade abgearbeiteten Feld aus. Der absolute (oder direkte) Zugriff orientiert sich an der Bezeichnung der Speicherstelle. Der Hauptspeicher der von-Neumann-Maschine wird für zwei völlig unterschiedliche Funktionen benutzt. Die erste Funktion besteht darin, die zu verarbeitenden Zeichen aufzunehmen, nämlich die Eingabe- und Ausgabedaten sowie die Zwischenergebnisse. Bei strukturierten Daten (Liste oder Matrix) ist der relative Zugriff vorteilhaft. Die zweite Funktion besteht darin, das Programm aufzunehmen, das die Maschine gerade ausführt. Dabei wird mit relativem Zugriff gearbeitet. Der absolute Zugriff wird benötigt, um Subroutinen von beliebigen Stellen des Programms aus zur Ausführung aufzurufen und wieder abzulegen (unter Zwischenschaltung von »Rücksprungadressen«).

Die von-Neumann-Architektur ist universell im Sinne von »beliebig programmierbar«. Im Unterschied zu anderen Universalarchitekturen ist sie auf der Hardware-Ebene leicht zu realisieren. Das ist der Grund, dass alle derzeit hergestellten programmierbaren Computer im wesentlichen die von-Neumann-Architektur aufweisen. Die Programmiersprachen (z.B. BASIC, PASCAL, FORTRAN, COBOL) bilden »virtuelle Maschinen« einer höheren Ebene.

Zwei völlig andere Computerarchitekturen wurden im Zusammenhang mit den Entwicklungen zur künstlichen Intelligenz verwendet, allerdings nur simuliert auf von-Neumann-Rechnern. Als erstes ist die von John McCarthy (1959) entwickelte Programmiersprache LISP zu nennen, die eine besondere Speicherorganisation und Steuerungsstruktur ausbildet. Der Speicher wird »baumartig« strukturiert mit anwendungsspezifischen

»Verästelungen«. Die Steuerung wird ausgehend vom gewünschten Ergebnis rückwärts aufgebaut. Als zweites ist die von Newell and Simon (1961) vorgestellte Programmiersprache GPS anzuführen, die das heuristische Folgern ermöglicht.

Das Konzept der von-Neumann-Maschine geht weit über die aufgezeigte Anwendung auf Universalrechnern hinaus (Eigen u. Winkler 1983). Eine spezifische Leistung der Maschine ist deren Selbstreproduktion. Nach dem ersten Modell von 1950 fährt die Maschine in einem großen Ersatzteillager hin und her, um sich die für ihren Nachbau notwendigen Elemente selbst zusammenzustellen. Entscheidend ist, dass beim Nachbau auch das Bauprogramm der Maschine reproduziert wird (was gleichzeitig die Möglichkeit evolutionärer Verbesserung eröffnet). Auf diesem anschaulichen Gedankengang aufbauend hat von Neumann die Theorie des sich selbst reproduzierenden Zellautomaten entwickelt. Es wird ein orthogonal in Zellen unterteilter ebener Bereich betrachtet. Den Zellen sind eine endliche Zahl von Zuständen zugeordnet. Nunmehr werden auf alle Zellen gleichzeitig Umwandlungsregeln (*transition rules*) angewendet, die die neuen Zustände ausgehend vom Zustand in der betrachteten Zelle und den Zuständen in ihren vier Nachbarzellen generieren. Es zeigte sich, dass eine Konfiguration aus ca. 200000 Zellen mit 29 verschiedenen Zustandsmöglichkeiten alle an einem selbstproduzierenden Automaten zu stellenden Forderungen erfüllt.

5 Historische Entwicklung der Nachrichtentechnik – Telegrafie, Telefonie, Internet

Übereinstimmend mit der Vorgehensweise bei den Rechenmaschinen und Rechenautomaten wird nachfolgend zunächst die historische Entwicklung der Technik der Übertragung von Informationen dargestellt. Sie ist als Nachrichtentechnik bekannt. Information ist der Inhalt einer Nachricht. Mit der historischen Entwicklung der alphanumerischen Schrift war ein Verfahren gefunden, Informationen in einer der Sprache entsprechenden Differenziertheit festzuhalten, besonders auch abstrakte Inhalte. Dies war ein entscheidender Fortschritt gegenüber der Bilderschrift. Mit nur etwa zwei Dutzend Buchstaben und zehn Ziffern ließen sich komplizierte Worte, Sätze und Texte generieren. Was gesprochen werden konnte, war nunmehr auch schriftlich dokumentierbar. Was schriftlich dokumentierbar war, konnte als Nachricht übertragen werden. Telegrafie bezeichnet die Nachrichtenübertragung durch vereinbarte Zeichen.

Die mathematische Theorie der Nachrichtenübertragung wurde 1948 von Claude Shannon begründet. Sie wurde zunächst zur Berechnung der Übertragungskapazität von Telefonleitungen verwendet. Als Einheit der Information wurde das Bit (*Binary Digit*) festgelegt. Ein Bit entspricht einer ja-nein-Entscheidung.

Optische Telegrafie

Die früheste Form der Nachrichtenübermittlung neben dem Einsatz von Kurierläufern oder Kurierreitern war die optische Telegrafie. Feuerzeichen in der Nacht bzw. Rauchsäulenzeichen am Tag wurden entlang einer ständig oder zeitweilig eingerichteten Signallinie weitergegeben (»Lauffeuer«). Die griechischen Stadtstaaten nutzten das Verfahren ausgiebig. Dagegen hatte im Römischen Reich die Feuertelegrafie nur geringe Bedeutung, weil das gut ausgebaute Straßennetz schnelle Kurierdienste erlaubte. Im Europa des Mittelalters hatte die Nachrichtentechnik nur geringe Bedeutung. Nachrichten wurden in der Regel durch einen Boten überbracht.

Das optische Telegrafenwesen erlangte in Europa erstmals zwischen 1790 und 1850 größere Bedeutung, eingebunden in die nationalstaatlichen Bestrebungen. Seit der Französischen Revolution (1789–1795) bestand ein Bedarf an schneller Kommunikation mit Armee- und Flotteneinheiten sowie mit nachgeordneten Regierungsstellen. Eine erste Telegrafenlinie zwischen Paris und Lille nach Entwürfen der Gebrüder Chappe nahm 1794 den Betrieb auf. Weitere Linien, die sternförmig von Paris ausgingen, folgten. Der französische Telegraf bestand aus einem Signalmast auf dem Stationshäuschen. An der Spitze des Mastes war ein drehbarer (4 m langer) Flügel (»Regulator«) angebracht, an dessen Enden je ein kürzerer Flügel (»Indikator«) gedreht werden konnte. Aus der Kombination unterschiedlicher Winkelstellungen (waagrecht, senkrecht, diagonal) von Regulator und Indikatoren ergab sich eine große Zahl möglicher Zeichen, deren Bedeutung über ein telegrafisches Wörterbuch zu entschlüsseln war. Die Zeicheneinstellung wurde von der nächsten Station per Fernrohr beobachtet (Abstand etwa 15 km) und daraufhin an der eigenen Station zur Weiterleitung eingestellt. Napoleon hat seine militärischen Erfolge in nicht unerheblichem Maße der schnellen optischen Telegrafie zu verdanken, die er gezielt einsetzte. In Deutschland hat Preußen eine optische Telegrafenlinie zwischen Berlin und Köln bzw. Koblenz betrieben (eröffnet 1834).

Elektrische Telegrafie

Gegen Ende des 18. Jahrhunderts waren die naturwissenschaftlichen Kenntnisse über die Elektrizität soweit gediehen, dass über deren Verwendung in der Nachrichtentechnik nachgedacht wurde. Als besonders attraktiv für die vorgesehene Anwendung erschien die offenbar unbegrenzte und unvorstellbar schnelle Ausbreitung der Elektrizität in Metalldrähten. Nach wenig erfolgreichen Versuchen mit elektrostatisch, elektrolytisch und elektromagnetisch betriebenen Anordnungen brachte schließlich der elektrodynamisch wirkende Zeigertelegraf dem Durchbruch, ausgeführt von William Cooke und Charles Wheatstone (1837) sowie Werner Siemens (1847). Ein bei Sender und Empfänger synchron über kreisförmig angeordnete Buchstaben und Ziffern laufender Zeiger wird durch Tastendruck angehalten, um ein Zeichen zu markieren. Der Zeigertelegraf wurde in Europa bis etwa 1870 viel verwendet. In den USA meldete Samuel Morse (1838) ein elektrisches Telegrafensystem zum Patent an, bei dem durch Tastendruck Punkte und Striche auf einem durchlaufenden Papierstreifen erzeugt wurden, deren unterschiedliche Kombinationen das Morsealphabet darstellen. Der vom Mechaniker Halske verbesserte Morseapparat wurde erst ab 1881 in Deutschland eingeführt.

Das elektrische Telegrafenwesen erwies sich sowohl in den USA als auch in Europa als ein wichtiger Faktor des Wirtschaftswachstums. Zunächst den Staatsdepeschen vorbehalten, später im aufblühenden Eisenbahnwesen auf Dienstdepeschen erweitert, wurden schließlich ab 1850 die Privatdepeschen (Telegramme) zum Auslöser eines unvorhersehbaren Wachstums der Nachrichtentechnik. Dabei wurden in den USA und in Europa geradezu gegensätzliche Wirtschaftsregelungen getroffen. In den USA wurden die Rechte für den Betrieb von Telegrafenanlagen Privatgesellschaften übertragen, in Europa wurde die Nachrichtenübermittlung als Staatsmonopol betrachtet.

Die Ausweitung des Weltmarktes erforderte die telegrafische Überbrückung auch interkontinentaler Entfernungen. Dazu wurden Tiefseekabel verlegt und Telegrafenrelais als Verstärkerelemente eingeführt. Besonders die britische Kolonialmacht profitierte von der weltweiten Verkabelung.

Telefonie

Parallel zur Entwicklung der elektrischen Telegrafie wurde die Telefonie (das Fernsprechwesen) zu breiter Anwendung geführt. Mit der mechanischen Nachbildung der menschlichen Sprache beschäftigte man sich seit Mitte des 17. Jahrhunderts (»künstliche Vokalerzeugung«). Die elektrische

Nachbildung und Übertragung versuchte der deutsche Lehrer Philipp Reis (1860). Eine dem Trommelfell nachgebildete schwingende Membran veränderte den Übertragungswiderstand zu einem kontaktierenden Hebelchen. Beim Empfänger bewegt der entsprechend modulierte Strom über eine Spule mit Eisenstäbchen einen Resonanzboden, der die Schallwellen abstrahlt. Trotz entgegengerichteter Aufklärung betrachtete man die Erfindung als eine physikalische Spielerei ohne praktische Bedeutung.

Der wirtschaftliche Erfolg stellte sich erst ein, nachdem der amerikanische Taubstummenlehrer Graham Bell (1876) sein Telefonsystem zum Patent angemeldet hatte (mit nur wenigen Stunden Vorlauf vor einer entsprechenden Anmeldung von Elisha Gray). Auf Seiten des Senders erzeugte die schwingende Membran induktiv eine elektrische Spannung, die auf Seiten des Empfängers eine ebensolche Membran elektromagnetisch zum Schwingen bringt (Wandlerprinzip). Die 1877 gegründete »Bell Telephone Company« entwickelte sich zur weltweit führenden Telefongesellschaft. Eine wichtige Verbesserung auf Seiten des Senders war das Kohlemikrofon des Engländers David Hughes (1878), das den Gedanken der Modulation des Übergangswiderstandes (Relaisprinzip) erneut aufgriff. Damit ließen sich stärkere Ströme steuern und somit größere Entfernungen überbrücken.

Das Telefon erreichte Europa von den USA herkommend. Hier drängte die deutsche Regierung auf Vereinheitlichung der Maße, Gewichte und Zahlungsmittel im eigenen Land. Das diese Entwicklung fördernde Post- und Telegrafenwesen wurde Staatsaufgabe (Reichspost, gegründet 1871), im Unterschied zur privatwirtschaftlichen Regelung in der USA. Da die amerikanischen Erfindungen zur damaligen Zeit in Deutschland keinen Patentschutz genossen (erstes deutsches Reichspatent 1877), konnten deutsche Unternehmen, vor allem Siemens & Halske, diese Erfindungen wirtschaftlich nutzen und dabei technisch verbessern. Jeder Bürger sollte Zugang zu Fernsprecheinrichtungen erhalten. Beliebige Verbindungen sollten flächendeckend herstellbar sein. Das führte zur Einrichtung der Fernsprechvermittlungsämter, in denen Telefonistinnen die gewünschten Verbindungen herstellten. Ab 1892 wurden Selbstwählsysteme eingeführt, bei denen der Teilnehmer selbst über elektromagnetische Schrittschalter die Verbindung herstellt.

Radiotelegrafie und Radiotelefonie

Neben der kabelgebundenen Telegrafie und Telefonie waren drahtlose Übertragungsverfahren von Interesse, zum einen weil die Tiefseekabel die Sprechfrequenzen nicht ohne Zwischenverstärkung übertragen konnten, zum anderen weil bestimmte Kommunikationspartner nur drahtlos zu erreichen waren. Die drahtlose Telegrafie und Telefonie benützt zur Übertragung elektromagnetische Wellen, deren Existenz bzw. Generierbarkeit 1888 von Heinrich Hertz nachgewiesen wurde (offener Schwingkreis, Antenne). Man spricht von Radiowellen im Unterschied zu den kürzeren Lichtwellen. Der Italiener Guglielmo Marconi realisierte diese Technik ab 1895 und erhielt 1897 ein entsprechendes englisches Patent (Abstrahlung über Antenne mit Funkeninduktor, Empfang über Antenne mit Fritter, einem Glaskolben mit Feilspänen). Ihm gelang es, 1899 den Ärmelkanal und 1901 den Nordatlantik per Funksignal zu überbrücken. In Deutschland wurde 1903 die Fa. Telefunken mit der Aufgabe gegründet, die drahtlose Telegrafie und Telefonie unter Umgehung des Patents von Marconi weiterzuentwickeln. Als Schlüsselerfindung erwies sich die Elektronenröhre von Robert von Lieben (1910), die erste praktisch brauchbare Verstärkerröhre mit Glühkathode, Gitter und Anode. Mit ihr konnten erstmals die Sprechströme verstärkt werden.

Die radiotelegrafischen und radiotelefonischen Übertragungsverfahren dienten im Ersten Weltkrieg der Nachrichtenübermittlung zwischen Flottenverbänden sowie zwischen Flugzeugen und Bodenstationen. Die zivile Nutzung als Rundfunksender war in Deutschland zunächst untersagt, wurde jedoch 1923/24 freigegeben. Die Zahl der Rundfunkteilnehmer war bis 1930 auf 3 Millionen gewachsen. Mit der Machtübernahme durch Adolf Hitler wurden die »Reichsender« zum wichtigsten Instrument nationalsozialistischer Indoktrination und Propaganda. Über preiswerte Gerätetechnik (»Volksempfänger«) sollte jedermann erreicht werden. Einen Fernsehrundfunk gab es erstmals ab 1935 in Berlin. Auch hierzu war ein allgemein erschwingliches Gerät in Vorbereitung. Nach dem Zweiten Weltkrieg erfuhr das Fernsehen weltweit eine außerordentliche Verbreitung. Heute wird damit begonnen, die bisher getrennte Entwicklung von Telegrafie, Telefonie, Rundfunk, Fernsehen und Computervernetzung lokal in einer einzigen Breitbandübertragungsleitung auf Glasfaserbasis (Lichtwellenleiter) zusammenzufassen.

Für die Nachrichtenfernübertragung werden seit 1965 neben den herkömmlichen Tiefseekabeln geostationäre Nachrichtensatelliten (36000 km über dem Äquator stationiert) eingesetzt. Diese sind mit miniaturisierten Empfangs- und Sendeeinrichtungen ausgestattet, die von Richtfunkstationen auf der Erde über Mikrowelle erreicht werden. Sie dienen als Relaisstationen für den Nachrichtenverkehr zwischen den Kontinenten: Fernsehen, Telefon, Telefax und Computerdateien.

Die Telefontechnik hat mit der Bereitstellung preiswerter Funktelefone (Handy, ab 1992) und dem Aufbau flächendeckender Mobilfunknetze im letzten Jahrzehnt eine nachhaltige innovative Ausweitung erfahren. Der Anruf eines mobilen Netzteilnehmers erreicht über den (relativ schwachen) Handysender die Antenne der nächstgelegenen Sendestation und von dort über Kabel oder Richtfunkstrecke einen Vermittlungscomputer, der nunmehr in umgekehrter Übertragungsrichtung über Sendestation und Netz den Angerufenen erreicht. Der Netzverkehr erfolgt digital per gepulster Mikrowelle.

Rechnernetze

Mit der hoch entwickelten Nachrichtentechnik war die Basis auch für Rechnernetze verfügbar. Die Rechnervernetzung kann nach unterschiedlichen Topologien erfolgen, etwa in Reihe (*Bus*), als Ring, Stern oder Gitter. Auch die direkte Verbindung aller Rechner untereinander ist grundsätzlich möglich. Die am besten geeignete Verbindungstopologie hängt von der Art der Computeranwendung ab.

Die elektronische Post (*Electronic Mail, E-Mail*) ist die wichtigste Anwendung der Rechnervernetzung. Dabei werden Informationen, hauptsächlich Texte, zwischen Computerarbeitsplätzen ausgetauscht. Jeder Teilnehmer des Systems hat eine eigene Netzadresse, über die er für beliebige andere Teilnehmer erreichbar ist. Das weltweit operierende offene Rechnernetz »Internet« ist als Mailsystem jedermann geläufig. Konferenzsysteme sind geschlossene Mailsysteme, zu denen nur Passwortinhaber Zugang haben. Bei den vernetzten Ingenieursarbeitsplätzen geht es neben der Mailverbindung um den Austausch großer Datenbestände (etwa bei der Produktentwicklung), um die netzweite Verfügbarmachung der Funktion spezieller Arbeitsplätze und/oder um die Nutzung aller verfügbaren Computerressourcen bei aufwendigen Berechnungsaufgaben (etwa bei Bauteilsimulationen): Datenverbund, Funktionsverbund, Lastverbund (Roller 2009).

Rechnernetz Internet

Das internationale Rechnernetz *Internet* ist 1969 in Kalifornien aus dem für militärische Zwecke entwickelten *ARPAnet* hervorgegangen. Wichtigste Anforderung war, dass die Kommunikation auch nach einer kriegsbedingten teilweisen Zerstörung des Netzes noch möglich sein sollte. Das setzt voraus, dass die Netzknoten auf unterschiedlichen Wegen erreicht werden können und dass sich das Netz nach Ausfall einzelner Knoten eigenständig neu organisiert.

Impulse zu einer offenen Gestaltung des Internets gingen von der Open-Source-Bewegung am Massachusetts Institute of Technology (MIT) aus. Das Internet enthält aber auch zentralistische und hierarchische Steuerungselemente, die von den die Entwicklung finanzierenden Regierungen und Unternehmen durchgesetzt wurden.

Das Internet ist ein für Unternehmen, Verwaltungen und Privatpersonen offenes weltweites Rechnernetz, das entsprechend den vorstehend genannten Vorgaben überwiegend dezentral organisiert ist. Die Einzelnetze sind über Vermittlungsrechner gekoppelt, die jeweils einen bestimmten Bereich (*Domain*) von Endnutzern bedienen. Die Übertragungsprotokolle TCP/IP (*Transmission Control Protocol/Internet Protocol*) entstammen der militärischen Entwicklungsvorgeschichte. Die Internetprotokolladresse (IP-Adresse) besteht aus vier durch Punkte getrennte Zahlen. Die übliche Namensadresse wird durch einen *Name Server* in die IP-Adresse übersetzt.

Den Zugang zum Internet vermittelt gegen Gebühr ein Internetprovider (in Deutschland z.B. T-Online). Die übliche dynamische Einwahl erfolgt per Modem, ISDN-Karte oder DSL Standard. Schnelle Internetzugängen werden auch über die Glasfaserkabel ermöglicht, die das digitale Fernsehen übertragen. Für Firmen und Geschäftskunden werden auch Standleitungen mit besonders hohen Übertragungsraten angeboten.

Dem Zugriff auf Internetdokumente, insbesondere auf die Seiten des World Wide Web (WWW), erlaubt ein Webbrowser (z.B. Microsoft Internet Explorer und Mozilla Firefox). Webbrowser enthalten Zusatzprogramme zur Unterstützung von Grafik-, Audio- und Soundformaten.

Das Internet bietet zahlreiche Dienste, die sich den folgenden, nicht scharf abgrenzbaren Gruppen zuordnen lassen:

- Nachrichtenübermittlungsdienste, am wichtigsten der elektronische Briefdienst *E-Mail*, daneben der Kurznachrichtendienst *Twitter*.
- Informationsdienste, darunter die multimedialen Informationsseiten WWW, die persönlichen Internetjournale (*Blogs*), die Online-Enzyklopädie *Wikipedia*, die Enthüllungsplattform *Wikileaks*, die Internetsuchmaschine *Google* und das Podcasting (Audio- und Videoaufzeichnungen).
- Kommunikationsdienste, darunter soziale Netzwerke wie *Facebook* oder *MySpace*, Videoportale wie *YouTube* und Gesprächsforen per Tastatureingabe (*Chatten*).
- Wirtschaftsdienste, darunter *Online-Banking*, *Online-Shopping*, *Online-Booking* und *Online-Payment*.

Auf die Strukturmerkmale der neben E-Mail beliebtesten Internetdienstleistung WWW (*World Wide Web*), durch die Textdokumente weltweit auf Abruf verfügbar gemacht werden, sei kurz eingegangen (Roller 2009). Sie beinhaltet Hypertexte, das sind Textdokumente, die mit weiteren Dokumenten in einer oder mehreren Datenbanken verknüpft sind. Die Verknüpfungen werden über *Links* hergestellt. *Hypermedia* bezeichnet die Ausweitung des Hypertextes auf andere Medien wie Grafiken, Videoclips oder Sounds. Grundlage des World Wide Webs ist das *Hypernet Transfer Protokoll* (HTTP), das mit einem *Client-Server-Konzept* verbunden ist. Der WWW-Client ist eine Software, die die Verbindung zu einem Server aufbaut, um per REQUEST-Befehl bestimmte »Seiten« der Serversoftware anzufordern. Mittels des WWW-Clients lassen sich beliebige Seiten an beliebige Speicherorten quasi »durchblättern« (*to browse*). Der WWW-Client wird deshalb auch WWW-Browser genannt. Hyperdokumente sind in dem auf allen Rechnern verfügbaren ASCII-Code geschrieben, wobei die Formatierungen und Hyperlinks durch *Tags* markiert werden. Dazu wird die *Hypertext Mark-up Language* (HTML) verwendet.

Die Leistungsfähigkeit des Internets übersteigt das menschliche Vorstellungsvermögen, wenn man bedenkt, dass alle Informationen auf Bits reduziert, gespeichert und übertragen werden müssen. Die Kapazität der Datenspeicher scheint unermesslich zu sein. Gelegentliche Restriktionen der Übertragungsgeschwindigkeit bei großen Datenmengen lassen sich durch Breitbandtechnologie beheben.

6 Künstliche Intelligenz – Schachprogramme, Bauklotzwelt, Sprachübersetzung

Künstliche Intelligenz per Computer

Unter menschlicher Intelligenz wird die Fähigkeit verstanden, sich in neuen, ungewohnten Lebenslagen auf Grund von abwägendem Verständnis zurechtzufinden. Intelligentes Handeln löst das unreflektierte, instinkthafte, animalische Reagieren ab. Ersteres ist zwar zeitaufwendiger als letzteres, war jedoch evolutionsgeschichtlich ein Vorteil, der zur Vormachtstellung des Menschen geführt hat.

Die Vision einer der menschlichen Intelligenz gleichwertigen Maschinenintelligenz ist ebenso alt wie das mechanistische Weltbild. In neuerer Zeit wurde dafür der Name »künstliche Intelligenz« (*Artificial Intelligence*) eingeführt (Dartmouth Conference, 1956). Nach dem von Alan Turing (1950) vorgeschlagenen Test sollte der Maschine dann (künstliche) Intelligenz zugesprochen werden, wenn in einem beliebigen Frage-Antwort-Spiel mit drei Teilnehmern, der Fragesteller nicht eindeutig feststellen kann, welcher der beiden ansprechbaren Antwortgeber maschinell simuliert ist. Das Bemühen um künstliche Intelligenz war von der Erwartung getragen, dass sich geistige Tätigkeiten mechanisieren und automatisieren lassen. Diese Erwartung entsprang einer materialistischen Grundhaltung, wie sie der behavioristischen ebenso wie der kognitiven Psychologie seinerzeit zugrunde lag.

Der historisch früheste Vertreter der angesprochenen mechanistischen Auffassung war Thomas Hobbes (1588–1679), der unter rationaler Erkenntnis Berechnung verstand. Denken sei ein Ausführen symbolischer Operationen nach festen Regeln. Da alle Realität aus bewegten Teilchen bestünde, sollte dies auch für das Gehirn und seine Inhalte gelten. David Hume (1711–1776) führte die mechanistische Auffassung fort, indem er die Ideen als geistige Partikel in Analogie zu den physischen Partikeln dem Wirken von Naturgesetzen unterworfen sah. Das Konzept des mechanistischen Verstandes beinhaltet jedoch ein Paradoxon: Entweder spielen die Bedeutungen der Symbole bei der denkerischen Manipulation eine Rolle, dann sind die Denkprozesse nicht völlig mechanistisch, oder aber die Bedeutungen spielen keine Rolle, dann sind die Denkprozesse nicht hinreichend rational (Haugeland 1987, *ibid.* S. 33).

Die mit der Computertechnik vertrauten modernen Protagonisten der künstlichen Intelligenz haben es nicht bei diesem (zu) einfachen Diktum bewenden lassen. Zu oft hat eine Theorie für unmöglich erklärt, was dann doch in der Praxis funktionierte. Da ein digitaler Computer als symbolverarbeitende Maschine nicht nur algorithmisch rechnen sondern auch logisch schlussfolgern kann, sollte künstliche Intelligenz in begrenztem Umfang möglich sein. Diese eingeschränkte Möglichkeit stellte sich als zutreffend heraus, wenn auch die Grenzen enger als erwartet gezogen waren.

Mit der Zielsetzung, künstliche Intelligenz zu entwickeln, wird der Computer als ein »interpretiertes automatisches formales System« aufgefasst (Haugeland 1987). »Interpretieren« heißt »Bedeutung zuordnen«. Dies sei am Beispiel sprachlicher Texte erläutert. Der Satzbau, also die Syntax, hat Symbolstruktur und ist nach festen Regeln analysierbar. Das leisten automatische formale Systeme. Dagegen kann die Bedeutung der sprachlichen Symbole, also die Semantik, nur aus dem umfassenden Kontext erschlossen werden, wofür es keine allgemeinen Regeln geben kann. Es ist dies der Bereich der Interpretation. Die Entwicklung künstlicher Intelligenz wird nachfolgend an den Beispielen Schachprogramme, Bauklotzwelt und Sprachübersetzung dargestellt. Anschließend folgen weitere Formen der Computerintelligenz, darunter die Robotertechnik. In den genannten Anwendungsfällen wurden bemerkenswerte Erfolge erzielt, aber auch prinzipielle Grenzen erreicht.

Schachprogramme

Der erste Schachspielautomat war ein »Türke«. Im Jahr 1770 führte der kaiserliche Hofbeamte Wolfgang von Kempelen der Kaiserin Maria Theresia seine Erfindung vor. Hinter einem 90 cm hohen Kasten mit aufgebrachtem Schachbrett (1,20 x 1,20 m^2) saß eine lebensgroße hölzerne Puppe. Im Kasten quietschte und ratterte es vor jedem Zug. Die Großen der Welt, darunter Napoleon, spielten gegen den Automaten mit unterschiedlichem Erfolg. Die Identität des in dem Kasten versteckten zwergwüchsigen Menschen ist nie aufgeklärt worden.

Die Entwicklung der realen Schachprogramme vollzog sich in mehreren Schritten. Im Jahr 1958 stellten Allen Newell, Cliff Shaw und Herbert Simon ein Programm vor, das schlecht aber regelgerecht Schach spielte. Ein leistungsfähigeres Programm mit Namen MACHACK wurde 10 Jahre später von Richard Greenblatt entwickelt, konnte aber nicht in Wettkämpfen bestehen. Erst das Programm CHESS 4.5 einer amerikanischen Universität gewann ab 1977 gelegentlich gegen Spitzenspieler. Die zu Beginn der Schachprogrammentwicklung prognostizierte Spielstärke »besser als der Schachweltmeister« wurde tatsächlich erst in neuester Zeit erreicht, und dies nicht auf »intelligente« Weise sondern durch einen riesigen Aufwand an Rechnerleistung und Speicherkapazität (IBM Deep Blue II: 32 Knotenrechner mit je 8 speziellen Schachprozessoren im Parallelbetrieb). Der Schachweltmeister Garry Kasparov musste sich 1996 knapp geschlagen geben (2,5 : 3,5) – gegen Deep Blue I hatte er noch eindeutig gewonnen (4 : 2). Später (2003) hat er gegen das in Israel entwickelte Programm Deep Junior 7 unentschieden (3 : 3) gespielt.

Die Gründe für die begrenzte Spielstärke »normaler« Schachprogramme stellen sich wie folgt dar. Menschen spielen ganz anders Schach als Computer und sind dabei ungleich leistungsfähiger. Schachprogramme analysieren die jeweilige Situation nach kontextunabhängigen Merkmalen, bewerten die möglichen Zugalternativen (typischerweise etwa dreißig Zugmöglichkeiten je Stellung bei etwa sechs Zügen und Gegenzügen nacheinander) nach Punkten, wobei viele Millionen Stellungen zu erfassen sind, gehen zur Reduzierung des Aufwands nicht systematisch sondern heuristisch (»erfahrungsgestützt erfinderisch«) vor mit dem Risiko des vorzeitigen Ausscheidens interessanter Zugalternativen. Ganz anders geht der Mensch als Schachspieler vor. Er bewertet die Gesamtsituation unter bestimmten Aspekten, etwa dem Einsatz einer langfristigen Strategie, der Entfaltung der Spielsituation oder der Ähnlichkeit mit vormals analysierten Stellungen. Man hat herausgefunden, dass Großmeister des Schachspiels eine einmal gezeigte komplexe Stellung auf dem Schachbrett nahezu fehlerfrei nachstellen können und dass sie Zigtausend von Teilkonstellationen mit ihren Konsequenzen im Kopf parat haben. Hinzu kommt die intuitive Fähigkeit, Gefährdungssituationen »mehr vom Rand des Bewusstseins her« (Dreyfus 1985) wahrzunehmen. Auch das Wahrnehmen der Strategie des Gegners mag eine Rolle spielen. Es besteht keine Möglichkeit, derartige Fähigkeiten je einem Schachcomputer beizubringen. Als wesentlich spielstärker erweisen sich Damecomputer. Da die Zahl der möglichen Zugvarianten kleiner ist und die Spielregeln einfacher sind, können über zwanzig Züge im voraus weitgehend ohne heuristische Einschränkungen berechnet, bewertet und verglichen werden.

Bauklotzwelt

Das Entwicklungsprojekt »Bauklotzwelt« ist ein Versuch, künstliche Intelligenz in einer eng begrenzten Mikrowelt zum Tragen zu bringen. Es war schnell erkannt worden, dass natürliche Sprachen nicht auf ein kontextunabhängiges formales System reduziert werden können. Die Bedeutung der Sprachsymbole hängt vom Kontext ab, in dem gesprochen wird. Der Kontext kann nur dann eindeutig angegeben werden, wenn der Bereich, auf den sich das Sprechen bezieht, rigoros eingeschränkt wird (»Mikrowelt«). Einen solchen Versuch hat Terry Winograd 1972 unternommen. Er definierte eine Mikrowelt aus imaginären Bauklötzen (Quader, Kästen, Pyramiden) unterschiedlicher Farbe und Größe, die mittels des Programms SHRDLU auf einer Tischplatte verschoben, aufeinandergestellt oder weggeräumt werden konnten (»*Table top world*«). Der Dialog zwischen Operator und Programm bestand aus Handlungsanweisungen, aus Fragen nach Verständnis, Handlungsvollzug und Vorgehensweise sowie aus den Antworten auf die gestellten Fragen. Das Publikum war begeistert, dennoch war dies kein Durchbruch zu wirklicher Intelligenz, denn Intelligenz wurde nur vorgetäuscht (Haugeland 1987). Die prinzipielle Schwierigkeit der Zuordnung von bedeutungsvoller Realwelt und formaler Symbolpräsentation wird dadurch umgangen, dass von vorn herein von einer symbolischen Welt ausgegangen wird, was im übrigen auch auf die Schachprogramme zutrifft.

Sprachübersetzung

Ein besonders ehrgeiziges Projekt zur Verwirklichung künstlicher Intelligenz war die auf Vorschlag des Mathematikers Warren Weaver (1949) über Jahrzehnte hinweg in den USA und in Großbritannien betriebene Entwicklung zur maschinellen Übersetzung natürlicher Sprachen. Während das Vorhaben hinsichtlich der Grundstruktur von Sprache (Grammatik) auf keine prinzipiellen Hindernisse stieß, waren die Schwierigkeiten mit der Wortübersetzung immens. Sehr viele Worte haben mehrfache Bedeutungen. Die Mehrfachbedeutungen decken sich nicht von Sprache zu Sprache. Welche Bedeutung im Einzelfall gemeint ist, hängt vom Kontext ab, in dem das Wort auftritt.

Weaver versuchte, das Problem dadurch zu lösen, dass über eine Betrachtung der benachbarten Worte der wahrscheinlichste Kontext bestimmt wird (»statistische Semantik«). Der Vorschlag erwies sich als nicht erfolgreich. Der Informatiker Joseph Weizenbaum (1968) schlug vor, »kontextuelle Entscheidungsbäume« zu verwenden. Andererseits hatte der israelitische Mathematiker Yehoshua Bar-Hillel schon 1960 darauf hingewiesen, dass zur Bestimmung des Kontextes im Sinne des »gesunden Menschenverstandes« die Übersetzungsmaschine mit einer Universalenzyklopädie ausgestattet sein müsste. Er tat dies anhand des zwischenzeitlich berühmt gewordenen Testsatzes »The box was in the pen« (*pen* kann sowohl die Schreibfeder als auch der Laufstall sein).

Um einer Lösung des Kontextproblems näher zu kommen hatte man sich bereits anlässlich des Dartmouth-Projekts (1956) darauf verständigt, dem seinerzeitigen behavioristischen Credo entsprechend, unter Intelligenz lediglich die Fähigkeit zu verstehen, spezielle Probleme zu lösen, was die heuristisch gelenkte Kontextsuche erleichtern sollte. Nur mit fachspezifisch eingeengten Heuristiken und Datenstrukturen waren brauchbare Übersetzungen zu erzielen.

Bei allem Fortschrittsoptimismus hinsichtlich der künstlichen Intelligenz, der besonders in den USA weiterbestand, stellte John Haugeland (1987) dennoch ernüchternd fest, dass die seinerzeit bekannten Übersetzungsprogramme hinter der Sprachkompetenz eines dreijährigen Kindes zurückbleiben. Die heutige Situation ist trotz fortgesetzter Anstrengungen nicht wesentlich anders.

7 Kritik der künstlichen Intelligenz

Grundsätzliche Kritik

Das Vorhaben, über den Computer menschliche Intelligenz darzustellen, muss nach den vorangegangenen Angaben als wenig erfolgreich angesehen werden. Dies ist nicht weiter verwunderlich, wird doch bei der Definition von künstlicher Intelligenz von einer einseitig mechanistischen (bzw. behavioristischen) Position ausgegangen, die der Wirklichkeit nur unzureichend gerecht wird. Die geistige Fundierung von Sprache und Denken bleibt bei dieser Position ausgeblendet.

Sprache und Denken sind die höchsten Erscheinungsformen des sich seiner selbst bewussten Geistes. Das Wort ermöglicht die Unterscheidung von Vorstellung und Gegenstand. Es wird zum Symbol für das, was gemeint ist. Über die Sprache wird der Gegenstand geistig verfügbar. Sprache ermöglicht Denken und den zwischenmenschlichen Austausch der Gedanken. Auf der Welt werden fünf- bis zehntausend verschiedene Sprachen gesprochen. Jede dieser Sprachen repräsentiert ein eigenes geistiges Universum. Aber alle Sprachen haben einen einzigen gemeinsamen Ursprung. Allen Sprachen liegen dieselben angeborenen Denkstrukturen zugrunde, unabhängig von der jeweiligen kulturellen Prägung (Chomsky 1999).

Das Wunder der Sprachfähigkeit wird in den drei monotheistischen Schriftreligionen besonders hervorgehoben. Es ist ebenfalls am Erlernen von Sprache durch normal begabte Kinder erfahrbar. Kinder erlernen den richtigen Sprachgebrauch in relativ kurzer Zeit, obwohl ihnen nur eine äußerst begrenzte Zahl von Sätzen präsentiert wird, die oftmals fragmentarisch und fehlerhaft sind. Besonders überzeugend ist diesbezüglich der Bericht von Anne Sullivan über den »Spracherwerb« ihrer siebenjährigen taubstummblinden Schülerin Helen Keller (1887). Wortschatz, Symbolbedeutung und Grammatik der englischen Sprache wurden von dem Mädchen in der unglaublich kurzen Zeit von nur eineinhalb Jahren vollständig erlernt. Sie konnte daraufhin Bücher in Braille-Schrift lesen und sich über Mitteilungen in Normalschrift verständlich machen. Ihr Schreibstil war wählerisch und elegant. Die Sprache war für die Taubstummblinde zur eigentlichen Erlebniswelt geworden. Es gibt nur eine plausible Folgerung aus diesem Bericht (Lorenz 1973, ibid. S. 244): Das Erlernen von Sprache ist ein Bewusstwerden latenter Strukturen, ganz im Sinne von Noam Chomsky.

Fachspezifische Kritik

Die Kritik an dem Glauben, wirkliche Intelligenz könne künstlich erzeugt werden, ist schon früh von den fachkompetenten Philosophen Hubert Dreyfus und John Haugeland sowie von dem zum Dissidenten gewordenen Informatiker Joseph Weizenbaum formuliert worden (Dreyfus 1985, Haugeland 1987, Weizenbaum 1977). Diese Kritiken richteten sich nicht gegen die Forschungsbemühungen an sich, für die der einseitige materialistische Standpunkt als vorläufige Hypothese durchaus fruchtbar sein kann, fruchtbarer jedenfalls als der gegenteilige idealistische Standpunkt, sondern gegen den unbegründeten Enthusiasmus der Protagonisten der künstlichen Intelligenz und gegen deren unhaltbare Zukunftsprognose. In neuerer Zeit hat der Mathematiker Roger Penrose den Status der künstlichen Intelligenz in seinem Buch *The Emperor's New World* kritisch analysiert (Penrose 1989). Auch er widerspricht der verbreiteten Auffassung, Erleben und Denken lasse sich auf Algorithmen reduzieren. Der amerikanische Philosoph John Searle hat das so ausgedrückt, dass Computer zwar Symbole nach vorgegebenen Regeln verarbeiten, jedoch die Bedeutung der Symbole nicht verstehen (Searle 1990).

Die Bedeutung der Gestaltwahrnehmung bzw. Mustererkennung durch das Gehirn, die ohne symbolische Kodierung erfolgt, wird von Hubert und Stuart Dreyfus in ihrer Kritik der künstlichen Intelligenz hervorgehoben (Dreyfus 1985 u. 1987). Die Aufspaltbarkeit jeder Information in Informationselemente, wie sie der Digitalcomputer voraussetzt, ist daher keine allgemeingültige Annahme. Die Autoren verweisen auch auf die holografische Reproduktion als Beispiel für symbollose Kodierung von Informationen. Das über einen Laserstrahl auf einer Fotoplatte erzeugte Hologramm, ein Interferenzmuster des bestrahlten Gegenstandes, beinhaltet in jedem Teilbereich die Gesamtinformation. Mit einem weiteren Laserstrahl kann das Bild des Gegenstandes von der Fotoplatte rückprojiziert werden, auch wenn Teile der Platte abgedeckt werden. Das Bild ist dann lediglich weniger scharf.

Die Kritik der künstlichen Intelligenz lässt sich auf die dem gesunden Menschenverstand offenkundigen Feststellungen reduzieren, dass Computer kein Bewusstsein und keine Subjektivität entwickeln, dass sie weder Schmerz noch Freude empfinden, dass sie keine eigene sondern nur die ihnen einprogrammierte Intelligenz besitzen. Die in radikal eingeschränkten Symbolwelten realisierbare künstliche Intelligenz ist nur eine Scheinintelligenz.

8 Weitere Formen von Computerintelligenz

Die künstliche Intelligenz (*Artificial Intelligence*), wie sie vorstehend als Basis der Schachprogramme, der Bauklotzwelt und der Sprachübersetzung dargestellt wurde, ist nicht die einzige Form von scheinbarer Intelligenz in Maschinensystemen. Es gibt weitere Formen, die üblicherweise unter dem Oberbegriff »Computerintelligenz« (*Computational Intelligence*) zusammengefasst werden. Auch diese Ansätze arbeiten mit symbolischer Darstellung, was der gängigen Definition des Computers als symbolverarbeitende Maschine entspricht. Die systematische Darstellung des Gebiets (Kramer 2009, Rutkowski 2008) wird durch die unsystematisch entstandene Methodenvielfalt erschwert.

Um dem Leser einen Eindruck zu vermitteln, um welche Methoden und Anwendungen es sich hierbei handelt, werden deren wichtigste Erscheinungsformen nachfolgend stichwortartig erläutert. Den Methoden zugehörig sind Fuzzy-Logik, evolutionäre Algorithmen, Schwarmintelligenz und künstliche neuronale Netze. Zu den wichtigsten Anwendungen gehören Expertensysteme, Robotertechnik und Bots.

Die *Fuzzy-Logik* versucht, die typischerweise unscharfen Aussagen der Alltagsdiskurse zu modellieren. Sie wurde von L. Zadeh (1965) nach Vorarbeit von Lukasiewicz (1920) entwickelt. Während in der herkömmlichen (scharfen) Logik Aussagen nur die diskreten Werte »wahr« oder »unwahr« annehmen können, sind in der Fuzzy-Logik den Aussagen Wahrheitsgrade zugeordnet, die über die Zugehörigkeitsfunktion der jeweiligen Aussagemenge (Fuzzy Set) definiert sind, meist als Dreiecks- oder Trapezfunktionen über den Merkmalswerten (beispielsweise zur Aussage »hohe Geschwindigkeit eines Autos« über den Geschwindigkeitswerten). Die Zugehörigkeitsfunktion bezeichnet den Grad der Sicherheit, mit dem die Merkmalswerte zu einem unscharfen Begriff gehören. In einem weiteren Detaillierungsschritt der Methode treten an Stelle der scharfen unscharfe Zugehörigkeitsgrade. Mit Fuzzy Sets lassen sich die aus der herkömmlichen Logik bekannten Operationen sinngemäß ausführen. Auf diese Weise ist unscharfe Inferenz möglich (»approximatives Schließen«). Fuzzy Sets werden zur maschinellen Entscheidungsfindung, Planung und Prognose eingesetzt.

Die *evolutionären Algorithmen* sind numerische Optimierungsmethoden, genauer »Maximum- oder Minimumsuchmethoden«, die den Mechanismen von Vererbung und natürlicher Auslese nachgebildet sind. Sie verwenden das Evolutionsprinzip »Survival of the fittest«. Sie unterscheiden sich von herkömmlichen Optimierungsmethoden in folgenden Punkten (Rutkowski 2008): Die Anfangsparameter werden nicht direkt, sondern in kodierter Form verarbeitet. Die Optimumsuche geht nicht von einem Einzelpunkt aus, sondern von einer Punktpopulation. Nur die Zielfunktion selbst (»Fitnessfunktion«) und nicht ihre Ableitungen oder andere Hilfsfunktionen werden verwendet. Anstelle deterministischer Selektionsregeln werden solche probalistischer Art eingeführt. Die vorstehenden Methodenmerkmale begründen die Robustheit der evolutionären Algorithmen.

Zu den evolutionären numerischen Optimierungsmethoden gehört auch das Konzept der *Schwarmintelligenz*, das ein kollektives, zielgerichtetes Verhalten von Individuen im Gruppenverbund bezeichnet. Die Bezeichnungsweise ist allerdings missverständlich, denn Schwärme, etwa von Heringen oder von Tauben, verhalten sich unintelligenter als die einzelnen Individuen. Erst im Rudel höherer Tiere mit differenzierten Kommunikationsmöglichkeiten drückt sich eine zielgerichtete Rudelintelligenz aus. Das niedrigere Tier innerhalb eines Schwarms passt lediglich seine Bewegungen nach einfachen Regeln dem Verhalten der unmittelbaren Nachbarn an. Die Grundregeln der Schwarmbildung wurden von C. Reynolds (1987) formuliert: Orientierung an der Position der Nachbarn, Ausrichtung der Bewegung an der der Nachbarn, Vermeidung von Kollisionen mit Nachbarn. In Kombination mit evolutionären Algorithmen konnte die Entstehung komplexerer aus einfacheren Systemen simuliert werden (»Emergenz«). Unter »Partikelschwarmoptimierung« wird ein heuristisches Optimierungsverfahren für numerische Suchräume verstanden, das sich am Bewegungsverhalten natürlicher Schwärme orientiert. Als »Ameisenalgorithmen« werden dagegen Optimierungsverfahren nach M. Dorigo (1992) bezeichnet, die sich an die Pfadfindungsmechanismen von Ameisenschwärmen anlehnen. Ameisen erreichen eine Futterquelle dadurch auf kürzestem Weg, dass sich die Pheromonspuren der »Erstbegeher« mit der Verkürzung der Weglänge verstärken. Den entsprechenden Algorithmen liegt das Prinzip der Verstärkung guter Lösungen zugrunde.

Die *künstlichen neuronalen Netze* sind eine durch Lernfähigkeit ausgezeichnete Form von Computerintelligenz, die der Grundfunktion der Nervenzellen des Gehirns, den Neuronen, nachgebildet ist. Die Gehirntätigkeit, soweit als Computerfunktion darstellbar, beruht auf massiver Parallelität einer ungeheuer großen Zahl von Berechnungseinheiten – im Unterschied zur von-Neumann-Architektur gängiger Computer, die keine Parallelität aufweist.

Ein künstliches Neuron empfängt mehrere gewichtete Eingangssignale, die es (linear) zu einem Gesamtsignal aufaddiert. Dieses löst die (meist nichtlineare) Aktivierungsfunktion des Neurons als Ausgangssignal aus. Der Lerneffekt des Neurons besteht in den Gewichtungen der Eingangssignale. Das einfachste künstliche Neuron ist das »Perzeptron«, dessen Aktivierungsfunktion nur die Werte +1 und −1 bzw. +1 und 0 erlaubt (Stufenfunktion). Das ist für die Trennung von Daten, die zwei Klassen angehören und linear separierbar sind, ausreichend. Das Anpassen der Gewichtungen, also das Lernen, erfolgt iterativ ausgehend von der Differenz zwischen erzeugtem und gewünschtem Ausgabesignal. Die Iteration kann durch die Minimierung der mittleren quadratischen Abweichung ersetzt werden, sofern anstelle der unstetigen Stufenfunktion die sie annähernde stetige Sigmoid-Funktion verwendet wird (Sigmoid-Neuron).

Aus den Einzelneuronen lassen sich neuronale Netze erstellen. Zum einen können Neuronen parallel angeordnet werden, wobei die Eingangssignale auf jedes dieser Neuronen wirken. Zum anderen ist ein Nacheinanderschalten von parallelisierten Neuronen (»Neuronenschicht«) möglich. Das »Lernen« oder »Trainieren« von neuronalen Netzen besteht in der Festlegung der Gewichtungsfaktoren aller Verbindungen zu den Schichten unter Einschluss der Eingabeschicht. Dies geschieht über spezielle Algorithmen.

Mit wie viel Schichten und Neuronen je Schicht ein neuronales Netz auszulegen ist, hängt davon ab, was im Einzelfall zu modellieren und anzupassen ist. Dreischichtige Ausführungen entsprechen normalen Anforderungen. Im Sonderfall von Klassifizierung oder Regression genügt eine zweischichtige Ausführung. Die Zahl der Neuronen je Schicht bestimmt den Rechenaufwand bzw. die Lernzeit. Wenn die Zahl der Neuronen relativ zur Zahl der Lern- bzw. Trainierbeispiele zu groß ist, besteht die Gefahr der Überanpassung. Die Ausgabedaten sind dann auch den Zufälligkeiten in den Eingabedaten angepasst, so dass verallgemeinernde (zufallsunabhängige) Auswertungen unmöglich sind. Für Regressionsanalysen werden spezielle neuronale Netze verwendet, die sich ohne eine Lernphase, allein auf Basis der Wahrscheinlichkeitsdichtefunktion einstellen lassen (probalistische neuronale Netze, *Bayesian networks*).

Beim Trainieren eines neuronalen Netzes wird grundsätzlich so vorgegangen, dass die vorhandene Datenmenge in eine Lernmenge und eine Testmenge unterteilt wird. Das mit der Lernmenge trainierte Netz sollte bei Verarbeitung der Testmenge das gewünschte Ergebnis zeigen, anderererseits wäre die Einstellung des Netzes unzureichend. Die ursprüngliche Absicht, neuronale Netze als spezielle Prozessoren in Hardware anzubieten, wurde nicht realisiert. Neuronale Netze werden auf den herkömmlichen von-Neumann-Rechnern simuliert.

Ein bedeutsamer Anwendungsbereich von Computerintelligenz sind *Expertensysteme*. Dies sind Computerprogramme, die ausgehend von einer gespeicherten Wissensbasis über Prozeduren für logisches Schließen (*inference*) Probleme lösen, die gemeinhin einen erfahrenen Fachmann (Experten) erfordern. Expertensysteme beinhalten also die Übertragung des Expertenwissens eines vorgegebenen Bereichs in eine Wissensbasis (*knowledge base*), einem Schlussfolgerungsprozessor (*inference machine*), der auf der Wissensbasis arbeitet, und einer Benutzerschnittstelle (*user interface*). Wissensbasierte Expertensysteme haben sich besonders bei diagnostischen Aufgaben in Medizin und Technik bewährt.

Besondere Aufmerksamkeit hat die in der *Robotertechnik* realisierte Verbindung von (scheinbarer) Computerintelligenz mit künstlichen Wahrnehmungselementen (Seh- und Tastsensoren) einerseits und mechanischen Bewegungsgliedern andererseits gefunden. Das tschechische Wort *robot* (»Fronarbeit«) wurde durch ein Theaterstück des tschechischen Autors Karel Čapek (1920) bekannt, das den falschen Technikgebrauch anprangert. In dem Stück werden industriell gefertigte Roboter laufend verbessert bis sie schließlich den Menschen hinsichtlich Leistung und Intelligenz übertreffen. Ein Aufstand der Robotersoldaten löscht schließlich das Menschengeschlecht aus.

Fertigungsroboter, deren Entwicklung in die 1950iger Jahre zurückreicht, bilden heute das Rückgrat der Massenfertigung insbesondere im Automobilbau. Handhabungsroboter agieren in menschenunverträglicher Umwelt (Weltraum, Tiefsee, Kerntechnik). Auch gibt es Roboterimitationen von Mensch oder Tier, die vom Publikum bestaunt werden. Der japanische Robotermensch ASIMO kann Treppen ersteigen, Hindernissen ausweichen sowie in Englisch und Japanisch parlieren. Der silberne Roboterhund AIBO kann mit einem Ball spielen, mit dem Schwanz wackeln sowie regelkonform zugerufene Befehle ausführen.

Ein wichtiger weiterer Bereich von Computerintelligenz mit Anwendung auf Robotersteuerung und Mechatronik wird »Reinforcement learning« genannt. Ein Steuerprogramm (»Agent«) erlernt dadurch ein optimales, an die jeweilige Umgebung angepasstes zielgerichtetes Verhalten, dass positive Handlungen belohnt und negative bestraft werden. Der Agent sammelt mittels Seh- und Tastsensoren Informationen über seine

Umgebung und speichert sie. Aufgrund der gesammelten Daten hat er zu entscheiden, welche Aktionen durchzuführen sind, um ein definiertes Ziel zu erreichen. Leseroboter können Druckschrift und dank Lernfähigkeit mit gewissen Einschränkungen auch handschriftliche Zeichen korrekt aufnehmen. Spracherkennungsroboter sind in den Dialogsystemen von Telefondiensten eingesetzt, etwa bei Flugreservierungen oder im Börsenhandel. Trainierbare Systeme mit probalistischer Parameterdarstellung bilden die Grundlage.

Ein weiterer aktueller Einsatzbereich von Computerintelligenz sind die *Bots* (abgeleitet von *robot*), autonom im Internet arbeitende Programme, die Entscheidungen auf Basis selbstgesammelten Wissens treffen. Besonders bekannt sind die Chatterbots, die in natürlicher Sprache mit dem Gesprächspartner kommunizieren, um aus dessen Antworten Informationen zu gewinnen, die beispielsweise für das Produktmarketing nützlich sind. Eines der erfolgreichsten Chatterbots ist das Programm ALICE. Ebenfalls verbreitet sind die Searchbots (Suchmaschinen). Sie verfügen über eine umfassende Datenbasis, die das Indizieren und Sammeln spezieller Webseiten ermöglicht. Bots werden auch zu kriminellen Zwecken verwendet, beispielsweise um Daten auszuspionieren, um Spam-Mails (Werbemails) zu versenden oder um Attacken auf Server auszuführen.

Die unter dem Oberbegriff Computerintelligenz vorstehend beschriebenen Methoden und Anwendungen zeigen, dass einerseits ein beeindruckender Entwicklungsstand erreicht ist, dass aber andererseits die vermeintliche Intelligenz der Automaten vorprogrammiert (»künstlich«) ist. Der Automat kann zwar auch unter schwierigen Umständen klassieren, sich anpassen, etwas auswählen oder entscheiden, aber nur soweit erprobte Problemlösungsstrategien anwendbar sind. Sobald sich neuartige Probleme stellen, ist die Maschine hilflos. Die natürliche Intelligenz zur Bewältigung neuartiger und ungewohnter Lagen hat nur der Mensch. Diese Feststellungen ergänzen die vorangehende »Kritik der künstlichen Intelligenz«.

KAPITEL IX

Problematik der neuronalen Technik

»Wir wissen immer, wo du bist.
Wir wissen, wo du warst.
Wir wissen, mehr oder weniger, was du denkst.«
Eric Schmidt, Chef von Google (Meckel 2012)

1 Inhaltsübersicht

Die neuronale Technik ist mehr noch als die mechanistische und biologische Technik mit tiefgreifenden sozialen und kulturellen Veränderungen und Problemen verbunden. In der Öffentlichkeit artikuliert sich überwiegend der Fortschrittsoptimismus der Gründerväter von elektronischen Netzwerken und zugehörigen Dienstleistungen. In den USA beheimatet, projizieren sie den amerikanischen Traum von Freiheit und Glück in die virtuelle Welt des Internets. Auch sehr US-amerikanisch ist die Einfügung dieses Traums in knallharte Geschäftsinteressen. Der als »herrschaftsfrei« deklarierte Raum des Internets ist jedoch wie gezeigt werden wird, eine Mogelpackung. Die Anbieter der Online-Plattformen üben die eigentliche Herrschaft über die Daten aus, nicht die Nutzer des Internets. In autoritär regierten Staaten andererseits wird das Internet streng kontrolliert und Dienste wie Facebook, YouTube und Twitter sind, beispielsweise in China, gänzlich verboten.

Nachfolgend werden zunächst Rationalisierung und Roboterisierung, Überwachung und Kontrolle sowie Selbstentfremdung als Folgen der neuronalen Technik sozialkritisch beleuchtet. Es schließt sich eine Darstellung des gesellschaftlichen Hintergrunds zum Internet an: die Existenz der Massengesellschaft, die Bedeutung der Massenmedien sowie die Erscheinungsweisen der Gesellschaft als Transparenzgesellschaft, Ermüdungsgesellschaft und Internetgesellschaft. Die fortschrittliche Internetversion Web 2.0 wird definiert. Die daran anschließende Sozial- und Kulturkritik bezieht sich auf das Internet im allgemeinen, auf die Internet-Enzyklopädie Wikipedia, auf die Internetsuchmaschine Google, auf die Online-Kommunikationsplattform Facebook, auf die Enthüllungsplattform Wikileaks sowie auf Hackerangriffe und digitale Kriegsführung. Die Bedingungen eines maßvollen Umgangs mit neuronaler Technik, Massenmedien und Internet werden abgesteckt.

Die kritischen Betrachtungen zum Internet und seinen Plattformen fußen auf neueren Publikationen zum genannten Thema von Sascha Adamek, Miriam Meckel und Frank Schirrmacher (Adamek 2011, Meckel 2011, Schirrmacher 2009). Den Zugang zur zugehörigen Kulturkritik erleichtern Georg Simmel und Byung-Chul Han (Simmel 1992, Han 2011 u. 2012).

2 Sozialkritik an herkömmlicher Computertechnik

Rationalisierung und Roboterisierung

Neuronale Technik ist im Unterschied zur herkömmlichen mechanistischen Technik von vornherein Systemtechnik. Die Einzelerfindungen treten demgegenüber zurück, zumal das System mehr ist als die Summe seiner Systemkomponenten. Der Fortschritt in neuronaler Technik manifestiert sich im Systemfortschritt.

Die unmittelbare und gewollte ökonomische Auswirkung neuronaler Technik in Form von Rechenautomaten und zugehörigen Netzen ist die Rationalisierung von Büro und Verwaltungstätigkeit besonders bei Banken, Versicherungsunternehmen und Großunternehmen, von Planungs- und Steuerungsaufgaben besonders bei Großprojekten etwa des Automobil- und Flugzeugbaus, aber auch bei militärischen Operationen. Rationalisierung bedeutet Wegfallen von Arbeitsplätzen bei erhöhtem Leistungsdruck auf die verbleibenden Mitarbeiter, deren Zuständigkeitsbereich infolge der Segmentierung der Arbeitsabläufe eingeschränkt wird. Die Rationalisierung des Fabrikwesens findet in der Rationalisierung des Verwaltungswesens seine Fortsetzung. Das Bemühen um Sozialverträglichkeit der Rationalisierungsmaßnahmen kann nicht darüber hinwegtäuschen, dass durch neuronale Technik die Arbeitslosenzahl kräftig erhöht wird.

Eine unmittelbare und gewollte ökonomische Auswirkung der Verbindung von Mechanik, Elektronik und Sensorik zur Robotertechnik ist der Ersatz der menschlichen Arbeitskraft in der Massenfertigung. Die Investition in Roboter ist die Alternative zur Einstellung von Arbeitern. Sie regelt sich entsprechend dem jeweiligen Zins- und Lohnniveau meist zugunsten der Roboter. Dabei wird vielfach der gesamtwirtschaftliche Aspekt übersehen, dass Roboter im Unterschied zu Arbeitern keine Konsumenten sind.

Es sind vor allem die einfachen Arbeiten, die infolge von Rationalisierung und Roboterisierung wegfallen, was vor allem die ungelernten bzw. wenig qualifizierten Angestellten und Arbeiter trifft. Somit kann Fortschritt in neuronaler Technik einen sozialen Rückschritt bewirken.

Überwachung und Kontrolle

Eine weitere, schnell erkannte und genutzte Möglichkeit neuronaler System- und Netzwerktechnik ist die Sammlung und Auswertung personenbezogener Daten bei der Verbrechensbekämpfung, im Personalbereich, im Gesundheitswesen, bei Finanzbehörden und bei staatlichen

Transferleistungen. Die Tendenz zu allgegenwärtiger Überwachung ist in diesen Bereichen nicht zu übersehen.

Ein frühes Beispiel aus der Verbrechensbekämpfung ist der Einsatz elektronischer Suchmaschinen durch das Bundeskriminalamt bei der Fahndung nach RAF-Terroristen (und Sympathisanten) in den 1970er Jahren. Es wurden Täterprofile erstellt, um im Rahmen einer »negativen Rasterfahndung« Personen mit deviantem Verhalten zu identifizieren (Gugerli 2009). Negativbeispiele für Personenüberwachung am Arbeitsplatz werden in zunehmender Zahl der deutschen Öffentlichkeit präsentiert. Der geplante Patientenpass wird illegale Selektionen außerhalb von Arztpraxen und Krankenhäusern möglich machen. Am weitesten fortgeschritten ist wohl die elektronische Finanzüberwachung, zumindest bei deutschen Staatsangehörigen. Das Bankgeheimnis ist aufgehoben, steuerlich relevante Daten werden von den Finanzbehörden direkt bei Banken, Arbeitgebern und Vertragspartnern erhoben. Dem Steuerpflichtigen ist die Informationshoheit entzogen. Bei den Empfängern staatlicher Transferleistungen sind Privatkonten das Ziel elektronischer Kontrolle. In allen genannten Fällen wird deutlich, dass die moderne »Informationsgesellschaft« weniger eine informierte als vielmehr eine informativ durchleuchtete Gesellschaft ist.

Überwachungskameras an besonders zu schützenden öffentlichen Plätzen, darunter Flughäfen, Bahnhöfe und Bankschalter, werden schon lange eingesetzt – vorerst ohne sozial relevante Folgen.

Selbstentfremdung durch neuronale Technik

Durch die neuronale Technik wird die Selbstentfremdung des Menschen fortgesetzt, die von Karl Marx zu Beginn der Industrialisierung (etwa 1850) diagnostiziert wurde. Der Mensch definiert (»erzeugt«) sich selbst im Produkt seiner Arbeit. Wenn ihm im Industriekapitalismus die Verfügung über dieses Produkt vorenthalten wird, so Karl Marx, verliert er sein Menschsein. Ähnlich verhält es sich mit dem modernen Menschen, sofern er das Ergebnis seiner mentalen oder emotionalen Tätigkeit (Texte, Bilder, Musikstücke) in Datenbanken ablegt, auf deren Verwendung er keinen Einfluss mehr hat.

Außerdem ist die Anpassung des Menschen an die Systeme neuronaler Technik zu beklagen. Wiederum kann ein Vorgang aus der Industriegeschichte bemüht werden. Frederick Taylor (1912) versuchte die Bewegungen des menschlichen Körpers bei der Maschinenarbeit optimal an die Bewegungsabläufe der Maschine anzupassen, um deren Wirtschaftlichkeit zu erhöhen (Taylorismus). Heute versucht der Mensch sich den Anforderungen der ihn umgebenden elektronischen Systeme anzupassen. Der Taylorismus konnte durch humanere Formen der industriellen Arbeitsorganisation überwunden werden. Die neuronale Technik verlangt noch viel gebieterischer die Anpassung und Disziplinierung des Menschen, nicht nur am Arbeitsplatz sondern auch in seiner Freizeit.

Die Bedienung der elektronischen Geräte, vom Handy über das Autoradio bis zum PC, erfordert zum Teil knifflige Detailkenntnisse, die in umfangreichen Bedienungsanleitungen niedergelegt sind und der täglichen Übung bzw. Gewohnheit bedürfen. Mit gesundem Menschenverstand ist dabei kaum etwas auszurichten. So haben besonders ältere Menschen erhebliche Schwierigkeiten mit der »Elektronik«, und auch jüngere Menschen nutzen nur einen Bruchteil der vom jeweiligen Gerät angebotenen Möglichkeiten. Was bei der Maschinenbedienung von Taylor thematisiert wurde, setzt sich bei der Elektronikbedienung fort: Das Gerät schreibt vor, wie der Mensch sich zu verhalten hat.

Als anthropologisch nachteilig erscheint, dass bei der Bedienung eines Computers (und auch schon einer mechanischen Schreibmaschine) die haptisch-visuelle Einheit des Schreibens mit der Hand ersetzt wird durch das Eintippen der Schriftzeichen per Tastatur unter visueller Kontrolle auf dem Bildschirm. Die analoge Schreib- und Lesekundigkeit wird durch digitale Technik ersetzt. Der persönliche Ausdruck weicht elektronischer Einheitlichkeit. Das erleichtert die Abläufe in Handel, Wirtschaft und Verwaltung, ist jedoch im privaten Verkehr ein erheblicher Verlust.

Die gesundheitliche Gefährdung des Menschen durch elektronische Geräte mit Funktechnologie auf Basis gepulster Mikrowellen (Handys, Smartphones, Netbooks, Tablet-Computer, Spielkonsolen) könnte durch eine restriktivere Festlegung der Funkstandards grundsätzlich vermieden werden.

3 Gesellschaftlicher Hintergrund zum Internet

Moderne Massengesellschaft

Die Weiterentwicklung der neuronalen Technik zum allgegenwärtigen Internet, begleitet von der Ausbreitung der Mobiltelefonie hat die Welt tiefgreifend verändert. Es zeigt sich eine gesellschaftsverändernde Eigendynamik der Entwicklung, die andererseits in vorgefundene gesellschaftliche Strukturen eingebunden bleibt.

Die moderne Gesellschaft ist eine Massengesellschaft. Das ist die Folge des Anwachsens der Weltbevölkerung auf 7 Milliarden Menschen, von denen derzeit mehr als die Hälfte in Städten leben (in 40 Jahren sollen es Dreiviertel sein). Neben Bevölkerungswachstum und Urbanisierung haben Technisierung und Industrialisierung zur Vermassung beigetragen. Das Verhalten der Masse hat Gustave Le Bon (1841–1931) in einer auch heute noch gültigen Weise beschrieben. Massenphänomene treten demnach unter dem Druck wirtschaftlicher, politischer oder plötzlicher seelischer Not (Angst, Panik) in Erscheinung. Selbstkontrolle und Ordnungsbewusstsein des Einzelnen verschwinden dann in den kollektiven Gefühlen, Trieben und Willensregungen. Der an die Spitze von politischen Massenbewegungen sich setzende Führer suggeriert der Masse das anzustrebende Ziel (Schischkoff 1978).

Die in milderer Form vermasste urbane Gesellschaft speist sich aus der Reduktion der Persönlichkeit, der Nivellierung und Entwurzelung des einzelnen in der städtisch geprägten Lebenswelt, die zur Anonymität und zur kollektiven Passivität führt. Neugierde, spielerische Bedürfnisse, wirtschaftliche Not oder politische Unzufriedenheit bündeln sich in Interessengruppen und werden dort, soweit möglich, befriedigt. Daraus entstehen pragmatisch typisierte städtische Lebensformen, die in das ländliche Umfeld ausstrahlen. Typische Begleiterscheinungen der gesellschaftlichen Vermassung sind Massenveranstaltungen, Massenkonsum, Massenautomobilismus, Massentourismus und Massenmedien. Der einzelne in der Massengesellschaft kann sich den vorgegebenen Trends kaum entziehen. Zugehörigkeit ist geradezu das Grundbedürfnis der Entwurzelten. Sie finden so nicht zu eigenständiger Lebensgestaltung.

Da sich die heutige Massengesellschaft am Konsum orientiert, ist die Kommerzialisierung der Lebensbereiche die unmittelbare Folge. Der Kommerz steuert die vermassten Menschen über die Werbung. Er befriedigt die Bedürfnisse von heute und generiert gleichzeitig die Bedürfnisse von morgen über wechselnde Moden und Präferenzen. Als höchstes Ziel des haltlosen und haltlos gemachten Konsumenten werden Vergnügen und Wellness propagiert.

Bedeutung und kritische Wertung der Massenmedien

Der Soziologe Georg Simmel (1858–1918) hebt als Merkmal der modernen Gesellschaft die Erweiterung und Vervielfachung der »sozialen Kreise« hervor (Voirol 2010, Simmel 1992). Die ursprüngliche Zahl der sozialen Kreise war klein – Familie, Nachbarschaft, Dorfgemeinschaft. In der modernen Gesellschaft sind die Kreise zahlreicher, vielfältiger und größer. Dies hatte zur Folge, dass Mittlerinstanzen und Medien (»Intermediäre«)

die Kommunikation und Information zwischen den Beteiligten vermittelten. Letztere mussten sich dadurch nicht mehr physisch begegnen. Auch konnte der einzelne mit ihm unbekannten Personen in Beziehung treten.

Zu den herkömmlichen Massenmedien, die Kommunikation und Information im öffentlichen Raum vermitteln, gehören Zeitungen, Hörfunk und Fernsehen. Ihre Massenwirksamkeit ist unbestritten. Gleichzeitig spiegeln sie die Befindlichkeit der Massengesellschaft. Die Kritik an den Massenmedien ist ebenso alt wie diese Medien selbst. Ein bekanntes philosophisches Wörterbuch (Schischkoff 1978) befindet, dass sich »besorgniserregende kulturphilosophische Fragen« stellen. Aus der Notwendigkeit, einen möglichst großen Teil des Massenpublikums anzusprechen, folge die sprachliche und inhaltliche Einstellung auf den unterdurchschnittlich gebildeten Nachrichtenempfänger, der den überwiegenden Teil des Massenpublikums bildet. Schlagworte, vereinfachte Redewendungen und sensationelle Aufmachung seien die Regel. Unterhaltung, Werbung und Information seien kaum zu unterscheiden. Die mediale Umwelt werde dadurch zu einer unmittelbar eigenen gesteigert, dass die inszenierten Massenereignisse des Sports (bei Bedarf austauschbar gegen Politik) die Konsumenten der Massenmedien veranlassen, sich mit »Helden« oder Siegern, »eigenen« Spielern und Lokalpatriotismus zu identifizieren. Der beim Fernsehen befriedigte elementare Schautrieb des Menschen erübrige das Überdenken der eigentlichen Zusammenhänge. Bei Hörfunk und Zeitung werde wenigstens die Fähigkeit zum Sprachgebrauch erhalten. Auch wenn diesen Auswüchsen erhebliche Bildungsmöglichkeiten durch die Massenmedien gegenüberstehen, würden diese notwendigerweise auf dem niedrigen Niveau kulturellen Massenkonsums verbleiben.

Aus heutiger Sicht wäre hinzuzufügen, dass Unterhaltung an Stelle von Urteilsbildung getreten ist (Postman 1988). Fernsehsendungen wie »Deutschland sucht den Superstar« erzielen weitaus höhere Einschaltquoten als Sendungen zur politischen Meinungsbildung.

Hinsichtlich des mündigen Bürgers in einer offenen Gesellschaft war Immanuel Kant (1783) der Meinung, dass der öffentliche Gebrauch der Vernunft die Bedingung der Möglichkeit von Aufklärung sei (Kant 1977, *ibid.* S. 53). An den herkömmlichen Massenmedien hat sich diesbezüglich eine scharfe Kritik entzündet. Abweichend von der Annahme hinter der Aussage von Kant, dass nämlich ein allseitiger Diskurs stattfindet, wirken die herkömmlichen Massenmedien nur in einer Richtung vom Sender zum Empfänger, ohne dass sich letzterer artikulieren kann. Dies ist die Kritik an den Massenmedien, vorgetragen von Günther Anders, von Max Horkheimer und Theodor Adorno sowie fortgeführt von Jürgen Habermas mit den Worten: »Kant rechnete natürlich noch mit der Transparenz einer überschaubaren, literarisch geprägten, Argumenten zugänglichen Öffentlichkeit, die vom Publikum einer vergleichsweise kleinen Schicht gebildeter Bürger getragen wird. Er konnte den Strukturwandel dieser bürgerlichen Öffentlichkeit zu einer von Massenmedien beherrschten, semantisch degenerierten, von Bildern und virtuellen Realitäten besetzten Öffentlichkeit nicht voraussehen« (Anders 1956, Adorno 1977, Habermas 1990). Ein durch die Massenmedien bedingter Verlust an Aufklärung, Mündigkeit und Verantwortung in der Gesellschaft wird beklagt (Stiegler 2008).

Transparenzgesellschaft

Der Philosoph Byung-Chul Han gibt eine treffende Analyse jener gesellschaftlichen Befindlichkeit, die sich in besonderem Maße den digitalen Medien öffnet (Han 2012). Er stellt einen Paradigmenwechsel fest. Die herkömmliche Gesellschaft der Negativität weiche einer Gesellschaft, die durch ein Übermaß an Positivität beherrscht wird.

Das Negative wird bei Han immunologisch definiert als das Andere, das in das Eigene eindringt, um es zu negieren bzw. zu zerstören. Die herkömmliche Gesellschaft ist insofern eine Negativgesellschaft, als sie dieses Andere abzuwehren versucht. Das Positive andererseits ist durch den Wegfall des Negativen und die Dominanz des Gleichen gekennzeichnet. Auch die gegenwärtige Positivgesellschaft lässt das Andere nicht zu. Sie lässt sich aber nicht immunologisch definieren sondern manifestiert sich als Transparenzgesellschaft (Han 2012):

»Transparent werden die Dinge, wenn sie jede Negativität abstreifen, wenn sie *geglättet* und *eingeebnet* werden, wenn sie sich widerstandslos in glatte Ströme des Kapitals, der Kommunikation und Information einfügen. Transparent werden die Handlungen, wenn sie *operational* werden, wenn sie sich dem berechen-, steuer- und kontrollierbaren Prozess unterordnen. Transparent wird die Zeit, wenn sie zur Abfolge verfügbarer Gegenwart eingeebnet wird. So wird auch die Zukunft zur optimierten Gegenwart positivisiert. Die transparente Zeit ist eine Zeit ohne Schicksal und Ereignis. Transparent werden die Bilder, wenn sie, von jeder Dramaturgie, Choreografie und Szenografie, von jeder hermeneutischen Tiefe, ja vom Sinn befreit, pornografisch werden. Pornografie ist der unmittelbare *Kontakt* zwischen Bild und Auge. Transparent werden die

Dinge, wenn sie ihre Singularität ablegen und sich ganz in Preis ausdrücken. Das Geld, das alles mit allem *vergleichbar* macht, schafft jede Inkommensurabilität, jede Singularität der Dinge ab. Die Transparenzgesellschaft ist eine *Hölle des Gleichen.*«.

Alle Prozesse innerhalb der Gesellschaft werden nach Han einem Transparenzzwang unterworfen, um sie durch Operationalisierung zu beschleunigen. Andersheit und Fremdheit werden als Störfaktoren eliminiert. Transparente Sprache ist formal, maschinell, operational, während herkömmliche Sprache Spontaneität, Ereignishaftigkeit und Freiheit ausdrückt. Prozessabwicklung tritt an die Stelle der herkömmlichen Narration.

Transparenzgesellschaft ist nach Han Informationsgesellschaft. Modelle und Theorien sind ersetzt durch Korrelationen. Die Menge der Information führe aber nicht notwendigerweise zu besseren Entscheidungen. Intuition transzendiert die verfügbare Informationen und kann Wissenslücken überbrücken. Diese regen zum Denken an, das sonst zum algorithmischen Rechnen verkommt. Modelle und Theorien seien wichtiger als die unermesslichen Daten- und Informationsmengen der Positivgesellschaft. Die Informationsmasse allein erzeugt noch keine Wahrheit (Virilio 2000).

Transparenzgesellschaft ist nach Han politiklose Gesellschaft. Politik beinhaltet Strategie und Strategie bedarf der Geheimhaltung. Gänzlich transparent ist nur der völlig entpolitisierte Raum. Der Transparenzzwang lässt das Bestehende unangetastet (siehe Piratenpartei). Das Verdikt der Positivgesellschaft lautet »gefällt mir«.

Transparenzgesellschaft ist nach Han Pornogesellschaft. Das Schöne bedarf der Anmut, des Geheimnisses und des Erhabenen. Im Bild erscheint die Verhüllung als wesentliches Konstitutiv, wenn nicht die Nacktheit selbst als Ausdruck des Erhabenen gewählt wird. Der in der Transparenzgesellschaft zur Schau gestellten Nacktheit fehlen Anmut und Erhabenheit. Sie ist schamlos, obszön, pornografisch. Han widerspricht darin Agamben, der einen neuen kollektiven Gebrauch der Sexualität propagiert (Agamben 2003, 2005 u. 2010). Die schrankenlose Entblößung ist der Lust abträglich, denn zur Kultur der Lust gehört das Spiel mit Masken, Illusionen und Scheinformen.

Transparenzgesellschaft ist nach Han Intimgesellschaft. Transparenz sucht Nähe, aus der jede Ferne beseitigt ist. Die sozialen Medien und personalisierten Suchmaschinen errichten einen Nahraum digitaler Nachbarschaft. Das öffentliche Bewusstsein wird abgebaut zugunsten einer privatisierten Welt (Sennett 2008). So kommt es zu einer Tyrannei der distanzlosen Intimität. Ihre selbstbezügliche Komponente ist narzisstisch besetzt. Anstelle der theatralischen Darstellung tritt die pornografische Ausstellung.

Transparenzgesellschaft will nach Han Enthüllungsgesellschaft sein. Die Preisgabe der Privatsphäre soll zu transparenter Kommunikation führen. Dabei wird übersehen, dass der Mensch noch nicht einmal sich selbst gegenüber transparent ist, sondern der Macht des Unbewussten unterliegt. Andererseits ist hinreichende Privatheit konsitutiv für erfülltes Dasein und Miteinandersein. Eine Moral der Transparenz würde schließlich zur Tyrannei mutieren.

Transparenzgesellschaft ist nach Han Kontrollgesellschaft. Keine zentrale Kontrollinstanz ist installiert, sondern jeder kontrolliert jeden und dies auf freiwilliger Basis. Die Überwachung ist sozusagen demokratisiert. Die Forderung nach Transparenz und Kontrolle entsteht, weil das Vertrauen aufgegeben wird, das die Kluft zwischen Wissen und Nichtwissen überbrückt.

Die Transparenzgesellschaft bildet schließlich nach Han keine Gemeinschaft im herkömmlichen empathischen Sinn, sondern umfasst Ansammlungen isolierter Egos um ein je gemeinsames Interesse oder auch nur um eine Marke (*brand communities*).

Müdigkeitsgesellschaft

Das Konzept der Negativ- und Positivgesellschaft wurde von Han ursprünglich im Hinblick auf die »Müdigkeitsgesellschaft« entwickelt (Han 2011). Während die herkömmliche »Disziplinargesellschaft« durch die Negativität von Gesetz und Verbot bestimmt wird, ist der derzeitigen »Leistungsgesellschaft« die Positivität von Initiative und Motivation zugeordnet. Pathologisch gehört zur Disziplinargesellschaft der bakterielle oder virale Infekt, die Bedrohung durch das immunologische Andere. Der Leistungsgesellschaft dagegen entspricht der neuronale Infarkt, die Müdigkeit am positiv Gleichen, die Depression, das Aufmerksamkeitsdefizit-Hyperaktivitätssyndrom, die Borderline-Persönlichkeitsstörung und das Burnout-Syndrom.

Das Übermaß am positiv Gleichen äußert sich nach Han als Übermaß an Reizen, Informationen und Impulsen. Die Wahrnehmung wird fragmentarisiert und zerstreut. Dadurch verändert sich die Struktur und Ökonomie der Aufmerksamkeit. Die wachsende Arbeitsbelastung erfordert eine besondere Technik der Zeit- und Aufmerksamkeitsteilung, das Multitasking. Die zugehörige »Hyperaufmerksamkeit« ist flach und zerstreut.

Die kulturellen Leistungen der Menschheit haben jedoch die tiefe, kontemplative Aufmerksamkeit zur Voraussetzung. Auch der Zustand der Langeweile kann kreativ fruchtbar sein. Multitasking ist nach Han kein Fortschritt, sondern ein Rückschritt. Es ist der Status des Tieres in der Wildnis, das seine Aufmerksamkeit ständig teilen muss.

Die Leistungsgesellschaft als Aktivgesellschaft verursacht nicht nur die genannten psychischen Erkrankungen, sie wird nach Han längerfristig eine Dopinggesellschaft begünstigen. Der negativ besetzte Ausdruck Hirndoping wird bereits durch den positiv wirkenden Namen Neuro-Enhancement ersetzt. Die selbstauferlegte Steigerung der Wirkfunktionen erzeugt andererseits Müdigkeit und Erschöpfung, die die betroffenen Individuen in der Leistungsgesellschaft isoliert (Handke 1992).

Selbstausbeutung durch Multitasking

Von ähnlichem Standpunkt aus, jedoch reicher an faktischen und argumentativen Details, wird das Phänomen der Überforderung, Erschöpfung und Selbstausbeutung des Ichs in den digitalen Datenfluten von dem bekannten Journalisten Frank Schirrmacher dargestellt: »Warum wir im Informationszeitalter gezwungen sind, zu tun, was wir nicht tun wollen (nämlich Multitasking), und wie wir die Kontrolle über unser Denken zurückgewinnen« (Schirrmacher 2009). Dieselbe Problemstellung wird in etwas anderer Weise von der Kommunikationswissenschaftlerin Miriam Meckel behandelt (Meckel 2007).

Frank Schirrmacher bekennt die eigene Überforderung durch die Überfülle und Gleichzeitigkeit der im Arbeitsalltag eines Journalisten eingehenden Informationen und geht mit dem als Gegenmittel angepriesenen Multitasking hart ins Gericht. Was für Computer ein effizientes Verfahren der Aufgabenabwicklung ist, sei für den Menschen gänzlich ungeeignet (»Multitasking ist Körperverletzung«). Mehrere Dinge gleichzeitig zu tun, bedeutet ständige Ablenkung und im Gefolge davon ein ständiges Bemühen, die Ablenkung wieder unter Kontrolle zu bringen. Dies hat für den Menschen bei dauerhafter Einwirkung katastrophale Folgen. Der Multitasker verliert die Fähigkeit, zwischen Wichtigem und Unwichtigem zu unterscheiden. Er wird in der Aufgabenabwicklung ineffizient und unfähig, mit der sich verändernden digitalen Welt zurecht zu kommen. Schirrmacher befindet: »Multitasking ist der zum Scheitern verurteilte Versuch des Menschen, selbst zum Computer zu werden«.

Internetgesellschaft

Ein dominantes Merkmal der heutigen globalisierten Gesellschaft ist deren Vernetzung über das Internet in Verbindung mit der Mobiltelefonie. Personal Computer, Tablet-Computer und Smartphone ermöglichen den Zugang zu den kommerziell betriebenen Online-Netzwerken im Internet. Die Internetgesellschaft ist ebenso wie die Transparenz- oder Ermüdungsgesellschaft nicht die ganze Gesellschaft, wohl aber ein ausschlaggebender, die Trends bestimmender Teil derselben. Es sind dies diejenigen, die sich der modernen Informations- und Kommunikationstechnik verschrieben haben, beruflich zwingend (Journalisten, Sozialwissenschaftler) oder privat freiwillig (maßvoll oder auch suchtartig).

Wie aus den nachfolgenden Angaben zur Internetversion Web 2.0 hervorgeht, hat etwa ein Drittel der Menschheit Zugang zum Internet, von denen aber nur ein Teil das Internet zum unverzichtbaren Begleiter gemacht hat. In den westlichen Industriestaaten nutzen etwa zwei Drittel der Bevölkerung das Internet. Die Erwartung progressiv eingestellter Autoren, die Zukunft der Gesellschaft sei in geradezu revolutionärer Weise durch die digitalen Techniken bestimmt, wird sich wohl dennoch nicht bestätigen.

Einschneidende gesellschaftliche Veränderungen sollten in demokratisch verfassten Gesellschaften ihren Niederschlag im Bereich der politischen Willensbildung finden. Gerade dieser kommunikationsintensive Prozess sollte sich – so die Vermutung – durch die Möglichkeiten des Internets wirkungsvoll unterstützen lassen. So prophezeite der ehemalige US-Vizepräsident Al Gore bereits 1994 (Coleman u. Blumler 2009):

»Die globale Informationsgesellschaft wird mehr sein als ein Metapher für funktionierende Demokratie. Tatsächlich wird sie das Funktionieren der Demokratie voranbringen, weil sie die Bürger an den Entscheidungen beteiligt.«

Die Prophezeiung hat sich selbst in den USA so nicht bewahrheitet. Von Partizipation der Bürger an den politischen Entscheidungen kann nicht die Rede sein, wäre mit den Grundsätzen einer parlamentarischen Demokratie (im Unterschied zu basisdemokratischer Verfassung) auch nicht vereinbar. Allerdings hat der charismatische Präsidentschaftskandidat Barack Obama die Wahlen 2008 und 2012 durch die Aktivierung insbesondere junger Wähler über das Internet gewonnen.

Noch viel ernüchternder stellt sich die Situation in Deutschland bzw. Europa dar (Adamek 2011). Einzelne Politiker twittern in höchst privater Mission, stellen etwas anspruchsvollere Information in Facebook ein, gründen Online-Communities oder treten über YouTube bildlich in Erscheinung. Nur ganz wenige Wähler besuchen die Websites der Parteien im Wahlkampf. Quasi als Ersatz für politische Partizipation bietet die Europäische Union die zahllosen Datensätze ihres statistischen Amtes zum Herunterladen an, einschließlich von Hilfsprogrammen, die eine spielerische Weiterverarbeitung der Daten erlauben. Das ganze wird von der zuständigen Kommissarin hochtrabend *open government* genannt.

Es ist noch zu früh, ein abschließendes Urteil über die politisch-gesellschaftliche Relevanz des Internets zu fällen. Vorerst ist lediglich feststellbar, dass sich politische Minderheiten bzw. Randgruppen über das Internet wirkungsvoll artikulieren können und damit politisch wirksam werden. Andererseits ist aber auch die Identifikation und Verfolgung politisch unliebsamer Gruppen auf Grund der Spuren im Internet möglich, wie sich in autoritär regierten Staaten wie China oder Iran gezeigt hat. Es spricht nichts für die von Al Gore prophezeite demokratische Wende.

Mensch-Computer-Interaktion per Internet

Die entscheidende Veränderung durch das Internet betrifft das Verhältnis von Mensch und Computer bzw. das Interface zwischen ihnen. Der Mensch, der die Computertechnik entwickelt hat, wendet deren Prinzipien zunehmend auf sich selbst an. Er neigt dazu, in seinem Gehirn einen internen Computer zu sehen, dessen Aufgaben er bereitwillig dem externen Computer überlässt. Dieser soll auch entscheiden, welche Informationen für den jeweiligen Nutzer wichtig sind. Um diese Aufgaben effizient abzuwickeln, analysiert der externe Computer bzw. dessen »intelligenter Agent« das bisherige Verhalten des Nutzers und erstellt ein Nutzerprofil, um per Algorithmus Schlussfolgerungen im konkreten Anwendungsfall zu ziehen. Da die Analyseprogramme und Algorithmen ständig verbessert und auf aktualisierten Datenbestände angewendet werden, weiß der jeweilige Online-Netzbetreiber über den Nutzer zunehmend Bescheid.

Das Ergebnis der Nutzerdurchleuchtung ist für Werbung und Kommerz von großem Interesse. Die Internetkonzerne finanzieren sich vor allem aus den Einnahmen durch Werbung und generieren daraus ihren Profit. Das Ergebnis dürfte bei entsprechender Anpassung des Algorithmus auch staatliche Überwachungsorgane interessieren. Erwähnenswert ist schließlich die Hoffnung informationsüberfluteter Nutzer, dass in

Zukunft der Computer die Auswahl der für sie wichtigen Informationen vornimmt. Das mutet allerdings so an, als wolle man sich an den eigenen (digitalen) Haaren aus dem (Informations-)Sumpf ziehen.

Nutzerprofil und Algorithmus stehen also im Zentrum der Mensch-Computer Interaktion. Sie sind gleichzeitig bestgehütetes Betriebsgeheimnis der Internetkonzerne. Bei Google ist der *page rank* ein zentraler Baustein. Er ergibt sich aus der Zahl zugeordneter interner und externer Links in Verbindung mit nutzerbezogenen Daten. Der Algorithmus bestimmt, welche Informationen bzw. Websites dem Nutzer bevorzugt zugängig gemacht werden. Über den *page rank* erhält eine Website, die viel Aufmerksamkeit (gemessen in Links) findet, immer noch mehr Aufmerksamkeit. Facebook kanalisiert die Nutzerinteressen nach anspruchsvolleren Verfahren. Die Vernetzung der digitalen Welt ist insgesamt kontrollierter als dem Nutzer bewusst wird.

Der Algorithmus setzt bewährte Verfahren der Individual- und Massenpsychologie ein, um ein bestimmtes Nutzerverhalten zu erzeugen, sowohl im Sinne weiterer Netznutzung als auch im Sinne der Werbung treibenden Wirtschaft. Das behavioristische Konzept der Neurowissenschaft (siehe Kap. V-5) bildet die Basis. In diesem Konzept ist der freie Wille durch eine Vielzahl geistiger Hilfsfunktionen ersetzt, die je für sich neurologisch determiniert ablaufen. Im Klartext heißt das, dass der Mensch als Maschine interpretiert wird.

Frank Schirrmacher versucht einen Weg aufzuzeigen, wie die Kontrolle über das eigene Denken trotz Internet, Algorithmus und Datenflut bewahrt bzw. zurückgewonnen werden kann (Schirrmacher 2009). Die Empfehlung lautet, immer wieder die Perspektive zu wechseln, die Fakten nicht als Gesetze anzuerkennen, eigene Hypothesen zu entwickeln, spielerisch mit den Informationen umzugehen, sich selbst als nicht berechenbares Wesen wahrzunehmen. Es ist bekannt, dass als unsicher gekennzeichnete Informationen in der Realwelt kreative Lösungen begünstigen. Anderes geschieht im Internet. Hier bilden sich bei unsicherer Informationslage »Informationskaskaden«, d.h. man schließt sich den Aussagen anderer an, ohne deren Informationsunsicherheit zu berücksichtigen. Konformismus und Herdentrieb bestimmen den Informationsaufbau.

Während Frank Schirrmacher letztlich an die Willensfreiheit des Menschen appelliert, um die Selbstkontrolle im digitalen Zeitalter zurückzugewinnen, lässt Miriam Meckel den Ausgang der Prägung des Menschen durch das Internet ausdrücklich offen (Meckel 2011 u. 2012).

Ausgehend von dem plakativen Zitat »Facebook defines who we are, Amazon defines what we want, and Google defines what we think« (Dyson 2012) sieht Meckel die Unterscheidbarkeit von Mensch und Maschine zunehmend in Frage gestellt, nicht weil die Menschen das eigenständige Denken verlernt hätten, sondern weil es so bequem ist, die Informations- und Kommunikationsangebote des personalisierten Netzes aufzugreifen. Dabei ist der Nutzer des Netzes nicht nur Abnehmer von Informationen und Produkten, sondern er wird selbst zum Produkt, das zwischen den Internetkonzernen und weiteren Marktteilnehmern gehandelt wird. Das geht umso besser, je mehr über die Bedürfnisse und Verhaltensweisen des Nutzers bekannt ist. Das Aufgreifen der Informations- und Kommunikationsangebote des Internets führt aber auch zu einer Verengung der Weltsicht und der Welterfahrung. In der internetbasierten Informationswelt sind unvorhergesehene Ereignisse und damit einhergehende Perspektivwechsel nicht vorgesehen.

Miriam Meckel erweitert die bisherigen, überwiegend kognitiv ausgerichteten Argumentationen in den Bereich der ethischen Wertung menschlichen Verhaltens. Die ethische Forderung von Adam Smith, »Handle so, dass ein unparteiischer Beobachter mit dir sympathisieren kann« (von Kant zur Pflichtethik weiterentwickelt), beinhaltet die Einnahme einer externen Position, von der aus die eigenen Beweggründe und Affekte bewertet werden. In der digitalen Gesellschaft übernimmt das globale Netz die Beobachterposition und generiert in Form des *mainstream* die ethischen Standards, Intoleranz inklusive.

Die Ausführungen von Miriam Meckel sind als Mahnung zu verstehen, der Mensch möge sein Selbst nicht den im Netz anonym auftretenden wirtschaftlichen und gesellschaftlichen Mächten überantworten.

Nach Meinung des Autors findet eine Prägung menschlichen Verhaltens durch das Internet statt. Ebenso wie sich Entenkinder durch eine Mutterattrappe binden lassen, werden bedürftige »Menschenkinder« durch das Internet gebunden. Das Internet vermittelt eine Scheingeborgenheit, die menschliche Zuwendung nicht ersetzen kann und schon gar nicht den Gottesbezug. Des weiteren tritt anstelle der bisherigen Selbstobjektivierung durch Lebensleistung die Selbstausstellung im Internet, eine Art maschineller Objektivierung. Das Bedürfnis vieler Menschen, sich ihres Selbst in der Masse zu entledigen sowie die Intimsphäre aufzugeben, fördert dieses Verhalten.

4 Sozial- und Kulturkritik am Internet

Internetversion Web 2.0

Das Internet umfasst Nachrichtenübermittlungsdienste, Informationsdienste, Kommunikationsdienste und Wirtschaftsdienste (Kap. VIII-5). Den Kritiken an einzelnen Diensten wird eine übergreifende allgemeine Kritik vorangestellt. Dazu ist zunächst festzulegen, welche Ausbaustufe des Internets gemeint ist.

Die Kritik bezieht sich auf eine im Entstehen begriffene, fortschrittliche Version des Netzes, die mit dem Marketingnamen »Web 2.0« belegt ist (Gieseke u. Voss 2011). Der zuzuordnende Begriff ist unscharf. Er bezieht sich nicht auf konkrete Techniken, Protokolle oder Programme, sondern steht als Synonym für die neuartigen Möglichkeiten des Internets, den Anwender in die inhaltliche und/oder funktionelle Netzgestaltung einzubinden und die Interaktion zwischen den Anwendern herzustellen (partizipatives soziales Netz, *social media*). Das ist das grundsätzlich Neue am Web 2.0. Nicht nur Einzelpersonen nutzen diese Möglichkeit, sonder auch Gruppen und Firmen. Die Entwicklung zum Web 2.0 ist von erfolgreichen neuen Geschäftsmodellen im Internet geprägt.

Es gibt eine große Zahl von Web 2.0 Online-Netzwerken, deren Inhalte überwiegend von Anwendern erstellt und vernetzt werden. Dabei werden Techniken eingesetzt, die die Grenze zwischen lokaler PC-Nutzung und Nutzung der Server des öffentlichen und halböffentlichen Netzes aufheben, sowie das Vermischen (*mashup*) der Inhalte aus unterschiedlichen Medien und Quellen gestatten. Die Zukunft wird im »Cloud Computing« gesehen. Mit diesem Schlagwort bezeichnet man unscharf die Verlagerung von Rechen- und Speicherkapazität sowie von Betriebssystemen und Anwendungsprogrammen von den lokalen Ressourcen (herkömmlicher PC und lokaler Server) hin in ein globales, jederzeit und überall erreichbares Netz.

Die Möglichkeiten des Internets wurden Ende 2011 von 2,3 Milliarden Menschen weltweit genutzt (Angabe der Internationalen Fernmeldeunion, NZZ, 13.10. 2012), das ist knapp ein Drittel der Weltbevölkerung. In den OECD-Staaten ist die Vernetzung verständlicherweise deutlich weiter fortgeschritten als in den Entwicklungsländern. Die fortschrittliche Web 2.0 Nutzung setzt allerdings einen Breitbandanschluss voraus, der nur einem Teil der Internetnutzer zur Verfügung steht.

Eine verbreitete Fortschrittseuphorie spricht den Medien im Internet utopische Entwicklungsmöglichkeiten zu. Das ist ökonomisch gewollt. Die sozialen und kulturellen Negativaspekte der neuen Technologien werden dabei ausgeblendet. Nachfolgend soll daher die Sozial- und Kulturkritik zu Wort kommen.

Allgemeine Sozial- und Kulturkritik am Internet

Zunächst wird das Internet als Intermediär im Rahmen der digitalen Erweiterung der sozialen Kreise nach Georg Simmel betrachtet (Voirol 2010). Der intermediäre »Dritte« ist der direkte Ansprechpartner für die digitalen Beziehungen zu den anderen. Er tritt über die Netzwerke in Erscheinung, deren Modalitäten zwingend zu beachten sind. Die dahinterstehenden Funktionsprinzipien bleiben jedoch dem Internetnutzer verborgen. Das Paradoxon besteht darin, dass das als Medium demokratischer und kultureller Partizipation gepriesene Internet keine Kontrolle oder Einflussnahme durch die Internetnutzer zulässt.

Die sozioökonomischen Gegebenheiten der kulturellen Internetnutzung lassen sich wie folgt genauer darstellen (Stalder 2012). Die Aussagen gelten sinngemäß auch für die Internetnutzung zur Kontaktpflege, zur Informationsgewinnung oder aus Vergnügungsbedürfnis.

Das Digitalisieren von Texten, Bildern und Tonaufzeichnungen hat die Produktionskosten kultureller Werke zum Teil stark reduziert. Über die sozialen Medien, werden kulturelle Nischen mit je eigenen Rezipienten bedient. Ein typisches Beispiel ist die Gemeinde um die Online-Enzyklopädie Wikipedia, die das Nischendasein längst hinter sich gelassen hat. Die Wikipedia-Gemeinde versucht, eine neue soziale Ökonomie zu verwirklichen. Der Inhalt der Enzyklopädie wird von den (anonym bleibenden) Gemeindemitgliedern in einer permanenten kollektiven Anstrengung erstellt und den Nutzern kostenlos zur Verfügung gestellt. In regelmäßigen Abständen erbittet die Wikipedia Foundation (Jahresbudget 28 Millionen Dollar in 2011) Spenden, die in großer Zahl eingehen. Die letzte Sammlung in 2011 ergab 20 Millionen Dollar. Dies ist eine erstaunliche sozioökonomische Anstrengung. Über die inhaltlichen Mängel der Enzyklopädie wird noch zu sprechen sein.

Der Vision der Wikipedia-Gemeinde stehen die verdeckt durchgesetzten Geschäftsinteressen der Wikipedia Foundation gegenüber (übertragbar auf andere Anbieter sozialer Netzwerke wie z.B. Facebook, Google oder YouTube). Die Infrastruktur dieser Plattformen ist hochgradig zentralisiert und nur dem Anbieter des Netzwerks zugängig. Aus der Tatsache, dass die Grundinvestition für Online-Dienste der genannten Art sehr hoch ist, folgt ein Wettbewerbsvorteil durch schiere Größe (gemessen in

Zahl der Nutzer), was Monopolbildung im herkömmlichen Sinn zur Folge hat. Damit jedoch nicht genug. Aus der Kommunikation der Nutzer der Plattform lässt sich detailliertes Wissen über deren Verhalten gewinnen (das schon mehrfach angesprochene Nutzerprofil) und zum Zwecke der Werbung, der Kontrolle und der Fremdbestimmung auswerten. Das ist klassisches Herrschaftswissen und die Haupteinnahmequelle bei sozialen Netzwerken wie Facebook oder Google. Sozioökonomisch ausgedrückt liest sich das wie folgt (Stalder 2012):

»Diese Plattformen sind soziale Fabriken, gebaut um immer größere Teile der Aktivitäten der Nutzer so zu organisieren, dass sie Produkte herstellen, mit denen die Eigentümer dieser Räume Handel betreiben und deren Mehrwert sie sich aneignen können. Die Produkte lassen sich in drei Klassen einteilen: erstens die Profile der Nutzer, zweitens die Vermittlung des Zugangs zu den Nutzern und drittens die Generierung von Wissen über Vergangenheit, Gegenwart sowie nahe Zukunft der Nutzer. All diese Produkte dienen dazu, die Aktivitäten der Nutzer in eine für die Käufer der Produkte gewünschte Richtung hin zu lenken.«

Dem angesprochenen kulturellen Mehrwert des Internets hinsichtlich der künstlerischen Text-, Bild- und Tonpublikation steht die kulturzerstörerische Wirkung des Internets gegenüber. Im sogenannten »Medium der Befreiung und sozialen Teilhabe« kann jeder Teilnehmer nach Lust und Laune publizieren, ohne Sachkompetenz und ohne Verantwortlichkeit für das Publizierte. Ganze Berufsgruppen, besonders im Bereich Publizistik, kommen dadurch in Bedrängnis und werden durch selbsternannte »Experten« ersetzt, die auf den gebührenfreien Internetplattformen stümperhaft agieren (Keen 2008).

Das Internet als soziales Medium (Web 2.0) mit der vielgepriesenen Interaktion der Teilnehmer begünstigt ein regelloses, zielloses und anspruchsloses Pallaver, auf niedrigem sprachlichen Niveau, ohne Sachkompetenz und Debattierkunst, das primär der narzisstischen Selbstdarstellung dient.

All dieser Informationsmüll muss irgendwann auch wieder beseitigt werden. Wie das vor sich gehen soll, ist vorerst völlig ungeklärt. Andererseits wird der unzutreffende Eindruck erweckt, das Internet eröffne dem Menschen ganz neue Bildungsmöglichkeiten. So wird beispielsweise hervorgehoben, auf einem E-Book Reader ließen sich 1500 Werke der klassischen Literatur über das Internet abrufen und speichern. Wer klassische Literatur liebt, findet auch ohne Internet den Zugang.

Die vorstehende Allgemeinkritik am Internet wird nachfolgend durch Sonderkritiken an einzelnen bekannten Netzwerken ergänzt.

Kulturkritik an der Online-Enzyklopädie Wikipedia

Die nachfolgende Kulturkritik bezieht sich vordergründig auf die Online-Enzyklopädie Wikipedia, gleichzeitig jedoch auf die dahinter stehenden Gestaltungsgrundlagen. Einige davon werden im Zusammenhang mit der Wikipedia-Kritik angesprochen.

Eine Enzyklopädie im neuzeitlichen, aufklärerischen Sinn ist eine »umfassende Sammlung des verfügbaren Wissens«. Der ursprüngliche Anspruch bei den Griechen war bescheidener. Das Universalwissen, das dem eigentlichen Studium vorausgehende propädeutische (d.h. einführende) Wissen sollte geboten werden. Ihrem Inhalt nach sind die neuzeitlichen Enzyklopädien Sachwörterbücher. Am berühmtesten ist die 1751-1772 von den französischen Aufklärern Jean d'Alembert und Denis Diderot in 35 Bänden herausgegebene »*Encyclopédie ou dictionnaire raisonné des sciences, des arts et des métiers*«. Die angestrebte, aus der Sache selbst sich ergebende Ordnung wurde nicht erreicht. Es blieb bei der von den Sprachwörterbüchern übernommenen alphabetischen Ordnung.

Die modernen Universallexika, »*Britannica*« in Großbritannien und »*Brockhaus*« in Deutschland, haben hohe Qualitätsmaßstäbe gesetzt. Die Einträge sind einheitlich strukturiert, geordnet und sprachlich vermittelt (Abkürzungen, Querverweise, hinreichende Kürze). Die Bearbeitung erfolgt durch Fachkräfte unter Hinzuziehung von Experten des jeweiligen Gebiets, es sind Lektoren eingeschaltet, Redaktion und Verlag übernehmen die Verantwortung. Die faktische Richtigkeit ist oberstes Gebot. Wissen (gr. *episteme*) geht vor Meinung (gr. *doxa*). Ideologische Einfärbungen werden, soweit als möglich, vermieden.

Die im Jahr 2001 von Jimmy Wales gegründete, frei nutzbare Online-Enzyklopädie Wikipedia wird ausschließlich von anonym bleibenden, selbsternannten Autoren gestaltet. Jeder Internetnutzer darf mitmachen. Die eingestellten Texte sollten lediglich urheberrechtsfrei sein. Die vorhandenen Einträge dürfen jederzeit abgeändert oder zurückgeändert werden. Inwieweit redaktionell eingegriffen wird, bleibt dem Nutzer verborgen. In der Anfangszeit war dafür ein junger Mann ohne entsprechende Qualifikation eingesetzt, bis der Schwindel aufflog (Hirschi 2010). Die fehlende redaktionelle Überarbeitung und die fehlende Zuordnung von

Verantwortung für die Richtigkeit der Angaben ist ein schwerwiegendes Manko von Wikipedia. Der Enzyklopädie wird daher mit Recht der Expertenstatus aberkannt und die wissenschaftliche Zitierfähigkeit abgesprochen. Die Zahl der Einträge bei Wikipedia ist beeindruckend: 1,7 Millionen Einträge allein in deutscher Sprache (gegenüber 0,3 Millionen Einträgen im Großen Brockhaus). Dennoch ist Quantität beim Wissen kein geeigneter Maßstab, zumal dann, wenn die Qualität unzureichend ist.

Nach anfänglicher Euphorie steht also Wikipedia in der Kritik. Sachliche Richtigkeit und sprachliche Verständlichkeit der anonym produzierten Texte lassen sehr zu wünschen übrig. Absichtliche Veränderungen bzw. Verfälschungen aus politischer, weltanschaulicher oder ökonomischer Motivation sind an der Tagesordnung. Inzwischen werden »Wiki-Kontrolleure« eingesetzt und sensible Webseiten gesperrt. Das Problem ist damit aber nicht gelöst, zumal die Kontrolleure auch nicht fachkundig sind. Die Lösung liegt allein in einem Gegenentwurf zu Wikipedia, bei dem strenge Editionsregeln gelten, fachkundige Autoren hinzugezogen werden und die Anonymität durch persönliche Verantwortung ersetzt wird.

Offensichtlich wird Wissen von den Wikipedia-Anhängern anders interpretiert als in herkömmlichen Enzyklopädien. Sicheres Wissen (*episteme*) ist herkömmlicherweise durch Erfahrung, durch kritisch geprüfte Berichte und Dokumente sowie durch Einsicht in ideelle Gegenstände gewonnen. Die Autorität des Fachmanns ist dabei unabdingbar. Der bei Wikipedia bevorzugte »herrschaftsfreie Dialog« der Nichtexperten verfehlt das Wissen, kann allenfalls eine gemittelte Meinung (*doxa*) wiedergeben. Die angebliche »Schwarmintelligenz« (siehe Kap. VIII-8) hilft da auch nicht weiter.

Der von Wikipedia verkörperte Trend zum »digitalen Altruismus« – geistige Arbeit der Textautoren ohne erkennbaren Individualnutzen – kommt zwar bei der »*free software community*« gut an, das Projekt muss aber wegen der angesprochenen Qualitätsmängel als gescheitert angesehen werden. Wollte man die Qualitätsmängel abstellen, käme man um eine ökonomisch fundierte Lösung nicht herum, in der der Altruismus durch die Verantwortlichkeit und die Rechte der Autoren ersetzt ist.

Vom enzyklopädischen Wissen zu unterscheiden ist das situative Wissen in gesellschaftlichen Ausnahmezuständen, die viele Menschen betreffen. Dieses Wissen kann durch »*crowd sourcing*« gewonnen werden. Es werden die Informationen ausgewertet, die unzählige Einzelpersonen per Mobiltelefon an eine oder mehrere Informationssammelstellen geben. Dies hat beim Erdbeben von Haiti und bei den politischen Unruhen im Iran, beide Ereignisse in 2010, eine gewisse Rolle gespielt. Das Problem besteht darin, dass zahllose Mehrfach- und Falschmeldungen eingehen, die schwer zu detektieren sind. Bei den politisch relevanten Meldungen bleibt unbekannt, aus welcher Gruppe die Information stammt. Letztere kann manipuliert sein. Zuverlässiges situatives Wissen wird so nicht gewonnen.

Crowd sourcing hat bei der Aufdeckung des Spesenskandals der englischen Parlamentsabgeordneten in 2011 eine Rolle gespielt. Die Fachjournalisten stellten die zunächst unbewältigbare Menge von zu prüfenden Spesenabrechnungen ins Internet und ließen das Wahlvolk die verdächtig erscheinenden Belege markieren. Diese wurden dann fachjournalistisch weiterbearbeitet. Weniger durchsichtig, wohl aber politisch ähnlich folgenreich, war die Tätigkeit der selbsternannten Online-Rechercheure zum Plagiatsvorwurf gegen die Doktorarbeit eines deutschen Ministers.

Politisch relevantes Situationswissen wird angeblich auch durch »*data mining*« gewonnen. Hierbei werden die im Internet aufgenommenen Texte und Nachrichten nach Stichworten untersucht, die Hinweise auf politische Umbrüche oder terroristische Vorbereitungen geben könnten. Angeblich überprüft eine Forschungseinrichtung der Europäischen Union täglich knapp 100000 Artikel in den Nachrichtenportalen des Internets auf relevante Stichworte. Es ist kaum vorstellbar, dass auf diese Weise zuverlässiges situatives Wissen gewonnen wird.

Keine Kritik an der Internetsuchmaschine Google

Das 1998 von Sergey Brin und Larry Page gegründete Internetunternehmen Google hat die bekannte Internetsuchmaschine Google entwickelt, die das Auffinden von Webseiten zu vorgegebenen Suchbegriffen erlaubt. Die Nutzung von Google ist kostenfrei. Die Finanzierung erfolgt über zugeschaltete Werbung sowie durch den Verkauf der Suchtechnologie an Partnerfirmen. Der Schutz der Nutzer ist bei Google gewährleistet (im Unterschied zu Facebook).

Die besondere Stärke der Suchmaschine Google ist der allein für die Informationssuche ausgelegte Softwareaufbau (kein Portalkonzept) und die entsprechende Übersichtlichkeit der grafischen Benutzeroberfläche.

Die Standardsuchmaschine wurde um zahlreiche Sonderdienste erweitert, deren gemeinsames Merkmal das Suchen und Verwalten von Informationen ist. Besonders nützlich ist der Online-Landkartendienst Google Maps, der Routenplanungs-, Adress- und Hotelsuchfunktionen einschließt. Faszinierend ist die Leistungsfähigkeit des eigenständigen (mit Internetanbindung) Programms Google Earth, das, von Satellitenbildern unterstützt, eine 3D-Darstellung von Kartenausschnitten erlaubt. Die Ansicht des gewählten Ausschnitts ist aus beliebigen Himmelsrichtungen möglich. Der Ausschnitt kann gezoomt werden, so dass örtliche Details (z.B. Autos am Straßenrand) sichtbar werden.

Als Neuheit wird Google Streetview angeboten. Autos mit 360°-Kameras fahren durch städtische bzw. stadtnahe Straßen und filmen die Straßenansichten. Die datentechnisch überarbeiteten Bilder werden in Google Maps und Google Earth integriert und vermitteln einen fast naturgetreuen 3D-Blick in die Straßen fremder Städte.

Google ist mit diesem Projekt in die Kritik geraten, weil nach europäischer Auffassung die Privatsphäre der Anwohner nicht gewahrt bleibt. An Google erging die Aufforderung, personenbezogene Details auf den Bildern unkenntlich zu machen. Verglichen mit den freiwilligen Selbstentblößungen von Facebook-Teilnehmern dürfte dieses Datenschutzproblem eher marginal sein. Diesbezügliche Kritik an Google ist übertrieben, wenn man den allgemeinen Trend zur Transparenzgesellschaft zugrunde legt.

Sozialkritik an der Online-Kommunikationsplattform Facebook

Die 2004 von Mark Zuckerberg gegründete Online-Kommunikationsplattform Facebook ist heute (2011) mit 800 Millionen angemeldeten Teilnehmern (zugehörig 40000 Großserver weltweit) das beliebteste soziale Netzwerk im Internet. Jeder Teilnehmer erstellt sein persönliches Profil. Dieses wird mit den Profilen anderer Nutzer verlinkt, die als »Freunde« eingeführt werden. Dadurch entstehen Netzwerke von »Freunden« mit der Möglichkeit, auch deren Freunde kennenzulernen und einzubeziehen.

Das Nutzerprofil umfasst neben Namen, Geschlecht und Geburtsdatum die sexuelle Ausrichtung, die politische Einstellung und die religiösen Ansichten. Der für Facebook entscheidende Schritt ist die Preisgabe des E-Mail-Kontos. Diese Information wird dem neu einsteigenden Teilnehmer von Facebook trickreich abgeluchst, insbesondere unter der Anforderung, schnell einen hinreichend großen »Freundeskreis« aufzubauen.

Facebook bietet viele weitere Funktionen, die der Kontaktpflege dienen, darunter das Präsentieren von Fotos und Videos, die Möglichkeit von Chats, das Posten von Nachrichten und das Ausführen von Online-Spielen. Eine Neuheit ist die Funktion »Timeline«, die die digitale Archivierung des Lebens der Teilnehmer einschließlich neuester Aktivitäten gestattet.

Über den »Like-Button« (»gefällt mir«) bindet Facebook die Teilnehmer derart in die Online-Kommunikation ein, dass dabei die Vorlieben und Meinungen zutage treten, an deren Identifikation die werbende Wirtschaft so sehr interessiert ist. Die Teilnehmer liefern sich freiwillig dieser verdeckten Psycho- und Sozialbeobachtung aus. Dies ist der Schlüssel für den Erfolg des Geschäftsmodells von Facebook.

Eine sorgfältig recherchierte Kritik an Facebook unter sozialen, ökonomischen, politischen und kulturellen Gesichtspunkten hat der Journalist Sascha Adamek vorgelegt (Adamek 2011). Die wichtigsten grundsätzlichen Erkenntnisse aus dieser Analyse werden nachfolgend zusammengefasst.

Das Netzwerk Facebook hat drei Hauptakteure, den Teilnehmer, den Plattformbetreiber und die werbende Wirtschaft. Der Teilnehmer will ein Kommunikationsbedürfnis befriedigen, wozu ihm »Freunde« angeboten werden, nicht ohne tatkräftige Mithilfe von seiner Seite. Die werbende Wirtschaft will herausfinden, was den Teilnehmer als potentiellen Konsumenten interessiert, will dieses Interesse anregen und kanalisieren. Der Plattformbetreiber versucht, die Interessen der Teilnehmer und der werbenden Wirtschaft so zu verbinden, dass für ihn selbst ein hoher Profit generiert wird. Seine Dienstleistung besteht darin, die Kommunikationsbarriere zwischen Anbieter und Konsument abzubauen.

An dieser Konstellation ist prinzipiell nichts auszusetzen. Die Teilnehmer des Netzwerks werden jedoch über ihre Rolle in dem Dreiecksverhältnis im Unklaren gelassen. Ihnen wird eine Offenheit des Netzes suggeriert, die tatsächlich ihre Grenze an den verdeckten kommerziellen Funktionen der Plattform findet. Diese Funktionen werden unter Missachtung des Datenschutzes durchgesetzt (Weitergabe persönlicher Daten, Verletzung von Urheberrechten) – nur unzureichend gedeckt durch kleingedruckte Nutzungsbedingungen. Facebook betreibt »Vorratsdatenspeicherung« im großen Stil. Kein staatlicher Datenschützer hat Zugang zu den Datenbeständen auf den Servern von Facebook.

Bei der Einbindung des Teilnehmers spielt dessen Suche nach sozialer Wärme, Kontakten und Anerkennung eine Rolle. Narzisstische Neigungen sind außerdem angesprochen. Auch wird der Trend zur Transparenzgesellschaft ausgenützt. Der moderne Mensch neigt offenbar dazu, sein Privatleben schamlos der Öffentlichkeit preiszugeben. Die Datenerhebung bei Facebook geht aber wesentlich weiter. Alle Bewegungen des Teilnehmers im Netz (*tracking*) ebenso wie in der Realwelt (*geotagging*) werden ausgewertet und gespeichert. Die im sozialen Netz praktizierte Ausstellung höchst privater Fakten bzw. Begebenheiten kann für die Akteure höchst negative Auswirkungen haben, zumal das einmal Ausgestellte nur schwer zu löschen ist. Es kann bei Berufungen, Arbeitsverträgen und sozialen

Bindungen herangezogen werden. Auch Ermittler und Rechtsanwälte interessieren sich für diese Daten.

Die Rolle der werbenden Wirtschaft besteht darin, die für sie interessanten Daten über die aktuelle Befindlichkeit von Zielgruppen (*sentiment analysis*) auf Auktionen zu erwerben bzw. bestimmte Auswertungen bei Facebook in Auftrag zu geben. Ein Werbeziel ist die Schärfung des Markenbewusstseins, dem die Fan-Seiten entgegenkommen. Die über »gefällt mir« privat verpackte Werbung unter »Freunden« hat sich als besonders wirkungsvoll erwiesen.

Ein gemeingefährliches Handicap von Facebook ist, dass es nicht nur für freundschaftliche Dienste genutzt werden kann, sondern ebenso für das Verletzen, Entstellen oder gar Vernichten anderer Menschen. Der Online-Psychoterror (Cybermobbing, digitaler Pranger) ist unter Schülern bereits zum Massenphänomen geworden. Selbstmorde von Jugendlichen als Folge von Psychoterror haben die Öffentlichkeit aufgeschreckt. Ein weiterer schwerwiegender Makel von Facebook ist die erleichterte Anbahnung sexueller Verbrechen (Vergewaltigung und Kinderpornografie).

Die Bindung des Nutzers an Facebook kann suchtartige Züge annehmen. Eine schweizer Agentur hat 2009 an 50 Facebook-Nutzern die Auswirkung von 30 Tagen Netzentzug ermittelt. Das Ergebnis der Studie ist bemerkenswert. Fast alle Teilnehmer räumten ein, sie seien während ihrer Abstinenzzeit entspannter und ausgeglichener gewesen. Viele gaben auch an, ihre Zeit im realen Leben intensiver verbracht zu haben (Adamek 2011, *ibid.* S. 302).

Keine Kritik an der Enthüllungsplattform Wikileaks

Die 2006 von Julian Assange mit relativ geringem Kapitaleinsatz begründete Website Wikileaks ist als Enthüllungsplattform konzipiert. Es werden öffentlichkeitsrelevante vertrauliche oder geheime Dokumente publiziert, die Wikileaks vorgelegt bzw. zugespielt wurden. Die ursprüngliche Maxime, die Dokumente ohne Bearbeitung und »Zensur« zu publizieren, musste dahingehend eingeschränkt werden, dass Personen im Dokument unkenntlich gemacht werden, die durch die Publikation gefährdet würden. Mit der Veröffentlichung von Hunderttausenden von Geheimdokumenten zu den Kriegen in Afghanistan und im Irak sowie zum Gefangenenlager Guantanamo erlangte Wikileaks breite öffentliche Beachtung. Allerdings wurde auch Wikileaks selbst das Opfer eines Datenlecks als eine Viertelmillion US-Botschaftsdepeschen in unredigierter Fassung den Weg ins Internet fanden.

Da Julian Assange mit 20 Jahren als (ehrlicher) Hacker rechtskräftig verurteilt worden ist, könnte man als Motiv für seine »Enthüllungen« eine subversive Ader vermuten, verbunden mit dem gängigen Trend zu grenzenloser Transparenz. Dass diese Vermutung falsch ist, geht aus einem Online-Gespräch zwischen Julian Assange und dem Moralphilosophen Peter Singer hervor (Philosophie Magazin 01/2012, *ibid.* S. 24–33).

Demnach versteht sich Assange als Verleger im Internet mit der Aufgabe, die Öffentlichkeit wahrheitsgemäß zu unterrichten und dabei die Informationsquellen zu schützen, soweit ein Geheimnisbruch vorliegt. Er sieht im Internet weniger die Kommunikationsfreiheit als die Macht der Überwachungsbehörden und der mit diesen kollaborierenden Unternehmen verwirklicht. Öffentlichkeitsrelevante Informationen würden in erheblichem Maße geheim gehalten, während die Informationen über das private Verhalten von Einzelpersonen in den Händen mächtiger Gruppierungen anwachse und zu deren Manipulation eingesetzt werde. Das Internet stehe nicht für Transparenz, sondern für Überwachung. Assange will den Privatbereich ausdrücklich vor jeglicher Überwachung schützen. Es besteht daher kaum Anlass, am Konzept von Wikileaks Kritik zu üben.

Hackerangriffe und digitale Kriegsführung

Computer und ihre Netzwerke sind Hackerangriffen ausgesetzt. Als Hacker (»*to hack*«, auf der Tastatur hacken) werden Computerfreaks bezeichnet, die ausgehend von ihrem Online-PC in fremde Computer und Netzwerke eindringen, ursprünglich mit dem Anspruch, nur anzusehen und nicht zu zerstören. Es sind junge Männer, vielfach noch keine 20 Jahre alt, die mit diesem technisch anspruchsvollen Tun ihr Können beweisen. Die Subversivität des Tuns erzeugt einen besonderen »Kick«. Inzwischen haben sich auch kriminell eingestellte Kreise das Können der Hacker angeeignet, um auf diese Weise fremde Bankkonten zu plündern.

Die Leistungsnachweise der Hacker in Form überwundener Sicherheitssysteme sind beeindruckend. Hacker attackieren Sicherheitsbehörden und Geheimdienste ebenso wie privatwirtschaftlich tätige Großunternehmen. Auch Pornoringe sind vor ihnen nicht sicher. Gelegentlich berichten sie im Kurznachrichtendienst Twitter über ihre Aktionen.

Die über spektakuläre Hackeraktionen vermittelte Erkenntnis, dass Computer und deren Netzwerke trotz aller Sicherheitsvorkehrungen verwundbar sind, macht den digitalen Angriff auf gegnerische Netzwerke zu einem Mittel moderner Kriegsführung. Militärstrategen sehen darin die zentrale Herausforderung dieses Jahrhunderts.

Im Jahr 2008 hat der Computerwurm »Conficker« innerhalb weniger Wochen weltweit Millionen von Computern angegriffen und einer unerkannt gebliebenen externen Kontrolle unterworfen (Bowden 2012). Die Computerexperten haben den »Wurm« bekämpft, wobei unklar geblieben ist, ob sie ihn wirklich ganz ausgeschieden haben. Man kann sich vorstellen, dass durch einen solchen Angriff Stromnetze, Verkehrsleitsysteme, Flughäfen, Atomkraftwerke oder Militärsysteme lahmgelegt werden. Im Nahen Osten hat die praktische Erprobung derartiger Cyberwaffen bereits begonnen.

5 Maßvoller Umgang mit neuronaler Technik, Massenmedien und Internet

Vergängliche Anfangsbegeisterung

Neuronale Technik ist ein unverzichtbarer Bestandteil moderner Naturwissenschaft, Ingenieurstechnik und Wirtschaftsgestaltung geworden. Darüber hinaus prägt sie über die herkömmlichen Massenmedien und die neuartigen digitalen Medien den persönlichen Lebensvollzug des heutigen Menschen. Seiner Entscheidungsfreiheit unterliegt es jedoch, in welchem Umfang er diese Technik in seinem Privatleben zulassen will. Es geht um einen maßvollen Umgang mit dieser Technik.

Bei der vorangegangenen Übersicht zur Problematik der neuronalen Technik und deren Manifestationen im Internet wurde von bekannten Fakten ausgegangen. Es ergaben sich zum Teil recht bedenkliche Phänomene, die aber noch keinen Generalalarm rechtfertigen, zumal neue technische Möglichkeiten, wie man aus der Geschichte weiß, vom Menschen zunächst spielerisch erprobt werden und in dieser Phase ein suchtartig-euphorisches Verhalten dem Neuen gegenüber beobachtet werden kann.

So wird berichtet, dass nach Einführung der kursiven Schreibschrift in Italien im 14. Jahrhundert der Kaufmann Francesco di Marco Detini sein Schreibpult nicht mehr verließ und der Nachwelt 140000 Briefe hinterließ (Ludwig 2005). Teenager verfallen heute in ähnlicher Weise dem »Simsen«, also dem Versenden und Empfangen von SMS-Kurznachrichten. Der Internetstar Bob Cringeley berichtet von einem sechszehnjährigen Mädchen, das in einem einzigen Monat 14000 SMS-Nachrichten gesendet bzw. empfangen hat. Das ergibt in der Wachzeit des Mädchens etwa alle zwei Minuten eine SMS. Teenager benötigen im Mittel 20 Sekunden für das Tippen einer SMS und 10 Sekunden für das Lesen (Schirrmacher 2009). Es gibt aber auch die den Medien im Internet suchtartig verfallenen

Erwachsenen, die psychotherapeutischer Hilfe bedürfen. Bei ihnen ist anstelle des selbstkritischen »*Cogito ergo sum*« ein narzisstisches »Ich bin *online*, also bin ich« getreten. Trotz des aufrüttelnden Gehalts der vorstehenden Angaben, dürfte es sich aus Sicht des längerfristigen geschichtlichen Verlaufs eher um Übergangserscheinungen handeln.

Emotionaler und metaphysischer Mangel

Es gibt aber auch die bleibenden psychischen Schädigungen des Menschen, von denen bereits fallweise die Rede war, und die nachfolgend einer grundsätzlicheren Einsicht unterstellt werden sollen. Die Einsicht besteht darin, dass Seele und Geist des Menschen metaphysisch offene Systeme sind. Der sich seiner selbst bewusste Geist ist ein metaphysisches Phänomen, wobei Kognition und Information den Bezug zur physischen Welt herstellen. Hinzu treten die Emotionen als Mittler zwischen den zwei Welten. Die Religionen verwenden für den metaphysischen Bezug den Begriff »Gott«.

Die neuronalen Techniken bilden nur Kognition und Information ab, jedoch nicht Emotion. Der Computer kann rechnen und logisch schlussfolgern, aber nicht fühlen. Er kann lediglich emotional anregende Texte, Musikstücke oder Filme vermitteln, wobei sich die Emotion im Betrachter oder Hörer bildet, nicht im Computer. Der Computer bleibt für den Nutzer ein gefühlloser Automat, auch wenn gelegentlich Gefühle in ihn hineinprojiziert werden.

Das emotionale Handicap der Computer lässt sich bereits der philosophischen Kritik entnehmen, die Blaise Pascal (1623–1662) am »zu mathematischen Geist« seines Vordenkers René Descartes (1596–1650) übte. Bekanntlich hat Pascal die zweitfrüheste, allseits bestaunte, mechanische Rechenmaschine konstruiert, offenbar mit nüchterner Einsicht in deren Funktionsgrenzen. Seine Kritik lautete: »Wir erkennen die Wahrheit nicht nur mit der Vernunft (*raison*), sondern auch mit dem Herzen (*cœur*)« sowie »Das Herz hat seine Gründe, die die Vernunft nicht kennt; man erfährt das in tausend Dingen«. Neben dem *esprit de géométrie* stehe der *esprit de finesse*, der »Geist des Feingefühls«.

Die neuronalen Techniken und ihre medialen Umsetzungen leisten keinen Beitrag zur metaphysischen Bestimmung des Menschen, aus der allein sich die besondere Würde des Menschen ableitet. Außerdem kranken diese Techniken an der völlig fehlenden Emotionalität. Dies führt zu den bereits beklagten Defiziten, darunter die Entpersönlichung durch fehlende personale Zuordnung und Verantwortung der Arbeitsergebnisse sowie durch Anonymisierung der Kommunikation, darunter aber auch der von den Techniken und Medien erzwungene permanente Aufmerksamkeitswechsel im Rahmen von Multitasking, das Gegenteil von Meditation. Insgesamt begründet das die Einschätzung, dass durch die neuronalen Techniken und digitalen Medien die natürliche ganzheitliche Entfaltung des Menschen gehemmt oder gar unterbunden wird.

Manipulation der Massen

Die vorstehenden Aussagen gelten unabhängig vom kommunikativen Inhalt der genutzten Medien. Gesundheitsschädlicher Aufwand zugunsten höherer Erkenntnis wäre noch vertretbar. Bei den modernen Massenmedien geht es aber in erster Linie um Unterhaltung. Selbst informative Beiträge werden unterhaltsam verpackt (»Infotainment«). Das Bildungsangebot über Hörfunk, Fernsehen und Internet ist erschreckend dürftig. Die Vermutung drängt sich auf, dass für die Vermittlung von Bildung die persönliche Kommunikation unabdingbar ist und die Medien diesen Prozess bestenfalls nur unterstützen können. Die Richtigkeit, Vollständigkeit und Unabhängigkeit der Nachrichten und Informationen aus den modernen Massenmedien, Zeitungen und Zeitschriften eingeschlossen, ist völlig unzureichend. Die Meinungen stehen im Vordergrund und nicht die Fakten, wie es erwünscht wäre. Um die täglich gebotenen Nachrichtenfragmente zutreffend zu integrieren, ist neben Verstand, Erfahrung und Einfühlungsvermögen eine gehörige Portion Misstrauen erforderlich.

Besonders kritisch zu beurteilen ist die verbreitete Tendenz, das eigene Privatleben in den sozialen Medien selbstverliebt und schamlos publik zu machen. Diese Informationen in den Händen anonymer Machteliten sind der Schlüssel für die Lenkung der Massen, derzeit unter dem Diktat der Ökonomie, zukünftig unter dem Diktat politischer Ideologien, wie es heute schon in autoritär regierten Staaten praktiziert wird. Die für das Internet reklamierte Kommunikationsfreiheit erweist sich mehr und mehr als Mittel der Ausspähung und Manipulation.

Angemessene Nutzung der modernen Medien

Es stellt sich abschließend die Frage, wie man sich den modernen Massenmedien gegenüber verhalten soll. Ungebremster Medieneinsatz ist offensichtlich ebenso falsch wie radikale Medienverweigerung. Aber welches Maß an Nutzung ist angemessen?

Die Antwort hängt von der angesprochenen Funktion des Mediums (Information, Kommentierung, Unterhaltung, Auskunft, Kontakt, Geschäftsvorgang, Selbstdarstellung, politische Aktion, künstlerische Präsentation, wissenschaftlicher Austausch) und von der Veranlagung des Nutzers (aktiv oder passiv) ab. Die herkömmlichen Massenmedien (Zeitung, Hörfunk, Fernsehen) werden eher passiv veranlagte Nutzer ansprechen, wobei aber auch sie zu prüfen haben, ob die gebotene Qualität ihren Ansprüchen genügt. Das Internet brachte als wesentlichen Fortschritt die Ermöglichung von Nutzeraktionen. Damit sind die eher aktiv veranlagten Menschen angesprochen.

Als Richtschnur mag gelten, die modernen Massenmedien dort aktiv zu nutzen, wo sie eine schnelle und effiziente Aufgabenabwicklung ermöglichen, jedoch dort Zurückhaltung zu üben, wo dies als fraglich erscheint. Besonders aktiv veranlagte Menschen werden den zeitlichen Aufwand für die Nutzung moderner Medien rigoros einschränken, um Zeit für eigenständig kreative Tätigkeit zu gewinnen. Im Tätigkeitsbereich der Wissenschaft spielen die herkömmlichen Medien Buch und Zeitschrift, möglicherweise elektronisch präsentiert, nach wie vor eine zentrale Rolle. Im Tätigkeitsbereich der Kunst ist Meditation statt Defokussierung der Aufmerksamkeit hilfreich. Im Bereich des Sozialen ist direkte menschliche Zuwendung anstelle der Anonymität des Netzes gefragt. Die modernen Massenmedien sind Hilfsmittel bei derartigen Tätigkeiten und nicht ein Zweck in sich.

Wir wissen nicht, wie sich die Computer- und Netzwerktechnik sowie das damit verbundene Internet weiterentwickeln werden. Die technologische Erweiterung und Verbesserung stößt vorerst auf keine Grenzen, aber die zukünftigen sozialen und politischen Verhältnisse sind unbekannt. Werden die Regierungen von autoritär geführten Staaten das Internet und seine Dienste einer strengen Kontrolle unterwerfen, wie in China bereits geschehen? Wird es eine Zweiklassengesellschaft geben, geteilt in Netzteilnehmer und Netzlose (teils aus Armut, teils aus Überzeugung)? Wird die Erschöpfung von Umwelt und Ressourcen schon bald aus der virtuellen in die reale Welt zurückführen? Sind möglicherweise nur autoritär geführte Staaten in der Lage, auf die Realweltprobleme angemessen zu reagieren?

KAPITEL X

Aufstieg der philosophischen Theologie – Antike, Patristik, Scholastik und frühe Neuzeit

»Alles ist voll von Göttern«
Thales (um 600 v. Chr.)

»Das Göttliche umfasst und steuert alles«
Anaximander (um 600 v. Chr.)

»Tretet ein, auch hier sind Götter«
Heraklit (um 500 v. Chr.)

1 Notwendigkeit der Theologie

Bodenständige Begründung

Die in den vorangegangenen Kapiteln dargestellten Erfolge der Naturwissenschaft in Physik, Biologie und Neurophysiologie sind beeindruckend. Die dadurch ermöglichten Anwendungen, darunter die Nuklearwaffen, die Genmanipulation und die Reduktion des Menschen auf eine Maschine mit Computerhirn, stellen, wie ebenfalls gezeigt, eine massive Bedrohung dar. Es stellt sich das beklemmende Gefühl ein, dass der Mensch die sich anbahnende Katastrophe nicht aus eigener Kraft abwenden kann. Der historische Vorgang der Entfesselung der physikalischen, biologischen und neurophysiologischen Energien ohne Kenntnis des Bannworts zum Rückruf der entfesselten Kräfte findet in Goethes Gedicht »Der Zauberlehrling« beredten Ausdruck. Es kann nur noch der Meister selbst helfen. In der bedrohten Welt ist demnach das Machtwort Gottes gefragt.

Das erhoffte Machtwort stößt jedoch auf Schwierigkeiten, wenn eine Gottesmacht in der Welt nicht anerkannt wird. Besonders Naturwissenschaftler geben sich gerne als Atheisten mit dem Argument, Gott sei nicht nachweisbar, also eine Wahnvorstellung (Dawkins 2008). Ihnen bleibt verborgen, dass sie einem Zirkelschluss anheim gefallen sind. Die Naturwissenschaften schließen die Einwirkung eines Gottes, ausdrücklich aus. Die Nichtauffindung göttlichen Wirkens im Naturgeschehen verifiziert daher lediglich die Ausgangsannahme. Umgekehrt bleibt zu beachten, dass die in der philosophischen Theologie beliebten Gottesbeweise, soweit sie vom Naturgeschehen ausgehen, ebenfalls zirkelhafte Schlüsse beinhalten.

Anspruchsvolle Begründung

Eine anspruchsvolle Begründung für die Notwendigkeit der Theologie wird ausgehend von den aufgezeigten Grenzen der Physik, der Biologie und der Hirnforschung gewonnen. In der Physik subatomarer Teilchen herrscht nur noch probalistische Determiniertheit und der Experimentator entscheidet durch den Versuchsaufbau, ob Wellen oder Korpuskel beobachtet werden. In der biologischen Evolution spielt der Zufall eine wesentliche Rolle. Die Hirnforschung kann die »höheren« geistigen Phänomene nicht erklären (Dualismus von Gehirn und Geist).

Es ist daher zu fragen, was im Zuge der geschichtlichen Entwicklung verloren gegangen ist, und es liegt nahe, die aufgegebene Verbindung zwischen Naturwissenschaft und Theologie für die Fehlentwicklung verantwortlich zu machen. Es erscheint daher als sinnvoll, sich den Aufstieg der

Theologie zu vergegenwärtigen, in deren Rahmen Naturwissenschaft bis in die frühe Neuzeit betrieben wurde, aber auch deren Verfall in der Moderne, der die Maßlosigkeit der naturwissenschaftlichen und technischen Konzepte beförderte. Lassen sich also Naturwissenschaft und Technik in ein theologisches System zurückholen? Was ist an der Theologie zu reformieren, um zeitgemäße Antworten zu ermöglichen?

2 Theologie – die Frage nach Gott

Darstellungshinweise

Der aufgezeigten geschichtlichen Entwicklung von Naturwissenschaft und Technik steht zeitgleich eine Abfolge von theologischen Denk- und Glaubenssystemen gegenüber. Diese sollen nunmehr betrachtet werden. Während die Theologie bis gegen Ende des Mittelalters als »Leitwissenschaft« angesehen wurde, erkämpfte sich daran anschließend die Naturwissenschaft ihre Eigenständigkeit. In der Neuzeit geriet die Theologie aufgrund der Erfolge von Naturwissenschaft und Technik zunehmend in die Defensive. Während die philosophische Theologie die abgesicherten Fakten der Naturwissenschaft zu berücksichtigen versuchte, verharrte die Offenbarungstheologie in einer konservativ geprägten Abwehrhaltung. Statt eines konstruktiven Dialogs herrschte destruktive Konfrontation. Die Hauptkomponenten dieses Konflikts, darunter der Widerstreit von Glaube und Vernunft, werden in der thematischen Einführung zu diesem Buch aufgezeigt. Bevor die Möglichkeit der Verständigung zwischen Naturwissenschaft und Theologie erörtert wird, ist zunächst die geschichtliche Entwicklung der philosophischen Theologie und anschließend die der Offenbarungstheologie zu betrachten.

Begriffserklärungen

Theologie (gr. »vernünftiges Sprechen von Gott«) ist die Lehre von Gott. Kein anderer metaphysischer Begriff ist so verbreitet wie der Begriff Gott. Die Frage nach Gott ist eine zentrale Frage des menschlichen Daseins und Lebensvollzugs, nicht nur in Grenzsituationen, sondern auch in den täglichen Anforderungen des Lebens. Gott wird im Christentum als der Erhabene geglaubt, als der, der alles endliche gewordene Seiende transzendiert, als der Urgrund alles Seienden, als erste Wirkursache und letzter Zweck, als das Sein selbst. In ihm werden die Dualismen diesseitiger Welterfahrung überwunden. Er vertritt das Beständige angesichts des Wechsels der Erscheinungen. Als personaler geoffenbarter Gott vermag er dem einzelnen Menschenleben Sinn und Halt zu geben. Gott werden traditionell die Attribute Allmacht, Allgegenwart, Allweisheit und Allgüte zugeschrieben. In der philosophischen oder »natürlichen« Theologie wird die Frage nach Gott auf der Grundlage des begrifflichen Denkens und der Vernunft behandelt, im Altertum relativ unabhängig von religiösen Autoritäten oder Erfahrungen, im Mittelalter der Offenbarungstheologie unterstellt, in der Neuzeit wieder unabhängig davon, zumindest der Intention nach. Die philosophische Theologie gilt als Kerngebiet der Metaphysik. Ihr Grundproblem ist das Verhältnis von unendlicher Gottheit und endlicher Wirklichkeit. Sie kann vom Dasein, Wesen und Wirken Gottes positiv nur in übertragener und gleichnishafter Form sprechen, oder eben mit negativen bzw. paradoxen Bestimmungen. Vielfach wird die Bezeichnung »Gott« wegen ihres zu betont personalen Gehalts ersetzt durch das Sein selbst, den Urgrund, die Transzendenz.

Der Aufstieg der philosophischen Theologie von der Antike bis in die Neuzeit, sowie ihr anschließender Verfall ab der Aufklärung werden in Kap. IX u. X beschrieben. Neuere Ansätze, die den Verfall überwinden, kommen in Kap. XI zu Wort. Ein philosophisches Glossar am Ende des Buchs soll das Verständnis erleichtern. Die Ausführungen des Autors fußen auf dem Grundlagenwerk von Wilhelm Weischedel, das die historische Entwicklung der philosophischen Theologie umfassend darstellt und daraus eine zeitgemäße Form philosophischer Theologie ableitet (Weischedel 1975). Weitere Übersichten zur Philosophie und ihrer Geschichte werden hinzugezogen (Hirschberger 1979, Hoffmeister 1955, Schischkoff 1978, Störig 1987, Volpi u. Nida-Rümelin 1988).

In der Offenbarungstheologie wird die Frage nach Gott über den Glauben beantwortet, der sich auf die Offenbarung Gottes durch das Wort beruft, die Thora des Moses im Judentum, der in Jesus Christus inkarnierte Logos im Christentum oder die Botschaft des Propheten Mohammed im Islam. Heilige Bücher (*Thora, Bibel, Koran*) bewahren die geoffenbarte heilswirksame Wahrheit in den genannten Schriftreligionen. Im Christentum sind die als unumstößlich geltenden Glaubenssätze in kirchlich sanktionierten Dogmen festgehalten, die sich allerdings je nach Kirchenfraktion (römisch-katholisch, griechisch-orthodox, lutherisch, calvinistisch, methodistisch u.a.) etwas unterscheiden. Die Autorität der Glaubensinhalte hat Vorrang vor der denkerischen Konsistenz und vor der Vernunft. Die Offenbarungstheologie des Christentums wird über die christlichen Glaubensinhalte und deren widerspruchsvollen Manifestationen in der Geschichte in Kap. XII dargestellt.

In der Mystik wird die Frage nach Gott über das mystische Erleben beantwortet, das im christlichen Glaubensbereich vielfach im Dreischritt von Reinigung, Erleuchtung und Einung (mit Gott) meditativ vollzogen wird. Voraussetzung für meditatives Erleben ist das Abstellen aller Sinneswahrnehmung und die Ausschaltung der Ich-Bewusstheit. Gott soll dann im Grund der Seele empirisch erfahren werden. Gleichzeitig wird die Spaltung in Subjekt und Objekt aufgehoben. Das führt zu einer »mystischen Metaphysik«, in der der Zusammenhang von Gott, Mensch und Welt in Bildern (allegorisch) und in Symbolen dargestellt wird. Es wird von beglückender Anschauung oder Kontemplation gesprochen, die ekstatisch gestimmt sein kann. Dies wird als das »Erkennen mit dem Herzen« bezeichnet, zugeordnet die Erkenntnisweise der Liebe. Dennoch ist christliche Mystik von denkerischem, gelegentlich auch philosophischem Bemühen begleitet.

3 Grundlegung der philosophischen Theologie in der Antike

Vorsokratiker

Die Frage nach Gott bzw. dem Göttlichen entsteht mit der Geburt der Philosophie in der griechischen Antike in der Zeit vor Sokrates. Philosophisches Fragen richtet sich auf das eigentlich Seiende hinter der welt- und naturhaften Wirklichkeit. Es wird als unerschaffen und unvergänglich, unendlich und immerseiend bezeichnet. Dieses Denken ist auf den Kosmos und die Natur gerichtet. Es erfasst den Menschen nur insoweit, als er Teil der Natur ist. Als Folgefrage stellt sich, wie das unendliche Göttliche zur endlichen Wirklichkeit in Beziehung steht. Das ist der Beginn der philosophischen Theologie, die die vorausgegangene mythische Welterklärung ablöst. Kürzer gefasst spricht man von der Ablösung des Mythos durch den Logos, der Imagination durch das Denken.

Thales und Anaximander sehen im Göttlichen den Urgrund aller Wirklichkeit. Xenophanes bestimmt Gott »in dem Einen« als geistiges Prinzip der Welt. Parmenides stellt das wahre Sein hinter der Welt dem scheinhaften Werden in der Welt gegenüber. Heraklit verneint das beständige Sein, sieht aber das ewige Werden durch Weltgesetz und Weltvernunft (*logos*) geregelt. Empedokles führt die ständig veränderte Mischung der stofflichen Wirklichkeit aus den Elementen Feuer, Wasser, Luft und Erde auf die Kräfte der Liebe und des Hasses zurück, in denen das als geistig verstandene Göttliche zum Ausdruck kommt. Für Anaxagoras schließlich ist Gott die weltschaffende Vernunft (*nous*).

Sokrates, Platon und Aristoteles

Sokrates (469-399), der die staatlich sanktionierten Götter in Frage stellt und dafür zum Tode verurteilt wird, hebt dennoch die Grundgewissheit des Göttlichen als innere Stimme (*daimonion*) hervor.

Platon (427-347), der eigentliche Begründer der philosophischen Theologie, zeigt zwei unterschiedliche Wege zu Gott auf. Der physische Weg zu Gott beruht darauf, dass alle äußere Bewegung in der Welt von der Selbstbewegung der Seele herrührt. Es gibt aber gute und schlechte Seelen, wobei das Schlechte als Mangel an Gutem aufgefasst wird. Nur von den guten Seelen gehen geordnete Bewegungen aus. Die hervorragend geordneten kosmischen Bewegungen müssen demnach in der vollkommensten, also der göttlichen Seele ihren Ursprung haben. Der dialektische Weg zu Gott beinhaltet den Aufstieg in einer Hierarchie der Seinsstufen bis zu einem höchsten Sein des Guten, Schönen und Wahren, das absolut gesetzt ist. Gott wird im übrigen unpersönlich als Weltseele und Weltbildner (Demiurg) aufgefasst, der den Weltstoff mit Blick auf die ewigen Ideen (oder Urbilder) formt.

Aristoteles (384-322) entwickelt in seiner Schrift *Metaphysik* Platons philosophische Theologie weiter. Alles Seiende ist in Bewegung von der Möglichkeit zur Wirklichkeit. Vorrang hat jedoch die Ortsbewegung. Die vorzüglichste Ortsbewegung, die gleichmäßige Kreisbewegung, ist notwendigerweise ewig. Daher ist der Fixsternhimmel ewig. Auf ihn geht alle übrige Bewegung zurück. Andererseits muss er selbst notwendigerweise von etwas Unbewegtem bewegt werden. Das »Erste« als das Vollkommenste kann sich nicht wandeln, weil es dabei an Vollkommenheit verlieren würde. Dieses erste unbewegte Bewegende ist das unkörperliche, raum- und zeitlose Göttliche, ist vollkommenstes Sein und ewiges Leben, ausgedrückt durch »Vernehmen« oder »Vernunft« (*nous*, in späterer Zeit eher als »Geist« zu übersetzen): göttliche Vernunft, die sich selbst vernimmt. Höchste Daseinsaufgabe des Menschen ist die Teilhabe am Göttlichen, die erstmals als Willenshaltung, nicht nur wie bisher als ein Verstehen aufgefasst wird. Gott ist für Aristoteles realstes Sein, denkender Geist und seliges Leben.

Der dargestellte Gottesgedanke ist für die Weiterentwicklung der philosophischen Theologie im christlichen Bereich bedeutsam, enthält aber noch keine personale, dem Menschen zugewandte Komponente.

4 Philosophische Theologie in der Spätantike

Epikureismus und Stoa

Die philosophische Theologie der Spätantike (Hellenismus und römische Kaiserzeit) führt die bisherigen philosophischen Ansätze mit eigenständigen Abänderungen fort, wobei die Praxis des realen Lebensvollzugs in den Vordergrund tritt. Die philosophische Theologie hat sich dabei gegenüber mythischen Traditionen und verbreiteter Mysterienfrömmigkeit zu bewähren, aber auch gegenüber Magie, Astrologie und Wahrsagerei.

Der Philosophenschule des Epikur (342–271) geht es vor allem darum, den Menschen vom Druck des Fatums, dem naturgegebenen Schicksal, sowie von der Macht der Götter, etwa in Form eines Strafgerichts nach dem Tode, zu befreien. Dazu werden die Götter in die als leer angenommenen Räume zwischen den unendlich vielen Welten (»Intermundien«) verbannt, in denen sie ohne Interesse an den weltlichen und menschlichen Dingen ewig und selig leben. Zur Ermöglichung der Willensfreiheit führt Epikur den Begriff des Zufalls ein, der die Gesetzmäßigkeit des Weltverlaufs aufhebt. Von diesen Vorstellungen ausgehend wird eine Tugendlehre des rechten Genusses und der Lebensweisheit begründet, die auf Selbstgenügsamkeit und zurückgezogenes Leben setzt.

Großen Einfluss auf die Spätantike und die weitere Entwicklung erlangt die Philosophenschule der Stoa (etwa 300 v. Chr. bis etwa 200 n. Chr.), die in besonderer Weise der philosophischen Theologie zugewandt ist. Die Auffassung von der Anwesenheit des Göttlichen in aller Wirklichkeit wird erneuert. Dieser Pantheismus wird feinstofflich-materialistisch gedacht. Gott als Weltseele ist alles durchdringendes Pneuma (Geist) und schaffendes Feuer, gleichzeitig aber auch Logos (Weltvernunft). Der Weltbezug des Göttlichen findet seinen Ausdruck im naturgegebenen Schicksal, eingebunden in einen sich zyklisch wiederholenden Weltprozess, demgegenüber der Mensch machtlos ist (Fatalismus). Der Allmacht des Schicksals steht allerdings die Freiheit der Vernunftvorstellungen gegenüber, Willensfreiheit als Einsicht in die Notwendigkeit. Von den drei Seelenarten im Menschen, vegetative, sensitive und rationale Seele, gleichbedeutend mit Körperlichkeit, Sinnlichkeit und Vernunft, soll die Vernunftseele herrschen, weil sie dem Göttlichen verwandt und daher unsterblich ist. Von den Göttern wird auf dreierlei Weise gesprochen: mythisch, staatlich und natürlich, wobei »natürlich« mit »philosophisch« gleichzusetzen ist. Aus dieser philosophischen Theologie entwickeln die Stoiker eine dem öffentlichen Leben zugewandte Tugendlehre, deren Leitbilder der Willens- und

Tatmensch, der sich selbst treu bleibende Charakter, die Leidenschaftslosigkeit (Apathie) und das vernunftgeleitete Handeln sind.

Neuplatonismus

Die Philosophie der Spätantike, in der das Religiöse und Mystische besonders betont werden, ist der Neuplatonismus. Ihm geht der Neupythagoreismus voraus, dessen Grundhaltung dualistisch ist: Jenseits gegenüber Diesseits, Geist gegenüber Leib, Reinheit gegenüber Unreinheit. Gott ist der Welt entrückt, jedoch über einen Mittler, Sohn und Gehilfen, sowie über die als Keimkräfte wirkenden Ideen Gottes, in den diesseitigen Dingen wirksam. Die Erhabenheit Gottes bleibt dennoch bestehen, nur durch seine Gnade sind wir zur Teilhabe fähig.

Für die Begriffsbildung des Neuplatonismus ist Philon von Alexandria (25 v. Chr. bis 50 n. Chr.) bedeutsam, der über eine allegorische Interpretation des Alten Testaments dieses mit der griechischen Philosophie in Übereinstimmung zu bringen versucht. Gott ist transzendent, ihm Eigenschaften zuzuordnen ist unmöglich (ein erster Ansatz einer negativen Theologie). Aus ewiger Materie ist die Welt geformt. Materie ist das böse Prinzip, die Ursache der Sünde. Dieser Dualismus von Gott und Welt wird durch den Logos überwunden, in dem die Mittlerwesen zusammengefasst sind, die Diener (Engel und Dämonen) und der Gesandte Gottes, erstgeborener Sohn Gottes, belebende Weltseele, Vertreter der Welt vor Gott. Die Mittlerwesen sind analog zum Wort konzipiert, denn auch dieses ist Mittler, nämlich zwischen Sinnlichkeit und Geistigkeit. Des Menschen Aufgabe besteht darin, aus dem Leib als dem Grab der Seele ekstatisch herauszutreten, um mit der Gottheit, bewirkt durch deren Pneuma, eins zu werden.

Einen letzten Höhepunkt erreicht die philosophische Theologie der Antike in Plotin (205–270), dem eigentlichen Vordenker des Neuplatonismus. Er lehrt in Rom, kurz bevor das Christentum zur Staatsreligion erhoben wird, ist jedoch unberührt von christlichem Gedankengut. Im Zentrum seines Denkens steht das Eine, das sich vom Vielen unterscheidet. Das Eine ist zugleich das Erste, auch »Gott« oder (nach Platon) »Darüberhinaus« genannt, also transzendent. Da es höher als Wort und Geist steht, kann nur gesagt werden, was es nicht ist, womit erneut die negative Theologie in Erscheinung tritt. Dennoch gibt es auch positive Bestimmungen. Das Eine soll der in die Vielheit überfließende Ursprung sein, dabei sich selbst gleichbleibend, und es soll das Gutsein schlechthin sein. In späterer Zeit wird man das Eine als »das Sein, das ist« bezeichnen, während alles Seiende daran nur teilhat.

Die endliche Wirklichkeit wird aus einem stufenweisen Herabstieg aus dem Ersten oder Einen erklärt, zugehörig der Begriff Emanation. Das Zweite ist der Nous, der geistige Seelenteil, der die Ideen schaut, auch »Sohn Gottes« genannt. Er bedingt wiederum ein Drittes, die Allseele und die Gesamtheit der Einzelseelen, die am göttlichen Sein teilhaben. Die Seelen blicken auf zum Nous und gleichzeitig hinab auf das Sinnliche, auf die vergängliche Welt der Dinge mit der Materie als äußerster, nur noch schattenhaft wahrnehmbarer Grenze.

Damit ist der Weltprozess jedoch nicht beendet. Den Einzelseelen als Momente der Allseele ist aufgetragen, sich vom Leib zu lösen, sich dem Nous und seiner Ideenwelt zuzuwenden, um schließlich mit dem Einen eins zu werden (im Dreischritt der Mystik von Reinigung, Erleuchtung und Einung). Neben der Askese wird der Wille zum Guten als maßgebend angesehen. Wie kann man sich aber des Einen versichern, wenn die verneinenden Aussagen im Vordergrund stehen? Plotin verweist auf die ekstatische Erfahrung des Schauens des Einen und des Einswerdens mit dem Geschauten.

Der Neuplatonismus der Philosophenschule in Athen wird von Proklos (410–485) zu einem Denksystem schematisiert, das die Kirchenväter ebenso wie die Scholastik beeinflusst. Es gibt nur noch das Eine, das erst in sich selbst ruhend, dann zum Vielen sich entwickelnd und schließlich zu sich selbst zurückkommend, einen triadischen Prozess durchläuft. Ebenfalls großen Einfluss auf die mittelalterliche philosophische Theologie haben die etwa im 5. Jahrhundert entstandenen, christlich beeinflussten neuplatonischen Schriften eines namenlosen Autors, der sich als der Paulus-Schüler Dionysios Areopagita ausgibt. In ihnen ist Gott der Überseiende, Übergute, Übervollkommene und Überreine. Diese positive Theologie wird durch negative Theologie konterkariert. Das Einswerden mit Gott kann nur über mystische Versenkung ekstatisch erfahren werden. Gott lässt die Dinge aus sich hervorgehen. Dadurch sind die Dinge in unterschiedlichem Maße gottähnlich, während aber Gott nicht den Dingen ähnlich ist. Das Hervorgehen der Dinge aus Gott vollzieht sich in einer Stufenfolge. So kommt es zu einer hierarchischen oder schichtenartigen Seinsstruktur unterschiedlicher Gottesnähe.

5 Philosophische Theologie zur Zeit der Patristik

Christlich geprägte Philosophie

Die Zeit der Patristik, also der Kirchenväter, umfasst die Entstehung der christlich geprägten Philosophie bis einschließlich Augustinus. Ausgehend von der jüdischen Vorstellung des heilsgeschichtlich wirkenden einen Gottes, der sich im prophetischen Wort dem Menschen offenbart, verkündete das Christentum den allmächtigen Gott der Liebe und Gnade, der durch die Menschwerdung seines Sohnes Jesus Christus die Heilsgeschichte vollendet und jedem einzelnen Menschen die Erlösung ermöglicht, aber auch das Gottesgericht ankündigt. Gott ist bereits im Judentum ausschließlich Person und als solche dem Kosmos entrückt. Die Diskrepanz zwischen neuem christlichem Glauben und bisherigem philosophischem Wissen ist von Anfang an evident. Jesus erhebt den Anspruch, eine von Gott offenbarte absolute Wahrheit zu verkünden: »Ich bin der Weg und die Wahrheit und das Leben; niemand kommt zum Vater denn durch mich« (Joh 14,6). Demgegenüber gibt sich die antike Philosophie bescheidener, nämlich als Weisheit in der Erhellung des Seins und in der Praxis des Lebensvollzugs.

Die Haltung des Apostels Paulus und der nachfolgenden Kirchenväter zur antiken Philosophie ist zwiespältig. Einerseits wird sie geschmäht und verworfen, anderseits bildet sie die Basis für die Lehrverkündigung unter den Gebildeten. Das ist an Paulus zu beobachten und auch an dem ersten lateinisch schreibenden Kirchenschriftsteller Tertullian, der die Grundbegriffe der Christologie prägt. Es trifft ebenso zu auf die Apologeten, die das Christentum auf philosophischer Basis verteidigen, darunter der »Philosoph und Märtyrer« Justinus, aber auch die hellenistisch ausgerichtete Katechetenschule in Alexandrien und die drei großen Kapedokier Gregor von Nazianz, Basilius der Große und Gregor von Nyssa.

Gnostisch geprägte Philosophie

Großen Einfluss auf die Ausformung der christlichen philosophischen Theologie hat in den ersten nachchristlichen Jahrhunderten die Gnosis, eine vorchristlich entstandene Heilslehre, nach der Mensch durch Selbsterkenntnis und Gotteserkenntnis (gr. *gnosis*) erlöst wird. Die materielle Welt ist nach dieser Lehre das Ergebnis eines urzeitlichen Falls eines Teils der Gottheit vom Reich des Lichts ins Reich der Finsternis bzw. die Schöpfung eines von Gott abgesunkenen Zwischenwesens, in der Gnosis »Äon« oder »Demiurg« genannt. Daher sehnt sich der Mensch nach seinem geistigen und letztlich göttlichen Ursprung. Die »Pneumatiker« bewahren einen Funken des göttlichen Geistes, die »Psychiker« besitzen allein eine gläubige Seele und die »Hyliker« sind allein der (schlechten) Materie, dem Leib und der Welt verfallen. Mit der Weltwerdung ausgehend vom obersten Gott ist der kosmische Prozess nicht beendet. Durch die Erkenntnis der allgemeinen Situation des Menschen und durch die Sehnsucht nach Erlösung können die pneumatischen Samen in der Welt zur Gottheit zurückkehren, während die Psychiker zunächst der Wiedergeburt als Pneumatiker bedürfen und die Hyliker im Weltenbrand umkommen. Der Aufstieg der Pneumatiker wird mit Hilfe eines Gesandten oder Erlösers ermöglicht, der in einem Scheinleib auftritt.

Die Gnosis ist mit vielfältigen metaphysischen Spekulationen verbunden, die als Mystik bzw. Esoterik in Erscheinung treten. Die Auseinandersetzung mit der gnostischen Geisteshaltung ist nicht nur für die frühe christliche Theologie bedeutsam, von der sie schließlich als häretisch abgelehnt wird, diese Geisteshaltung begleitet als dualistische Denkstruktur des eigenständig Guten und Bösen auch die weitere Geistes- und Religionsgeschichte, insbesondere in Form des Neuplatonismus, des Manichäismus, der Theosophie und der Anthroposophie.

Als christliche Gnostiker gelten Clemens von Alexandria (150–215) und Origines (185–254). Von Origines stammt das erste umfassende System christlicher Theologie. Im Mittelpunkt dieses Systems steht als Brücke zwischen Philosophie und Glaube der Logos, der den Zusammenhang zwischen Gott und Welt herstellt, der »Sohn Gottes« oder »zweite Gott« im Sinne des Neuplatonismus, der »Lehrer göttlicher Geheimnisse«. Der Logos bewirkt die Weltschöpfung und ermöglicht das Erkennen Gottes. Die geschichtliche Gestalt Jesu hat demgegenüber nur Vorbildwirkung. Glaube wird den Vielen und Gnosis den Wenigen zugeordnet. Die Gnosis übersteigt den Glauben. Der Leib ist der Kerker der Seele. Als Quellen der Gnosis dienen die heiligen Schriften, deren allegorische Exegese und deren mündliche esoterische Überlieferung (von den Aposteln ausgehend).

Kirchenvater Augustinus

Bestimmend für die weitere geistesgeschichtliche Entwicklung im Abendland wird der Kirchenvater Augustinus (354–430), ursprünglich Manichäer, eine kraftvoll argumentierende (Lehrer der Rhetorik) und allem Menschlichen aufgeschlossene Persönlichkeit, die paulinische Glaubensgrundsätze mit neuplatonischer Philosophie zu einer neuartigen Einheit verbindet. Er erkennt und nutzt die Möglichkeiten einer philosophisch begründeten Schriftexegese. Sein Ausgangspunkt ist die Suche nach Gewissheit: »Allein Gott und die Seele verlange ich zu erkennen«. Augustinus entdeckt lange vor Descartes die Bewusstseinswahrheit: »Wenn ich irre, weiß ich, dass ich bin«.

Aber die Vernunft allein kann nach Augustinus die Wahrheit nicht finden, sondern nur der durch die Schrift und die Kirche verbürgte Glaube. Philosophie wird somit zur denkerische Selbstauslegung des Glaubens. Die Vernunftwahrheiten werden dem Geist »eingestrahlt« (Gott ist ungeschaffenes geistiges Licht). Wahrheit fällt zusammen mit den Ideen im Geiste Gottes (»Gott ist die Wahrheit«).

Die Existenz Gottes als Wahrheit oder wahres Sein wird bei Augustinus durch den (neuplatonisch gedachten) mehrstufigen Aufstieg der Seele vom sinnlich Gegebenen zum vernunftmäßig Einsehbaren erhellt. Gott ist das höchste Sein und das höchste Gute, in lebendiger Weise wirksam und der mystischen Schau zugänglich. Gott wird der christlichen Überlieferung entsprechend als dreifache Einheit (Trinität) gedacht. Die Gott gegenüberstehende Seele ist Substanz (selbstständiges, beharrendes, reales Sein), weil das Ichbewusstsein bei allem Wechsel der Bewusstseinsinhalte erhalten bleibt. Die Seele ist immateriell, weil ihre Akte ohne Ausdehnung sind. Die Seele ist schließlich unsterblich, weil sie mit der unveränderlichen Wahrheit verbunden ist. Die Entstehung der Seele aus Gott kann dagegen Augustinus nicht eindeutig bestimmen.

Auch die Schöpfung ist nur im Aufstieg der Seele einsichtig. Schöpfer- und Erlösergott sind identisch. Ursache von aller Wirklichkeit ist der Wille Gottes. Die Schöpfung erfolgt aus dem Nichts und außerhalb der Zeit als Realisierung von Ideen. Zum Menschen lehrt Augustinus, dass er infolge der Erbsünde die Freiheit zum Guten verloren habe. Errettung oder Verdammnis des Einzelnen hängen allein vom Willen Gottes ab, der Gnade gewähren oder Verdammnis verfügen kann (Prädestinationslehre). Das Heil wird nur über die Sakramente der Kirche gefunden. Kirchlich dogmatisierter Glaube geht also den Einsichten der Vernunft voraus.

Philosoph Boethius

Am Ende der Patristik und gleichzeitig am Beginn der Scholastik steht der Philosoph Boethius (480–524), römischer Staatsmann im Dienst von Theoderich, dem König der Ostgoten und Verwalter des weströmischen Reiches. Er hat seine Zeit und das Mittelalter mit Platon, Aristoteles und der Stoa bekannt gemacht und gleichzeitig die Lehre des Augustinus weitergetragen. Auch für Boethius ist der Gottesgedanke zentral. Gott wird als personales Wesen trinitarisch gedacht. Gott ist das Sein, Gott ist reine Form (ohne Materie), Gott ist das höchste Gut. Erst der Wille Gottes macht Seiendes auch zum Guten. Alles Weltliche hat daran teil. Das Allgemeine, die Form, das Gedankenbild, die unkörperliche Natur ist das Frühere, das eigentlich Reale (wie bei Platon). Dem Menschen wird Willensfreiheit zugesprochen, weil er aus der Erkenntnis des Allgemeinen eine Vielzahl von Handlungsmöglichkeiten ableiten kann. Gott ist gut, und der Mensch kann gut sein.

6 Philosophische Theologie im Mittelalter (Scholastik)

Glaube und Vernunft

Die philosophische Theologie im Mittelalter (ab der Zeit Karls des Großen bis zur Renaissance) ist Bestandteil der Scholastik, die zunächst an den Domschulen und Klosterschulen, später an den Universitäten betrieben wird. Die Scholastik ist überwiegend philosophische Theologie. Im Zentrum steht die Frage nach dem Wesen Gottes. Sie entfaltet sich auf der Grundlage von anerkannten Schriftautoritäten einerseits (Paulus, Kirchenväter und Aristoteles) und deren begrifflich-denkerische Auslegung nach der Vernunft andererseits.

Dabei wird die natürliche Vernunft dem übernatürlichen Offenbarungsglauben unterstellt, wobei über den Grad der Unterstellung unterschiedlicher Auffassungen bestehen. Überwiegend wird die gemäßigte Ansicht vertreten, dass philosophische Theologie als denkerische Durchdringung der Glaubensinhalte, etwa der Trinität Gottes, zu betreiben sei. Der Glaube erst ermögliche die Einsicht, am Ursprung der Philosophie stehe der Glaube, das philosophische Denken sei dem Glauben nachgeordnet. Man will nicht wissen, um zu glauben, sondern man muss glauben, um wissen zu können (vertreten durch Anselm von Canterbury, Bonaventura und Roger Bacon). Es wird aber auch die völlige Unterwerfung der Philosophie unter die Theologie, die Philosophie als Magd der Theologie, *ancilla theologiae*, gefordert (Petrus Damiani und Bernhard von Clairvaux). Die latinisierte Lehre des westarabischen Philosophen Averroes (1126–1198) von der doppelten Wahrheit, der Wahrheit im Bereich der Vernunft und der Wahrheit im Bereich des Glaubens (Siger von Brabant), wird kirchlich geächtet.

Dennoch wird die Macht der Vernunft wahrgenommen und die daraus resultierende Diskrepanz zum Glauben gesehen. Peter Abälard (1079–1142), dessen *sic et non* zur Basis scholastischer Disputation wird, spricht den Allgemeinbegriffen (Universalien) das objektive Sein ab und sieht im Individuellen das eigentlich Reale (später durch Thomas von Aquin revidiert). Um die Wahrheit des einen Gottes durch philosophisches Denken zu erweisen, geht er nicht mehr vom Glauben sondern vom Zweifel aus. Alexander von Hales (etwa 1170-1245), als Franziskaner der augustinischen Tradition nahestehend, versucht das Verhältnis von Glauben und Vernunft schärfer zu fassen. Der zur Theologie führende Glaube beruhe auf fremdem Zeugnis, während die zur Metaphysik führende Vernunft sich auf das eigene Zeugnis berufe.

Gottesbeweise

Ein bevorzugtes Betätigungsfeld der Scholastik sind die Gottesbeweise. Anselm von Canterbury (1033-1109) legt zunächst zwei Beweise vor, die vom (neu-)platonischen Teilhabegedanken inspiriert sind. Im graduellen Übergang vom vielen Guten oder Großen wird das eine höchste Gute oder Große erreicht. Alles Viele kann nur durch ein einziges Höchstes sein. Dieses eine Höchste aber ist Gott. In ähnlicher Weise wird von der Gradualität des Seins in der Natur der Dinge auf ein alles überragendes Sein, also Gott, geschlossen. Nachhaltige Wirkung auf die philosophische Theologie erlangt schließlich folgender ontologische Gottesbeweis. Im Verstand finde sich der Begriff des denkbar höchsten Wesens. Würde dieses Wesen nur in Gedanken existieren, wäre es nicht das höchste Wesen, weil dann noch ein höheres Wesen denkbar wäre, nämlich ein solches, das zusätzlich in der Wirklichkeit existiert. Dieser Beweisgang wird verständlicher, wenn man bedenkt, dass zur Zeit der Frühscholastik Denken und Sein, Subjekt und Objekt, erst beginnen sich zu unterscheiden. Der Satz des Parmenides ist noch weithin anerkannt:»Dasselbe ist Denken und Sein«.

Die Gottesbeweise werden von Thomas von Aquin (1225-1274), dem bedeutenden Scholastiker und Kirchenlehrer, fortgeführt, allerdings unter Zurückweisung des ontologischen Gottesbeweises, weil Gott nicht als angeborener Begriff vorausgesetzt werden könne. Nach Thomas sind zwei Arten von Gottesbeweisen denkbar, entweder ausgehend von den Ursachen oder ausgehend von den Wirkungen. Da jedoch die Ursachen verborgen bleiben, weil Gott nicht aus sich heraus erkannt werden kann, ist die erste Art des Gottesbeweises unmöglich. Es kann nur von den offenbaren Wirkungen zu deren Ursache fortgeschritten werden. Dem entsprechen die folgenden Gottesbeweise zweiter Art.

Die ersten drei auf Aristoteles zurückgehenden Beweise sind sich ähnlich und werden in späterer Zeit zum kosmologischen Gottesbeweis zusammengefasst. Jede Bewegung bedürfe eines außer ihr liegenden Bewegers (Bewegung verstanden als die Überführung eines Möglichen in ein Wirkliches). Da dies nicht *ad infinitum* durchführbar ist, muss es als ersten Beweger Gott geben. Ähnlich sei von den im Sinnlichen gegebenen Ursachen auf Gott als Erstursache zu schließen, sowie von der Nichtnotwendigkeit des weltlichen Seins auf das verursachende absolute Sein. Der vierte Gottesbeweis folgert im Sinne platonischen Denkens von der minderen Vollkommenheit in dieser Welt auf höchste Vollkommenheit jenseits derselben. Schließlich wird ein teleologischer Gottesbeweis geführt, nach dem von der Zweckmäßigkeit der natürlichen Ordnung auf eine höchste Intelligenz (Gott) geschlossen wird.

Vernunftkritik

Während bei Thomas von Aquin Vernunft und Glaube in einem ausgewogenen Verhältnis stehen, wird die Zuständigkeit der Vernunft in den göttlichen Dingen bei den nachfolgenden Scholastikern zunehmend eingeschränkt. So bestreitet Johannes Duns Scotus (1266/70-1308), dass die natürliche Vernunft erweisen kann, dass Gott allmächtig, unermesslich und allgegenwärtig ist. Dies sei allein Sache des Glaubens. Die Metaphysik frage primär nach dem Sein und erst in Verfolgung der Frage tauche unscharf der Gottesbegriff auf. Die Schwächen des menschlichen Erkennens beruhten auf der durch die Erbsünde verdorbenen Vernunft sowie auf der unberechenbaren Freiheit des Willen Gottes. Daher kann der Mensch seine Bestimmung nur durch übernatürliche Erkenntnis ergründen.

Radikaler noch werden die Möglichkeiten der natürlichen Vernunft von Wilhelm von Ockham (1300-1350) eingeschränkt. Die Allgemeinbegriffe werden zu Fiktionen erklärt (Nominalismus), nur die unmittelbare intuitive Erkenntnis des Individuellen (sinnlich-anschaulich oder geistig-reflektiv) sei eigentliche Erkenntnis. Auch in Gott gebe es keine allgemeinen Ideen. Da der Wille Gottes allmächtig und frei sei, träten Glaube, Offenbarung und Gnade in den Vordergrund der Theologie. Die Gottesbeweise werden für fragwürdig erklärt, weil sie nur in Allgemeinbegriffen, fern der Wirklichkeit Gottes, gedacht werden.

Mystik

Eine bedeutsame Strömung der philosophischen Theologie im Mittelalter ist die Mystik. Mit ihr kommt neben der Kühle des Verstandes (dem begrifflichen Denken) die Wärme des Herzens (das religiöse Fühlen) zum Tragen. Ausgangsbasis ist die über Johannes Scotus Eriugena (810-877) vermittelte Seinsstufung im Neuplatonismus: Gott als der ungeschaffene, alles schaffende Urgrund, Gottes Denken der Ideen als Selbstschau, Gottes Schöpfung der Welt gemäß den Ideen und die Rückkehr des weltlichen Seins in den göttlichen Urgrund.

Der Mystiker Bernhard von Clairvaux (1090–1153) setzt an den Anfang der Wahrheitserkenntnis anstelle der Vernunft die Demut. Glaube und Hingabe seien wichtiger als Dialektik. Die Liebe zum gekreuzigten Christus erschließe die göttliche Weisheit. Drei Stufen des mystischen Aufstiegs zu Gott werden unterschieden: die Betrachtung (*consideratio*) als das Erforschen des Wahren, die Schau (*contemplatio*) als das Ergreifen des Wahren und die Ekstase als das Heraustreten aus dem Ich zur Einung in Gott.

Der Franziskaner Bonaventura (1221–1274) bestimmt die mystische Gotteserkenntnis wie folgt. Ausgehend von der Festigkeit des Glaubens und fortschreitend durch die Klarheit der Vernunft werde die »Lieblichkeit der Kontemplation« erreicht. Sechs Stufen des Aufstiegs bilden den mystischen Weg. In der ersten und zweiten Stufe werden die sinnlich wahrnehmbaren Dinge als Abbilder der Urbilder betrachtet, in der dritten und vierten Stufe tritt an Stelle der Sinnenwelt die Geisteswelt. In der fünften und sechsten Stufe wird das mystische Schauen im eigentlichen Sinn erreicht, gipfelnd in der »Schau der seligsten Dreieinigkeit«.

Ein weiterer bedeutender Theologe und Mystiker der Scholastik ist Johann Eckhart (Meister Eckhart, 1260–1327), dessen Denken dem geschichtlich gewandelten Neuplatonismus nahe steht. Hervorstechend ist die Lebendigkeit seiner Predigten und Traktate, die sich dem göttlichen Logos verpflichtet wissen. Eckharts philosophisches Interesse gilt bevorzugt den Seinsfragen, also der Ontologie. Das wahre Sein ist allem anderen voraus und verhält sich zu allem anderen wie dessen Vollendung. Darum hat das zeitliche Sein der Dinge sein Maß außerhalb der Zeit. Es hat teil am wahren Sein.

Eckhart gelingt es, metaphysisches und reales Sein in wechselseitiger Durchdringung darzustellen (Hirschberger 1979). Die Gutheit und das Gute sind Einheit und Verschiedenheit zugleich, die Gutheit gebiert das Gute und wird gleichzeitig im Guten geboren. Gott wird als das wahre Sein, als wahrer Ursprung von allem verstanden. Die wahre Seinsweise ist das *Intellegere*, das Einsehen, und dieses steht noch über dem Sein. Ganz im Sinne der negativen Theologie wird die Verborgenheit Gottes hervorgehoben. Aber die Seele kann in ihrem Grund an Gott teilhaben (im »Seelenfünklein«, im »Bürglein der Seele«, im »Licht des Geistes«). Voraussetzung dafür ist die »Abgeschiedenheit« der Seele. Sie müsse leer werden aller Kreatur, aller Geschaffenheit und aller Ichbewußtheit. Sie müsse ein Nichts werden, um in Gott »unterzugehen«.

Gelehrtes Nichtwissen

Am Übergang vom Mittelalter zur Neuzeit steht der bedeutende philosophische Theologe Nicolaus Cusanus (1401–1461), ursprünglich Nikolaus von Kues. Sein Denken kreist um die Frage, inwieweit ein Wissen über Gott erlangt werden kann. Dazu argumentiert er nach einer platonisch geprägten Erkenntnislehre, die Bezüge zur seinerzeit entstehenden Naturwissenschaft aufweist. Sie beruht auf drei Grundprinzipien. Erstens wird das »gelehrte Nichtwissen« (*docta ignorantia*), die durch die Wissenschaft selbst gewonnene Einsicht in die Unerkennbarkeit des Unendlichen bzw. Göttlichen hervorgehoben. Zweitens hat unser Geist als Abbild des göttlichen Geistes alles in sich »eingefaltet« und vermag es aus sich »auszufalten«: die Zahl aus der Einheit, die Bewegung aus der Ruhe, die Zeit aus dem Augenblick, die Ausdehnung aus dem Punkt. Drittens fallen die Gegensätze, die mit dem Vielen auftauchen, im Unendlichen bzw. in Gott zusammen (*coincidentia oppositorum*).

Ausgehend von diesen drei Grundprinzipien wird von Cusanus das Wesen Gottes bestimmt: als »absolute Unendlichkeit« (die das Endliche einschließt), als »absolute Einheit« (die die endliche Vielzahl einschließt), als Zusammenfall des Entgegengesetzten (also über den Gegensätzen stehend), als »absolut Größtes« bzw. »absolut Kleinstes« (also allem Begrenzten enthoben). Um gleichzeitig das dynamische Element im Unendlichen, also die Schöpferkraft Gottes zu erfassen, prägt Cusanus die Bezeichnung »Können-Ist« und ordnet Gott »das Können und das Sein selbst« zu. Im Sinne der vorstehenden Bestimmungen wird schließlich die Trinität von Vater, Sohn und Heiligem Geist als »Einheit, Gleichheit und Verknüpfung« ausgelegt.

Gott kann nach Cusanus nicht mit dem Verstand erfasst werden, weil dieser das Gegensätzliche nicht überspringen kann, aber auch nicht mit der Vernunft, weil das Unendliche unbegreiflich ist. Gott kann nur im Nichtwissen gewusst werden. Aussagen über Gott müssen in der Schwebe zwischen Bejahung und Verneinung gehalten werden. Gott bleibt der philosophischen Theologie verhüllt (*deus absconditus*). Nur durch die Gnade Gottes wird dem Demütigen die Gottesschau geschenkt. Diese zukunftsweisende theologische Botschaft von Cusanus bleibt in der Folgezeit unbeachtet, versinkt in den religiösen Wirren von Reformation und Gegenreformation.

So bricht gegen Ende der mittelalterlichen Scholastik das Vertrauen in die reine Vernunft zusammen, in der doch ursprünglich die methodische

Basis der Theologie gesehen worden war. Die Grenzen der Vernunft in der Theologie sind sichtbar geworden, der Glaube allein tritt daher in den Vordergrund, eine Voraussetzung für das gänzliche Verwerfen der philosophischen Theologie durch den Reformator Martin Luther. Die Vernunft behauptet jedoch ihren Führungsanspruch in den Naturwissenschaften, kann ihn sogar durch deren Erfolge ausbauen. So kommt es zu dem unsinnigen Auseinanderlaufen von Glaubenswahrheiten ohne Vernunftanspruch und Vernunftwahrheiten ohne Glaubenseinbettung. Der Konflikt zwischen Naturwissenschaft und Theologie, der die weitere abendländische Geschichte prägt, ist darin begründet.

7 Philosophische Theologie in der frühen Neuzeit

Drei große Denksysteme

Die philosophische Theologie der frühen Neuzeit (17. Jahrhundert) wird von den umfassenden Denksystemen von Descartes, Spinoza und Leibniz beherrscht, die unter der Bezeichnung »(kontinentaler) Rationalismus« – im Unterschied zum zeitgleichen englischen Empirismus – zusammengefasst werden. Vorausgegangen ist die Renaissance im 16. Jahrhundert mit einer Fülle neuer bzw. wiederbelebter Denkansätze von erheblicher Sprengkraft: Rückkehr zu den Quellen (besonders Platon und Aristoteles), Versuche mit Mystik und Magie (Paracelsus, Jakob Böhme), Grundlegung der modernen Naturwissenschaft über den mathematisch beschriebenen Mechanismus (Kepler, Galilei, Newton, Boyle), von der Kirche unabhängige menschliche Bildung (Humanismus) und unterschiedliche Staats- und Rechtstheorien (Macchiavelli, Campanella, Grotius).

Theologisch relevant und geschichtlich bedeutsam sind die in dieser Zeit aus der römisch-katholischen Kirche herausführenden reformatorischen Erneuerungsbewegungen, die durch die lutherischen Grundgedanken *sola scriptura*, *sola gratia*, *sola fides* und *sola Christus* sowie rigoroser Prädestinationslehren gekennzeichnet sind (Luther, Zwingli, Calvin). In der darauffolgenden Gegenreformation kam es unter maßgeblicher Beteiligung der Jesuiten zu einer Erneuerung der römisch-katholischen Kirche (Konzil von Trient, 1545–1563), einmündend in die Zeit der Religionskriege.

Die angesprochenen umfassenden Denksysteme von Descartes, Spinoza und Leibniz setzen, vielfach unbeeinflusst von den aufgeführten Umbrüchen, aber auch schon geprägt von den naturwissenschaftlichen Erfolgen der mechanisch-mathematischen Denkweise, die scholastische Denktradition unter Einschluss der philosophischen Theologie fort. Eine soziologische

Erklärung dafür gibt das Fortbestehen der Scholastik an den Universitäten und Klerikerschulen, besonders in Spanien und Portugal (den damaligen Weltmächten), in Verbindung mit dem Wiedererstarken des Katholizismus. Auch die protestantische Theologie wird in damaliger Zeit vom Aristotelismus geprägt (Humanisten Philipp Melanchthon und Nicolaus Taurellus). Den drei neuen Denksystemen gemeinsam ist die alles umfassende göttliche Substanz, die je nach System unterschiedlich definiert wird.

René Descartes

Mit René Descartes (1596–1650) beginnt die neuzeitliche Philosophie, in der die philosophische Theologie ihre bisherige zentrale Bedeutung zunehmend einbüßt. Neben das Thema »Gott« tritt das Thema »Mensch« als Subjekt der Welterfahrung und Welterkenntnis. Das Subjektive wird gegenüber dem Objektiven hervorgehoben, das Bewusstsein gegenüber dem eigentlichen Sein, die Immanenz gegenüber der Transzendenz. Descartes versichert sich der Realität seiner selbst im radikalen Zweifel (*cogito ergo sum*; ich denke, also bin ich). Dieser Zweifel, der sich im Denken äußert, ist jedoch kein existentieller, sondern lediglich ein methodischer. Gott wird weiterhin als das eigentliche Subjekt über Mensch und Welt aufgefasst. Der enge Bezug zu Platon und Augustinus kommt zum Ausdruck im Wahrheitskriterium der »klaren und deutlichen Erkenntnis« (*perceptio clara et distincta*), was die angeborenen Ideen voraussetzt.

Grundlegend für die Philosophie von Descartes ist der Begriff der Substanz. Gott ist unendliche Substanz, ungeschaffenes Sein, Geist ist endliche denkende Substanz (*res cogitans*) und Körper ist endliche ausgedehnte Substanz (*res extensa*). Denkende und ausgedehnte Substanz haben nur geschaffenes und damit von Gott abhängiges Sein. Die Interaktion der beiden definitionsgemäß unterschiedlichen und unabhängigen Substanzen erfolgt nach Descartes über ein besonderes Organ im Gehirn des Menschen, die Zirbeldrüse. Hier wirkt Gott bei Gelegenheit der Willensakte auf den Körper und bei Gelegenheit der Sinnesreize auf die Seele. Diese Erklärung wird später im Occasionalismus durch die Vorstellung ersetzt, dass Seele und Leib wie zwei perfekte Mechanismen (»Uhren«) ein für alle Mal aufeinander abgestimmt sind.

Die Aufgabe der philosophischen Theologie sieht Descartes darin, das Dasein und die Wahrhaftigkeit Gottes nachzuweisen, auch wenn der Glaube als primäre Quelle der Gotteserkenntnis gilt. Daher sind die Gottesbeweise ein besonderes Anliegen von Descartes, allerdings mit dem Ziel, Gewissheit über die welthaften Zusammenhänge des Ich zu gewinnen. Die

Gottesbeweise von Thomas von Aquin werden zurückgewiesen, soweit sie ein erstes Prinzip infolge der (von Thomas behaupteten) Unmöglichkeit eines *regressus in infinitum* postulieren. Descartes hält dagegen, dass nur unser endlicher Verstand nicht fähig sei, den Regress zum Unendlichen zu vollziehen.

Ein erster Gottesbeweis wird ausgehend von der dem Menschen gegebenen Vorstellung von Gott in aufwendiger Argumentationskette mit folgendem Ergebnis geführt: »Man muss überhaupt schließen, dass daraus allein, dass ich existiere und dass eine gewisse Vorstellung eines vollkommensten Wesens, das heißt Gottes, in mir ist, aufs einleuchtendste erwiesen wird, dass Gott auch existiert«. Das Zirkelhafte des Beweises wurde schon bald erkannt: Die Gewissheit der klaren und deutlichen Erkenntnis soll durch den Gottesbeweis gesichert werden. Das zu Beweisende ist dem Beweis selbst vorangestellt. Ebenso unterliegt der anschließende Beweis der Wahrhaftigkeit Gottes einem Zirkelschluss. Ein zweiter Gottesbeweis, der vom Begriff Gott ausgeht, ähnelt dem Beweis des Anselm von Canterbury: Weil Gott als das vollkommenste Wesen gedacht wird, ist klar und deutlich einsichtig, dass zur Vollkommenheit Gottes auch das Dasein Gottes gehört. Auch gegen diesen Beweis besteht der Einwand des Zirkelschlusses. Außerdem ist zu bemängeln, dass das Dasein unzulässigerweise als eine Eigenschaft aufgefasst wird. Die philosophische Theologie des Descartes erscheint demnach als wenig überzeugend.

Bedeutsamer als diese Ausführungen von Descartes zur *res cogitans* sind seine Aussagen zur *res extensa*, in denen ein konsequent mechanistisches Weltbild zum Ausdruck kommt. Im Bereich der *res extensa* gibt es neben Ausdehnung nur Bewegung (also auch nicht die von Newton postulierten »metaphysischen« Fernkräfte). Bewegung wird allein durch Berührung der Körper übertragen. Sie lässt sich auf Basis geometrischer Elemente mathematisch beschreiben (analytische Geometrie, von Descartes begründet). Zu den Körpern gehört auch unsichtbare feinstoffliche Materie (*materia subtilis*). Die Regeln in der Natur sind die Regeln der Mechanik. Tiere, Pflanzen und auch der eigene Körper sind demzufolge Maschinen oder Automaten, von Gott als dem vollkommensten Baumeister geschaffen.

Besonders aufschlussreich ist die Kritik von Blaise Pascal (1623–1662) am zu mathematischen Geist von Descartes, der das Einzelne und den Einzelnen aus dem Blick verliert: »Wir erkennen die Wahrheit nicht nur mit der Vernunft (*raison*), sondern auch mit dem Herzen (*cœur*)« sowie »Das Herz hat seine Gründe, die die Vernunft nicht kennt; man erfährt das in tausend Dingen«. Neben dem *esprit de géométrie* steht der *esprit de finesse* (der Geist des Feingefühls). Gott ist für Pascal einmalige Person, die in je einmaliger Weise das einmalige Individuum anruft. In die Kleidung eingenäht fand man nach seinem Tod den Vermerk: »Gott Abrahams, Gott Isaaks, Gott Jakobs, nicht der Gott der Philosophen und Gelehrten«.

Auch Goethe übt heftig Kritik (*Materialien zur Geschichte der Farbenlehre*): »Er [Descartes] scheint nicht ruhig und liebevoll an den Gegenständen zu verweilen, um ihnen etwas abzugewinnen. ... Er findet keine geistigen, lebendigen Symbole, um sich anderen, schwer aussprechbaren Erscheinungen anzunähern. Er bedient sich, um das Unfassliche, ja das Unbegreifliche zu erklären, der krudesten sinnlichen Gleichnisse«.

Baruch Spinoza

Die philosophische Theologie steht bei Baruch Spinoza (1632–1677), jüdischen Glaubens, in weit höherem Maße als bei Descartes im Mittelpunkt des Denkens. Der offenbarungstheologische Gottesgedanke ist konsequent ausgegrenzt, während der Philosophie alle Wahrheitserkenntnis zugeordnet wird. Ausgangspunkt des Gottesbeweises ist der Substanzbegriff, der konsequenter als bei Descartes gefasst wird. Es kann nur eine Substanz, nämlich Gott, geben, in der denkende und ausgedehnte Substanz Attribute Gottes sind. Zur Natur der Substanz gehört das Existieren, weil die Substanz definitionsgemäß Ursache ihrer selbst ist.

Weitere Gottesbeweise schließen sich an mit der Aussage, dass allein Gott freie, absolut erste Ursache ist. Der Schöpfungsbegriff wird abgelehnt. Gott ist aller Wirklichkeit, allem Geist und allen Dingen (aller Natur) immanent (*deus sive substantia sive natura*), es gibt keine transzendente Ursache, der Geist ist ein vollständiges Abbild der Natur. Gott offenbart sich allein als Wirklichkeit. Das ist reiner Pantheismus, in dem die Zweiheit von Gott und Welt aufgehoben und die menschliche Seele ein Teil des unendlichen Verstandes Gottes ist. Es gibt demnach keine Individualität, keine Person und keine Willensfreiheit. Es kommt darin ein Identitätsdenken zum Ausdruck: Gott und Welt, Ich und All, Leib und Seele, Körper und Geist sind eins, unterschiedlich nur als Attribute oder Modi der einen Substanz. Ebenso ist ein strenger Determinismus bzw. Kausalnexus die Folge: alle Geschehnisse vollziehen sich mit gleicher absoluter Notwendigkeit, wie sie mathematischen Sätzen zukommt, jede Zufälligkeit ist ausgeschlossen. Es gibt keine Zweckursachen. Es gibt nicht Gut und Böse, sondern nur eine Mechanik der Affekte. Alles Sein ist Notwendigkeit.

Spinoza rechtfertigt seinen philosophisch-theologischen Entwurf mit der »adäquaten« (»klaren und deutlichen«) Vorstellung (oder Wesensschau): eine wahre Vorstellung stimme mit dem Vorgestellten überein. Mehr noch: die Seinsverfassung der Wirklichkeit stimme von vorn herein mit der Ordnung der wahren Vorstellungen überein. Wahrheit liege vor, wenn die Reihe der Dinge mit der Reihe der Vorstellungen zusammenfällt: »Sie offenbart sich selbst, wie das Licht sich und die Finsternis offenbart.« Da die Gottesvorstellung obenan steht, hängt alle Erkenntnis von der Erkenntnis Gottes ab.

Gottfried Wilhelm Leibniz

Auch im Denken von Gottfried Wilhelm Leibniz (1646–1716) ist die philosophische Theologie ein wesentliches Element seines systematischen Weltentwurfs. Die strittige Frage des Verhältnisses von Offenbarungsglauben und Vernunft wird dahingehend beantwortet, dass es keinen Konflikt zwischen Glauben und Vernunft geben kann, weil beide eine Gabe Gottes sind. Zwar sind nicht alle Glaubenssätze der Vernunft zugängig, aber zumindest widersprechen sie ihr nicht. Vier Gottesbeweise werden von Leibniz vorgelegt.

Der erste Beweis, der dem von Anselm von Canterbury ähnelt, geht vom Begriff Gott als notwendiges Wesen aus, dessen Vollkommenheit die Existenz einschließt. Der zweite Beweis, der der christlich-platonischen Tradition folgt, postuliert Gott ebenfalls als notwendiges Wesen, notwendig, um den ewigen Wahrheiten, Wesenheiten oder Ideen Realität zuzuordnen. Der dritte Beweis fordert für die Zufälligkeit des Wirklichen einen zureichenden Grund, der in einer notwendigen Substanz außerhalb der Folge der Zufälligkeiten gefunden wird. An die Stelle der ersten Ursache ist der zureichende Grund getreten. Zu allen drei Beweisen können gewichtige Gegengründe vorgebracht werden.

Der vierte, originär Leibnizsche Gottesbeweis ist Bestandteil seines philosophischen Gesamtkonzepts, der Monadenlehre, die nachfolgend in Anlehnung an Bertrand Russell erklärt wird (Russell 1961). Diese Lehre beruht auf einer Substanzdefinition, die zunächst seltsam anmutet, aber sofort verständlich wird, wenn der Bezug zur ausgedehnten Substanz bei Descartes hergestellt wird. Leibniz befindet, dass Ausdehnung kein Attribut der Substanz sein kann, denn Ausdehnung beinhaltet Teilbarkeit. Stattdessen gibt es unendlich viele punktartige und damit unteilbare Substanzen, die Leibniz »Monaden« nennt (auch »Kraftpunkte« oder »metaphysische Punkte«). Das mathematische Pendant der Monadenlehre ist die Infinitesimalrechnung, als deren Begründer (neben Newton) Leibniz gilt. Jede Monade kann auch physikalische Eigenschaften aufweisen, aber nur in unserer Anschauung. Tatsächlich ist jede Monade eine Seele, die in unterschiedlichem Grade von Klarheit und Bestimmtheit die Elemente des Vorstellens und Strebens enthält. Das folgt aus der Zurückweisung der Ausdehnung als ein Attribut der Substanz und dem als Attribut verbleibenden Denken. Die körperliche Welt ist demnach irreal, während real eine unendliche Zahl von Seelen existiert.

Leibniz vertritt die Auffassung, dass die Monaden definitionsgemäß nicht miteinander interagieren, also eine ursächliche wechselseitige Beeinflussung ausgeschlossen ist: »Monaden haben keine Fenster«. Die Tatsache, dass dennoch Objektwahrnehmung möglich ist, wird daraus erklärt, das jede Monade das Universum spiegelt, aber nicht weil das Universum die Monaden affiziert, sondern weil Gott dies so verfügt hat. Es gibt eine »präetablierte Harmonie« zwischen den Änderungen in den Monaden, die den Anschein von Interaktion entstehen lassen. »Präetabliert« bedeutet, dass im voraus eingestellte perfekte Mechanismen, quasi unendlich viele Uhren, den Gleichlauf erzeugen (Uhrengleichnis des Occasionalisten Geulincx). Die Existenz Gottes ist dafür eine notwendige Voraussetzung.

Auf Basis der Monadenlehre wird auch das Wesen Gottes und sein Verhältnis zur Welt bestimmt. Gott ist die einfache ursprüngliche Substanz. Die Monaden leiten sich von ihr ab. Unklar bleibt, wie die unendliche Substanz die endliche Substanz hervorbringt. Leibniz schreibt Gott Freiheit zu (im Unterschied zu Spinoza), allerdings gebunden an die »absolut notwendigen« bzw. ewigen Wahrheiten im göttlichen Verstand und gebunden an die moralische Notwendigkeit der Güte. Es stellt sich daher das Problem der Theodizee, der Rechtfertigung Gottes angesichts des Übels und des Bösen in der Welt (unterteilt nach *malum metaphysicum, malum physicum* und *malum morale*). Da Leibniz zutiefst überzeugt ist, dass das Gute das Böse überwiegt, kann er feststellen, dass Gott aus einer unendlichen Zahl möglicher Welten in seiner Güte die beste ausgewählt hat. Er befindet abschließend, dass Gott als Macht (zum Sein), als Verstand (zum Wahren) und als Wille (zum Guten) begriffen werden kann.

Nach Leibniz ist das Universum also vernunftgemäß eingerichtet und mit Gott verbunden. Das Individuelle ist bedeutsam. Harmonie herrscht zwischen Universellem und Individuellem. Das Universum ist unendlich vielgestaltig und dynamisch in seiner Grundbeschaffenheit. Das Denksystem von Leibniz vermeidet die Unzulänglichkeiten des mechanistischen Weltbildes von Descartes. Es lässt Raum für das Individuelle und für die Evolution.

KAPITEL XI

Verfall der philosophischen Theologie – Aufklärung, Idealismus, Atheismus und Existentialismus

»Gott ist tot. Wir haben ihn getötet.«
Friedrich Nietzsche: Fröhliche Wissenschaft (1882)

1 Philosophische Theologie in der Aufklärung

Theologieverfall in der englischen Aufklärung

Die europäische Geistesströmung der Aufklärung beginnt im 17. Jahrhundert in England. Philosophisch manifestiert sie sich im englischen Empirismus (Locke, Berkeley, Hume), der zeitgleich mit dem kontinentalen Rationalismus der drei großen Systeme (Descartes, Spinoza, Leibniz) auftritt.

Der englische Empirismus nimmt die erkenntnistheoretische Gegenposition zu den Systemen des kontinentalen Rationalismus ein. Letzterer vertritt die angeborenen Ideen, die sich in Axiomen ausdrücken und aus denen sich deduktiv nach den Regeln der Logik das Wissen zu den Einzelfällen gewinnen lässt. Der Empirismus dagegen verneint die angeborenen Ideen. Quelle jeglichen Wissens ist die Erfahrung. Ausgehend von den beobachteten Einzelfällen wird mittels Induktion auf allgemeine Prinzipien und Gesetze geschlossen, von denen ausgehend weitere Einzelfälle nunmehr deduktiv beurteilt werden.

Begründer der induktiven Methode des Wissenserwerbs mit dem Ziel, Macht über die Natur zu erlangen, ist Francis Bacon (1561–1626). Ihm folgt Thomas Hobbes (1588–1679) mit einer Kritik an den angeborenen Ideen des Descartes, darunter die Gottesidee, und der Feststellung, dessen Axiome seien bloße Hypothesen. John Locke (1632–1704) erklärt die (äußere) Sinneswahrnehmung (*sensation*) im Verbund mit der (inneren) Selbstwahrnehmung (*reflexion*) zur Quelle aller Erkenntnis: »*Nihil est in intellectu, quod not ante fucerit in sensu*«. George Berkeley (1685–1753) radikalisiert diese Aussage, indem er das Sein der Dinge als ihr Wahrgenommenwerden erklärt: »*Esse est percipi*«.

Seinen Höhepunkt erreicht der Empirismus gegen Ende der englischen Aufklärung mit David Hume (1711–1776). Hume hebt den Wahrscheinlichkeitscharakter aller empirisch gewonnenen Erkenntnis hervor. Strenge Kausalität wird somit in Frage gestellt. Die Ideen, darunter die Gottesidee, entstehen nach seiner Auffassung im Verstand, ohne dass das damit Bezeichnete tatsächlich existiert. Hume kritisiert insbesondere den sowohl bei orthodoxen Anglikanern als auch bei freidenkerischen Deisten beliebten teleologischen Gottesbeweis, nach dem von der zweckmäßigen Ordnung in der Natur auf Gott als deren Urheber geschlossen wird. Hume weist sich vor allem als Skeptiker aus.

Die englischen Empiristen setzen sich insgesamt für religiöse Toleranz ein, die sich an den moralischen und religiösen Gefühlen und Bedürfnissen der Menschen orientiert. Atheismus gilt als unmoralisch und wird daher nicht toleriert. Jedoch wird jegliche Dogmatik abgelehnt und eine »natürliche« (d.h. naturgegebene) Religion vertreten. Eine eigenständige Theologie wird dabei nicht entwickelt. Ethische und moralphilosophische Erörterungen stehen im Vordergrund.

Theologieverfall in der französischen Aufklärung

Die in England entstandenen Ideen der Aufklärung werden im 17. Jahrhundert in Frankreich begierig aufgenommen. Während im liberal konstituierten England die religiöse Frage besonnen und tolerant angegangen wird (Deismus und Freidenker), wird im absolutistisch regierten Frankreich der Bruch mit der religiösen Tradition radikaler vollzogen.

Ein Vorläufer der französischen Aufklärung ist Pierre Bayle (1647–1705), der die Religion als unvereinbar mit der Vernunft erklärt. Die auf Lockes Staatstheorie zurückgehende, die politische Freiheit beförderte Trennung der legislativen von der exekutiven Gewalt in der Staatsführung wird von Charles Montesquieu (1689–1755) in Frankreich verbreitet, erweitert um die Jurisdiktion als dritte Gewalt. Kirchliches Christentum und Aberglaube werden von François Marie Voltaire (1694–1778) mit beißendem Spott bekämpft, zugunsten von religiöser Toleranz und Vernunftreligion. Dabei ist Voltaire kein Atheist, wie folgendes Zitat belegt: »Wenn Gott nicht existierte, müsste man ihn erfinden; aber die ganze Natur ruft uns zu, dass er existiert«, oder auch sein Bekenntnis zur Vernunftreligion: »Ehre Gott und tue das Gute«. Voltaire bekennt sich zur Bergpredigt Jesu und stirbt versöhnt mit seiner Kirche.

Einen radikalen Atheismus vertreten dagegen die französischen Materialisten, die anstelle des Dualismus zweier Substanzen bei Descartes einen Monismus der einen materiellen Substanz setzen. Jede Metaphysik, jedes geistige Prinzip, jede Religion und jede Gottesvorstellung sind demnach Täuschung, Wahnvorstellung, Betrug. Vertreter des damaligen Materialismus sind Denis Diderot (Herausgeber der »Enzyklopädie der Wissenschaften, Künste und Gewerbe«), Julien de Lamettrie, Paul Holbach und Claude Helvétius. Diderots Mitherausgeber Jean d'Alembert ist jedoch Deist.

In ganz anderer Weise vertritt Jean Jacques Rousseau (1712–1778) die französische Aufklärung, weniger unter Berufung auf die Vernunft, sondern mit viel Gefühl. In dieser Hinsicht gilt er eher als Überwinder denn als Exponent der Aufklärung. Nach Rousseau ist der Mensch von Natur aus gut, allein die Kultur hat ihn verbildet, daher das Erziehungsideal »Zurück zur Natur«. Im Naturzustand sind alle Menschen frei, gleich und brüderlich verbunden, daher das revolutionäre Ideal »Freiheit, Gleichheit,

Brüderlichkeit«. Offenbarungsreligion ebenso wie Atheismus werden von Rousseau als unbegründete Haltungen abgelehnt, zugunsten einer im Gefühl begründeten natürlichen Religion.

Theologieverfall in der deutschen Aufklärung

Die deutsche Aufklärung tritt weniger radikal in Erscheinung als die französische, die bekanntlich in eine politische und soziale Revolution einmündete. Die geistesgeschichtliche Wirkung ist dennoch groß.

Als früher Aufklärer gilt Christian Wolff (1679–1754), der das aufklärerische Denksystem von Leibniz (Vernunft und Offenbarungsglaube sind in ihm versöhnt) allgemeiner bekannt macht, allerdings in einer als trocken und schulmeisterlich empfundenen Art. Um die Verbreitung aufklärerischen Gedankenguts sorgt der Preußenkönig Friedrich II. (1712–1786), der namhafte französische Aufklärer an seinen Hof holt, selbst philosophische Schriften verfasst und in seinem Herrschaftsbereich Religionsfreiheit garantiert.

Als bedeutender Aufklärer in Deutschland gilt Gotthold Ephraim Lessing (1729–1781), ein Verfechter religiöser Toleranz. Er sieht in den historischen Ausformungen der großen Religionen, deren Dogmatismus er ablehnt, Stufen zu einer Vernunftreligion. Er erhofft sich nach dem Zeitalter des Genusses und des Ehrgeizes das Zeitalter der Pflichterfüllung. Als Vollender der europäischen Aufklärung tritt schließlich Immanuel Kant auf.

2 Philosophische Theologie in Vollendung der Aufklärung

Immanuel Kant, Vollender der Aufklärung

Immanuel Kant (1724–1804) vollendet in geistesgeschichtlich bedeutsamer Weise die europäische Aufklärung, die vielfach populistische und oberflächliche Züge angenommen hatte, jedoch von Kant selbst im besseren Sinn des Wortes wie folgt charakterisiert wird: »Ausgang des Menschen aus seiner selbstverschuldeten Unmündigkeit. Unmündigkeit ist das Unvermögen, sich seines Verstandes ohne Leitung eines anderen zu bedienen. Selbstverschuldet ist diese Unmündigkeit, wenn die Ursache derselben nicht am Mangel des Verstandes, sondern der Entschließung und des Mutes liegt, sich seiner ohne Leitung eines Anderen zu bedienen. Habe Mut, Dich Deines eigenen Verstandes zu bedienen«. Aufklärung beinhaltet den Glauben an die Vernunft und an das Gute im Menschen, woraus sich beständiger Fortschritt des einzelnen wie der Gesellschaft zum Besseren ergeben soll. Kant kann als Vollender der Aufklärung gelten, gerade auch in seinen politischen Forderungen: Menschenrechte, Gleichheit vor dem Gesetz, Weltbürgertum, Friedensordnung, Völkerrecht, religiöse Selbstbestimmung.

Kant ist nicht der »Überwinder« der Aufklärung, wie es die auf Kant folgende Schule des »deutschen Idealismus« versucht hat darzustellen. Die Zuordnung Kants zu dieser Schule, auch in neueren Büchern zur Philosophiegeschichte (unter der Bezeichnung »kritischer Idealismus«), ist missverständlich. Die von Kant selbst verwendete Bezeichnung »transzendentaler Idealismus« meint einen erkenntnistheoretischen, keinen metaphysischen Idealismus. Kant leugnet nicht eine von unserer Wahrnehmung unabhängige Außenwelt an sich. Er bestreitet lediglich, dass wir sie als solche erkennen können.

Kants Wende in der Erkenntnistheorie

Hinsichtlich der philosophischen Theologie ist Kants erkenntnistheoretische Position von besonderer Bedeutung, die zwischen englischem Empirismus und kontinentalem Rationalismus eine Brücke schlägt. Kant geht von der Frage aus, ob sich der Anspruch der Metaphysik auf erfahrungsunabhängige Erkenntnis rechtfertigen lässt. Zunächst wird festgestellt, dass es synthetische Urteile *a priori* nur im Bereich der mathematischen, physikalischen und metaphysischen Erkenntnis gibt. Es folgt die These, dass allein die Sinne von einer realen Außenwelt Kunde geben. Obwohl aber unsere Erkenntnis der Realwelt mit der (sinnlichen) Erfahrung anhebt, so entspringt sie doch nicht vollständig der Erfahrung. Sie wird vielmehr geformt durch die im erkennenden Geist vor aller Erfahrung, *a priori*, bereitliegenden Anschauungsformen des Raumes und der Zeit sowie den Denk- und Verstandesformen der Kategorien, deren Erforschung von Kant »transzendental« (im Unterschied zu »empirisch«) genannt wird. Die in der Erfahrung gegründete Erkenntnis trifft somit nicht die »Dinge an sich«, sondern nur deren Erscheinungen (*a posteriori*). Reine Gedankenkonstruktionen hinsichtlich der Dinge an sich sind aber nach Kant keine Erkenntnis. Die von Kant vollzogene Wende in der Erkenntnistheorie besagt vereinfachend: Nicht die Gegenstände allein bestimmen die Vorstellungen, sondern die Vorstellungen mitbestimmen die Gegenstände.

Kein Gottesbeweis auf Basis der bloßen Vernunft

Die philosophische Theologie verdankt Kant eine vernunftkonforme neuartige Begründung. Es geht zunächst um die Möglichkeit bzw. Unmöglichkeit einer Metaphysik überhaupt: »Was und wie viel kann Verstand und Vernunft, frei von aller Erfahrung, erkennen?«. Gegenstand dieser Metaphysik sind »Gott, Freiheit und Unsterblichkeit«, wobei die Gottesfrage den höchsten Rang einnimmt. Hinsichtlich des »höchsten Wesens« oder »Urwesens« (d.h. Gott) sind nach Kant folgende Erkenntnisweisen möglich. Die transzendentale Theologie einerseits gestattet ausgehend von der bloßen Vernunft bzw. Begrifflichkeit ohne (Welt-)Erfahrung Daseinsnachweise ohne nähere Bestimmungen, zugehörig die »Kosmotheologie« und »Ontotheologie«. Die natürliche Theologie andererseits gestattet ausgehend von der natürlichen Vernunft und naturanalogem Reden auch nähere Bestimmungen, Aufstiege zur höchsten Intelligenz als Prinzip aller natürlichen Ordnung, zugehörig die »Physikotheologie«, oder als Prinzip aller sittlichen Ordnung, zugehörig die »Moraltheologie«. Die Reichweite der Vernunft in den genannten Bereichen ist jedoch näher zu untersuchen. Dazu wird die herkömmliche philosophische Theologie aufgehoben, um sie in anderer Form neu zu begründen.

Die Aufhebung erfolgt ausgehend von einer kritischen Untersuchung der traditionellen Gottesbeweise (Weischedel 1975). Der ontologische Gottesbeweis stellt fest, dass im Begriff des allerrealsten Wesens das Dasein notwendigerweise inbegriffen ist. Dem hält Kant entgegen, dass »Dasein« kein wirkliches Prädikat ist, das zum Begriff eines Dinges hinzukommen kann: »Hundert wirkliche Taler enthalten nicht das mindeste mehr als hundert mögliche«. Der kosmologische Gottesbeweis geht davon aus, dass vom empirischen Dasein auf ein absolut notwendiges höchstes Wesen geschlossen werden kann. Dem stellt Kant eine Folge logischer Schlüsse entgegen, die den Beweis als versteckt ontologisch widerlegen. Insbesondere wird bestritten, dass vom Bedingten auf ein Unbedingtes bzw. von sinnlich festgestellten Wirkungen auf eine übersinnliche Ursache geschlossen werden kann. Der physikotheologische Gottesbeweis behauptet, dass von der empirisch feststellbaren Zweckmäßigkeit in der Natur auf eine oberste Ursache und deren Eigenschaften geschlossen werden kann. Kant verwirft auch diesen Beweis, weil Schlüsse von der Zweckmäßigkeit von Naturerscheinungen auf ein unabhängiges, verständiges Wesen allenfalls subjektiv, aber nicht objektiv begründbar sind.

Am Ende der kritischen Untersuchung der Gottesbeweise kommt Kant zu dem Schluss, dass weder die bloße noch die natürliche Vernunft zu einem Nachweis des Daseins Gottes führen. Was von den Gottesbeweisen ausgesagt wird, gilt für das gesamte Gebiet des Übersinnlichen, das den Gegenstand der Metaphysik bildet. Alles bewegt sich »in einem ewigen Zirkel von Zweideutigkeit und Widersprüchen«. Dennoch bewahrt Kant die positive Bedeutung des Gottesbegriffs als »regulatives Prinzip der theoretischen Vernunft«, das verhindern kann, dass Gott unangemessen gedacht wird. Schließlich wird hervorgehoben, dass die Existenz Gottes erkenntnistheoretisch zwar nicht bewiesen, aber auch nicht widerlegt werden kann.

Gott als Postulat der praktischen Vernunft

Kant versucht nun, die philosophische Frage nach dem Unbedingten, also nach Gott, dadurch zu beantworten, dass er nicht von der theoretischen, sondern von der praktischen Vernunft ausgeht. Das setzt voraus, dass im Bereich des Handelns etwas Unbedingtes in Erscheinung tritt. Dies trifft nach Kant zu. Für den handelnden Menschen gibt es ein unbedingtes moralisches Gesetz, einen »kategorischen Imperativ«. Dieses Moralgesetz ist als ein »Faktum der Vernunft« zu betrachten. Die Moraltheologie ergibt sich unter Hinzunahme des Begriffs der Glückseligkeit »als Erfüllung von Wunsch und Willen«, aber eingeschränkt auf sittlich verdiente Glückseligkeit. Wenn nun die Verbindung von Sittlichkeit und Glückseligkeit ein höchstes Gut ist, dann muss angenommen werden, dass auch die naturgegebene Wirklichkeit entgegen äußerem Anschein mit dem moralischen Gesetz in Übereinstimmung gebracht werden kann. Dies kann aber nur durch Gott geschehen, in diesem oder in einem anderen Leben (Gott als Postulat).

Von diesem Gedankengang ausgehend macht Kant Aussagen zum Wesen Gottes. Wenn Gott den Naturgang wie dargestellt einrichten kann, dann muss er nicht nur Urheber der Natur und ihrer Gesetze sein, sondern auch »moralischer Welturheber«. So glaubt Kant, Gott Verstand und Willen (im übertragenen Sinn), sowie Allmacht, Allwissenheit, Allgegenwart, Allgütigkeit und Allgerechtigkeit zusprechen zu können, allerdings eingeschränkt auf sein moralisches Wesen.

Eine weitere Begründung der philosophischen Theologie folgt aus der Freiheit des Menschen gegenüber dem Anspruch des moralischen Gesetzes. Freiheit ist die »notwendige praktische Voraussetzung« und hat somit »objektive und, obgleich nur praktische, dennoch unbezweifelte Realität«. Die Faktizität der Freiheit und des moralischen Gesetzes sind in einer übersinnlichen, also empirisch nicht einsehbaren Sphäre beheimatet. Kant spricht vom »göttlichen Menschen in uns« oder auch vom »Gott in uns«. Jene übersinnliche Sphäre, der der Mensch vermöge seiner Moralität angehört, eröffnet ihm eine intelligible, also dem Verstand zugängige Welt, ein durch die Freiheit des Willens mögliches »Reich der Zwecke«, also der Mittel zum moralischen Ziel. Die in diesem Bereich mögliche Selbstgesetzgebung ist einer allgemeinen Gesetzgebung unterworfen, die nur von einem allgütigen und allgerechten Wesen, also Gott, kommen kann.

Somit gelangt Kant, wie schon ausgehend von der Verbindung von Sittlichkeit und Glückseligkeit, so auch ausgehend von Freiheit und intelligibler Welt zu einer auf der Unbedingtheit des Moralgesetzes gegründeten philosophischen Theologie. Das Postulat des Daseins Gottes bezeichnet Kant als eine dem Menschen als moralisches Subjekt zukommende Annahme. Die Überzeugung vom Dasein Gottes ist notwendiger Vernunftglaube. Dieser Glaube ist praktisch wohlbegründet und theoretisch nicht widerlegbar. So bemerkt Kant: »Ich musste das Wissen aufheben, um zum Glauben Platz zu bekommen« – im Sinne einer Verlagerung von theoretischer Einsicht zu moralischer Gewissheit.

Die Begründung des Daseins Gottes und der metaphysischen Verankerung des Menschen ausgehend von Moralgesetz und Willensfreiheit stellt eine bedeutsame Wende in der Behandlung des metaphysischen Problems der philosophischen Theologie dar. Dass damit keine Minderbewertung der äußeren Sinnenwelt gegenüber dem übersinnlichen Selbst zum Ausdruck kommt, mag das folgende Bekenntnis am Ende von Kants Schrift *Kritik der praktischen Vernunft* verdeutlichen: »Zwei Dinge erfüllen das Gemüt mit immer neuer und zunehmender Bewunderung und Ehrfurcht, je öfter und anhaltender sich das Nachdenken damit beschäftigt: der bestirnte Himmel über mir und das moralische Gesetz in mir«.

Wilhelm Weischedel bemerkt abschließend zu Kants philosophischer Theologie: Die Gründung der Gotteslehre in der Moral hat zur Folge, dass der Gottesbegriff den Charakter eines Postulats besitzt und dass die ihm zukommende Gewissheit sich als philosophischer Glaube darstellt. Das eigentliche Problem der philosophischen Theologie, nämlich deren glaubensunabhängige Begründung, bleibt dabei ungelöst.

3 Philosophische Theologie im Deutschen Idealismus

Einbettung in die Zeitströmung der Romantik

Die Philosophie des Deutschen Idealismus (Fichte, Schelling, Hegel) ist eingebettet in die Zeitströmung der Romantik, eine im Anschluss an die Aufklärung entstandene Bewegung, die das Gefühl des Herzens der Rationalität des Verstandes entgegensetzt. Obwohl bereits zur Zeit der französischen Aufklärung durch Rousseau im Widerstreit mit Voltaire hervorgehoben, gewinnt das Primat des Gefühls doch erst nach den Schrecken der Französischen Revolution an Bedeutung. Die Romantik ist vorrangig ein deutsches Phänomen. Neben der Irrationalität der Gefühle sind folgende Merkmale der romantischen Bewegung zu nennen: Ablehnung der sozialen Konventionen und ethischen Verbindlichkeiten (Ich-Kult: Selbstverwirklichung geht über alles), genialistische Überheblichkeit, romantische Ironie, Freundschaft bzw. Liebe als Projektion des eigenen Ichs (Bevorzugung von Blutsverwandten), Prinzip der Nation bzw. des Volkes (Primat der Rasse), Aufhebung des Fortschrittsglaubens, Weltschmerz, Sehnsucht nach der Vergangenheit, Erwartung einer neuen Religion bzw. romantischer Nihilismus. Diesen überwiegend negativ zu wertenden Merkmalen (unübersehbare Anzeichen einer Geisteskrise) stehen positive Wirkungen gegenüber hinsichtlich literarischer und musikalischer Betätigung, Geschichtsbewusstsein, Sprachforschung, Übersetzungstätigkeit, Märchen- und Volksliedersammlungen.

Die zeitgleich mit der Romantik entwickelte Philosophie des Deutschen Idealismus ist dem Zeitgeist entsprechend subjektivistisch, idealistisch im metaphysischen Sinn, nur bedingt rational und vielfach deutschnational. Das war keineswegs im Sinne von Kant, wie die Namensähnlichkeit zu dessen erkenntnistheoretischem (kritischem oder transzendentalem) Idealismus nahe legt, denn es handelt sich um hemmungslos egozentrierte metaphysische Spekulationen. Nach Fichte ist die Außenwelt ein Erzeugnis des Ich (subjektiver Idealismus). Nach Schelling sind Außen- und Innenwelt polare Aspekte desselben geistgezeugten Ganzen (objektiver Idealismus, Identitätsphilosophie). Nach Hegel entfaltet sich der Weltgeist dialektisch zur Weltwirklichkeit (absoluter Idealismus). Alle drei genannten Philosophen haben eigenständige philosophische Theologien entwickelt, auf die nachfolgend in Anlehnung an die Darstellung von Wilhelm Weischedel eingegangen wird (Weischedel 1975). Nicht eingegangen wird auf den in protestantischen Kreisen einflussreichen »romantisierenden Glaubensphilosophen« Friedrich Schleiermacher, der das religiöse Gefühl (»für das Unendliche«) hervorhebt und jeglichen Vernunftgebrauch ausschließt.

Johann Gottlieb Fichte

Johann Gottlieb Fichte (1762–1814) geht in seiner »Wissenschaftslehre«, die die philosophische Theologie einschließt, allein vom vorstellenden und wollenden Ich aus und verneint die Existenz einer vom Ich unabhängigen Außenwelt: Das Ich setzt sich selbst, das Ich setzt das Nicht-Ich, das Ich setzt im Ich dem teilbaren Ich ein teilbares Nicht-Ich entgegen (subjektiver Idealismus). Die äußere Welt ist eine Setzung unseres Vorstellungsvermögens: Das Ich hebt eine Realität in sich auf und setzt sie in ein (dem Ich entfremdetes) Nicht-Ich. Das verbürgt zugleich die Gewissheit der Freiheit: Nicht bestimmt durch die Dinge, sondern als die Dinge bestimmend ist das Ich zu denken. Als Methode für die Grundbestimmungen des Bewusstseins bietet sich der dialektische Dreischritt von Thesis, Antithesis und Synthesis an: Setzung des Ichs, Setzung des Nicht-Ichs und Aufhebung der Spaltung in Ich und Nicht-Ich in der Ursubjektivität. Die Verwendung des Ausdrucks »Setzung« verweist auf die »Tathandlung«, die an die Stelle von Einsicht tritt.

Hinsichtlich der philosophischen Theologie ist zwischen dem frühen und dem späten Fichte zu unterscheiden. Der frühe Fichte wiederholt die Argumentation von Kant. Der Endzweck höchster Sittlichkeit vereint mit höchster Glückseligkeit beweist die Existenz Gottes als Weltregent und Weltgesetzgeber. Gott wird bestimmt als die durch das menschliche Handeln verwirklichbare moralische Ordnung.

Der Atheismusvorwurf veranlasst Fichte weitergehend zu argumentieren. Ausgehend von der Sinnenwelt kann nicht auf einen übersinnlichen Urheber geschlossen werden. Da aber Glückseligkeit Bestandteil der Sinnenwelt ist, wird sie als Basis für die Annahme Gottes zurückgewiesen. Die Freiheit allein (als Erfüllung der sittlichen Pflicht) positioniert den Menschen in einer moralischen Weltordnung: »Das Gewollte und Gehandelte ist auch außer dem eigenen Willen der absolute Zweck der Vernunft«. Daraus folgt, dass Gott kein seiendes, für sich bestehendes Wesen (keine Substanz, keine Persönlichkeit) sondern Tat, Bewegung und Leben ist. Die Ursache dafür, dass Gott nicht als seiend begriffen werden kann, liegt nach Fichte darin, dass das bloße Begreifen nur zum Endlichen führt, das nicht ins Unendliche überführbar ist.

Die Notwendigkeit, eine moralische Weltordnung anzunehmen, dem Wesen nach ein Glaube, begründet Fichte aus der Erfahrungstatsache des Bewusstseins der Freiheit als Wurzel des Menschseins. Dieser Glaube wird gesichert durch das Gewissen als Stimme aus dem Inneren, als erstes und ursprüngliches intellektuelles Gefühl. Die philosophische Theologie also, unbegründbar als theoretisches Wissen von der Existenz Gottes, erhält dennoch auf dem Wege über das erfahrbare Gewissen absolute Gewissheit über die Existenz Gottes als der moralischen Weltordnung.

Eine veränderte philosophische Theologie kommt in der »Wissenschaftslehre« des späteren Fichte zum Ausdruck. Gott wird ein inneres Sein mit folgenden Prädikaten zuerkannt: Er ist durch sich selbst, er ist keines anderen Seins bedürftig, er ist in sich selbst eins und er ist unveränderlich. Dem absoluten Bestehen als ruhendem Sein steht ein absolutes Werden in Freiheit gegenüber: Gott äußert sich als Dasein, Offenbarung und tätiger Vollzug. Da das Dasein Gottes mit seinem inneren Sein identisch ist, da es geistig verstandene Wirklichkeit ist, existiert Gott als Wissen: »Die absolute Form des Wissens ist reine Form der Ichheit«. Nur das (absolute) Wissen ist nächst Gott wahrhaftig da: »Der Begriff wird Grund der Welt, ist der eigentliche Weltschöpfer«. Das absolute Wissen realisiert sich in den wissenden Subjekten, mit Individuen, die eher vom Denken gedacht werden als von sich selbst aus denken. Da allem wirklichen Wissen Freiheit vorausgeht, wird das Absolute, dessen Dasein das Wissen ist, als die Einheit von Freiheit und Sein bestimmt.

Das absolute Wissen ist durch Abstreifen des relativen Wissens erreichbar, also durch Auflösung des Ich. Es wird durch die absolute Anschauung seiner selbst erfasst. Dazu muss sich der Begriff des Absoluten zunichte machen, damit das Absolute selbst in Erscheinung treten kann. Das Absolute selbst wird intuitiv erfasst. Es vollzieht sich in der Liebe. Zur Liebe tritt als Element der Erkenntnis der klare Begriff der Gottheit hinzu. Gott selbst kann jedoch nur in der konkreten Begegnung erfasst werden. Die faktische Begegnung mit der Wirklichkeit Gottes geschieht in der Verwirklichung der Göttlichkeit des Selbst im Handeln. Damit wird das Reden von Gott in der Existenz des gottgläubigen Menschen verankert.

Der beabsichtigte Entwurf einer glaubensunabhängigen philosophischen Theologie ist somit gescheitert, wie Wilhelm Weischedel kritisch anmerkt. Tatsächlich versteht sich der späte Fichte ausdrücklich als Christ.

Friedrich Wilhelm Schelling

Friedrich Wilhelm Schelling (1775–1854) vollzieht den Schritt vom subjektiven Idealismus Fichtes zum objektiven Idealismus, für den der Geist unabhängig vom Ich das eigentlich Seiende ist. Wieder wird ein dialektischer Dreischritt verwendet: der für sich selbst seiende Geist, der außer sich seiende Geist (sich selbst zum Objekt werdend) und der zu sich selbst zurückkehrende Geist. Der frühe Schelling vertritt einerseits im Schritt vom Objekt zum Subjekt eine Naturphilosophie mit einer Stufenleiter immer höherer Gestaltungen ausgehend von der toten Materie über die lebendige Natur bis zum vernunftbegabten Menschen, und andererseits im Schritt vom Subjekt zum Objekt eine (metaphysische) Transzendentalphilosophie mit einer Stufung des Selbstbewusstseins von der Empfindung über die sinnliche Anschauung bis zur intellektuellen Anschauung (oder Abstraktion). Der späte Schelling vertritt schließlich eine Identitätsphilosophie: Natur und Geist, Außen- und Innenwelt sind wesensmäßig identisch – Natur ist sichtbarer Geist, Geist ist unsichtbare Natur. Ergänzt wird dieser Monismus durch ein gnostisches Weltbild. Der Grund des Weltprozesses ist nicht nur die Ausgestaltung des Bewusstseins, sondern auch Wille, der Böses tun wird, wenn er die Freiheit dazu hat (der Sündenfall im Urgrund). Die Geschichte der Menschheit ist daher eine Geschichte der erlösenden Rückkehr zu Gott.

Nach dieser Kurzfassung der Philosophie Schellings, die sich in hohem Maße als philosophische Theologie erweist, wird deren Begründung in Anlehnung an Weischedel näher betrachtet. In einem ersten Schritt wird die Absolutheit des Ichs postuliert, die sich als Selbstbewusstsein darstellt. Es gibt nichts außer dem Ich – soweit der Geist Objekte schaut, schaut er nur sich selbst. Das absolute Ich begründet sich durch sich selbst. Ihm kommt absolute Freiheit zu, ein absolutes Wollen seiner selbst. In einem zweiten Schritt wird das absolute Ich als ewig dargestellt, als ein Zustand, in dem Endliches und Unendliches sowie Denken und Sein eins sind. In einem dritten Schritt kann nicht nur das Ewige im Menschen sondern das Absolute selbst erreicht werden. Das Absolute wird als »totale Indifferenz« oder zeitlose Identität verstanden, dem Schelling die Bezeichnung »Gott« beilegt.

Wenn aber Gott als totale Indifferenz verstanden wird, dann droht sich die Eigenständigkeit und Differenziertheit des empirisch Wirklichen aufzulösen. Insbesondere das Dunkle, Chaotische, Irrationale und Böse in der Welt widersetzt sich einer derartigen Auflösung. So gelangt Schelling zu einem Gott, der in sich widersprüchlich bzw. gespalten zu denken ist. Dazu wird Gott nicht nur als ewiges Sein sondern ebenso als ewiges Werden begriffen. Gott entäußert sich in die Natur, ist dadurch auch den Schrecknissen seines eigenen Wesens unterworfen. Im Ich des Menschen wird der äußerste Punkt der Herablassung Gottes erreicht. In ihm sammelt sich alle Macht des finsteren Prinzips, zugleich aber auch alle Kraft des Lichts. Von hier aus erfolgt die Rückkehr Gottes zu sich selbst, begleitet von Akten der Versöhnung. Dieser Prozess der Bewusstwerdung Gottes geschieht in absoluter Freiheit und bedarf daher keiner Erklärung.

Mit Schellings philosophischer Theologie setzt sich Wilhelm Weischedel unter dem Gesichtspunkt ihrer Begründung kritisch auseinander. Schelling behauptet, es gäbe einen Standpunkt von dem aus Subjekt und Objekt, Anschauendes und Angeschautes identisch sind. Von diesem Standpunkt aus sei »intellektuelle Anschauung« als absolutes Erkennen möglich: »Jedes Vernunftwesen kann zu der unmittelbaren Erkenntnis Gottes gelangen«. Voraussetzung dafür sei, dass alles Selbstbewusstsein, alle

Subjektivität »abgestreift«, die Einheit von Denken und Sein hergestellt wird. Das macht jedoch eine Aussage darüber unmöglich, wie der Überschritt vom endlichen Ich zum Ewigen im Ich faktisch zu vollziehen ist. Somit ist die zentrale These, das Ursprüngliche im Ich sei ewig, unbegründet. Schließlich ist anzumerken, dass Schellings ekstatische Erhebung zum Absoluten über die Selbstnegation des Denkens die unbegründete positive Annahme einschließt, dass das Sein bzw. Gott dem Nichts überlegen ist.

Georg Wilhelm Friedrich Hegel

Georg Wilhelm Friedrich Hegel (1770–1831) konzipiert schließlich den »absoluten Idealismus«. Letzterer besagt, dass das Denken des Menschen, soweit es die Wahrheit und das Sein betrifft, das Denken des Weltgeistes selbst ist, der die Dinge, indem er sie denkt, erschafft. Im Weltgeist fallen Denken, Wahrheit und Sein zusammen. Darum »ist alles Vernünftige wirklich und alles Wirkliche vernünftig«. Damit wird der extreme Subjektivismus überwunden, mit dem der Deutsche Idealismus begonnen hatte. Es bleibt jedoch dabei, das Welt und Natur dem Geist als eigener, aber fremd gewordener Bereich gegenübertreten. Die Welt ist Darstellung Gottes in seiner Selbstentfremdung, ist das »Anderssein der Idee«.

Neuartig bei Hegel ist das Werden und die Entwicklung des Absoluten in notwendigen Denkschritten. Das Absolute wird als selbsttätiger Geist erfasst, der unablässig voranschreitet und über dem Vielen die Einheit nicht verliert, weil er alle Gegensätze in sich auflöst. Das Absolute, wird das, was es in Wahrheit ist, nämlich die Identität des Gegensätzlichen, durch die Bewegung der Begriffe, die als »reine Wesenheiten« zu verstehen sind. Dieses Werden bzw. Bewegen erfolgt als dialektischer Prozess von Thesis, Antithesis und Synthesis, der »die Erkenntnis des Entgegengesetzten in seiner Einheit« ermöglicht. Unter Verwendung der dialektischen Methode errichtet Hegel seine Systeme der Naturphilosophie (Entwicklungsgedanke), der Staatsphilosophie (Überhöhung des Staates), der Weltgeschichte (Auslegung des Geistes in der Zeit), der Religionsphilosophie (Wissen von Gott) und der allgemeinen Philosophie (Vollendung als wissende Wahrheit).

Hegel selbst fasst sein Philosophieren als theologisch auf. Philosophie und Religion hätten den gleichen Gegenstand, beides sei Gottesdienst in unterschiedlicher Form. Schon in den frühen Schriften wird Gott dialektisch verstanden, erst als unendliches Leben, dann als das Absolute, nicht statisch (als Substanz) sondern dynamisch gedacht: Die ursprüngliche Identität entfaltet sich in die Zerstreuung, um im Absoluten zusammenzufallen. Es folgen beim späteren Hegel weitere, immer ausgreifendere

Bestimmungen. Gott ist Begriff und darin das eigentlich Wirkliche und Wirksame, erste Realität und schöpferische Tätigkeit. Gott ist demnach Idee (im Sinne Platons), die Einheit von Begriff und Wirklichkeit, in der sich der Begriff vollendet. Schließlich wird die zentrale Aussage der philosophischen Theologie Hegels erreicht: Gott ist absoluter Geist, aufgefasst als die zum Wissen vorgedrungene Idee. Das Geistige allein ist das Wirkliche. Das Erkennen separater Gegenstände ist nur Schein. Das Wesen des Geistes ist Tätigkeit. Der Geist erschafft sich selbst im dialektischen Prozess. Er ist nur auf sich selbst bezogen, ist Selbstbewusstsein. Somit ist Gott die absolute Wirklichkeit, und der Mensch nur wirklich in Gott.

Ein zentrales Moment des dialektischen Geschehens im Wesen Gottes als des absoluten Geistes bleibt bei Hegel allerdings ungeklärt, nämlich das Verhältnis von Ewigkeit und Zeit. Einerseits wird festgestellt, dass dieses Geschehen kein zeitlicher Prozess ist, andererseits wird der Gang des absoluten Geistes ausdrücklich als zeitliches bzw. geschichtliches Geschehen dargestellt. Die endlichen Dinge entstehen und vergehen in der Zeit.

Zusammenfassend lässt sich der philosophisch-theologische Entwurf Hegels nach Wilhelm Weischedel wie folgt anschaulich darstellen (Weischedel 1975, *ibid.* S. 379):»Der absolute Geist – Gott – ist zunächst, in seinem Ansichsein, der reine Begriff. Er entäußert sich sodann selbst und wird zur Natur und zum leiblich-seelischen Dasein des Menschen. Im weiteren Gange wendet er sich – im menschlichen Geiste und in dessen Geschichte – auf sich selbst zurück und wird so für sich selbst. Schließlich versöhnt er sich – im Durchgang durch Kunst, Religion und Philosophie – mit sich selber und wird nun wirklicher absoluter Geist«.

Woher nimmt Hegel das Recht, fragt Wilhelm Weischedel, alle Wirklichkeit unter dem Blickpunkt des Absoluten zu betrachten bzw. auf die absolute Wirklichkeit Gottes zurückzuführen? In Hegels frühen Schriften werden religiöse Erhebung der Vernunft, Selbstaufhebung des Verstandes zugunsten der Vernunft (also des Relativen zugunsten des Absoluten), transzendentale Anschauung (also Identität von Subjektivem und Objektivem) sowie eine positive Rolle des Verstandes (ausgelegt als Selbstentfremdung des Absoluten) gefordert. Später wird umfassender begründet, dass nur die denkende Erhebung zu Gott den absoluten Standpunkt ermöglicht, von dem aus das spekulative Denken fortschreiten kann. Als unzulänglich werden unmittelbares Gottesbewusstsein, subjektiv gefühlte Gottesgewissheit, objektivierbare Gottesvorstellungen sowie reflektierendes Denken über Gott erklärt. Überall dränge sich die Subjektivität vor und verdecke den Ausblick auf das Absolute. Im Sinne der denkenden

Erhebung zu Gott, hat Hegel die traditionellen Gottesbeweise neu gefasst, indem Gott nicht als »höchstes Wesen« sondern als »schöpferisch wirksamer Geist« verstanden wird. Hegel unterscheidet zwei Grundformen des Beweises, den vom endlichen Sein ausgehenden kosmologischen Beweis und den vom Gedanken Gottes ausgehenden ontologischen Beweis. Wie Weischedel kritisch anmerkt, wird das Absolute von Hegel durchwegs als fraglos gegeben vorausgesetzt, sodass der Entwurf Hegels keine voraussetzungslose philosophische Theologie darstellt.

Tatsächlich hat sich Hegel als Christ verstanden. Das Christentum war ihm die »absolute Religion«. Es lässt sich zeigen, dass der zur Identitätsphilosophie führende dialektische Dreischritt (ursprüngliche Identität – Entfaltung in die Zertrennung – Wiederherstellung der Einheit) durch das gnostisch beeinflusste Johannes-Evangelium, dessen Logos-Lehre und dessen Gleichnissen angeregt wurde. Über den »lebendigen Gott« des Evangelismus kam Hegel zum »organologischen Denken«, dessen ins Begriffliche abstrahierte Form der dialektische Dreischritt ist. Dennoch ist Weischedel zuzustimmen, wenn er feststellt, dass die Idee des absoluten Geistes von sich selbst her keine christliche Deutung verlangt. Wohl aber gibt es die christliche Lehre, und sie lässt sich entsprechend dem Hegelschen Denksystem spekulativ umdeuten.

Nun wäre die Gründung von Hegels Philosophie des absoluten Geistes in christlichen Glaubensinhalten noch kein schwerwiegender Mangel, wenn nicht die philosophische Betrachtung der Wirklichkeit allein auf Gott hin und von Gott her (dem Absoluten) der Eigenmacht des endlich Wirklichen, seiner Zufälligkeit und Mannigfaltigkeit nur unzureichend gerecht würde. Als besonders problematisch erscheinen Weischedel in dieser Hinsicht die Faktizität unterschiedlicher Religionen, die christliche Gemeindebildung »in seinem Geiste«, das Verhältnis von Gottesbewusstsein zum Selbstbewusstsein, sowie das Wort »Gott« selbst, das Hegel häufig durch andere metaphysische Begriffe ersetzt.

4 Verfall der philosophischen Theologie zum Atheismus

Allgemeine Entwicklung

Die dargestellten Problempunkte in Hegels philosophischer Theologie begünstigen deren Verfall in der Folgezeit. Die »Hegelsche Linke« legt Hegel als Pantheisten oder gar Atheisten aus: Der absolute Geist beziehe sich im endlichen Geist auf sich selbst und werde schließlich als überhöhtes Ich vergöttert. Das entspricht dem anbrechenden Zeitgeist des Materialismus, Positivismus und Fortschrittsglaubens. Drei bedeutende Philosophen des späten 19. Jahrhunderts greifen die Metaphysik und insbesondere die darin enthaltene philosophische Theologie radikal an: Ludwig Feuerbach und Karl Marx auf Basis des Materialismus, sowie Friedrich Nietzsche als Verkünder des Nihilismus. Ihre atheistische Position wird nachfolgend in Anlehnung an Weischedel dargestellt (Weischedel 1975). Vollständigkeitshalber sei auch auf Arthur Schopenhauer (1788–1860) hingewiesen, der in atheistisch-pessimistischer Sicht die Welt als subjektive Vorstellung, durchdrungen von einem blinden Willen zum Leben, bestimmt: *Die Welt als Wille und Vorstellung* (1819).

Ludwig Feuerbach

Die Philosophie von Ludwig Feuerbach (1804–1872) gründet in der Auseinandersetzung mit Hegel. Positiv erscheint ihm der Grundgedanke des in den Begriff verwandelten Gottes: »Das göttliche Wesen wird als das Wesen der Vernunft erkannt, verwirklicht und vergegenwärtigt«. Negativ erscheint ihm, dass Hegel an einem absoluten Ausgangspunkt in Form der Weltwerdung des pantheistisch verstandenen Gottes festhält. Die in der Weltwerdung Gottes sich ausdrückende Negation des eigenen Wesens bleibe von der Bejahung Gottes umschlossen. Gegen diese Art von Theologie bei Hegel wendet sich Feuerbach.

Grundlage der Philosophie bzw. Theologie soll nunmehr die Anthropologie sein. Gott ist als Geistesprojektion zu vermenschlichen. Sinnlichkeit ist das Wesen des Menschen und somit die Wirklichkeit. Die neue Philosophie beruht nicht allein auf Vernunft, sondern ebenso auf Willenskraft und Gefühlsregung. An die Stelle des Absoluten tritt der Mensch als Maß aller Dinge, endlich als Individuum, jedoch unendlich als Gattung. Ebenso wird die den Sinnen offenbare (gottlose) Natur als unendlich eingeführt. Die Problematik dieses Ansatzes wird nach Weischedel an der Zuordnung des Unendlichen zu Natur und Mensch deutlich, die unbegründet bleibt. Natur und Mensch aber bilden bei Feuerbach den Ursprung der Religion: Gott ist das Wesen der Natur und wird durch den Menschen personifiziert. Die philosophische Theologie ist damit nicht, wie beabsichtigt, vollständig überwunden.

Feuerbach vertritt erstmals einen rücksichtslos zu sich selbst bekennenden Atheismus. Dieser wird negativ verstanden als das Aufgeben eines vom Menschen verschiedenen Gottes oder positiv als das Ersetzen des Gottesglaubens durch den Glauben des Menschen an sich selbst und seinen Fortschritt. Feuerbach begründet den Atheismus psychologisch. Als Ursprung der Gottesvorstellung stellt er zwei Dispositionen heraus: das Abhängigkeitsgefühl hinsichtlich Tod und Leben einerseits und den Glückseligkeitstrieb andererseits, zusammengehend in der Selbstbejahung als letztem subjektivem Grund. Der Gott der Religion ist ein Produkt der menschlichen Einbildungskraft, ist Projektion, ist keine objektive Wirklichkeit. Es gibt keinen erfahrbaren Gott, der Mensch erfährt nur sich selbst.

Karl Marx

Der zweite, alle Metaphysik radikal aufhebende Philosoph ist Karl Marx (1818–1883), der allerdings aufgrund seiner Pauschalurteile eher als politischer Agitator einzustufen ist. Er propagiert Klassenkampf, proletarische Revolution und Sozialutopien ohne philosophische Tiefgründigkeit. Sein Diktum, er würde die Philosophie Hegels vom (abstrakten) Kopf auf die (konkreten) Füße stellen, beinhaltet die unredliche Usurpation des seinerzeit weithin anerkannten Hegelschen Denksystems und seiner Methodik für revolutionäre politische und publizistische Zwecke. Die vielschichtigen Triaden von Hegel werden von Marx auf eine einzige Triade reduziert: kapitalistische Gesellschaft als Thesis, Proletariat als Antithesis und klassenlose Gesellschaft als Synthesis.

Nachfolgend wird dennoch Marx als Begründer des dialektischen, praktischen, historischen und atheistischen Materialismus in seinen philosophischen Bezügen dargestellt. Der dialektische Materialismus lässt alles Metaphysische rein innerweltlich aus dem Materiellen hervorgehen. Der praktische Materialismus sieht die Welt in aktiv-praktischer Umbildung durch den Menschen. Der historische Materialismus bestimmt das individuelle Bewusstsein aus dem gesellschaftlichen Sein. Der atheistische Materialismus sieht in Gott ein Epiphänomen der Materie.

Anknüpfend an Feuerbach befindet Marx: »Der Mensch macht die Religion, die Religion macht nicht den Menschen«. Aber er wirft Feuerbach vor, dieser habe den Menschen nur abstrakt als vereinzeltes Individuum gesehen. Tatsächlich bestimmen die gesellschaftlichen Verhältnisse den real existierenden, tätigen Menschen und seine geschichtliche Entwicklung. Zur religiösen Selbstentfremdung des Menschen komme es, weil seine soziale Welt nicht mehr in Ordnung ist.

Anknüpfend an Hegel übernimmt Marx dessen Dialektik in rudimentärer Form: die Auffassung des Menschen als gesellschaftliches Wesen, die Geschichtlichkeit des Menschen als Gattungswesen und, in Übertragung der Selbsterzeugung des Selbstbewusstseins, die Selbsterzeugung des Menschen als Resultat der eigenen Arbeit. Ablehnende Kritik übt Marx an

Hegels transzendental-philosophischem Ansatz: Es komme vielmehr auf die konkrete Wirklichkeit, die konkreten Vollzüge des menschlichen Daseins, die Beseitigung der real erscheinenden Entfremdung an, letzteres durch Beseitigung der Religion. Ebenso ablehnend-kritisch wird Hegels philosophisch-theologischer Ansatz gesehen. Gott als absolutes Subjekt bedeute »vollendeten Wirklichkeitsverlust«. Der Gang des Denkens des Individuums werde unbegründet dem Absoluten angedichtet. Der philosophische Gedanke blähe sich zum absoluten Geist auf.

Mensch, Geschichte und Gesellschaft sind die anthropologischen Elemente der Marxschen Philosophie, die sich um eine politisch-programmatische Antwort auf die mit der Industrialisierung entstandenen sozialen Probleme bemüht. Der Mensch ist ein »tätiges Naturwesen«. Er begegnet den Dingen nur über seine Tätigkeit. Die Produktion der lebensnotwendigen Dinge ist Selbstproduktion des materiellen Lebens. Der Mensch ist von seinem Wesen her ein geschichtliches Wesen. Die Geschichte besteht aus seinen materiellen, empirisch nachweisbaren Taten. Die Arbeit, in der sich die Geschichte des Menschen konstituiert und durch die der Mensch die Natur fortlaufend vermenschlicht, vollzieht sich als gesellschaftlicher Vorgang. Die Produktionsverhältnisse bestimmen das Bewusstsein des Menschen. Die herkömmlichen Bewusstseinsformen der Moral, der Religion und der Metaphysik besitzen keine Eigenständigkeit. Religion ist ein Mittel sozialer Beschwichtigung, also Repression.

Marx stellt fest, dass sich der Mensch in gesellschaftlichen Verhältnissen vorfindet, die seinem ursprünglichen Wesen widersprechen. Das beginnt mit der Teilung der Arbeit und der Bildung von Eigentum. Diese Entfremdung des Menschen muss konkret aufgehoben werden durch die Beseitigung der Arbeitsteilung und des Privateigentums an den Produktionsmitteln. Die erwünschte zukünftige Gesellschaft ist daher die klassenlose kommunistische Gesellschaft als vollendeter Humanismus, der die Gattung Mensch, nicht den Einzelmenschen im Auge hat. Darauf läuft alle Geschichte hinaus. Aufgabe der Gegenwart ist es, die bestehende Welt zu revolutionieren. Das ersehnte »Reich der Freiheit« durch einen Zusammenbruch des Kapitalismus ist jedoch eine unerfüllte Utopie geblieben.

Man kann mit Recht fragen, ob diese Argumentationsfolge noch Philosophie ist. Marx selbst will die Philosophie in Praxis verwandeln, also das Philosophieren beenden. Und wo das praktische Leben beginnt, soll positive Wissenschaft herrschen. Damit ist die philosophische Theologie und alle Metaphysik für erledigt erklärt. An ihre Stelle ist eine politische Utopie getreten.

Friedrich Nietzsche

Der dritte bedeutende Philosoph, der den Verfall der philosophischen Theologie besiegelt, ist Friedrich Nietzsche (1844-1900), dessen zentrales Thema der Nihilismus ist. Nietzsche, ursprünglich von Schopenhauer beeinflusst, tritt als wortgewaltiger Verkünder auf, ohne die Begriffe in seiner Rede hinreichend geschärft zu haben. Das fordert Fehlinterpretationen geradezu heraus, was dann auch geschehen ist. Die nachfolgende Zusammenfassung zum Verfall der philosophischen Theologie bei Nietzsche entspricht der Strukturierung und Darstellung von Weischedel: Verwerfung der Metaphysik, Atheismus und Tod Gottes, Begründung des Nihilismus, Überwindung des Nihilismus und neue Metaphysik (Weischedel 1975).

Nietzsche verwirft die herkömmliche Metaphysik platonisch-christlicher Ausprägung, nämlich die Annahme einer wahren jenseitigen Welt hinter einer scheinhaften diesseitigen: »Die ›scheinbare Welt‹ ist die einzige – die ›wahre Welt‹ ist nur hinzugelogen«. »Es gibt keine Wahrheit, die Welt ist irrtümlich, Gott ist unsere längste Lüge.« Da alles Sein den Charakter des Werdens trägt, ist auch die Metaphysik geworden und zwar als eine aus dem Nichts vorgetäuschte Überwelt. Die Täuschung hat ihre Wurzeln im Traum, im Unbefriedigtsein mit der wirklichen Welt und in unzureichender Lebensbewältigung. Die Metaphysik handelt somit von den Grundirrtümern des Menschen, so als wären es Grundwahrheiten. Die Gegenwart ist die Zeit des Zusammenbruchs der herkömmlichen Metaphysik.

Die These des Atheismus (wohl von Jean Paul übernommen: »Rede des toten Christus vom Weltgebäude herab, dass kein Gott sei«) lautet bei Nietzsche: »Gott ist tot. Wir haben ihn getötet.« Der Untergang des Gottesgedankens (»Die Menschen haben Gott geschaffen«) ist das geschichtliche Ereignis der Gegenwart (»Jetzt wird die Nichtigkeit des nichtigen Gottes entlarvt«), aber Gott war in Wirklichkeit schon immer tot. Dabei wird die Zukunft ohne Gott zunächst positiv gesehen (»Morgenröte«), mündet dann aber mit den Worten des »tollen Menschen« in einen Abgrund: »Wie vermochten wir das Meer auszutrinken? Wer gab uns den Schwamm, um den ganzen Horizont wegzuwischen? Was taten wir, als wir diese Erde von ihrer Sonne losketteten? Wohin bewegt sie sich nun?«.

Nietzsche ist der Philosoph des Nihilismus. Das Wesen des Nihilismus wird von ihm so ausgedrückt: »Was bedeutet Nihilismus? Dass die obersten Werte sich entwerten«, »Der Glaube, dass es gar keine Wahrheit gibt«, »Der Glaube an die absolute Wertlosigkeit« und »Der Glaube an die absolute Sinnlosigkeit«. Der Nihilismus ist ein erfahrbares geschichtliches Phänomen: Die »Heraufkunft des Nihilismus« prägt die Gegenwart. Sie ist als

Selbstentwertung der großen Werte und Ideale geschichtliche Notwendigkeit, denn der Mensch selbst hat sich die Werte zur Lebensbewältigung geschaffen und dann erst »fälschlicherweise in das Wesen der Dinge projiziert«. »Die Moral selbst zwingt als Redlichkeit zur Moralverneinung«, aber auch die Redlichkeit (bzw. Wahrheit) wird in den Zweifel hineingezogen. Die Entwertung aller bisherigen Werte ist Nihilismus.

Dies gilt in besonderem Maße hinsichtlich der christlichen Moral, die im Menschsein einen absoluten Wert sieht: »Die Moral des Christentums ist Kapitalverbrechen am Leben«. »Das Christentum ist eine nihilistische Religion«. Der Prozess der Selbstzerstörung ist »unbedingter redlicher Atheismus«. Der gegenwärtige Nihilismus ist allerdings unvollständig: Das übermenschliche Sinngebende (Gott) ist zwar entfallen, aber statt dessen werden Gewissen, Vernunft, sozialer Instinkt bzw. immanenter Geist als Absolutum im Menschen festgehalten. Anstelle dieses passiven Nihilismus der Schwäche und des Verlustes ist zukünftig ein aktiver Nihilismus des mächtigen Zugrunderichtens zu setzen. Es gilt, den vollständigen Nihilismus im Tun auszuhalten, ohne Gott und ohne Moral (im Sinne von »Du sollst«) zu leben.

Damit ist die Aufgabe der Überwindung des Nihilismus angesprochen, die vom »kommenden Menschen« erwartet wird. Der gegenwärtige Nihilismus wird als pathologischer Zwischenzustand gesehen. Damit ein Neues werde, muss das Bisherige zerstört werden. Die Zukunft beinhaltet zwei Aspekte, die »Umwertung aller Werte« und die »Ewige Wiederkehr«. Die neuen Werte können nicht dem bisherigen Wertebestand entnommen werden, weil letztere metaphysischer Art sind. Sie sind in dieser Wirklichkeit, diesem Leben, dieser Natur zu gründen, unter Bejahung des starken Lebens und Verneinung des schwachen Lebens. Der Gedanke der ewigen Wiederkehr wird damit begründet, dass einerseits die Zeit der »Kraftwirkung« des Alls unendlich, andererseits das »Kraftquantum« in der Welt endlich ist. Beides zusammen erzwinge ewiges Werden, ohne dass grundsätzlich Neues entsteht. Somit ist mit der ewigen Wiederkehr die äußerste Sinnlosigkeit des Daseins ausgedrückt, aber auch die Bejahung des Daseins »so wie es ist«. Bejahung ist Liebe zum Schicksal (*amor fati*): »Schicksal ich folge Dir willig, denn täte ich's nicht, ich müsste's ja doch unter Tränen«, »Dass alles wiederkehrt, ist die extremste Annäherung einer Welt des Werdens an die des Seins«.

Soweit sich Nietzsche gegen die Metaphysik auflehnt, ist damit die platonisch-christliche Weltsicht gemeint. Versteht man jedoch unter Metaphysik korrekterweise die Gesamtdeutung der Wirklichkeit von einem ersten Prinzip her – so hat es Aristoteles festgelegt – dann ist auch Nietzsche in gewisser Beziehung Metaphysiker, denn er führt seinen Kampf gegen die Metaphysik von einem absoluten Standpunkt aus, der mit dem »Leben« gleichgesetzt werden kann. Vom »Leben« her, befindet Nietzsche, gibt es keine Wahrheit an sich, sondern nur das Wahre für uns (als Lebenshilfe). Vom »Leben« her wird die herkömmliche metaphysische Welt als Irrtum entlarvt.

Nietzsches neues metaphysisches Grundprinzip lautet: »Leben ist Wille zur Macht«. Die sinnlich wahrnehmbare ebenso wie die geistig erfassbare Wirklichkeit ist Wille zur Macht. An die Stelle des bisherigen Gottes soll der Übermensch treten: »Gott starb, nun wollen wir, dass der Übermensch lebe« und »Wenn es Götter gäbe, wie hielte ich es aus, kein Gott zu sein. Also gibt es keine Götter«. Auch die Möglichkeit neuer Götter wird in Erwägung gezogen nachdem der platonisch-christliche Gott getötet ist: ein Gott »jenseits von Gut und Böse«, also jenseits der Gegensätze der Werte, ein Repräsentant des Lebens in seiner ganzen Amoralität oder symbolisch gesprochen: »Dionysos an Stelle des Gekreuzigten«. Während dem Gott Apollon Form und Ordnung zugeordnet sind, verkörpert Dionysos den rauschhaften, alle Formen sprengenden Schöpfungsdrang.

5 Verfall der philosophischen Theologie in der Existenzphilosophie

Allgemeine Entwicklung

Der über Nietzsche hinaus sich fortsetzende Verfall der philosophischen Theologie tritt in Heideggers Existenzphilosophie in Erscheinung (genauer »Existenzialontologie«, denn Heidegger nennt die Seinsmerkmale des Menschen, darunter Angst und Geworfenheit, »Existenzialien«). Bevor auf Heideggers Philosophie eingegangen wird, wird die Existenzphilosophie im allgemeinen kurz umrissen, soweit dies bei den stark unterschiedlichen Positionen der führenden Vertreter, in Deutschland Karl Jaspers und Martin Heidegger, in Frankreich Jean-Paul Sartre, überhaupt möglich ist. Gemeinsam ist ihnen die Ablehnung der herkömmlichen Wesensmetaphysik, sowohl in der objektivistischen Ausprägung seit Platon und Aristoteles, als auch in der subjektivistischen Variante des Deutschen Idealismus. Auslösend für die Ablehnung ist der offensichtliche Mangel von Hegels theoretischem System, dass sich der einzelne Mensch zu einem Entfaltungsmoment der absoluten Idee verflüchtigt. Gegen diese Vorherrschaft des Allgemeinen ist die Eigenständigkeit und Nichtableitbarkeit des

Einzelmenschen einzufordern. Hier setzt im 20. Jahrhundert die Existenzphilosophie ein, die dem Einzelmenschen Bedeutsamkeit verleiht, indem sie ihn zur »Existenz« aufruft. Das Sein des Menschen als Existenz wird unterschieden vom Sein aller anderen Wesen, denen nur Vorhandensein zuerkannt wird. Kennzeichnend für menschliche Existenz ist die je einmalige Geschichtlichkeit, die als Einsamkeit erfahren wird.

Die Existenzphilosophie hat ihre Wurzeln in der Romantik, die das konkrete Dasein des Menschen als Willen sieht (Schelling: »Das Ursein ist Wollen«, Schopenhauer: »Die Welt als Wille und Vorstellung«) und die Einmaligkeit geschichtlicher Entwicklung hervorhebt. Den Durchbruch dieses Gedankens zunächst zu einer Existenztheologie vollzieht Sören Kierkegaard (1813–1855). Er will den Einzelnen zur religiös verstandenen Fülle seines Daseins (seiner »Existenz«) führen. Diese eigentliche Existenz wird durch die freie Entscheidung zum absurd erscheinenden christlichen Glauben ausgelöst. Es ist dies der »Sprung« aus der mit Angst erlebten Sinnlosigkeit der Welt. Der frühe theologische Ansatz von Kierkegaard setzte sich in verwandten philosophischen Strömungen fort, insbesondere in der Lebensphilosophie (Nietzsche, Bergson, Scheler) und in der Existenzphilosophie (Jaspers, Heidegger). Letztere wird nunmehr in Anlehnung an Wilhelm Weischedels Ausführungen dargestellt (Weischedel 1975).

Karl Jaspers

Der theologische Ansatz von Kierkegaard wird von Karl Jaspers (1883–1969) in philosophischer Absicht aufgegriffen. Ausgangspunkt ist das radikale Fragen. Dabei stößt die Erkenntnis ständig an Grenzen. Aber auch der faktische Lebensvollzug ist durch Grenzsituationen bestimmt, in denen sich der Mensch als Scheiternder erfährt. Verzweiflung ist die Folge, und die Möglichkeit des absoluten Nichts taucht als Angst auf. Aber gerade an den Grenzen bzw. in den Grenzsituationen wird auf ein Jenseits verwiesen, auf die Möglichkeit des Transzendierens der diesseitigen Welt. Dies geschieht in Richtung auf Gewissheit bzw. Gott: »Vor dem Abgrund wird das Nichts oder Gott erfahren«. Gemeint ist wohl, dass im Nichts Gott erfahren wird.

Der eigentliche Ursprung eines Transzendierens auf Gott zu liegt nach Jaspers beim Phänomen der Freiheit: »Die Möglichkeit, deren sich Existenz an den Grenzen gewiss werden kann, ist Freiheit«. Letztere wird existentiell gedacht als »Gewissheit des Selbstseins«. Die Selbstgewissheit kann nur »im Sprung«, also nicht aus rationaler Schlüssigkeit, erreicht werden. Außerdem vermag der Mensch das Selbstsein aus Freiheit nicht von sich aus zu erlangen; es muss ihm gegeben oder geschenkt werden. In dieser Verbindung wird Transzendenz erfahren, und es ist »Existenz nur in bezug auf Transzendenz«. Diese Aussagen beruhen auf subjektiver Erfahrung, die sich in einem »philosophischen Glauben« gründet, nämlich dem Glauben an die Transzendenz.

Zur Subjektivität des Glaubens gehört die objektive Ungewissheit. Das besagt aber nicht, dass der Glaube dem Wissen abweisend gegenübersteht, »denn es ist sinnvoll, ihn in Gedankenbewegungen rational zu entwickeln«. Daher steht dieser Glaube in enger Verbindung mit der Vernunft, die sich auf das Ganze der Wahrheit richtet, im Unterschied zum Verstand, der sich trennend und scheidend entwickelt: »Vernunft ist nie ohne Verstand, aber ist unendlich viel mehr als Verstand«. Das Problem der Ungewissheit im Glauben ist damit aber nicht gelöst, denn die Transzendenz wird nur in der Absage an die Vernunft erfahren. Der philosophische Glaube ebenso wie der Sprung in die Transzendenz sind demnach ein Wagnis. Eine höchst subjektive Transzendenzerfahrung bildet somit die Basis der philosophischen Theologie von Karl Jaspers.

Martin Heidegger

Ein weiterer Beitrag zur philosophischen Theologie ist in der Philosophie des Seins (Fundamentalontologie) von Martin Heidegger (1889–1976) enthalten. Der Begriff des Seins wird wie folgt erklärt (Weischedel 1975). Das Sein ist nicht ein Seiendes, weder »Gott« noch »Weltgrund«, sondern »Unverborgenheit« oder »Lichtung des Seins«. »Das Seiende ist dank dem Sein«. Das Sein kann nur als Ereignis denkerisch erfasst werden: als das Eintreten des Seienden in die Unverborgenheit. Der Mensch steht in Beziehung zum Sein, aber die Initiative liegt beim Sein: »Nicht der Mensch ist das Wesentliche sondern das Sein«. Es gibt kein »Ich« als Subjekt des Existierens, es gibt nur das »Man« als uneigentliches Selbst. »Das Sein ist kein Erzeugnis des Denkens. Wohl dagegen ist das wesentliche Denken ein Ereignis des Seins«.

Mit dieser Deutung des Verhältnisses von Sein und Denken kommt Heidegger zu einer schroffen Ablehnung insbesondere der neuzeitlichen, vom Subjekt ausgehenden Metaphysik. Andererseits wird festgestellt, das Sein sei Seinsgeschick bzw. Seinsgeschichte (also abendländische Begriffsgeschichte). Das Problem besteht darin, dass das Entbergen des Seins von einem Verbergen (»Seinsvergessenheit«) begleitet wird: »Das Sein entzieht sich, indem es sich in das Seiende entbirgt.« Der Blick auf das Sein wird also durch das Hinschauen auf das Seiende verdeckt. Aber auch im Ausbleiben des Seins als solchem erscheint das Sein.

Eine Grundbewegung der abendländischen Philosophiegeschichte ist das Ausbleiben des Seins im Nihilismus (»Seinsverlassenheit«): »Das Wesen des Nihilismus ist die Geschichte, in der es mit dem Sein selbst nichts ist«. Der Mensch kann also nur das Ausbleiben des Seins im Nihilismus bedenken, er kann »seinsgeschichtlich entgegendenken«, aber vom Menschen her kann der Nihilismus nicht überwunden werden.

Die Metaphysik des Seienden muss nach Heidegger überwunden werden, weil sie gegenwärtig in Gestalt der Technik eine schrankenlose Macht über alles Seiende ausübt. Der Bezug das Seins zum Wesen des Menschen ist dadurch verloren gegangen (äußerste Seinsvergessenheit). Da der Metaphysik das Sein zugrundeliegt, wird sie überwunden, indem sich das Denken direkt dem Sein zuwendet. Das Denken des Seins kann aber nicht durch bloßen Entschluss des Menschen herbeigeführt werden: »Die neue Ankunft des Seins geschieht, wenn sie geschieht, in einer Kehre der Vergessenheit des Seins in die Wahrheit des Seins«. Heidegger bleibt dennoch skeptisch: »Das künftige Denken ist nicht mehr Philosophie, weil es ursprünglicher denkt als die Metaphysik«.

Die Metaphysik des Seienden kann auch nur dann als durch das seinsgeschichtliche Denken überwunden gelten, wenn sich dieses Denken als eine Grunderfahrung des Seins ausweisen kann. Der »Hinweis« auf das im Sichverbergen erscheinende Sein wäre eine solche Erfahrung. Die Gestimmtheit dazu ist die Angst: »Die Angst offenbart das Nichts«. Das Wirksame in der Erfahrung der Angst ist aber nicht der sich ängstigende Mensch, sondern das Nichts selber: »Das Nichts selbst nichtet«. Im Nichts soll also das Sein erfahren werden: »Das Nichts ist das Nichts des Seienden und so das vom Seienden her erfahrene Sein«. Diese »Kehre des Denkens zum Sein« bleibt jedoch nach Weischedel unbegründet, weil das »so« in vorstehendem Satz unbegründet ist. Ebenso bleiben andere Weisen der Erfahrung des Seins, die Heidegger heranzieht, unausgewiesen, insbesondere auch der geforderte »Sprung des Denkens in das Sein« als einem Punkt, der das letzte Prinzip alles Wirklichen darstellen soll. Tatsächlich wird auf diesem Wege kein Wissen vom Sein gewonnen sondern bestenfalls ein Ahnen vom Sein, dessen Fraglichkeit dennoch bestehen bleibt.

Da aber Heidegger sein »Denken« als »erfahrendes Fragen« kennzeichnet, ist auch noch diese Art der Erfahrung zu prüfen. In seinem Diktum »Die Rede vom ›Sein selbst‹ bleibt stets eine fragende« kommt zum Ausdruck, dass sich die Antwort der Frage unterordnet und somit die Erfahrung der Fraglichkeit hervortritt. Das Fragen selbst kann aber nicht ursprüngliche Erfahrung sein. Um diese zu gewinnen, geht Heidegger in den Grund des Fragens zurück. Das Fragen soll sich durch ein vorhergehendes Hören ermöglichen, durch das Hören eines Zuspruchs, der als »ahnendes Sagen« gekennzeichnet wird. Damit muss nach Weischedel der Versuch Heideggers, die untergegangene, vom Subjekt ausgehende Metaphysik des Seienden durch eine Philosophie des Seins zu ersetzen, endgültig als gescheitert angesehen werden.

Nach dieser Kurzfassung der Ontologie Heideggers im allgemeinen ist nunmehr deren Gehalt an philosophischer Theologie zu klären. Was sagt Heideggers seinsgeschichtliches Denken über den Gott aus? Zur Gegenwart wird gesagt: »Die Götter und der Gott sind entflohen«. Dies ist nicht die Tat des Menschen oder gar dessen Schuld sondern von sich selbst her wirksames Schicksal: »Verhängnis des Ausbleibens des Gottes«. Der Ursprung dieses Geschehens ist Ausbleiben des Seins, wobei aber Gott nicht als Sein sondern als Seiender aufzufassen ist. Das Ausbleiben des Seins ist aber nicht unbedingt als endgültig zu denken. Das Sein kann in neuer Weise Ereignis werden: »Die Zeit der Gott-losigkeit enthält das Unentschiedene des erst Sichentscheidenden« und »Ob und wie der Gott und die Götter in die Lichtung des Seins hereinkommen, entscheidet nicht der Mensch; ihre Ankunft beruht im Geschick des Seins«. Weischedel bemerkt dazu, dass Heidegger an die Stelle der abgewiesenen Ontotheologie der metaphysischen Tradition einen eschatologischen Mythos vom Erscheinen kommender Gottheiten setzt, was jeglicher Ausweisbarkeit entbehrt. Das Problem einer philosophischen Theologie im Sinne eines im Denken begründbaren Redens von Gott ist dadurch in keiner Weise gelöst.

6 Zurückweisung der philosophischen Theologie im existenzialen Protestantismus

Allgemeine Entwicklung

Die meisten protestantischen Theologen des 20. Jahrhunderts bestreiten die Möglichkeit einer eigenständigen philosophischen Theologie. Nur die Glaubens- bzw. Offenbarungstheologie wird zugelassen. Das wird nachfolgend an der schroffen Zurückweisung der »natürlichen Theologie« durch die Theologen Karl Barth, Rudolf Bultmann und Gerhard Ebeling aufgezeigt (Weischedel 1975). Die Zurückweisung entspricht dem auf Martin Luther zurückgehenden, gegen die »Hure Vernunft« gerichteten, unbedingten Glaubensprimat in der protestantischen Theologie, das durch die erstmals von Kierkegaard vertretende »existenzielle« Grundstimmung nochmals verstärkt wird. Diese Grundstimmung im 20. Jahrhundert ist auch aus geschichtlich vorangegangenen theologischen Strömungen zu verstehen: erst in der Zeit Hegels die Wendung des historisch Einmaligen in ein Allgemeinbegriffliches, dann die romantische Verklärung der Gestalt Jesu als »überragende Persönlichkeit« und schließlich die Erfolge der historisch-kritischen Bibelexegese.

Gegenüber diesen primär protestantischen Strömungen hat sich die katholische Theologie eher abwartend verhalten. Die »natürliche Theologie« als vernunftgemäßes Argumentieren in scholastischer Tradition wird zur Stützung des Glaubens nicht nur zugelassen, sondern als notwendig erachtet, wenn auch nur bei Anerkenntnis der Autorität der zum Dogma erhobenen Glaubenswahrheiten.

Karl Barth

Der Theologe Karl Barth (1886–1968) lehnt die Möglichkeit des philosophischen Redens von Gott, also die »natürliche Theologie« anfangs schroff, später etwas verbindlicher eindeutig ab: »Die menschliche Vernunft ist blind für Gottes Wahrheit«. Infolge der durchgängigen Sündhaftigkeit des Menschen führt alle Erkenntnis auf Basis der Vernunft in die Irre. Jede vom Menschen ausgehende Gotteserkenntnis ist ausgeschlossen. Dem (dialektischen) Reden des Menschen von Gott (dialektische Theologie) geht die Anrede Gottes voraus. Deshalb ist es ausschließlich Sache des Glaubens, Gott in der Wirklichkeit und als Wirklichkeit zu erkennen. Die Vernunft bedarf der Erleuchtung durch den Glauben.

Unter Glauben versteht Barth die Begegnung mit Gott, in der aber dem Menschen alle Eigeninitiative genommen ist. Gott ist der Handelnde und nicht der Mensch. Der Ort der Begegnung ist das Wort: »Gott ist uns außerhalb des Wortes verborgen, in diesem aber offenbart er sich«. Im Hören des Wortes vollzieht sich die Erkenntnis des Glaubens. Das »Wort« berichtet vom Ereignis des Kommens Jesu Christi als Erlöser. Da das Ereignis geschichtlich weit zurückliegt, bedarf es des gläubigen Vertrauens auf die heiligen Schriften und deren kirchliche Überlieferung, die das Ereignis bezeugen. Die historisch-kritische Bibelexegese wird strikt abgelehnt.

Damit vollzieht Barth die vollständige Absicherung gegen jede kritische Infragestellung der Glaubenswahrheiten. Das philosophische Reden von Gott wird als antichristlich verworfen. In weitgehender Übereinstimmung mit der Theologie Karl Barths argumentiert Dietrich Bonhoeffer (1906–1945), der mit Karl Barth über die »Bekennende Kirche« im Widerstand gegen die nationalsozialistische Diktatur verbunden war.

Rudolf Bultmann

Der Theologe Rudolf Bultmann (1884–1976) setzt sich mit der philosophischen Theologie über zwei Erscheinungsformen der »natürlichen Theologie« auseinander (Weischedel 1975). Zunächst weist er die im katholischen Raum akzeptierte natürliche Theologie neuscholastischer Prägung zurück: »Die einzig mögliche Zugangsart zu Gott ist der Glaube«. Wieder setzt sich also der Glaube ohne Begründung absolut als einzige Möglichkeit der Erkenntnis Gottes. Dann stellt aber Bultmann ein dreifaches Vorverständnis für die Offenbarung noch vor dem Glauben fest, das eine philosophische Theologie begründen kann. In allen drei Fällen ist es allerdings eine philosophische Theologie, die erst durch den Glauben sanktioniert wird.

Erstens enthält bereits die vorchristliche Existenz »ein nichtwissendes Wissen von Gott«, aber erst der Glaube an Gott führt in die radikale Infragestellung der menschlichen Existenz. Zweitens gibt es auch in den nichtchristlichen Religionen einen »natürlichen« Gottesbegriff, der aber ein falsches (menschliches) Wissen von Gott beinhaltet. Drittens eröffnet die Heideggersche Fundamentalontologie die Möglichkeit, eine natürliche Theologie als Unterbau der Offenbarungstheologie zu konzipieren. Aber das will Bultmann nicht zulassen, denn der Ausblick auf das gläubige und ungläubige Dasein sei in Philosophie und Theologie entgegengesetzt. Was für die Philosophie das eigentliche Dasein ist, die menschliche Freiheit, ist für die Theologie das sündige Dasein; was aber für die Theologie die wahre Existenz ist, der Gehorsam gegen Gott, ist für die Philosophie ein Abfall von der angesprochenen Eigentlichkeit.

Die Position Bultmanns steht im Zusammenhang mit seinem Versuch, das Neue Testament »existenzial« (im Sinne der Existenzphilosophie) zu interpretieren, um den Menschen der Gegenwart durch die Verkündigung (Kerygma) vor eine »existentielle« Entscheidung zu stellen. Dazu soll die zeitspezifisch bedingte »mythologische« Ausdrucksweise des Neuen Testaments aufgegeben werden, beispielsweise der »Mythos vom Gottesreich«, der »Auferstehungsmythos« und der »Erlösermythos«. Gegen die fragwürdige Bezeichnung »Entmythologisierung« und die damit verbundene Entwertung der diesseitigen Welt und ihrer Geschichte hat sich die katholische Theologie gewandt. Aber auch der Existenzphilosoph Karl Jaspers hat Einspruch erhoben. Die von Bultmann behauptete hoffnungslose Sündhaftigkeit des Menschen mit einziger Rettung durch den gnadenvermittelten Glauben, lasse sich weder aus dem biblischen Glauben ableiten noch sei diese Einschätzung für den Menschen der Gegenwart kennzeichnend. Hinzu komme, dass mythisches Sprechen anhaltende Bedeutung für die Verdeutlichung existentieller Gegebenheiten habe.

Gerhard Ebeling

Der Theologe Gerhard Ebeling (1912–2001) nimmt die erfahrbare Fraglichkeit des Redens von Gott (das Anliegen der Theologie) und von aller Wirklichkeit überhaupt (das Anliegen der Philosophie) zum Ausgangspunkt seiner Überlegungen (Weischedel 1975). Er stellt fest, dass die Theologie auf die Tradition, der Glaube auf die Überlieferung angewiesen ist, weil ein einmaliges historisches Geschehen im Mittelpunkt steht. Das gilt auch noch in der Unmittelbarkeit der Vermittlung: »Gott begegnet uns im Wort«.

Die Möglichkeit einer philosophischen Theologie wird bestritten, weil über Gott keine neutralen Aussagen gemacht werden können: »Die Erkenntnis der Wirklichkeit Gottes lässt keinen Raum zur Distanzierung von Gott«. Wer aber eine Aussage über Gott macht, muss mit seiner eigenen Existenz für die Existenz des ausgesagten Gottes einstehen. Reden von Gott ist somit nicht objektivierbar sondern Sache des Glaubens im Sinne eines Sich-Verlassens auf den wahren Grund der Existenz. Der Glaube hat nach Ebeling Priorität vor der als Ausgangspunkt gewählten Fraglichkeit der Wirklichkeit. Die erfahrene Fraglichkeit führt somit zu einer Theologie der Offenbarung und des Glaubens, die der philosophischen Theologie keinen Raum gibt.

Allgemeine Schlussfolgerung

Philosophie und Glauben stehen nach diesen existential-protestantischen Auffassungen in einem grundlegenden Widerspruch (Weischedel 1975). Der Gläubige lässt sich den Glaubensinhalt vom Evangelium vorgeben, während der Philosophierende auf Einsicht setzt. Der Gläubige stellt sich unter die Autorität des Mensch gewordenen Gottes (Anrede »Herr«), während der Philosophierende die Freiheit des Denkens für sich beansprucht. Das hat zur Folge, dass sich der Gläubige seines Gottes gewiss ist, während der Philosophierende auf die Fraglichkeit Gottes stößt. Offenbarungstheologie einerseits und philosophische Theologie anderseits, sind in dieser Hinsicht unvereinbar.

KAPITEL XII

Philosophische Theologie – neuere Ansätze

»Wenn es ihn gibt ..., dann ist er einer, der Auschwitz und Hiroshima nicht verhindert hat.«

Günther Anders: Ketzereien (²1991)

»Und da sage ich nun: nicht weil er nicht wollte, sondern weil er nicht konnte, griff er nicht ein.«

Hans Jonas: Der Gottesbegriff nach Auschwitz (1987)

1 Begründung für weitere Ansätze der philosophischen Theologie

Nach den vorangehenden Ausführungen führt das radikale Fragen der Philosophen in der Neuzeit zum Nihilismus und zur umfassenden Skepsis, also zum Verfall der philosophischen Theologie. Weischedel folgert, dass jedes sachhaltige Philosophieren und noch mehr jeder Versuch einer philosophischen Theologie einen positiven Ansatz benötigt, um überhaupt in Gang zu kommen. Nur wenn ein solcher Ansatz vorliegt, kann eine Antwort gefunden werden, die über eine unergiebige Verneinung hinausgeht. Dies zeige sich an den Entwürfen philosophischer Theologie bis zur Neuzeit einschließlich der Entwürfe von Kant bis Hegel.

Nachfolgend werden weitere Ansätze aus neuerer Zeit dargestellt, die der eigentlichen Philosophie (Krüger, Weischedel), der katholischen Theologie (Rahner, Teilhard), der protestantischen Theologie (Tillich, Picht, Schweitzer), der jüdischen Theologie (Jonas) sowie der buddhistischen Denktradition (Nishida, Nishitani) zuzuordnen sind.

Mit den Ausführungen dieses Kapitels soll verdeutlicht werden, dass die philosophische Theologie keineswegs eine nicht mehr zeitgemäße Disziplin darstellt, wie es nach der abweisenden Haltung von Atheismus, Nihilismus und Existentialismus erscheinen mag. Die Frage nach Gott als Frage nach dem Sinn des Daseins und einer Richtschnur des Handelns ist zeitlos. Sie ist besonders aktuell in Zeiten existentieller Bedrohung. Naturwissenschaft und Technik werden zunehmend als existentielle Bedrohung wahrgenommen.

2 Philosophisch geprägte Ansätze

Gerhard Krüger

Eine Erneuerung der philosophischen Theologie ausgehend von der Fraglichkeit der zeitgenössischen geistigen Situation versucht Gerhard Krüger (1902–1972) (Weischedel 1975). Drei Problembereiche werden hervorgehoben: die fragliche Wirklichkeit der Welt, der fragliche Sinn des Daseins und die fragliche Möglichkeit von Wahrheit. Die Ursache für diese Aporien (Ausweglosigkeiten) sieht Krüger im Überhandnehmen des geschichtlichen Denkens: »denn das eigentlich Fragwürdige an der Geschichte ist ihr Mangel an eindeutiger Wahrheit«, »die Hinfälligkeit alles dessen, was einmal als ewig und unverbrüchlich gegolten hat«. Der tiefere Grund sei die totale Vergeschichtlichung und Versubjektivierung des Denkens. Es herrsche ein grundsätzliches »Misstrauen gegen das gegebene Seiende«. Krüger versucht in der Wahrheitsfrage einen Ausweg zu finden. Der Wahrheitsbegriff des modernen Denkens, »Wahrheit als Schöpfung einer schrankenlosen Freiheit« ist abzulehnen. Statt dessen gilt es »Wahrheit als Sachgemäßheit verstehen zu lernen«. Diese »ontische Wahrheit« ist nicht nur im unmittelbaren Lebensvollzug anzutreffen (naiver Realismus), sondern ebenso in den Wissenschaften als Idee, in den »Quellen« ein ihnen eigentümliches Seiendes zu besitzen. Auf diese Weise glaubt Krüger die Auffassung von der objektiven Wirklichkeit der Welt und vom bleibenden Wesen des Menschen bewahren zu können. Er übersieht jedoch, so Weischedel, dass er nicht, wie beabsichtigt, das moderne kritische Denken zuende denkt, sondern, dass er es unkritisch überspringt.

Krüger nimmt in seinem Denkansatz Elemente der griechisch-antiken Weltsicht und Menschenauffassung auf, wobei ihm klar ist, dass die Entdeckung des Ichs und der Innenwelt durch das Christentum (Augustinus) nicht rückgängig zu machen ist. Wichtig am antiken Denken ist ihm der Vorrang der Rezeptivität vor der Spontaneität. Die Einsicht in die Sache selbst soll weiterhelfen. Das gilt insbesondere hinsichtlich der Metaphysik, in der es um das Schauen des Wirklichen als Ganzes geht. Diese geistige Einsicht wird Platon folgend als »Erleuchtung« gedeutet.

Ausgehend von dieser unzureichend ausgewiesenen Position versucht Krüger eine philosophische Theologie zu entwerfen. Er hebt zunächst hervor, dass die antike Philosophie von Gott als dem ewigen Weltgrund handelt. Dann verweist er auf das Verdienst der christlichen Philosophie, das Ich, die Innenwelt des Menschen, seine eigentliche Freiheit, die Spontaneität des Denkens entdeckt zu haben. Krüger will nicht hinter diesen Stand der Entwicklung zurück, meint aber, dass sich die Philosophie seinerzeit der kirchlichen Autorität unterworfen, also die gerade entdeckte Freiheit des Denkens wieder verraten hat. Das bedeutet aber nicht, dass Gott zu leugnen wäre, denn gerade die natürliche Vernunft führt gemäß dem antiken Vorbild zur Bestimmung Gottes als Weltgrund. Dieser Gottesbegriff ist nunmehr um die Bestimmung der Ichhaftigkeit zu erweitern: »Der Weltgrund ist ein ewiges göttliches Selbst«. Mit diesem Gottesgedanken glaubt Krüger den »historischen Relativismus« überwunden und einen absoluten, sinngebenden Maßstab gefunden zu haben.

Zur kritischen Bewertung von Krügers Entwurf einer philosophischen Theologie ist nach Weischedel zu prüfen, ob der eingeführte Gottesbegriff aus der Sache selbst begründet werden kann. Krüger verfolgt drei Argumentationsgänge. Zunächst wird in Anlehnung an Kant auf die unbedingte moralische Gebundenheit des Menschen verwiesen, die zur »religiösen Gebundenheit« führt. Dann wird vom Phänomen der »zeitlichen Dauer« auf ein außerzeitliches Seiendes, nämlich Gott, geschlossen. Schließlich ergibt sich das Dasein Gottes als ein ewiges geistiges Selbst aus der Stufung des Seienden in der zeitlichen Welt. Da aber »die ontologische Einsicht in das Dasein Gottes« in allen drei Fällen als unzureichend erscheint, bestimmt Krüger schließlich als Grund seiner Annahme Gottes die »Erleuchtung«. Krügers Versuch einer Erneuerung der philosophischen Theologie muss damit nach Weischedel als gescheitert gelten.

Wilhelm Weischedel

Aus der Analyse des geschichtlichen Aufstiegs und Verfalls der philosophischen Theologie entwickelt Wilhelm Weischedel (1905–1975) eine zeitgemäße philosophische Theologie, die sich durch Stringenz und Bescheidenheit auszeichnet (Weischedel 1975). An den Beginn stellt Weischedel den freien Grundentschluss zum Philosophieren, letzteres verstanden als Fragen, Infragestellen und Weiterfragen, weiter verschärft zum radikalen Fragen nach Sein und Sinn. Der Grundentschluss geht von der philosophischen Grunderfahrung der Fraglichkeit von Weltwirklichkeit und Menschenexistenz aus: Fraglichkeit als ein Schweben zwischen Sein und Nichtsein bzw. zwischen Sinn und Sinnlosigkeit. Diese Grunderfahrung wird als »unmittelbar präsent« bezeichnet. Dem heutigen Stand der Philosophiegeschichte entsprechend, erfolgt das radikale Fragen in Form des »offenen Skeptizismus« (offen für die Möglichkeit von Wahrheit), des »offenen Atheismus« (offen für die Möglichkeit eines Gottes) und des »offenen Nihilismus« (offen für die Möglichkeit von Sein und Sinn).

Der Inhalt der philosophischen Theologie Weischedels stellt sich kurzgefasst wie folgt dar: Die Fraglichkeit der Welt- und Menschenwirklichkeit manifestiert sich in der Schwebe zwischen Sein und Nichtsein, zwischen Sinn und Sinnlosigkeit. Das Vonwoher ist das Letzte, wohin das philosophische Fragen in seinem Rückgang hinter die Grunderfahrung der radikalen Fraglichkeit gelangen kann. Das Wesen des Vonwoher ist Geheimnis, aber auch mächtiges Vorgehen, das den ständigen Prozess des Schwebens zwischen Sein und Nichtigkeit in der Wirklichkeit unterhält.

Als Folgerung ergibt sich, dass die Weltwirklichkeit nicht selbstverständliches Bestehen sondern Fraglichkeit ist. Die Fraglichkeit besteht in den Momenten des Seins, der Nichtigkeit und des Schwebens zwischen Sein und Nichtigkeit. Die als fraglich angesehene Weltwirklichkeit verschafft dem Menschen eine absolute Distanz, die die wesenhafte Freiheit des Menschen begründet. Weitere Haltungen zur Weltwirklichkeit sind Demut vor der Tiefe der Welt, Achtung vor Tod und Leben sowie angemessene Augenblicksentscheidungen. Die besondere Aufgabe des Menschen besteht im Ruf in die Frage, der zum Ruf in die Freiheit wird, in eine vor dem Vonwoher zu verantwortende Freiheit. Zwei Grundbestimmungen werden von Weischedel hinzugefügt: die Haltung der Offenheit im Gespräch und die Haltung des Loslassens aller Gewissheit.

Die philosophische Theologie Weischedels gibt sich also bescheiden. Das Problem des Brückenschlags von der Endlichkeit zur Unendlichkeit bleibt zwar ungelöst, aber der vom Endlichen her rational verantwortbare Brückenkopf ist errichtet. Mehr ist dem radikal fragenden Menschen nicht möglich. Hervorzuheben ist, dass die Fraglichkeit bereits im Vonwoher anwesend ist, also keinen nur innerweltlichen Defekt darstellt.

Der direkte Wert der Theologie des Vonwoher im Bereich der christlichen Religion ist in dreierlei Hinsicht gegeben. Sie gibt erstens den geoffenbarten Theologien vor, was an ihnen rational erfassbar sein könnte und was dem Bereich der unausgewiesenen Spekulation zuzuordnen ist. Sie bringt damit Vernunft und Glauben in ein vertretbares Verhältnis. Die nachfolgende Abgrenzung zum christlichen Gottesbegriff ist ein Beispiel dafür. Sie verweist zweitens auf das Geheimnis hinter der als fraglich erfahrenen Wirklichkeit und mahnt damit zum bescheidenen Lebensvollzug. Sie betont drittens die Freiheit des Menschen in der Verantwortung vor dem Vonwoher, was der Sinngebung der menschlichen Existenz dienen kann.

Hinsichtlich des christlichen Gottesbegriffs weist Weischedel zunächst darauf hin, dass die dreifache Strukturierung des Vonwoher einerseits (Sein, Nichtsein, Schweben) und des trinitarischen Gottesglaubens andererseits eine nur formale Übereinstimmung ist. Eindeutig unterscheidend ist dagegen die Transzendenz Gottes in der christlichen Theologie gegenüber der Immanenz des Vonwoher, bedingt durch seinen Bezug auf die Fraglichkeit der Weltwirklichkeit. Eine verborgene innergöttliche Transzendenz wird zwar nicht ausgeschlossen, es wird aber keine Möglichkeit gesehen, darüber eine begründete Aussage zu machen. Unvereinbar mit der philosophischen Theologie des Vonwoher ist auch die Aussage der christlichen Theologie, Gott sei wesensmäßig Person und Geist. Schließlich ist die Offenbarung Gottes in Menschwerdung, Kreuzestod und Auferstehung Jesu Christi – nach christlicher Auffassung die unmittelbare Begegnung des Menschen mit Gott – im Rahmen der philosophischen Theologie des Vonwoher nicht nachvollziehbar. Die aufgezeigten Unterschiede sind in den andersartigen zum Ausgangspunkt gewählten Grunderfahrungen begründet – im christlichen Bereich das persönliche Angesprochensein des Menschen durch den als Person erfahrenen Gott, in der philosophischen Theologie des Vonwoher die Fraglichkeit der Weltwirklichkeit.

3 Katholisch geprägte Ansätze

Neuscholastische Basis

In der römisch-katholischen Kirche wird die in der Scholastik begonnene Auseinandersetzung über die Stellung der Vernunft innerhalb der Theologie in neuerer Zeit fortgesetzt. Das erste Vatikankonzil (Vatikanum I, 1870) bestätigte ausdrücklich, dass Gott mit dem »natürlichen Licht« der menschlichen Vernunft erkannt werden kann. Begründet wird das mit der von Thomas von Aquin übernommenen zweischichtigen Erkenntnisordnung: Vernunftebene und Glaubensebene, natürliche Wahrheit und Offenbarungswahrheit, Philosophie und Theologie. Demnach sind Vernunft und Glauben kein Widerspruch. Die natürliche Gotteserkenntnis ist allen Menschen möglich, aber nur die Christen haben Zugang zum geoffenbarten Gott. Der Glaube darf nicht auf Vernunfterkenntnis reduziert werden, wie es im übertriebenen Rationalismus geschieht. Umgekehrt darf der Glaube nicht zur einzigen Grundlage vernunftgemäßen Erkennens gemacht werden, wie es der Fideismus vertritt.

Diese neuscholastische Auffassung wird Mitte des 20. Jahrhunderts von katholischen Theologen im Umfeld des französischen Jesuiten Henri de Lubac (*Nouvelle théologie*) in Frage gestellt. Im Rückgriff auf Denkansätze der Kirchenväter soll die Unterscheidung zwischen natürlicher und übernatürlicher (geoffenbarter) Erkenntnis überwunden werden. Das Streben nach glückseliger Gottesschau sei allen Menschen gegeben, aber das eigentliche Erkenntnisziel sei ohne Gottes Gnade nicht erreichbar. Lubac erhält ein Lehr- und Schreibverbot, das erst anlässlich des Vatikanum II (1965) aufgehoben wird.

Edith Stein

Eine bedeutende Philosophin in der neuscholastischen Denktradition ist die in Auschwitz ermordete und 1998 heiliggesprochene Edith Stein (1891–1942). In ihrem 1936 vollendeten Hauptwerk *Endliches und ewiges Sein* (Stein 2006) versucht sie, eine Brücke zu schlagen zwischen der scholastischen Philosophie des Thomas von Aquin (1225–1274) und dem phänomenologischen Denkansatz der Moderne (Edmund Husserl, 1859–

1938). Die Frage nach dem ersten und wahren Sein wird in der Metaphysik des Aristoteles behandelt. Sie wird von Thomas im Sinne der natürlichen Vernunft aufgegriffen und mit der übernatürlichen Welt der Offenbarungstatsachen verbunden.

Die Wiederbelebung der Werke von Thomas von Aquin im katholischen Geistesleben der zweiten Hälfte des 19. Jahrhunderts erfolgte als Reaktion auf die materialistischen und atheistischen Strömungen in der zeitgenössischen Philosophie. Sie gab sich als »christliche Philosophie« aus. Parallel vollzog sich in der säkularen Philosophie die Rückbesinnung auf eine Seinslehre (Ontologie), nachdem der Deutsche Idealismus gescheitert war und der erkenntnistheoretisch ausgerichtete Neukantianismus nur unzureichend Ersatz bot.

Die moderne Ontologie wurde von Husserl als Wesensphilosophie begründet, die unter dem Namen »Phänomenologie« bekannt ist. Die »Wissenschaft von der Wesenheit« geht von der geistigen Anschauung der gegebenen Gegenstände und Sachverhalte (der »Phänomene«) aus, um daraus deren reines Wesen, deren Eidos, zu gewinnen. Methodisch geschieht letzteres durch phänomenologische Reduktion (»Einklammerung«) auf Basis einer Ideation (»Wesensschau«). Was nach der Einklammerung bleibt, ist ein »Weltmeinen« als reines Bewusstsein.

Nach Thomas von Aquin (*Summa contra gentiles*) kann zwar die natürliche Vernunft nicht bis zur höchsten und letzten Wahrheit gelangen, wohl aber bis zu einer Stufe, von der aus die Ausschließung bestimmter Irrtümer und der Nachweis eines Zusammenstimmens der natürlich beweisbaren und der Glaubenswahrheiten möglich wird (Stein 2006, *ibid*. S. 21). Edith Stein will über »die sachliche Untersuchung des Seienden auf den Sinn des Seins hin« das Grundgesetz der »Seinsverwandtschaft« (*analogia entis*) aufdecken, die nach Thomas von Aquin (*Summa theologica*) alles Seiende – Gott, Welt und Mensch – miteinander verbindet und die Grundlage für die Erkennbarkeit des Seienden darstellt (A.U. Müller in Stein 2006, *ibid*. S. XVIII).

Edith Stein kreist den Begriff des Denkens des unendlichen, erfüllten und reinen Seins von drei Seiten ein (A.U. Müller in Stein 2006, *ibid*. S. XIX). Zunächst enthüllt das endliche Seiende die Idee des umfassenden aktuellen Seins als Grenzbegriff des Denkens. Sodann verweist die Analyse von wesenhaftem und wirklichem Sein auf ein »Höchstmaß des Seins« als Ursprung und Inbegriff aller Sinnfülle. Schließlich wird gezeigt, dass alles Seiende einem erkennbaren Geist zugeordnet ist, der zum »Begriff des Seienden« die Bestimmung »des Vollkommenheitgebenden« – des

Wahren, Guten, Schönen – hinzufügt, das auf »seinen göttlichen Ursprung« verweist. Damit kann die Frage beantwortet werden, wie sich Unendliches im Endlichen zeigt und wie die Einheit des Seins in Gott mit der Vielheit des Einzelseins in den Gegenständen und Individuen in Einklang gebracht werden kann. In diesem Zusammenhang werden das Abbild der Dreifaltigkeit in der Schöpfung, das Gottesbild im Menschen und der Sinn des menschlichen Einzelseins erörtert – eingebunden in die thomistische Offenbarungstheologie.

Karl Rahner

Einen anderen eigenständigen Ansatz für eine philosophische Theologie hat auf katholischer Seite Karl Rahner (1904–1984) ausgearbeitet (Weischedel 1975). Er will die Offenbarungstheologie durch eine »Religionsphilosophie« ergänzen, »die den Menschen auf eine möglicherweise ergehende Offenbarung Gottes verweist«, also eine Art Fundamentaltheologie, die er »metaphysische Anthropologie« nennt. Das Wesen der angesprochenen Metaphysik wird als Einheit von Sein und Erkennen bestimmt: »Zum Wesen des Seins gehört die erkennende Bezogenheit auf sich selbst«. In Fortführung des Gedankens wird eine Gradualität des Seins eingeführt. Dem entsprechen unterschiedliche Grade der Seinsmächtigkeit. Der Mensch als »fragendes Seiendes« ist in seinem Seinsgrund schwach, »weil er dem endlichen Geist verhaftet bleibt«. »Der Mensch als Geist ist aber auf das absolute Sein Gottes ausgerichtet«. Die Gewissheit des Seins Gottes glaubt Rahner unter den eingeführten Voraussetzungen begründet zu haben.

Rahner versucht nunmehr, die Möglichkeit einer Offenbarung des freien personalen Gottes an den Menschen nachzuweisen. Sein aufwendiger Argumentationsgang wird nachfolgend in radikal gekürzter Form dargestellt. Das reine Sein ist trotz seiner zunächst feststellbaren Gelichtetheit für den menschlichen Geist verborgen, weil dieses Sein nur durch Verneinen der Endlichkeit endlicher Gegenstände erkannt werden kann. Damit gewinnt der Mensch aber keine positiv begreifende Erkenntnis des Jenseits im Verhältnis zu dieser Endlichkeit. Eben dadurch wird Raum für eine Offenbarung Gottes geschaffen.

Die Verborgenheit Gottes besteht aber auch von dieser selbst her gesehen, indem der Mensch als Fragender seine eigene »geworfene« Endlichkeit bejaht. Dieses bejahende Verhalten zu sich selbst geschieht durch freie willentliche Setzung. Der Mensch ist somit »Horcher auf eine mögliche Offenbarung Gottes«, die sich im Wort äußert. Der Ort derartiger Offenbarung ist die Geschichte des Menschen. Sie ereignet sich aber nur in der

Geschichte einzelner Menschen. Die so vollzogene »christliche Philosophie« ist jedoch bereits christliche Theologie, weil ihre Voraussetzungen nicht ernstlich hinterfragt werden.

Teilhard de Chardin

Mit Pierre Teilhard de Chardin (1881–1955) wird auf einen Naturforscher (Paläontologen) hingewiesen, dessen theologischer Ansatz die Evolutionstheorie und den katholischen Glauben in mystischer Schau zu verbinden sucht (Teilhard 1981). Gott ist nach dieser Theologie nicht nur Ursprung und Ziel der Schöpfung, er ist mit dem werdenden Kosmos identisch, von den Elementarteilchen über die Biosphäre zur Noosphäre, dem Bereich des Geistes. Parallel richtet sich die Anthropogenese (Menschwerdung) auf eine Christogenese aus, wodurch die zukünftige Fülle (*pleroma*) im »Punkt Omega« sich ankündigt, in dem Mensch, Kosmos und Gott zusammentreffen. Teilhard bekennt: »Ich glaube, dass das Weltall eine Evolution ist. Ich glaube, dass die Evolution auf den Geist hinstrebt. Ich glaube, dass der Geist sich im Personalen vollendet. Ich glaube, dass das höchste Personale der universelle Christus ist«.

Diese Verbindung von moderner Evolutionstheorie und herkömmlicher Theologie zu einer mystischen Gesamtschau ist äußerst umstritten, aus Sicht der Naturwissenschaften wegen der teleologischen (auf einen Zweck gerichteten) Betrachtungsweise, aus Sicht der katholischen Theologie wegen des Hintansetzens von Kreuzestod und Auferstehung Jesu. Ein Ansatz für philosophische Theologie ist damit nicht gewonnen.

4 Protestantisch geprägte Ansätze

Paul Tillich

Der protestantische Theologe und Philosoph Paul Tillich (1886–1965) kennzeichnet in seinen frühen Schriften das Problem der »Religionsphilosophie« (Weischedel 1975): »In der Religion tritt der Philosophie ein Objekt entgegen, das sich dagegen sträubt, Objekt der Philosophie zu werden«. Der Konflikt wird dadurch verschärft, dass der Begriff der »Offenbarung« (als verheißene Wirklichkeit) im Gegensatz steht zum Begriff der »Religion« (als gegebene Lebenswirklichkeit). Indem Tillich den Offenbarungsbegriff in den Religionsbegriff aufnimmt, kommt die Religionsphilosophie in eine missliche Lage. Beachtet sie den Offenbarungsgrund der (christlichen) Religion nicht, so verfehlt sie ihren Gegenstand. Erkennt sie den Offenbarungsanspruch an, so gerät sie zur Theologie.

Tillich versucht daher, den Einheitspunkt von Offenbarungslehre und Philosophie zu finden, wobei er unter Philosophie »die Lehre vom Aufbau der Sinnwirklichkeit« versteht. Die Sinnwirklichkeit zeigt sich zunächst im Sinnzusammenhang, in dem jeder einzelne Sinn steht, und davon ausgehend im Verweis auf einen unbedingten Sinn. Daraus leitet sich die Forderung ab, den unbedingten Sinn zu erfüllen, dessen Merkmal die Unerschöpflichkeit ist. Davon ausgehend bestimmt Tillich den Einheitspunkt von Philosophie und Religion als »das Unbedingte«. Das Unbedingte aber wird mit Gott gleichgesetzt oder sogar ihm übergeordnet. Dazu, wie über das Unbedingte Gewissheit zu erhalten sei, erklärt Tillich lediglich: »Die Gewissheit des Unbedingten ist unbedingt«. Dies bedeutet nach Weischedel, dass der Denkansatz des frühen Tillich nicht in philosophische Theologie, sondern in ein Glaubenspostulat einmündet.

Der spätere Tillich befasst sich erneut ausdrücklich mit der »philosophischen Theologie«, die er der »kerygmatischen Theologie« gegenüberstellt (Kerygma ist die christliche Botschaft). Als philosophische Grundfrage erscheint zunächst die Seinsfrage. Sie stellt sich ausgehend von dem »ontologischen Schock«, der sich aus den angstvollen Erfahrungen der Endlichkeit ergibt. Tillich schreibt dem »Sein-selbst« Mächtigkeit über das Nichtsein zu. Er bestimmt es als »Grund und Abgrund alles Seienden«. Dieses inhaltlich geklärte Sein wird mit Gott gleichgesetzt.

Andererseits bestimmt Tillich die Philosophie als Haltung des radikalen Fragens einschließlich des Zweifels an Gott, jedoch mit der Wendung: »Die Wahrheit ist Voraussetzung des Zweifels bis zur Verzweiflung«. Demnach gründet sich die philosophische Theologie nicht im radikalen Fragen, sondern in dem unausgewiesenen Postulat einer das Fragen umgreifenden Wahrheit. Auch die »Verzweiflung an der Wahrheit« und den »Abgrund der Sinnlosigkeit« entschärft Tillich durch deren Einbindung in einen zu bejahenden Akt. Das entspricht seiner These von der Mächtigkeit des Seins.

Angesichts von Zweifel und Sinnlosigkeit postuliert Tillich einen »absoluten Glauben«: »das Ergriffensein von der Macht des Seins trotz der überwältigenden Erfahrung des Nichtseins«. Der Inhalt des absoluten Glaubens ist Gott, aber nicht der personale Gott des traditionellen Theismus sondern »der Gott über Gott« (überpersonal aufgefasst), die Quelle »der Sinnbejahung in der Sinnlosigkeit«, die Quelle der »Gewissheit im Zweifel«. Tillich vermeidet damit den von der protestantischen Theologie seinerzeit hervorgehobenen »Sprung aus dem Zweifel in die dogmatische Gewissheit«. Er sieht hingegen im »absoluten Glauben« den Mut, der Verzweiflung standzuhalten. Er sieht sich zu der Paradoxie veranlasst, »dass der, der Gott ernstlich leugnet, ihn bejaht«.

Tillich gibt schließlich der philosophischen Theologie eine eindeutige Ausrichtung auf die Offenbarungstheologie. Die Vernunft bleibe im Fragen befangen, weil sie Gott nicht erkennen kann; eine Antwort kann somit nur von der Offenbarung kommen. Deshalb werden der philosophischen Theologie offenbarungstheologische Funktionen zugewiesen: »Philosophische Theologie ist am Ende identisch mit Apologetik; diese aber gründet sich auf das Kerygma«. Die philosophische Theologie Tillichs ist somit eine auf der Offenbarungstheologie beruhende Selbstdarstellung des Glaubens, also nur eine pseudophilosophische Theologie, wie Weischedel befindet.

Georg Picht

Einen anderen neuartigen Ansatz philosophischer Theologie versucht Georg Picht (1913–1982), indem er die Wirklichkeit Gottes als Wahrheit des Seins hervorhebt – im Unterschied zum allein als Person geglaubten Gott der christlichen Offenbarung. Heidegger folgend hebt er die Zeit als »Horizont des Seins« hervor. Diese »transzendentale Zeit« (im Unterschied zur phänomenalen Zeit) bestimmt die Erfahrung des Menschen. Sie trennt im Modus der Gegenwart die Vergangenheit von der Zukunft. Picht stellt fest: »Die Gegenwart ist unsere Verantwortung«.

Die Offenbarung ist für Picht Quelle und Inhalt des christlichen Glaubens, während das Wissen in Metaphysik und Wissenschaft durch das Denken bestimmt wird. Picht fordert, den Glauben in die Sprache des Denkens zu übersetzen, denn nur durch Denken verstehen wir die Welt. So deutet er die überlieferte Struktur christlicher Theologie mittels der Philosophie der »transzendentalen Zeit«: Gott der Schöpfer als unaufhebbare Vergangenheit, der Heilige Geist im Horizont der Zukunft und Jesus Christus als gegenwärtige Einheit.

Albert Schweitzer

Den Willen zum Leben und die Achtung vor dem Leben hat Albert Schweitzer (1875–1965) in den Mittelpunkt seiner Philosophie gestellt, auch als Antwort auf die skeptizistischen, atheistischen und nihilistischen Tendenzen seiner Zeit. Er geht davon aus, dass der Mensch mehr noch als durch Erkennen durch Erleben der weltlichen Wirklichkeit nahe kommt: »Ich bin Leben, das leben will inmitten von Leben, das leben will«. Die »Ehrfurcht vor dem Leben« muss demnach Grundlage aller Philosophie und Ethik sein. Dies ist der schon von Kant her bekannte Schritt aus der unbefriedigenden Erkenntnissituation in die überzeugender begründbare Welt des Willens und des Handelns. Schweitzer selbst hat diesen Schritt überzeugend vollzogen, als Urwaldarzt in Afrika und zugleich als bedeutender Organist und Bach-Interpret.

Es ist notwendig, genauer darzulegen, was Schweitzer unter »Ehrfurcht vor dem Leben« versteht, zumal der Begriff Leben in der Philosophie ein breites Bedeutungsspektrum abdeckt. Die wesentlichen Punkte lassen sich dem Epilog zu seinem Lebensbericht entnehmen (Schweitzer 1952). Schweitzer sieht die Welt voll von Leid und im geistigen Niedergang begriffen, glaubt aber dem Menschen helfen und ihn bessern zu können. Ausgangsbasis ist ihm das dem (ethischen) Skeptizismus entgegengerichtete Denken, das lebendige Wahrheit entstehen lasse.

Die Forderung der »Ehrfurcht vor dem Leben« ergibt sich als denkerische Antwort auf die Frage nach dem angemessenen Verhältnis von Mensch und Welt. Dem Dasein wird ein Sinn gegeben, wenn das natürliche Verhältnis zur Welt zu einem geistigen erhoben wird. Da der Mensch ein die Welt erleidendes Wesen ist, ist die geistige Antwort darauf die Resignation. Schweitzer meint damit aber kein passives Verhalten, sondern eher den Fatalismus der Stoa. Der Mensch müsse vom äußeren, der Welt unterworfen Sein zur inneren Freiheit finden, die ihm die Welt- und Lebensbejahung ermöglicht. Weltbejahung äußert sich in der Förderung des Lebens in seiner Umgebung. Diese Förderung verhilft zum eigentlichen Glück. Die Grundelemente dieser Lebenseinstellung sind daher Resignation, Welt- und Lebensbejahung und Ethik. Unter Ethik wird die ins Universelle erweiterte christliche Liebe verstanden. Die verbreitete Meinung ist falsch, Schweitzer habe sich mit seiner Betonung des Lebens gegen das Denken gewandt. Im Gegenteil, er hebt immer wieder hervor, dass die »Ehrfurcht vor dem Leben« gemäß vorstehendem Gedankengang ein Ergebnis des Denkens ist.

5 Jüdisch geprägter Ansatz

Jüdisches Gottesbild

Die vorstehend erläuterten Ansätze folgen einem christlich-theologischen Grundverständnis. Im Zentrum steht der eine, transzendente und ewig seiende Gott, der als absolut gut und allmächtig gedacht wird. Der eine Gott der Juden ist dagegen eher immanent. Das Diesseits ist der Ort göttlicher Schöpfung, Gerechtigkeit und Erlösung. Gott ist der Herr der Geschichte und als solcher im Bund mit den Israeliten, denen er sich über die Thora und durch die Propheten offenbart hat. Als zentrales Problem stellt sich die »Hiobsfrage«: Warum lässt Gott auch Unschuldige und Gerechte leiden? Diese Frage stellt sich für die Glaubensgemeinschaft der Juden seit dem Holocaust in verschärfter Form: Wie konnte Gott den Holocaust zulassen?

Hans Jonas

Der Philosoph jüdischen Glaubens, Hans Jonas (1903–1993), versucht eine Antwort zu geben, die er selbst der spekulativen philosophischen Theologie zuordnet (Jonas 1987[(2)]). Letztere kann zwar nicht, wie alle Metaphysik, zu gesichertem Wissen führen, wohl aber Sinn und Bedeutung vermitteln: »Es lässt sich am Gottesbegriff arbeiten, auch wenn es keinen Gottesbeweis gibt«. Es ist unvermeidlich, dabei die ungeheuerliche historische Erfahrung des Holocausts mitsprechen zu lassen. Weder Untreue des erwählten Volkes reicht zur Erklärung aus, noch heiligende Zeugenschaft von Gott im Angesicht des Todes, wie sie den Märtyrern abverlangt wird. Auschwitz lässt sich weder als Gottesstrafe noch als Glaubenszeugnis interpretieren. Durch Auschwitz wurde die Erwählung in einen Fluch verwandelt. Daher nochmals: Was für ein Gott konnte den Holocaust geschehen lassen?

Die Antwort von Jonas ist in einen selbstgedachten Mythos gekleidet, so wie das auch Platon vielfach getan hat. Er greift dabei eine Spekulation der späten Kabbala auf (Isaak Luria, 16. Jahrhundert). Der göttliche Grund des Seins entschied sich, das Wagnis der endlosen Mannigfaltigkeit des Werdens einzugehen, und zwar gänzlich, ohne Rückhalt eines Teils, ganz der Immanenz sich hingebend. Gott entsagte dem eigenen Sein, damit die Welt ganz für sich sei, um sie später zurückzuempfangen, verklärt oder auch entstellt durch die unvorhersehbare zeitliche Erfahrung im kosmischen Spiel der Zufälle und Wahrscheinlichkeiten. Mit dem Bilden der Materie konstituiert sich Transzendenz. Mit der Evolution des Lebens, dessen Merkmal die Sterblichkeit ist, gewinnt letztere an Fülle, um mit der Ankunft des Menschen, dessen Merkmal die Freiheit ist, zu sich selbst zu erwachen, von nun an den Menschen begleitend und sich ihm fühlbar machend.

Jonas selbst übersetzt den bildhaften Mythos anschließend in begriffliche Theologie: Dies ist erstens kein majestätischer Gott, sondern ein erleidender Gott vom ersten Augenblick der Schöpfung an, also nicht nur im Rahmen des einmaligen Aktes von Fleischwerdung und Kreuzigung, wie die Christen glauben. Dies ist zweitens kein ewig gleich seiender sondern ein werdender Gott, damit der Auffassung der Bibel näher stehend als der platonisch-aristotelischen Seinstheologie. Gott verändert sich mit dem Fortschreiten des Weltprozesses, die von Nietzsche dazu beschworene ewige Wiederkehr des Gleichen ausschließend. Dies ist drittens ein um den Einzelnen sich sorgender Gott, aber nicht einer, der sein Sorgeziel herbeiführen kann, »mit starker Hand und ausgestrecktem Arm«, wie im Gedenken an den Auszug aus Ägypten rezitiert wird, sonder einer, der das Handeln dem Menschen überlassen hat. Dies ist schließlich kein allmächtiger Gott, sondern ein Gott, der sich zugunsten der Freiheit des Menschen seiner selbst entäußert hat, nunmehr hoffend, dass der Mensch ihm zurückgeben wird.

Streng rational befindet Jonas, dass ein Gott, der den Holocaust an seinem Bundesvolk geschehen ließ, nicht gleichzeitig allmächtig, absolut gut und dem Menschen verständlich sein kann. Gottes absolutes Gutsein ist ein unverzichtbarer Kernpunkt jüdischen Glaubens. Ebenso kann die Verstehbarkeit nicht aufgegeben werden, hat sich doch Gott seinem Volk über die Thora, die Gebote, das Gesetz und schließlich die Propheten verständlich gemacht. Somit muss die Vorstellung der Allmacht Gottes aufgegeben werden. Sie widerspricht auch der begrifflichen Logik, denn Macht bedarf der Gegenmacht, um überhaupt sein zu können. »Allmacht« ist also ein Widerspruch in sich selbst. Tatsächlich soll es sich nach den beschriebenen Vorstellungen von Jonas so verhalten, dass Gott sich jeglicher Macht der Einmischung in den physischen Weltprozess (nur in diesen) begeben hat. Dies führt zu keinem manichäischen Dualismus, das Böse steigt allein aus den Herzen der Menschen auf. Es bleibt beim Bekenntnis zur Einheit Gottes, dem »Sch'ma Jisrael«: »Höre, Israel, der Ewige, unser Gott, der Ewige, ist einzig«.

Während das Buch Hiob die Machtfülle des Schöpfergottes hervorhebt, betont Jonas die Machtentsagung dieses Gottes. Der Ansatz von Jonas ist zwar spekulativ, jedoch hinsichtlich der Widerspruchsfreiheit von Vernunft und Glauben bemerkenswert. Nicht der blind vertrauende Glaube ist gefordert, sondern ein auch rational vertretbarer Glaube mit hohem Anspruch an die sittliche Verantwortungsbereitschaft und Verantwortungsfähigkeit des Menschen in einer im Werden begriffenen Welt. Jonas selbst hat das »Prinzip Verantwortung« umfassend begründet und die Anwendung in der Humanbiologie und Medizin dargestellt (Jonas 1984 u. 1987[(1)]). Nicht mehr der Mensch hat Grund zur Klage gegen Gott, sondern Gott muss jetzt Klage gegen den Menschen führen.

Die philosophisch-theologische Spekulation der Kabbalisten über eine Selbstbeschränkung Gottes, auf die Jonas zurückgreift, ist in ähnlicher Form auch auf christlicher Seite in Erscheinung getreten, wie es in Kap. XIII-8 näher beschrieben wird (Schiwy 1995).

6 Buddhistisch geprägte Ansätze

Buddhistische Metaphysik

Die bisherigen Ausführungen zur philosophischen Theologie entstammen dem abendländischen Kulturkreis. In den östlichen Kulturen wird die Frage nach dem Urgrund des Seins anders gestellt und beantwortet, den andersartigen Denktraditionen und Begriffsbildungen entsprechend. Besonders im Einflussbereich des japanischen Buddhismus ist eine tiefgründige religiöse Metaphysik entwickelt worden, die das abendländische Denken übersteigt. Sie bewahrt Einsichten, die dem altindischen bzw. altchinesischen Kulturbereich entstammen. Die japanische Kyōto-Philosophenschule verbindet Elemente der buddhistischen Lehre mit Inhalten der modernen europäischen Philosophie (Radaj 2011).

Nishida Kitaro

Nishida Kitaro (1870–1945), Begründer der Kyōto-Schule, vertritt die buddhistische All-Einheitslehre in Begriffen westlicher Philosophie und Theologie. Sein viel gelesenes Erstlingswerk *Über das Gute* (1911) liegt in deutscher Übersetzung vor (Nishida 1989). Als oberstes Prinzip wird einerseits ein mystisch-christlicher Gott und andererseits die buddhistische Leere, nunmehr als »absolutes Nichts«, ins Gespräch gebracht.

Nishida sieht die Basis der Wirklichkeitserkenntnis in der reinen und unmittelbaren Erfahrung. Diese ist im Stand der Unbewusstheit möglich, in der Subjekt und Objekt noch nicht geschieden sind: »Wenn man seinen Bewusstseinsstand unmittelbar erfährt, dann gibt es dabei weder Subjekt noch Objekt; die Erkenntnis und der Gegenstand der Erkenntnis sind identisch«. Das Ziel der Erkenntnis ist die eine Wirklichkeit, in der bewusst werdendes und stattfindendes Ereignis zusammenfallen.

Wenn die eine Wirklichkeit über das Aufgeben des Selbst wahrhaft erkannt werden kann, so ist damit auch die Möglichkeit der Gotteserkenntnis gegeben. Dementsprechend befindet Nishida, ähnlich wie der von ihm zitierte Nicolaus Cusanus, dass alles, was von Gott positiv ausgesagt wird (darunter der Schöpfungsakt), nicht Gott ist. Gottes Sein ist das Nichts in folgender Bedeutung: »Ein Nichts, das vom Sein getrennt ist, ist nicht das wahre Nichts. Das Eine getrennt von allem ist nicht das wahre Eine. Gleichheit getrennt von Unterschiedlichkeit ist nicht die wahre Gleichheit. Wie, wo kein Gott ist, auch keine Welt ist, so ist, wo keine Welt ist, auch kein Gott«.

Über den buddhistisch geprägten Ansatz der reinen Erfahrung hinausgehend, versucht Nishida den im »Nichts« gemeinten »Ort« (auch als

»Feld« übersetzt) zu bestimmen. Die »Logik des Ortes« besteht darin, dass in ihm die Selbstidentität des Gegensätzlichen »gehalten« wird (der Zusammenfall der Gegensätze, *coincidentia oppositorum*, bei Cusanus). Dieser Ort ist ein Nichts. Dieses Nichts ist kein relatives, dem Seienden gegenüberstehendes Nichts, sondern ein absolutes, Seiendes und relatives Nichts umfassendes Nichts. Dieses absolute Nichts ist nicht lediglich Verneinung, sondern zugleich absolute Bejahung.

Nishitani Keiji

Nishitani Keiji (1900–1990), Nachfolger Nishidas in der Führung der Kyōto-Schule in zweiter Generation, hat sein Philosophieren in dem Standardwerk *Was ist Religion* (1961) niedergelegt (Nishitani 1986). Sein Ziel ist die Überwindung des abendländischen Nihilismus durch die Religion im Sinn der buddhistischen Denktradition. In letzterer hat die Auseinandersetzung mit dem Nichts eine mehr als zweitausendjährige Geschichte, die sich im Zen-Buddhismus niedergeschlagen hat. Mit »Religion« meint Nishitani nicht die Offenbarungsreligion sondern die natürlich erfahrbare Religion.

Nishitani stellt sich die Aufgabe, das Wesen dieser natürlichen Religion in der modernen globalisierten Welt zu bestimmen, in der das naturwissenschaftliche Denken, die Entfremdung des Menschen und der atheistische Nihilismus vorherrschen. Da es sich bei den genannten modernen Erscheinungen um Ablösebewegungen der christlichen Religion handelt, kommt damit das Christentum in die Kritik. Die nachfolgenden Ausführungen gründen sich auf Formulierungen von Nishitani, die teils wörtlich, teils sinngemäß wiedergegeben werden.

Nishitani sieht in der Entwicklung von Wissenschaft und wissenschaftlich begründeter (Maschinen-)Technik die treibende Kraft im Prozess der Modernisierung. Diese Entwicklung ist mit einer Problematisierung des Verhältnisses von Religion und Wissenschaft verbunden. Die Naturgesetze sind erkannt als Eigengesetzlichkeit der Natur, die diese aus sich selbst heraus existieren lässt. Sie bestimmen auch das menschliche Leben in »mechanischer« Weise (»mechanisch« im Sinne von »nichtteleologisch«). Insofern als der Mensch als Teilaspekt einer von »mechanischen« Notwendigkeiten regierten Welt betrachtet wird, wird die Natur selbst dem Menschen gegenüber unempfindsam. Die Welt zeigt sich dem Menschen in paradoxer Weise als weder annehmbar noch zurückweisbar.

Die Beherrschung des Menschen durch die Naturgesetze führt zugleich zu seiner Entpersönlichung. Tatsächlich werden beide, Mensch und Naturkräfte, mehr und mehr zu Funktionen eines gewaltigen technischen Prozesses. Damit aber wird zugleich die Natur denaturalisiert und der Mensch dehumanisiert. Die Welt kann nicht mehr als nach göttlichem Willen geordnet wahrgenommen werden. Sie wird zu etwas, das die personale Beziehung zwischen Gott und Mensch zerschneidet.

Dies hat Folgen für den Standort des Menschen. Die Natur, die der Mensch mittels der Naturgesetze zu beherrschen begonnen hat, wird zu einem Faktor, der seinerseits den Menschen zu beherrschen beginnt. Diese gegenläufige Situation verschärft sich noch dadurch, dass der Mensch selbst dort, wo er lenkt und leitet, nicht nur über Dinge sondern auch über andere menschliche Wesen und auch über sich selbst »mechanisch« verfügt. So ist keine Beziehung zu einem Sein herstellbar, und schon gar nicht zu einem Du. Alles wird zu einem Es und mag sogar aufhören, ein Es zu sein. Das ist der Standort, wo das Ich, der Mensch, außerordentliche Macht hat. Andererseits kann er sich aber der alles durchdringenden Macht der Naturgesetze nur noch dadurch entziehen, dass er sich auf den Standpunkt des sinnentleerten Nichts (*kyōmu*, übersetzt mit *nihilum*) stellt. Nur das ermöglicht ihm die Freiheit von dieser Herrschaft.

Der so begründete Nihilismus tritt bei Dostojewski (bzw. Kierkegaard) und Nietzsche (bzw. Sartre) in Form des radikalen Kampfes der Subjektivität um die Überwindung jeder subjektfremden Herrschaft auf. Während sich Dostojewski vom Abgrund des Nichts losreißt, um sich in die Arme Gottes fallen zu lassen, erklärt Nietzsche Gott für tot und erahnt in der heroischen Annahme des Nichts die Ankunft des neuen Menschen, des »Übermenschen«. Bei Nietzsche ist der Atheismus radikal subjektiviert und das Nichts der Ort der »Ekstase« menschlichen Selbstseins. Die Frage nach der Selbstfindung des Menschen endet somit in einer religiösen Feststellung: Religion als »Bindung-an« wird aufgehoben im »Hineingehaltensein ins Nichts«.

Nishitani verweist darauf, dass der Selbstfindungsprozess des Menschen (»individuelles subjektives Selbstbewusstsein«) und der Herrschaftsantritt der Wissenschaften in vielfältiger Weise mit dem Christentum verbunden sind. Er sieht die Lösung der seinerzeitigen Problemstellung im Zurückgehen in den Ursprung hinter dem christlichen und griechischen Denken, wobei der Buddhismus hilfreich sein könnte. Sich selbst bezeichnet er als »werdend gewordener Buddhist« und gleichzeitig »werdender Christ«. Von diesem buddhistischen, dem Christlichen gegenüber offenen Standpunkt aus entwickelt er eine Philosophie des Nichts und der Leere, beides im buddhistischen Sinn, wie nachfolgend dargestellt.

Nishitanis philosophischer Ausgangspunkt ist nach Art des Zen-Buddhismus der Große Zweifel, der durch die großen negativen Realitäten des Lebens, der Erfahrung der Nichtigkeit und des Todes ausgelöst wird. Das Nichts (*kyōmu*) meint die absolute Negativität gegenüber dem Sein selbst der verschiedenen Dinge und Phänomene; der Tod meint die absolute Negativität gegenüber dem Leben selbst. In dieser Erfahrung stellt sich dem Menschen die Frage nach dem Sinn seiner Existenz. Dieser existentielle Zweifel umfasst wesentlich mehr als der ego-zentrische metaphysische Zweifel von Descartes der durch das Diktum »*cogito ergo sum*« beseitigt wird. Nishitani spricht vom Zutagetreten des Großen Zweifels und meint damit seinen umfassenden Inhalt, seine Manifestation im Selbst (körperlich gegenwärtig, selbst zum Zweifel werdend) und sein Ausgang im Großen Tod, dem Umbruch zur Großen Erleuchtung. Dieser Vorgang ist mit dem Abfallen jener Existenzweise verbunden, in der das Ich die wirkende Kraft ist.

Die Frage nach dem Sein und dem Nichts begleitet sowohl die neuzeitlich-abendländische Philosophie, besonders bei Heidegger, als auch das buddhistisch geprägte Denken Nishitanis. In diesem Bereich bestehen erhebliche sprachliche Verständigungsschwierigkeiten. Das buddhistische Sein (*u*) ist nicht mit dem westlichen Sein (*yu*) identisch, folglich unterscheidet sich auch der jeweilige Gegenbegriff des Nichts (*mu*). Während sich *u* und *mu* rückbezüglich bejahen und verneinen, ist das bei Sein (*yu*) und Nichtsein (*mu*) nicht der Fall. Wenn das Sein die ontologische Priorität vor dem Nichtsein behält (westliche Sicht), dann ist das Sein der Ort der Befreiung. Wenn aber *u* und *mu* gleichgeordnet und rückbezüglich sind, dann muss die Befreiung in der Leere (*ku*) als Heraustreten aus der Antinomie realisiert werden. Als letzter Schritt ist dann noch die Entleerung der Leere zu vollziehen, was zur Gleichsetzung von Leere und Fülle führt.

7 Schlussfolgerungen hinsichtlich Naturwissenschaft und Technik

Es sei versucht, aus den neueren Ansätzen der philosophischen Theologie die Aussagen hervorzuheben, die die Verständigung zwischen Theologie und Naturwissenschaft (bzw. Technik) erleichtern könnten. Je nach Herkunft der Aussagen kommen dabei unterschiedliche Gesichtspunkte zum Tragen.

Die philosophisch geprägten Ansätze von Gerhard Krüger und Wilhelm Weischedel überwinden die Einseitigkeit des atheistischen, nihilistischen und existentialistischen Denkens durch eine philosophische »Minimaltheologie«. Da sie aber allein die Fraglichkeit zum Ausgangspunkt ihres Denkens machen, erscheint auch im sorgfältig erarbeiteten denkerischen Endergebnis (bei Weischedel) ein Schweben zwischen Sein und Nichtsein, zwischen Sinn und Sinnlosigkeit. Dies gemahnt, wie dargestellt, zur intellektuellen Bescheidenheit und zur Ehrfurcht vor dem Geheimnis. Die christlichen Glaubensaussagen, soweit sie in dogmatischer Form vorgetragen werden, sind damit wohl nicht vereinbar.

Das für den Lebensvollzug unzureichende Ergebnis der philosophisch-theologischen Bemühungen, das mit den Ausgangsannahmen korreliert, macht deutlich, dass mehr als Fraglichkeit zur Ausgangsbasis gemacht werden muss. Der Offenbarungsglaube ist dafür, wie die Philosophiegeschichte zeigt, nicht ohne weiteres geeignet. Einwände der theoretischen Vernunft stehen jeder positiv aussagenden Theologie entgegen. Die von Immanuel Kant und später auch von Albert Schweitzer vollzogene Wende zur praktischen Vernunft und ihrem Moralgesetz ist erforderlich. Sie bedarf der Ausgestaltung im Hinblick auf Naturwissenschaft und Technik.

Der katholisch geprägte Ansatz von Edith Stein beinhaltet eine vertretbare Verbindung von natürlicher und Offenbarungstheologie auf Basis der thomistischen Scholastik und der modernen Wesensphilosophie. Der Ansatz von Karl Rahner versucht zwar, den Forderungen der Vernunft gerecht zu werden, priorisiert aber einen dogmatischen Überbau, der eine vorbehaltlose Diskussion der Denkansätze verhindert. Ein Bezug zu Naturwissenschaft und Technik ist nicht gegeben. Andererseits wurden die neuartigen theologischen Ansätze, die einen Ausgleich zwischen natürlicher und geoffenbarter Erkenntnis anstrebten (Henri de Lubac) bzw. zwischen Naturwissenschaft und Theologie vermittelten (Teilhard de Chardin), von der katholischen Kirche unterdrückt, noch bevor sie diskutiert werden konnten.

Die protestantisch geprägten Ansätze von Paul Tillich und Georg Picht, richten in je unterschiedlicher Weise die philosophische Theologie an der Offenbarungstheologie aus. Eine Basis für den Dialog mit Naturwissenschaft und Technik ist nicht erkennbar. Umso mehr ist der Ansatz von Albert Schweitzer (»Ehrfurcht vor dem Leben«) auf Naturwissenschaft und Technik direkt anwendbar.

Der jüdisch geprägte, aber auch christlich interpretierbare Ansatz von Hans Jonas postuliert einen der innerweltlichen Macht entsagenden, einen die Welt erleidenden Gott, der sich dennoch um den Einzelnen sorgt und ihm nahe ist, kein seiender sondern ein dem Werden unterworfener Gott.

Dieser Ansatz begründet das Prinzip Verantwortung im Umgang des Menschen mit sich selbst, mit seinen Mitmenschen und mit der natürlichen und künstlichen Umwelt. Naturwissenschaft und Technik sind einem entsprechenden Moralgesetz zu unterwerfen.

Die buddhistisch geprägten Ansätze sind wegen ihrer Herkunft aus einer kulturell andersartigen Geisteswelt von besonderem Interesse. Während Nishida Kitaro im Grundsätzlichen der Theologie verharrt, befasst sich Nishitani Keiji ausdrücklich mit der durch Naturwissenschaft und Technik ausgelösten Selbstentfremdung und Entpersönlichung des Menschen, der »mechanischen« Herrschaft über andere Menschen und der Begleiterscheinung des atheistischen Nihilismus. Als Gegenmittel wird das Zurücktreten in den Ursprung hinter dem christlichen und griechischen Denken empfohlen. Dies ist sehr buddhistisch gedacht. Das christlich-abendländische Denken sucht das Heil eher in einer utopischen Zukunft.

KAPITEL XIII

Offenbarungstheologie – die christliche Religion

»Das ist das ewige Leben:
dich, den einzigen wahren Gott, zu erkennen
und Jesus Christus, den du gesandt hast.«

Evangelium nach Johannes 17,3

1 Einführung und Inhaltsübersicht

Offenbarungstheologie der drei monotheistischen Weltreligionen

In der Offenbarungstheologie wird die Frage nach Gott über den Glauben beantwortet, der sich auf die Offenbarung Gottes durch das Wort beruft, die Thora des Moses im Judentum, der in Jesus Christus inkarnierte Logos im Christentum oder die Botschaft des Propheten Mohammed im Islam. Heilige Bücher (*Thora, Bibel, Koran*) bewahren die geoffenbarte heilswirksame Wahrheit in den genannten Schriftreligionen. Im Christentum sind die als unumstößlich geltenden Glaubenssätze in kirchlich sanktionierten Dogmen festgehalten, die sich allerdings je nach Kirchenfraktion (römisch-katholisch, griechisch-orthodox, lutherisch, calvinistisch, methodistisch u.a.) etwas unterscheiden. Die Autorität der Glaubensinhalte hat Vorrang vor der denkerischen Konsistenz und vor der Vernunft.

Die genannten drei monotheistischen Weltreligionen verkünden im Gefolge ihres Urvaters Abraham den einen allmächtigen Gott, der sich in der Geschichte dem Menschen offenbart. Das Judentum (genauer die israelitisch-jüdische Religion) ist eine von Mose begründete Gesetzesreligion, die sich auf die Thora, (hebr. »Lehre«), d.h. die fünf Bücher Mose, beruft. Das Christentum gruppiert sich als Religion der Liebe um den Opfertod des Gottessohnes Jesus Christus, verbürgt durch die Evangelien des Neuen Testaments und vom Apostel Paulus zur christlichen Religion geformt. Die Anhänger des Islam (arab. »Ergebenheit«) wiederum heben die Allmacht Gottes gegenüber dem Menschen hervor, wie sie im Koran (arab. »Lesung«) dem Propheten Mohammed offenbart wurde.

Die jüdische Glaubensgemeinschaft (Israel) lebt freudevoll das ihr im Bunde mit Gott auferlegte Gesetz. Mit dem Tod endet auch das Gotteslob (»Sch'ma Israel«), aber ein Jenseits ist verheißen. Christen vertrauen dem Heilsplan Gottes, dessen himmlisches Reich bereits im Diesseits angebrochen ist, in der Nachfolge Christi und im Dienst am Nächsten. Die Anhänger des Islam ergeben sich ganz dem Willen Allahs, des einen allmächtigen Gottes, dessen Strafe gefürchtet und dessen Güte und Barmherzigkeit erfleht wird. Den Gottesfürchtigen im Islam erwarten die Wonnen des Paradieses, während die Frevler im Jüngsten Gericht den Höllenbrand erleiden.

Glaubensinhalte des Christentums

Die konkreten kirchen- und konfessionsübergreifenden Glaubensinhalte des Christentums gehen aus den altkirchlichen Glaubensbekenntnissen (»Glaubenssymbola«) hervor, dem Taufbekenntnis der Kirche in Rom (*Apo-*

stolicum) und dem Taufbekenntnis der Ostkirche, das auf den Ökumenischen Konzilien in Nicäa (im Jahr 325) und Konstantinopel (im Jahr 381) für verbindlich erklärt wurde und durch das später verfasste *Athanasianum* ergänzt wird. Die drei Bekenntnisse unterscheiden sich nur unwesentlich und sind auch im Konkordienbuch der lutherischen Kirche aufgenommen. Die nachfolgende Artikeleinteilung des Bekenntnisses wird von dort übernommen (Weischedel 1975, *ibid.* Bd. 2, S. 52). Im ersten Artikel wird zu Gott ausgesagt, dass er Vater (aller Menschen), Allmächtiger (aller Wirklichkeit) und Schöpfer des Himmels (also der Überwelt) und der Erde (also der Welt) sei. Im zweiten Artikel wird auf Jesus Bezug genommen. Neben der historischen Gegebenheit wird seine überweltliche Sendung hervorgehoben: Gottessohn und Erlöser, vom Heiligen Geist empfangen (daher Jungfrauengeburt), zur Unterwelt abgestiegen und anschließend zur Überwelt aufgefahren, dort »zur Rechten Gottes sitzend«. Im dritten Artikel werden weitere verbindliche Glaubensinhalte genannt: der »Heilige Geist« in göttlicher Trinität (eine Substanz, drei Personen), die Gemeinschaft der Gläubigen als überweltlich geheiligt, die Vergebung der Sünden für den in Sündhaftigkeit gefangenen Menschen und schließlich die »Auferstehung des Fleisches« und das »ewige Leben« als eschatologische Erwartung.

Die weitere Ausdifferenzierung der in vorstehendem Glaubensbekenntnis zum Ausdruck kommenden grundlegenden Theologie betraf zur Zeit der Kirchenväter vor allem die Erklärung des Heiligen Geistes zur göttlichen Person (Konzil von Konstantinopel, 381), die Klarstellung »Jesus Christus zugleich wahrer Gott und wahrer Mensch« (Konzil von Chalkedon, 451) sowie die Abgrenzung des Glaubens gegenüber den gnostischen und neuplatonischen Zeitströmungen. Zur Zeit der Scholastik wurde um das rechte Verhältnis der Vernunft zum Glauben gerungen. Es folgten die Auseinandersetzungen mit den reformatorischen Glaubensbewegungen um die rechte Theologie, die sich teilweise an belanglosen Details entzündeten. Die verschiedenen Konfessionen unterscheiden sich nach diesen Details. Den Konfessionen gemeinsam bleibt die Überzeugung, die Weltgeschichte sei durch die Vorsehung Gottes als Heilsgeschichte der Menschheit unabänderlich festgelegt, woraus wiederum den nichtchristlichen Glaubensgemeinschaften gegenüber der Anspruch abgeleitet wird, eine übergeordnete Wahrheit zu verkünden.

Die Darstellung der christlichen Offenbarungstheologie kann sich nicht auf deren Inhalt und historische Entwicklung beschränken, wie es bei der philosophischen Theologie möglich war, denn die christlichen Kirchen haben nicht nur als Glaubensgemeinschaft geistig gewirkt, sondern haben gleichzeitig in erheblichem Maße weltliche Macht ausgeübt. Im ihrem Namen sind Kriege geführt, Greueltaten verübt, Andersgläubige verfolgt sowie Hexen und Häretiker verbrannt worden. Als mit dem Entstehen der bürgerlichen Gesellschaft zur Zeit der Aufklärung die weltliche Macht der Kirchen gebrochen wurde, waren verständlicherweise auch deren geistige Werte in Frage gestellt, darunter die Offenbarungstheologie. Eine realistische Einschätzung der Möglichkeiten von Offenbarungstheologie und christlichem Glauben heute setzt daher die Bewusstmachung auch der Negativereignisse in der Geschichte des Christentums voraus. Daraus können sich Reformansätze zur Offenbarungstheologie ergeben.

Die nachfolgenden Ausführungen beginnen mit einer Darstellung der geschichtlichen Entstehung der Glaubensinhalte von Judentum, Christentum und Islam. Sie werden fortgesetzt mit einer Analyse der weiteren Entwicklung der christlichen Glaubensinhalte. Die ungute Tradition des Glaubens wider die Vernunft wird an Beispielen erläutert. Versagensbelege aus der Geschichte des Christentums werden aufgeführt. Der Misserfolg der Reform- und Ablösebewegungen des Christentums wird nachgezeichnet. Ansätze zu einer Theologie des machtlosen mitleidenden Gottes werden erörtert. Abschließend wird die biblische Offenbarungstheologie in das fortbestehende Mysterium eingebunden.

2 Entstehung der Glaubensinhalte von Judentum, Christentum und Islam

Historische Wurzeln des Judentums – Zarathustra und Mose

Die monotheistischen Offenbarungsreligionen sind geschichtlich gewachsen. Die der Vernunft auffälligen Ungereimtheiten im Gottesbild der christlichen Religionen sind historisch bedingt. Kein Heiliger Geist hat für eine einheitliche und vernunftkonforme Verkündigung und Überlieferung gesorgt. Und den Menschen erschien es einfacher, die Einheit des Glaubens über die Macht der Dogmen zu gewährleisten als den mühsameren Weg einer Verständigung auf Basis der Vernunft zu gehen. Das ambivalente Verhältnis zur Vernunft und somit zur innerweltlichen Wahrheit hatte die Zurückweisung des modernen naturwissenschaftlichen Weltbildes zur Folge. Die Bindung des Glaubens an die Vernunft ebenso wie die Bindung der Vernunft an den Glauben waren endgültig zerbrochen, zum Schaden des gemeinsamen Anliegens, der Wahrheit zu dienen. Der geschichtlichen Bedingtheit der Glaubensinhalte von Judentum, Christentum und Islam wird nachfolgend nachgegangen (Glasenapp 1963).

Die Religionen der geschichtlichen Gottesoffenbarung sind im Vorderen Orient entstanden. Zarathustra und Mose sind ihre geistigen Väter. Das von altiranischen Ideen durchsetzte nachexilische Judentum war der Boden, aus dem die Glaubensinhalte von Christentum und Islam erwachsen sind. Aber auch die Naturreligion der nach dem (faktisch unzutreffenden) biblischen Bericht besiegten und umgebrachten Kanaanäer war nicht ohne Einfluss. Tatsächlich lebten die nomadisierenden Stämme Israels über Jahrhunderte mit den sesshaften und teilweise verstädterten Kanaanäern eng zusammen.

Entstehung des Monotheismus im Judentum – die Propheten

Der hebräische Monotheismus entwickelte sich aus einem im semitischen Raum allgemein verbreiteten Polytheismus, gegen den sich die Propheten wandten, um den einen Gott Jahve, ursprünglich ein Berg- bzw. Gewittergott, als Schirmherr des israelitischen Stammesverbands durchzusetzen. Die Nachbarstämme verehrten andere Götter. Die verschiedenen Stammesgötter waren Rivalen. Jeder Stammesverband hoffte darauf, dass der eigene Gott besonders mächtig, mächtiger als die anderen Götter sei. Der Begründer der neuen israelitischen Gottesvorstellung (»Ich bin, der ich bin«) und des erneuerten Bundes zwischen Gott und den Israeliten (hebr. »die für Gott streiten«) war Mose. Der erste Bund mit Noah betraf die Rettung der Schöpfung. Der zweite Bund machte Abraham zum Stammvater des Judentums, Christentums und Islams. Der dritte Bund mit Mose einte die zwölf Stämme Israels. Die historische Existenz von Mose (13. Jh. v. Chr.) ist allerdings fraglich. Auch hat es die biblische Schlüsselereignisse des Auszugs aus Ägypten, der Wanderung durch die Wüste, der Gesetzgebung am Berg Sinai und der Eroberung Kanaans (»Landnahme«) so, wie berichtet, nicht gegeben. Es handelt sich um eine den Glauben begründende gleichnishafte Überlieferung.

Mit den politischen Erfolgen von König David verfestigte sich die Meinung, dass Jahve der mächtigste der Stammesgötter sei. Den eigentlichen Monotheismus haben erst die späteren Propheten entwickelt, die Jahve als den Herrn des Kosmos und der Geschichte verkündeten. Dem Volke Israel drohten sie ein Strafgericht an, sofern es Gottes Gebote nicht einhält oder sich fremden Göttern zuwendet. Schließlich wurde dem unsichtbaren Gott der Tempel in Jerusalem als einziger Wohnsitz zugewiesen. Während des babylonischen Exils (598 bzw. 586–538 v. Chr.) entwickelte sich dann (bei Deuterojesaja) die Vorstellung, dass Gott der ganzen Menschheit zugehört, und dass Israel auserwählt ist, diese Erkenntnis zu verbreiten.

Mit der gewandelten Gottesvorstellung sind zunehmend moralische Attribute verbunden. Jahve ist nicht mehr der vormalige, aller Moral enthobene Despot. Damit stellt sich aber das Problem, woher das Böse in der Welt herrührt. Als Erklärung wird der Satan als Widersacher Gottes eingeführt. Ursprünglich wirkte Gott in der Welt über seine Boten, die Engel. Unter den gefallenen Engeln ist Satan der oberste, ursprünglich dafür ausersehen, die moralische Qualität des Menschen mit Zustimmung Gottes zu prüfen. Beeinflusst von der persischen dualistischen Weltsicht, erscheint er jedoch als der Urheber von allem Bösen, also als der Widersacher Gottes. Durch seine Unterengel, die Dämonen, bewirkt er überall Unheil. Die Evangelien berichten eindrucksvoll von Jesu direkter Konfrontation mit Satan als Fürst dieser Welt, ebenso wie von der Austreibung der Dämonen anlässlich der Krankenheilungen.

Messiaserwartung im Judentum

Ihre besondere Ausprägung erhielt die israelitische Religion durch die Anschauung, dass Gott der als Person willentlich tätige Weltenherr ist, der über die Geschichte der Menschheit einen besonderen Heilsplan verwirklicht. Diese Anschauung erwuchs aus zwei Wurzeln, aus dem Glauben an die Auserwähltheit des Volkes Israel einerseits und aus persisch-eschatologischen Vorstellungen andererseits.

Es war Glaubensinhalt, dass das Volk Israel aufgrund des mit Gott geschlossenen besonderen Bundes ausersehen ist, die Herrschaft über die Nachbarvölker auszuüben. Da dies aber den realen politischen Verhältnissen zunehmend widersprach, verkündeten die Propheten das Kommen eines zukünftigen Weltenherrschers, der teilweise ins Transzendente projiziert wurde. Dabei war die auf Zarathustra zurückgehende persische Interpretation des Weltgeschehens als ein Kampf des bösen Prinzips gegen das gute Prinzip hilfreich, die erst vom Judentum und dann vom Christentum und Islam übernommen wurde. Die Interpretation hebt folgende Grundzüge hervor: Weltgeschichte in endlicher Zeit zwischen definiertem Anfang und definiertem Ende der Zeit, Weltuntergang durch den Heilsbringer, Auferstehung der Toten zum Endgericht, ewiges Leben der Guten nach Überwindung des Bösen. Das stimmt weitgehend überein mit der im Buch Daniel dargelegten Erwartung des Gottesreichs, das anlässlich eines bevorstehenden Weltendes von einem Sendboten Gottes, dem Messias (hebr. »Gesalbter«, gr. *christós*), errichtet wird, wobei die Toten auferstehen und entsprechend ihren Taten gerichtet werden. Die Messiaserwartung war im damaligen Judentum ein stark hervortretendes politisches und religiöses Phänomen, in dem sich diesseitige und jenseitige Erwartungen vermischten. Der Messias wird im Buch Daniel auch als »Menschensohn« bezeichnet, was in die spätere apokalyptische Literatur eingegangen ist.

Messianische Wurzel des Christentums

In dieser Zeit der Messiaserwartung traten der Täufer Johannes und der Prophet Jesus auf, die wohl beide den Essenern nahestanden. Über die Lehren der Essener weiß man durch die in neuerer Zeit bei Qumran am Toten Meer aufgefundenen Schriftrollen gut Bescheid. Jesus ist dagegen historisch nicht fassbar. Was von Jesu Lehre in den Evangelien zu lesen ist, stellt eine Vielfalt unterschiedlicher Lehren jüdischen Ursprungs dar, nichts grundsätzlich Neues, wie sich als kritische Bilanz der neueren Jesus-Forschung aufzeigen lässt. Die jüdisch-christliche Urgemeinde machte die irritierende Erfahrung, dass das von Jesus verkündete, unmittelbar bevorstehende Weltende, Weltgericht und Himmelreich nicht eingetreten war. Der Verkünder der Glaubenslehre, nämlich Jesus, wurde nunmehr, Paulus folgend, zum Glaubensinhalt erklärt. Der Glaube an Christus verdeckte von nun an den Glauben an den eigentlichen Gott.

Grundlegend für die christliche Erlösungslehre in den Westkirchen wurden die von Augustinus vertretenen, manichäisch geprägten Vorstellungen von der Erbsünde einerseits, die sich von Adam herkommend im Akt der Zeugung fortpflanzt, und von der Prädestination zu ewigem Leben oder ewiger Verdammnis andererseits. Nach der mit diesen Vorstellungen verbundenen Gnadenlehre (Augustinismus), kann nur ein Selbstopfer Gottes den Menschen von aller Schuld erlösen. Die Erlösung erfolgt durch den Opfertod des Gottessohnes und die darauf folgende Auferstehung als einmaliges geschichtliches Ereignis. Das ist der Kern der Heilsbotschaft in den Westkirchen ebenso wie in den Ostkirchen bei unterschiedlicher Betonung von Dogma, Mysterium und Ritus.

Hellenistische Wurzeln des Christentums

Christentum und Islam sind außer durch die gemeinsame israelitisch-jüdische Wurzel über den Hellenismus der Antike miteinander verbunden, allerdings in unterschiedlichem Grade: das Christentum wurde durch die Antike entscheidend geprägt, der Islam von der Antike nur beeinflusst. Das Christentum entwickelte sich in der römischen Kaiserzeit unter dem Einfluss einer Vielzahl religiöser und philosophischer Strömungen, darunter Mysterienkulte und Neuplatonismus. Aus der nichtjüdischen Geisteswelt stammt insbesondere die für das Christentum grundlegende Idee der inkarnierten Gottheit, deren Sterben und Wiederauferstehen das Heil der Menschen verbürgt. Dies führte zur Lehre von der doppelten Natur Jesu Christi (wahrer Gott und wahrer Mensch) und zur Trinitätslehre, worin das Judentum ebenso wie der Islam ein Abweichen vom strengen Monotheismus sehen.

Auf die griechische Antike ist die mystische Prägung des Christentums zurückzuführen, auf die römische Antike dessen juristische Durchdringung. Von der Antike hat das Christentum auch den Kult und die Verwendung von Bildnissen im Kult übernommen. Letzteres läuft den Auffassungen des Judentums und Islams zuwider. Auch im Christentum hat sich der Bilderkult erst nach heftigen Auseinandersetzungen durchgesetzt. Besonders zu erwähnen ist die Übernahme der im Mittelmeerraum verehrten »großen Mutter« als Mutter Christi (gr. *theotókos*, »Gottesgebärerin«) und deren bildliche Darstellung.

Ein weiteres Erbe der Antike im Christentum sind Weltabkehr und Askese, wie sie sich zunächst innerhalb der christlichen Gemeinden, bald aber auch als eigenständige christliche Lebensform (Mönchtum) neben den Gemeinden ausbildete. Ehelosigkeit und geschlechtliche Enthaltsamkeit, besonders die Jungfräulichkeit, wurden hoch gewertet. Diese Haltung war in der Antike verbreitet, bei den Orphikern und Pythagoreern ebenso wie bei den Stoikern und Neuplatonikern. Sie wurde im christlichen Bereich gefördert durch die Erwartung des nahen Weltendes, aber auch als Gegenreaktion auf die Verweltlichung der Kirche als Staatsreligion. Dem Judentum und Islam liegen asketische Tendenzen fern. Im jüdischen Glauben ist der Mensch ganz der Welt zugewandt, in der er seine Aufgabe zu erfüllen hat, darunter die Zeugung der Nachkommen. Vom Islam wird gesagt, dass in ihm der Heilige Krieg die Askese ersetzt. Die so definierten Märtyrer des Islams erfreuen sich im jenseitigen Paradies höchst diesseitiger Wonnen.

In den späteren reformatorischen und gegenreformatorischen Bewegungen der Westkirche wurden viele antik-hellenistische Elemente als »heidnisch« verworfen und die originär jüdischen Komponenten hervorgehoben. Der moderne Protestantismus nähert sich in der Ablehnung von Gottessohnschaft und Eschatologie dem altjüdischen Theismus. Die neuere katholische Theologie wiederum (Ratzinger 2007) betont die enge Verbindung der Ereignisse um Jesus mit der alttestamentarischen Verkündigung (»kanonische Exegese«).

3 Weitere Entwicklung der Glaubensinhalte des Christentums

Historische Paradigmenfolge

Die geschichtliche Entwicklung des Glaubens an Jesus Christus seit dessen Kreuzigung wird von Hans Küng als Aufeinanderfolge unterschiedlicher Paradigmen (im Sinne von Glaubensstrukturen) dargestellt (Küng 2003):

- das urchristlich-apokalyptische Paradigma der Apostelgemeinden,
- das altkirchlich-hellenistische Paradigma der Patristik,
- das mittelalterlich-römische Paradigma der Scholastik,
- das reformatorisch-protestantische Paradigma der Reformation,
- das aufgeklärt-moderne Paradigma der Neuzeit und
- das zeitgenössisch-ökumenische Paradigma.

Zeitgenössische Glaubensstrukturen neben dem letztgenannten Paradigma sind aber auch die heutigen Erscheinungsformen der vorhergegangenen Paradigmen:

- der orthodoxe Traditionalismus (der Ostkirche) mit Wurzeln in der Patristik,
- der römisch-katholische Autoritarismus (»absoluter Autoritätsanspruch«) mit Wurzeln in der Scholastik,
- der protestantische Fundamentalismus (»strenge Bibelgläubigkeit«) mit Wurzeln in der Reformation und
- der liberale, historisch-kritische Modernismus mit Wurzeln in der Aufklärung.

Die auffälligen Unterschiede in der Glaubensstruktur unterschiedlicher christlicher Gemeinschaften sind somit historisch bedingt. Dabei bleibt offen, ob ein theologischer Fortschritt vorliegt. Bekanntlich ist der auf Thomas Kuhn zurückgehende Begriff der geschichtlich gewachsenen Paradigmen in der Wissenschaft nicht mit dem Fortschrittsgedanken verknüpft (Kuhn 1976). Über den geschichtlich bedingten Paradigmenwechsel will Küng den gleichbleibenden Glaubensinhalt hervorheben, den er in Jesus Christus als Gottessohn und Messias sieht.

In der Küngschen Strukturierung nach Paradigmen fehlt der säkulare Bereich der Neuzeit, der geschichtlich bestimmend geworden ist. Er lässt sich als säkulare Fortsetzung des Messiasglaubens ohne göttliche Sanktionierung auffassen, sowohl die links-sozialistischen Varianten mit Lenin, Mao Tse-tung oder Che Guevara als Leitfiguren, als auch die rechts-sozialistischen Spielarten mit Benito Mussolini oder Adolf Hitler als »Führer«. Diese neuzeitlichen politischen Bewegungen haben jüdisch-christliche Wurzeln, auch dort, wo sie sich atheistisch geben. Es wird von »Ablösebewegungen des Christentums« gesprochen. Der christliche Sozialismus ging dem nationalen bzw. atheistischen Sozialismus voraus.

Problematik des christlichen Messiasglaubens

Die angesprochenen geschichtlichen Bedingtheiten des Glaubens an Jesus Christus sind für die christliche Religion ein Problem, weil der geschichtliche Prozess selbst (Kreuzestod und Auferstehung) zum Inhalt des Glaubens gemacht wurde und diese Ereignisse historisch nicht fassbar sind. Außerdem existiert kein Lehrdokument des Religionsstifters. Die in neuerer Zeit intensiv betriebene historische Forschung zum Leben und zur Lehre Jesu auf Basis der frühchristlichen Schriften, insbesondere der vier Evangelien, bekannt als Bibelexegese, hatte ein ernüchterndes Ergebnis, das von Rudolf Augstein wie folgt zusammengefasst wird: »Wir wissen nicht, was Jesus gedacht, gewollt und getan hat; wir wissen nur, was frühchristliche Gemeinden über einen jüdischen Wanderprediger namens Jesus gedacht und für wahr gehalten haben« (Augstein 2002).

Das im Mittelpunkt des Christusglaubens stehende geschichtliche Ereignis der Menschwerdung Gottes im Leben und Leiden Jesu ist nur durch spätere indirekte Zeugen erschließbar, die Jesus nie gesehen haben, die teilweise nur unzureichend mit der jüdischen religiösen und römischen politischen Umwelt in Palästina, dem Wirkungsbereich Jesu, vertraut waren. Die für den Glauben maßgebenden Schriften des Neuen Testaments (Evangelien, Apostelgeschichte, Apostelbriefe, Apokalypse) wurden 20 bis 80 Jahre nach Jesu Kreuzigung verfasst, die auf das Jahr 30 n. Chr. datiert wird. Diese Schriften vermitteln nur vordergründig ein einheitliches Bild, während bei genauerem Hinsehen zahlreiche Unstimmigkeiten feststellbar sind, wie die wissenschaftlich fundierte Bibelkritik nachweist. Insbesondere die vier Evangelien sind primär als Glaubenszeugnisse zu werten, die allerdings einen historischen Kern enthalten.

Es ist der historisch urteilenden Vernunft offenbar, dass der Mensch Jesus, wenn es ihn als eine einzelne Person überhaupt gab, nur unzureichend mit der später kanonisierten und dogmatisierten Glaubensfigur des Christus übereinstimmt. Von dieser misslichen Ausgangslage her sind die

Grundüberzeugungen des geschichtlich gewachsenen Christentums theologisch nur schwer weiterentwickelbar, ohne die wesentlichen Glaubensinhalte in Frage zu stellen. Man kann darin die eigentliche Krise der Offenbarungstheologie des Christentums sehen.

4 Glaube wider die Vernunft?

Widersprüchliche Glaubenshaltung zur Vernunft

Die Glaubensaussagen des Christentums verstoßen teilweise gegen die (rationale) Vernunft. Das hat eine lange Tradition. Als sich der Apostel Paulus auf dem Aeropag von Athen mit Vertretern der dortigen Philosophenschule auseinandersetzte, fand er eher Spott als Zustimmung. Höher als alle menschliche Vernunfterkenntnis setzte er Glaube, Hoffnung und Liebe. Den Widerstreit zwischen Glauben und Vernunft bringt das »*credo quia absurdum*« zum Ausdruck, das »ich glaube es, gerade weil es widersinnig ist«, eine im 17. Jahrhundert verfälschenderweise Tertullian und Augustinus zugeordnete Aussage. Augustinus und später in der Scholastik Anselm von Canterbury stellen hingegen fest: »*credo ut intelligam*«, »ich glaube um zu begreifen«. Der Katholizismus lebt aus einer gewissen Achtung der Vernunft, die sich allerdings der Offenbarungstheologie unterzuordnen hat. Anders verhält sich der Protestantismus, der mit Martin Luther befindet: »Wider alle Vernunft, ja wider alles Zeugnis der Sinne muss man lernen, am Glauben festzuhalten«. Im protestantischen Bereich ist es dabei geblieben, die Vernunft als bedeutungslos für die Glaubensdinge anzusehen. Albert Schweitzer stellt eine rühmliche Ausnahme dar. Über seine Willensethik der »Ehrfurcht vor dem Leben« betont er die rationale Vernunft vor der emotionalen Liebe: »Das Christentum kann das Denken nicht ersetzen, sondern muss es voraussetzen«.

Die insgesamt zurückhaltende, wenn nicht ablehnende, Haltung der christlichen Theologie zur Vernunft (mit Ausnahme der Scholastik) hat zu permanenten religiösen, sozialen und machtpolitischen Spannungen und Auseinandersetzungen geführt, weil die in anderen Lebensbereichen mögliche Einigung auf Basis der Vernunft gar nicht erst in Erwägung gezogen wurde. Die einseitige Säkularisierung der Vernunft zur Zeit der Aufklärung wurde durch die im religiösen Bereich vorherrschende Vernunftfeindlichkeit begünstigt. Das Auseinanderfallen der säkularen und der religiösen Geisteshaltungen steht auf beiden Seiten einem ganzheitlichen Weltbild entgegen.

Erörterung vernunftkritischer Glaubenspositionen

Es ist zweifellos unumgänglich, den Glauben dort walten zu lassen, wo die Vernunft im Sinne von Verstand und Erfahrung nicht hinreicht, es wirkt jedoch borniert, Glaubenslehren zu vertreten, die sich auf Basis logischen Denkens bzw. gesicherter naturwissenschaftlicher Erkenntnisse nach der Vernunft widerlegen lassen. Allerdings ist immer auch die begrenzte Gültigkeit vernunftgeleiteter Aussagen im Auge zu behalten. Bei der nachfolgenden Erörterung von christlichen Glaubenspositionen, die zumindest dem ersten Anschein nach der Vernunft widersprechen, wird die römisch-katholische Theologie zugrundegelegt, weil nur sie gegenüber den unzähligen nicht-katholischen christlichen Positionen die nötige Klarheit und Eindeutigkeit aufweist (Katechismus 1993).

Erstes Beispiel: Es wird gelehrt, Gott sei gütig und allmächtig sowie Herr der Geschichte von der Weltschöpfung bis zum Weltende. Die Macht des Bösen in der Geschichte führt zum Widerspruch hinsichtlich Güte und Allmacht, wie Hans Jonas für den jüdischen Glauben nachgewiesen hat (Kap. XII-5 u. XIII-8). Gott kann angesichts der Macht des Bösen nicht zugleich gütig und allmächtig sein. Günther Schiwy hat diese Argumentation auf dem christlichen Glauben ausgedehnt. Unabhängig davon ist in der protestantischen Theologie die Vorstellung des mitleidenden Gottes entwickelt worden.

Entgegnung: Die auf Basis des jüdischen Glaubens schlüssige Argumentation von Jonas lässt sich nicht unverändert auf den christlichen Glauben übertragen. Der jüdische Glaube ist auf das Gemeinschaftsleben im Diesseits gerichtet. Er setzt daher Verständlichkeit Gottes in diesseitigen Kategorien voraus. Dem auf ein jenseitiges Reich ausgerichteten, stärker individualisierten christlichen Glauben bleibt Gott ein unergründbares Mysterium. Allmacht und Güte werden daher nicht durch eine Übermacht des Bösen (nach diesseitigen Kategorien) in Frage gestellt. Der Mensch muss auch ungeheuerliches Geschehen ohne Gotteskritik hinnehmen (das Hiob-Motiv im jüdischen Glauben).

Zweites Beispiel: Es wird gelehrt, Vater, Sohn und Heiliger Geist seien drei verschiedene göttliche Personen (oder drei »Hypostasen« im Sinne von Personifizierung) in der Einheit der Substanz (im Sinne von Wesenheit oder Natur) – die Heilige Dreifaltigkeit, das Trinitätsdogma (Synode von Konstantinopel im Jahr 318). Andererseits wird gelehrt, der Sohn (Jesus Christus) verbinde in seiner Person unvermischt zwei verschiedene Naturen, er sei zugleich wahrer Gott und wahrer Mensch (Konzil von Chalkedon im Jahr 451). Der logische Widerspruch, die Antinomie zwischen den beiden Aussagen ist offensichtlich. Anteil an der Trinität kann offenbar nur die göttliche Natur haben (also Christus) während die menschliche Natur (also Jesus) ausgeschlossen bleibt. Die Person Jesus Christus wäre dann keine Einheit. Dem widerspricht die Begriffsfestlegung von Boethius (um 500 n. Chr.): *Persona est naturae rationalis individua substantia,* »die Person ist die *unteilbare* Substanz eines vernünftigen Wesens«. Dagegen erklärt der katholische Katechismus die Verschiedenheit der drei göttlichen Personen bei gleicher Substanz als Ausdruck wechselseitiger Beziehung. Die Trinitätslehre lässt über die logischen Widersprüche hinaus den angestrebten Monotheismus fraglich erscheinen.

Entgegnung: Eine Entgegnung im eigentlichen Sinn ist nicht möglich. Die Widersprüchlichkeit lässt sich nicht bestreiten. Sie betrifft den Kern christlichen Glaubens und drückt sich in den frühen theologischen Auseinandersetzungen der Christenheit aus (Glasenapp 1963, *ibid.* S. 197 u. 198). Am Anfang steht die Auffassung des dem Vater untergeordneten Sohnes, im Fleische dem Stamm Davids zugehörig und nur im Geiste dem Gott. Aber das Johannesevangelium hebt die wesenhafte Einheit von Vater und Sohn hervor. Der Sohn gilt als fleischgewordenes Schöpfungswort Gottes (gr. *logos*). Nur ein von der Erbsünde freier Gottessohn kann die Menschheit erlösen. Diese Vorstellung führt schließlich zum Trinitätsdogma und zu Maria als Gottesgebärerin. Zurückgewiesen wurde die Lehre der Arianer, die den Sohn für göttlich-wesensungleich erklärten, ebenso die Lehre der Nestorianer, die zwei Personen, eine menschliche und eine göttliche, in Christus annahmen, und schließlich die Auffassung der Monophysiten, dass nur eine (göttliche) Person und Natur bestehen. Als gänzlich unbegründet (und unnötig) erscheint die Einführung des Heiligen Geistes als dritte göttliche *Person*, die sich nicht aus Jesu Verkündigung ableiten lässt. Der damit umrissene zentrale Bereich des Christusglaubens bedarf der Neubestimmung, um die aus Sicht der Vernunft berechtigten theologischen Einwände abzuwenden.

Drittes Beispiel: Es wird gelehrt, Jesus Christus sei empfangen durch den Heiligen Geist und geboren von der Jungfrau Maria, sei gestorben am Kreuz, sei in das Reich des Todes hinabgestiegen, sei auferstanden von den Toten und sei schließlich aufgefahren in den Himmel, um an der Seite Gottes eine unvergängliche Herrschaft anzutreten. Der Jungfrauengeburt wird auf Basis der Vernunft entgegengehalten, ein geistiges Prinzip (Gott) könne nicht leiblich zeugen und auch naturwissenschaftlich sei die Sache kaum vertretbar. Auch Auferstehung und Himmelfahrt eines Gottmenschen seien mit den Mitteln der Vernunft nicht fassbar.

Entgegnung: Es widerspricht nicht der Vernunft, den Menschen der Erbsünde unterworfen zu sehen. Aus naturwissenschaftlicher Sicht entspricht der Erbsünde die evolutionsbedingte animalische Naturkomponente im Menschen, die sich in einer nur unzureichend beherrschbaren Triebstruktur der menschlichen Psyche niederschlägt. Aus dieser körperlichen und psychischen Gefangenschaft kann nur ein Mensch gewordener Gott erlösen. Dies wieder setzt übernatürliche Zeugung voraus, sowie die Erhöhung der Mutter Maria in einen göttlichen Status. Diese Argumentation ist von der Vernunft geleitet. Als Schlüsselproblem erscheint, wie die vergängliche diesseitige physische Wirklichkeit mit der eigentlichen jenseitigen metaphysischen Wirklichkeit verbunden ist. Der Mensch kann sich mit seinen Aussagen und Bildern der eigentlichen Wirklichkeit nur gleichnishaft nähern, um sich der abstrakten Inhalte seines Glaubens zu vergewissern. Er sollte das Christusdrama (Menschwerdung, Kreuzigung, Auferstehung und Himmelfahrt) in der eigenen Seele nachvollziehen. Diese besonders von den Spiritualisten, darunter die Quäker, erhobene Forderung verbindet mystische Innenschau mit Vernunftbejahung in der Außenwelt.

Viertes Beispiel: Es wird gelehrt, die Substanzen von Brot und Wein würden anlässlich des Messopfers durch die sakramentale Weihe (Konsekration) in die Substanzen von Leib und Blut Christi verwandelt (Transsubstantiationslehre), wobei die »Erscheinungswirklichkeit« von Brot und Wein erhalten bleibe. Martin Luther vertritt die Auffassung des Hinzutretens der göttlichen Substanz (Konsubstantiationslehre). Calvin betont die mystische Vereinigung mit Christus parallel zum leiblichen Vollzug des Mahles, während für Zwingli das Abendmahl nur symbolische Bedeutung hat. Die vorstehende Reihenfolge der Positionen spiegelt zunehmenden Einfluss der einengenden rationalen Vernunft.

Entgegnung: Im Sakrament des Abendmahls vollzieht sich ein mystisches Geschehen, das durch die Vernunft nicht erfasst werden kann. Insofern wirken alle vorstehenden Bestimmungen auf Basis der rationalen Vernunft unangemessen.

Fünftes Beispiel: Es wird gelehrt, die Welt habe einen Anfang, sei vor etwa 6000 Jahren durch einen einmaligen Willensakt Gottes aus dem Nichts geschaffen worden. Ebenfalls wird gelehrt, die Welt werde ein Ende haben, ihre Zeit sei von endlicher Dauer. Sie werde beendet durch das Weltgericht Christi am »Jüngsten Tag«, mit Höllenfahrt der Verdammten und Himmelfahrt der Auserwählten (nicht notwendigerweise der Gerechten). Die Welt kehre dann in ein Nichts zurück. Weder das Entstehen von

Etwas aus dem Nichts noch das Verschwinden von Etwas im Nichts ist der Vernunft verständlich. Auch eine endliche Zeit ist unverständlich. Entgegnung: Der Begriff des Nichts wird seit Jahrtausenden im Bereich des Buddhismus philosophisch und existentiell erhellt. Vernünftige Aussagen dazu sind möglich, enden jedoch in Paradoxien (Radaj 2011). Die Entwicklung von Kosmos und natürlicher Welt wird im Rahmen der Naturwissenschaften zuverlässig beschrieben. Dagegen sind die Berichte der Bibel als Schöpfungsmythus bzw. eschatologischer Mythus aufzufassen.

Zusammenspiel von Glaube und Vernunft

Nach dieser Erörterung von Glaubenspositionen des Christentums, die der rationalen Vernunft als problematisch erscheinen, stellt sich die Frage, inwieweit dieser Glaube mit der Vernunft in Einklang gebracht werden kann. Der Grundgedanke, dass der Mensch erlösungsbedürftig ist und diese Erlösung im göttlichen Urgrund selbst erfolgt, widerspricht keineswegs der Vernunft. Es ist daran zu erinnern, dass sich vor allem die Scholastik um die Versöhnung des Glaubens mit der Vernunft bemüht hat. Der von Nicolaus Cusanus gegen Ende der Scholastik vorgezeichnete Weg des »Wissens vom Nichtwissen« (*docta ignorantia*, »gelehrtes Nichtwissen«) wurde aber nicht weiterverfolgt, auch nicht seine Sicht der Religionen als unterschiedliche Ausdrucksweisen des einen Logos. Statt dessen thematisierten die Reformatoren des Glaubens, Luther, Zwingli und Calvin, Fragen der göttlichen Prädestination und Gnadenwahl. Die Reformation war durch die Rückbesinnung auf die Bibel gekennzeichnet (*sola scriptura*), nicht durch Aufgeschlossenheit gegenüber den neuen geistigen Strömungen, darunter der an die römische Antike anknüpfende Humanismus.

Da der Ausschluss der Vernunft aus dem Kernbestand christlicher Tugenden bereits in den Anfängen des Christentums durch Paulus festgeschrieben wurde, ist die reformatorische Rückbesinnung auf die Anfänge diesbezüglich eher ein Rückschritt als ein Fortschritt. Das Christentum kann auch aus Sicht der zurückgewiesenen Vernunft den Anspruch, im Besitz einer alles umfassenden Wahrheit zu sein, nicht aufrecht erhalten. Der Verzicht auf diesen Anspruch wird seit der europäischen Aufklärung gefordert, jedoch von den maßgebenden Theologen und Kirchen nicht vollzogen. In der globalisierten Welt ist aber eine Verständigung nur auf Basis der allen Menschen gemeinsamen Vernunft möglich.

Der Konflikt zwischen Glauben und Vernunft, der im Bereich der römischen Kirche eine unheilvolle geschichtliche Wirkung entfaltet hat, wurde im Bereich der orthodoxen Christenheit vermieden. Hier bedarf die dogmatisch ausformulierte Theologie der Glaubensgemeinschaft ausdrücklich der mystischen Erfahrung des einzelnen Gläubigen. Die Mystik wird »als die Vollendung der Theologie« betrachtet. Es gibt keine theologische Wahrheit unabhängig vom mystischen Erleben. Der von den Westkirchen vertretene Anspruch der allumfassenden Gültigkeit der geoffenbarten Wahrheiten ist damit ausgeräumt. Mystik kann als Gegenpol zur Logik aufgefasst werden, und niemand wird erwarten, dass mystische Erlebnisse einer strengen Logik folgen.

Mit den vorstehenden Ausführungen wird nicht nahegelegt, einen Glauben, der über der Vernunft steht, durch eine Vernunft zu ersetzen, die über dem Glauben steht. Es wird ein Zusammenspiel von Glaube und Vernunft gefordert, bei dem nicht gegeneinander, sondern miteinander zur pragmatischen Bewältigung der Lebenswirklichkeit argumentiert wird.

5 Offenbarungstheologie und Christentum in der Geschichte

Praktische Bewährung der Offenbarungstheologie

Die bisherige Darstellung der Offenbarungstheologie folgt dem in diesem Buch bei Naturwissenschaft und philosophischer Theologie verfolgten Schema. Die Aussagen zu diesen Bereichen werden aus der zugehörigen historischen Entwicklung gewonnen. In den Naturwissenschaften steht die Suche nach Erkenntnis im Vordergrund. In der Philosophie (gr. »Weisheitsliebe«) geht es um ein abgeklärtes Wissen, das durch kritisches Fragen und Weiterfragen vorangetrieben wird. Die Philosophie, und damit auch die philosophische Theologie, finden somit ihre Erfüllung in sich selbst. Philosophie betreibt ein regelkonformes Spiel mit Worten und Begriffen, so wie die Mathematik spielerisch mit Zahlen und anderen formalen Größen umgeht. Der Dialektik in der Philosophie entspricht die Logik in der Mathematik.

Wesentlich anders verhält es sich mit der Offenbarungstheologie, die ein Bestandteil der christlichen Religion ist, die wiederum dem Menschen in seinen existentiellen Nöten und Bedrängnissen beistehen und ihm den Weg zum Heil weisen will. Somit muss die Offenbarungstheologie vor allem auch daran gemessen werden, inwieweit sie dem Gläubigen hilft, mit der diesseitigen Welt des Lebens, Leidens und Sterbens zurechtzukommen. Mit Blick auf die Geschichte ist zu fragen, ob diese Theologie zur sittlichen und ästhetischen Vervollkommnung des Menschen beigetragen und das Gemeinschaftsleben bereichert hat. Nur eine in der Lebenspraxis bewährte Offenbarungstheologie ist glaubhaft. Was also hat das offenbarungstheologisch fundierte Christentum in seiner mehr als zweitausendjährigen Geschichte bewirkt?

Geschichtliches Versagen des Christentums

Die Vertreter des Christentums heben im allgemeinen nur die lichten Seiten dieser Religion in geistiger, kultureller und ethischer Hinsicht hervor: der Gottesglaube als Basis von Welt- und Lebensbejahung; die Einheit von Gottes- und Nächstenliebe als Basis sozialen Einsatzes; die Freiheit des Christen den weltlichen Machtansprüchen gegenüber; Gott als Letztbegründung des ethisch Gebotenen; die Entwicklung von Kunst und Wissenschaft aus dem geistigen Erbe der griechischen Antike, einmündend in moderne Naturwissenschaft und Technik; die Übernahme von römischen Rechts- und Verwaltungsstrukturen. Nachfolgend sollen dagegen die entsetzlich dunklen Seiten des Christentums zur Sprache kommen, die allzugerne verdrängt werden. Keine andere Religion hat den Menschen so gedemütigt und in Frage gestellt wie das Christentum. Im Namen Christi wurde geraubt, gefoltert, vergewaltigt, getötet und gemordet, nicht gelegentlich, sondern systematisch, das gesamte vergangene Jahrtausend hindurch.

Die europäische Geschichte der »christlichen Völker« seit dem frühen Mittelalter und ihre Fortsetzung als Weltgeschichte in der Neuzeit ist voll von sanktionierten und legalisierten Verbrechen: Kreuzzüge, Zwangsmissionierung, Ketzerverfolgung, Inquisition, Hexenprozesse, Religionskriege, ausbeuterischer Kolonialismus, Vernichtung der Naturvölker und in säkularer Fortsetzung Holocaust und Archipel Gulag.

Dem Judentum ist die Ausführung derartiger Verbrechen weitgehend erspart geblieben, sowohl infolge der Diesseitsorientierung ihres Glaubens als auch infolge der politischen Machtlosigkeit in der neueren Geschichte bis zur Gründung des Staates Israel. In der »machtvolleren« älteren Geschichte wurden die Kanaanäer auf Gottes Geheiß blutig vernichtet und ließ der Prophet Elia 400 Baalpriester »schlachten«, bevor er in einem feurigen Wagen zum Himmel auffuhr, beides Ereignisse, die sich allerdings historisch nicht erhärten lassen.

Drei glaubensbedingte Ursachen

Drei glaubensbedingte Ursachen lassen sich für das geschichtliche Versagen des Christentums anführen, zum einen die enttäuschte Messiaserwartung und deren Konversion in ein diesseitiges Weltverbesserungsmodell, des weiteren der Glaube, im Besitz der absoluten Wahrheit zu sein, und schließlich der damit verbundene Verzicht, die Grundpositionen des Glaubens nach Maßgabe der Vernunft ständig neu zu überdenken. Die daraus entstandene Intoleranz abweichenden Auffassungen gegenüber lässt sich bereits durch das Jesus-Wort »Wer nicht für mich ist, der ist gegen mich« (Matth 12,30) belegen oder auch durch das Paulus-Wort »Wenn jemand den Herrn nicht lieb hat, der sei verflucht« (1.Kor 16,22). Jesus beschimpft seine jüdischen Kritiker: »Warum versteht ihr nicht, was ich sage? Weil ihr nicht imstande seid, mein Wort zu hören. Ihr habt den Teufel zum Vater und ihr wollt das tun, wonach es euren Vater verlangt. Er war ein Mörder von Anfang an ... und ein Lügner« (Joh 8,43/44). Dem Ungläubigen werden zunächst Höllenstrafen angedroht und in geschichtlich späterer Zeit bereits im Diesseits vollzogen. Auch ein anderes unschönes Jesus-Wort hat die Fehlentwicklung begünstigt: »Denkt nicht, ich sei gekommen, um Frieden auf die Erde zu bringen. Ich bin nicht gekommen um Frieden zu bringen, sondern das Schwert« (Matth 10,34). Das Christentum ist dann auch als eine Religion der blutig ausgetragenen Glaubenskonflikte in die Geschichte eingegangen.

Die Zurückführung der blutigen Konflikte im Herrschaftsbereich des Christentums primär auf Glaubensursachen wird dadurch erhärtet, dass es im Bereich anderer Weltreligionen, etwa des Buddhismus, keine vergleichbaren, religiös motivierten Exzesse gab, weder Glaubenskriege noch Ketzerprozesse. Zwischen den buddhistischen Ländern Südostasiens gab es zwar auch Vernichtungskriege, aber allein aus machtpolitischem Kalkül. Bemerkenswert ist auch die relative Friedfertigkeit der orthodoxen Kirchen. Sie gründet in der bereits angesprochenen Einbindung der Theologie der Glaubensgemeinschaft in die mystische Erfahrung des einzelnen Gläubigen.

Die angesprochene erste Ursache des geschichtlichen Versagens des Christentums ist die Irritation über das Ausbleiben des vorausgesagten Weltendes und Weltgerichts, mit denen die Herrschaft Christi beginnen sollte, hatte doch diese apokalyptische Hoffnung den Gläubigen von der Weltverantwortung befreit. Statt der Erlösung in ein Jenseits war er erneut auf die Unzulänglichkeiten des Diesseits zurückgeworfen. Es lag daher nahe, den Beginn der Christusherrschaft bereits im Diesseits zu verwirklichen, was nicht ohne die diesseitigen Machtmittel erfolgen konnte. Dies hatte eine beklagenswerte Politisierung des Glaubens innerhalb des Christentums zur Folge. Schließlich entstand dem politisierten Christentum im theokratischen Islam ein weltgeschichtlich bedeutsamer Gegner, der von gemeinsamen jüdischen und frühchristlichen Glaubensinhalten ausging.

Die angesprochene zweite Ursache des geschichtlichen Versagens des Christentums ist die vom Judentum übernommene Auffassung, mit Gott in einem besonderen, weltgeschichtlich bedeutsamen, nicht aufkündbaren Bund zu stehen. Christen zeichnen sich durch ein Sendungsbewusstsein ohnegleichen aus, das in der Heidenmission nach außen und in den Glaubenskämpfen nach innen ausgelebt wird. Der »Alte Bund« der Juden wurde von dem durch den Opfertod Christi ermöglichten »Neuen Bund« abgelöst, dessen Partner Gott und der christliche Teil der Menschheit sind. Die römisch-katholische Kirche erklärte sich zum eigentlichen Bündnispartner, mit dem Papst als Stellvertreter Christi an der Spitze. Auf Grund des besonderen Bundes mit Gott glaubte sie im Besitz der absoluten Wahrheit zu sein. Da die Kirche neben der geistlichen auch weltliche Macht ausübte, zumindest an ihr beteiligt war, lag es nahe, die von Gott sanktionierte Wahrheit nicht nur zu verkünden, sondern auch gewaltsam durchzusetzen. Die Folge des vermeintlichen Bundes mit Gott war die Intoleranz.

Die angesprochene dritte Ursache des geschichtlichen Versagens des Christentums ist die bereits mehrfach hervorgehobene Hintansetzung der Vernunft im Rahmen der christlichen Botschaft. Wer auf Basis der Vernunft argumentiert, hat keine Scheu, sich mit Andersdenkenden argumentativ auseinanderzusetzen. Nur im Dialog, so ist man sich seit Platon einig, kann die Wahrheit aufscheinen. Wer falsche Argumente einführt, wird durch den Fortgang des vernünftigen Dialogs selbst korrigiert, bedarf nicht der autoritativen Zurechtweisung. Ganz anders ist die Situation im Fall der christlichen Verkündigung der geoffenbarten Heilswahrheit. Egal, ob diese Verkündigung im Rahmen des Amts- oder Laienpriestertums erfolgt, sie bewahrheitet sich allein durch den Schriftbezug (»Es steht geschrieben«, »Ich aber sage Euch«) und duldet keine vernunftgeleitete Infragestellung. Wie aber soll dann der Verkünder reagieren, wenn ihm im Grundsätzlichen widersprochen wird? Einer Glaubensverweigerung kann bei Zurückweisung der Vernunft nur mit Glaubenszwang begegnet werden. Dass das Christentum anfangs eine Religion des ungebildeten einfachen Volkes war, hat diese Tendenz verstärkt.

6 Versagensbelege aus der Geschichte des Christentums
Positive Entwicklung im ersten Jahrtausend

Der ungeheure Vorwurf, im Namen Christi seien systematisch Verbrechen begangen worden, wird nachfolgend mit entsprechenden Erscheinungen in der geschichtlichen Entwicklung des Christentums begründet. Daraus ergeben sich weitere Details zu den geistigen Ursachen. Vorausgeschickt wird eine Betrachtung der Gründe, die zum Tod Jesu am Kreuz führten oder geführt haben könnten, obwohl dieses Ereignis bereits bei Paulus nur noch heilsgeschichtlich bewertet wird.

Hinsichtlich der Gründe, die zu Jesu Verurteilung und Hinrichtung führten, ist man letztlich auf Vermutungen angewiesen, da die Evangelien nur in wenig glaubhafter Form darüber berichten (Augstein 2002). Zunächst ging es um ein innerjüdisches Problem. Jesus wandte sich gegen die unreflektierte Absolutsetzung jüdischer Gesetzesvorschriften. Möglicherweise hat er aber auch die Thora selbst in Frage gestellt und dadurch die Pharisäer gegen sich aufgebracht. Der Vorwurf der Gotteslästerung wurde erhoben. Der innerjüdischen religiösen Auseinandersetzung ist der politische Konflikt mit der römischen Besatzungsmacht überlagert, die einen eigenständigen jüdischen Staat unterbinden möchte. Die im Rahmen der Messiaserwartung der Juden wiederholt auftretenden charismatischen Propheten sind den Römern als mögliche Aufrührer verdächtig und werden aus diesem Grund verfolgt. Es könnte sein, dass Jesus allein zur Abschreckung von den Römern gekreuzigt wurde.

Im weiteren geschichtlichen Verlauf waren Christen und Juden dem römischen Reich dadurch gefährlich, dass sie den unsichtbaren Gott bzw. Christus an Stelle des Kaisers zum alleinigen Herrn erklärten (Ausschließlichkeitsanspruch) und daher das obligate Opfer vor dem Standbild des Kaisers verweigerten. Die Christen wurden aus diesem Grund in den ersten nachchristlichen Jahrhunderten wiederholt verfolgt und mit dem Tode bedroht, während die Juden vom Kaiserkult befreit waren. Nachdem das Christentum durch das Toleranzedikt von Kaiser Konstantin im Jahr 313 den heidnischen Kulten im römischen Reich gleichgestellt worden war, kehrten sich die Verhältnisse allmählich um. Schließlich wurden die heidnischen Kulte verboten und Abweichler von der sanktionierten christlichen Lehre (Häretiker) mit dem Tode bedroht. Die das Christentum bis heute begleitende Erhöhung der Märtyrer einerseits und Verdammung der Häretiker andererseits hat in dieser Machtumkehrung ihren geschichtlichen Ursprung. Die Juden wurden jetzt mit der Begründung unterdrückt, sie wären für Christi Tod verantwortlich, das Christentum sei das »wahre Israel«, auf das sich der Neue Bund mit Gott beziehe. Diese heidenchristliche Polemik hatte judenchristliche Wurzeln. Insgesamt hielten sich diese Verfolgungen und Unterdrückungen jedoch im Rahmen des machtpolitisch Verständlichen.

Das Problem des Christentums lag eher darin, dass es sich überhaupt mit der politischen Macht verbunden hatte. Tatsächlich waren aber die kirchlichen Organisationsstrukturen im weströmischen Reich über viele unruhige Jahrhunderte hinweg der ausschlaggebende politische Ordnungsfaktor. Politische Spannungen und theologische Streitigkeiten führten jedoch im Jahr 1054 zum Großen Schisma, der Spaltung in die orthodoxe Ostkirche und die römisch-katholische Westkirche. Die Verschränkung von religiösem Glauben und politischem Machtanspruch ist ein Merkmal des Christentums in der weiteren Geschichte geblieben, nicht zum Vorteil des Glaubens.

Bemerkenswert ist, dass das Christentum im ersten Jahrtausend seines Bestehens als geistiger und weltlicher Ordnungsfaktor unter Beachtung des Liebesgebots aufgetreten ist (Angenendt 2007). Der Mensch galt als gottebenbildlich geschaffen und durch Christus erlöst, sein Verhalten hatte dem zu entsprechen. Der Glaube sollte allein durch das Wort verbreitet werden. Die Sklaverei wurde verurteilt, Gerechtigkeit gegenüber den Juden gefordert, Gewalt gegen Häretiker, Gottesleugner und Hexen untersagt. Erst nach der Jahrtausendwende wurden kirchliche Verurteilungen und weltliche Hinrichtungen sanktioniert, Ketzer und Gottesfeinde mit dem Tode bedroht, »heilige Kriege« geführt. Arnold Angenendt führt dieses Abweichen vom christlichen Gebot auf den mühsamen Prozess der Einbindung der primitiven Stammesreligionen der Germanen in die Hochreligion des Christentums zurück. Die Germanen waren in der zweiten Hälfte des ersten Jahrtausends christianisiert worden.

Umkehrung der christlichen Heilsbotschaft

Die Umkehrung der christlichen Heilsbotschaft in ihr Gegenteil, in kriegerisches Auftreten und brutales Handeln auch den Angehörigen der eigenen Glaubensgemeinschaft gegenüber, begann im frühen Mittelalter und wurde erst im Zeitalter der Aufklärung durch das Einschreiten weltlicher Mächte beendet. Am Anfang der Fehlentwicklung steht der Anspruch von Papst Gregor VII. (1073–1085), als Nachfolger Petri nicht nur geistlich zu richten und zu lösen, sondern auch in der diesseitigen Welt unangefochten zu herrschen. In der Folgezeit kam Papst Innocenz III. (1198–1216) dem Ziel der Weltherrschaft tatsächlich nahe. Mit dem Machtzuwachs verbunden war der Plan, das Schisma zwischen West- und Ostkirche gewaltsam zu beenden und Jerusalem als Zentrum der christlichen Heilsgeschichte von den Ungläubigen zurückzuerobern. Die »Ungläubigen« waren die Anhänger des Islam, der jüngsten Ausformung der monotheistischen Religion. Der Islam führte ebenso wie das Christentum jüdisches Glaubensgut fort. Er wurde dem Christentum machtpolitisch gefährlich.

Damit war die Idee vom Krieg im Zeichen des Kreuzes, vom »Heiligen Krieg« geboren, zunächst gegen die Ungläubigen gerichtet, bald aber auch gegen abweichlerische eigene Gläubige. Initiierung und Sanktionierung der Kreuzzüge lag bei den Päpsten, auch wenn ihnen deren Ausführung vielfach entglitt. Anlässlich des vierten Kreuzzuges wurde im Jahr 1204 das christliche Konstantinopel erobert, drei Tage lang geplündert, die Bevölkerung umgebracht und der byzantinischen Kirche die Organisation der römischen Kirche aufgezwungen. Ein anderer Kreuzzug richtete sich gegen die häretischen Katharer oder Albigenser in Südfrankreich, wobei ganze Volksteile ausgerottet wurden. Ein Kinderkreuzzug endete im Sklavenhandel. Mit den Kreuzzügen verbunden waren blutige Verfolgungen der jüdischen Gemeinden, besonders im Rheinland, aber auch in Bayern und Böhmen.

Zur Unterdrückung von unbotmäßigen religiösen Bewegungen im Herrschaftsbereich des Papsttums und der Kirche wurde die Inquisition (»geheime Untersuchung«) geschaffen. Ihre Durchführung oblag dem »Sanctum Officium Sanctissimae Inquisitionis«, einem besonderen päpstlichen Gerichtshof, der überwiegend mit Dominikanern besetzt war (*domini canes*, Spürhunde des Herrn). Nur die Vollstreckung der festgelegten Strafe, meist Hinrichtung, wurde der weltlichen Macht überlassen. Als Strafmaß für Ketzerei (eine unbefugte Predigt genügte) war seit Kaiser Friedrich II. der Tod auf dem Scheiterhaufen festgelegt. In leichteren Fällen begnügte man sich mit dem Abschneiden der Zunge. Öffentliche Verbrennungen waren besonders in Spanien ausgesprochen volkstümlich. Durch Papst Innocens IV. (1243–1254) wurde die Folter zur Erzwingung von Geständnissen zugelassen.

Fortsetzung der negativen Entwicklung in der frühen Neuzeit

Ab dem 16. Jahrhundert richtete sich die Inquisition bevorzugt gegen vermeintliche Hexen, also Zauberinnen, denen man einen buhlerischen Pakt mit dem Teufel unterstellte, wiederum auf päpstliche Initiative und mit entsprechender Sanktionierung (die Hexenbulle). Der Inquisitionsprozess wurde nunmehr von weltlichen Behörden durchgeführt. Neben die Hinrichtung durch Verbrennen trat zunehmend die Hinrichtung durch Enthaupten. Auch Massenhinrichtungen fanden statt. Die Zahl der unschuldigen Opfer der Hexenprozesse wird mit etwa 100000 angegeben, überwiegend Frauen, die der ländlichen Unterschicht zuzurechnen sind. Es ist hier nicht der Ort, den Ursachen des Hexenwahns nachzugehen. Fest steht, dass Inquisition und Hexenprozesse erst in der Zeit der Aufklärung durch das Eingreifen der weltlichen Mächte eingestellt wurden. Das Sanctum Officium der römisch-katholischen Kirche ist seitdem als »Heilige Kongregation für die Glaubenslehre« nur noch für die innerkirchlichen Häretiker zuständig, diese mit Lehr- und Publikationsverboten bedrängend.

Die Verdammung und Hinrichtung der Häretiker und Hexen war nicht auf den römisch-katholischen Einflussbereich (einschließlich der spanischen und portugiesischen Kolonien) beschränkt. Im Bereich der Reformkirchen wurde nicht anders verfahren. Der spanische Arzt Michael Servet, der gerade den Kerkern der römischen Inquisition entkommen war, wurde 1553 auf Geheiß von Calvin in Genf auf dem Scheiterhaufen verbrannt, weil er die Trinitätslehre und damit die göttliche Natur Christi nicht anerkannte. Zur Weihnacht 1572 wurde auf dem Heidelberger Marktplatz der Superintendent Johannes Silvanus aus gleichem Grund enthauptet. Im protestantischen Dresden wurde 1601 der kursächsische Kanzler Nikolaus Krell als Kryptocalvinist (»heimlicher Calvinist«) öffentlich enthauptet. Als Kryptocalvinisten galten die Anhänger Melanchtons, der in der Abendmahlslehre gegenüber Luther calvinistische Auffassungen vertreten hatte. Noch 1786 fand im protestantischen Brandenburg eine Massenverbrennung von Hexen statt.

Im Bereich des russisch-orthodoxen Glaubens wurde der geistige Führer der reformfeindlichen »Altgläubigen« (*Starowerzy*), der Protopope Avvakum, im Jahr 1682, als Häretiker auf dem Scheiterhaufen hingerichtet, weil er die vom Patriarchen Nikon verfügte Bekreuzigung mit nur drei statt fünf Fingern nicht mitvollzog. Zehntausende von Anhängern folgten ihm in den Feuertod. Moskau war nach der Eroberung Konstantinopels durch die Türken im Jahr 1453 als »drittes Rom« ausgerufen worden. Nunmehr wurde die Lehre der römisch-katholischen Kirche als Häresie mit Androhung der Todesstrafe verdammt.

7 Misserfolg der Reform- und Ablösebewegungen

Misserfolg der Reformbewegungen

Der theokratische Machtanspruch der mittelalterlichen Päpste rief zahlreiche Widerstands- und Reformbewegungen hervor. Bereits zur Zeit der ersten Kreuzzüge formierten sich die Waldenser als Laienorden. Sie verpflichteten sich zur Armut und verkündeten das Evangelium als Prediger. Sie sahen in der Papstkirche ein Werk des Antichristen, wurden von eben dieser Kirche verfolgt, in den Untergrund gedrängt und gingen später im Calvinismus auf. Franz von Assisi (1182–1226) schuf einen ähnlichen, auf Armut verpflichteten Predigerorden, jedoch mit strenger Observanz der päpstlichen Autorität. Sein Ideal der Nachahmung (*immitatio*) Christi konnte später infolge des Kircheneinflusses nicht durchgehalten werden, besonders das Armutsgebot wurde unterlaufen. Das besondere Charisma des »Poverello«, des »Troubadour Gottes«, hat sich dennoch im Franziskanerorden erhalten. Die gegen das Papsttum gerichtete Antichristpolemik wurde durch die radikal-augustinische Lehre von John Wiclif (1324-1384) verschärft und fand in der Reformbewegung des Jan Hus (1369-1415) in Böhmen begeisterte Zustimmung. Auch das kirchliche Episkopat versuchte den Machtanspruch des Papstes durch verbindliche Dekrete zu beschränken (Reformkonzil in Konstanz, 1414-1418), nachdem das über vier Jahrzehnte sich hinziehende Schisma der Westkirche mit erst zwei, dann drei sich wechselseitig bannenden und exkommunizierenden Päpsten beendet werden konnte.

Diesen innerkirchlichen Erneuerungsbewegungen folgte schließlich die kirchenspalterische Reformation, getragen vom Geist der augustinischen Prädestinations- und Gnadenlehre: Martin Luther (1483-1546), Huldrych Zwingli (1484-1531) und Johannes Calvin (1509-1564). Der Reformation folgte die Gegenreformation, die von den Jesuiten vorrangetrieben wurde und sich über das Konzil von Trient (1545-1563) durchsetzte. Die reformatorische Kirchenspaltung, die erneut mit politischen Machtansprüchen verbunden wurde, hatte zahlreiche Glaubenskriege und die Vertreibung ganzer Volksgruppen zur Folge. Die Hugenottenkriege in Frankreich (1562-1598) und der Dreißigjährige Krieg in Deutschland (1618-1648) gehören dazu. Die Hussitenkriege in Böhmen (1419-1436) waren vorausgegangen.

In den Kolonien entrechteten christliche Staaten zur gleichen Zeit und später die dort ansässigen Naturvölker, manche wurden weitgehend ausgerottet (Prärieindianer in Nordamerika, Aborigines in Australien). Sklavenhandel und Sklavenhaltung florierten unter christlicher (ebenso wie unter islamischer) Herrschaft. Die Leibeigenschaft der Bauern bestand in Europa bis in die Neuzeit.

Scheitern der säkularen Ablösebewegungen

Erst zur Zeit der Aufklärung und der damit verbundenen Formulierung der »Menschenrechte« im Rahmen des Staatsrechts (1776 in den Vereinigten Staaten, 1789 in Frankreich), wurde dieser Entwicklung allmählich Einhalt geboten. Allerdings ist mit dem »Zeitalter der Vernunft« keine dauerhafte Besserung eingetreten. Besonders in Deutschland wurde die Aufklärung nur halbherzig angenommen und schon bald durch die

Gegenbewegung der »Deutschen Romantik« und des »Deutschen Idealismus« in Frage gestellt, einmündend in national-sozialistische und international-kommunistische Bewegungen mit messianischen Leitfiguren wie Adolf Hitler, Lenin oder Che Guevara (»Ablösebewegungen des Christentums«). Holocaust und Archipel Gulag sind dem christlichen Glaubensbereich zuzuordnen, den Völkermord an den Armeniern und den modernen Terrorismus haben islamische Länder zu verantworten.

Versucht man, die im Namen Christi oder seiner säkularen Nachahmer verübten Verbrechen auf ihre glaubensbedingten Ursachen zurückzuführen, dann verbleibt, wie eingangs ausgeführt, die Enttäuschung und Ratlosigkeit über das Ausbleiben von Christus als Heilsbringer der Welt, der Wahn, im besonderen Bunde mit Gott und im Besitz der absoluten Wahrheit zu sein, und schließlich die Ausschaltung der Vernunft in den Fragen der Glaubensgestaltung. Es zeigt sich also, dass das Christentum allen Grund hat, über einen tiefgreifenden Wandel der Glaubensinhalte nachzudenken.

Die geschilderten dunklen Seiten in der geschichtlichen Entwicklung des Christentums wurden über sieben Jahrhunderte durchgehalten und in säkularer Verwandlung über zwei weitere Jahrhunderte bis in die neueste Zeit fortgesetzt. Die Betrachtung der geschichtlichen Entwicklung im christlichen Herrschaftsbereich hinterlässt somit Ratlosigkeit vor der Diskrepanz zwischen Anspruch und Geschichtswirklichkeit.

8 Theologie des machtlosen mitleidenden Gottes

Mit den vorstehenden Ausführungen zum Versagen des Christentums in der Geschichte ist in besonderer Weise das Problem der Theodizee angesprochen, der Rechtfertigung Gottes angesichts der Übel in der Welt. Dieses Problem wurde erstmals von dem griechischen Philosophen Epikur behandelt, der wie folgt argumentierte: Entweder will Gott die Übel beseitigen und kann es nicht – dann ist er nicht allmächtig, also kein Gott. Oder er kann es, will es aber nicht – dann ist er missgünstig und selbst ein Übel. Oder er kann es nicht und will es nicht – dann ist er ein Nichts. Oder schließlich, er kann es und will es – was jedoch der erfahrbaren Wirklichkeit widerspricht. Epikur befindet, dass sich die Götter aus der Welt zurückgezogen haben, um zwischen den Welten ihr eigenes Leben zu führen. Was dem Menschen widerfährt, ist zufallsbedingt. Gleichmut und Abkehr von der Welt sind angemessene Verhaltensweisen.

Der Gedankengang von Epikur wurde zu Beginn der Neuzeit von Pierre Bayle aufgegriffen, um die Unverträglichkeit von Vernunft und Glauben aufzuzeigen, was bereits bei Blaise Pascal anklingt. Davon angeregt entwickelte Leibniz seine berühmte Theodizee »von der Güte Gottes, der Freiheit des Menschen und dem Ursprung des Übels«. Gott habe die »beste aller möglichen Welten« geschaffen, in der das Übel zur Beförderung des Guten dient, unter Erhalt der Freiheit des Menschen. Bertrand Russell hat dem später entgegengehalten, dass diese Welt möglicherweise die schlechteste aller möglichen Welten sei, in der das Gute zur Beförderung des Übels dient – sofern nämlich ein böser Dämon als Gott vorausgesetzt wird.

Der Gedanke der Theodizee bei Leibniz war bereits durch das Erdbeben von Lissabon (1755) erschüttert worden. Auschwitz markiert schließlich das absolute Ende des traditionellen Gottesbildes. Ein allgütiger und zugleich allmächtiger Gott soll Auschwitz zugelassen oder gar verfügt haben? Dann hätte er sich gegen sein Bundesvolk, die Juden, vergangen und gehörte auf die Anklagebank.

Der protestantische Theologe Karl Barth bezeichnet Auschwitz als bloßen Schein aus dem Reich des Nichtigen im Vergleich zu dem mit Christus angekommenen Reich Gottes. Der jüdische Theologe Ignaz Maybaum empfindet Auschwitz als ein Strafgericht für die Gottlosigkeit der Menschheit. Andere jüdische Theologen (Eliezer Berkovits, Arthur Cohen) sehen in Gott ein *mysterium tremendum* in dem sich Gott vor den Menschen verbirgt. Der ehemalige Jesuit Günther Schiwy bemängelt mit Recht, dass die christliche Theologie die unheilsgeschichtliche Dimension des Geschehens von Auschwitz nicht wahrnimmt, und dass andererseits die jüdische Theologie das biblische Gottesbild bis zur Unkenntlichkeit verfälscht, um das Geschehen zu erklären (Schiwy 1995). Eine grundlegende Revision des Gottesbildes im Judentum und im Christentum ist nach Auschwitz unabweisbar geworden.

Den Weg zu einem neuen Gottesbild hat der jüdische Philosoph Hans Jonas gewiesen (Jonas 1987[(2)]). Gott kann nach Auschwitz nicht mehr gleichzeitig als allgütig, allmächtig und verständlich aufgefasst werden. Wie in Kap. XII-5 näher ausgeführt, hat sich Gott aller weltlichen Machtmöglichkeiten begeben, um die Freiheit und Verantwortungsfähigkeit des Menschen zu begründen. Wohl aber begleitet er den Menschen in erfühlbarer Weise, nunmehr hoffend, dass der Mensch ihm zurückgibt. Gott ist dabei unendlich mitleidend.

Die Theologie des mitleidenden Gottes ist in der biblischen Tradition des Alten Testaments verwurzelt. Für das Christentum wurde das Bekenntnis zum gekreuzigten Gott ausschlaggebend. Der Kirchenvater und Theologe Origines (185–254) hob die Leidensbereitschaft des präexistenten Gottessohnes hervor, die an die Leidensbereitschaft Gottes als Voraussetzung der Schöpfung als Heilsgeschichte anknüpft. Der Gottessohn wird als Logos aufgefasst, der schon vor der Weltentstehung und Menschwerdung mit Gott verbunden war.

Der als »Theologe des Kreuzes« bezeichnete Reformator Martin Luther betonte, dass Gott nur im Leiden und Kreuz zu finden sei. Die Philosophen Schelling und Hegel haben eine Theologie des sich herablassenden, sich entäußernden, gekreuzigten Gottes konzipiert. Die deutschen, englischen und russischen Kenotiker (*kenosis*: Entäußerung) bauten zur gleichen Zeit das Konzept der auf Macht und Herrlichkeit verzichtenden Gottheit weiter aus. In neuerer Zeit sind auf protestantischer und katholischer Seite weitere Theologien des unendlich mitleidenden trinitarischen Gottes entwickelt worden.

Der protestantische Theologe Jürgen Moltmann befand, die Geschichte der Welt sei die Geschichte des Mitleidens Gottes: »Gott leidet nicht wie die Kreatur aus Mangel an Sein. Insofern ist er apathisch. Er leidet aber an seiner Liebe, die der Überfluss seines Seins ist. Insofern ist er pathisch« (Moltmann 1972 u. 1986).

Auch der protestantische Theologe Dietrich Bonhoeffer bekannte sich zum machtlosen, mitleidenden Gott: »Insofern kann man sagen, dass die beschriebene Entwicklung zur Mündigkeit der Welt, durch die mit einer falschen Gottesvorstellung aufgeräumt wird, den Blick freimacht für den Gott der Bibel, der durch seine Ohnmacht in der Welt Macht und Raum (in den Herzen) gewinnt« (Bonhoeffer 1954). Die Theologin Dorothee Sölle hat den Gedankengang Bonhoeffers fortgeführt: »Der abwesende Gott, den Christus vertritt, ist der in der Welt Ohnmächtige« (Sölle 1965).

Joseph Ratzinger, katholischer Theologe und vormaliger Papst, formuliert zur Theologie des Kreuzes: »Wir können ... dazu sagen, dass gerade das Kreuz die äußerste Radikalisierung der bedingungslosen Liebe Gottes ist, in der er gegen alle Verneinung von Seiten der Menschen sich selber gibt, das Nein der Menschen auf sich nimmt und so in ein Ja hineinzieht.« (Ratzinger 2011, *ibid*. S. 143). an anderer Stelle hebt er die gottgewollte Freiheit des Menschen hervor, die Gott in gewisser Weise vom Menschen abhängig gemacht hat (Ratzinger 2012, *ibid*. S. 46).

Der gekreuzigte Gott ist der Schlüssel für die überfällige Revision des christlichen Glaubens und der mit ihm verbundenen Theologie. Würde die Revision konsequent vollzogen, wäre der Dialog zwischen Naturwissenschaft und Theologie auf Basis der Vernunft mit dem Ziel einer überzeugenden gemeinsamen Ethik sehr erleichtert.

9 Theologie zwischen Offenbarung und Mysterium

Vorstehend wurden zunächst die Glaubensinhalte des Christentums und deren historische Entwicklung dargestellt – als Korrelate zur Theologie. Der allein offenbarungstheologisch gerechtfertigte Glaube, gegebenenfalls wider die Vernunft, erschien als besonderes Problem. Das Versagen des Christentums in der Geschichte wurde mit der Geringschätzung der Vernunft ebenso wie mit den machtpolitischen Involvierungen der Kirche in Verbindung gebracht. Eine Theologie des machtlos mitleidenden Gottes schien den historischen Fakten am ehesten gerecht zu werden.

Bei dieser Betrachtung und Argumentation geht verloren, dass christliche Theologie zwischen Offenbarung und Mysterium (gr. »Geheimnis«) angesiedelt ist, mehr noch als zwischen Glaube und Vernunft. Am Beginn der historischen Entwicklung des Christentums standen die hellenistischen Mysterienkulte, in denen das Sterben und Auferstehen des jeweiligen Gottes vollzogen wurde. Diese der zyklischen Zeitvorstellung zuzuordnende Handlung wurde im Christentum in einen linearen einmaligen Zeitablauf transformiert.

Die christliche Offenbarungstheologie muss bei aller Erhellung das Mysterium des Heilsplans Gottes bestehen lassen. Das göttliche Geheimnis lässt sich durch Sprache oder Bild nur unzureichend aufdecken. Damit erhalten Glaube und Mystik Vorrang vor der Vernunft. Dem ist aber sofort hinzuzufügen, dass Glaube und Mystik der Vernunft als Basis und notwendiges Korrektiv bedürfen.

Joseph Ratzinger hat in seiner Habilitationsschrift über die Offenbarungstheologie des franziskanischen Scholastikers Bonaventura (1221–1274) hervorgehoben, dass die Offenbarung als Akt der Selbstmitteilung Gottes der Heiligen Schrift vorausgehe. Neben der Bibel stehe daher die Vermittlung durch das »verstehende Subjekt der Kirche«. Bonaventura hebt andererseits hervor, dass Gott als *primum cognitum* in der Seele zu finden sei, im Einklang mit der seinerzeit verbreiteten neuplatonischen Licht- und Emanationsmystik.

Aus den vorstehenden Ausführungen kann gefolgert werden, dass eine christliche Theologie, die zwischen Offenbarung und Mysterium, Glaube und Vernunft verortet wird, den kognitiven, moralischen, sozialen und politischen Herausforderungen der heutigen Zeit gewachsen sein sollte, zumal die Fehler der Vergangenheit als erkannt gelten.

KAPITEL XIV

Verständigung zwischen Theologie und Naturwissenschaft

»Der Unbescheidenheit der Zielsetzung
[des utopischen Fortschrittsglaubens] ... stellt das
Prinzip Verantwortung die bescheidenere Aufgabe entgegen,
welche Furcht und Ehrfurcht gebieten: dem Menschen
in der verbleibenden Zweideutigkeit seiner Freiheit,
die keine Änderung der Umstände je aufheben kann,
die Unversehrtheit seiner Welt und seines Wesens
gegen die Übergriffe seiner Macht zu bewahren.«

Hans Jonas: Das Prinzip Verantwortung (1979), Vorwort

1 Übersicht zu den Kernproblemen

Zielsetzung und Inhaltsübersicht

Mit den vorangegangenen Ausführungen wurde der Konflikt zwischen Naturwissenschaft und Theologie ausgehend von seiner Entstehungsgeschichte in den Grundzügen geschildert und mit vielen Facetten sichtbar gemacht. Der Konflikt sollte sich durch die Besinnung auf ein einheitliches gemeinsames Weltbild von Naturwissenschaft und Theologie entschärfen und möglicherweise ganz beilegen lassen. Dies ist kein Anliegen weltanschaulicher Harmonisierung oder gar Nivellierung, sondern im Hinblick auf die Bedrohung des Menschlichen durch mechanistische, biologische und neuronale Wissenschaft und Technik dringend geboten. Die heutige Theologie ist dieser Anforderung nur unzureichend gewachsen und bedarf einer grundlegenden Revision. Die heutige Naturwissenschaft (und Technik) ist vorerst nicht bereit, auf ihren Machtanspruch zu verzichten und bedarf daher ebenfalls des Umdenkens.

Nachfolgend werden die Kernprobleme der naturwissenschaftlich begründeten Technikbereiche zusammenfassend dargestellt und die Reformbedürftigkeit der Theologie aufgezeigt. Daran anschließend werden der zwischen Naturwissenschaft und Theologie vermittelnde sowie der die konträren Position übersteigende Standpunkt erörtert. Zur möglichen Realisierung der Standpunkte wird eine organisatorische Struktur skizziert. Abschließend wird eine fundamental-christliche Handlungsoption vorgestellt und das Dilemma der ökologischen Handlungsoption aufgezeigt.

Kernprobleme der drei Technikbereiche

Das Kernproblem der naturwissenschaftlich fundierten mechanistischen Technik ist ihre Herkunft aus einem ungezügelten Machtstreben des Menschen der Natur gegenüber, die damit einhergehende Natur- und Umweltzerstörung sowie die Fortschrittsgläubigkeit als säkulares Erlösungsdogma. Der Mensch wurde im Vollzug der Technikentwicklung entmündigt, entwurzelt und technischen Sachzwängen unterworfen. Die anfängliche soziale Unverträglichkeit konnte zwar teilweise überwunden werden. Der Mensch hat dennoch einen erheblichen Teil seiner Freiheit eingebüßt und beteiligt sich am kollektiven Fehlverhalten. Folgende Teilbereiche des Gesamtproblems mechanistischer Technik markieren das bereits vollzogene Überschreiten von Grenzen, deren Einhaltung überlebensnotwendig wäre: das Einsatzpotential der Nuklearwaffen, das Sicherheits- und Entsorgungsproblem der Nukleartechnik, die Umweltrisiken der extensiven

Erdölnutzung und die mit der natürlichen Umwelt und Lebenswelt des Menschen unverträglichen Begleiterscheinungen des automobilen Massenverkehrs. Die Ökologiebewegung hat einen Teil der bedrängenden Probleme politisch thematisiert.

Kernprobleme der biologischen Technik sind die Gentechnik und die anthropologischen Reproduktionstechnik. Die herkömmliche biologische Technik, unterteilt in mikro- und makrobiologische Technik, also in Nutzung von Mikroorganismen und in Züchtung von Pflanzen und Tieren, setzt das Miteinander von Mensch und Natur voraus, beruht nicht auf einem Machtanspruch des Menschen, ist sozialverträglich. Ganz anders verhält es sich mit der Gentechnik, die Schaffung transgener Pflanzen und Tiere unter Verwendung fremder Gene oder künstlich veränderter eigener Gene. Die Gentechnik ist zwar nach derzeitigen Kenntnisstand physiologisch unbedenklich – was nicht heißt, dass sie physiologisch erwünscht ist –, aber sie ist psychologisch destruktiv, weil sie sich gegen die natürliche Evolution richtet, weil sie die nötige Achtung und spontane Ehrfurcht vor dem Werden und Gewordensein der Natur vermissen lässt – was wiederum nicht heißt, dass sie generell abzulehnen ist.

Ebenso fragwürdig ist die mit der Gentechnik verbindbare anthropologische Reproduktionstechnik, die *in-vitro* Manipulation menschlicher Zellen und Embryonen. Retortenbabies, Designerbabies, geklonte Doppelgänger und künstlich erzeugte Homunculi dürften zwar nach heutigem wissenschaftlichen Kenntnisstand für immer dem Reich der Phantasie und der literarischen Künste vorbehalten bleiben, dennoch ist bemerkenswert, mit wie viel Ignoranz und Überheblichkeit der sterbliche Mensch sich göttliche Macht anmaßt. Die Ehrfurcht vor dem Leben verbietet – von Ausnahmefällen abgesehen – die gentechnische Manipulation des menschlichen Erbgutes. Die grundsätzliche Problematik der Gentechnik und der anthropologischen Reproduktionstechnik ist zwar politisch thematisiert, aber vorerst nur unzureichend durch Gesetze kanalisiert.

Die Kernprobleme der neuronalen Technik sind sowohl direkter als auch indirekter Art. Zu den direkten Folgen dieser Technik gehört die Rationalisierung der Büro- und Verwaltungstätigkeit in den Großunternehmen, verbunden mit dem Wegfall von Arbeitsplätzen und erhöhtem Leistungsdruck auf die verbleibenden Mitarbeiter. Eine direkte Folge dieser Technik sind auch die praktisch unbegrenzten Möglichkeiten von Überwachung und Kontrolle, nicht nur bei der Verbrechensbekämpfung, sondern ebenso im Personalbereich der Unternehmen, im Gesundheitswesen und bei den Finanzbehörden. Schließlich erfordert diese Technik die Anpassung des Menschen an die immer komplexeren, disziplinierte Bedienung erfordernden elektronischen Systeme. Im weitesten Sinn führen diese Folgen zu einer Selbstentfremdung des Menschen.

Zu den indirekten Folgen der neuronalen Technik gehört die Entwicklung der herkömmlichen Massenmedien (Zeitung, Hörfunk, Fernsehen) ebenso wie die Ausgestaltung von deren moderner Variante, dem Internet. Über das Internet in der heutigen Form sind extreme Möglichkeiten der Kontrolle und Manipulation gegeben, wird personale Verantwortlichkeit durch Anonymität ersetzt, erreicht die Vermassung der Gesellschaft einen vorläufigen Höhepunkt. Die kulturelle Entfaltung des Menschen, kognitiv und emotional, physisch und metaphysisch, ist gefährdet.

Die hoch gespannten Erwartungen an die der menschlichen Intelligenz nachgebildeten künstlichen Intelligenz haben sich nicht erfüllt. Die Versuche, dem Computer Emotionalität oder gar Bewusstsein einzuprogrammieren, sind gescheitert. Die in den Medien als Dauerthema hochgespielte Debatte zur Hirnforschung lässt sich durch die wenig spektakuläre Feststellung herunterspielen, dass zwischen Gehirn und Geist zu unterscheiden ist. Nur die nichtgeistigen, physiologischen Gehirnfunktionen sind der neurologischen Forschung zugängig.

Reformbedürftigkeit der Theologie

Aus der Darstellung der Kernprobleme der mechanistischen, biologischen und neuronalen Technik ist ersichtlich, dass in allen drei Bereichen Grenzen überschritten werden, die außerhalb des Zuständigkeitsbereichs der je zugehörigen Wissenschaft liegen. Es sind Fragen gestellt, für deren Beantwortung eine höhere menschliche oder gar eine göttliche Instanz zuständig ist. An dieser Stelle kommt das Kernproblem der Theologie in den Blick. Sie ist zerrissen in zahlreiche Fraktionen von natürlicher Theologie und Offenbarungstheologie, uneins über die anzuwendenden Methoden und gleichgültig den brennenden Fragen von Naturwissenschaft und Technik gegenüber.

Offensichtlich muss die Theologie zuerst im eigenen Haus Ordnung schaffen, bevor sie als ernstzunehmender Gesprächspartner von Naturwissenschaft und Technik auftreten kann. Der traditionelle Konservativismus muss zugunsten von Aufgeschlossenheit der Gegenwart und Zukunft gegenüber aufgegeben werden. Die Theologie als »Lehre von Gott« muss das Grundprinzip kritischer Wissenschaft auf sich selbst anwenden: die eigene Position immer wieder neu in Frage stellen, die empirisch gesicherten Fakten des Lebensvollzugs und der Welterkenntnis zur Richtschnur nehmen, die Aussagen der Bibel kritisch bewerten, mit dem Glauben erst dort beginnen, wo die Leuchtkraft der Vernunft nicht hinreicht. Bei einer derartigen Vorgehensweise wird auch die Einheit von natürlicher Theologie und Offenbarungstheologie gewahrt. Nach Thomas von Aquin (*Summa contra gentiles*) kann zwar die natürliche Vernunft nicht bis zur höchsten und letzten Wahrheit gelangen, wohl aber bis zu einer Stufe, von der aus die Ausschließung bestimmter Irrtümer und der Nachweis eines Zusammenstimmens der natürlich beweisbaren und der Glaubenswahrheit möglich wird (Stein 2006, *ibid.* S. 21)

Den auf der Grenze zwischen Scholastik und Humanismus stehenden Denkansätzen des Nicolaus Cusanus (1401–1464) fällt dabei eine Schlüsselrolle zu (Kap. X-6). Zwei Ansätze positiver Theologie gilt es weiterzuverfolgen: die Theologie des machtlosen, aber mitleidenden Gottes (Kap. XIII-8) und der Vorrang der praktischen vor der theoretischen Vernunft im Sinne von Kant (Kap. XI-2). Außerdem ist das Verhältnis von Offenbarung und Mysterium bzw. Theologie und Mystik neu zu bestimmen. Es gilt, das göttliche Mysterium zu respektieren.

2 Der vermittelnde Standpunkt

Verständigung zwischen Theologie und Naturwissenschaft

Was wir ständig erleben ist, dass über Theologie aus Sicht der Theologie gesprochen wird bzw. über Naturwissenschaft aus Sicht der Naturwissenschaft. Wenn es einmal anders läuft, also die Theologie über die Naturwissenschaft oder die Naturwissenschaft über die Theologie befindet, dann wird der jeweils anderen Seite schnell unterstellt, sie sei inkompetent und ignorant. Naturwissenschaftler neigen zum Atheismus, Theologen zur Verteufelung der Naturwissenschaften. Die Zeit der Scholastik, in der man gemeinsam um die rechte Stellung von Gottesglauben und Vernunft gerungen hat, ist längst vergangen.

Um so dringlicher stellt sich zum Abschluss dieses Buches die Frage, aus welcher Sicht über die Verständigung zwischen Theologie und Naturwissenschaft heute geurteilt werden soll. Die Antwort auf dem Boden der abendländischen Philosophie kann lauten: »Aus Sicht eines kritischen Verstandes und mitfühlenden Herzens«. Für den kritischen aufklärerischen Verstand steht Immanuel Kant: »Habe den Mut, dich deines *eigenen* Verstandes zu bedienen«. Für das mitfühlende Herz steht Blaise Pascal: »Wir erkennen die Wahrheit nicht nur mit dem Verstand, sondern auch mit dem Herzen«. Kant ruft zum öffentlichen Diskurs gebildeter Bürger auf und hebt den Mut zu wissen hervor (*sapere aude*). Pascal lenkt die Aufmerksamkeit auf die »tausend Dinge« und die Einmaligkeit der Person. Durch die Kombination von Verstand und Herz wird die Einseitigkeit der Verstandesorientierung in den Naturwissenschaften ebenso vermieden wie die Neigung der Theologie zur Geringschätzung oder gar Ablehnung des Verstandes. Faktizität in den Naturwissenschaften und Dogmatisierung in der Theologie sind Polarisierungen, die es auszugleichen gilt.

Die Naturwissenschaften befassen sich überwiegend mit der physischen Welt, die Theologie vornehmlich mit der metaphysischen Welt. Die physische Welt ist sinnlich erfassbar. Der metaphysischen Welt kann man sich spirituell nähern. Dem Weg nach außen steht der Weg nach innen gegenüber, dem Bewusstsein das Unbewusste. Beide Welten, die physische und die metaphysische, sind der menschlichen Erkenntnis in nur begrenztem Grade zugängig. Die spirituelle Erkenntnis wird der Lichtmystik entsprechend auch Erleuchtung genannt. Der einleitend angesprochene, zwischen Naturwissenschaft und Theologie vermittelnde Standpunkt sieht beide Welten als real existent an. Weder ist die physische Welt ein Phänomen nur des Bewusstseins, noch ist die metaphysische Welt eine Wahnvorstellung.

Bedeutung der Mystik

Die Methode der sinnlichen und spirituellen Erkundung der einen ganzen Welt ist unterteilt in theoretische Anschauung und empirische Überprüfung. So will es der unabhängige Standpunkt. Für die Naturwissenschaften ist die Kombination theoretischer Modelle mit empirischen Sachverhalten (Beobachtung und Experiment) konstitutiv. Die Theologie bleibt spekulativ, wenn sie nicht in ein mystisches Erleben eingebunden wird. Das mystische Erleben ist die Empirie der Theologie. Das Wort Mystik ist abgeleitet von griechisch *mýein*, die Augen schließen, d.h. die sinnlichen Wahrnehmungen abstellen, um zur übernatürlichen Wahrnehmung vorzudringen. Die Psychotechniken der Meditation spielen dabei eine entscheidende Rolle.

Theologische Sachverhalte lassen sich mystisch »erschauen«. Sofern das Erlebnis echt ist, hat es für den so »Erleuchteten« lebensverändernde Wirkung. Das Erlebnis ist vordergründig subjektiv, jedoch, da es sich um die Einswerdung mit einem Aspekt der kosmischen bzw. göttlichen Wirklichkeit handelt, zugleich objektiv. Darauf verweist auch die Übereinstimmung der strukturellen Komponenten des Vorgangs in den unterschiedlichen Religionen. Das Problem liegt darin, dass das überweltliche Erlebnis nur in weltlichen Chiffren, Symbolen und Bildern kommuniziert und diskutiert werden kann.

In der römisch-katholischen Kirche ist wiederholt versucht worden, die Mystik der Theologie unterzuordnen, während die orthodoxe Kirche den Primat der Mystik anerkennt. Die Offenbarung, die im Mittelpunkt christlichen Glaubens steht, kann nur aus eigenem mystischen Erleben oder aus dem mystischen Erleben der Offenbarungszeugen abgeleitet werden, den Propheten des Alten Testaments und den Glaubenszeugen des Neuen Testaments. Alle Versuche, die biblischen Geschehnisse um Jesus zeitgeschichtlich zu belegen, sind gescheitert. Es bleiben dies jedoch äußere Anhaltspunkte eines im Kern mystischen Geschehens, das sich seitdem in den Herzen der Gläubigen, der Bekenner und der Märtyrer, wieder und wieder manifestiert hat.

Dichotomie von Sein und Werden

Schließlich ist bei der Verortung des vermittelnden Standpunktes auf die in der europäischen Philosophie allgegenwärtige Dichotomie von Sein und Werden einzugehen. In den vorangegangenen Darstellungen zur Naturwissenschaft und zur Theologie spielten die geschichtlichen Entwicklungen und damit das Werden eine bedeutsame Rolle. Selbst ein werdender Gott wurde in Erwägung gezogen.

Das Sein ist der eigentliche Grundbegriff aller abendländischen Philosophie und Theologie. Seinsphilosophie oder Ontologie ist ein Teilbereich der Metaphysik. Demgegenüber erscheint das Werden als Übergang vom einen Sosein zum anderen Sosein. Parmenides (etwa 504–480 v. Chr.) hat erstmals das Seiende als solches identifiziert und konsequent das Werden als Schein erklärt. Die entgegengesetzte Aussage macht Heraklit (etwa 544–483): »Alles fließt«, die eigentliche Realität sei das Werden und das Sein nur Schein. Aber das Fließen ist vom Logos, verstanden als Weltgesetz, durchwaltet. Beide philosophischen Richtungen sind bis heute lebendig und ihre zum Teil gegensätzlichen Aussagen ein unzureichend gelöstes Problem.

Die Philosophie des Werdens und des Logos andererseits verbreitete sich ausgehend von der Stoa im abendländischen Denken. Aristoteles folgend unterscheidet die Scholastik im Werden den Akt (bereits verwirklicht) von der Potenz (noch zu verwirklichen) sowie die Wirkursache (*causa efficiens*) von der Zweckursache (*causa finalis*). Als erste Ursache alles Werdens wird Gott gesetzt. Meister Eckhart spricht selbst Gott ein Werden und Entwerden zu: »Gottes Gewerden ist sein Wesen«, und Martin Luther stellt zum Menschen fest: »Wir sein's noch nit, wir werden's aber«. Von Goethe stammt die Formulierung: »Werde, was Du bist«. In der

Philosophie der Neuzeit bestimmt Hegel das Werden aus der Dialektik von Sein und Nichts, während Nietzsche die ewige Wiederkehr des Gleichen als Werden verkündet.

Das Werden ist nach naturwissenschaftlicher Erkenntnis allen kosmischen und natürlichen Vorgängen immanent. Es ist kennzeichnend für das menschliche und kulturelle Leben, für die seelischen und geistigen Vorgänge. Und auch die Meditationstechniken beinhalten neben der Versenkung in die Stille des Urgrundes die Dynamik der Wandlung. Auch die meditativ angestrebte Erleuchtung ist kein statischer Zustand.

Trotz der geschilderten Allgegenwart des Werdens ist das Sein erforderlich, um das Werden als solches erkennen und beschreiben zu können. Das Sein ermöglicht das Werden. Nur im Sein lässt sich der Stand finden, von dem aus nach der Wahrheit gesucht werden kann. Der zwischen Naturwissenschaft und Theologie vermittelnde Standpunkt muss daher im Sein verortet werden. Die damit behauptete Unsymmetrie von Sein und Werden ist darin begründet, dass aus dem Werden kein Sein ableitbar ist und das Werden allein keinen Stand ermöglicht.

3 Der übersteigende Standpunkt

Abendländisches Weltbild

Der vorstehend beschriebene vermittelnde Standpunkt bewegt sich im Rahmen der abendländischen Philosophie und Theologie. Er mag zu einem Ausgleich der konträren Auffassungen innerhalb des zugehörigen Weltbildes führen. Eine wirksame Bearbeitung der anstehenden Probleme mit der Naturwissenschaft, der Technik und der Theologie wird dadurch ermöglicht. Dies ist jedoch nicht ausreichend. Das in der säkularen Praxis so folgenreiche abendländische Weltmodell bedarf der Fundamentalkritik ausgehend von einem dieses Modell übersteigenden Standpunkt. Dieser kann in buddhistisch geprägter Philosophie (und Praxis) gefunden werden.

Am Beginn der abendländischen Erkenntnistheorie steht der Satz von Parmenides »Dasselbe ist Denken und Sein«. Die Dualität von Denken (Subjekt) und Sein (Objekt) ist erkannt, wird jedoch noch als Einheit gesehen. Zum Bereich des Subjekts gehört neben der geistigen Funktion des Denkens die sinnliche Funktion des Wahrnehmens. Zum Bereich des Objektes gehören die Dinge und Phänomene, das Sein und das Werden, die Substanz(en) und ihre Attribute. Zunächst steht der Objektaspekt im Mittelpunkt der abendländischen Philosophie. Das Objekt gilt als unabhängig vom Erkanntwerden. Bei Augustinus tritt der Subjektaspekt als

Maß des Erkennens hinzu und bei Descartes in den Vordergrund. Die Ich-Bezogenheit kommt auch schon früh im Gottesbild des Alten Testaments zum Ausdruck (Jahve: »Ich bin, der ich bin« oder auch »Ich bin, der ich sein werde«). Sie wird im Gottesbild des Christentums fortgeführt. »Substanz« und »Subjekt« sind Kernbegriffe abendländischen Denkens, die nur selten hinterfragt werden. Weitere Dualismen beherrschen unabgeglichen, also als Dichotomie, die abendländische Philosophie, beispielsweise Leib und Seele (Plotin), ausgedehnte und denkende Substanz (Descartes), Natur und Geist (Hegel), Wille und Vorstellung (Schopenhauer) sowie Geist und Seele (Klages).

Buddhistisches Weltbild

Ganz anders gibt sich das buddhistische Denken (Radaj 2011). Der Mensch ist ohne ein beständiges Selbst und die Dinge haben keine Eigennatur. Alles ist nur relativ zum anderen. Das Erkennen der eigentlichen (höheren) Wirklichkeit, in der Subjekt und Objekt zusammenfallen, gelingt über meditative Techniken, an denen Körper und Geist gleichermaßen beteiligt sind. Die zugehörige Philosophie kreist um das Nichts bzw. die Leere. Erleuchtung bedeutet in der Zen-buddhistischen Variante das Erwachen zum Alltäglichen, die Rückkehr in die Welt nach deren Negation. Kein besseres Jenseits wird erhofft, sondern im Hier und Jetzt kann sich die Erlösung zeigen.

Ein Standpunkt, der die Subjekt-Objekt-Spaltung übersteigt, ist kein Standpunkt. Er sollte daher »Nicht-Standpunkt« genannt werden. Das Zusammenfallen von Subjekt und Objekt kann nicht erkannt, sondern muss erlebt werden.

Die spezielle Zen-buddhistische Artikulation ist für das abendländische Denken dadurch bedeutsam, dass »der wahre Mensch ohne jeglichen Rang« im Mittelpunkt der religiösen Bemühungen steht, seine existentielle Leidenssituation gesehen und ein Weg der Befreiung aus eigener Kraft gewiesen wird. Die vom Zen-Buddhismus nahegelegte Erweiterung des abendländischen Denkens könnte vor allem in der Überwindung der Subjekt-Objekt-Spaltung und im Abbau des Ich-zentrierten Standpunkts liegen. Anregungen dazu werden nachfolgend ausgehend von einer komparatistischen Studie des in Korea gebürtigen deutschsprachigen Philosophen Han Byung-Chul zur Philosophie des Zen-Buddhismus gegeben, die nach den Schlüsselbegriffen »Religion ohne Gott«, »Leere«, »Niemand«, »Nirgends wohnen«, »Tod« und »Freundlichkeit« unterteilt ist (Han 2009). Die Aussagen der Studie werden nachfolgend zusammengefasst.

Schlüsselbegriff *Religion ohne Gott*: Der Zen-Buddhismus kennt nicht den Gottesbegriff und auch keinen Ersatz dafür. Fälschlicherweise meint Hegel, in den Kategorien von Substanz und Subjekt denkend, der Buddhismus sei eine Religion, in der Gott durch das Nichts ersetzt ist. Aber das buddhistische Nichts ist auf kein göttliches Jenseits gerichtet, sondern auf das alltägliche Diesseits (»nichts von Heilig«). Das Weltbild des Zen ist überhaupt auf keine Mitte bezogen (»offene Weite«). Descartes versicherte sich der Realität des Subjekts im (methodischen) Zweifel, während im Zen das Nicht-Denken des Soseins erscheint. Für Leibniz kommt das Denken in Gott als Urgrund zur Ruhe, während im Zen die der Welt immanente Grundlosigkeit herrscht. Heidegger beklagt das Ausbleiben des Gottes, lässt aber einen »verborgenen Gott« zu, während es im Zen kein Verborgenes hinter den Phänomenen gibt. Das Loslassen des eigenen Willens bei Eckhart meint die Ergebenheit in Gottes Willen, während im Zen jeglicher Wille aufgehoben ist.

Schlüsselbegriff *Leere*: Der Zen-Buddhismus kennt nicht den Begriff der Substanz. Er hebt das geschlossene Sein der Substanz auf zugunsten des offenen Seins der »Leere«. Die Leere erfährt äußerste Bejahung: »Fülle des Nichts«. Heidegger hat den Zen-buddhistischen Begriff der Leere in seinem Sinn interpretiert (Vortrag *Der Krug*, 1954). Er spricht zwar der Welt ein substanzhaftes Etwas zugunsten des Verhältnisses ab, lässt dieses aber dann nach oben für das Göttliche offen. Heideggers Begriff der Leere erhält dadurch eine substanzhafte Innerlichkeit, die dem Zen-buddhistischen Begriff der Leere fremd ist.

Schlüsselbegriff *Niemand*: Der Zen-Buddhismus setzt anstelle der Beseeltheit bzw. Innerlichkeit in der abendländischen Philosophie die Ichlosigkeit. Die Zen-Übung des Zazen ist darauf gerichtet, den Geist von Ichhaftigkeit und Innerlichkeit zu befreien. Demgegenüber beinhalten die Monaden, punktartige und damit unteilbare Substanzen ohne »Fenster« in der Philosophie von Leibniz sowohl Ichhaftigkeit als auch Innerlichkeit, sind hingegen zu wechselseitiger Kommunikation nur kraft der »Vermittlung Gottes« fähig. Fichte vertritt eine Philosophie der Ichhaftigkeit, in der sich die Welt am Subjekt orientiert. Hegel ordnet der Seele ausdrücklich Innerlichkeit zu. Heidegger hebt die innerlich erfahrene Sorge als Grundzug menschlichen Daseins hervor.

Schlüsselbegriff *Nirgends wohnen*: Der Zen-Buddhismus vertritt das Ideal der Hauslosigkeit, was der ursprünglichen Lebensweise der Wandermönche entspricht. Wer nirgends wohnt, ist auch bei sich selbst nicht zu Hause sondern nur zu Gast. Das Haus als Ort der ökonomischen Existenz wird verlassen. Demgegenüber richtet sich Heideggers Daseinsanalyse mit dem Kernelement der Sorge gerade auf die ökonomische Existenz. Die Heimkehr ins Haus ist insgesamt ein Grundmotiv abendländischer Innerlichkeit, auf das sich ein heftiges Begehren richtet.

Schlüsselbegriff *Tod*: Der Große Tod im Zen-Buddhismus ist der Übergang vom Großen Zweifel zur Großen Erleuchtung, in der alle Ichhaftigkeit und alles Begehren aufgehoben ist. Dies ist jedoch ein Wendepunkt, der in die Immanenz, ins alltägliche Leben zurückführt. Die Vergänglichkeit aller Erscheinungen kommt zur Sprache, ohne auf Transzendenz zu verweisen. Demgegenüber führt der Tod bei Platon, Fichte oder Hegel zu einem höheren, transzendenten Sein. Heidegger spricht vom »Sein zum Tode« und lässt ein heroisches »Ich bin« im Augenblick des Vergehens der Ichheit aufscheinen.

Schlüsselbegriff *Freundlichkeit*: Freundlichkeit und Mitgefühl im Zen-Buddhismus sind aller Innerlichkeit ledig, gelten dem vertrauten Menschen ebenso wie dem Fremden, dem Mitmenschen ebenso wie anderen Wesen. Sie sind nicht subjektiv verankert sondern geschehen ohne Subjekt und Objekt. Demgegenüber gründet die abendländische Form von Freundlichkeit und Mitgefühl in Innerlichkeit und Subjektivität, bezeichnet Freundschaft und Liebe. Für Aristoteles ebenso wie für Montaigne ist der Freund ein »zweites Ich«. Hegel beschreibt die interpersonale Konstellation als Kampf zweier Ich-zentrierter Totalitäten. Schopenhauer erklärt das Mitleid aus der Identifikation des eigenen mit dem fremden Ich.

Dialog zwischen den Weltbildern

Die vorstehenden Angaben aus der komparatistischen Studie von Han zeigen, dass im Zen-buddhistischen Denken die Dichotomie von Subjekt und Objekt aufgehoben wird, während sie im abendländischen Denken voll wirksam ist. Es macht Sinn, den Subjekt und Objekt übersteigenden Standpunkt einzunehmen, um auf dieser Basis das Verhältnis von Naturwissenschaft und Theologie neu zu bestimmen. Der Einwand liegt nahe, dass es zwischen dem Zen-Buddhismus ohne Gottesbegriff und der Theologie mit Gott als Gegenstand der Lehre keine Verständigung geben kann. Dies ist jedoch unzutreffend. Einerseits ist der Zen-Buddhismus eine zutiefst religiöse Bewegung, andererseits ist das Unterfangen der Theologie, über Gott positiv Auskunft zu geben, fragwürdig. Für beide Seiten besteht daher Anlass, über den erreichten Stand hinaus weiterzudenken. Hierbei kann der Dialog zwischen den beiden Religionen zu neuen Einsichten verhelfen (Dumoulin 1978, Waldenfels 1976, Nishida 1989, Nishitani 1986, Radaj 2011).

Die wünschenswerte Veränderung des religiösen Weltbildes kann sich nach buddhistischer Auffassung nur im einzelnen Menschen vollziehen, der somit primär Ansprechpartner bleibt. Es kann aber davon ausgegangen werden, dass der religiös neubestimmte, möglicherweise erleuchtete oder erwachte Mensch die Probleme in der Außenwelt erfolgreicher angehen wird als der unreligiöse Weltmensch. Nur der religiös ausgerichtete Mensch hat eine Chance, in der derzeitigen, von Ökonomie, Massenmedien und Technik beherrschten Welt seine Unabhängigkeit zu bewahren. Eine nachhaltige Änderung der weltlichen Verhältnisse ist erst dann zu erwarten, wenn aus dem Wirken Einzelner eine breitere Bewegung geworden ist. Wie das vor sich gehen könnte, dazu werden in Kap. XIV-4 Hinweise gegeben.

4 Realisierung der Standpunkte

Organisation der Theologiereform

Die Ausführungen des vorliegenden Buches hatten zum Ziel, die Entstehung des Konflikts zwischen Naturwissenschaft und Theologie aufzuzeigen, die durch die wissenschaftsbasierte Technikentwicklung entstandene Bedrohung des Menschen zu benennen und grundsätzliche Möglichkeiten der Konfliktlösung zu erörtern. Wie die vorstehend beschriebenen problemlösenden zwei Standpunkte zu realisieren wären, ist nicht Gegenstand der Ausführungen. Es soll abschließend lediglich die organisatorische Grundstruktur einer grundsätzlich möglichen, aber sicher so nicht zu erwartenden Realisierung skizziert werden.

Da die festgestellten Probleme die Grenzen des jeweiligen Fachgebiets übersteigen, also nur fachgebietsübergreifend erfolgreich angegangen werden können, bedarf es eines einheitlichen, rational befriedigenden und empirisch überprüfbaren Weltbildes, das gleichermaßen von Naturwissenschaft und Theologie anerkannt wird. Von Seiten der Theologie wird der Verzicht auf ausschließliche Wahrheitsansprüche erwartet. Von Seiten der Naturwissenschaft und Technik müssen der Fortschrittsenthusiasmus und der damit verbundene Machbarkeitswahn aufgegeben werden. Der Reformimpuls muss von der Theologie ausgehen.

Die anstehenden Probleme mit Naturwissenschaft und Technik sind auch nicht durch demokratische Mehrheitsentscheide zu lösen, denn es sind dies keine politischen Probleme. Meinungsbekundungen auf Demonstrationen, in den herkömmlichen Massenmedien oder im Internet (»Zeichen setzen«) helfen nicht weiter. Nicht der Mehrheitsentscheid, sondern das bessere Argument auf Basis der Vernunft trägt zur Lösung bei.

Die Realisierung des vermittelnden Standpunktes setzt eine grundlegende Revision der herkömmlichen Theologie voraus, eine Revision, die auf Integration von natürlicher Theologie und Offenbarungstheologie gerichtet ist. Der Anspruch der Offenbarungstheologie, eine objektive absolute Wahrheit zu vertreten, muss dabei aufgegeben werden. Diese Wahrheit kann zunächst nur subjektiv für den gelten, dem eine Offenbarung in mystischer Schau zuteil geworden ist. Demgegenüber ist die natürliche oder philosophische Theologie um objektivierbare Aussagen bemüht. Insgesamt sind reformerische Ansätze gefragt, die auf tradierte Dogmen keine Rücksicht nehmen, sondern auf die Kombination von theoretischer Vernunft und empirischer Faktizität setzen. Die Erarbeitung von qualifizierten Entwürfen zu einer kritischen Reformtheologie ist Aufgabe kleiner, theologisch kompetenter Expertenkreise.

Mit einem derart erarbeiteten Reformpapier könnte man in die Diskussion mit kompetenten Vertretern der Natur- und Technikwissenschaften eintreten, die im übrigen gewohnt sind, den eigenen Kenntnisstand laufend kritisch zu hinterfragen, was zu einer permanenten Verbesserung der Kenntnisse führen kann oder eben zu dem Eingeständnis, nur unzureichende Kenntnisse zu besitzen. Die hochkarätig zu besetzenden Diskussionsgruppen kann man sich an Universitäten und Akademien sowie innerhalb der großen wissenschaftlichen Gesellschaften vorstellen. Die Behandlung des Themas auf größeren Konferenzen macht erst dann einen Sinn, wenn die Grundpositionen abgeklärt sind und deren Anwendung auf breiterer Basis ansteht.

Zwei bestens organisierte christliche Reformprojekte der jüngsten Vergangenheit haben ihr beabsichtigtes Ziel nicht erreicht. Die Reformimpulse des Zweiten Vatikanischen Konzils (1962–1965) der römisch-katholischen Kirche wurden bald durch eine betont konservative Linie erstickt. Die »konziliare« Weltversammlung der ökumenischen Christen für Gerechtigkeit, Frieden und die Bewahrung der Schöpfung (1983–1990) konnte die notwendige Einigkeit nicht herstellen und blieb daher wirkungslos. In beiden Fällen ging es noch gar nicht um die Revision theologischer Grundpositionen sondern eher um Auslegungsfragen.

Organisation des Dialogs mit dem Buddhismus

Während die Realisierung des vermittelnden Standpunktes im Rahmen der abendländischen Philosophie und Theologie zu leisten ist, ist der im Begriff der Leere die Subjekt-Objekt-Spaltung übersteigende Standpunkt eine Domäne der ostasiatischen Geisteshaltung, besonders aber des Zen-Buddhismus. Um diesen Standpunkt hinsichtlich Naturwissenschaft und Theologie zu verwirklichen, ist ein intensiver Austausch zwischen westlichem und östlichem (buddhistischen) Denken erforderlich.

Es liegt in der Natur des Buddhismus, dass sich dieser Austausch nicht aufs Philosophieren beschränken kann, sondern den ganzen Menschen in seinen geistigen, seelischen und körperlichen Artikulationen fordert. Die Zen-buddhistische Weltsicht drückt sich im Zazen, in spezifischen künstlerischen Tätigkeiten und in verschiedenen Kampfkünsten aus. Der Dialog muss daher ganzheitlich geführt werden, allein dies eine ungewohnte Herausforderung für das vom Körper separierte abendländische Denken. Der Aufbau Zen-buddhistischer Zentren in Europa unter der Führung anerkannter japanischer Meister mit einem umfassenden Angebot an Zazen, künstlerischer Betätigung und Kampfkünsten könnte einen Mentalitätswandel in Europa einleiten und die Basis für die Verbreitung des übersteigenden Standpunktes legen.

Sind die Vorschläge zur Verwirklichung des zwischen Naturwissenschaft und Theologie vermittelnden Standpunktes, ergänzt um das Bemühen um einen die Subjekt-Objekt-Spaltung übersteigenden Standpunkt utopisch?

Die organisatorischen Strukturen für eine Realisierung des übersteigenden Standpunkts sind vorhanden bzw. könnten kurzfristig geschaffen werden. Wesentlich fragwürdiger ist, ob es in Europa eine ausreichende Zahl kompetenter Vertreter einer kritischen Reformtheologie gibt und in Japan eine genügende Zahl kompetenter Zen-Meister. Der Haupteinwand kommt jedoch aus anderer Richtung. Innerhalb der christlich geprägten theistischen oder auch atheistischen Weltsicht herrscht unverändert die Überzeugung vor, eine absolut gültige Wahrheit zu vertreten, über die allein die Welt zu verbessern oder gar zu retten ist. Toleranz und Aufgeschlossenheit anderen Auffassungen gegenüber war noch nie ein Merkmal des Christlichen.

5 Fundamental-christliche Handlungsoption

Grundzüge der ökologischen Krise

Die moderne christlich-abendländische Auffassung von Freiheit und Fortschritt hat in die heutige Weltkrise geführt. Man kann versuchen, anknüpfend an die Tugend christlicher Anspruchslosigkeit einen Weg aus der Krise zu finden. Dieser Weg wird nachfolgend unter Bezug auf die ökologische Krise erörtert, in der sich die geistigen Fehlhaltungen in jederzeit wahrnehmbarer Weise niederschlagen. In Deutschland ist früh erkannt worden, dass sich ausgehend von ökologischen Fragen Politik gestalten lässt.

Von einer ökologischen Krise zu sprechen, ist längst keine Schwarzmalerei mehr. Wir sind Zeugen einer sich anbahnenden ökologischen Katastrophe, die bei Fortsetzung der bisherigen Handlungsweise einen Kollaps der natürlichen Umwelt zur Folge haben wird: Raubbau an den natürlichen Ressourcen, Verschmutzung von Luft, Wasser und Boden, Zerstörung von natürlichen Lebenswelten und Ordnungsstrukturen (Biotope, Artenvielfalt), Verbauen der Landschaft, Schädigung des Klimas. Der Erhalt der natürlichen Lebensgrundlage des Menschen wird zunehmend fraglich.

Umweltzerstörung gibt es, seitdem der Mensch die Erde bevölkert. Sie tritt in zunehmendem Ausmaß in den Hochkulturen auf. Jedoch waren die Eingriffe lokal und zeitlich begrenzt, so dass sich die Schäden in Grenzen hielten. Anders verhält es sich mit der modernen Umweltzerstörung, deren besonderes Ausmaß durch folgende Faktoren bedingt ist (Kessler 1996):

– die wachsende Zahl von Menschen auf der Erde, derzeit 7 Milliarden,
– die gewaltig gesteigerten technischen Mittel und Möglichkeiten,
– die maßlosen Ansprüche an Konsumgüter sowie an lokale
  und globale Mobilität,
– das ökonomisch-politische Interesse an Verstärkung dieser Ansprüche,
– der zunehmende Mangel an erprobter Lebensweisheit.

Die aus Gründen der sozialen Stabilisierung und des Machterhalts politisch gewollte, bisher als sakrosankt geltende Forderung von Modernisierung und Wachstum ist letztendlich eine Sackgasse, weil sie auf Kosten von Umwelt, Mitwelt und Nachwelt beschritten wird.

Drei Ursachen der ökologischen Krise

Die expansive Dynamik der Umweltzerstörung ist durch eine ungebremste Entwicklung in den Bereichen der Technik, der Ökonomie und des Lebensstils verursacht. Ohne nachhaltige Einschränkungen in diesen drei Bereichen ist die weitere Umweltzerstörung nicht aufzuhalten.

In der neuzeitlichen Technik gilt der Grundsatz, dass alles, was als technisch möglich erscheint, auch ausgeführt wird. Das entspricht dem Fortschrittsglauben und ist durch den modernen Freiheitsbegriff abgesichert. Mit der eigentlichen christlichen Botschaft ist diese Handlungsweise nicht verträglich, wenn auch das alttestamentarische Gotteswort »Macht euch die Erde untertan« (Gen 1,2) so ausgelegt werden kann. Sie entspricht eher der Figur des Titanensohns Prometheus, der das dem Menschen vorenthaltene Feuer aus dem Olymp entwendete und zur Erde brachte. Die Rückbindung der modernen Technik in ein umfassenderes Wertesystem ist als notwendig erkannt. Besonders kommt das in der Ablehnung der Massenvernichtungswaffen, darunter die Atombombe, oder auch im Verbot von Eingriffen an menschlichen embryonalen Stammzellen zum Ausdruck.

Die neuzeitliche Ökonomie ist eng mit der Technikentwicklung verknüpft. Sie trägt deren ausufernde Entwicklung. Grundlage der neuzeitlichen Ökonomie ist der Kapitalismus, der folgende Strukturmerkmale aufweist (Koslowski 1986): Privateigentum (auch an Produktionsmitteln), Gewinnmaximierung für Anbieter und Nutzenmaximierung für Abnehmer als Wirtschaftszweck sowie Koordination der Wirtschaftaktivitäten durch die Märkte und das Preissystem. Die vor Anbruch des Kapitalismus herrschende gemeinschaftsrelevante (haushälterische, ökologische) Wertrationalität wird abgelöst durch die allein an das Individuum gebundene Zweckrationalität. Diese Tendenz zum Subjektivismus entspricht dem Geist des Christentums, das die Freiheit der Einzelperson hervorhebt: »Zur Freiheit hat uns Christus berufen« (Gal 5,1).

In einer derartigen Ökonomie und ihrer Vertragsverhältnisse fehlt selbst in der ethischen Reflexion der Aspekt der natürlichen Umwelt, was zu der heutigen Problemsituation hinsichtlich der Umwelt geführt hat. Es ist von einem Seinsrecht der Natur auszugehen, das die Menschenrechte ergänzt (Koslowski 1988 u. 1989). Dieses Recht gilt es in den Vertragsverhältnissen der Ökonomie zu wahren. Die bisherige Praxis, die Gewinne zu privatisieren, während die ökologischen Kosten externalisiert werden, ist nicht mehr akzeptabel. Die unternehmerische Freiheit ist entsprechend einzuschränken.

Der ausufernde Lebensstil der Konsumenten gilt als dritte Ursache der ökologischen Krise neben ungebundener Technik und umweltbelastender Ökonomie. Die Steigerung der Produktion ist in der Marktwirtschaft an eine Erhöhung des Konsums gebunden. Die Generierung immer neuer Bedürfnisse an Gütern, Mobilität und Dienstleistungen ist ein Merkmal dieser Wirtschaftsform, in der demnach die Werbung eine zentrale Rolle spielt. Der auf Konsum ausgerichtete Lebensstil des modernen Menschen kommt dem entgegen.

Als Ursache des kollektiv gelebten Konsumrausches gilt der Verlust an Lebenssinn, an sozialer und religiöser Bindung. Durch Konsum lässt sich der glanzlose Alltag kompensatorisch überhöhen (Kessler 1996). Diese Fehlleitung ermöglicht die selbstzerstörerische Überflussgesellschaft. In ihr sind Berufs- und Freizeitwelt weitgehend getrennt. Während in der ökonomisch gebundenen Berufswelt die herkömmlichen Tugenden der Disziplin, Leistungsbereitschaft, Gewissenhaftigkeit, Sparsamkeit usw. rigoroser denn je eingefordert werden, wirken im Freizeitbereich Verschwendung und Anspruchsdenken systemstabilisierend.

Einübung christlicher Anspruchslosigkeit
Wie könnte eine gedeihlichere Entwicklung der Menschheit angestoßen werden? Nach christlicher Auffassung offensichtlich durch Rückbesinnung auf das elementare Liebesgebot des Christentums und das entsprechende Ethos der Demut und Anspruchslosigkeit, das sich im Lebensstil ausdrückt.

Um diesen anspruchslosen Lebensstil zu bekräftigen und auf eine breitere gesellschaftliche Basis zu stellen, bieten sich gemeinschaftlich begangene Zeiten weitgehenden Konsumverzichts an, den im Kirchenjahr üblichen Fastenzeiten nicht unähnlich: kein Güterkauf, kein Internet, kein Fernsehen, keine Urlaubsreisen, minimale Mobilität – kein über das Lebensnotwendige hinausgehender Konsum. Es wäre dies die Einübung auf den längerfristig unabdingbaren anspruchsloseren Lebenswandel und gleichzeitig ein unübergehbares Zeichen gegenüber den anonymen Mächten der Ökonomie. Weniger christlich und politisch kämpferischer ausgedrückt: Es wäre dies ein Aufruf zur Verweigerung der ökonomischen Angebote, eine Kampfansage an die Ideologie des Wirtschaftswachstums. Auf die Option des Konsumverzichts und der Konsumaskese wird aus säkularer Sicht in Kap. VI-6 eingegangen.

Die Rückbesinnung auf die christlichen Tugenden ist die einzige Möglichkeit, die Wende zum Besseren in der gefährdeten Welt ohne Einschränkung der persönlichen Freiheit zu erzielen. Alle staatlich verordneten Maßnahmen sind mit Freiheitsverlusten verbunden. Zudem werden sie allzuleicht unterlaufen.

6 Ökologie ohne Handlungsoption?

Gegenstand, Methoden und Gesetze der Ökologie

Wer dem naturwissenschaftlich begründeten technischen Handeln mehr vertraut als der Rückbesinnung auf christliche Tugenden, wer bereits entstandene Umweltschäden begrenzen und zukünftig vermeiden will, wird den Weg aus der Krise ausgehend von den naturwissenschaftlichen Kenntnissen und den daraus abgeleiteten technischen Möglichkeiten suchen. Diese Kenntnisse und Möglichkeiten sind Gegenstand der Ökologie.

Die Ökologie (gr. »Haushaltslehre«) wurde von dem Biologen Ernst Haeckel (1834-1919) als Teilgebiet der Biologie, also der Wissenschaft von der belebten Natur, eingeführt. Sie beschreibt die komplexe Wechselwirkung von Lebewesen mit ihrer unbelebten und belebten Umwelt, als Einzelwesen, als Gruppe oder als Lebensgemeinschaft. Nachdem die Evolutionslehre den biologischen Aspekt des Menschen im Naturreich verortet hatte, war der Mensch in die Betrachtungen der Ökologie einzubeziehen.

Eine eigenständige wissenschaftliche Methode hat die Ökologie nicht entwickelt. Es werden die fallweise geeignete Methoden der Physik, Chemie, Biologie und Geographie angewendet. Da die Ökologie »ganzheitliche« Beschreibungen anstrebt, sind Netzwerke und Regelkreise mit Rückkopplung bevorzugte Darstellungsmittel.

Nach Einbeziehung des Menschen in die Ökologie ist nicht nur das Netzwerk der natürlichen Umweltbeziehungen der Lebewesen relevant, sondern ebenso die mentalen Umweltbeziehungen des Menschen, wobei beide Bereiche miteinander verwoben sind (Haber 2011). Zu den natürlichen Umweltfaktoren der Lebewesen gehören Wasser, Luft, Nahrung, Raum, Licht, Wärme, Partner und Information, zu den mentalen Umweltfaktoren des Menschen dagegen Arbeit, Bildung, Sicherheit, Macht, Verdienst, Fürsorge, Gerechtigkeit und Spiritualität (Auswahl nach Haber).

Eine Ökologie nur der Lebewesen gehorcht den Wettbewerbsregeln der Evolution: fortschreitende Entwicklung der an die Umwelt hinreichend Angepassten, Absterben der unzureichend Angepassten. So optimiert die Natur fortlaufend ihre Vielfalt ohne ein ökologisches Problem, und die betroffenen Einzelwesen wissen nicht um Leben und Tod. Das Hinzutreten des Menschen mit seinen geistigen Fähigkeiten und Bedürfnissen verändert die Situation grundsätzlich. Er weiß um Leben und Tod, und als Kulturwesen trägt er Verantwortung für sein Handeln. Er kann bei fehlender Verantwortung seine spezielle biologische Lebensgrundlage zerstören, was er derzeit in ausgiebiger Weise tut. Gleichzeitig behaupten die Pilze, die einzelligen Urlebewesen (Bakterien) sowie die Insekten und Käfer unangefochten ihre quantitative Dominanz im Reich des Lebendigen. Durch den Einschluss der mentalen Aspekte des Menschen in der Ökologie, ist diese nur noch teilweise naturwissenschaftlich begründbar, eine mit der Medizin vergleichbare Situation. Dies lässt insbesondere auch eine Populärökologie gedeihen, die der Naturreligion näher steht als der Naturwissenschaft.

Ökologische Fallen der Kulturentwicklung

Die kulturelle Höherentwicklung des Menschen war von Anfang an von »ökologischen Fallen« begleitet (Haber 2011). Das Merkmal der Falle ist, dass es kein Zurück in den Zustand davor gibt. An den entscheidenden Wendepunkten der kulturellen Entwicklung trat der unauflösbare Widerspruch zur Ökologie zutage. Wolfgang Haber, der maßgebende Vertreter der wissenschaftlichen Ökologie in Deutschland, hat folgende Fallen identifiziert.

Die historisch erste ökologische Falle stellte die Nutzung des Feuers dar. Über das Feuer wurde konzentrierte Energie lokal verfügbar gemacht, was die Sonneneinstrahlung nicht leisten konnte. Ohne das Feuer wäre der Mensch auf niederer kultureller Stufe verblieben, hätte nicht die kälteren Klimazonen besiedeln können, hätte sich mit Rohkost begnügen müssen, hätte nicht Metall erschmelzen und verarbeiten können. Die Höherentwicklung des Menschen war daher an das Holz als Brennstoff und den Wald als Brennstofflieferant gebunden. Die ökologische Falle bestand in der naturzerstörerischen Kraft und Ausbreitungsfähigkeit des Feuers (Steppenbrände, Brandrodung), in der Abholzung der Wälder für die Metallverhüttung und in den umweltschädlichen Emissionen.

Die historisch zweite ökologische Falle entstand durch die Wandlung des Menschen vom Sammler und Jäger zum Bauern und Viehzüchter. Das landwirtschaftlich nutzbare Acker- und Weideland musste der unberührten Natur abgerungen werden. Anstelle der Vielzahl wilder Pflanzen und Tiere traten wenige nährstoffreich hochgezüchtete Kulturpflanzen (insbesondere sechs Getreidesorten) und einige wenige Nutztiere (Pferd, Kuh, Schaf, Ziege, Schwein). Der Getreideanbau war mit Bodenbearbeitung verbunden, was die Gefahren der Bodenschädigung (darunter die Erosion) und die Düngung zum Ersatz des Nährstoffverlustes anlässlich der Ernten einschloss. Die ökologische Falle bestand darin, dass Landwirtschaft Naturzerstörung bedeutete. In den Hochkulturen geriet die Naturnutzung unumkehrbar zur Landnutzung, die mit Eigentumsrechten verbunden wurde.

Die historisch dritte ökologische Falle war das Entstehen der Städte in den Hochkulturen, die sich als Zentren der Kulturentwicklung erwiesen, andererseits aber mit den von der Landbevölkerung zu erwirtschaftenden Überschüssen ernährt werden mussten. Die Stadtbevölkerung war auf die Landwirtschaft der Bauern angewiesen, während die Landbevölkerung ursprünglich der Städter nicht bedurfte. Die Nahrungsversorgung der altgriechischen Stadtstaaten beruhte auf einer mit Sklaven betriebenen Landwirtschaft. Der Nahrungsbedarf heutiger Großstädte wird durch großtechnisch betriebene Ackerkultur und Tierhaltung im ländlichen Bereich gedeckt. Dies ist mit weiteren Waldrodungen bzw. Umbruch von Grasland verbunden. Die Tendenz zur Verstädterung wird durch die Landflucht der Bevölkerung noch verstärkt.

Die historisch vierte und vorerst letzte ökologische Falle ergab sich beim Übergang von Holz als Energieträger auf fossile Brennstoffe zu Beginn des Industriezeitalters, erst auf Kohle und später auch auf Erdöl oder Erdgas. Dieses verband sich mit exponentiellem Wachstum der Wirtschaft, des Wohlstandes und der Bevölkerungszahl (von etwa 1 Milliarde um das Jahr 1800 auf 7 Milliarden heute). Erst seit Mitte des vorigen Jahrhunderts wurde deutlich, in welche ökologische Falle diese Entwicklung geführt hat. Die Weltbevölkerung kann ohne industriell betriebene Landwirtschaft, ohne den Einsatz von Mineraldüngern und Schädlingsbekämpfungsmitteln nicht mehr ernährt werden. Wahrscheinlich ist zukünftig auch der Einsatz gentechnisch veränderter Pflanzen und Tiere für ein ausreichendes Angebot an Nahrungsmitteln (weltweit) unabdingbar. Die Lage verschärft sich noch dadurch, dass neuerdings ein Teil der landwirtschaftlichen Nutzflächen für die Gewinnung von erneuerbaren Energien eingesetzt wird.

Ausweglose ökologische Situation

Welche Handlungsoption folgt aus der wissenschaftlich begründeten Ökologie? So sehr diese Disziplin benötigt wird, um in konkreten Einzelfällen einer drohenden oder bereits eingetretenen Umweltschädigung wirksame Gegenmaßnahmen einzuleiten, so wenig lassen sich im Hinblick auf die globale Umweltkrise Aussagen gewinnen, die über Einschätzungen des gesunden Menschenverstandes hinausgehen. Das Dilemma zwischen Naturbewahrung und Kulturentwicklung ist offensichtlich, wobei Kulturentwicklung nicht notwendigerweise kulturelle Höherentwicklung bedeutet, was spätestens seit Beginn des Industriezeitalters beobachtet werden kann. Ökologische Prognosen zur zukünftigen Entwicklung, soweit sie über kurzfristige Tendenzextrapolation hinausgehen, sind nicht vertretbar. Die aus den vernetzten Regelkreismodellen von Forrester und Meadows (Kap. VI-6) abgeleitete Forderung nach Nullwachstum von Bevölkerung und Industrieproduktion ist unrealistisch und darüber hinaus inhuman, weil dies ein Einfrieren der gegenwärtigen ungleichen Güterverteilung zur Folge hätte.

Als Ergebnis der vorstehenden Erörterungen ist festzustellen, dass es offenbar keine sozialverträgliche naturwissenschaftlich begründete Handlungsoption gibt, die weiteren ökologischen Flurschaden vermeidet. Man kann lediglich versuchen, den Flurschaden auf naturwissenschaftlicher

Basis zu begrenzen, wie es heute vielfach geschieht. Ein Ausweg aus der allgemeinen ökologischen Krise ist damit aber nicht gewiesen.

7 Ökologie mit Handlungsoption?

Neuer Bericht an den Club of Rome

Kürzlich wurde ein weiterer, an den Club of Rome gerichteter Bericht publiziert, verfasst von Jorgen Randers einem Mitglied des Teams zum ersten Bericht (Randers 2012). Mit eingearbeitet sind die Stellungnahmen von 30 Fachkollegen aus der internationalen Ökologiebewegung. Die festgestellten Mängel des Weltmodells des ersten Berichts (Kap. VI-6) sind verringert, beispielsweise durch die Regionalisierung der Prognosen.

Während sich der erste Bericht von vor 40 Jahren darauf beschränkte, die Grenzen des Wirtschaftswachstums zu bestimmen und vor einem drohenden Kollaps des Systems zu warnen, wird in dem aktuellen Bericht die Entwicklung der Welt in den kommenden 40 Jahren also bis zum Jahr 2052, prognostiziert. Es wird also nicht nur modellhaft analysiert, was unter bestimmten Annahmen geschehen *könnte*, sondern es wird prognostiziert, was wahrscheinlich geschehen *wird*. Das ist pseudowissenschaftlich verpackte Spekulation.

Die Zukunftsprognose umfasst nicht nur materielle Gegebenheiten wie Bevölkerungswachstum, Energiegewinnung, Nahrungsmittelproduktion und Klimaänderung, sondern darüber hinaus die soziale, politische und kulturelle Zukunft. Abschließend werden Verhaltensempfehlungen zu der als weitgehend unabänderbar angesehenen Entwicklung gegeben.

Gegenstand und Grundlagen der Prognose

Gegenstand der Prognose im neuen Bericht sind primär die materiellen Verhältnisse in der Welt des Jahres 2052. Die dabei als besonders wichtig erachteten Parameter und ihre wechselseitige Beeinflussung sind in Bild 3 (s. Bildanhang) veranschaulicht. Die Pfeile stehen für fiktive Ursache-Wirkung-Beziehungen. Im wesentlichen ist ein das Bevölkerungswachstum und die Klimaerwärmung einschließender Wirtschaftsablauf dargestellt. Die das Klima betreffende Ausgangsannahme besagt, dass der herkömmliche, auf Wirtschaftswachstum ausgerichtete und mit fossilen Energieträgern ermöglichte Wirtschaftsablauf zukünftig ohne ein solches Wachstum und auf Basis erneuerbarer Energien gestaltet werden wird.

Als Grundlage der Prognose dienen die Einschätzung von Randers und seiner ökologischen Fachkollegen zu den aktuellen Fragen einer alternativen, ökologischen Wirtschaftsordnung. Als gesicherte Erkenntnis wird angesehen, was nicht mehr sein kann als unzureichend begründbare Annahme. Dass innerhalb der Ökologiebewegung gleichgerichtete Erwartungen und Urteile anzutreffen sind, beweist nicht deren Richtigkeit. Es lässt lediglich auf die politische und gesellschaftliche Wirksamkeit dieser Anschauungen schließen.

Eine weitere Grundlage der Prognose sind die Regelkreismodelle, die die Verfahrensgrundlage des Berichts vor 40 Jahren bilden. Sie wurden der bisherigen Realentwicklung angepasst und in die Zukunft stetig extrapoliert, teilweise mit geänderten Gradienten. Der »systemdynamische« Modellansatz war bereits vor 40 Jahren umstritten. Die methodischen Einwände sind in Kap. VI-6 genannt. Die Modelle können allenfalls gewisse Tendenzen unter Einschluss von Rückkoppeleffekten darstellen, sofern die Ausgangsdaten zutreffen. Sie beschreiben beispielsweise das Überschwingen (*overshoot*) gefolgt von allmählichen Abfall (*decline*) oder abruptem Zusammenbruch (*collapse*). Für eine Langfristprognose sind sie völlig ungeeignet.

Eine dritte Grundlage der Prognose ist die Sorge um die Folgen der globalen Klimaerwärmung, die derzeit zu beobachten ist und auf den durch das Spurengas Kohlendioxid in der Atmosphäre verstärkten Treibhauseffekt zurückgeführt wird. Daher sei zwingend notwendig, den CO_2-Ausstoß zu reduzieren und mit den verfügbaren fossilen Energiequellen zurückhaltend umzugehen. Es ist jedoch strittig, inwieweit die Klimaerwärmung vom Menschen durch einen erhöhten CO_2-Ausstoß verursacht ist. Auf die Fragwürdigkeit der gängigen Klimaprognosen wird daher eingegangen, bevor die eigentlichen Prognosen des neuen Berichts an den Club of Rome vorgestellt werden.

Fragwürdigkeit der gängigen Weltklimaprognosen

Das Weltklima ist erheblichen natürlichen Schwankungen unterworfen, man denke nur an die letzte Eiszeit, die etwa 10000 v. Chr. endete. Aber auch innerhalb der darauffolgenden Warmzeit gab es relativ rasch eintretende Klimawechsel. Diese Schwankungen und Wechsel werden von der Paläoklimatologie untersucht. Zu ihren Methoden gehört die Analyse der Baumjahresringfolge, die Gasanalyse an Bohrkernen von Gletschereis (etwa in Grönland), die Dokumentation der marinen Sedimentschichtung in Flussmündungsbereichen und schließlich die Isotopenanalyse an natürlich gewachsenen Stalagmiten in erdbodennahen Tropfsteinhöhlen.

Auf die Ergebnisse der Stalagmitenuntersuchungen von Augusto Mangini an der Universität Heidelberg sei kurz eingegangen (Mangini 2007). Es lassen sich seit der letzten Eiszeit mehrere ausgeprägte Warmzeiten mit erhöhten Winterniederschlägen nachweisen, die von Sedimentuntersuchungen bestätigt werden. Darüber hinaus lassen sich beispielsweise die Siedlungs- und Blütephasen von Troja, die besonders gut erforscht sind, mit dem ermittelten Klimaablauf korrelieren.

Zwischen den nachgewiesenen Wärme- und Kältephasen besteht ein Temperaturunterschied von mehreren Grad Celsius. Diese Temperaturschwankung ist zwar mit Schwankungen der Sonneneinstrahlung korrelierbar, jedoch ist ihr Ausmaß unerklärlich groß. Die Temperaturveränderungen sind wesentlich größer als die vom Weltklimarat angestrebte Grenze von 2°C Temperaturerhöhung. Als Verstärkungsmechanismus in der letzten Eiszeit kommt die seinerzeitige Vergletscherung Tibets infrage (Kuhle 1987). Der Reflexionsgrad der starken (subtropischen) Sonneneinstrahlung dort beträgt 15-25% für hochgelegene unvergletscherte Aufheizflächen gegenüber 76-95% für beschneite Gletscherflächen.

Die gängige politische Meinung besagt, die derzeitige Klimaerwärmung sei überwiegend vom Menschen verursacht, ablesbar an der Erhöhung des Gehalts bestimmter Spurengase in der bodennahen Atmosphäre, die für den anthropogenen »Treibhauseffekt« verantwortlich gemacht werden. Zu diesen »Klimakillern« rechnet man Kohlendioxid (CO_2), Methan (CH_4) und Ozon (O_3). Die Wirkung von CO_2 reicht über mehrere Jahrzehnte, d.h. eine Reduktion des CO_2-Ausstoßes heute kann nur entsprechend verzögert wirksam werden. Bei Methan sind etwas kürzere Zeiträume anzusetzen. Neuerdings wird auch auf die Treibhauswirkung von Ruß in der Atmosphäre hingewiesen, der allerdings kurzfristig durch Niederschläge ausgewaschen wird. Die genannten Spurengase sind in hohem Maße natürlichen Ursprungs bzw. durch Landwirtschaft freigesetzt. Dem schließt sich die Wirkung der Verbrennung fossiler Energieträger in Kraftwerken, Kraftfahrzeugen und Heizungsanlagen an.

Der natürliche Treibhauseffekt ermöglicht die lebensnotwendige Erwärmung der Erde. Die bodennah absorbierte relativ kurzwellige Sonnenstrahlung wird als längerwellige Wärmestrahlung wieder abgestrahlt, jedoch durch Wolken und Spurengase erdnah gehalten. Der anthropogene Treibhauseffekt bezeichnet die vom Menschen verursachte Verstärkung dieses Prozesses insbesondere durch Verbrennung fossiler Energieträger (Erhöhung des CO_2-Gehalts) und durch Landwirtschaft und Viehzucht (Erhöhung des CH_4-Gehalts). Inwieweit die Treibhauswirkung physikalisch und chemisch zutreffend beschrieben und durch Computermodelle korrekt abgebildet wird, muss offenbleiben, zumal aussagefähige Messdaten fehlen. Auch gibt es Stimmen, die den Treibhauseffekt insgesamt mit guten Gründen in Frage stellen.

Die Schlussfolgerung aus den vorstehenden Abschnitten lautet, dass die Ursachen der derzeitigen Klimaerwärmung nicht hinreichend verstanden und die verwendeten Computermodelle und Rechenergebnisse demnach fragwürdig sind. Der politische und wirtschaftliche Aufwand zur Erreichung von »Klimazielen«, einschließlich des Handels mit CO_2-Zertifikaten, ist ein Irrweg. Die eingesetzten Mittel werden an anderer Stelle dringend benötigt, u.a. auch für Maßnahmen zur Beherrschung der Folgen einer nicht abwendbaren Klimaerwärmung.

Prognose zu Bevölkerung und Konsum

Das Ergebnis der Gesamtprognose hängt entscheidend von der geschätzten zukünftigen Weltbevölkerungszahl ab, sowie vom geschätzten Anteil Erwerbstätiger. Kombiniert mit einer Annahme zur Arbeitsproduktivität kann daraus das globale Bruttoinlandsprodukt (BIP), also das »Bruttoweltprodukt«, abgeleitet werden, und daraus wieder der für den Konsum des einzelnen durchschnittlich verfügbare Anteil.

Die Weltbevölkerung werde weiter wachsen, jedoch mit abnehmendem Gradienten. Um 2040 werde ein Maximum von 8 Milliarden erreicht mit darauffolgendem Abfall. Der schnelle Rückgang des Bevölkerungsanstiegs wird mit einem Rückgang der Kinderzahl je Frau in der zunehmend verstädterten Bevölkerung begründet. In den vergangenen 40 Jahren ist diese Zahl von 4,5 auf 2,5 gefallen und sollte in 40 Jahren bei 1,0 liegen. Das Maximum der Erwerbstätigen wird mit 5,4 Milliarden angegeben. Ein Bevölkerungsmaximum von 8 Milliarden wird jedoch von Demographieexperten als zu niedrig angesehen, 9-10 Milliarden dürften realistisch sein (FAZ, 9.5.2012, S. 10).

Die gesamtwirtschaftliche Arbeitsproduktivität der Erwerbstätigen werde sich in Fortsetzung des Verlaufs in den vergangenen 40 Jahren bis zum Jahr 2052 verdoppeln. Das daraus und der Erwerbstätigenzahl resultierende BIP werde zunehmend für staatlich erzwungene oder freiwillig erbrachte Investitionen zur Ressourcenschonung und zum Umwelt- und Klimaschutz benötigt, stehe damit also nicht mehr dem Konsum zur Verfügung. Der Konsum des Einzelnen könne aber bei abnehmender Bevölkerungszahl weiter wachsen. Die Weltwirtschaft werde also nicht hart an Grenzen stoßen, sondern weich mit vermindertem BIP-Wachstum. Die

Auswirkung auf einzelne Länder werde unterschiedlich sein. Den reichen westlichen Staaten stehe etwa ab dem Jahr 2030 ein stagnierendes Wirtschaftswachstum bei sinkendem Pro-Kopf-Einkommen bevor.

Prognose zu Energie und CO_2

Das Ergebnis der Gesamtprognose hängt des weiteren vom geschätzten zukünftigen Energieverbrauch und CO_2-Ausstoß ab. Etwa 87% des weltweiten Energieverbrauchs (Strom, Heizwärme, Kraftstoffe) werden heute von fossilen Energieträgern (Kohle, Öl, Gas) bestritten. Den Rest teilen sich Kernenergie (5%) und erneuerbare Energien (8%). Zu letzteren gehören Biomasse, Wasserkraft, Wind- und Solarenergie. Das Verbrennen der fossilen Energieträger wird für den CO_2-Anstieg und die Klimaerwärmung seit Beginn der Industrialisierung verantwortlich gemacht, was nach den vorstehenden Ausführungen wissenschaftlich nicht vertretbar ist. Der Anstieg der mittleren globalen Temperatur bis vor 40 Jahren wird mit 0,5°C angegeben, der bis heute mit 1,0°C. Nach verbreiteter, politisch motivierter Meinung führt ein Anstieg von über 2°C zu erheblichen Klima- und Umweltschäden, die nicht mehr beherrschbar sind.

Der weltweite Energieverbrauch werde mit der bisherigen Steigerungsrate bis zu einem Maximum um das Jahr 2040 ansteigen. Gleichzeitig werde der Energieaufwand pro BIP um 25% sinken. Die angestrebte Reduzierung des CO_2-Ausstoßes pro verbrauchter Energieeinheit komme voraussichtlich langsamer voran als dem derzeitigen Gradienten entsprechend. Für das Jahr 2052 wird folgende Energieaufteilung geschätzt: 37% erneuerbare Energien, 23% Kohle, 22% Erdgas (einschließlich Schiefergas), 15% Erdöl, 2% Kernenergie. Die Photovoltaik werde zunehmend konkurrenzfähig, wie aus der starken Preisreduktion für Solarmodule in den vergangenen 40 Jahren geschlossen werden könne.

Der weltweite CO_2-Ausstoß durch das Verbrennen fossiler Energieträger werde im Jahr 2030 ein Maximum erreichen. Bis zum Jahr 2052 werde die mittlere globale Temperatur um 2°C gegenüber dem vorindustriellen Wert gestiegen sein. Ein Temperaturanstieg über diesen Wert und ein damit einhergehender Selbstverstärkungseffekt (Methanfreisetzung in der Tundra beim Auftauen des Permafrostbodens) werden in der zweiten Jahrhunderthälfte erwartet.

Prognose zur Verfügbarkeit der Nahrungsmittel

Gegenstand der Gesamtprognose ist schließlich die Verfügbarkeit der Nahrungsmittel. Die weltweite Nahrungsmittelproduktion habe sich in den vergangenen 40 Jahren mehr als verdoppelt, wobei die Steigerung aus einer Erhöhung des Flächenertrags mit technischen Mitteln (Saatgut, Dünger, Pestizide, Bewässerung) resultiert, weniger aus einer Ausweitung der Anbauflächen. Dieser Trend – etwa gleichbleibende Fläche bei intensiverer Nutzung – werde sich fortsetzen. Es gebe noch erhebliche Reserven an landwirtschaftlich nutzbarem Land, zumindest bis zum Jahr 2030, bei ansteigendem Baulandbedarf der großen Städte in den Jahren danach. Die Pro-Kopf-Produktion von Nahrungsmitteln werde daher bis zum Jahr 2052 um 27% steigen.

Die Tatsache, dass bereits heute etwa 1 Milliarde Menschen hungern, wird als Verteilungsproblem bezeichnet. Nahrungsmittel seien in der Welt Ausreichend vorhanden. Wie das Verteilungsproblem gelöst werden soll, bleibt unkommentiert.

In diesem Zusammenhang wird auch die Gewinnung von Biokraftstoff auf landwirtschaftlichen Nutzflächen erörtert. Einerseits könne Biokraftstoff selbst bei Verwendung eines wesentlichen Teils der landwirtschaftlichen Nutzfläche für diesen Zweck nur wenige Prozent der Erdölförderung ersetzen. Andererseits führe die systembedingte Kopplung der Preise für Biokraftstoff und Erdöl zu einer Erhöhung der Lebensmittelpreise. Diese Preissteigerung stelle eine Härte für die Armen in der Welt dar.

Prognose zur sozialen, politischen und kulturellen Zukunft

Die Prognosen von Randers zur sozialen, politischen und kulturellen Zukunft beinhalten nicht mehr den vorstehenden Modellabgleich zu Bevölkerung, Energie und Nahrungsmitteln, sondern extrapolieren lediglich vermeintliche Trends in die nächsten 40 Jahre. Das Ergebnis einer derartigen Extrapolation ist äußerst fragwürdig.

Das stagnierende BIP und das sinkende Pro-Kopf-Einkommen in den reichen westlichen Ländern werde zu sozialen Spannungen führen, zu deren Eindämmung durch Umverteilung der Lasten ein starker Staat erforderlich sei.

Der Trend zur Urbanisierung werde anhalten, mit Megastädten, in denen 80% der Bevölkerung lebt. Das politische Geschehen werde von der städtischen Bevölkerung bestimmt. Künstliche Umgebung werde an Stelle von Natur treten.

Die Stadtbewohner würden medial bestens vernetzt sein. Die Dominanz des Internets habe unerfreuliche Folgen: zunehmende Komplexität der politischen Entscheidungsprozesse, Förderung der kurzfristigen Denkweise in der öffentlichen Meinung, Verlust der Privatsphäre, Verschwinden des Besonderen in allen Lebensbereichen.

Zukünftiger Tourismus werde sich auf komfortable Hotelanlagen und Kreuzfahrtschiffe mit Animations- und Wellness-Programmen konzentrieren. Der Besuch von Sehenswürdigkeiten werde dabei keine Rolle mehr spielen.

In der Medizin seien große Fortschritte zu erwarten, deren Nutzung allerdings an die Finanzierbarkeitsgrenze stoßen werde.

Zukünftige Kriege würden überwiegend mit automatischen Waffen geführt. Das Militär werde für Umweltschutz und Katastropheneinsatz zur Verfügung stehen (»grüne Truppe«).

Handlungsempfehlungen

Der Sinn einer warnenden Prognose ist es, den Menschen zu einer Handlungsweise zu veranlassen, die das Eintreten der Prognose unwahrscheinlich macht. Im vorgelegten Fall der Prognose zum Zustand der Welt in 40 Jahren sind die wirtschaftlichen Rückkoppeleffekte und die Gegenmaßnahmen der Politik bereits berücksichtigt, wenn auch nur in den als unzureichend geltenden Regelkreismodellen. Es kann daher nur darum gehen, wie sich der Mensch in dem als wahrscheinlich angesehenen Negativszenario positioniert und aus dieser Position heraus handelt. Ein fatalistischer Tenor ist dabei unvermeidbar.

Die Handlungsempfehlungen von Randers wenden sich überwiegend an Privatpersonen (15 Empfehlungen), während Unternehmer und Politiker mit 5 weiteren Empfehlungen bedacht werden. Nachfolgend werden einige der Privatempfehlungen dargestellt und kommentiert, um den fragwürdigen Spielraum der prognostizierten »Ökologie mit Handlungsspielraum« aufzuzeigen.

Es wird empfohlen, keine Vorliebe für Dinge zu entwickeln, die bald verschwunden sein könnten, darunter das Wohnen in ländlicher Umgebung. Da den Hochhäusern der Megastädte die Zukunft gehöre, solle man sich frühzeitig an diese Art des Wohnens gewöhnen. Replik: Die Sozialproblematik des Wohnens in Hochhäusern besonders für Kinder, Jugendliche und alte Menschen bleibt unberücksichtigt.

Es wird empfohlen, in hochwertige Unterhaltungselektronik zu investieren. Die virtuelle Welt der digitalen Medien ersetze die immer schwierigere Realwelt. Heutige und frühere Begebenheiten in der Realwelt sowie die fiktiven Konstrukte der Kunstwelt ließen sich am bequemsten als virtuelle Welt aufnehmen, während man auf der Couch liegt – eine Art elektronischer Tourismus. Replik: Der Mensch bleibt dennoch in der Realwelt verankert, und die progressive Kunstszene verkündet bereits ein »zurück zur Realität«.

Es wird empfohlen, Kinder nicht zu Naturliebhabern zu erziehen, denn Natur werde es in 40 Jahren nur noch in besonderen Reservaten geben. Replik: Der Mensch ist ein Naturwesen, und mit der Natur stirbt auch der Mensch.

Es wird empfohlen, die Kulturdenkmäler der Welt zu besichtigen, bevor ihr Bestand durch Touristenmassen oder soziale Unruhen gefährdet ist. Replik: Wieso genügt nicht der weiter oben empfohlene elektronische Besuch?

Es wird empfohlen, in ein Land zu ziehen, in dem ökologische Entscheidungen getroffen und durchgesetzt werden ohne allzusehr auf Demokratie und Marktwirtschaft zu achten. China und Deutschland werden als Vorbilder genannt. Replik: Diese wird dem Leser überlassen.

Bewertung und Folgerung

Die Ausführungen von Randers sind, soweit sie von den Regelkreismodellen getragen werden, relativ optimistisch, kenntlich unter anderem an den überraschend niedrig angesetzten zukünftigen Bevölkerungszahlen. Daraus resultiert in vielen Weltregionen eine weitgehend unveränderte materielle Lebensweise, allerdings unter dem Damoklesschwert einer für möglich gehaltenen Klimakatastrophe. Das daran anschließende Szenario der sozialen und kulturellen Welt gleicht jedoch eher einem futuristischen Roman als einer ernst zu nehmenden Prognose. Der Mensch als naturloses, der virtuellen Welt elektronischer Medien verfallenes Wesen ist doch wohl ein Phantasiegebilde. Dennoch erlaubt die Studie eine Antwort auf die eingangs gestellte Frage, ob die Ökologie eine realistische Handlungsoption eröffnet.

Es gibt zwei Arten von ökologischer Handlungsoption, die politisch-ökologische und die nachhaltig-ökologische Option. Die politisch-ökologische Option ist besonders in Deutschland eine Erfolgsgeschichte. Aus der Besorgnis über Umwelt- und Naturzerstörung sowie drohenden Klimakollaps lässt sich trefflich politisches Kapital schlagen. Es genügen in der Politik aber auch örtlich und zeitlich begrenzte Lösungen zu ökologischen Teilproblemen, um die Besorgnis durch positive Visionen zu ersetzen. Da Randers der politischen Ökologie nahesteht, durchschaut er deren Begrenztheit in den demokratisch regierten Ländern und ruft nach dem starken Staat.

Anders verhält es sich mit der globalen nachhaltig-ökologischen Option. Hier greift der Pessimismus der Prognose in vollem Umfang. Ein Entkommen aus der umweltzerstörten und klimabedrohten Welt ist nach Randers nur vorläufig und unter weitgehendem Verzicht auf die natürliche Realwelt möglich. Dies ist aber keine Handlungsoption, sondern nur eine Anpassungsreaktion. Mit einer Ökologie in globalem Maßstab ist der Mensch überfordert. Wer dies anders sieht, setzt den Machbarkeitswahn der Moderne in die Postmoderne fort. Während früher der rationale Machtanspruch des Menschen als die treibende Kraft der Entwicklung auftrat, ist es jetzt die irrationale Angst vor dem drohenden Kollaps.

KAPITEL XV

Alternative Handlungsentwürfe

»Wo aber Gefahr ist, wächst
Das Rettende auch.«
Friedrich Hölderlin: Hymne Patmos (IV, 227)

1 Einführende Übersicht

Die vorhergehenden Ausführungen beschäftigten sich mit der Krise von Weltbild und Welt, ausgedrückt durch den Konflikt zwischen Naturwissenschaft bzw. Technik einerseits und Theologie bzw. Philosophie andererseits. Dabei wurden die wesentlichen Inhalte und Ausprägungen der konträr erscheinenden Bereiche ausgehend von deren geschichtlicher Entwicklung dargestellt. Zur Verständigung zwischen Theologie und Naturwissenschaft auf Basis eines übergreifenden Weltbildes wurde ein umfassender Vorschlag gemacht, dessen Verwirklichung jedoch Utopie bleiben dürfte. Es folgten eine fundamental-christliche und zwei säkular-ökologische Handlungsoptionen.

Im vorliegenden letzten Kapitel des Buches geht es um alternative Entwürfe zur Bewältigung der krisenhaften Weltsituation. Es werden Handlungsentwürfe vorgestellt, die ein hinreichend gefestigtes Weltbild bereits voraussetzen, sei es das herkömmliche theologisch-philosophische oder das herkömmliche naturwissenschaftlich-technische Weltbild. In einem Fall (New Age) wird ein eklektizistisches Weltbild angeboten.

Es werden die vier wichtigsten seit etwa 1970 entstandenen Initiativen bzw. Bewegungen vorgestellt und folgende Punkte angesprochen: die auslösenden Momente der Initiative, das zugrunde liegende Weltbild, die vertretene Handlungsoption, die gesellschaftliche Wirksamkeit des Entwurfs und eine kritische Wertung durch den Verfasser.

Zur Sprache kommen in der Reihenfolge ihres geschichtlichen Auftretens: die New Age Bewegung (Ferguson 1981, Capra 1983, 1984 u. 1987), die Weltversammlung christlicher Kirchen (Weizsäcker 1986), das Projekt Weltethos (Küng 1992) und ein Plädoyer für offene Zukunft (Dürr 2009 u. 2011).

2 New Age Bewegung

Ursprünge

Die New Age Bewegung ist in den 1970er Jahren in Kalifornien als religiös gestimmte Protestbewegung in Erscheinung getreten, die teilweise theosophisch geprägt war. Sie hat ein Jahrzehnt später auch in Mitteleuropa zahlreiche Anhänger und eine spezifische Ausprägung gefunden. Die Bezeichnung »New Age« rührt daher, dass eine Zeitenwende propagiert wurde, die mit einer vollständigen Transformation des Menschen und damit der Gesellschaft verbunden ist. Die Zeitenwende orientierte sich am Übergang des Frühjahrspunktes aus dem Tierkreiszeichen der Fische in das Tierkreiszeichen des Wassermanns gegen Ende des zweiten Jahrtausends, daher die von Marilyn Ferguson geprägte Bezeichnung »Wassermann-Verschwörung« (Ferguson 1981). Bedingt durch die Präzession der Erdachse wechselt die Sonne am Frühjahrsäquinoktium nach durchschnittlich 2160 Jahren das Tierkreiszeichen. Zur Zeit der Antike war das Sternzeichen des Widder maßgebend, gefolgt vom Sternzeichen der Fische (was in den heutigen Horoskopen nicht berücksichtigt ist), und nunmehr vom Sternzeichen des Wassermanns.

Das Gedankengut der New Age Bewegung ist in Deutschland, wissenschaftlich verbrämt, durch den in Wien, Berkeley und London tätigen Physiker Fritjof Capra verbreitet worden (Capra 1983, 1984 u. 1987). In den Paradoxien der Relativitäts- und Quantentheorie, sowie in den Unzulänglichkeiten des sprachlichen Ausdrucks dieser Theorien, glaubte er eine Parallele zu östlichen Weisheitslehren erkennen zu können.

In der (deutschen) New Age Bewegung verbanden sich unterschiedliche Traditionen wie pagane Naturfrömmigkeit (indianisches Erbe), christliche Naturmystik (Franz von Assisi, Hildegard von Bingen, Teilhard de Chardin), ganzheitliches Heilen, naturnahe Ernährung, spiritueller Lebensvollzug, östliche Weisheitslehren (speziell Taoismus), Elemente der Parapsychologie und Theosophie und eben die Astrologie, wie aus dem Tierkreisbezug hervorgeht (Hanegraaf 1996). Von einem einheitlichen Weltbild kann nicht gesprochen werden.

Komponenten des Weltbildes

Die von Capra für das Lesepublikum in Deutschland vertretene pseudowissenschaftliche Sicht der Bewegung, von ihm nicht mehr New Age sondern Wendezeit genannt, umfasst folgende Komponenten (Capra in Bürkle 1988):

– Die Krise der Welt ist eine Folge des mechanistischen Weltbildes. Ein Wandel des Weltbildes und der damit verbundenen Wertevorstellungen zeichnet sich ab (»ganzheitliches, vernetztes Denken«, Primat des Weiblichen).
– Das ganzheitliche Denken entspringt einem »tiefenökologischen« Bewusstsein, gemäß dem Individuum und Kosmos eng verbunden sind.
– Neues Denken durch Verlagerung vom rationalen zum intuitiven Denken, vom Verstand zur Vernunft, von der Analyse zur Synthese, von der spalterischen Reduktion zur ganzheitlichen Integration.

- Neue Werte durch Verlagerung von Expansion zur Erhaltung, von Quantität zur Qualität, von Wettbewerb zur Kooperation, von Herrschaft zur Teilhabe.
- Aufstieg der neuen aus der verfallenden alten Kultur mit weltgeschichtlicher Zwangshäufigkeit.
- Lebende Systeme sind in Selbstorganisation entstandene Ganzheiten, die sich nicht auf kleinere Einheiten reduzieren lassen.
- Überwindung der kartesischen Trennung von Geist und Materie durch Gleichsetzung von Geistes-, Lebens- und Erkenntnisprozess. Die Welt bringt sich selbst über die Sprache hervor.
- Ein neues Menschenbild entsteht durch Überwindung der Trennung von Geist und Körper in Selbsterfahrungsgruppen (humanistische und transpersonale Psychologie).
- Beglaubigung des neuen Weltbildes, Paradigma genannt, durch Gemeinsamkeiten der (damaligen) Elementarteilchenphysik mit Vorstellungen östlicher Religiosität (Shivaismus, Taoismus).

Der gemeinsame Schlüsselbegriff hinter den aufgezeigten Komponenten der New Age (oder Wendezeit) Bewegung ist die angestrebte Ganzheitlichkeit. In diesem Zusammenhang ist der von Capra nicht angesprochene philosophische Begriff Holismus zu nennen, abgeleitet von gr. *hólon* »Ganzes«, also »Ganzheitslehre«. Die auf den Evolutionsbiologen John Haldane zurückgehende Vorstellung besagt, dass es möglich sein sollte, die einfacheren physikalischen Gesetze aus den komplexeren biologischen Gesetzen abzuleiten. Die einseitigen Auffassungen vom Lebensgeschehen (monistische, pluralistische, mechanistische und vitalistische Weltbilder) wären damit überwunden worden. Diese Hoffnung hat sich nicht erfüllt. Die Bezeichnung »holistisch« geistert dennoch durch die populärökologische Literatur.

Aktualität des Weltbildes

Die New Age Bewegung ist als solche derzeit nicht mehr existent. Dennoch sind ihre Komponenten und der Aspekt der Ganzheitlichkeit in den heutigen Konzepten und Strömungen präsent, besonders in der ökologischen Bewegung und in der Alternativmedizin. Hervorzuheben ist das altindische Heilkonzept des Ayurveda, das gegen Ende des letzten Jahrhunderts, wiederum von Kalifornien ausgehend, in Europa Wurzeln geschlagen hat, bescheidener und problemorientierter auftretend, ohne den Anspruch einer Zeitenwende, mit einem therapeutischen Angebot an den überbeanspruchten modernen Menschen. Auch hier wird die Einheit von Körper und Geist (bzw. Seele) postuliert, die sich über das Bewusstsein manifestiert. Ganzheitliche Medizin heißt daher Heilung des Bewusstseins. Ayurveda lehrt die Einheit mit der Natur als Ausgangspunkt für das gesundheitliche Wohlbefinden. Die Rückkehr zur Einheit mit dem Universum und zum Göttlichen in uns wird gefordert. Dazu müssen Leben, Denken und Wahrnehmung geändert werden (Frawley 1999).

Im Hinblick auf die fortdauernde Aktualität des ganzheitlichen Denkansatzes zur Bewältigung der Krise von Welt und Weltbild in der Gegenwart lohnt es sich, den seinerzeitigen kritischen Anfragen an die New Age Bewegung noch einmal nachzugehen. Sie sind zur Beleuchtung auch der heutigen Situation hilfreich. Es gehört dazu die Klärung des Verhältnisses der modernen Physik zur Wirklichkeit ebenso wie die Abgrenzung des »ganzheitlichen Weltbildes« zu den christlichen Glaubensinhalten. Dies ist auf einer Tagung der Katholischen Akademie in Bayern geleistet worden (Bürkle 1988).

Verhältnis der modernen Physik zur Wirklichkeit

Die New Age Bewegung erhob den Anspruch, mit den Erkenntnissen der Elementarteilchenphysik im Einklang zu stehen. Somit war zu klären, in welchem Verhältnis zur Wirklichkeit die moderne Physik steht. Die Klärung erfolgte auf der genannten Tagung durch den Experimentalphysiker Edgar Lüscher. Er stellt fest, dass die New Age Bewegung, die neue Esoterik und ihre Nachfolgeströmungen mit Physik und moderner Naturwissenschaft nichts zu tun haben. Er stellt dar, wie physikalische Erkenntnis entsteht und welches Verhältnis die moderne Physik zur Wirklichkeit hat.

Die Naturwissenschaft postuliert, dass eine wirkliche Welt unabhängig vom Menschen existiert. Dies ist zwar nicht beweisbar, aber es wäre vermessen, anzunehmen, dass nur das existiert, was wir wahrnehmen. Die Wahrnehmung der physikalischen Wirklichkeit, Objekte und Ereignisse, erfolgt über die Sinnesorgane und deren nahezu grenzenlose Erweiterung durch physikalische Instrumente. Die Physik befasst sich bevorzugt mit den sich wiederholenden oder reproduzierbaren Ereignissen. Die Wirklichkeit wird in Form eines mathematisch beschreibbaren Modells auf einen geometrisch-zeitlichen oder mehrdimensional rein geometrischen Raum abgebildet. Physikalische Modelle bzw. Theorien gelten als zutreffend, solange sie nicht durch experimentelle Befunde falsifiziert werden. Das Experiment hat daher in der Physik zentrale Bedeutung.

Die von Fritjof Capra in Anlehnung an das wenig erfolgreiche »Bootstrapping-Modell« für wechselwirkende Elementarteilchen – die Massen und Kopplungskonstanten erscheinen als Ergebnis der Selbstkonsistenzforderung – entwickelte Vorstellung einer operationalen Geschlossenheit lebender Systeme führt zu einer rein subjektiven Wirklichkeit, die nicht Gegenstand physikalischer Beobachtungen und Theorien sein kann. Der Physiker erstrebt objektive Gültigkeit seiner Aussagen, was sich in der Allgemeingültigkeit und Reproduzierbarkeit der ausgesagten Fakten ausdrückt. Es ist damit eine »statistische Objektivität« gemeint, denn alle physikalischen Aussagen sind Wahrscheinlichkeitsaussagen. Sie sind um so treffender, je besser die zugrundeliegende Statistik ist. Die vorstehend gewählte Bezeichnung *bootstrapping* erinnert an den Münchhausen-Trick, sich an den eigenen Haaren (bzw. Schnürsenkeln) aus dem Sumpf zu ziehen.

Die großen Erfolge der naturwissenschaftlich begründeten Technik haben zu der Fehleinschätzung geführt, alles sei machbar. Das physikalisch Erfassbare ist aber – so befindet Edgar Lüscher abschließend – nur eine Teilmenge der Wirklichkeit, deren Verallgemeinerung auf die gesamte Wirklichkeit des Menschen unzulässig ist.

Verhältnis zu den christlichen Glaubensinhalten

Die Klärung des Verhältnisses der New Age Bewegung zu den christlichen Glaubensinhalten erfolgte durch Horst Bürkle, der die vermeintliche Selbstrettung des Menschen im Rahmen von New Age der christlich erhofften Erlösung durch Gott gegenüberstellt. Er hebt folgende Unterschiede besonders hervor.

Die Erlösung aus eigener Kraft, genannt Nirvāna, Leerheit oder Erleuchtung, ist eine Grundkonstante der östlichen Religionen, allerdings nicht die einzige, denn es gibt dort ebenso die verheißene Erlösung aus der anderen Kraft, der man sich glaubensvoll anvertraut. Für beide Richtungen ist jedoch die Rücknahme des Personalen kennzeichnend, das im Mittelpunkt des christlichen Weltbildes steht. Der christliche Gott ist primär Person in dreifacher Gestalt.

Ein weiterer mit dem christlichen Weltbild unvereinbarer Grundzug von New Age ist die astrologisch bzw. weltgeschichtlich determinierte Zeitenwende sowie die damit verbundene Vorstellung zyklischer Zeitabläufe. In der christlichen Weltsicht ist Gott sowohl Herr des Kosmos als auch der Menschheitsgeschichte. Die Selbstoffenbarung Gottes im Sohn gilt als Angelpunkt der Geschichte, deren weitere Bewegung auf Gott hin mit Christus als Weltenherrscher gesehen wird.

Schließlich gilt es zu klären, was es mit der Transformation des Menschen auf Basis des Selbst auf sich hat.

Die von Marilyn Ferguson vertretene unwissenschaftliche Variante kann sich auf altindische Denktraditionen, darunter die Upanishaden, berufen, gemäß derer im Rahmen yogischer Praktiken eine Konzentration des Bewusstseins erzeugt wird, aus der heraus der Durchbruch zu kosmischer Bewusstheit, genannt Erleuchtung, gelingen kann. Gott wird dabei nicht als Person, sondern als kosmisches Spiel erfahren.

Die von Fritjof Capra vertretene pseudowissenschaftliche Variante beruft sich auf ein transpersonales Unbewusstes, wie es in Form der Archetypenlehre von Carl Gustav Jung konzipiert und von nachfolgenden Psychologen bzw. »Bewusstseinsforschern« vertreten worden ist. Die ganzheitliche Sicht der Welt soll aus der normalerweise unbewussten Tiefenschicht des Selbst gewonnen werden, verbunden mit einer Einkehr in die Welt der Träume. Die Unzulänglichkeiten und Begrenztheiten unseres Daseins erscheinen so als eine durch Selbstverwandlung zu überwindende »Verzerrung«. Der Berichter Horst Bürkle stellt fest, dass durch die Erkundung immer neuer Aspekte des Selbst die Kafkasche Gefangenschaft im Schloss nicht aufgebrochen wird, sondern nur immer neue Räume als Zuflucht erreicht werden.

An das Ende der Betrachtung zu einer entsprechenden christlichen Selbstverwandlung ist das Bild des Apostels Paulus gestellt: »Wir sehen jetzt durch einen Spiegel in einem dunklen Wort, dann aber von Angesicht zu Angesicht. Jetzt erkenne ich's stückweise, dann aber werde ich erkennen, gleich wie ich erkannt bin« (1.Kor 13,12). Der Spiegel veranschaulicht die Gebrochenheit der Botschaft und den Widerspruch, dem der Christusglaube gegenübersteht. Für den Christen gibt es das Leiden in der Welt. So wie die Herrlichkeit im Kreuz verhüllt ist, so muss sich der christliche Glaube immer wieder neu bewähren.

Schlussfolgerung

Die seinerzeit in den USA und Europa weit verbreitete New Age Bewegung ist längst aus dem öffentlichen Bewusstsein entschwunden. Die verkündete Zeitenwende ist ausgeblieben. Die behauptete Transformation von Mensch und Gesellschaft hat nicht stattgefunden. Die Komponenten des uneinheitlichen Weltbildes von New Age sind in Strömungen aufgegangen, die der »Alternativszene« zuzuordnen sind. Sie mögen auf Schwachpunkte der heutigen wissenschaftlich geprägten Weltsicht aufmerksam machen. Eine Antwort auf die Grundfragen der menschlichen Existenz und der gefährdeten Welt im Ganzen geben sie jedoch nicht.

3 Weltversammlung christlicher Kirchen

Ursprünge

Unter dem Eindruck der atomaren Aufrüstung der beiden Großmächte USA und UdSSR beschloss der Ökumenische Rat der Kirchen, im Jahr 1990 eine Weltversammlung der christlichen Kirchen zu Gerechtigkeit, Frieden und Bewahrung der Schöpfung einzuberufen. Die Hoffnung lag auf dem vorbereitenden, begleitenden und nachfolgenden »konziliaren Prozess« in den Gliedkirchen. Anzumerken ist, dass die römisch-katholische Kirche dem Ökumenischen Rat der Kirchen nur als Beobachter angehört, sich also nicht direkt an der Aktion beteiligte. An die gesamte Menschheit sollte eine unüberhörbare Botschaft ergehen, die eine Besserung der Weltlage einleitet. Für die Versammlung und den begleitenden konziliaren Prozess hat sich der Physiker und Philosoph Carl Friedrich von Weizsäcker als bekennender Christ in einer viel beachteten Publikation eingesetzt, die den nachfolgenden Ausführungen zugrunde liegt (Weizsäcker 1986).
Die aktuelle Lage der Welt stellte sich ihm seinerzeit wie folgt dar:

- Die Menschheit befindet sich in einer Krise, deren katastrophaler Höhepunkt noch nicht erreicht ist. Entschlossenes Handeln wird gefordert (»Die Zeit drängt«).
- Die Krise manifestiert sich in den Bereichen Gerechtigkeit, Friede und Naturbewahrung. Ethisch konsensfähige und politisch realisierbare Forderungen zum Verhalten in diesen Bereichen scheinen möglich zu sein.
- Eine Einigung zu den Forderungen zwischen den Kirchen ist geboten.

Die Ausarbeitung Weizsäckers zu den drei Themenbereichen beinhaltet die Gegenüberstellung von weltlicher Analyse und theologischer Interpretation, letztere auf Basis der Bergpredigt. Die Argumentation wird nachfolgend auf die Kernpunkte beschränkt.

Soziale Gerechtigkeit

Gerechtigkeit in subjektiver Hinsicht meint das korrekte Verhalten dem Mitmenschen gegenüber. Gerechtigkeit in objektiver Hinsicht dagegen bezeichnet ein zeitlos gültiges Maß an sozial richtigem Verhalten. Soziale Gerechtigkeit setzt normgerechtes Handeln voraus, insbesondere die Einhaltung der als unveräußerlich geltenden, mit der Würde der Person begründeten Menschenrechte. Dies ist das Legalitätsprinzip, eine Errungenschaft der Neuzeit. Legales Handeln sollte jedoch, soweit möglich, von einem moralischen Impuls getragen sein. Immanuel Kant unterscheidet daher zwischen Legalität als Handeln gemäß dem Gesetz und Moralität als Handeln aus Achtung vor dem Gesetz. Achtung vor dem Gesetz beinhaltet die Übereinstimmung des Willens mit dem allgemeinen Sittengesetz. Der Mensch soll nicht nur legal, sondern auch moralisch handeln.

Weizsäckers weltliche Analyse kommt zu folgendem Ergebnis. Die Forderung nach sozialer Gerechtigkeit steht im Konflikt mit dem Grundrecht auf Eigentum und dessen freier Verfügung. Dieser Konflikt wird durch das Grundrecht auf freie Meinungsäußerung entschärft. Da erkannt worden ist, dass die Argumentation zur sozialen Gerechtigkeit nicht frei von ideologischer Voreingenommenheit geführt werden kann, ist Ideologiekritik Teil der Auseinandersetzung.

Soziale Unterschiede begleiten die Entwicklung der Hochkulturen, sie waren aber über Jahrtausende wenig ausgeprägt. Erst mit dem Kapitalismus der Neuzeit und dem Entstehen des Industrieproletariats erlangte das soziale Problem geschichtliche Relevanz. In den Kernländern des Kapitalismus wurde es durch den Schutz des Rechtsstaats, durch die Arbeiterbewegung (Gewerkschaften) und durch die Sozialgesetzgebung behoben. In den Drittweltländern, die sich erst aus der kolonialen Fremdbestimmung befreien mussten, fehlt diese Tradition. Auch gibt es keine Weltwirtschaftsordnung, die diesen Ländern eine gedeihliche zukünftige Entwicklung ermöglichen könnte. Somit sind die sozialen Unterschiede in der Welt unvermindert groß.

Hinsichtlich der Wirtschaftsordnung besteht ein tiefgehender ideologischer Gegensatz zwischen der Doktrin des freien Marktes (Wirtschaftsliberalismus) und der Doktrin der staatlich gelenkten Wirtschaft (Planwirtschaft). Die realpolitische Verwirklichung der Extrempositionen gilt als gescheitert. Die heutigen Volkswirtschaften bewegen sich zwischen den Extrempositionen.

Jesus war kein Sozialreformer, aber das passende Wort der Bergpredigt lautet: »Selig, die da hungert und dürstet nach Gerechtigkeit, denn sie sollen satt werden« (Matth 5,6). Über legale und soziale Gerechtigkeit im Bereich staatlicher Macht hinaus wird die Gerechtigkeit des Herzens gefordert, die sich in der Nächstenliebe ausdrückt.

Politischer Friede

Die Friedensproblematik behandelt Weizsäcker eingeschränkt auf den außenpolitischen Frieden. Er definiert diesen Frieden als die Abwesenheit von Krieg.

Die Erscheinung des Krieges ist so alt wie die Menschheit. Die Institutionalisierung des Krieges als eine die Macht stabilisierende Handlungsoption erfolgte in den Hochkulturen. Die Vorbereitung der Weltversammlung stand unter dem Eindruck der atomaren Rüstung der seinerzeitigen Großmächte USA und UdSSR. Im Falle eines atomar geführten Krieges drohte mit der Vernichtung des Gegners auch die Vernichtung der eigenen Existenz. Aus dieser Konstellation heraus entwickelte Weizsäcker drei Thesen:

– Der Weltfriede wird zur Überlebensbedingung der Menschheit in der technischen Zivilisation.
– Der politisch gesicherte Weltfriede wäre die Überwindung einer speziellen, nicht mehr zu duldenden Form des Konfliktaustrags.
– Die Schaffung des Weltfriedens erfordert eine außerordentliche moralische Anstrengung.

In ein Dilemma führte die Frage, ob Atomwaffen zur Sicherung des Friedens in Freiheit zulässig sind, oder ob sie grundsätzlich zu ächten sind. Es ist dies die Frage nach dem gerechten Krieg in verschärfter Form. Weizsäcker verweist auf die Heidelberger Thesen, die ein evangelischer Studienkreis 1959 verabschiedet hat. Die Kirche sollte demnach den Verzicht auf Atomwaffen ebenso wie die Befürwortung von Atomwaffen als komplementäre christliche Handlungsweisen anerkennen. Weizsäcker selbst befürwortete die Drohung mit Atomwaffen als vorläufig einzig möglichen Weg der Kriegsverhütung zwischen den Großmächten (Kriegsverhütung durch Abschreckung).

Weizsäcker verweist aber auch auf die katholische Morallehre und deren restriktive Definition des gerechten Krieges (Katechismus 1993, *ibid.* S. 586–588). In einem 1983 verfassten Hirtenbrief der katholischen Bischöfe der USA wird die der Abschreckung dienende Drohung mit Atomwaffen ausdrücklich als unzulässig erklärt. Das Böse zu tun, dürfe auch nicht intendiert werden. Abschreckung sei kein Mittel langfristiger Friedenssicherung.

Das passende Wort Jesu aus der Bergpredigt lautet: »Selig sind die Friedensmacher, denn sie werden Kinder Gottes heißen« (Matth 5,9). Den Menschen ist demnach aufgetragen, den Frieden nicht passiv zu erwarten, sondern ihn aktiv zu befördern.

Bewahrung der Natur

Das Abendland ist durch die Technik reich und zeitweilig weltbeherrschend geworden. Die Wertschöpfungen der Technik sind jedoch mit schweren Umweltschäden verbunden.

Weizsäcker sieht einen Konflikt zwischen Ökonomie und Ökologie, der auf der Unverträglichkeit der zugehörigen Prinzipien beruht. Politische und soziale Stabilität verlangt Wirtschaftswachstum. Wirtschaftswachstum ist mit Naturzerstörung verbunden. Naturzerstörung stellt den Fortbestand organischen Lebens auf der Erde infrage.

Aus christlich-theologischer Sicht ist die Natur Gottes Schöpfung. Die Welt ist das wohlgeordnete Werk eines gestaltenden göttlichen Willens. Der Mensch ist aufgerufen, mit dieser Schöpfung verantwortungsvoll umzugehen. Ohne Frieden mit der Natur kann es keinen Frieden zwischen den Menschen geben.

Der Bestand der Schöpfung ist heute durch die wissenschaftlich begründete Technik gefährdet. Weizsäcker befindet, es sei kein akzeptables Verhalten, alles auszuführen, was technisch möglich ist. Die Wissenschaft wiederum sei für die Folgen ihrer Entdeckungen moralisch verantwortlich.

Als Schlüsselbegriff der Errettung erscheint die Askese. In der abendländischen Kulturentwicklung gab es nach Weizsäcker drei Arten bejahter Selbstbeschränkung: die Bescheidenheit der Dienenden, die Selbstdisziplin der Herrschenden und die echte Askese der Verzichtenden (Mönche und Nonnen). Durch das Pathos von Freiheit und Gleichheit sei dem heutigen Bewusstsein das Verständnis für die Lebensform der Askese entglitten. Es sei denkbar, dass ein Überleben der Menschheit nur durch den Verzicht der ganzen Gesellschaft auf ökonomisch vordergründig verfügbare Güter möglich wird.

Kritische Anmerkungen

Weizsäckers Argumentation zu Gerechtigkeit, Frieden und Naturbewahrung konfrontiert innerweltliche Verantwortlichkeiten mit den außerweltlich begründeten Forderungen der Bergpredigt. Dabei wird verkannt, dass sich Jesu Bergpredigt nicht an das gemeine Volk am Fuße des Berges richtet, sondern an die kleine Gruppe von Jüngern, die sich auf dem Berggipfel um ihn herum versammelt haben (Neusner 2007, *ibid.* S. 45). Ganz allgemein lässt sich feststellen: »Jesus hatte nicht die öffentliche Gerechtigkeit, die Ordnung bürgerlicher Gemeinschaften, die Organisation von

Staaten im Blick, sondern nur die Frage, wie die Mitglieder seiner religiösen Bruderschaft sich untereinander und gegenüber Außenstehenden verhalten sollten« (Montefiore 1927).

Trotzdem gab es Versuche, die Forderungen der Bergpredigt im gesellschaftlichen und politischen Leben zu verwirklichen: die Besitzlosigkeit, die Gewaltlosigkeit und die Askese. Unter den christlichen Bewegungen kamen die Quäker diesem Ideal am nächsten. Am Rande des Christentums stehend ist Mahatma Gandhi das leuchtende Vorbild für die politische Auseinandersetzung auf Basis des gewaltlosen Widerstands. Weizsäcker verbirgt nicht seine Bewunderung für diese Lebens- und Vorgehensweisen, aber er fordert sie dann doch nicht als gangbare Wege aus der gegenwärtigen Weltgefährdung.

Auffällig zurückhaltend hat sich die römisch-katholische Kirche zum angesprochenen ökumenischen Projekt verhalten. Sie sieht ihren priesterlichen Auftrag in der Erfüllung des von Christus gestifteten Neuen Bundes mit Gott. Gemäß der vom Stifter vorgegebenen apostolischen Ordnung werden die Apostel berufen, nicht demokratisch gewählt. Der Beitrag der katholischen Kirche zum ökumenischen Projekt bestand in einem Gebetstag für den Frieden, zu dem 1986 die Vertreter christlicher Kirchen und der Weltreligionen nach Assisi eingeladen waren, ganz im Sinne des Heiligen Franziskus, der wie kein anderer dem Aufruf der Bergpredigt gefolgt war, der die Verbundenheit des Menschen mit Gottes Schöpfung hervorgehoben und sich um die Versöhnung zwischen den widerstreitenden Religionen, dem Christentum und dem Islam, bemüht hatte.

Ergebnis der Weltversammlung und Schlussfolgerung

Der in Deutschland durch Weizsäckers Engagement über die Kirchengrenzen hinaus bekannt gemachte konziliare Prozess hatte nicht das erhoffte Ergebnis. Auf der entscheidenden Weltversammlung der Kirchen 1990 in Seoul kam es nicht zu der angestrebten »unüberhörbaren Botschaft an die Welt«. Es reichte nur zur Verabschiedung von zehn allgemein gehaltenen christlichen Grundüberzeugungen zu den angesprochenen sozialethischen Fragen, wobei unbeantwortet blieb, wie diese konkret gelöst werden sollen. Schon vor der Veranstaltung in Seoul hatten kritische Beobachter gewarnt, der Heilige Geist ließe sich nicht auf einer Weltversammlung der Kirchen einfangen, sonder wehe wo er will.

Der konziliare Prozess wurde im übrigen innerkirchlich mit bescheidenerem Anspruch fortgesetzt. Das Thema »atomare Rüstung« trat infolge des Endes des Kalten Krieges zurück zugunsten der Themen »Überwindung von Gewalt« und »Alternative Globalisierung im Dienst von Mensch und Erde«.

Heute, zweiundzwanzig Jahre nach der Weltversammlung hat sich die Weltlage verändert, gleichzeitig aber die Krise in den angesprochenen drei Problembereichen zugespitzt.

Die soziale Ungleichheit hat eher zugenommen als abgenommen. Von den derzeit lebenden 7 Milliarden Menschen leiden 1 Milliarde Hunger, verfügen eine weitere 1 Milliarde nicht über sauberes Trinkwasser und haben 2,5 Milliarden keinen Zugang zu sanitären Einrichtungen. Zu vergleichen sind 1 Milliarde Menschen, die jedes Jahr von der Tourismusbranche von Ort zu Ort bewegt werden.

Die atomare Bedrohung hat zwar seit Ende des Kalten Krieges abgenommen, das Konfliktpotential um Ressourcen und Ideologien hat jedoch erheblich zugenommen. Auch kann Friede nicht mehr nur als Abwesenheit von Krieg definiert werden, sondern muss auf die Abwesenheit von Guerilla, Terrorismus und Aufständen erweitert werden. So gesehen ist die Welt nicht friedlicher geworden

Besonders negativ fällt die Bilanz der vergangenen zwei Jahrzehnte im Hinblick auf die Naturbewahrung aus. Zunehmender Wohlstand und Anspruch breiter Bevölkerungsschichten in den hoch entwickelten Industrieländern sowie in den aufstrebenden Schwellenländern werden mit immer rücksichtsloserer Ausbeutung und Zerstörung der Natur erkauft. Gleichzeitig haben die der Technik zuzuschreibenden oder die durch technische Eingriffe in die Natur wesentlich verschlimmerten Umweltkatastrophen bisher unbekannte Ausmaße erlangt.

Die Bergpredigt könnte auch in der heutigen krisenhaften Weltlage eine segensreiche Wirkung entfalten, wenn sie im ursprünglichen Sinn als Berufung in die apostolische Nachfolge Jesu verstanden würde. Der Heilige Franziskus hat es in kirchlich krisenhafter Zeit vorgelebt. Die Gründung des dem Armutsideal verpflichteten Ordens hat seinerzeit die Kirche vor dem weiteren Niedergang bewahrt.

4 Projekt Weltethos

Ursprung und Zielsetzung

Das von dem katholischen Reformtheologen Hans Küng 1990 initiierte und seitdem tatkräftig vorangetriebene »Projekt Weltethos« versucht ebenfalls, einen Weg aus der immer bedrohlicher werdenden Situation der Menschheit aufzuzeigen (Küng 1992).

Drei Grundthesen werden programmatisch formuliert: »Kein Überleben ohne Weltethos. Kein Weltfriede ohne Religionsfriede. Kein Religionsfriede ohne Religionsdialog«. Ein friedliches Zusammenleben der Weltgemeinschaft soll durch einen Minimalkonsens über ethische Normen und Haltungen ermöglicht werden. Dieses »Weltethos« soll von den Führern der Religionen und von ethisch kompetenten Philosophen entworfen und von den Verantwortlichen in der Gesellschaft verabschiedet werden. Folgende konkrete Aktivitäten im Rahmen des Projekts werden genannt:

– Dialog der Religionen und Kulturen,
– kulturübergreifende Werteerziehung,
– ethische und interkulturelle Kompetenz in Wirtschaftsunternehmen,
– in Recht und Ethos verankerte internationale Politik.

Inspiriert vom Projekt Weltethos verabschiedete das Parlament der Weltreligionen anlässlich seiner Zusammenkunft in Chicago im Jahr 1993 eine »Erklärung zum Weltethos«, die folgende Kernelemente eines Weltethos hervorhebt:

– die Grundforderung Menschlichkeit,
– die Goldene Regel der Gegenseitigkeit,
– die Verpflichtung zu Gewaltlosigkeit, Gerechtigkeit
  und Wahrhaftigkeit,
– die Verpflichtung zur Partnerschaft von Mann und Frau.

Diese Kernelemente werden nachfolgend in Anlehnung an obige Erklärung näher erläutert.

Grundforderung Menschlichkeit

Es besteht die Grundforderung, dass jeder Mensch menschlich zu behandeln ist. Die Würde des Menschen ist unantastbar. Die Menschenrechte sind zu schützen. Der Mensch soll immer Rechtssubjekt und Zweck in sich sein, nie bloßes Mittel, nie bloßes Objekt der Kommerzialisierung. Dies gilt für alle Menschen – ohne Unterschied von Alter, Geschlecht, Rasse, Hautfarbe, körperlicher oder geistiger Fähigkeit, Sprache, Religion, politischer Anschauung, nationaler oder sozialer Herkunft. Dies ist vom einzelnen ebenso einzuhalten wie von den Institutionen des Staates, von Unternehmen der Wirtschaft und von den Massenmedien.

Als ein mit Vernunft und Gewissen ausgestattetes Wesen ist jeder Mensch dazu verpflichtet, sich wahrhaft menschlich und nicht unmenschlich zu verhalten. Er soll Gutes tun und Böses lassen.

Als zugrundeliegendes Prinzip der bereits genannten und noch näher zu betrachtenden Verpflichtungen (»vier unverrückbare Weisungen«) erscheint die Goldene Regel, die in vielen religiösen und ethischen Traditionen der Menschheit zu finden ist. Sie lautet: »Was du nicht willst, das man dir tu', das füg' auch keinem anderen zu«, oder positiv formuliert: »Was du willst, das man dir tu', das tu' auch den anderen!«.

Verpflichtung zur Gewaltlosigkeit

Unzählige Menschen weltweit setzen sich selbstlos und gewaltlos für ihre Mitmenschen und ihre natürliche und kulturelle Umwelt ein. Aber eine noch größere Zahl ist verwickelt in Gewaltanwendungen, Drogenhandel, organisierte Verbrechen, Gewaltherrschaft und Terrorismus, billigt Folter, Verstümmelung und Geißelnahme.

Das dem entgegengerichtete allgemeine Gebot lautet: »Du sollst nicht töten«, oder positiv formuliert: »Hab' Ehrfurcht vor dem Leben«. Die allgegenwärtigen zwischenmenschlichen und zwischenstaatlichen Konflikte sind gewaltlos im Rahmen der jeweiligen Rechtsordnungen beizulegen. Aufrüstung ist ein Irrweg, Abrüstung das Gebot der Stunde. Neben der menschlichen Person ist das Leben von Tieren und Pflanzen zu schützen. Hemmungslose Ausbeutung der Natur und Zerstörung der Biosphäre sind ein Frevel.

Verpflichtung zur Gerechtigkeit

Unzählige Menschen weltweit sind solidarisch füreinander tätig, beruflich und privat, und doch gibt es unermesslich viel Hunger, Armut und Not. Schuld daran sind sowohl Einzelpersonen als auch gesellschaftliche Strukturen. Riesig sind vielfach die Unterschiede zwischen Arm und Reich. Ungezügelter Kapitalismus ebenso wie totalitärer Staatssozialismus haben die ethischen und spirituellen Werte ausgehöhlt oder zerstört. Grenzenlose Profitgier, materialistisches Anspruchsdenken und Korruption haben sich in allen Staaten zu Krebsgeschwüren der Gesellschaft entwickelt, die die sozialen Unterschiede verstärken.

Das dem entgegengerichtete allgemeine Gebot lautet: »Du sollst nicht stehlen«, oder positiv formuliert: »Handle gerecht und fair«. Eigentum verpflichtet. Sein Gebrauch soll immer auch dem Wohl der Allgemeinheit dienen. Eine Weltwirtschaftsordnung ist gefordert, die sich am Prinzip der Gerechtigkeit orientiert. Eine sozial und ökologisch ausgeglichene Marktwirtschaft ist geboten.

Verpflichtung zur Wahrhaftigkeit

Unzählige Menschen weltweit bemühen sich um ein Leben in Ehrlichkeit und Wahrhaftigkeit. Doch gibt es in der heutigen Welt unermesslich viel Lug und Trug, Schwindel und Heuchelei, Ideologie und Demagogie. Die Lüge ist vielfach Mittel der Politik oder des geschäftlichen Erfolgs. Die Massenmedien verfolgen in ihrer Berichterstattung überwiegend ideologische und ökonomische Interessen, Wissenschaftler und Forscher liefern sich politischen und kommerziellen Programmen aus.

Das dem entgegengerichtete allgemeine Gebot lautet: »Du sollst nicht lügen«, oder positiv formuliert: »Rede und handle wahrhaftig«. Kein Mensch und keine Institution hat das Recht, den Menschen die Unwahrheit zu sagen. Das gilt besonders für die Massenmedien, denen freie Berichterstattung garantiert ist. Sie bleiben den Grundwerten verpflichtet. Das gilt ebenso für Kunst und Wissenschaft sowie in besonderer Weise für Politiker und politische Parteien, aber auch für die Repräsentanten von Religionsgemeinschaften. Wahrhaftigkeit steht höher als Opportunismus.

Verpflichtung zur Partnerschaft von Mann und Frau

Unzählige Menschen weltweit bemühen sich um ein Leben im Geiste der Partnerschaft von Mann und Frau, um ein verantwortliches Handeln im Bereich von Liebe, Sexualität und Familie. Dennoch gibt es überall auf der Welt verdammenswerte Formen des Patriarchats, der Vorherrschaft des Mannes in Staat und Familie, sowie ein Übermaß an Ausbeutung von Frauen, erzwungener Prostitution und sexuellem Missbrauch von Kindern.

Das dem entgegengerichtete allgemeine Gebot lautet: »Du sollst nicht Unzucht treiben«, oder positiv formuliert: »Achtet und liebet einander«. Patriarchalische Bevormundung, sexuelle Ausbeutung und Diskriminierung von Frauen sind Formen der Entwürdigung des Menschen. Die Beziehung zwischen Mann und Frau sollte durch Liebe, partnerschaftliches Verhalten und Verlässlichkeit bestimmt sein. Sexualität soll Ausdruck einer partnerschaftlich gelebten Liebesbeziehung sein. Auch der Verzicht auf Sexualität kann Ausdruck von Identität und Sinnerfüllung sein. Die gesellschaftliche Institution Ehe ist in allen kulturellen und religiösen Traditionen durch Liebe, Treue und Dauerhaftigkeit gekennzeichnet. Sie soll Geborgenheit und Fürsorge garantieren.

Wandel des Bewusstseins

Die »Erklärung zum Weltethos«, dem die vorstehenden Angaben entnommen sind, schließt mit der Zuversicht, dass ein Wandel des Bewusstseins beim Einzelnen und in der Öffentlichkeit eine Veränderung der Welt zum Besseren möglich macht. Es wird auf bereits vollzogene Bewusstseinsänderungen hinsichtlich Krieg und Frieden, hinsichtlich Ökonomie und Ökologie hingewiesen. Es wird zu sozialverträglichen, friedensfördernden und naturfreundlichen Lebensformen aufgerufen.

Kritische Wertung des Projekts

Die im Projekt Weltethos quasi globalisierten Grundforderungen gehen über die bisher lokal in den unterschiedlichen Kulturen und Religionen geltenden ethischen Regeln nicht hinaus, im Gegenteil, es erfolgt eine Reduktion auf das interkulturell und interreligiös Vertretbare. So notwendig die Kodifizierung der Regeln in den höher entwickelten Gesellschaften ist, sie werden nur soweit wirksam, als sie angenommen bzw. durchgesetzt werden können. Annahme bzw. Durchsetzung der Regeln hängen jedoch von Weltbild und Struktur der jeweiligen Gesellschaft ab. Gebote und Verbote erhalten erst über diese Einbindung Gültigkeit. So gilt beispielsweise das Tötungsverbot nur innerhalb der jeweiligen Gesellschaft, während das Töten der Feinde im Rahmen kriegerischer Auseinandersetzungen zur Pflicht gemacht wird und das Töten von Tieren zum Alltag gehört. Ein anderes Beispiel ist die Verankerung des Patriarchats in vielen Gesellschaften und Religionen. Ein Konsens mit dem Islam in dieser Frage dürfte kaum gelingen. Ebenso ist der Bezug auf Gott als Ursprung des Guten und als Schöpfer der Welt bereits im Vorfeld der Verabschiedung von obiger Erklärung von den Buddhisten zu Fall gebracht worden. Der Minimalkonsens zu den Grundregeln ist somit brüchig und für die Lösung der anstehenden Probleme unzureichend.

Anders verhält es sich mit den eingangs genannten konkreten Aktivitäten im Rahmen des Projekts Weltethos, die einen Bewusstseinswandel im Sinne einer Gewissensschärfung bei den global maßgebenden Akteuren, aber auch bei der Jugend, erzielen wollen. Zum Dialog der Religionen, zur kulturübergreifenden Werteerziehung, zur ethischen Kompetenz in Wirtschaftunternehmen und zu einer im Recht verankerten internationalen Politik wurde und wird im Rahmen des Projekts Beachtliches geleistet.

Die vorstehende kritische Wertung wird nachfolgend durch die kritische Reflexion des ökologisch orientierten Theologen Hans Kessler ergänzt (Kessler 1996, *ibid*. S. 16–18).

Als unstrittig gilt die Aufgabe, global verlässliche Normen moralisch richtigen Verhaltens zu vermitteln. Die Lösung dieser Aufgabe ist jedoch problematisch. Ein vereinheitlichendes Weltethos läuft entweder Gefahr, mit inhaltlich unbestimmten Forderungen und allgemeinen Wertungen zu operieren, was in den umstrittenen Menschheitsfragen gerade nicht weiterhilft, oder aber es läuft auf einen erzwungenen Konsens und auf die Verabschiedung eines partikularen Ethos hinaus. Der abstrakte Universalismus eines allgemeinen Menschheitsethos bleibt zwangsläufig hinter dem Hochethos einer konkreten Religion zurück und nivelliert deren ethisches Potential. Er wird der Vielfalt der realen Lebensverhältnisse und ethischen Orientierungen nicht gerecht.

Ein globales Ethos sollte daher nach Kessler plural konzipiert sein. Dennoch führt ein bloßer normativer Relativismus in die Irre. Er übersieht die in jedem partikularen Ethos wirkenden universalen Prinzipien, die das globale Ethos ermöglichen. Darin besteht also Übereinstimmung mit dem Konzept von Küng. Der Unterschied liegt lediglich darin, dass Kessler diese Prinzipien unter Einschränkung auf die Ökologie aus der Vielfalt religiös-kulturell verankerter Ethosformen entwickeln will. Wie das konkret und hinreichend zeitnah geschehen soll, bleibt jedoch unbeantwortet.

Buddhistisch inspirierte Alternative

Eine buddhistisch inspirierte Alternative zu einem weltweit gültigen Ethos hat Tenzin Gyatso, der vierzehnte Dalai Lama, in einem Buch mit dem englischen Originaltitel »*Beyond religion – Ethics for a whole world*« entworfen (Dalai Lama 2011). Die bisherige Verankerung der Ethik in der Religion, sei sie theistisch oder nicht theistisch, sollte abgelöst werden durch eine »integrative säkulare Ethik«. Der Wechsel der Ausgangsbasis wird damit begründet, dass der Mensch zwar ohne Religion, nicht aber ohne innere Werte leben könne. Außerdem wird unterstellt, der Mensch sei natürlicherweise gütig und friedfertig. Im Streben nach Glück und nach Vermeidung (eigenen) Leids seien alle Menschen gleich.

Als Quelle von Glück und Wohlergehen werden genannt: hinreichender Wohlstand (annehmbare Behausung, gesunde Umwelt, nahrhaftes Essen, sauberes Wasser), Gesundheit (physisch und mental) sowie Freundschaften. Der heute ausufernde Materialismus wird gebrandmarkt. Dauerhaftes Glück könne nur durch Kultivierung der inneren Werte erlangt werden. Gemeint sind Geduld, Güte, Versöhnlichkeit, Selbstdisziplin, Zufriedenheit. Diese Werte entstehen aus dem Mitgefühl, das sich in Fürsorge, Warmherzigkeit und Freundlichkeit äußert. Mitgefühl kann durch Achtsamkeit und Meditation gestärkt werden.

Das schwierige Verhältnis von Mitgefühl und Gerechtigkeit hinsichtlich Versöhnlichkeit und Strafe wird angesprochen und die Kraft der Vergebung hervorgehoben. Auch sollte Mitgefühl mit Urteilsvermögen zu den bestehenden Handlungsoptionen verbunden werden.

Als global zu bewältigende Herausforderungen werden die gentechnischen Fortschritte, die kriegerischen Auseinandersetzungen und die Umweltzerstörung genannt. Die zunehmende wechselseitige Abhängigkeit der Menschen in der globalisierten Welt, so die Hoffnung, sollte die Problembewältigung erleichtern.

Das Konzept des Dalai Lama beruht auf der Einsicht, dass sich die Menschen ändern müssen, wenn sich die Verhältnisse in der Welt bessern sollen. Besonders in der Erziehung der Jugend sollten die inneren Werte vermittelt werden. Es wird aber auch das charakterstarke und entschlossene Handeln einzelner Persönlichkeiten als wirkmächtig hervorgehoben. Genannt werden Mahatma Gandhi, Mutter Theresa, Nelson Mandela, Martin Luther King, Václav Havel.

Das säkulare Konzept des Dalai Lama ist unschwer als buddhistisch inspiriert zu erkennen. Auf die Protagonisten des indischen Mahāyāna, Nāgārjuna und Śāntideva, wird Bezug genommen. Von den Jainas wird das Gebot der unbedingten Gewaltlosigkeit übernommen, von dem frühen indischen Kaiser Aśoka das Gebot der religiösen Toleranz. Angereichert werden die Ausführungen durch Hinweise auf durchaus fragwürdige »wissenschaftliche Erkenntnisse« etwa der Neurowissenschaft, die die positive Wirkung des Mitgefühls für einen selbst bestätigen sollen.

Das Konzept des Dalai Lama geht davon aus, dass im Menschen der Drang nach Güte, Frieden und Glück dominant ist. Die Erfahrung der politischen Geschichte erweist, dass vor allem aggressive und destruktive Triebe ansprechbar sind. Sigmund Freud konnte das auch psychoanalytisch nachweisen. Gerade weil dem so ist, ist das Eintreten für das Mitgefühl als Richtschnur menschlichen Handelns so wichtig. Es ist dies aber die Forderung eines kulturellen Überbaus, dem der Mensch nur unter besonderen Anstrengungen gewachsen ist. Das damit verbundene Ethos taugt daher nicht zur Durchsetzung einer globalen Rechtsordnung.

Die »Heiligkeit« des Dalai Lama als religiöser Führer nicht nur der Tibeter sondern zwischenzeitlich auch einer großen Anhängerschaft in der westlichen Welt, steht außer Frage – er verkörpert, was er verkündet. Aber als legitimer politischer Führer der Tibeter blieb ihm der Erfolg versagt. Er konnte den Tibetern noch nicht einmal eine gewisse religiöse und kulturelle Autonomie innerhalb der Volksrepublik China sichern. Ein Konzept des Mitgefühls und der Gewaltlosigkeit kommt den Interessen derer entgegen, die ihre politischen Ziele mit rücksichtsloser Gewalt durchsetzen.

5 Plädoyer für offene Zukunft

Einordnung der Initiative

Mit der gewählten Kapitelüberschrift »Plädoyer für offene Zukunft« (Dürr 2009 u. 2011) ist das Engagement des Physikers Hans-Peter Dürr beschrieben, der als Impulsgeber der Umwelt- und Friedensbewegung gilt. Dürr versucht zu zeigen, dass die Verwerfungen unserer Zeit, darunter Kriege, Klimawandel und Krise der Ökonomie die fatalen Folgen »alten« Denkens und eines überholten mechanistischen Weltbildes sind. Daher stehe ein Paradigmenwechsel an. Das neue Denken wird nach Auffassung von Dürr durch die grundlegenden Ergebnisse der modernen Physik gestützt. Es soll den Weg in eine lebenswerte Zukunft weisen. Dies wird im Hinblick auf die Bereiche Energie, Wirtschaft, Wissenschaft und Zivilgesellschaft näher erläutert. Dürr glaubt dabei an das Gute im allgemeinen und an die Eigenverantwortung des Einzelnen im besonderen.

Ausgang vom mechanistischen Weltbild

Dürr begründet sein Plädoyer für eine offene Zukunft mit der Überwindung des alten durch ein neues Denken, so wie die Denkansätze der klassischen Physik durch jene der modernen Physik ersetzt worden sind. Das alte Denken wird als mechanistisch bezeichnet, das neue Denken soll der Quantenmechanik entsprechen. Dürr ersetzt die übliche Bezeichnung Quantenmechanik durch Quantentheorie bzw. Quantenphysik, offenbar in der Absicht, den Körper- oder Teilchenaspekt der »Mechanik« zu unterdrücken, der aber bei »Physik« erneut präsent ist.

Nach dem mechanistischen Weltbild wird das Naturgeschehen nach Art eines Mechanismus, eines Uhrwerks, einer Maschine oder eines Automaten erklärt. Konstitutiv sind Stoffe, Kräfte und Bewegungen, die dem Gesetz von Ursache (jetzt) und Wirkung (später) folgen. Nur auf Basis des Kausalitätsprinzips, so die Meinung der Mechanisten, ist eigentliche Naturerkenntnis möglich. Die Materie ist für sie das Beständige in der Flut der Erscheinungen. Sie gilt ihnen als zerlegbar bis in die kleinsten Teilchen, die Atome, die als unzerlegbar angesehen werden.

Wirklichkeit oder Realität ist nach diesem Weltbild alles, was als Ding oder Materie wahrnehmbar ist. Ihr steht der Mensch als geistiges Wesen gegenüber und übt durch Wissen Macht aus. Mensch und Natur fallen dabei notwendigerweise auseinander. Der Mensch definiert sich der Natur gegenüber als gottähnlich.

Begründung des »neuen Denkens«

Ein neues (Alltags-)Denken wird unter Hinweis auf Modellvorstellungen der Quantenmechanik gefordert, die Dürr folgendermaßen interpretiert. In der Quantenmechanik tritt anstelle der Vorstellung unzerstörbarer kleinster Materieteilchen das Konzept des raumzeitlichen Feldes. Die Beobachtung (jetzt) eröffnet ein Erwartungsfeld (später) mit Möglichkeiten der Realisierung gemäß Wahrscheinlichkeitsaussagen, eingeengt lediglich durch Erhaltungssätze etwa zur Energie oder zur Symmetrie. Das Erwartungsfeld beinhaltet Potentialität, nicht Realität. Es lässt sich als ein reines Informationsfeld auffassen. In diesem Feld gibt es keine ursächliche Wirkung, keine Kausalität.

Die vorstehende verkürzte Betrachtungsweise weitet Hans-Peter Dürr nunmehr wir folgt aus:

> »Die ursprünglichen Elemente der Quantenphysik sind *Beziehungen der Formstruktur*. Sie sind nicht Materie. Wenn diese Nicht-Materie gewissermaßen gerinnt, zu Schlacke wird, dann wird daraus etwas ›Materielles‹. Oder noch etwas riskanter ausgedrückt: *Im Grunde gibt es nur Geist*. Aber dieser Geist ›verkalkt‹ und wird, wenn er verkalkt, Materie. Und wir nehmen in unserer klassischen Vorstellung den Kalk, weil er ›greifbar‹ ist, ernster als das, was vorher da war, das Noch-nicht-Verkalkte, das geistig Lebendige. Es gibt folglich gar nichts Seiendes, nichts was existiert. Es gibt nur Wandel, Veränderung, Operationen, Prozesse. Wir verkennen die Änderung in ihrer primären Bedeutung, wenn wir sie ontologisch beschreiben als:

›A hat sich mit der Zeit in B verwandelt.‹ Denn es gibt im Grunde weder A noch B noch Zeit, sondern nur die Gestaltveränderung, nur die Metamorphose. Solche Gestaltveränderungen lassen sich prinzipiell nicht isolieren, weil sie offene Beziehungsstrukturen sind. Es gibt deshalb nur eine einzige Gestalt, und diese ist die ›Welt‹, die potentielle ›Wirklichkeit‹. Es gibt nur das Eine.« (Dürr 2011, *ibid*. S. 25)

Kritik am »neuen Denken«

Das von Hans-Peter Dürr propagierte »neue Denken«, das sich letztendlich als »ganzheitliches Denken« zu erkennen gibt, ist so neu nicht und geht weit über das hinaus, was sich mit den Erkenntnissen der Quantenmechanik begründen lässt.

Zunächst wird das längst als überholt geltende »mechanistische Weltbild« nicht genügend umfassend dargestellt. Die Vorstellung der Atomisten, dass sich kleinste Materieteilchen im Raum bewegen oder anordnen, ist nur die eine Hypothese im Rahmen dieses Weltbildes. Die andere, gegensätzliche Auffassung kommt bei den Vertretern der Wellenmechanik zum Tragen, die ein materielles Kontinuum voraussetzen und die Existenz des leeren Raumes verneinen. Als Träger der Lichtwellen gilt ihnen ein unsichtbarer Äther. Das Konzept wurde später auf elektromagnetische Wellen allgemeiner Art ausgedehnt.

In der modernen Physik werden Partikel- und Wellennatur etwa des Lichts als komplementäre Erscheinungen derselben Realität beschrieben, also konzeptuell zusammengeführt. Was allerdings im subatomaren Bereich gegenüber dem mechanistischen Weltbild aufgegeben werden musste, ist das Kausalitätsprinzip. Es ist durch Wahrscheinlichkeitsaussagen für Ereignisse zu ersetzen. Was für Ereignisse beobachtet werden, Teilchen oder Welle, hängt vom Aufbau der Versuchsanordnung ab. Es gibt im subatomaren Bereich keine mit sich selbst identisch bleibenden Teilchen, also keine substanzartigen Teilchen. Es ist daher auch nicht zulässig, von der Bahn eines Teilchens zu sprechen. Dennoch werden die tatsächlich beobachtbaren Erscheinungen durch die Quantenmechanik in der Symbolsprache der Mathematik exakt beschrieben.

Es ist den Vertretern der modernen Physik hinlänglich bekannt, dass es sich bei der umgangssprachlichen Interpretation quantenmechanisch exakt beschreibbarer Erscheinungen um unscharfe und möglicherweise widersprüchliche Modellvorstellungen handelt, etwa der Dualismus von Welle und Teilchen bei Erscheinungen des Lichts oder der Materie. Derartige Modellvorstellungen sind zwar ein unentbehrliches Hilfsmittel, haben aber im übrigen keinen physikalischen (wohl aber metaphysischen) Erklärungswert. Im modernen physikalischen Weltbild trifft das auf die grundlegenden Begriffe Materie, Kraft und Bewegung zu.

Zu dem von Hans-Peter Dürr zum Ausgangspunkt seiner Weltbildkritik gewählten herkömmlichen Materiebegriff führt Bertrand Russell (1925) im Zusammenhang mit einer allgemeinverständlichen Darstellung der Relativitätstheorie das Folgende aus (Russell 1972, deutsche Übersetzung der überarbeiteten englischen Drittauflage von 1969):

»Die Wahrheit ist, denke ich, dass die Relativitätstheorie die Aufgabe des alten Begriffs von ›Materie‹ verlangt, der von der ganzen Metaphysik, die dem Begriff ›Substanz‹ anhaftet, infiziert ist, und in dem eine Betrachtungsweise zum Ausdruck kommt, die zur Behandlung der Phänomene nicht wirklich notwendig ist.«

»Wenn wir Raum und Zeit durch das Raum-Zeit-Kontinuum ersetzen, so erwarten wir natürlich, dass wir die physikalische Welt aus Bestandteilen aufbauen können, die in der Zeit ebenso wie im Raum beschränkt sind. Solche Bestandteile nennen wir ›Ereignisse‹. Ein Ereignis ist weder beständig, noch bewegt es sich wie das herkömmliche Stück Materie, es existiert nur einen kurzen Augenblick lang und ist dann vorbei. Ein Stück Materie wird so in eine Folge von Ereignissen aufgelöst. Gerade so, wie nach der alten Auffassung ein ausgedehnter Körper aus einer Anzahl von Teilchen bestand, so muss nun jedes Teilchen, da es zeitlich ausgedehnt ist, als zusammengesetzt betrachtet werden aus Elementen, die wir ›Ereignisteilchen‹ nennen können. Die ganze Folge dieser Ereignisse bildet die ganze Geschichte des Teilchens.«

»Es scheint hinreichend klar, dass man alle Tatsachen und Gesetze der Physik ohne die Annahme interpretieren kann, dass Materie aus mehr besteht als aus Gruppen von Ereignissen, die alle von der Art sind, dass wir sie natürlicherweise als von der betrachteten Materie ›verursacht‹ ansehen würden. Das bringt keinerlei Änderung in den Symbolen oder Formeln der Physik mit sich: Es ist nur eine Frage der Interpretation der Symbole.«

»Wir haben uns bemüht, Materie so zu definieren, dass es so etwas geben *muss*, wenn die Formeln der Physik richtig sind. Hätten wir dagegen eine Definition gewählt, die sichergestellt hätte, dass ein materielles Teilchen von der Art ist, wie man sich Substanz vorstellt, also ein wohlbestimmter harter Klumpen, so wären wir nicht *sicher* gewesen, dass so etwas existiert. Das ist der Grund, warum unsere Definition, obwohl sie kompliziert scheinen mag, unter dem Gesichtspunkt logischer Ökonomie und wissenschaftlicher Vorsicht vorzuziehen ist.«

Der bekannte Physiker Richard Feynman argumentiert zur Materie ähnlich wie Russell (Feynman 1967):

»Aber diese [physikalischen] Gesetze müssen für *etwas* gelten; ... und die Gesetze der Quantenmechanik beschreiben das Verhalten von etwas. ... Da ist allem voran die Materie – und bemerkenswerterweise ist die Materie überall dieselbe. Der Stoff, aus dem die Sterne gemacht sind, ist derselbe, den wir auf der Erde haben. ... Das vereinfacht unser Problem; wir haben nichts als Atome, überall dieselben Atome. ... Die Atome wiederum scheinen alle nach einem einheitlichen Schema aufgebaut. Sie bestehen aus einem Kern und diesen umgebende Elektronen. ...«

Nach den vorsichtigen und umsichtigen Ausführungen von Russell zum Begriff Materie, die von Feynman im wesentlichen bestätigt werden, »muss es so etwas wie Materie geben«, nur das Substanzhafte der Materie ist fraglich. Dem steht die Aussage von Dürr gegenüber, es gebe nur Form, Beziehung, Information, also nicht »so etwas wie Materie«. Richtig daran ist, dass die mathematische Symbolsprache, die sich zur Beschreibung physikalischer Sachverhalte bewährt hat, eine Beziehungsstruktur erfasst, jedoch über den Inhalt des Erfassten keine Aussage macht. Es ist geradezu ein Merkmal und die Stärke der Mathematik, dass sie von den beschriebenen Inhalten unabhängig ist. Daraus lässt sich aber wiederum nicht folgern, dass *alle* Wirklichkeit Beziehung ist, außer man vertritt die Ansicht, die gesamte Welt sei mathematisch verfasst. Die Rückführung der eigentlichen Wirklichkeit *allein* auf Ereignisse und Prozesse ist demnach nicht vertretbar.

Paradigma des Lebendigen

Hans-Peter Dürr führt »das Lebendige« als eigenständigen Grundbegriff ein, offenbar als Gegenbegriff zum Sein. Das Lebendige ist ihm ein »verkoppeltes Chaos«, aus dem sich geordnete Strukturen (Muster) ergeben können. Die Zukunft ist »nicht zerlegbare Potentialität«, die als das Eine erscheint.

Dürrs Überlegungen zur Lebendigkeit sind in der Erfahrung begründet, dass die sinnlich wahrnehmbare Welt des Lebendigen sich nur in Sonderfällen als eindeutig determiniert beschreiben lässt, während im allgemeinen das »chaotische« Verhalten von komplexen, stark nichtlinear wechselwirkenden Systemen vorherrscht. An letzteren wird die Eigentümlichkeit beobachtet, dass kleine Änderungen der Ausgangssituation der Systeme radikale Änderungen der Endkonfiguration zur Folge haben können. Langfristige Vorhersagen zum Verhalten von Systemen mit vielen Variablen sind daher unmöglich. Provokativ überschrieb der Meteorologe Edward Lorenz 1972 eine Vorlesung »Voraussagbarkeit – kann der Flügelschlag eines Schmetterlings in Brasilien einen Tornado in Texas auslösen?«, eine seitdem häufig verwendete Metapher (butterfly effect) für chaotisches Verhalten. Offensichtlich existiert dieses algorithmisch erzeugte Chaos nur im virtuellen Modellraum, aber nicht in der physikalischen Realwelt.

Zur Demonstration von Lebendigkeit verwendet Dürr den Bewegungsablauf eines zum Dreifachpendel erweiterten Doppelpendels. Dessen nicht voraussagbarer, »chaotischer« Bewegungsablauf wird eindrucksvoll vorgeführt und auch zutreffend erklärt. In den aufeinanderfolgenden Instabilitätslagen unterliegt es dem Zufall, in welcher Richtung die weitere Bewegung erfolgt, die zwischen den Instabilitätslagen durchaus berechenbar bleibt. Man kann das auch so sehen, dass in den Instabilitätslagen mikroskopische Unregelmäßigkeiten in makroskopisch unterscheidbare Bewegungsabläufe umgesetzt werden. Instabile Systeme können sich jedoch wechselseitig dynamisch stabilisieren. Das Laufen auf zwei Beinen wird als ein Beispiel dafür angeführt. Allgemeiner wird gefolgert (Dürr 2011):

»Aus den bisherigen Ausführungen ergibt sich, dass das Wesentliche des Lebendigen in seiner Instabilität liegt. Nur in einem labilen, instabilen Zustand, der kurzfristig zusammenbricht, können sich prinzi-piell hoch geordnete, differenzierte Strukturen bilden. Hier schließt sich die Frage an: Welche Möglichkeiten hat die Natur, die Instabilität ihrer lebendigen Ordnung zu stabilisieren?«

Als »Paradigma des Lebendigen« bezeichnet Dürr die bekannte Tatsache, dass sich die vielfältigen Formen der belebten und unbelebten Natur entgegen dem thermodynamischen Grundzustand immer weiter ausdifferenziert haben. Dies konnte nur unter Energiezufuhr geschehen. Für die Entwicklung des Biosystems auf der Erde war die Einstrahlung der Sonnenenergie eine notwendige Voraussetzung. Die Höherentwicklung des Lebendigen beruhte demnach auf dynamischer Stabilisierung unter Energiezufuhr.

Die Darstellung des Lebendigen nach Dürr hebt den Instabilitätsaspekt hervor. Die geläufige Erklärung der Höherentwicklung des Lebens als ein von Gesetz und Zufall bestimmtes Spiel (Eigen u. Winkler 1983) bleibt dabei unerwähnt. Überraschenderweise dient ein mechanisches System, das Dreifachpendel, der Veranschaulichung des Lebendigen. Die Erkenntnisse der Biologie und Biochemie bleiben argumentativ ungenutzt. Das Lebendige ist so nur fragmentarisch beschrieben. Die nachfolgend dargestellte Anwendung des Instabilitätskonzepts auf die bedrängenden Fragen des Wirtschaftsablaufs und der Energieversorgung erweist dennoch die Stärke des Ansatzes. Äußerst komplexe Verhältnisse werden spontan einsichtig.

Unter dem Slogan »Das Lebendige lebendiger werden lassen« will Dürr einen Ausweg aus der krisenhaften Situation der Welt weisen. Die Existenzkrise der Menschheit manifestiert sich aus seiner Sicht als »Krise der Immanenz« und als »Erschöpfung der Moderne«. Ihr ist mit »kreativer Lebendigkeit« zu begegnen, die sich auf das im Vorangegangenen skizzierte Weltbild der modernen Physik stützen kann, nach dem die Zukunft als »ergebnisoffen« erscheint. Dürr plädiert für eine »wertegebundene Vernunft«, er verweist auf die Kreativität von Mensch und Natur und hebt die Ganzheitlichkeit von Welt, Mensch und Natur hervor. Der Mensch sei aufgerufen, Verantwortung für seine Zukunft zu übernehmen.

Diese Wegweisung ist wohl vor allem als Ermunterung zu verstehen, die Zukunft als offen zu begreifen und durch verantwortungsvolles Handeln zu gestalten. Die Folgerungen und Anwendungen des vorstehend »metaphysikalisch« (nicht »metaphysisch«) begründeten Konzepts von Dürr auf unterschiedliche Problembereiche von Welt, Mensch und Gesellschaft, in der Originalpublikation als »Wörterbuch des Wandels« vorgestellt (Dürr 2011), werden nachfolgend erläutert.

Energiequellen, Energieverbrauch, Atomkraft

Die Frage der Energieversorgung und Energienutzung steht nach Dürr im Mittelpunkt von Überlegungen zur notwendigen Veränderung der Lebensweise der Menschen. Nicht die Energie selbst ist zu betrachten, sondern deren Qualität relativ zu einem nicht nutzbaren Grundzustand. Die Qualitätseigenschaft der Energie bezeichnet Dürr als Syntropie oder Ordnungsenergie (entspricht der physikalischen Größe Negentropie). Energiedienstleistungen verbrauchen nicht Energie sondern verringern deren Syntropie. Die Energie in einem geschlossenen System bleibt bei allen Umwandlungen konstant, während die Syntropie bei jeder Umwandlung abnimmt.

Die wichtigste Syntropiequelle auf der Erde ist die Sonnenenergie, genauer die Differenz zwischen eingestrahlter (kurzwelligerer) und abgestrahlter (langwelligerer) Sonnenenergie. Die Sonnenstrahlung ist die »ordnende Hand«, die die Lebendigkeit ermöglicht. Etwa zwei Prozent der Sonnenenergie treten indirekt als Wasser-, Wind- und Wellenenergie auf. Nur etwa ein Tausendstel erscheint als Biomasse, darunter die fossilen Energieträger Kohle, Erdöl und Erdgas. Eine weitere wesentliche Syntropiequelle sind die Atomkerne. Bei der Spaltung schwerer Atomkerne ebenso wie bei der Fusion leichter Atomkerne kann wertvolle Energie freigesetzt werden. Weitere Synergiequellen sind die im Erdinnern gespeicherte »geothermische« Energie sowie die Gezeitenenergie.

Den genannten Energiequellen steht der Energieverbrauch gegenüber, der von Dürr in Form von »Energiesklaven« (mit je 200 Watt Leistung, einem sehr hoch angesetzten Wert menschlicher Dauerleistung) veranschaulicht und quantifiziert wird. Im Schnitt verfügt ein US-Amerikaner über 110 Energiesklaven, ein Mitteleuropäer über 60, ein Chinese über 10, ein Inder über 6 und ein Afrikaner über nur einen halben Energiesklaven. Zur Stabilisierung des Biosystems ist nach Dürr ein Minimum von 15 Energiesklaven pro Person einzuhalten, eine Zahl, die aus einer Robustheitsbetrachtung zum Biosystem abgeleitet ist (bei sechseinhalb Milliarden Menschen auf der Erde).

Der damit mögliche Lebensstil entspricht dem eines wohlhabenden Mitteleuropäers vor 50 Jahren, also kein Anlass für Askese, wohl aber für einen weltweiten Ausgleich des Energieanspruchs. Das Existenzminimum wird von Dürr auf ein Viertel Energiesklave geschätzt. Zu beachten ist, dass der Ansatz von Dürr von einer Stabilitätsbetrachtung zum Biosystem ausgeht. Gesichtspunkte des Klimawandels und der Umweltzerstörung sind darin nicht enthalten. Würde man sie einbeziehen, dann wäre wohl doch der asketischere Lebensvollzug zu fordern.

Ein wichtiger Teilaspekt der Energiefrage ist die Nutzung der Atomenergie, die in dem von Ängsten politisch bewegten Deutschland leider zu einer Ideologiefrage geworden ist und zu einem überstürzten Atomenergieausstiegsbeschluss geführt hat. Die Atomenergie ermöglicht gegenüber herkömmlichen fossilen Energieträgern eine millionenfach höhere Energiedichte, was zu einer ganz neuen Bedrohungsqualität des Menschen führt. Es können akute Schäden bisher unbekannter Größe auftreten, die mit schwer überschaubaren Spätfolgen für ganze Landstriche verbunden sind. Außerdem ist das Problem der Entsorgung der radioaktiven Abfallstoffe nicht gelöst.

Der Vergleich von Kernkraftwerken mit Kohlekraftwerken offenbart ein Dilemma. Kernkraftwerke sind umweltfreundlich aber gefährlich. Kohlekraftwerke belasten die Umwelt und beschleunigen möglicherweise den Klimawandel. Aus dem Dilemma ergibt sich die Notwendigkeit, anstelle von Atom- und Kohleenergie erneuerbare Energien einzusetzen.

Kernkraftwerke sind nach Dürr vor allem deshalb unvertretbar, weil deren spezifische Risiken nicht nur die heute Lebenden betreffen, sondern auch die nachfolgenden Generationen. Die heute Lebenden könnten bei einer auf ihre Lebenszeit begrenzten Wirkung der Schäden frei entscheiden, welche Risiken sie eingehen. Da aber die Wirkung über die Lebenszeit weit hinausreicht, gebietet die Verantwortung für künftige Generationen die Rücknahme der Atomenergiegewinnung.

Statistische Berechnungen zum angeblich verschwindend kleinen Restrisiko von Kernkraftwerken ändern nichts an der vorstehenden ethischen Forderung. Dürr weist außerdem darauf hin, dass es sich bei schweren Reaktorunfällen um einmalige Ereignisse handelt, die statistisch nicht erfassbar seien. Die Reaktorunfälle von Tschernobyl vor 25 Jahren und von Fukushima vor einem Jahr würden das zur Genüge beweisen (kritische Wertung am Ende von Kap. XV-5).

Wirtschaft, Wertschöpfung, Arbeitslosigkeit

Die heutige wachstumsorientierte Wirtschaftsform, die einen immer aufwendigeren Lebensstil generiert, steht in krassem Widerspruch zur sozialen und ökologischen Verträglichkeit. Die zum Erfolgsmaßstab erhobene fortgesetzte Steigerung des Bruttosozialprodukts kann nur auf Kosten der natürlichen Ressourcen erzielt werden. Die Natur ist aber kein Medium, dem unbegrenzt Ressourcen entnommen und im Gegenzug unbegrenzt Abfallstoffe übergeben werden können.

In der Wirtschaft spielen die Begriffe Wertschöpfung und Produktivität eine zentrale Rolle. Die Wertschöpfung interpretiert Dürr als höherwertige Ordnungsqualität oder Syntropie. Jede Wertschöpfung auf der einen Seite ist mit einem überkompensierenden Wertverlust auf der anderen Seite verbunden. Die Syntropieerhöhung erscheint im technischen Produkt, die sie begleitende Syntropieminderung in Form von Umweltzerstörung bleibt zunächst verborgen.

Wichtigste Quelle der Syntropie ist die Sonne, die in den hochwertigen Ordnungsstrukturen der Pflanzen und Tiere, sowie in deren fossilen Formen als Kohle, Erdöl und Erdgas verfügbar ist. Der Erfolg der Industriestaaten beruht auf der Nutzung der fossilen Energieträger. Was in Jahrmillionen in der Erdkruste gespeichert wurde, wird heute innerhalb weniger Generationen verbraucht. Derzeit öffnet sich die Schere zwischen den ausbeutbaren Beständen und dem ansteigenden Verbrauch. Der Aufwand und die Risiken bei der Erschließung weiterer Erdölfelder etwa durch Tiefseebohrungen werden immer größer, wie an der Havarie der Erdölplattform »Deepwater Horizon« im Golf von Mexiko sichtbar wird.

Dürr vergleicht die Eskalation der Wirtschaft mit permanentem Bankraub, dessen Ertrag für die Herstellung immer mächtigerer Einbruchwerkzeuge verwendet wird, um immer dickwandigere Naturtresore plündern zu können. Beraubt wird die Natur, die nicht nur Umwelt sondern ebenso Mitwelt ist, dem Menschen als existentielle Basis dienend. Der Mensch beraubt sich also selbst. Durch diese immensen Eingriffe des Menschen in das immer noch robuste Ökosystem könne dieses plötzlich aus der Gleichgewichtslage irreversibel herausgekippt werden.

Soll die Handlungsfähigkeit künftiger Generationen nicht eingeengt werden, ist nach Dürr nur die Nutzung der täglich verfügbaren Syntropie der Sonne erlaubt. Nachhaltig kann daher nur eine Solarwirtschaft sein. Die Ausbeutung der nicht erneuerbaren »Syntropieinseln« in der Erdkruste ist das eigentliche Problem: es wird verbraucht, was nicht ersetzbar ist. Der dadurch auftretende Mangel lässt den Erschließungsprozess weiter eskalieren. Gegensinnig zur Erschöpfung der Ressourcen verläuft das Anwachsen der die Umwelt belastenden Abfälle, die Verunreinigung von Luft, Wasser und Boden.

Die eingeleiteten Reparaturmaßnahmen lösen das Problem langfristig nicht. Sie steigern letztlich den Verbrauch an Syntropie und verschleiern damit das eigentliche Problem. Zukunftsfähiger ist es, den Abfall zu reduzieren, auf Produktionsweisen mit Entsorgungsschwierigkeiten zu verzichten, die Ressourcen effizienter zu nutzen und den Abfall wiederzuverwenden (Recycling). Nicht nur in der Menge des Abfalls sieht Dürr ein Problem, sondern auch in der hohen Geschwindigkeit der technischen Umwandlungsprozesse. Diese gibt den Selbstheilungskräften der Natur zu wenig Spielraum.

Eine andere Begleiterscheinung der Eskalation der Wirtschaft (neben der Abfallproblematik) ist die steigende Arbeitslosigkeit, die ihre Ursache in der gesteigerten Produktivität hat. Immer weniger Menschen können immer mehr produzieren. Ermöglicht wird dies durch Automatisierung der Arbeitsprozesse, in denen Roboter menschliche Arbeitsplätze ersetzen. Der Ersatz des Arbeiters durch Roboter hat jedoch einen Haken. Roboter entwickeln keine Kaufkraft und die Kaufkraft von Arbeitslosen ist gering.

Dürr will das Problem der systembedingten Arbeitslosigkeit im Rahmen einer »horizontalen Dualwirtschaft« lösen. Neben einem industriell und kommerziell betriebenen »formellen« Sektor mit den heute üblichen Arbeitsplätzen soll es einen nichtmonetär betriebenen »informellen« Sektor geben, der der individuellen Entwicklung des Einzelnen reichlich Raum gibt. Die Trennung in »formell« und »informell« soll horizontal erfolgen, d.h. jeder Arbeitsfähige ist in beiden Sektoren tätig. Auf den Vorschlag von Dürr wird am Ende von Kap. XV-5 kritisch eingegangen.

Wirklichkeit, Wissenschaft, Verantwortung

Die Ausführungen von Dürr zu Wirklichkeit, Wissenschaft und Verantwortung sind zweifellos die treffendsten und engagiertesten der gesamten Abhandlung (Dürr 2011). Nachfolgend können nur die Kerngedanken wiedergegeben werden.

Die Hoffnung der Aufklärung, *alles* in der Welt sei der menschlichen Erkenntnis grundsätzlich zugängig, hat sich nicht erfüllt. Was als nicht zugängig erscheint, ist nicht nur äußerst kompliziert, sondern prinzipiell unerkennbar. Es ist daher unzulässig und falsch, die wahrgenommene Wirklichkeit mit der eigentlichen Wirklichkeit gleichzusetzen. Wissenschaftliche Erkenntnis ist nicht allumfassend.

Um wissenschaftliche Erkenntnis zu etablieren, benützen die Wissenschaftler ein Netz (in Analogie zum Fischen), das aus den verwendeten Methoden und Modellen gewirkt ist. Nur bestimmte »Erkenntnisfische« lassen sich mit diesem Netz fangen. Die erfolgreiche Methode des Denkens, im Lebensvollzug ebenso wie in der Wissenschaft, besteht darin, die Phänomene zu fragmentieren und in diesem Zustand zu analysieren. Die Wirklichkeit wird dabei auf das objektiv Feststellbare reduziert. Eine prinzipielle Grenze (engl. *barrier*) der Wirklichkeitserfahrung und des Wissens ist damit erreicht. Das durch Wissenschaft prinzipiell Unbegreifbare lässt genügend Raum für eine höhere (transzendente), persönlich erfahrbare Wirklichkeit.

Die Struktur der eigentlichen Wirklichkeit hat dennoch wesentlichen Einfluss auf die Wahl der wissenschaftlichen Paradigmen und Denkansätze. Die naturwissenschaftliche abstrakte Wirklichkeit (meist mathematisch beschrieben) ist daher der eigentlichen konkreten Wirklichkeit eingeprägt. Das bedeutet, dass die Methoden, mit denen sich die Naturwissenschaft der Wirklichkeit nähert, ihrerseits Teil des Ganzen sind, dessen sie habhaft werden wollen.

Forschung führt zu Wissen, das zunächst nur der Erkenntnis dient. Die dabei verwendeten experimentellen Methoden setzen bereits eine bewusste Manipulation der Mitwelt voraus. Doch erst die Anwendung des erworbenen Wissens fordert die eigentliche Verantwortung. Verantwortung kann nur der einzelne Wissenschaftler oder Techniker übernehmen, nicht die Gesellschaft, der das Wissen oder die Technik anvertraut wird. Da die Folgen der Anwendung wissenschaftlicher Erkenntnisse prinzipiell unübersehbar sind, kann Verantwortlichkeit bedeuten, sich gar nicht erst forschend und technisch gestaltend zu betätigen. Hinzu kommt, dass hochspezialisierte Forscher theoretisch und praktisch nicht in der Lage sind, Verantwortung für übergeordnetes Handeln zu übernehmen.

Frieden, Zukunft, Zivilgesellschaft

Die Ausführungen von Dürr unter den Stichworten Frieden, Zukunft und Zivilgesellschaft (Dürr 2011), lassen erkennen, wie er sich die gesellschaftliche Umsetzung des »neuen Denkens« vorstellt.

Frieden wird von Dürr als dynamisches Gleichgewicht von für sich allein instabilen Systemen gesehen. Dies ist ihm ein Merkmal des Lebendigen, das Offenheit und Freiheit ermöglicht.

Dürr weist zunächst den sozialdarwinistischen Standpunkt zurück, dass die Zukunft von den augenblicklich Stärkeren bestimmt wird. Die Zukunft erscheint ihm als eingebettet in eine nicht begreifbare höhere Vernunft, aus der sich Weisheit, Wertebewusstsein und Sinnhaftigkeit ergibt. Im Leben sieht er ein Plussummenspiel, bei dem der Vorteil des einen auch zum Vorteil des anderen gereicht, bei dem die Vielfalt in konstruktiver Integration bewahrt wird. Da der Mensch Teil einer einzigen immateriellen Wirklichkeit ist, ist der friedliche und fruchtbare Wettstreit zwischen Menschen, Gruppen und Völkern keine Utopie.

Frieden in der Gesellschaft setzt nach Dürr voraus, dass die kulturellen und religiösen Verschiedenheiten respektiert werden. Der Fundamentalismus sei eine besondere Gefahr für den Frieden, wobei auch die westliche wissenschaftlich-technisch-wirtschaftliche Ideologie als fundamentalistisch einzustufen ist. Als eigentliche Ursache heutiger Konflikte und Kriege werden Ressourcenverknappung, Armut und Hunger sowie soziale Ungerechtigkeit genannt.

Der Krieg in seiner heutigen hochtechnisierten Form lasse sich auch als *ultima ratio* nicht mehr rechtfertigen. Die der Natur abzuschauenden Möglichkeiten eines Plussummenspiels komplex strukturierter Systeme seien zu Instrumenten gewaltloser Konfliktbearbeitung weiter auszubauen. »Weil Leben gelingt, kann auch Frieden gelingen«.

Die Zukunft ist nach Dürr prinzipiell offen. Die von der klassischen Mechanik postulierte eindeutige gesetzliche Verknüpfung zwischen Gegenwart und Zukunft sei irrelevant. Die Naturgesetze hätten statistischen Charakter. Die Fakten in der Gegenwart eröffneten ein bestimmtes Feld von Möglichkeiten in der Zukunft, determinierten sie jedoch nicht. Daraus folgert Dürr, dass der Mensch die Freiheit zum zukunftsfähigen Handeln hat. Das Handeln sollte auf Nachhaltigkeit ausgerichtet sein, also auf den Erhalt der natürlichen Ressourcen und – nach Dürr – auf die Förderung des Lebendigen ganz allgemein.

Dennoch spricht Dürr auch von einer »erdrückenden Folgerichtigkeit der wissenschaftlich-technischen und wirtschaftlichen Eigendynamik«. Diese orientiere sich nicht mehr an den Bedürfnissen der Menschen, sondern zwinge die Menschen, sich den Erfordernissen der Technik anzupassen. Verantwortlich dafür seien die Spielregeln der Wirtschaft, nach denen höchste Effizienz bei der Verwirklichung der angestrebten Ziele verlangt wird. Statt eine Vielfalt von Handlungsoptionen spielerisch zu erschließen, werden machtvolle Einbahnstraßen der Entwicklung verfolgt. Dürr schließt mit dem Bekenntnis: »Die Zukunft ist offen. Handeln wir also so, als ob noch alles möglich wäre«.

Als gesellschaftlichen Handlungsträger für einen Umschwung vertraut Dürr auf die Zivilgesellschaft. Der Wirtschaft und dem Staat spricht er diesbezüglich Handlungsfähigkeit ausdrücklich ab. Zu sehr sind diese Bereiche auf die Energie- und Stoffströme angewiesen, die es ihnen erlauben, zu Lasten natürlicher Ressourcen wirkliches Geld zu generieren. Daran ändert auch nichts der wachsende Anteil von Dienstleistungen am Wirtschaftsgeschehen, denn auch Dienstleistungen sind auf die angesprochene energetische und materielle Basis angewiesen. Dürr sieht in einer auf Solidarität verpflichteten Zivilgesellschaft, die die Verschiedenartigkeit ihrer Glieder respektiert, den Schlüssel für die Zukunftsgestaltung.

Das Versagen des Staates, zu dessen Aufgaben es doch eigentlich gehört, der gesellschaftlichen Entwicklung Rahmenbedingungen vorzugeben, ist nach Dürr daraus zu erklären, dass soziale Innovation nicht einfach zu initiieren und zu verwalten ist, während es vergleichsweise einfach ist, die wissenschaftlich-technische Innovation zu fördern. Die Ausbildung eines funktionierenden Gemeinwesens im Rahmen der Zivilgesellschaft setzt nach Dürr die Dezentralisierung in kleine Einheiten voraus, in denen die Partizipation der Bürger an den Entscheidungsprozessen noch funktioniert. Dezentralisierung bedeutet im Zeitalter globaler Vernetzung nicht notwendigerweise kleinräumige lokale Strukturierung. Auf diese Weise könne die Zivilgesellschaft »eine ganze Flotte kleiner Rettungsboote für den Ernstfall« generieren.

Positive Wertung des Ansatzes

Hans-Peter Dürr will den Weg in eine lebenswerte(re) Zukunft weisen, die von Vielfalt und Verbundenheit geprägt ist – Vielfalt in Natur und Kultur, Verbundenheit mit allem Lebendigen, Mensch und Natur. Er macht den Menschen Mut, die Dinge nicht weiter so laufen zu lassen, wie sie derzeit laufen, sondern beherzt Handlungsoptionen aufzugreifen, die der Plünderung der natürlichen Ressourcen entgegentreten und die Friedfertigkeit fördern. Er erhebt nicht den Anspruch, damit die Welt zu retten, wohl aber regt er das Entstehen einzelner Rettungsboote an.

Der Ansatz von Dürr liegt im Trend der in Deutschland vorherrschenden politischen Strömung, die auf Populärökologie, gemäßigten Sozialismus und strengen Pazifismus, aber auch auf Bürgerengagement setzt. Sein Ansatz hat damit die Chance, in gewissem Umfang realisiert zu werden. Die Akzeptanz des Ansatzes wird dadurch erhöht, dass weltanschauliche Neutralität gewahrt wird. Es wird auf das Weltbild der Physik Bezug genommen, auch wenn eher dessen Restriktionen erörtert werden, und es sind die religiösen Bezüge in der Argumentation vermieden, auch wenn sie in der Umsetzung ausdrücklich zugelassen sind. Schließlich ist die Unabhängigkeit des Denkens von Dürr hervorzuheben, was bei der politischen Relevanz der angesprochenen Themen keine Selbstverständlichkeit ist.

Kritische Wertung des Ansatzes

Nach der vorstehenden positiven Wertung muss jetzt auf einige Schwachstellen des Ansatzes eingegangen werden. Dabei geht es nicht mehr um den Inhalt des »neuen Denkens« oder um das »Paradigma des Lebendigen«, die bereits kritisch durchleuchtet worden sind, sondern nur noch um die angestrebte Umsetzung des Konzeptes. Die folgenden Punkte sind anzusprechen.

Zur Zahl der erlaubten Energiesklaven: Die aus einer Robustheitsbetrachtung zum Biosystem abgeleitete Zahl von 15 Energiesklaven pro Person ist fragwürdig, weil die Robustheitsgrenze äußerst unsicher ist. Und wie will man die US-Amerikaner veranlassen, ihren Sklavenbestand auf etwa 15% zu reduzieren? Es gibt dazu nur eine natürliche Bremse: die Verknappung und Verteuerung der Sklaven.

Zur Berechnung des Restrisikos von Kernkraftwerken: Auch Extremereignisse lassen sich durch wahrscheinlichkeitstheoretische Modellierung zuverlässig erfassen, sofern die kausal bedingte Kopplung von Einzelereignissen im Modell korrekt erfasst wird (Jaeger 2011). Beispielsweise traten bei der Reaktorkatastrophe in Fukushima drei Ereignisse voraussehbar gekoppelt auf: das Erdbeben der Magnitude 9, der Tsunami und der Ausfall des Kühlsystems. Die vorgelegte statistische Bewertung als Einzelereignisse führte zu einer um mehrere Zehnerpotenzen zu niedrigen Ausfallwahrscheinlichkeit. Daraus geht hervor, dass derartige Berechnungen im Interesse der Kernkraftwerksbetreiber manipuliert sind. Der statistischen Modellierung entzogen ist dagegen menschliches Fehlverhalten, sei es willentlich oder unwillentlich herbeigeführt.

Zur Eigendynamik der Wirtschaft: Wenn Dürr eine sich jeglicher Steuerung entziehende Eigendynamik der Wirtschaft feststellt, dann widerspricht das seinem Postulat einer offenen Zukunft. Tatsächlich wird die Zukunft der sich verstärkenden Herrschaft von Technik und Wirtschaft unterworfen sein.

Zur Beseitigung der Arbeitslosigkeit: Der Vorschlag von Dürr, die Arbeitslosigkeit dadurch zu bekämpfen, dass ein zweiter informeller Wirtschaftssektor geschaffen wird an dem *alle* teilnehmen, verfehlt die Problemstellung. Wirtschaftlich betrachtet ist der Arbeitslose eine Belastung, weil er vom arbeitenden Teil der Bevölkerung mitunterhalten werden muss. Daran ändert der informelle Wirtschaftssektor nichts, weil in ihm kein Geld verdient wird. Unter menschlichen Aspekten ist Arbeitslosigkeit für den Arbeitswilligen eine unverzeihliche Ungerechtigkeit, weil dem Arbeitslosen die Möglichkeit genommen ist, sich in einer Arbeitsgemeinschaft zu bewähren und Anerkennung zu finden. Das gilt in besonderem Maße für junge Menschen.

Zur Verantwortung des Wissenschaftlers: Dessen Verantwortung beginnt bereits beim Experiment, nicht erst bei der Anwendung der Forschungsergebnisse. Experimente an leblosen Körpern mögen generell moralisch unbedenklich sein, Experimente jedoch an lebenden Körpern (Tierversuche und Versuche an Menschen) erfordern ein Höchstmaß an Verantwortung. In diesem Bereich sollte Vieles unterbleiben, was heute bedenkenlos ausgeführt wird.

Zur Friedenssicherung: Das Konzept von Dürr eines friedvollen Plussummenspiels mit wechselseitiger Stabilisierung ist dem Weltbild der Physik entnommen. In der belebten Natur geht es recht unfriedlich zu: Fressen und Gefressenwerden ist unerbittliches Gesetz. In den Hochkulturen des Menschen wird der Krieg zur Macht stabilisierenden Handlungsoption. Das Streben des Menschen nach Macht über Ländereien, Ressourcen und Menschen (Sklaven und Frauen eingeschlossen) ist unermesslich, die Erfahrung der Machtlosigkeit um so erdrückender, was sich wiederum in Aufständen und Terrorakten äußert. Der Konflikt zwischen Israel und Palästina lässt das besonders anschaulich erkennen. In milderer Form ist es das Streben nach Anerkennung bzw. deren Verweigerung, die dem Frieden zwischen den Menschen entgegensteht. Die Ausführungen von Dürr sind unrealistisch, weil sie die eigentlichen Ursachen des Unfriedens nicht in Betracht ziehen.

Zur Hoffnung auf die Zivilgesellschaft: Die von Dürr erhoffte soziale, politische und ökologische Kompetenz der Zivilgesellschaft im Unterschied zu der von ihm festgestellten Eigengesetzlichkeit der Wirtschaft gepaart mit einem Versagen des Staates, ist so nicht haltbar. Wird nicht diese Gesellschaft von den Profitinteressen der Wirtschaft und den Machtinteressen der Politik in hohem Maße manipuliert? Wird es für den Verbraucher oder Bürger nicht immer schwieriger, den ihn betreffenden Sachverhalt zu erkennen? Und speist sich nicht der Optimismus von Dürr aus den Erfahrungen allein mit der deutschen Zivilgesellschaft, die so nicht auf Gesellschaften mit anderer kultureller Prägung übertragbar sind? Die Weltprobleme sind auf diese Art sicher nicht lösbar.

6 Vergleich der alternativen Handlungsentwürfe

Den vier dargestellten alternativen Handlungsentwürfen liegen unterschiedliche Weltbilder zugrunde. Sie stimmen darin überein, dass sie die Weltsituation als äußerst krisenhaft im Sinne eines drohenden Kollapses ansehen. Wiederum übereinstimmend ist das Hoffen auf eine Wende der Lage zum Guten.

Die New Age Bewegung beschwor eine mit kosmischer Determiniertheit bereits eingetretene Zeitenwende, der sich der Einzelne nur anzuvertrauen hätte, um sich selbst und die Welt aus den bisherigen Verstrickungen zu neuer Ganzheitlichkeit zu führen. Konkrete Handlungsentwürfe gab es keine. Die zeitweise populäre Bewegung hat zu einer wertvollen

Reflexion über die zugrunde liegenden Komponenten religiöser und naturwissenschaftlicher Weltbilder geführt. Am Fortschreiten der krisenhaften Weltsituation hat sich nichts geändert.

Die Weltversammlung der christlichen Kirchen zu Gerechtigkeit, Frieden und Bewahrung der Schöpfung hat die drei Kernprobleme der Weltkrisenlage allgemeiner bewusst gemacht und einem innerkirchlichen ökumenisch-konziliaren Prozess unterworfen. Maßgeblichen Anteil daran hatten die weltlichen Analysen und theologischen Interpretationen Weizsäckers, die die Problemstellung präzisierten und Handlungsoptionen aufzeigten. Letztere waren allgemein gehalten und konnten sich nicht zum christlichen Ideal der Besitzlosigkeit, Gewaltlosigkeit und Askese durchringen. So blieb das Zeichen, das man setzen wollte, weithin ungehört, und die Impulse waren nur im innerkirchlichen Rahmen wirksam.

Das Projekt Weltethos versucht einen Minimalkonsens über ethische Grundhaltungen in der Weltgemeinschaft zu erzeugen. Es will interkulturellen Dialog und kulturübergreifende Werteerziehung ermöglichen, ethische Kompetenz in Wirtschaftsunternehmen fördern und eine im Recht verankerte internationale Politik unterstützen. Es verpflichtet auf Menschlichkeit, Gewaltlosigkeit und Wahrhaftigkeit. Das ist ein weit gefasster normativer Rahmen für konkrete Handlungsoptionen, die notwendigerweise der Anpassung an das jeweilige Weltbild und an die jeweilige Gesellschaftsstruktur bedürfen.

Mit dem »Plädoyer für offene Zukunft« werden dagegen konkrete Handlungsoptionen begründet und vertreten, die die krisenhafte Weltsituation überwinden sollen. Die Forderungen entsprechen in etwa denen der Umwelt- und Friedensbewegung in Deutschland: erneuerbare Energie statt Atomenergie und fossiler Energie, Verringerung des Wirtschaftswachstums, des Energieverbrauchs und der Abfallentstehung, Ablehnung kriegerischer Handlungen (Pazifismus), Aktivierung der Zivilgesellschaft. Diese Handlungsoptionen finden in der deutschen Gesellschaft relativ breite Unterstützung, sind aber weltweit so nicht vermittelbar.

Beim Vergleich der Handlungsentwürfe fällt auf, dass die wirksamsten Maßnahmen zur Abwendung der drohenden Umweltkatastrophe nur unzureichend angesprochen werden, darunter die nachhaltige Reduzierung der materiellen Ansprüche des Einzelnen, eine weniger aufwendige Lebensweise, die Rücknahme der ausufernden Mobilität sowie Zurückhaltung im Gebrauch der Massenmedien.

PHILOSOPHISCHES GLOSSAR

Das nachfolgende philosophische Glossar erklärt einige Grundbegriffe des philosophischen Denkens, die für die Ausführungen in diesem Buch bedeutsam sind (s. a. Hoffmeister 1955, Schischkoff 1968).

Akzidenz, das Unselbständige, Zufällige, nur an anderem Bestehende.

Apokalypse, Offenbarung des Weltendes.

Atheismus, Leugnung der Existenz Gottes; zahlreiche geistesgeschichtlich bedingte Varianten, darunter der eingeschränkte Atheismus, der nur den persönlichen Gott leugnet, der agnostische Atheismus, der die Erkennbarkeit Gottes leugnet und der radikale Atheismus, der auch den weltüberlegenen Gott leugnet.

Aufklärung, Geistesbewegung, die die Betätigung der menschlichen Vernunft im Lebensvollzug jedes einzelnen hervorhebt (an Stelle von Autoritätsgläubigkeit); Wirkenwollen durch den Verstand (Rationalismus); Glaube an die Möglichkeit beständigen Fortschritts; Gegenbewegungen: Gefühlsphilosophie (Rousseau), Geschichtsphilosophie (Herder), deutsche Romantik.

Chiliasmus, Lehre von der Erwartung des Tausendjährigen Reiches Christi auf Erden nach seiner Wiederkunft vor dem Weltende.

Deismus, Lehre, nach der Gott als Schöpfer die Welt den von ihm geschaffenen Naturgesetzen überlassen hat und in ihre Entwicklung nicht mehr eingreift (Freidenker); Ablehnung von Offenbarung, Dogmen und Wunder.

Eklektizismus, philosophische Grundhaltung, die sich darauf beschränkt, die Denksysteme anderer zu prüfen und Teile davon zu einem Ganzen zu verbinden (u.a. Patristik u. Populärphilosophie der Aufklärung); s.a. *Synkretismus*.

Eschatologie, Lehre von den letzten Dingen.

Entelechie, das, was sein Ziel in sich selbst hat; nach Aristoteles die Form, die sich im Stoff verwirklicht, die in einem Organismus liegende Kraft, die ihn zur Selbstvollendung bringt, die Seele als »erste Entelechie« von Lebewesen.

Eudemonismus, Lehre des sittlichen Handelns, welche die Glückseeligkeit als Ziel setzt; als tugendhaft gilt, was das eigene Glück vergrößert (individueller E.) oder auch das Glück der anderen erhöht (sozialer E.: größtmögliches Glück der größtmöglichen Zahl).

Existenzphilosophie (Existenzialismus), neuzeitliche Richtung der Philosophie (Heidegger, Jaspers, Sartre): aus der Einsamkeit und Angst des Menschen vor dem Nichts ist der Mensch zu entschlossener Existenz aufgerufen; das Nichts zeigt sich in der Nichtigkeit des Alltäglichen in der Gegenwart, in der Verborgenheit der Herkunft aus der Vergangenheit (Geworfenheit) und in der Sicherheit des Todes in der Zukunft; im »Schleier des Nichtseins« scheint dennoch das Sein auf.

Fatalismus, Weltanschauung, nach der alle Vorgänge in der Welt durch Notwendigkeit bestimmt sind, gegen die der Mensch machtlos ist.

Hedonismus, Lehre des sittlichen Handelns, welche die sinnliche Lust und das (auch geistige) Genießen als Ziel setzt; Tugend ist Genussfähigkeit, höchstes Gut eine heitere Gemütsverfassung.

Idealismus (erkenntnistheoretischer), kritischer o. transzendentaler Idealismus (Kant): wir können die Außenwelt an sich nicht erkennen sondern nur die Erscheinungen der Außenwelt (empirische Realität); unsere Erfahrung ist bestimmt durch die Formen unseres Erkenntnisvermögens, denen apriorische bzw. kategorische Begrifflichkeit (transzendentale Idealität) zukommt.

Idealismus (metaphysischer), Standpunkt, der dem Geist die eigentliche Wirklichkeit zuschreibt, während die Außenwelt als Erscheinungsform des Geistes angesehen wird (Gegensatz: Realismus); subjektiver Idealismus (Fichte): es gibt nur Bewusstseinsinhalte, Geist ist alles, das Subjekt setzt auch die Materie; objektiver Idealismus (Schelling): Subjekt und Objekt, Denken und Sein, Geist und Materie sind verschiedene Seiten oder Erscheinungsformen einer jeweils einzigen Wirklichkeit; absoluter Idealismus (Hegel): das Denken des Menschen, soweit es auf Wahrheit und Sein gerichtet ist, ist Denken des Weltgeistes; alles Vernünftige ist wirklich und alles Wirkliche vernünftig; die Entfaltung der Vernunft im dialektischen Dreischritt trifft letztendlich das Absolute.

Ironie, Redeweise, bei der der Redende sich trotz seines Wissens als unwissend stellt (Sokrates) oder spottend (also durchschaubar) etwas anderes sagt als er wirklich denkt; romantische Ironie als Ausdruck der inneren Überlegenheit des genialischen Menschen.

Lebensphilosophie, neuzeitliche Richtung der Philosophie (u.a. Bergson), die sich vom mechanistischen, rationalistischen und »statischen« Denken absetzen will: Gefühl statt Verstand, Irrationalismus statt Rationalismus, anschauliches statt begrifflichem Denken, intuitives statt diskursivem Erkennen; Bezüge zur Existenzphilosophie.

Logos, Vernunftseele (Mikrokosmos) und Allseele (Makrokosmos) in der griechischen Metaphysik (Heraklit, Stoa); später schöpferisches Wort und alles durchdringende Vernunft des alttestamentarischen Gottes; schließlich das in Christus fleischgewordene Wort.

Materialismus, Anschauung, die in der Materie den Grund und die Substanz aller Wirklichkeit (inkl. Seele u. Geist) sieht; marxistische Positionen: atheistischer M.: Gott ist ein Epiphänomen der Materie; dialektischer M.: das Übermaterielle geht rein innerweltlich aus dem Materiellen hervor; historischer M.: das gesellschaftliche Sein bestimmt das individuelle Bewusstsein; praktischer M.: die Welt bedarf der aktiv-praktischen Umbildung durch den Menschen.

Nihilismus, Standpunkt, der das Sein in das Nichts auflöst; Nichts ist die Verneinung des Seins; Sein und Nichts bilden den grundlegendsten Gegensatz (Widerspruchsprinzip); ontologischer Nihilismus: Leugnung der Wirklichkeit des Seins (Fichte); theoretischer Nihilismus: Leugnung der Möglichkeit von wahrer Erkenntnis; praktischer Nihilismus: Leugnung der Gültigkeit von Sinn und Werten (Nietzsche).

Ontologie, Lehre vom Sein, den Seinsbegriffen, Seinsbedeutungen und Seinsbestimmungen; bei Kant (Transzendentalphilosophie) in den apriorischen Denkformen aufgehend.

Panentheismus, Lehre, nach der Alles in Gott ruht und lebt (All-in-Gott-Lehre), ohne daß Alles und Gott zusammenfallen.

Pantheismus, Lehre, nach der Gott und Welt in eins zusammenfallen (All-Gott-Lehre), die Dinge sich also nur empirisch betrachtet unterscheiden.

Pietismus, gegen protestantische Orthodoxie und Kirchenchristentum gerichtete Bewegung (seit 1675 von den Niederlanden ausgehend), gekennzeichnet durch Demut, gefühlvolle Frömmigkeit, Bekehrungseifer, Welt- u. Menschenabkehr, Brüdergemeinden, Wissenschaftsverachtung.

Pragmatismus, philosophische Richtung und Lebenseinstellung, die im Handeln des Menschen (gr. *pragma*) dessen Wesen ausgedrückt sieht (Pierce, James, Dewey); Wahrheit erweist sich nicht am Gegenstand sondern am Handlungserfolg; nur das ist philosophisch bedeutsam, was die Lebensführung unmittelbar betrifft.

Realismus (erkenntnistheoretischer), Standpunkt, dass es eine bewusstseinsunabhängige Wirklichkeit gibt, die wir sinnlich wahrnehmen und denkend erkennen können (Gegensatz: Idealismus); naiver Realismus: die Außenwelt ist so beschaffen, wie wir sie wahrnehmen; kritischer Realismus (Kant): die Erkenntnis der Außenwelt ist ein Produkt der Sinne und des Verstandes; Anschauungsformen und Kategorien des Denkens machen erst Erfahrung möglich; die Außenwelt ist real, aber nicht so beschaffen, wie wir sie wahrnehmen.

Romantik (deutsche), Gegenbewegung zur Aufklärung, der deutschen Klassik nachfolgend; Hervorhebung der »Eigengesetzlichkeit des Lebens«, der »organischen Entwicklung«, des Subjektiven, Phantastischen, Wunderbaren; irrationale idealistisch-pantheistische Denkweise, schwärmerisch, exaltiert, genialisch.

Skeptizismus, Standpunkt, der die Möglichkeit wahrer Erkenntnis grundsätzlich bezweifelt; gemäßigte und radikale Form, letztere in sich widersprüchlich; das methodische Zweifeln ist nicht Skeptizismus, weil es wahre Erkenntnis anstrebt.

Spekulation, spekulatives Denken, Erkennen, das über die sinnliche Erfahrung hinaus, auf das ihr zugrundeliegende Geistige gerichtet ist: die Ursache durch die Wirkung sehen (Scholastik), spekulativer gegenüber gemeinem Verstandesgebrauch (Kant), d.h. abstrakte Erkenntnis (Philosophie) gegenüber konkreter Erkenntnis (Naturerkenntnis).

Substanz, das Selbständige, für sich Bestehende, im Unterschied zum Unselbständigen, nur an anderem Bestehenden, den zufälligen Eigenschaften (Akzidenzen); das Beharrende im Unterschied zum Wechselnden.

Synkretismus, Vereinigung von philosophischen oder religiösen Gedanken unterschiedlicher Herkunft ohne Herstellung der Widerspruchsfreiheit; s.a. *Eklektizismus*.

Teleologie, Lehre von der End- oder Zweckursache (gr. *teleos*, lat. *causa finalis*) im Unterschied zur Anfangs- oder Wirkursache (gr. *aitia*, lat. *causa efficiens*); nach Aristoteles.

Theismus, Glaube an einen einzigen, persönlichen und weltüberlegenen Gott.

Vernunft, Verstand, geistiges gegenüber sinnlichem Erkenntnisvermögen; Vernunft von »Vernehmen« (gr. *noesis*, lat. *intellectus*): höheres (übergeordnetes) Erkenntnisvermögen, also unbedingte Erkenntnis, Werteerkenntnis, Erkenntnis universeller Zusammenhänge, Denken der Ideen; Verstand von »vor etwas stehen« (gr. *dianoia*, lat. *ratio*): niedrigeres (untergeordnetes) Erkenntnisvermögen, also bedingte Erkenntnis, diskursive Erkenntnis über Begriffs- u. Urteilsbildung, Ordnung der Erfahrungen durch Denken. Begriffsverwirrung: im älteren deutschen Sprachgebrauch wurde ratio mit Vernunft und intellectus mit Verstand übersetzt (Scholastik, aber auch Schopenhauer); neuerer richtigerer Gebrauch erst seit Kant: reine (theoretische) Vernunft als Urteilen nach Prinzipien, praktische Vernunft als Handeln nach Prinzipien; s.a. *Logos*.

BIOLOGISCHES GLOSSAR

Das nachfolgende biologische Glossar erklärt die wichtigsten Fachwörter, die für das Verständnis der Ausführungen zur Mikrobiologie in diesem Buch benötigt werden (s. a. Nüsslein-Volhard 2004, Schmid 2006).

Allele, die zwei alternativen Zustände eines Gens, z.B. für rote und weiße Blüten.

Antibiotikum, biologischer Wirkstoff aus Stoffwechselprodukten von Mikroorganismen, der andere Mikroorganismen hemmt oder abtötet.

Antigen, Abkürzung für Antisomatogen, körperfremde makromolekulare Substanz, die beim Eindringen in den Organismus die Produktion von Antikörpern bewirkt.

Antikörper, Protein, das als Abwehrstoff gegen körperfremde Substanzen (Antigene) gebildet wird und diese durch Komplexbildung und Auslösung einer Abbaureaktion unschädlich macht.

Bakterien, kleinste einzellige Mikroorganismen ohne Zellkern (Prokarioten), die sich durch Zellteilung vermehren.

Blastozyste, Embryonalstadium bei Säugern, hohler Zellball; beim Menschen ab viertem Tag nach Befruchtung.

Chromosomen, fadenförmige Strukturen im Zellkern, die die Gene eines Organismus enthalten.

DNA, Desoxyribonukleinsäure, makromolekularer Träger der Erbinformation, doppelsträngiges Kettenmolekül mit je vier Basenpaarungen als Codesystem.

Doppelhelix, doppelsträngiges DNA-Kettenmolekül in Schraubenform.

Embryo, Keim ab der Befruchtung bis zum Beginn der Ausformung der Organe (Fötus); beim Menschen 8–12 Wochen.

Embryonen, multipotente Zellen im Innern der Blastozyste.

Enzyme, Proteine, die als Biokatalysatoren den Stoffwechsel der Organismen steuern, ohne sich selbst zu verändern; Gärungsstoffe (Fermente).

Eukarioten, Organismen (Pilze, Pflanzen, Tiere), die in ihrer Zelle einen Kern mit umgebender Membran aufweisen.

Exons, Teile der DNA, die für Proteine kodieren.

Expression, Ausdrücken der DNA in Proteinen.

Fermentation, Gärung.

Fertilisation, Befruchtung.

Fötus, Schwangerschaftsprodukt nach Abschluss der Embryonalphase (beim Menschen 8–12 Wochen) bis zur Geburt.

Gameten, Keimzellen, Eier oder Spermien.

Gen, Erbfaktor, Informationseinheit für die Ausprägung eines Erbmerkmals, bestehend aus einer Folge von Nucleotiden der DNA, die für ein Protein kodieren; als Einheit separierbare Sequenz im DNA-Doppelstrang eines Chromosoms.

Genbank, Sammlung von Bakterienkolonien, aus denen Gene oder Genabschnitte selektiert werden können.

Genom, vollständiger Satz der Gene eines Organismus.

Genotyp, gesamtes Erbgut eines Organismus, den Phänotyp prägend.

Genpool, Gesamtheit der Gene einer Species.

Gentechnik, zielgerichtete künstliche Veränderung des natürlichen Genoms.

Introns, Teile der DNA, die nicht für Proteine kodieren.

Klon, genetisch einheitliche Nachkommengruppe durch vegetative Vermehrung oder gentechnische Erzeugung.

Meiose, Reifeteilungen, die zur Bildung der Gameten führen.

Mitochondrien, stäbchenförmige bis kugelige Organellen im Zellinnern von Eukaryoten, die als Energielieferant der Zelle wirken (»Atmung«).

Mitose, Zellkernteilung, bei der jede Tochterzelle mit einem vollständigen Chromosomensatz ausgestattet wird.

Morula, Ansammlung totipotenter Zellen durch Zellteilung nach Befruchtung bis zur Ausformung der Blastozyste.

Mutation, sprunghafte Veränderung von Erbfaktoren; genetische Mutation: erbliche Genveränderung in Keimzellen; somatische Mutation: nicht erbliche DNA-Störung in Körperzellen.

Nucleotide, Nucleinbasen, Grundbausteine der Nukleinsäuren.

Peptidbindung, chemische Verknüpfungsart der Aminosäuren in der Polypeptidkette des Proteins.

Phänotyp, strukturelles und funktionelles Erscheinungsbild eines Organismus, wie es aufgrund des Genotyps unter den jeweiligen Umweltbedingungen zum Ausdruck gebracht wird.

Plasmid, selbständige Einheit von Erbmaterial (ringförmiges DNA-Molekül), die in »Symbiose« mit einer Zelle existiert und zusammen mit dem Zellkern vervielfältigt werden kann.

Prionen, infektiöse Proteinpartikel, die offenbar direkt zwischen Proteinen wirken, ohne die DNA zu involvieren.

Prokarioten, Organismen (Bakterien), die in ihrer Zelle keinen Kern mit umgebender Membran aufweisen.

Proteine, die »funktionellen« Makromoleküle der lebenden Zelle, gewandelte und gefaltete Polypeptidketten aus Aminosäurebausteinen.

Regeneration (pflanzliche), Rückgewinnung der Ausgangspflanze aus den Zellen von Pflanzenorganen in Zellkultur.

Rekombination (genetische), Austausch von Abschnitten der Chromosomen während der Meiose.

Replikation (genetische), identische Reproduktion eines Nekleinsäuremoleküls mit Hilfe eines Enzyms.

Restriktionsenzyme, sie zerstören artfremde DNA, zerlegen die langen DNA-Fäden in definierte Abschnitte.

RNA, Ribonukleinsäure, einzelsträngiges Kettenmolekül, das als Überträger der Erbinformation wirkt.

Sequenzierung, Analyse der Reihenfolge von DNA oder von Proteinbausteinen.

Stammzellen, pluripotente Zellen, die sich durch Teilung selbst erneuern sowie differenzierende Zellen hervorbringen; adulte Stammzellen: aus nachwachsendem Gewebe; embryonale Stammzellen: aus befruchteten Eizellen.

Transformation (genetische), genetische Modifikation durch Einschleusen zellfremder DNA oder durch Viren.

Transkription (genetische), Herstellen einer RNA-Kopie an der DNA.

Translation (genetische), Übersetzung der RNA in Protein.

Transposons, Teile der DNA, die ihre Position innerhalb eines Gens bzw. Chromosoms verändern können.

Triplett (genetisches), kleinste, aus drei Nucleotiden bestehende, funktionelle Untereinheit der DNA bzw. RNA; auch Codon genannt.

Vektoren (gentechnische), »Molekulare Fähren« für DNA-Abschnitte, in Form von Plasmiden oder Viren.

Viren, Infektiöse Partikel mit eigenem DNA- oder RNA-Molekül, die sich über die Enzyme von Wirtszellen vermehren, in die sie durch die Zellwände eindringen.

Zelltypen, haploide gegenüber diploide Zellen: jedes Chromosom einfach bzw. doppelt vorhanden; homozygote gegenüber heterozygote Zellen: reinerbig bzw. mischerbig, d.h. die beiden Exemplare eines Gens sind gleich bzw. verschieden; Keimzellen gegenüber Körperzellen.

Zygote, nach Befruchtung entstandene diploide Eizelle, Beginn der Entwicklung eines neuen Individuums.

COMPUTER- UND INTERNETGLOSSAR

Das nachfolgende Computer- und Internetglossar erklärt einen Teil der Fachwörter, Eigennamen und Abkürzungen, die sich in diesem Bereich eingebürgert haben. Gelegentlich handelt es sich um verallgemeinerte Markennamen *(s. a. Gieseke u. Voss 2011, Prevezanos 2011)*

Account, Benutzerkonto; durch Name und Passwort abgesicherte Zugangsberechtigung zu einem Computer, Netzwerk oder Online-Dienst.

ALGOL, Algorithmic Language, frühe Programmiersprache für Algorithmen.

ARPAnet, Advanced Research Projects Agency network; redundantes Computer-Netzwerk für militärische Zwecke; Vorläufer des Internets.

AI, Artificial Intelligence; künstliche Intelligenz; scheinbar intelligente Software und Hardware.

ASCII, American Standard Code for Information Interchange; standardisierter Zeichencode zur Beschreibung von Buchstaben, Zahlen und Sonderzeichen.

BASIC, Beginners All Purpose Symbolic Instruction Code; leicht zu erlernende Programmiersprache, von vielen Computersystemen unterstützt.

Betriebssystem, Software, die die Betriebsmittelvergabe (Geräte, Laufwerke, Festplatten, Dateien, Programme) im Computer steuert.

Bit, Binary Digit; kleinste Informationseinheit in einem Computersystem; kann die Werte 0 und 1 annehmen (Dualsystem).

BlackBerry, Mobilgerät mit Telefonfunktion der Fa. RIM zum Abruf und Versenden von E-Mails.

Blog, Weblog; öffentlich zugängliche Website, auf der Einzelpersonen oder Personengruppen ein persönliches Journal zu bestimmten Themen führen.

Bot, Robot; ein Programm, das autonom Aufgaben erledigt, etwa in Suchmaschinen.

Browser, Programme, mit deren Hilfe die Fortbewegung (das »Surfen«) im Internet möglich ist.

Bus, mehradrige Sammelleitung, an die verschiedene Komponenten eines Computers angeschlossen sind.

C, verbreitete Programmiersprache.

Cache, Speicher mit besonders kurzer Zugriffszeit für Daten und Befehle.

CD, Compact Disk; optisch-digitales Speichermedium für Musik (CD-DA) und Daten (CD-ROM).

Chatten, über Tastatureingabe online geführte Gespräche im Internet.

Chip, Halbleiterplättchen (meist Silizium), in das miniaturisierte Schaltkreise integriert sind.

Client, Hardware oder Software, die Dienste eines Servers in Anspruch nehmen kann (Client-Server-Prinzip).

COBOL, Programmiersprache im kaufmännischen Bereich.

CPU, Central Processing Unit; Zentralprozessor eines Computers.

Crowdsourcing, Sammlung von Informationen einer großen Zahl von Internet- oder Mobilfunknutzern für einen bestimmten Zweck.

Cyberspace, virtuelle Realität, vom Computer geschaffen, mittels Computer, Head Mounted Display, Data Suit und Data Glove zu besuchen.

Datamining, Untersuchung von Texten und Nachrichten im Internet oder Mobilfunk nach Stichworten, die Hinweise auf bestimmte Aktivitäten geben.

Diskette, Magnetisches Speichermedium, veraltet.

DVD, Digital Versatile Disk; Nachfolger der CD mit 25mal höherer Speicherkapazität.

E-Mail, Electronic Mail; Nachrichten, die auf elektronischem Weg über Computernetzwerke verschickt werden.

Expertensystem, Programm, das mittels künstlicher Intelligenz und umfangreicher Datenbank Entscheidungen trifft.

Facebook, soziales Netzwerk der Fa. Facebook im Internet; Kontaktportal auf Basis von »persönlichen Profilen«.

Fax, abgeleitet von »Faksimile«; Faxgeräte erlauben den Versand und Empfang gescannter Papiervorlagen per Telefonleitung.

FORTRAN, Formula Translator; frühe Programmiersprache, bei IBM entwickelt.

Forum, öffentlicher Diskussionsbereich bei Online-Diensten.

Google, Internetsuchmaschine der Fa. Google mit Portalstrategie.

Google Earth, Software zur Darstellung der Erdoberfläche auf Basis hochauflösender Satellitenbilder.

Google Streetview, mit 360° Kamera aufgenommene Straßenansichten.

GPS, Global Positioning System; System zur Standortbestimmung ausgehend von Satellitenfunksignalen; auf wenige Meter genau.

GSM, Global System Mobile Communications; digitales Funktelefonnetz mit Internetzugang.

Hardware, Bezeichnung für die physisch »fassbaren« Komponenten des Computers.

Homepage, erste Seite einer Website im WWW mit grundlegenden Informationen über den Anbieter (Firma, Person, Vereinigung).

HTML, Hyper Text Markup Language; Programmiersprache für die Erstellung von Websites für das WWW einschließlich Hyperlinks zu anderen Websites.

HTTP, Hyper Text Transfer Protocol; Strukturierungsvorschrift bei Übertragung von Dokumenten im WWW.

Hypermedia, Ausweitung von Hypertext auf Tabellen, Grafiken, Sounds und Videos.

Hypertext, Textdokumente im WWW, die aktive Querverweise (Links) zu anderen Stellen im selben Dokument oder in anderen Dokumenten enthalten.

iBook, tragbarer leichter Computer der Fa. Apple.

Internet, weltweites Netzwerk von Computern mit einheitlichem Übertragungsprotokoll TCP/IP.

iPad, Tablet-Computer der Fa. Apple, überwiegend für Unterhaltungszwecke, kein Notebook.

iPhone, Kombinationsgerät der Fa. Apple: Mobiltelefon, iPod-Player, Digitalkamera und Internet-Clientgerät; mit MultiTouch-Bildschirm.

iPod, tragbarer Video-Player der Fa. Apple.

ISDN, Integrated Services Digital Network; Standard für digitale Sprach- und Datenübertragung im Telekommunikationsnetz der Fa. Telekom.

ISP, Internet Service Provider; Dienstleister, der gegen Gebühr den Zugang zum Internet ermöglicht.

IT, Information Technology, Hardware und Software.

Laptop, tragbarer Computer der Anfangszeit, relativ groß und schwer; später (um 1990) durch das kleinere und leichtere Notebook abgelöst.

Link, Verweis auf andere Stellen in Hypertext-Dokumenten; durch Anklicken aktivierbar.

LISP, List Processing Language; Programmiersprache zur Unterstützung von Artificial Intelligence (AI); »baumartige« Strukturierung.

Modem, Modulator-Demodulator; Geräte, die digitale in analoge elektrische Signale umformen, um sie per Telefonnetz zu übertragen, und die sie anschließend rückverwandeln.

Multitasking, Abarbeitung mehrerer Programme gleichzeitig durch Stückelung in kleine CPU-Zeitscheiben; Steuerung durch das Betriebssystem; dadurch Überbrückung der längeren Zugriffszeiten an der CPU; im übertragenen Sinn: »Erledigung mehrerer Aufgaben gleichzeitig«.

MySpace, soziales Netzwerk der Fa. Myspace im Internet; Kontaktportal mit Schwerpunkt Musikstücke.

NC, Network Computer; Computer ohne Festplatte oder andere Speichermedien; arbeitet nur mit den Ressourcen des Netzwerks.

Notebook, tragbarer leichter Computer der neueren Zeit (ab etwa 1990); von Fa. Toshiba eingeführt.

Offline, Verbindung des Computers zum Internet ist unterbrochen.

Online, Verbindung des Computers zum Internet besteht.

Online-Banking, Abwicklung von Bankgeschäften über elektronische Datenverbindung zur Bank.

Online-Booking, Abwicklung von Buchungen über elektronische Datenverbindung zum Anbieter.

Online-Shopping, Abwicklung des Einkaufs von Waren über elektronische Datenverbindung zum Anbieter.

Open Source, Oberbegriff für frei zugängige und frei verteilbare Software.

PASCAL, Programmiersprache; Weiterentwicklung von ALGOL.

PC, Personal Computer; eigenständig arbeitender Schreibtischcomputer; Intel-Prozessoren; Betriebssystem Windows oder Linux.

PDA, Personal Digital Assistant; kleiner tragbarer Computer für Terminplanung, Textverarbeitung und Tabellenkalkulation.

PDF, Portable Document Format; universelles, geräteunabhängiges, auf Programmiersprache »PostScript« beruhendes Dateiformat zum Erstellen elektronischer Publikationen.

Portal, stark frequentierte Site im Internet; Knotenpunkt beim Surfen; begehrte Werbefläche.

Programm, Folge von Anweisungen und Definitionen zur Datenverarbeitung im Computer; in Maschinensprache oder höherer Programmiersprache.

Protokoll, Vorschrift für Strukturierung der elektronischen Datenübertragung im Internet.

Prozessor, elektronische Hardware-Schaltung, durch vorgegebenes Programm gesteuert, für logische Funktionen und arithmetische Berechnungen.

Server, Rechner oder Programm in einem Netzwerk, das anderen Computern (Clients) oder Programmen spezielle Dienste anbietet; bei Angebot von Rechen- und Speicherkapazität »Host«.

Smartphone, Kombination von Mobiltelefon mit PDA.

SMS, Short Message Service; ermöglicht das Versenden und Empfangen von Kurznachrichten an Handys (bis 160 Zeichen).

Software, Programme mit zugehörigen Daten, Betriebssysteme und Anwenderprogramme.

Surfen, Springen im Internet von Website zu Website mittels Hyperlinks.

TCP/IP, Transmission Control Protocol / Internet Protocol; IP regelt Übertragung in Datenpaketen, sowie Quell- und Zieladresse; TCP regelt eigentliche Zustellung der Daten.

Twitter, Kurznachrichtendienst (maximal 140 Zeichen) zu bestimmten Themen; Sonderform eines sozialen Netzwerks.

UMTS, Universal Mobile Telecommunications System; neuestes digitales Funktelefonnetz, auch für Multimedia-Anwendungen.

Unix, verbreitetes Open-Source PC-Betriebssystem.

Usenet, Informationsforum im Internet, über 20000 Newsgroups.

Web 2.0, Marketingbegriff; bezeichnet Weiterentwicklung des Internets in Richtung auf ein partizipatives Social Web, dessen Inhalte von den Nutzern erstellt werden.

Webseite, Einzelne HTML-Seite auf einer Website bzw. Homepage.

Website, Gesamtheit aller HTML-Seiten unter bestimmter Internetadresse.

Wikipedia, Online-Enzyklopädie, bei der jedermann, auch anonym, ohne Qualitätskontrolle online mitgestalten kann.

Wikileaks, Enthüllungsplattform im Internet.

Windows, PC-Betriebssystem der Fa. Microsoft.

Workstation, extrem leistungsfähiger Arbeitsplatzcomputer mit Betriebssystem Unix.

WWW, World Wide Web; Internetdienst, beruht auf per Hyperlink vernetzbaren Webseiten mit Text und Grafiken; Übermittlung per HTTP; ermöglicht das Surfen.

YouTube, Video-Plattform zum Anschauen und Mitmachen im Internet, typischer Web 2.0 Vertreter.

BIBLIOGRAFIE

Adamek, S.: Die facebook Falle – Wie das soziale Netzwerk unser Leben verkauft. München 2011.

Adorno, T.: Gesammelte Schriften, Bd. 10.1. Frankfurt 1977.

Agamben, G.: Die kommende Gemeinschaft. Berlin 2003.

Agamben, G.: Profanierungen. Frankfurt 2005.

Agamben, G.: Nacktheiten. Frankfurt 2010.

Anders, G.: Die Antiquiertheit des Menschen. München 1956.

Angenendt, A.: Toleranz und Gewalt – Das Christentum zwischen Bibel und Schwert. München 2007.

Anokhin, P.K.: Biology and neurophysiology of the conditioned reflex and its role in adaptive behavior. Oxford 1974.

Arendt, H.: Vita activa oder vom tätigen Leben. Stuttgart 1960.

Armstrong, D.M.: A materialist theory of the mind. London 1968.

Augstein, R.: Jesus Menschensohn. München ²2002.

Beck, U.: Weltrisikogesellschaft. Frankfurt 2007.

Bennett, M., Dennett, D., Hacker, P., Searle, J.: Neurowissenschaft und Philosophie – Gehirn, Geist und Sprache. Berlin 2010.

Bennett, M., Hacker, P.: Die philosophischen Grundlagen der Neurowissenschaften. Darmstadt 2010.

Bodamer, J.: Der Weg zur Askese als Überwindung der technischen Welt. Hamburg 1957.

Bois-Reymond, A.: Erfindung und Erfinder. Berlin 1906.

Bonhoeffer, D.: Widerstand und Ergebung. München 1954.

Bonhoeffer, T., Gruss, P.: Zukunft Gehirn – Neue Erkenntnisse, neue Herausforderungen. München 2011.

Bowden, M.: Worm – Der erste digitale Weltkrieg. Berlin 2012.

Brinkmann, D.: Mensch und Technik – Grundzüge einer Philosophie der Technik. Bern 1946.

Buber, M. (Hg.): Reden und Gleichnisse des Tschuang-tse. Leipzig 1976.

Bürkle, H. (Hg.): New Age – Kritische Anfragen an eine verlockende Bewegung. Düsseldorf 1988.

Campbell, B.G.: Entwicklung zum Menschen – Seine physischen wie seine Verhaltensanpassungen. Stuttgart ²1979.

Capra, F.: Wendezeit – Bausteine für ein neues Weltbild. München 1983.

Capra, F.: Das Tao der Physik – Die Konvergenz von westlicher Wissenschaft und östlicher Philosophie. München 1984.

Capra, F.: Das neue Denken – Aufbruch zu neuem Bewusstsein. München 1987.

Chomsky, N.: Sprache und Geist. Frankfurt ⁷1999.

Cobb, J.B.: Der Preis des Fortschritts – Umweltschutz als Problem der Sozialethik. München 1972.

Coleman, S., Blumler, J.G.: The internet and democratic citizenship – Theory, practice and policy. Cambrige 2009.

Crombie, A.C.: Von Augustinus bis Galilei – Die Emanzipation der Naturwissenschaft. Köln 1977.

Dalai Lama: Rückkehr zur Menschlichkeit – Neue Werte in einer globalisierten Welt. Köln 2011 [engl:. Beyond religion – Ethics for a whole world].

Damasio, A.: Descartes' error. New York 1994 [dt.: Descartes' Irrtum – Fühlen, Denken und das menschliche Gehirn. München 1996].

Dawkins, R.: The selfish gene. Oxford 1976.

Dawkins, R.: Der Gotteswahn. Berlin 2008.

Dessauer, F.: Philosophie der Technik – Das Problem der Realisierung. Bonn 1927.

Dennett, D.: Darwin's dangerous idea – Evolution and the meanings of life. New York 1995 [dt.: Darwin's gefährliches Erbe. Hamburg 1997].

Dietrich, D., et al. (Hg.): Simulating the mind – A technical neuropsychoanalytical approach. Wien 2009.

Dreyfus, H.L.: Die Grenzen künstlicher Intelligenz – Was Computer nicht können. Königstein 1985.

Dreyfus, H.L., Dreyfus, S.E.: Künstliche Intelligenz – Von den Grenzen der Denkmaschine und dem Wert der Intuition. Reinbek 1987.

Dumoulin, H.: Begegnung mit dem Buddhismus – Eine Einführung. Freiburg 1978.

Dürr, H.P.: Warum es ums Ganze geht – Neues Denken für eine Welt im Umbruch. München 2009.

Dürr, H.P.: Das Lebende lebendiger werden lassen – Wie uns neues Denken aus der Krise führt. München 2011.

Dyson, G.: Turing's cathedral – The origins of the digital universe. New York 2012.

Eccles, J.C.: The understanding of the brain. New York ^{2}1977.

Eccles, J.C., Robinson, D.N.: Das Wunder des Menschseins – Gehirn und Geist. München 1985.

Eccles, J.C., Zeier, H.: Gehirn und Geist – Biologische Erkenntnisse über Vorgeschichte, Wesen und Zukunft des Menschen. München 1980.

Eigen, M., Winkler, R.: Das Spiel – Naturgesetze steuern den Zufall. München ^{5}1983.

Ellul, J.: La technique ou l'enjeu du siècle. Paris 1954.

Eyth, M.: Lebendige Kräfte – Sieben Vorträge aus dem Gebiet der Tecknik. Berlin 1905.

Falkenburg, B.: Mythos Determinismus – Wieviel erklärt uns die Hirnforschung? Berlin 2012[1].

Falkenburg, B.: Wieviel erklärt uns die Hirnforschung? In: Information Philosophie, Lörrach, März 2012[2].

Feigl, H.: The »mental« and the »physical«. Minneapolis Minn. 1967.

Ferguson, M.: Die sanfte Verschwörung – Persönliche und gesellschaftliche Transformation im Zeitalter des Wassermanns. Basel 1981.

Feynman, R.P.: The character of physical law. Cambridge Mass. 1967 [dt.: Vom Wesen physikalischer Gesetze. München 1993].

Flad-Schnorrenberg, B.: Die Biologie des Geistes und der Geist der Biologie. In: Scheidewege 10, 361–366 (1980).

Forrester, J.W.: World dynamics. Cambridge Mass. 1971 (dt.: Der teuflische Regelkreis, das Globalmodell der Menschheitskrise. Stuttgart 1972).

Frawley, D.: Vom Geist des Ayurveda. Aitrang 1999.

Freud, S.: Vorlesungen zur Einführung in die Psychoanalyse. Frankfurt 1989.

Gabor, D., Colombo, U.: Beyond the age of waste – A report to the Club of Rome. Oxford 1978.

Gandhi, M.K.: Hind Swaraj or Indian home rule. Ahmedabad 1946.

Ganzhorn, K., Walter, W.: Die geschichtliche Entwicklung der Datenverarbeitung. Stuttgart 1975.

Gazzaniga, M.: Die Ich-Illusion. München 2012 [engl.: Who's in charge – Free will and the science of the brain. New York 2011].

Gehlen, A.: Der Mensch – Seine Natur und seine Stellung in der Welt. Berlin 1940.

Gehlen, A.: Anthropologische Forschung. Reinbek 1961.

Gieseke, W., Voss, A.: Das große PC Lexikon. Düsseldorf ¹⁵2011.

Glasenapp, H.: Die fünf Weltreligionen. Düsseldorf 1963.

Gogarten, F.: Der Mensch zwischen Gott und Welt. Stuttgart 1967.

Gruhl, H.: Ein Planet wird geplündert – Die Schreckensbilanz unserer Politik. Frankfurt 1975.

Gugerli, D.: Suchmaschinen – Die Welt als Datenbank. Frankfurt 2009.

Haber, W.: Die unbequemen Wahrheiten der Ökologie – Eine Nachhaltigkeitsperspektive für das 21. Jahrhundert. München ²2011.

Habermas, J.: Technik und Wissenschaft als »Ideologie«. Frankfurt 1968.

Habermas, J.: Strukturwandel der Öffentlichkeit – Untersuchungen zu einer Kategorie der bürgerlichen Gesellschaft. Frankfurt 1990.

Hampe, M.: Die Macht des Zufalls – Vom Umgang mit dem Risiko. Berlin ²2007.

Han, B.C.: Philosophie des Zen-Buddhismus. Stuttgart 2009.

Han, B.C.: Müdigkeitsgesellschaft. Berlin ⁶2011.

Han, B.C.: Transparenzgesellschaft. Berlin 2012.

Handke, P.: Versuch über die Müdigkeit. Frankfurt 1992.

Hanegraaff, W.J.: New age religion and western culture – Esotericism in the mirror of secular thought. Leiden 1996.

Harich, W.: Kommunismus ohne Wachstum? Reinbek 1975.

Haugeland, J.: Künstliche Intelligenz – Programmierte Vernunft? Hamburg 1987.

Heidegger, M.: Die Technik und die Kehre. Pfullingen 1962.

Hemleben, J.: Charles Darwin. Reinbek ¹⁵2009.

Hirschberger, J.: Geschichte der Philosophie – Bd. 1, Altertum und Mittelalter – Bd. 2, Neuzeit und Gegenwart. Freiburg ¹¹1979 u. ¹⁰1979.

Hirschi, C.: Ordnung und Unordnung des Wissens. NZZ, 13.02.2010.

Hoffmeister, J. (Hg.): Wörterbuch der philosophischen Begriffe. Hamburg ²1955.

Höffner, J., et al. (Hg.): Die Bibel – Altes und Neues Testament. Einheitsübersetzung. Freiburg 1980.

Horkheimer, M.: Zur Kritik der instrumentellen Vernunft. Frankfurt 1967.

Illich, I.: Selbstbegrenzung – Eine politische Kritik der Technik. Reinbek 1975.

Jaeger, L.: Den Tanz auf dem Vulkan mathematisch modellieren. Neue Zürcher Zeitung, 26.03.2011.

Jammer, M.: Das Problem des Raumes – Die Entwicklung der Raumtheorien. Darmstadt 1960.

Janich, P.: Kein neues Menschenbild – Zur Sprache der Hirnforschung. Frankfurt 2009.

Jaspers, K.: Die geistige Situation der Zeit. Berlin 1931.

Jonas, H.: Das Prinzip Verantwortung – Versuch einer Ethik für die technologische Zivilisation. Frankfurt 1984.

Jonas, H.: Technik, Medizin und Ethik – Praxis des Prinzips Verantwortung. Frankfurt 1987[1].

Jonas, H.: Der Gottesbegriff nach Auschwitz – Eine jüdische Stimme. Frankfurt 1987[2].

Jung, C.G.: Über psychische Energetik und das Wesen der Träume. Olten ^{6}1981.

Jünger, F.G.: Die Perfektion der Technik. Frankfurt 1946.

Junker, T.: Die Evolution des Menschen. München ^{2}2008.

Kant, I.: Schriften zur Anthropologie, Geschichtsphilosophie, Politik und Pädagogik 1 (Werkausgabe Bd. XI). Frankfurt 1977.

Kapp, W.: Grundlinien einer Philosophie der Technik – Zur Entstehungsgeschichte der Cultur aus neuen Gesichtspunkten. Braunschweig 1877.

Katechismus der katholischen Kirche. München 1993.

Keen, A.: Die Stunde der Stümper – Wie wir im Internet unsere Kultur zerstören. München 2008.

Kessler, H. (Hg.): Ökologisches Weltethos im Dialog der Kulturen und Religionen. Darmstadt 1996.

Klein, S.: Da Vincis Vermächtnis oder Wie Leonardo die Welt neu erfand. Frankfurt 2008.

Klemm, F.: Geschichte der Technik – Der Mensch und seine Erfindungen im Bereich des Abendlandes. Reinbek 1983.

Koslowski, P.: Ethik des Kapitalismus. Tübingen 1986.

Koslowski, P.: Prinzipien der Ethischen Ökonomie. Tübingen 1988.

Koslowski, P.: Wirtschaft als Kultur. Wien 1989.

Kramer, O.: Computational intelligence – Eine Einführung. Berlin 2009.

Kuhle, M.: Die Wiege der Eiszeit. GEO, Feb. 1987, S. 80–94.

Kuhn, T.S.: Die Struktur wissenschaftlicher Revolutionen. Frankfurt ²1976.

Kull, U.: Evolution des Menschen – Biologische, soziale und kulturelle Evolution. Stuttgart 1979.

Kull, U.: Evolution. Stuttgart 1977.

Küng, H.: Projekt Weltethos. München 1992.

Küng, H.: Das Christentum – Die religiöse Situation der Zeit. München ²2003.

Kutschera, U.: Tatsache Evolution – Was Darwin nicht wissen konnte. München ²2009.

LeDoux, J.: The emotional brain. New York 1996 [dt.: Das Netz der Gefühle – Wie Emotionen entstehen. München 1998].

LeDoux, J.: Das Netz der Persönlichkeit – Wie unser Selbst entsteht. Düsseldorf 2003 [engl.: Synaptic self – How our brains become who we are. New York 2002].

Leontyev, A.N.: Activity, consciousness and personality. Englewood Cliffs N.J. 1978.

Lohmann, H.M.: Sigmund Freud. Reinbek 2006.

Lohmann, H.M., Pfeiffer, J.: Freud-Handbuch – Leben, Werk, Wirkung. Stuttgart 2006.

Lorenz, K.: Die Rückseite des Spiegels – Versuch einer Naturgeschichte menschlichen Erkennens. München 1973.

Lorenzer, A.: Sprachspiel und Interaktionsformen. Frankfurt 1977.

Löw, R. (Hg.): Bioethik. Köln 1990.

Ludwig, O.: Geschichte des Schreibens – Bd. 1, Von der Antike bis zum Buchdruck. Berlin 2005.

Luria, A.R.: Human brain and psychological process. New York 1966.

Luria, A.R.: The working brain. Harmondsworth 1973.

Mangini, A.: Ihr kennt die wahren Gründe nicht. NZZ, 05.04.2007.

Marcuse, H.: Der eindimensionale Mensch. Neuwied 1967.

Mayr, E.: Die Entwicklung der biologischen Gedankenwelt – Vielfalt, Evolution und Vererbung. Berlin 1984.

Meadows, D.L., Meadows, D.H.: Das globale Gleichgewicht – Modellstudien zur Wachstumskrise. Stuttgart 1974.

Meadows, D.L., Meadows, D.H., Zahn, E., Milling, P.: The limits of growth – A report for the Club of Rome's project on the predicament of mankind. New York 1972 [dt.: Die Grenzen des Wachstums – Bericht des Club of Rome zur Lage der Menschheit. Stuttgart 1972].

Meckel, M.: Das Glück der Unerreichbarkeit – Wege aus der Kommunikationsfalle. Reinbek 2007.

Meckel, M.: NEXT – Erinnerungen an eine Zukunft ohne uns. Reinbek 2011.

Meckel, M.: Das Internet und wir – Vom Golem zum Googlem. NZZ, 11.06.2012.

Meier, H. (Hg.): Die Herausforderung der Evolutionsbiologie. München ³1992.

Meier, H., Ploog, D.: Der Mensch und sein Gehirn – Die Folgen der Evolution. München ²1998.

Mertens, W.: Psychoanalyse – Geschichte und Methoden. München ⁴2008.

Mesarović, M., Pestel, E.: Mankind at the turning point – The second report to the Club of Rome. New York 1974 [dt.: Menschheit am Wendepunkt – Zweiter Bericht an den Club of Rome zur Weltlage. Stuttgart 1974].

Mitscherlich, A., Richards, A., Strachey, J.: Sigmund Freud – Studienausgabe, Bd. I–X u. Ergänzungsband. Frankfurt 1969–1975.

Moltmann, J.: Der gekreuzigte Gott – Das Kreuz Christi als Grund und Kritik christlicher Theologie. München 1972.

Moltmann, J.: Trinität und Reich Gottes – Zur Gotteslehre. München ²1986.

Monod, J.: Zufall und Notwendigkeit – Philosophische Fragen der modernen Biologie. München ⁶1983 [franz.: Le hasard et la nécessité, ¹1970].

Montbrial, T. de: Energy, the countdown – A report to the Club of Rome. Oxford 1979.

Montefiore, C.G.: The synoptic gospels. New York 1927.

Müsseler, J., Prinz, W. (Hg.): Allgemeine Psychologie. Heidelberg 2002.

Needham, J.: Wissenschaftlicher Universalismus – Über Bedeutung und Besonderheit der chinesischen Wissenschaft. Frankfurt 1977.

Neusner, J.: Ein Rabbi spricht mit Jesus. Freiburg 2007.

Nishida, K.: Über das Gute – Eine Philosophie der Reinen Erfahrung. Frankfurt 1989.

Nishitani, K.: Was ist Religion? Frankfurt ²1986.

Nüsslein-Volhard, C.: Das Werden des Lebens – Wie Gene die Entwicklung steuern. München 2004.

Nussbaum, H. von (Hg.): Die Zukunft des Wachstums – Kritische Antworten zum »Bericht des Club of Rome«. Düsseldorf 1973.

Oberliesen, R.: Information, Daten und Signale – Geschichte technischer Informationsverarbeitung. Reinbek 1982.

Padova, T. de: Das Weltgeheimnis – Kepler, Galilei und die Vermessung des Himmels. München 2009.

Penrose, R.: The emperor's new world. New York 1989.

Pestel, E., Bauerschmidt, R., Gottwald, M., Hübl, L., Möller, K.P., Oest, W., Ströbele, W.: Das Deutschland-Modell – Herausforderungen auf dem Weg ins 21. Jahrhundert. Frankfurt 1980.

Planck, M.: Scheinprobleme der Wissenschaft. Leipzig 1946.

Popper, K.R., Eccles, J.C.: The self and its brain – An argument for interactionism. Berlin 1977.

Postman, N.: Wir amüsieren uns zu Tode – Urteilsbildung im Zeitalter der Unterhaltungsindustrie. Frankfurt 1988.

Pot, J.H.J. van der: Die Bewertung des technischen Fortschritts – Eine systematische Übersicht der Theorien, Bd. 1 u. 2. Assen/Maastricht 1985.

Prevezanos, C.: Computer Lexikon 2011. München ⁶2011.

Quindeau, I.: Psychoanalyse. Paderborn 2008.

Radaj, D.: Buddhisten denken anders – Schulen und Denkwege des traditionellen und neuzeitlichen Buddhismus. München 2011.

Randers, J.: 2052 – A global forecast for the next forty years. White River Junction Vt. 2012 [dt.: 2052 – Eine globale Prognose für die nächsten 40 Jahre. München 2012].

Rapp, F.: Analytische Technikphilosophie. Freiburg 1978.

Ratzinger, J.: Jesus von Nazareth. Freiburg, Bd.I 2007, Bd.II 2011, Prolog 2012.

Rensch, B.: Neuere Probleme der Abstammungslehre – Die transspezifische Evolution. Stuttgart ³1972.

Riedl, R.: Biologie der Erkenntnis – Die stammesgeschichtlichen Grundlagen der Vernunft. Berlin ²1980.

Roller, D.: Informatik – Eine Einführung für Ingenieure und Naturwissenschaftler. Gärtringen 2009.

Rožanskij, I.D.: Geschichte der antiken Wissenschaft. München 1984.

Russell, B.: History of western philosophy. London ²1961.

Russell, B.: Das ABC der Relativitätstheorie. Reinbek ²1972.

Rutkowski, L.: Computational intelligence – Methods and techniques. Berlin 2008.

Ryle, G.: The concept of mind. London 1949.

Sandel, M.J.: Plädoyer gegen die Perfektion – Ethik im Zeitalter der genetischen Technik. Berlin 2008.

Scheler, M.: Die Stellung des Menschen im Kosmos. 1928.

Scheler, M.: Die Wissensformen und die Gesellschaft. In: Ges. Werke Bd. 8. Bern ²1960.

Schelsky, H.: Der Mensch in der wissenschaftlichen Zivilisation. Köln 1961.

Schirrmacher, F.: Payback. München 2009.

Schirrmacher, W.: Technik und Gelassenheit. Freiburg 1983.

Schischkoff, G. (Hg.): Philosophisches Wörterbuch. Stuttgart ²⁰1978.

Schiwy, G.: Abschied vom allmächtigen Gott. München 1995.

Schmid, R.D.: Taschenatlas der Biotechnologie und Gentechnik. Weinheim ²2006.

Schumacher, E.F.: Es geht auch anders – Jenseits des Wachstums. München 1974.

Schweitzer, A.: Aus meinem Leben und Denken. Hamburg 1952.

Searle, J.: Is the brain's mind a computer program? Scientific American 262, 26–31 (1990).

Sennett, R.: Verfall und Ende des öffentlichen Lebens – Die Tyrannei der Intimität. Berlin 2008.

Siewing, R. (Hg.): Evolution – Bedingungen, Resultate, Konsequenzen. Stuttgart ²1982.

Simmel, G.: Soziologie – Untersuchungen über die Formen der Vergesellschaftung. Gesamtausgabe, Frankfurt 1992.

Simpson, G.G.: Biologie und Mensch. Frankfurt 1972.

Skinner, B.F.: Beyond freedom and dignity. New York 1971.

Sölle, D.: Stellvertretung – Ein Kapitel Theologie nach dem »Tode Gottes«. Stuttgart 1965.

Solms, M.: Sigmund Freud heute – Eine neurowissenschaftliche Perspektive auf die Psychoanalyse. Psyche 60, 829–859 (2006).

Spaemann, R.: Nach uns die Kernschmelze – Hybris im atomaren Zeitalter. Stuttgart 2011.

Stalder, F.: Im Griff sozialer Fabriken. SZ, 17.04.2012.

Stegmüller, W.: Hauptströmungen der Gegenwartsphilosophie – Eine kritische Einführung, Bd. 3. Stuttgart [7]1986.

Stein, E.: Endliches und ewiges Sein – Versuch eines Aufstiegs zum Sinn des Seins. Freiburg 2006.

Stiegler, B.: Die Logik der Sorge – Verlust der Aufklärung durch Technik und Medien. Frankfurt 2008.

Störig, H.J.: Kleine Weltgeschichte der Philosophie. Frankfurt [13]1987.

Stork, H.: Einführung in die Philosophie der Technik. Darmstadt 1977.

Tallak, P. (Hg.): Meilensteine der Wissenschaft – Eine Zeitreise. Heidelberg 2002.

Teilhard de Chardin, P.: Der Mensch im Kosmos. München 1981.

Tillich, P.: Der Protestantismus – Prinzip und Wirklichkeit. Stuttgart 1950.

Vester, F.: Neuland des Denkens – Vom technokratischen zum kybernetischen Zeitalter. Stuttgart 1980.

Virilio, P.: Information und Apokalypse – Die Strategie der Täuschung. München 2000.

Voirol, O.: Die Ambivalenz der »digitalen Gesellschaft«. NZZ, 23.10.2010.

Volpi, F., Nida-Rümelin, J. (Hg.): Lexikon der philosophischen Werke. Stuttgart 1988.

Waddington, C.H.: The evolution of an evolutionist. Edinburgh 1975.

Waldenfels, H.: Absolutes Nichts – Zur Grundlegung des Dialogs zwischen Buddhismus und Christentum. Freiburg 1976.

Weischedel, W.: Der Gott der Philosophen – Grundlegung einer philosophischen Theologie im Zeitalter des Nihilismus. Darmstadt [3]1975.

Weizenbaum, J.: Die Macht der Computer und die Ohnmacht der Vernunft. Frankfurt 1977.

Weizsäcker, C.F. von: Die Tragweite der Wissenschaft, Bd. 1, Schöpfung und Weltentstehung. Stuttgart 1964.

Weizsäcker, C.F. von: Aufbau der Physik. München 1985.

Weizsäcker, C.F. von: Die Zeit drängt – Eine Weltversammlung der Christen für Gerechtigkeit, Frieden und die Bewahrung der Schöpfung. München 1986.

Wesiack, W.: Psychoanalyse und psychoanalytisch orientierte Therapieverfahren. In: Uexküll, T. v.: Psychosomatische Medizin. München [4]1990, S. 245–249.

BILDANHANG

Die nachfolgenden Bilder werden im Text wie folgt aufgerufen:
- Bild 1 in Kap. IV-5 auf S. 98
- Bild 2 in Kap. V-7 auf S. 124
- Bild 3 in Kap. XIV-7 auf S. 361

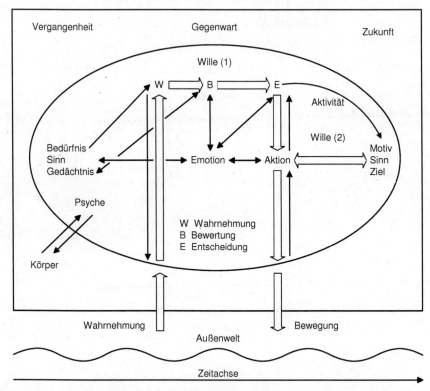

Bild 1 Raum-Zeit-Kontinuum der mentalen Funktionen; nach A.N. Leontyev; Veranschaulichung durch W. Jantzen; Neuzeichnung in Anlehnung an (Dietrich et al. 2009, ibid. S. 389)

BILDANHANG

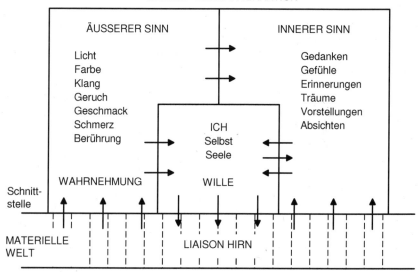

Bild 2 Informationsfluss der Gehirn-Geist-Interaktion; Neuzeichnung in Anlehnung an (Popper u. Eccles 1977)

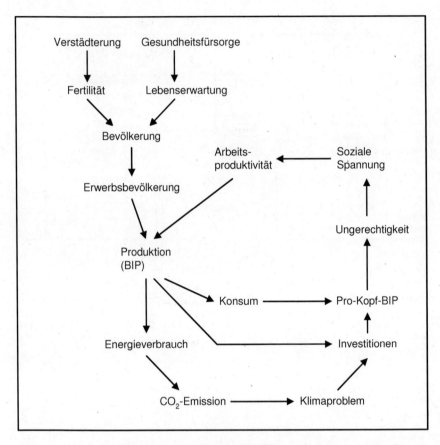

Bild 3 Angenommene Ursache-Wirkungs-Beziehungen für die Prognose von Randers bis zum Jahr 2052; Neuzeichnung in Anlehnung an (Randers 2012)

NAMENREGISTER

Abälard, P. 253
Abraham 317
Adamek, S. 212, 223, 233, 234
Adler, A. 82, 86, 92
Adorno, T. 218
Agamben, G. 219
Agricola, G. 132
Alberti, L.B. 132
Albertus Magnus 24
Alembert, d' 133, 229, 267
Alexander von Hales 254
Anaxagoras 245
Anaximander 55, 241, 245
Anders, G. 218, 293
Anokhin, P.K. 98
Anselm von Canterbury 253, 254, 323
Apollonios 22
Archimedes 22
Arendt, H. 142
Aristarchos 22, 34, 101
Aristoteles 22, 40–43, 45, 57, 104, 138, 246, 253, 258, 285, 299, 347, 351
Armstrong, D.M. 123
Aśoka, Kaiser 389
Assange, J. 234, 235
Augstein, R. 322, 332
Augustinus 54, 121, 251, 259, 295, 323
Averroes 47, 253

Babbage, C. 185, 189
Bacon, F. 15, 26, 51, 129, 266
Bacon, R. 24, 253
Baer, K.E. von 57
Barth, K. 76, 289, 290, 338
Bates, H. 63
Bayle, P. 267, 337
Bell, G. 194

Bellarmine, R. 38, 40
Benedikt XIV., Papst 40
Benedikt XVI., Papst 178
Bennett, M. 103
Bergson, H. 286
Berkeley, G. 266
Bernhard von Clairvaux 253, 256
Bodamer, J. 150
Boethius 23, 252
Böhme, J. 258
Bonhoeffer, D. 290, 339
Bohr, N. 29
Bois-Reymond, A. du 137
Bonaventura 253, 256, 340
Boyer, H. 167
Boyle, R. 27, 258
Brahe, T. 35
Breuer, J. 87, 88
Brinkmann, D. 137
Broca, P. 97
Brücke, E.W. von 87
Brunelleschi, F. 132
Bruno, G. 38
Bultmann, R. 76, 289, 291, 292

Cajal, R. 104
Calvin, J. 136, 258, 327, 335, 336
Campanella 258
Čapek, K. 208
Capra, F. 372–377
Carnot, S. 134
Charcot, J.M. 87
Chomsky, N. 203
Clemens von Alexandria 251
Codal, E. 188
Cohen, S. 167
Crombie, A.C. 19, 21, 24, 34, 40, 45, 130

Cusanus, N. 54, 257, 307, 327, 345
Cuvier, G. 57

Dalai Lama 388–390
Damasio, A. 119
Damiani, P. 253
Darwin, C. 15, 16, 31, 49–79
David, König 317, 325
Dawkins, R. 65, 75, 242
Demokrit 22, 41
Dennett, D. 77
Descartes, R. 27, 28, 40, 51, 70, 104, 121, 237, 258–261, 263, 266, 267, 310, 349, 350
Dessauer, F. 137
Diderot, D. 133, 229, 267
Diesel, R. 134
Dionysos Areopagita 249
Dirac, P. 29
Dobzhansky, T. 64
Dostojewski, F. 309
Duhem, P. 40
Duns Scotus 255
Dürr, H.P. 152, 390–405

Ebeling, G. 289, 292
Eccles, J.C. 102, 112, 123, 125, 433
Echnaton 91
Eckhart, J. 256, 350
Edison, T. 134
Eigen, M. 50, 65, 66, 77, 191, 396
Einstein, A. 28, 29, 42
Ellul, J. 143
Engels, F. 146
Epikur 41, 247, 337
Eudoxus 22
Euklid 22
Eyth, M. 137

Falkenburg, B. 103, 126
Faraday, M. 28

Feigl, H. 123
Ferguson, M. 372, 373
Fermi, E. 29
Feuerbach, L. 280, 281
Feynmann, R.P. 394
Fichte, J.G. 272–275, 351
Flad-Schnorrenberg, B. 72
Fleming, A. 160
Fließ, W. 87
Forrester, J.W. 146, 147, 360
Franz von Assisi 335, 373, 383
Freud, A. 93
Freud, S. 15, 16, 31, 81–99, 103
Friedrich II., Kaiser 334
Friedrich II., König 268

Galenos 104
Galilei, G. 15, 16, 26, 31, 33–47, 51, 258
Galton, F. 172
Galvani, L. 104
Gandhi, Mahatma 155, 171, 389
Gazzaniga, M. 102, 115, 116, 124, 125
Gehlen, A. 131, 137
Geulincx, A. 122
Gödel, K. 30
Goethe, J.W. 157, 178, 261, 347
Gogarten, F. 135
Gore, A. 222, 223
Gregor VII., Papst 333
Grosseteste, R. 24
Grotius, H. 258
Gruhl, H. 148
Guevara, Che 322, 337
Gutenberg, J. 132

Haber, W. 358–360
Habermas, J. 144, 218
Haeckel, E. 61, 71, 358
Hahn, P.M. 184
Hampe, M. 124
Han, B.C. 212, 218–220, 349

NAMENREGISTER

Handke, P. 221
Harich, W. 149
Hartmann, E. von 88
Havel, V. 389
Hebb, D. 113, 118
Hegel, G.W.F. 54, 78, 272, 277–279, 281, 290, 339, 348, 351
Heidegger, M. 11, 142, 285–289, 309, 310, 350, 351
Heisenberg, W. 29
Helvétius, C. 267
Henslow, J. 58
Herakleides 22
Heraklit 241, 245, 247
Hertz, H. 195
Hildegard von Bingen 373
Hipparchos 22, 34, 43
Hippokrates 104
Hitler, A. 75, 322, 337
Hobbes, T. 181, 199, 266
Holbach, P. 267
Hölderlin, F. 371
Hollerith, H. 185, 186
Horaz 145
Horkheimer, M. 143, 217
Hume, D. 53, 199, 266
Hus, J. 336
Husserl, E. 298, 299
Huxely, A. 145, 179
Huxley, T. 61
Huygens, C. 27, 36

Illich, I. 149
Innocenz III., Papst 333
Innocenz IV., Papst 334

Jacquard, J.M. 185
Jammer, M. 34, 40
Jaspers, K. 142, 285–287
Jesus Christus 139, 250, 290, 303, 314, 315, 319–322, 324, 325, 330, 337

Johannes, Evangelist 250, 279, 313
Johannes Scotus Eriugena 255
Jonas, H. 78, 173, 293, 305, 306, 338, 341, 381
Jordan, P. 29
Jung, C.G. 82, 86, 92
Jünger, F.G. 142
Justinus 250

Kant, I. 27, 53, 55, 145, 217, 268–272, 311, 373, 345
Kapp, W. 137
Keller, H. 203
Kepler, J. 34, 36, 44, 258
Kierkegaard, S. 76, 286, 289, 309
King. M.L. 389
Klages, I. 349
Klein, M. 93
Kohut, A. 94
Kopernikus, N. 31, 35, 37, 51
Krell, N. 335
Krüger, G. 294–296, 310
Kuhn, T.S. 95, 321
Küng, H. 321, 384–390

Lacan, J. 94
Lamarck, J. de 57, 64, 65
Lammetrie, J. de 267
Laplace, J. de 55
Le Bon 216
LeDoux, J. 102, 105, 115–120
Leibniz, G.W. 88, 122, 123, 184, 258, 262, 263, 266, 338, 350
Lenin 337
Lenior, J. 134
Leo VIII., Papst 40
Leonardo da Pisa 183
Laonarda da Vinci 25, 132
Leontyev, A.N. 98, 432
Lessing, G.E. 268
Leukipp 22, 41

Lieben, R. von 195
Linnaeus, C. 57, 68
Linné, C. von 57
Locke, J. 266
Lorenz, K. 64, 72, 203
Lorenzer, A. 94
Lubac, H. de 298, 311
Lucretius, C. 55
Luria, A. 98, 99
Luther, M. 37, 76, 258, 323, 326, 327, 336, 339, 347
Lyell, C. 59

Macchiavelli, N. 258
Malebranche, N. 122
Malthus, T. 62, 146
Mandela, N. 389
Mangini, A. 363
Mao Tse-tung 322
Marconi, G. 195
Marcuse, H. 143
Marx, K. 134, 214, 280, 281
Maxwell, J. 28
Mayr, E. 50, 61
Meadows, D 147, 360
Meckel, M. 212, 221, 224, 225
Melanchthon, P. 259
Mendel, G. 65
Mesarović, M. 147
Meynert, T. 87, 97
Mohammed 244, 314
Monod, J. 76, 77
Montaigne 351
Montesquieu, C. 267
Morse, S. 193
Mose (Moses) 91, 244, 314, 317
Mussolini, B. 322

Nāgarjūna 389
Napier, Lord 183
Napoleon 192

Needham, J. 138, 140
Neumann, J. von 187, 190
Neusner, J. 381
Newcomen, T. 133
Newton, I. 27, 36, 40, 51, 58, 258, 262
Nietzsche, F. 139, 265, 280, 283–286, 309, 348
Nikon, Patriarch 335
Nishida, K. 307, 308, 312
Nishitani, K. 140, 155, 156, 308–310, 312
Noah 56, 317
Nüsslein-Volhard, C. 158

Obama, B. 222
Origines 251, 338
Orwell, G. 145
Osiander, A. 37
Ostwald, W. 28
Otto, N. 134

Paley, W. 53
Paracelsus 258
Parmenides 245, 347
Pascal, B. 184, 237, 260, 338, 345
Pasteur, L. 159
Paul, J. 283
Paulus, Apostel 135, 249, 250, 253, 314, 330, 332, 377
Penfield, W. 123
Penrose, R. 204
Pestel, E. 147
Philon von Alexandria 248
Picht, G. 303, 311
Planck, M. 28, 29, 122
Platon 14, 45, 47, 121, 138, 246, 253, 258, 259, 285, 295, 351
Plinius 23
Plotin 42, 248, 349
Popper, K. 40, 96, 102, 112, 123, 125, 433
Proklos 42, 243
Prometheus 356

NAMENREGISTER

Ptolemäus 22, 34, 43
Pythagoras 138

Randers, J. 148, 361–369, 434
Rahner, K. 300, 311
Ratzinger, J. 178, 320, 339, 340
Ray, J. 53
Réaumur, R.A. de 133
Reis, P. 194
Rensch, B. 123
Riese, A. 183
Rousseau, J.J. 267, 272
Rožanskij, I.D. 21, 34, 43
Russell, B. 262, 338, 393, 394
Ryle, G. 123

Sartre, J.P. 285, 309
Śāntideva 389
Scheler, M. 122, 131, 142, 286
Schelling, F.W. 272, 379
Schelsky, H. 143
Schikard, W. 184
Schirrmacher, F. 212, 221, 224
Schirrmacher, W. 143
Schopenhauer, A. 280, 349, 351
Schrödinger, E. 29
Schumacher, F. 149
Schweitzer, A. 173, 303, 304, 311, 323
Searle, J. 204
Sedgwick, A. 58
Sennett, R. 219
Shannon, C. 192
Sherrington, C. 104, 123
Siemens, W. 134, 193
Siger von Brabant 253
Simmel, G. 212, 216, 227
Singer, P. 235
Skinner, B.F. 123
Smith, A. 225
Sokrates 246
Solms, M. 97–99

Spaemann, R. 152
Spencer, H. 62, 75
Spinoza, B. 123, 258, 261, 266
Stein, E. 298–300, 345
Sullivan, A. 203
Sullivan, H. 94
Szentágothai, J. 105

Taurellus, N. 259
Taylor, F. 134, 214
Teilhard de Chardin, P. 64, 79, 301, 311, 373
Tertullian 250
Thales 241, 245
Theresa, Mutter 389
Thomas, C.X. 185
Thomas von Aquin 43, 121, 254, 255, 298, 299, 345
Tillich, P. 139, 301–303, 311
Timbergen, N. 64
Tschuang-tse 154
Turing, A. 189, 198

Urban VIII., Papst 38

Vester, F. 148
Virilio, P. 219
Voltaire, F.M. 267, 282
Vries, H. de 64

Waddington, C.H. 123
Wallace, A.R. 58
Watt, J. 133
Weber, M. 136
Weischedel, W. 244, 270–273, 278–301, 310, 311, 315
Weizenbaum, J. 202, 204
Weizsäcker, C.F. von 12, 34, 138, 378–383
Wernicke, C. 97
Wheatstone, C. 193
Wiclif, J. 336

Wilhelm von Ockham 255
Winkler, R. 50, 65, 77, 191, 396
Wolff, C. 268

Xenophanes 245

Zamjatin, E. 145
Zarathustra 139, 318
Zuckerberg, M. 232
Zuse, K. 186
Zwingli, H. 258, 327, 336

SACHREGISTER

Ablösebewegungen des Christentums 308, 316, 311, 337
Abstammungstheorie 59-61
Alchimie 24, 132
altiranische Religion 139, 317, 318
analytische Psychologie 92
Anschauungsformen *a priori* 27, 29
anthropologische Embryonen- und Gentechnik 174-176
anthropologische Reproduktionstechnik 172-179
Archetypen 52, 92
aristotelische Ortstheorie 40-42
Aristotelismus 23, 40-43
Artenwandel 57, 59
Astrologie 24, 43, 44
Atheismus 75, 77, 266-268, 274, 279-285
attische Philosophie 246
Aufklärung 137, 266-272, 316, 336, 400, 407
axiomatische Methode 27, 30
Ayurveda 374, 375

Behaviorismus 64, 115
Bevölkerungswachstum 355, 360, 364
Bewertung der biologischen Technik 162
biblischer Schöpfungsbericht 55, 56, 77
Biologie 50-53, 83, 358
Biologie des Geistes 72
biologische Technik 157-179
Buddhismus 307-310

Calvinismus 136, 335
causa efficiens 347
causa finalis 30, 347
Christentum 314-340

christliche Glaubensinhalte 314, 315, 321-328, 376, 377
christliche Glaubensstrukturen 321
christliche Religion 76-79, 313-340
christliches Geschichtsbewusstsein 138, 139
christliches Glaubensbekenntnis 314, 315
Club of Rome 146-149, 361-369
Cro-Magnons 68
Computer 187, 188
Computerarchitektur 188-191
Computerintelligenz 205-209
– Bots 209, 415
– evolutionäre Algorithmen 205, 206
– Expertensysteme 208, 416
– Fuzzy-Logik 205
– künstliche neuronale Netze 206-208
– Robotertechnik 208, 209
– Schwarmintelligenz 206
Computertheorie 189

Darwinismus 75
Darwins Lebensdaten 58
Deduktion 22, 26, 27
Deutscher Idealismus 272-279, 337
dialektischer Dreischritt 274, 277, 281
Disziplin bei Aristoteles 22
Doping 156
doppelte Wahrheit 46, 136

Ehrfurcht vor dem Leben 173, 304, 311
Elektrizitätslehre 28
Emotionen 98, 99
Empirie 23, 26
Empirismus 26, 27, 258, 266
Energiegewinnungstechnik 152, 153

Energieprinzipe 27
Energieprognose 365
energetisches Weltbild 28
Epikureismus 247
Erfahrung 27, 308
erneuerbare Energie 153, 365
Essentialismus 52
Eugenik 172
Evolution 54, 55
Evolutionstheorie
  – Anthropologie 60, 61, 66–72
  – Begründung 58–61
  – Entstehung 53–57
  – Komponenten 61–63
  – synthetische Theorie 64
  – Verteidigung 63–66
Existentialismus 76
existenzialer Protestantismus 289–292
Existenzphilosophie 285–292, 408
Experiment 23–26, 96
Expertenherrschaft 144, 145
Expertensysteme 208, 416

Facebook 232–234, 416
Feldtheorie 42
Female choice 62, 73
feministische Psychoanalyse 94
Fortschrittsgläubigkeit 137–141, 148, 355
Fossilien 51, 56, 59, 60
Frankfurter Schule 94, 143, 144
Freuds Lebensdaten 86, 87
Fuzzy-Logik 205

Galileis Fallgesetz 36
ganzheitliches Denken 373, 374
Gedächtnis 97, 98, 112, 113
Gegenreformation 45, 258, 336
Gehirn-Geist-Problem 120
  – monistische Theorien 123
  – dualistische Interaktionstheorie 123, 124, 433

Gehirnstruktur 104
Geisteswissenschaft 51
gelehrtes Nichtwissen 257, 327
Gene 65, 163–165
Genetik 65, 66, 163–165
genetische Evolution 71
genetischer Eigennutz 64
Genomanalyse 177, 412
Gentechnik 165–171, 412
  – Anwendung 167–170
  – Arbeitsschritte 166, 167
  – Begriffsbestimmung 165, 166
  – physiologische Gefährdungen 170, 171
  – soziale Gefährdungen 171
  – transgene Mikroorganismen 167, 168
  – transgene Pflanzen 169, 170
  – transgene Tiere 168, 169
Geologie 51, 55, 56
geologische Evolution 66
Gezeitentheorie 37, 39
Glaube-Vernunft-Konflikt 24, 76, 253–255, 287, 289–292, 316, 323–328
Gnosis 250, 251
Google 231, 232, 416
Gott als Postulat 271, 272
Gottesbeweise 53, 254, 255, 260–263, 269–271
Gottesbild 78, 79, 274–280, 289, 304–307, 317
Gravitationsgesetz 28, 44
Grenzen des Wachstums 146–150, 361–369

Heisenbergsche Unbestimmtheitsrelation 29, 84, 127
hellenistische Wurzeln des Christentums 319, 320
Hirnforschung 101–128
Hirn-Scans 103, 116, 121

SACHREGISTER

Holismus 374
Hollerith-Maschine 185, 186
Hologramm 204
Homo erectus 68
Homo habilis 68
Homo heidelbergensis 68
Homo sapiens 68
Humanismus 258

Ich, Es, Über-Ich 90
Ich-Psychologie 93
Idealismus 272–279, 408
Individualpsychologie 92
Induktion 23, 27
induktive Methode 27
Industrielle Revolution 134
Informationstechnik 191
Internet 196–198, 417
Internetgesellschaft 222, 223
interpersonelle Psychoanalyse 94
intersubjektive Methode 85, 86
In-vitro-Fertilisation 174, 175, 178
Inquisition 39, 334
Islam 314

Judentum 314, 316–319

Kampf ums Dasein 62, 74, 127
Kant–Laplacesche Weltentstehungstheorie 27, 55
Kantsche Erkenntnistheorie 269
kartesischer Schnitt 84, 95, 374
Kausalitätsprinzip 22, 27, 28, 125–127
Keplersche Gesetze der Planetenbewegung 30, 37
Kernenergie 152
Klonen 176, 412
kollektives Unbewusstes 93
Konsumverzicht 150, 357, 397
konviviale Technik 149
Kortexmodule 105, 106

Kosmologie 22
Kreationismus 73
Kreuzzugsidee 333, 334
Krise 11, 12, 354–357
Kulturprognose 366, 367
künstliche Intelligenz 198–204
 – Bauklotzwelt 201
 – Begriffsbestimmung 198, 199
 – Kritik 203, 204
 – Schachprogramme 200, 201
 – Sprachübersetzung 202
kybernetisches Denken 148

lebende Systeme 53, 54, 394–396
Lebensphilosophie 285, 408
Lebensstil 356
Leib-Seele-Problem 120–122
Libido 89, 92
Lichttheorie 28
lineare Zeit 139, 140
Logos 78, 409

makrobiologische Technik 160–162
Manipulation der Massen 238
Marxismus 95
Massengesellschaft 215, 216
Massenmedien 216, 236–239
Materialismus 28, 75, 77, 280, 281, 409
Materiebegriff 392–394
Mathematik 22, 26, 30
mechanische Rechenmaschine 184, 185
mechanistische Technik 129–156
mechanistisches Weltbild 27, 30, 34, 53, 260, 373
Meme 72
Mensch-Computer-Interaktion 223–225
Menschenrassen 69–71
Messiaserwartung 318, 319
Messiasglaube 322
Metaphysik 22, 27, 237, 269, 270, 284–288, 307, 347

mikrobiologische Technik 159, 160
Modellbildung 26
Monadenlehre 262, 263
Monotheismus 91, 314, 317, 318
Moralgesetz 172
Müdigkeitsgesellschaft 220, 221
Multitasking 221, 418
Mystik 255, 256, 258, 340, 346, 347
Mythos 21

Nachrichtentechnik 191-198
Nahrungsmittelprognose 366
Narzissmus 89
Naturgeschichte 51, 52, 57
Naturgesetz 45, 65, 76, 77, 84, 125, 155, 156
natürliche Auslese 62, 73
Naturphilosophie 21, 22
Naturtheologie 52, 53
Naturwissenschaft 13-15, 19-31, 50-53, 83-86, 95, 96, 136, 310-312
Neandertaler 68
Netz des Wissenschaftlers 400
Neuplatonismus 54, 248, 249
neurologischer Determinismus 115, 121, 124-126
neuronale Netze 206-208
neuronale Technik 181-239
neuronaler Fundamentalismus 124, 125
Neuronen 104, 105, 117
Neurophysiologie 102-120
– Empathievermögen 114
– Hörwahrnehmung 108
– Lernen und Gedächtnis 112, 113
– Riechwahrnehmung 108, 109
– Schlaf und Traum 109-111
– Sehwahrnehmung 107
– Sprachfähigkeit und Sprachverstehen 111, 112
– Untersuchungsmethoden 103, 104
– willkürliche Bewegung 109

neuropsychologisches Modell 98, 99
Neurotransmitter 105, 106
Neuscholastik 298-300
New Age Bewegung 372-377, 405, 406
– Ursprünge 372, 373
– Verhältnis zu christlichen Glaubensinhalten 376, 377
– Verhältnis zur Physik 375, 376
– Weltbild 373-375
Newtonsche Bewegungsgesetze 28, 36
Newtonsches Gravitationsgesetz 36
Nihilismus 280, 283-285, 409
Nuklearwaffen 151, 152

Objektbeziehungstheorie 93
Ödipuskomplex 88
Offenbarungstheologie 20, 303, 311, 313-340
Ökologie 357-360
Ökologiebewegung 148, 149, 355, 361
ökologische Fallen 359, 360
ökologische Krise 354-357
Ökonomie 356
Ontologie 287, 288, 347, 409

Paradigma 95, 321
Patristik 250-253
persische Religion 139, 317, 318
Pflanzenzucht 161, 162
philosophische Theologie 241-312
– Antike, Patristik, Scholastik, frühe Neuzeit 241-263
– Aufklärung, Idealismus, Atheismus, Existentialismus 265-292
– buddhistische neuere Ansätze 307-310
– jüdische neuere Ansätze 304-306
– katholische neuere Ansätze 298-301
– philosophische neuere Ansätze 293-298
– protestantische neuere Ansätze 301-304

phylogenetischer Baum 61
Physik 13, 22, 28–30, 36, 37, 40, 51–53, 83, 84, 358, 375, 376
Pietismus 136
Plädoyer für eine offene Zukunft 390–405, 406
 – Energiefrage 396–398
 – neues Denken 391–394
 – Paradigma des Lebendigen 394–396
 – Ursprünge 390–391
 – Wertungen 403–405
 – Wirtschaft 398–400
 – Wissenschaft 400, 401
 – Zivilgesellschaft 401–403
Platonismus 35, 45, 52
Populationskonzept 52, 61, 62, 65
Präformation 54
Präimplantationsdiagnostik 176, 177
Prinzip Verantwortung 173, 178, 179, 401
Projekt Weltethos 384–390, 406
 – buddhistische Alternative 388–390
 – Grundforderungen 384–387
 – kritische Wertung 387, 388
 – Ursprung 384
Prozess gegen Galilei 33–47
psychischer Apparat 95, 97
Psychoanalyse 81–99
 – Grundlagen 88–91
 – intersubjektive Methode 85, 86
 – naturwissenschaftliche Basis 83–86, 95, 96
 – neuere Schulrichtungen 91–94
 – neurophysiologische Wurzeln 97, 98
psychoanalytische Kulturtheorie 90
psychoanalytische Religionstheorie 91
Psychologie 83, 85
Psychotherapie 83, 85, 86, 88, 115

Quantentheorie 28, 29

Rassentheorie 74, 75, 127
Rationalisierung 134, 213
Rationalismus 27, 258–263
Raumtheorie 41, 42
Raum-Zeit-Kontinuum 29, 98, 431
Rechenautomaten 185–191
Rechenmaschinen 184, 185
Rechnernetze 196–198
Redekur 86, 88, 89
Reduktionismus 125–127
Reformation 258, 327, 335–337
Regelkreismodelle 146, 147, 360, 362, 434
Relativitätstheorie 29, 42
Religionsphilosophie 300–303, 307–310
Renaissance 25, 136, 258
Restrisiko 404
Roboterisierung 213
Robotertechnik 208, 209
Romantik 272, 283, 286, 410

sanfte Technik 149
Scala naturae 53
Schichten des Seins 30
Schlafmittel 111
Scholastik 253–258
Sein und Werden 347, 348
Selbstaufhebung 223–225
Selbstausbeutung 221
Selbstentfremdung 214, 215, 276
Selbstorganisationstheorie 66
Selbstpsychologie 94
Sexualtheorie 89
Sintflut 56
Sozialkritik an Computertechnik 213–215
Sozialkritik an Gentechnik 171
Sozialprognose 366, 377
Sozial- und Kulturkritik am Internet
 – allgemeine Kritik 227–229
 – Enthüllungsplattform Wikileaks 234, 235

– Hackerangriffe 235, 236
– Internetsuchmaschine Google 231, 232
– Online-Enzyklopädie Wikipedia 229–231
– Online-Kommunikationsplattform Facebook 232–234
Sozial- und Kulturkritik an mechanistischer Technik 141–146, 154, 155
sozialwissenschaftliche Psychoanalyse 94
Spracherwerb 111, 112, 203
Stammzellen 174–176, 413
Stoa 247
strukturalistische Psychoanalyse 94
Subjekt-Objekt-Trennung 29, 84, 259, 307, 353, 354
Synapse 104
synaptisches Selbst 116–120

taxonomische Gruppe 57
Technik 13–15, 129–239, 310–312, 342–344
Technikbeschränkung im Sport 156
Technikentwicklung
– aus dem christlichen Glauben 135, 136, 355, 356
– empirisch begründet 131–133
– wissenschaftlich begründet 133–135
Technokratie 143–146
Telefonie 193–196
Telegrafie 192–195
Teleologie 30, 73, 78, 79, 410
teleologisches Weltbild 53, 64, 301
Theodizee 263, 338
Theologie
– Begriffserklärung 14, 243, 244, 292
– Begründung der Notwendigkeit 242, 243
– des Kreuzes 339
– des mitleidenden Gottes 337–339

– Glaubensstrukturen 321
– Reformbedürftigkeit 344, 345, 352, 353
– und Naturwissenschaft 13–15, 20, 73, 83, 96, 341–369
– zwischen Offenbarung und Mysterium 340
Tierzucht 161
Transparenzgesellschaft 218–220
Traumdeutung 88
Treibhauseffekt 363, 364
Trieblehre 89, 90, 92, 93, 96
Trinitätslehre 38, 320, 324, 325, 335
Turing-Maschine 189, 190

Überleben des Tauglichsten 62
Überwachung und Kontrolle 213, 214
Umwelt- und Naturzerstörung 141, 354, 355
Unbewusstes 88, 90, 93, 97, 377

Verkehrstechnik 153, 154
Vernunft 410
Vernunft- und Herzensgründe 237, 260, 261, 345
Versagen des Christentums 328–335
– Glaubensursachen 329–331
– Hexenprozesse 334, 335
– kriegerische Fehlentwicklungen 333, 334
Vitalismus 28, 51, 73
vitalistisches Weltbild 53
von-Neumann-Maschine 190, 191
Vorsokratiker 245, 246

Waffen- und Kriegstechnik 151, 152
Wärmetheorie 28
Web 2.0 226
Welle-Korpuskel-Komplementarität 29, 84

SACHREGISTER

Weltbild 11, 12
- abendländisches 348, 349
- buddhistisches 349–351
- Dialog 351–354

Weltklimaprognosen 362–364

Weltsystem
- aristotelisches 34, 38, 42, 43
- geozentrisches 22, 35
- heliozentrisches 22, 31, 34–37
- kopernikanisches 35–37, 39, 44, 45
- Newtonsches 40
- ptolomäisches 35, 44, 45

Weltversammlung christlicher Kirchen 378–383, 406
- Bewahrung der Natur 381
- Ergebnis und Schlussfolgerung 382, 383
- kritische Anmerkungen 381, 382

- politischer Friede 379, 380
- soziale Gerechtigkeit 378, 379
- Ursprünge 378

Wikileaks 234, 235, 419

Wikipedia 229–231, 419

Willens- und Handlungsfreiheit 121, 247, 272

Wirklichkeiten 47

Wirtschaftswachstum 146–148, 361

Wissenschaft
- antike Wesensmerkmale 21, 22
- moderne Grundsätze 26

Zahlensysteme und Rechenhilfsmittel 183, 184

Zufall 65, 76, 77, 125, 247

zyklische Zeit 139, 140

Weg mit dem Wohlstandsschrott!

Noch kann die Welt nicht von der Droge »Wachstum« lassen. Aber die Diskussion über das Ende der Maßlosigkeit nimmt an Fahrt auf. Der Nachhaltigkeitsforscher Niko Paech liefert dazu die passende Streitschrift, die ein »grünes« Wachstum als Mythos entlarvt. In seinem Gegenentwurf, der Postwachstumsökonomie, fordert er industrielle Wertschöpfungsprozesse einzuschränken und lokale Selbstversorgungsmuster zu stärken. Ein Plädoyer für eine entschleunigte und entrümpelte Welt.

N. Paech
Befreiung vom Überfluss
Auf dem Weg in die Postwachstumsökonomie

144 Seiten, Hardcover, 14,95 Euro
ISBN 978-3-86581-181-3

/III oekom
Die guten Seiten der Zukunft

Bestellen Sie versandkostenfrei innerhalb Deutschlands unter www.oekom.de, oekom@verlegerdienst.de

Neues Denken, neuer Mut

Klimawandel, Kriege, Kapitalismuskrise – der Ausnahmezustand droht zum Normalfall zu werden. Spätestens seit Fukushima ist die Einsicht, »dass sich etwas ändern muss«, so weit verbreitet wie nie zuvor. In seinem »Wörterbuch des Wandels« reflektiert Hans-Peter Dürr die zentralen Themen unserer Zeit: von A wie Arbeit bis Z wie Zukunft. Der Träger des Alternativen Nobelpreises zeigt Wege auf, wie wir die Krisen bewältigen können, um unser eigenes Leben wie das aller anderen wieder lebendiger werden zu lassen.

H.-P. Dürr
Das Lebende lebendiger werden lassen
Wie uns neues Denken aus der Krise führt

168 Seiten, Hardcover, 17,95 Euro
ISBN 978-3-86581-269-8

/||| oekom
Die guten Seiten der Zukunft

Bestellen Sie versandkostenfrei innerhalb Deutschlands unter www.oekom.de, oekom@verlegerdienst.de

Was heißt hier nachhaltig?

Soll ich mit der Bahn oder dem Auto fahren? Kaufe ich bio oder besser fair gehandelt? Täglich muss jeder Einzelne »nachhaltige« Entscheidungen treffen. Das ist nicht immer leicht, die Themen sind komplex. Durchblick schafft hier der Grundkurs Nachhaltigkeit: Er vermittelt Grundlagenwissen und hilft ökologische Zusammenhänge zu erfassen. Mit Fragebögen zur Lernkontrolle ist dieses Lehrbuch auch zum Selbststudium bestens geeignet – das neue Standardwerk.

C.-P. Hutter, K. Blessing, R. Köthe
Grundkurs Nachhaltigkeit
Handbuch für Einsteiger und Fortgeschrittene
400 Seiten, Hardcover, komplett in Farbe, 29,95 Euro
ISBN 978-3-86581-301-5

/III oekom
Die guten Seiten der Zukunft

Bestellen Sie versandkostenfrei innerhalb Deutschlands unter www.oekom.de, oekom@verlegerdienst.de